Mathematik für Ambitionierte

AF293601

Joachim Hilgert

Mathematik für Ambitionierte

Zählen, Rechnen, Messen als Basis für alles Weitere

Joachim Hilgert
Institut für Mathematik
Universität Paderborn
Paderborn, Deutschland

ISBN 978-3-662-73047-8   ISBN 978-3-662-73048-5   (eBook)
https://doi.org/10.1007/978-3-662-73048-5

Die Deutsche Nationalbibliothek verzeichnet diese Publikation in der Deutschen Nationalbibliografie;
detaillierte bibliografische Daten sind im Internet über https://portal.dnb.de abrufbar.

© Der/die Herausgeber bzw. der/die Autor(en), exklusiv lizenziert an Springer-Verlag GmbH, DE, ein
Teil von Springer Nature 2026

Das Werk einschließlich aller seiner Teile ist urheberrechtlich geschützt. Jede Verwertung, die nicht
ausdrücklich vom Urheberrechtsgesetz zugelassen ist, bedarf der vorherigen Zustimmung des Verlags.
Das gilt insbesondere für Vervielfältigungen, Bearbeitungen, Übersetzungen, Mikroverfilmungen und die
Einspeicherung und Verarbeitung in elektronischen Systemen.
Die Wiedergabe von allgemein beschreibenden Bezeichnungen, Marken, Unternehmensnamen etc. in
diesem Werk bedeutet nicht, dass diese frei durch jede Person benutzt werden dürfen. Die Berechtigung
zur Benutzung unterliegt, auch ohne gesonderten Hinweis hierzu, den Regeln des Markenrechts. Die
Rechte des/der jeweiligen Zeicheninhaber*in sind zu beachten.
Der Verlag, die Autor*innen und die Herausgeber*innen gehen davon aus, dass die Angaben und Informationen in diesem Werk zum Zeitpunkt der Veröffentlichung vollständig und korrekt sind. Weder der Verlag
noch die Autor*innen oder die Herausgeber*innen übernehmen, ausdrücklich oder implizit, Gewähr für
den Inhalt des Werkes, etwaige Fehler oder Äußerungen. Der Verlag bleibt im Hinblick auf geografische
Zuordnungen und Gebietsbezeichnungen in veröffentlichten Karten und Institutionsadressen neutral.

Planung/Lektorat: Andreas Rüdinger
Springer Spektrum ist ein Imprint der eingetragenen Gesellschaft Springer-Verlag GmbH, DE und ist ein
Teil von Springer Nature.
Die Anschrift der Gesellschaft ist: Heidelberger Platz 3, 14197 Berlin, Germany

Wenn Sie dieses Produkt entsorgen, geben Sie das Papier bitte zum Recycling.

Für K & K

Vorwort

Dieser Text ist eine Einführung in die Mathematik als eigenständige wissenschaftliche Disziplin. Er setzt zum Einstieg nur den sicheren Umgang mit den in der Sekundarstufe 1 vermittelten mathematischen Rechentechniken voraus. Das Buch ist für das Selbststudium konzipiert und folgt nicht den gängigen schulischen und universitären Lehrplänen, auch wenn die Inhalte sich mit denen der gymnasialen Oberstufe und der ersten zwei Jahre im universitären Studienfach Mathematik stark überschneiden.

Der wesentliche Grund für die große Bedeutung von Mathematik in der modernen Welt ist Möglichkeit, reale Situationen durch mathematische Konstrukte zu modellieren und aus verfügbaren Daten und solchen Modellen Vorhersagen über die Entwicklung der realen Systeme zu machen. Anfangs war das hauptsächlich für physikalische Systeme von Relevanz, später kamen komplexere technische Fragestellungen hinzu und mit zunehmender Leistungsfähigkeit von Computern spielen mathematische Modelle in allen Lebensbereichen eine immer wichtigere Rolle. Diese Anwendungen und die speziellen Rechentechniken, die dabei eingesetzt werden, stehen dennoch nicht im Fokus dieses Buches. Hier geht es darum, sich die Konzepte und Denkweisen anzueignen, die den Algorithmen zugrunde liegen. Insbesondere geht es darum, die Flexibilität der mathematischen Begriffsbildung zu illustrieren, die so vielfältige Modellierungen erlaubt. Brauchbare Modelle realer Situation können nur mit dem Wissen von Fachleuten aus den entsprechenden Gebieten entwickelt werden. Das kann ich nicht bereitstellen und so musste ich mich auf Andeutungen und das Einstreuen weniger Beispiele beschränken. Die eingesetzten Rechentechniken sind natürlich wichtig und müssen genauer studiert werden, sobald man Modelle auf den Computer bringen will. Ich habe mich hier dennoch auf ein absolutes Minimum beschränkt, das andererseits praktisch allen verfeinerten Rechentechniken in der einen oder anderen Form zugrunde liegt, nämlich der Lösung linearer Gleichungssysteme und der Approximation durch Iteration.

Der Wunsch Dinge berechnen zu können ist eine zentrale Motivation in der Mathematik und der Ursprung zahlloser mathematischer Begriffe. In der Form von einfach zu formulierenden Abzählproblemen stelle ich sie an den Anfang der

Darstellung. Beim Versuch Abzählprobleme zu lösen zeigen sich schnell die Vorteile eines systematischen Vorgehens und der Fähigkeit mit Zahlen zu rechnen. Das führt in natürlicher Weise auf erste Konzepte der Mengenlehre und die Frage nach der Lösung von Gleichungen. An diesem Punkt steigen wir in den eigentlichen Stoff mit einer systematischen Behandlung der natürlichen Zahlen ein. Neben der Motivation neuer Inhalte steht ab da immer auch die Begründungen der behaupteten Tatsachen im Mittelpunkt. Diese Begründungen im Detail nachzuvollziehen ist die zentrale Herausforderung dieses Buches. Unterstützung dafür bietet die begleitende Aufgabensammlung (mit Lösungsvorschlägen), in der man unter anderem einfache Übungen zu den vorgestellten Konzepten und Techniken findet. Ebenfalls als Unterstützung gedacht sind die Skizzen im Text, von denen einige basierend auf meinen Vorlagen von MS Copilot zu tikZ-Abbildungen umgewandelt wurden. Mir als visuell orientiertem Menschen helfen sie ein intuitives Verständnis aufzubauen und ich habe beim Aufschreiben des Textes und der Überprüfung der Beweise zahllose weitere angefertigt, was ich zur Nachahmung empfehle. Hilfreich kann auch die Verbalisierung von in Formeln gefassten Aussagen sein.

Eine wichtige Zielgruppe, die ich beim Schreiben dieses Buches im Auge hatte, sind junge Leute, die in der Schulmathematik Motivation und stringente Begründungen vermissen. Sie können sich hier alle Inhalte der gymnasialen Oberstufe samt vollständigen Begründungen sowie ausführlicher Motivation und Einordnung erarbeiten. Wer den gesamten Text durcharbeitet, hat damit auch schon wesentliche Inhalte der mathematischen Grundvorlesungen der ersten beiden Studienjahre gemeistert. Weiteres vertiefendes Material findet sich in der Aufgabensammlung, wobei ich darauf geachtet habe, dass keine Begründungen für im Text verwendete Aussagen in die Übungen ausgelagert werden. Das Buch (und die Aufgabensammlung) richtet sich natürlich auch Lehrkräfte, die an ihren Schulen Mathematik-AGs betreuen und dafür an den Schulstoff anschlussfähiges Material suchen, das nicht einfach nur Vorgriff auf Stoff höherer Klassen ist.

In gewisser Weise stellt dieses Buch vor, wie ich am Ende meiner Zeit als Hochschullehrer eine Einführung in die Mathematik gerne unterrichtet hätte, wenn ich nicht auf die Verträglichkeit mit den Standardveranstaltungen hätte Rücksicht nehmen müssen. So gesehen bietet der Text auch für Studierende und Universitätsangehörige einen alternativen Blick auf das Studienfach Mathematik. Eine weitere Zielgruppe sind Vertreter anderer Berufsgruppen, die über eine gewisse mathematische Grundbildung verfügen und gerne ihr Verständnis der Mathematik vertiefen möchten.

Wie weiter oben schon erwähnt, spielt die Frage nach dem „warum" eine wesentliche Rolle in diesem Buch. Das hat sich deutlich auf die Stoffauswahl und die Reihenfolge der Präsentation ausgewirkt. In Kap. 1 wird nach dem motivierenden Abschnitt zu Abzählproblemen und der systematischen Einführung der natürlichen Zahlen der Zahlbereich sukzessive bis hin zu den komplexen Zahlen erweitert, um Rechnungen durchführen und Gleichungen lösen zu können. Im Zuge dieser Erweiterungen ergeben sich diverse mathematische Konzepte wie Induktion, Addition und Subtraktion sowie Multiplikation und Division ganz natürlich.

Das Thema Gleichungslösen wird in Kap. 2 vertieft. Behandelt werden dort ausschließlich lineare Gleichungen, die zwar sehr speziell sind, dafür aber systematisch gelöst werden können. Diese Lösungstheorie führt auf Konzepte wie Vektorräume in beliebigen Dimensionen, und die dazugehörigen Rechentechniken sind die Grundlage fast aller Methoden exakter und näherungsweise Berechnungen in der Mathematik.

In Kap. 3 führen wir eine weitere tragende Säule der Mathematik ein, das Messen von Abständen. Mithilfe der in den Kap. 1 und 2 aufgetauchten Konzepten von Mengen und Funktionen lässt sich eine mathematische Modellierung des Konzepts eines Abstands formulieren. Indem man kleine Abstände betrachtet, erhält man auch Zugriff auf das intuitive Konzept einer Näherung sowie die Unterscheidung kontinuierlicher von sprunghaften Prozessen. Dies führt auf das Konzept der Stetigkeit und das Konzept eines Grenzwerts.

Messprozesse müssen nicht auf Abstände beschränkt sein. In Kap. 4 werden Verallgemeinerungen diskutiert, die man für die Bestimmung von Flächen, Volumina oder auch Wahrscheinlichkeiten einsetzen kann. Um auch in solchen Kontexten handhabbare Rechentechniken entwickeln zu können, müssen auch die Methoden zur Behandlung von Grenzwerten verfeinert werden. Insbesondere ergibt sich hier in natürliche Weise der Begriff des Integrals.

In Kap. 5, dem letzten Kapitel dieses Buches, werden die linearen Rechentechniken aus Kap. 2 und die Idee der Approximation aus Kap. 3 zusammengeführt. Die resultierende lineare Approximation führt zum Konzept der Ableitung einer Funktion und über eine bemerkenswerte Verbindung zum Integral aus Kap. 4 zum Differenzialkalkül. Als Illustration des Potenzials dieser Synthese von Ideen zeigen wir zum Abschluss, wie man für bestimmte konkrete Beispiele Flächen und Volumina berechnet.

Die schon angesprochene Aufgabensammlung befindet sich – zusammen mit vollständigen Lösungsvorschlägen – in einem separaten Begleittext. Zu jedem Abschnitt des Buches gibt es Aufgaben, die eine verständnisfördernde Beschäftigung mit den in dem Abschnitt eingeführten Begriffen und Argumenten nahelegen, und solche, in denen Varianten und Vertiefungen des in dem Abschnitt vorgeführten Materials diskutiert werden. Der erste Typ von Aufgaben ist bewusst einfach gehalten und seine Bearbeitung erfahrungsgemäß sehr hilfreich. Der zweite Typ von Aufgaben ist zum Teil deutlich anspruchsvoller, es gibt aber auch etliche Aufgaben, die einfach nur illustrieren, dass die im Text präsentierten Argumente auch in anderen Kontexten funktionieren.

Mein Anspruch in der Präsentation des Materials war nicht jeweils die größtmögliche Allgemeinheit, sondern ein möglichst gutes Verhältnis von Motivation und erzielbarer Erkenntnis. Am Ende sollte substantielles Verständnis für grundlegende Konzepte und Argumente der Mathematik sowie die Neugier auf mehr stehen.

Ich bedanke mich bei Max Hoffmann, Anja Panse und Andreas Rüdinger für ihr Interesse an diesem Projekt. Insbesondere natürlich für ihre Korrekturen, konstruktiven Anmerkungen und die Hilfe bei der Erstellung der tikZ-Abbildungen.

Januar 2026   Joachim Hilgert

Inhaltsverzeichnis

Zählen und Zahlen 1

Im Zentrum dieses Kapitels stehen Zahlbereiche, angefangen mit den *natürlichen Zahlen* 1, 2, 3, ..., über die *ganzen Zahlen* ..., $-3, -2, -1, 0, 1, 2, 3, \ldots$ und die *rationalen,* das heißt *Bruchzahlen,* bis hin zu den *reellen Zahlen* auf dem Zahlenstrahl und den *komplexen Zahlen* in der Zahlenebene. Bevor wir in Abschn. 1.2 das systematische Studium der natürlichen Zahlen beginnen, beschreiben wir in Abschn. 1.1 diverse Abzählprobleme, an denen man nicht nur sehen kann, wie wichtig Fähigkeiten im Umgang mit Zahlen sind, um solche Probleme zu lösen. Sie führen auch in natürlicher Weise auf erste Konzepte der Mengenlehre und die Frage nach der Lösbarkeit von Gleichungen. Letztere motiviert ihrerseits die obigen Erweiterungen der verwendeten Zahlbereiche, in deren Verlauf diverse mathematische Konzepte wie Induktion, Addition und Subtraktion sowie Multiplikation und Division wichtige Rollen spielen.

Die angesprochenen Erweiterungsprozesse weisen gewisse Ähnlichkeiten auf, die wir mit den eingeführten Konzepten der Mengenlehre auch präzise beschreiben werden. Es geht hier aber nicht nur um das Erreichen des Endpunkts der Erweiterung, nämlich die Einbettung der natürlichen „Zähl-Zahlen" in die Zahlenebene. Auf jeder Stufe der Zahlbereichserweiterung findet man Zahlensysteme, die neben Verknüpfungen wie Addition und Multiplikation, die im Zuge der Erweiterungen erhalten bleiben, auch sehr interessante spezielle Eigenschaften haben. Einige davon, wie zum Beispiel die Primzahlzerlegung natürlicher Zahlen werden wir hier auch genauer untersuchen. Es wird sich dabei herausstellen, dass es sehr nützlich sein kann, erst eine Erweiterung vorzunehmen und dann mithilfe der in der Erweiterung verfügbaren Werkzeuge, Eigenschaften des kleineren Zahlbereichs nachzuweisen.

© Der/die Autor(en), exklusiv lizenziert an Springer-Verlag GmbH, DE, ein Teil von Springer Nature 2026

J. Hilgert, *Mathematik für Ambitionierte,*
https://doi.org/10.1007/978-3-662-73048-5_1

1.1   Zählen

Abzählprobleme tauchen in allen Lebenslagen auf. Mal aus reiner Neugier (Wie viele Tage bin ich alt?), mal als Planungsgrundlage (Für wie viele Spiele muss ich Plätze und Termine ansetzen, wenn ich ein Pokalturnier veranstalten will?), mal um Erfolgschancen einzuschätzen (Wie viele mögliche Ergebnisse gibt es bei einer Lottoziehung?).

In diesem Abschnitt diskutieren wir einige Beispiele für Abzählprobleme. Je komplizierter sie werden, desto klarer wird die Notwendigkeit einer systematischen Beschreibung der Probleme und Lösungswege. Das wird uns zur Sprache der Mengenlehre und zu einer formalen Definition der natürlichen Zahlen führen.

Wir steigen ein mit einem Beispiel, das gerne als Illustration dafür genommen wird, dass man Abzählprobleme auf unterschiedlichen Wegen mit unterschiedlichem Aufwand lösen kann.

Beispiel 1.1 (KO-Turniere) Wie viele Partien werden in einem Tennisturnier mit 32 Startern ausgetragen?

Lösung 1: In der ersten Runde werden 16 Partien ausgespielt und es bleiben 16 Teilnehmer übrig. In der zweiten Runde werden 8 Partien ausgespielt, in der dritten 4, in der vierten 2. Die fünfte Runde ist das Finale. Es ergibt sich

$$16 + 8 + 4 + 2 + 1 = 31.$$

Lösung 2: In jeder Partie scheidet genau ein Teilnehmer aus. Am Ende sind alle bis auf einen ausgeschieden. Es müssen also 31 Partien stattgefunden haben.

Beide Lösungswege funktionieren auch mit 64, 128 oder 256 Startern. Die jeweiligen Antworten sind dann 63, 127 und 255, wobei die Rechnung für 255 auf dem ersten Lösungsweg schon etwas aufwendiger ist:

$$128 + 64 + 32 + 16 + 8 + 4 + 2 + 1 = 255.$$

Das Besondere an den Zahlen 32, 64, 128 und 256 ist, dass sie 2er-Potenzen sind, d. h. von der Form

$$2^n = \underbrace{2 \cdot 2 \cdots 2}_{n \text{ Faktoren}},$$

wobei die Anzahl der Faktoren 5, 6, 7 bzw. 8 ist. Deshalb lässt sich das Turnier in 5, 6, 7 bzw. 8 Runden austragen, in denen jeweils alle im Turnier verbliebenen Spieler antreten müssen und die Hälfte dieser Spieler ausscheidet (Lösung 1). Der Vergleich der beiden Lösungsweswege zeigt jetzt sogar ohne weitere Rechnung, dass für jede 2er-Potenz 2^n die Rechenregel

$$\underbrace{2^{n-1} + 2^{n-2} + \ldots + 2^3 + 2^2 + 2 + 1}_{n \text{ Summanden}} = 2^n - 1$$

gilt. Für die Summe auf der linken Seite ist die Notation

$$\sum_{j=0}^{n-1} 2^j$$

üblich (mit der Konvention $2^0 = 1$). Das Summenzeichen $\sum$ ist ein griechisches „Sigma", das im griechischen Alphabet die Rolle des S innehat. Neben der Kürze ist ein weiterer Vorteil dieser Schreibweise, dass die Auslassungs-Pünktchen „…" wegfallen, die zu ersetzen nicht immer so offensichtlich ist, wie in diesem Beispiel.

Was macht man, wenn die Anzahl der Starter keine 2er-Potenz ist? Das Turnier lässt sich dann immer noch in Runden austragen, aber wenn die Anzahl der Starter oder der im Turnier verbliebenen Teilnehmer ungerade ist, dann muss ein Teilnehmer ein Freilos bekommen. Die Alternative, nämlich einen Teilnehmer (z. B. per Losentscheid) rauszuwerfen, was von den meisten Leuten als unfair empfunden werden dürfte, soll hier nicht betrachtet werden. Das Zählen per Runde wird damit komplizierter. Wir führen es für 30 Starter analog zur Lösung 1 durch. In der ersten Runde finden 15 Partien statt und es bleiben 15 Teilnehmer übrig. In der zweiten Runde finden 7 Partien statt und es bleiben $8 = 2^3$ Teilnehmer übrig. Mit den Überlegungen zu den 2er-Potenzen ergibt sich also

$$15 + 7 + 4 + 2 + 1 = 29 = 30 - 1.$$

An dem zweiten Lösungsweg muss man überhaupt nichts ändern, er liefert die Antwort 29 sofort.

In der Praxis wird es auch als unfair empfunden, wenn der Weg ins Finale nicht für alle über gleich viele Stationen führt. Deswegen werden Turniere und Meisterschaften, die in einer KO-Phase kulminieren, eigentlich immer so organisiert, dass die Anzahl der Teilnehmer bzw. Teams, die die KO-Runde erreichen, eine 2er-Potenz ist. $\square$[1]

Beispiel 1.2 (Playoff-Modus) Wenn eine KO-Runde in „Playoffs" zum Beispiel im Austragungsmodus „Best-of-5" ausgetragen wird (in jeder Begegnung zweier Teams gibt es so viele Spiele, bis eines der Teams 3 Spiele gewonnen hat), dann lässt sich vorher nicht berechnen, wie viele Spiele ausgetragen werden müssen. Das siegreiche Team muss ja 3 Spiele gewonnen haben und kann dafür 3, 4 oder 5 Spiele brauchen. In so einem Fall kann man nur untere und obere Schranken für die Anzahl der durchzuführenden Spiele angeben, das heißt sagen, wie viele Spiele mindestens bzw. höchstens stattfinden müssen. Bei Playoffs mit 8 Teams im Best-of-5 Modus wären das nach den Überlegungen aus Beispiel 1.1 insgesamt $7 = 8 - 1$ Begegnungen, die jeweils zwischen 3 und 5 Spiele umfassen. Damit liegt die Anzahl der ausgetragenen Spiele zwischen $7 \cdot 3 = 21$ und $7 \cdot 5 = 35$. $\square$

---

[1] Ich verwende das Symbol $\square$, um das Ende eines mit einer Nummer versehenen Gliederungselements (Beispiel, Bemerkung, Definition etc.) oder eines Beweises zu kennzeichnen.

1.1.1 Partitionen

Schon die allererste oben angesprochene Frage „wie viele Tage bin ich alt?" lässt sich auf unterschiedliche Weisen angehen. Man könnte zum Beispiel mit dem Geburtsdatum anfangen und dann für jeden folgenden Tag eins weiter zählen. Das wäre sehr fehleranfällig, was dadurch etwas abgemildert werden könnte, dass man eine Strichliste macht, in der die Striche zu Zehner-, Hunderter- und Tausenderpaketen zusammengefasst werden. Weit naheliegender ist es, nicht die Striche zu Paketen zusammenzufassen, deren Größe man kennt, sondern die Tage. Wer sich die Frage nach seinen Lebenstagen stellt, hat auch schon Lebensjahre hinter sich und die Paketgröße „Jahr" kennen wir gut. Also wird er „Jahre" zuerst zählen. Man kann herausfinden, welche der vollen Kalenderjahre, die man erlebt hat, Schaltjahre waren und weiß daher die Anzahl der Tage in diesen Jahren. Mit dieser Überlegung reduziert man das Zählen der Tage auf des Zählen von Lebensjahren und das Zählen von Tagen in einem Jahr bis zu einem (Todesjahr), bzw. ab einem (Geburtsjahr) bestimmten Datum. Kennt man die Anzahl der Tage in den fraglichen Jahren, reicht es, die Tage bis zu einem Datum zu bestimmen, weil die Anzahl der Tage ab diesem Datum gerade die Anzahl der Tage in diesem Jahr abzüglich der Anzahl der Tage bis zu diesem Datum ist. Um die Tage bis zu einem vorgegebenem Datum zu zählen, kann man die Idee der Zusammenfassung der Tage zu Paketen modifizieren. Jetzt packt man sie zu Monaten zusammen, deren Anzahl von Tagen man kennt (Vorsicht, Schaltjahre!). Bleibt die Anzahl der Tage im Monat des festgelegten Datums zu bestimmen, aber die wird ja gerade durch das Datum gegeben.

Bemerkung 1.3 (Mengen und Abbildungen) Die Idee, die unterschiedlichen zu zählenden Sachen in separaten Paketen zusammenzufassen und dann die Paketgrößen zu addieren, lässt sich auch in den beiden Lösungswegen aus Beispiel 1.1 finden. Im ersten Lösungsweg entsprechen die Pakete den Runden und bestehen aus den Partien, die in der jeweiligen Runde gespielt werden. Im zweiten Lösungsweg entsprechen die Pakete den Teilnehmern und bestehen aus jeweils höchstens einem Spiel, nämlich dem, in dem der Teilnehmer ausgeschieden ist. Der Turniersieger scheidet als einziger in keinem Spiel aus, sein Paket ist *leer* (das heißt, hat keinen Inhalt). Zu allen anderen Teilnehmern gehört ein Paket, das genau ein Spiel enthält. Die Summe der Paketgrößen ist also gleich der Anzahl der Spieler, die das Turnier nicht gewinnen.

Im seit dem 19. Jahrhundert üblichen mathematischen Sprachgebrauch bezeichnet man solche Pakete als *Mengen* und die unterschiedlichen Objekte, die in den Paketen enthalten sind, als *Elemente* der Mengen.

Damit könnte jetzt die Menge M alle in dem Turnier gespielten Tennispartien bezeichnen und $M_1, \ldots, M_5$ die Mengen der in den Runden 1 bis 5 gespielten Partien. Diese Mengen werden als *Teilmengen* von M bezeichnet, weil alle ihre Elemente auch Elemente von M sind. Wenn man die Anzahl der Elemente einer Menge P mit $|P|$ bezeichnet (man spricht hier auch von der *Kardinalität* der Menge), ergibt sich

$$|M_1| = 16, \ |M_2| = 8, \ |M_3| = 4, \ |M_4| = 2, \ |M_5| = 1$$

und

$$|M| = \sum_{j=1}^{5} |M_j| = |M_1| + |M_2| + |M_3| + |M_4| + |M_5| = 16 + 8 + 4 + 2 + 1 = 31.$$

Der erste Lösungsweg wird also beschrieben durch die Aufteilung (mathematischer Name: *Partition*) von M in fünf separate Teilmengen (d. h. je zwei dieser Mengen haben keine gemeinsamen Elemente – mathematisch: die Mengen sind *disjunkt*).

Der zweite Lösungsweg wird beschrieben durch die Partition von M in 32 disjunkte Teilmengen $N_1, \ldots, N_{32}$, von denen eine die Kardinalität 0 hat und alle anderen die Kardinalität 1.

Die beiden Partitionen der Menge M kommen dadurch zustande, dass man den Elementen Eigenschaften zuweist und dann die Elemente mit den gleichen Eigenschaften zu einem Paket zusammenfasst. Im ersten Lösungsweg ist die Zuordnung

$$\text{Tennispartie } m \quad \mapsto \quad \text{Runde } r(m), \text{ in der } m \text{ stattfindet,}$$

im zweiten Lösungsweg ist die Zuordnung

$$\text{Tennispartie } m \quad \mapsto \quad \text{Spieler } v(m), \text{ der } m \text{ verliert.}$$

Wenn man jetzt zusätzlich zur Menge M aller im Turnier gespielten Tennispartien m die Mengen R aller (fünf) Runden und S aller Spieler im Turnier bildet, dann erhält man die Zuordnungen

$$r : M \to R, \quad m \mapsto r(m)$$

und

$$v : M \to S, \quad m \mapsto v(m).$$

Solche Zuordnungen zwischen zwei Mengen, in denen jedem Element der ersten Menge genau ein (nicht zwei oder mehr) Element der zweiten Menge zugeordnet wird, nennt man *Abbildungen* oder auch *Funktionen*. $\qquad\Box$

Als Nächstes betrachten wir die Ziehung der Lottozahlen als Beispiel für das Auszählen von Gewinnchancen.

Beispiel 1.4 (Ziehung der Lottozahlen) Die in Deutschland verbreitete Version des Lotto ist eine zufällige sukzessive Ziehung von 6 Kugeln aus einem Behältnis mit 49 Kugeln, die mit 1 bis 49 durchnummeriert sind – daher der Name „6–aus-49" für diese Form des Lotto. Diese 6 gezogenen Zahlen werden der Größe nach sortiert. Separat davon wird eine der Zahlen 0, 1, 2, 3, 4, 5, 6, 7, 8, 9 zufällig als Superzahl ausgewählt. Auf dem Spielschein kreuzt man 6 Zahlen in einem 7×7-Kästchenschema an (in dem es 49 durchnummerierte Kästchen gibt). Außerdem ist eine der 10 obigen Ziffern aufgedruckt. Dementsprechend gibt es verschiedene Gewinnklassen wie „5-Richtige", wenn 5 der 6 angekreuzten Zahlen gezogen wurden, oder „6-Richtige",

wenn alle 6 angekreuzten Zahlen gezogen wurden, oder auch „6-Richtige mit Superzahl", wenn die gezogene Superzahl mit der aufgedruckten Ziffer übereinstimmt.

Wir betrachten zunächst die Gewinnchance für die Gewinnklasse 6-Richtige.
Dazu zählen wir zunächst die Ziehungsmöglichkeiten, die zu einem Gewinn in dieser Klasse führen. Wir nehmen also an, die Zahlen $n_1, \ldots, n_6$ wurden getippt. Um
6-Richtige zu haben, muss also in jeder Ziehung eine dieser Zahlen gezogen werden.
Bei der ersten Ziehung gibt es 6 Ergebnisse, die in den nachfolgenden Ziehungen
noch zu 6-Richtigen führen können. Unabhängig davon welches dieser 6 günstigen
Ergebnisse die erste Ziehung gebracht hat, gibt es in der zweiten Ziehung noch 5
Ergebnisse, die in den nachfolgenden Ziehungen noch zu 6-Richtigen führen können. Für die ersten beiden Ziehungen gibt es also zusammen $6 \cdot 5 = 30$ Ergebnisse,
die in den nachfolgenden Ziehungen noch zu 6-Richtigen führen können. Unabhängig davon, welche dieser 30 günstigen Ergebnisse die ersten beiden Ziehungen
ergeben haben, gibt es in der dritten Ziehung noch 4 Ergebnisse, die in den nachfolgenden Ziehungen noch zu 6-Richtigen führen können. Bis dahin hat man also
$6 \cdot 5 \cdot 4 = 30 \cdot 4 = 120$ günstige Ergebnisse, die sich zu 6-Richtigen ergänzen lassen. Wiederholt man dieses Argument jetzt, bleiben in der vierten Ziehung 3 günstige
Ergebnisse, in der fünften Ziehung 2 und in der sechsten Ziehung nur noch 1 günstiges
Ergebnis, jeweils unabhängig davon, welche günstigen Ergebnisse die vorherigen
Ziehungen ergeben haben. Insgesamt finden wir also

$$6 \cdot 5 \cdot 4 \cdot 3 \cdot 2 \cdot 1 = 720$$

Ziehungsergebnisse, die zu einem Gewinn der Gewinnklasse 6-Richtige führen. Um
die Gewinnchancen zu bestimmen, muss man jetzt noch die Anzahl aller möglichen
Ziehungsergebnisse berechnen. Das lässt sich aber mit derselben Überlegung wie für
die günstigen Ziehungsergebnisse bewerkstelligen. Für die erste Ziehung hat man
49 Möglichkeiten, für die zweite 48 und so weiter. Es ergeben sich also

$$49 \cdot 48 \cdot 47 \cdot 46 \cdot 45 \cdot 44 = 10068347520$$

mögliche Ziehungsergebnisse, von denen

$$10068347520 - 720 = 10068346800$$

nicht zu einem Gewinn der Gewinnklasse 6-Richtige führen. Die *Gewinnchance* ist
also

$$720 : 10068346800, \quad \text{also weniger als} \quad 1 : 13\,\text{Mio.}$$

Wenn wir jetzt noch die Superzahl einbeziehen wollen, kommt noch eine Ziehung
dazu, nämlich die einer Zahl zwischen 0 und 9. Da der Lotto-Schein eine dieser
Zahlen aufgedruckt hat, ist genau einer von den 10 möglichen Ziehungsergebnissen
günstig. Damit verzehnfacht sich die Anzahl der gesamten möglichen Ziehungsergebnisse, während die Anzahl der für die Gewinnklasse 6-Richtige-mit-Superzahl

günstigen Ziehungsergebnisse bei 720 bleibt. Damit liegt die Gewinnchance für die Gewinnklasse 6-Richtige-mit-Superzahl bei

$$720 : 100683464480, \quad \text{also bei weniger als} \quad 1 : 130\,\text{Mio.}$$

Die Gewinnchance für die Gewinnklasse 5-Richtige zu berechnen, ist etwas komplizierter, weil die günstigen Ergebnisse ja auf unterschiedliche Weise zustande kommen können. Es muss bei genau einer Ziehung eine nicht-getippte Zahl gezogen werden. Man kann hier die Ideen aus Bemerkung 1.3 verwenden und die Menge M der günstigen Ziehungsergebnisse in die Mengen $M_1, \ldots, M_6$ zerlegen, wobei die Menge M_j für $j = 1, \ldots, 6$ aus denjenigen Ziehungsergebnissen besteht, die in der j-ten Ziehung und nur dort eine nicht-getippte Zahl enthalten. Mit den Überlegungen zur Gewinnklasse 6-Richtige findet man

$$|M_1| = 43 \cdot 6 \cdot 5 \cdot 4 \cdot 3 \cdot 2 = 30960,$$
$$|M_2| = 6 \cdot 43 \cdot 5 \cdot 4 \cdot 3 \cdot 2 = 30960,$$
$$|M_3| = 6 \cdot 5 \cdot 43 \cdot 4 \cdot 3 \cdot 2 = 30960,$$
$$|M_4| = 6 \cdot 5 \cdot 4 \cdot 43 \cdot 3 \cdot 2 = 30960,$$
$$|M_5| = 6 \cdot 5 \cdot 4 \cdot 3 \cdot 43 \cdot 2 = 30960,$$
$$|M_5| = 6 \cdot 5 \cdot 4 \cdot 3 \cdot 2 \cdot 43 = 30960,$$

also $|M| = 6 \cdot 30960 = 185760$. Damit hat man $10068347520 - 185760 = 100681\,61760$ mögliche Ziehungsergebnisse, die nicht in der Gewinnklasse 5-Richtige liegen. Die Gewinnchance für die Gewinnklasse 5-Richtige ergibt sich also zu

$$185760 : 10068161760, \quad \text{also etwa zu} \quad 1 : 54200.$$

An dieser Stelle bietet es sich als Übung an, die Gewinn-Chancen auch für die Gewinnklassen j-Richtige für $j = 1, 2, 3$ und 4 zu berechnen. $\qquad\square$

Im Zuge der Berechnung der Gewinnchancen in Beispiel 1.4 haben wir auch ein anderes Zählproblem gelöst. Wir haben nämlich ein Verfahren angegeben, das uns eine Antwort darauf liefert, in wie vielen verschiedenen Reihenfolgen man 6 Objekte (im Beispiel waren das die gezogenen Lottozahlen) anordnen kann. Das Ergebnis ist

$$6 \cdot 5 \cdot 4 \cdot 3 \cdot 2 \cdot 1.$$

Das Verfahren funktioniert aber genau so für jede andere Anzahl von Objekten. Wenn wir n Objekte haben, dann gibt es

$$n \cdot (n-1) \cdot (n-2) \cdots 2 \cdot 1 \qquad (1.1)$$

verschiedene Möglichkeiten sie in einer Reihenfolge aufzulisten. Da dieses Produkt in der Mathematik sehr oft vorkommt, hat es einen eigenen Namen, nämlich n-*Fakultät*. Man kürzt es durch die Bezeichnung $n!$ ab.

Für Produkte gibt es auch eine Notation wie für Summen. Das Produkt in (1.1) schreibt man auch

$$\prod_{j=0}^{n-1}(n-j) \quad \text{oder} \quad \prod_{k=1}^{n}k.$$

Das Produktzeichen $\prod$ ist ein griechisches „Pi", das im griechischen Alphabet die Rolle des P innehat.

Bemerkung 1.5 (Permutationen) Das Ändern von Reihenfolgen lässt sich auch durch Abbildungen im Sinne von Bemerkung 1.3 beschreiben. Wenn nämlich die Elemente einer Menge M mit n Elementen in der Reihenfolge $m_1, m_2, \ldots, m_n$ geschrieben werden und man die Reihenfolge dieser Elemente ändert, dann ist eine Vorschrift für die Umordnung in die neue Reihenfolge durch eine Abbildung $f : M \to M$, $m \mapsto f(m)$ gegeben, das heißt, die neue Reihenfolge ist

$$f(m_1), f(m_2), \ldots, f(m_n).$$

Da hier nur die Reihenfolge verändert wird, gibt es zu jedem Element m' von M genau ein Element m von M mit $f(m) = m'$. So eine Abbildung nennt man eine *Permutation* von M. Umgekehrt bewirkt jede Permutation eine Änderung der Reihenfolge. Also haben wir durch unsere Überlegungen im Anschluss an Beispiel 1.4 gezeigt, dass es zu einer Menge M mit n Elementen genau $n!$ verschiedene Permutationen $f : M \to M$ gibt. $\qquad\square$

1.1.2 Wahrscheinlichkeiten

Die Berechnung der Gewinnchancen in Beispiel 1.4 erforderte nach der Berechnung der Gesamtanzahlen und der Anzahlen von günstigen Ereignissen auch jeweils einen extra Rechenschritt, in dem die Anzahl der ungünstigen Ereignisse als Differenz von Gesamtanzahl und Anzahl der günstigen Ereignisse berechnet wurde. Diesen Schritt kann man eliminieren und erhält dadurch eine Größe, die mathematisch gegenüber der Gewinnchance viele Vorteile hat, die Gewinn-*Wahrscheinlichkeit*.

Bemerkung 1.6 (Wahrscheinlichkeit) Sei M eine Menge mit endlich vielen Elementen, von denen jedes als möglicher Ausgang (mathematisch: *Ergebnis*) eines Experiments interpretiert wird. Eine gegebene Teilmenge E von M wird dann als ein *Ereignis* interpretiert, an dessen Eintreten man interessiert ist (wie zum Beispiel an der Menge der günstigen Ergebnisse bei der Lotto-Ziehung in Beispiel 1.4 – insbesondere bestehen die interessanten Ereignisse oft aus mehr als nur einem Ergebnis). Unter der Voraussetzung, dass man das Auftreten der Ergebnisse für rein zufällig hält und keines der Ergebnisse bevorzugt vorkommt, sagt man, dass das Ereignis E mit *Wahrscheinlichkeit*

$$P(E) = \frac{|E|}{|M|}$$

eintritt (P für „Probability"). Hier ist jedes Ergebnis (als Ereignis mit nur einem Element) gleich wahrscheinlich – aber das ist keine neue Erkenntnis, das haben wir schon als Voraussetzung in das Modell gesteckt. Wenn man ein Ereignis E in disjunkte Ereignisse $E_1, \ldots, E_n$ aufteilt, ergibt sich wegen der *Summenformel*

$$|E| = \sum_{j=1}^{n} |E_j| = |E_1| + \ldots + |E_n|, \tag{1.2}$$

die wir schon in Bemerkung 1.3 verwendet haben, dass die Wahrscheinlichkeit für E die Summe

$$P(E) = \sum_{j=1}^{n} P(E_j) = P(E_1) + \ldots + P(E_n) \tag{1.3}$$

der Wahrscheinlichkeiten für die Teilereignisse ist. $\qquad\square$

Als Beispiel für die Vorteile der Wahrscheinlichkeit gegenüber der Gewinnchance (und um die Natur der Berechnung der Gewinnchance für die Gewinnklasse 6-Richtige-mit-Superzahl in Beispiel 1.4 etwas deutlicher herauszuarbeiten) betrachten wir ein Würfelbeispiel. Angenommen, man würfelt dreimal und gewinnt, wenn man drei Sechsen würfelt. Die Chance, beim ersten Wurf eine Sechs zu würfeln, liegt bei 1 : 5, ebenso für den zweiten und den dritten Wurf. Insgesamt gibt es unter den $6 \cdot 6 \cdot 6 = 216$ möglichen Ergebnissen genau ein günstiges Ergebnis (dreimal die Sechs). Die Gewinnchance liegt damit bei 1 : 215. Dagegen ist die Wahrscheinlichkeit für das günstige Ereignis, dreimal die Sechs zu würfeln, gleich

$$\frac{1}{216} = \frac{1}{6} \cdot \frac{1}{6} \cdot \frac{1}{6},$$

wobei $\frac{1}{6}$ auch die Wahrscheinlichkeit dafür ist, bei einem Wurf eine Sechs zu würfeln. Das heißt, wenn sich die Experimente gegenseitig nicht beeinflussen, dann multiplizieren sich die Wahrscheinlichkeiten bei der Wiederholung.

Betrachten wir nur das eine Experiment „Ziehung der einzelnen Lottozahlen", so multiplizieren sich die Wahrscheinlichkeiten nicht, weil die nachfolgende Ziehung durch das Herausnehmen der gezogenen Kugel beeinflusst wird. Aber im Falle der Gewinnklasse 6-Richtige mit Superzahl im Lotto haben wir zwei von einander unabhängige „Experimente", nämlich die Ziehung von 6 Kugeln aus einem Behältnis mit 49 Kugeln und die zufällige Auswahl einer Zahl aus der Menge Z mit den Zahlen $0, 1, 2, \ldots, 9$ als Elemente. In Beispiel 1.4 haben wir für die Wahrscheinlichkeiten für 6-Richtige bzw. 6-Richtige mit Superzahl die Zahlen

$$P(\text{6-Richtige}) = \frac{720}{10068347520} \quad \text{und} \quad P(\text{6-Richtige mit Superzahl}) = \frac{720}{100683475200}$$

gefunden. Die Wahrscheinlichkeit, die richtige Superzahl zu haben, ist $P(\text{Superzahl}) = \frac{1}{10}$. Nun erhalten wir wieder durch Multiplikation der Wahrscheinlichkeiten zweier unabhängiger Experimente

$$P(\text{6-Richtige mit Superzahl}) = P(\text{6-Richtige}) \cdot P(\text{Superzahl}).$$

Was wir hier für drei (beim Würfeln) bzw. zwei (6-Richtige mit Superzahl) Experimente beobachtet haben, hat man für beliebige Anzahlen von Experimenten. Wir formulieren das in der mathematischen Sprache mit Mengen und Elementen.

Die traditionelle Schreibweise für die Menge Z von oben ist

$$Z = \{0, 1, 2, 3, 4, 5, 6, 7, 8, 9\}.$$

Die Symbole { und } werden in diesem Kontext die *Mengenklammern* genannt.

Bemerkung 1.7 (Produktmengen) Seien n eine beliebige Anzahl (in den obigen Beispielen war das 3 bzw. 2) und $X_1, X_2, , \ldots, X_n$ endliche Mengen (d. h. Mengen mit jeweils nur endlich vielen Elementen). Wir betrachten Listen der Form $(x_1, x_2, \ldots, x_n)$ von Elementen dieser Mengen, wobei für jedes $j = 1, 2, \ldots, n$ das x_j ein Element von X_j ist. Um die Beschreibung zu vereinfachen, führen wir die Standardbezeichnung $x_j \in X_j$ für „x_j ist ein Element von X_j" ein. Solche Listen bezeichnet man auch als *n-Tupel* (2-Tupel sind *Paare* und 3-Tupel sind *Tripel*). Beachte, dass in den Tupeln die Reihenfolge festgelegt ist, das heißt Mengen und Tupel sind unterschiedliche Konzepte. Wir fassen die obigen n-Tupel zu einer neuen Menge zusammen:

$$X = \{(x_1, \ldots, x_n) \mid x_1 \in X_1, \ldots, x_n \in X_n\}.$$

In der Schreibweise $\{\ldots \mid \ldots\}$ für eine Menge stehen links von $\mid$ die Elemente der Menge und rechts von $\mid$ die Eigenschaften, die diese Elemente haben müssen, damit sie zu der Menge gehören. Die Menge X wird die *Produktmenge* der Mengen $X_1, \ldots, X_n$ genannt und mit $X_1 \times \ldots \times X_n$ bezeichnet. Wenn $A = X_1 = \ldots = X_n$, dann schreibt man auch A^n statt $X_1 \times \ldots \times X_n$.

Die Anzahl $|X|$ der Elemente von X lässt sich genauso berechnen, wie die Anzahl der möglichen Ergebnisse von drei Würfen mit einem Würfel. Für die Besetzung der ersten Stelle eines n-Tupels in X gibt es $|X_1|$ Möglichkeiten. Für jede dieser möglichen Wahlen gibt es wiederum $|X_2|$ Möglichkeiten die zweite Stelle des n-Tupels zu besetzen. Also hat man $|X_1| \cdot |X_2|$ Möglichkeiten die ersten beiden Stellen des n-Tupels zu besetzen. So fährt man fort und erhält insgesamt $|X_1| \cdot |X_2| \cdot |X_3| \cdots |X_n|$ Möglichkeiten ein n-Tupel in X zu bilden. Damit haben wir

$$|X_1 \times X_2 \times X_3 \times \ldots \times X_n| = |X_1| \cdot |X_2| \cdot |X_3| \cdots |X_n| = \prod_{j=1}^{n} |X_j|. \qquad (1.4)$$

Betrachtet man jetzt das zufällige Auswählen eines Elements von X_j als Experiment, dann ist die Wahrscheinlichkeit $P(\{x_j\})$, das Element $x_j \in X_j$ als Ergebnis zu erhalten, gleich $\frac{1}{|X_j|}$. Mit der Formel (1.4) finden wir dann, dass bei der zufälligen Auswahl eines n-Tupels in X die Wahrscheinlichkeit $P(\{(x_1, \ldots, x_n)\})$ ein bestimmtes n-Tupel $(x_1, \ldots, x_n) \in X$ zu finden, für jedes solche n-Tupel

$$P(\{(x_1, \ldots, x_n)\}) = \frac{1}{|X|} = P(\{x_1\}) \cdots P(\{x_n\}) = \prod_{j=1}^{n} P(\{x_j\})$$

ist. $\qquad\qquad\qquad\qquad\qquad\qquad\qquad\qquad\qquad\qquad\qquad\qquad\qquad\qquad\qquad$ $\square$

Für das Beispiel 1.4 der Ziehung von Lottozahlen und Superzahl kann man in der Notation von Bemerkung 1.7 als X_1 die Menge der möglichen Ergebnisse einer Ziehung von 6 Lottozahlen wählen und als X_2 die Menge der möglichen aufgedruckten Zahlen auf dem Lottoschein $\{0, 1, \ldots, 9\}$. Wir schreiben das Ergebnis einer Lottoziehung wie üblich als ein 6-Tupel $(z_1, \ldots, z_6)$ von Zahlen $z_j \in \{1, \ldots, 49\}$ mit $z_1 < z_2 < \ldots < z_6$ indem wir die gezogenen Zahlen deren Größe nach anordnen. Dann ist ein Element von $X_1 \times X_2$ ein Paar $((z_1, z_2, z_3, z_4, z_5, z_6), k)$, wobei $(z_1, \ldots, z_6) \in X_1$ ein mögliches Ergebnis einer Lottoziehung ist und $k \in X_2$ ein mögliches Ergebnis einer Superzahlziehung. Die entsprechenden Wahrscheinlichkeiten, diese Ergebnisse zu ziehen sind

$$P(\{(z_1, \ldots, z_6)\}) = \frac{1}{10068347520} \quad \text{und} \quad P(\{k\}) = \frac{1}{10}$$

sowie

$$P(\{((z_1, \ldots, z_6), k)\}) = \frac{1}{100683475200} = P(\{(z_1, \ldots, z_6)\}) \cdot P(\{k\}).$$

Das Beispiel des dreifachen Würfelns von oben ist ein Spezialfall, in welchem die Faktoren der Produktmenge alle gleich sind. Die Definition der Produktmengen in Bemerkung 1.7 erlaubt beliebig viele Faktoren, also zum Beispiel auch die Beschreibung von vielfach wiederholten Experimenten. Das eröffnet die Möglichkeit, Wahrscheinlichkeiten von Ereignissen empirisch zu testen, das heißt mit in tatsächlich durchgeführten Testreihen aufgetretenen relativen Häufigkeiten dieser Ereignisse zu vergleichen. Wir schauen uns das für das Würfelbeispiel genauer an.

Beispiel 1.8 (Wiederholtes Würfeln) Beim Würfeln ist die Wahrscheinlichkeit, eine Sechs zu würfeln, gleich $\frac{1}{6}$, weil dies eines von 6 gleichberechtigten möglichen Ergebnissen ist. Wir teilen unsere Diskussion wiederholten Würfelns in zwei Teile auf, die wir mit den (kleinen) römischen Ziffern (i) und (ii) durchnummerieren.

(i) Beim n-fachen Würfeln ist die Menge der möglichen Ergebnisse $\{1, 2, 3, 4, 5, 6\}^n$. Jedes mögliche Ergebnis wird dargestellt als ein n-Tupel $(x_1, \ldots, x_n)$ in dieser Menge, wobei x_1 das Ergebnis des ersten Wurfes, x_2 das Ergebnis des des zweiten Wurfes etc. sind. Zählen wir nun die 6en, so merken wir uns die jeweiligen

Stellen in dem Tupel $(x_1, \ldots, x_n)$, an denen eine 6 auftritt. Wird beispielsweise beim 7. Wurf eine 6 erzielt (gilt also $x_7 = 6$), merken wir uns die 7. Wir notieren also den Index j der Variable x_j. Das drücken wir allgemeiner und etwas formaler wie folgt aus: $\{j \in \{1, \ldots, n\} \mid x_j = 6\}$. Wiederholt man das Experiment n-mal, so kann man nach der Anzahl $|\{j \in \{1, \ldots, n\} \mid x_j = 6\}|$ der 6en unter den Ergebnissen fragen und, um einen Vergleich mit theoretisch vorhergesagten Wahrscheinlichkeiten zu ermöglichen, nach der *relativen Häufigkeit* von Sechsen unter den Ergebnissen, das heißt, bei n Würfen für jedes Ergebnis $x = (x_1, \ldots, x_n) \in \{1, 2, 3, 4, 5, 6\}^n$ nach

$$H_n(x) = \frac{|\{j \in \{1, \ldots, n\} \mid x_j = 6\}|}{n}.$$

Damit hat man jedem möglichen Ausgang des n-fach wiederholten Experiments eine Zahl zugeordnet, eine sogenannte *Zufallsvariable*. Genauer gesagt nennt man die Abbildung

$$\{1, \ldots, 6\}^n \to \mathbb{R}, \quad x = (x_1, \ldots, x_n) \mapsto H_n(x)$$

eine Zufallsvariable. Wenn der Begriff „Wahrscheinlichkeit" den Wortsinn korrekt widerspiegelt, dann sollte man erwarten, dass $H_n(x)$ bei langen zufälligen Versuchreihen nahe bei $\frac{1}{6}$ liegt. Wir können in diesem Buch keine Experimente durchführen, aber wir können berechnen, mit welcher Wahrscheinlichkeit eine Häufigkeit auftritt. Dazu zählen wir die n-Tupel $x = (x_1, \ldots, x_n) \in \{1, 2, 3, 4, 5, 6\}^n$, in denen k Sechsen vorkommen. Um k Sechsen auf die n Stellen zu verteilen, müssen wir zunächst k aus n Stellen auswählen, wo wir dann die Sechsen platzieren. Danach besetzen wir alle anderen Stellen mit Zahlen zwischen 1 und 5. Für den ersten Teil der Aufgabe haben wir die Lottofrage „k aus n" aus Beispiel 1.4 zu beantworten. Als Ergebnis erhalten wir

$$\frac{n(n-1)\cdots(n-k+1)}{k(k-1)\cdots 1} \tag{1.5}$$

mögliche Platzierungen, wobei der Zähler angibt, wie viele mögliche Platzierungen man hat, wenn man die zu verteilenden Sechsen durchnummeriert (n Möglichkeiten für die erste Sechs, $n-1$ Möglichkeiten für die zweite Sechs, etc.). Der Nenner gibt an, wie viele der Platzierungen ununterscheidbar sind, weil sie durch Austausch von Sechsen ineinander übergehen (siehe auch Bemerkung 1.5). Ähnlich wie bei der Fakultät bekommt auch der Ausdruck in (1.5) eine eigene Bezeichnung, nämlich $\binom{n}{k}$. Der gängige Name *Binomialkoeffizient* für $\binom{n}{k}$ wird sich erst später erschließen.

Was durch die Formel (1.5) nicht erfasst wird, ist der Fall, dass gar keine Sechs gewürfelt wird. Entsprechend der Antwort auf die Frage wie viele Möglichkeiten es gibt, keine Stelle auszuwählen, setzt man

$$\binom{n}{0} = 1.$$

Nachdem die k mit Sechsen zu besetzenden Stellen ausgewählt sind, hat man noch 5^{n-k} Möglichkeiten die übrigen $n-k$ Stellen mit Zahlen aus $\{1, 2, 3, 4, 5\}$ zu besetzen. Zusammen hat man also

$$5^{n-k} \cdot \binom{n}{k}$$

Möglichkeiten n Stellen mit k Sechsen zu besetzen und die übrigen $n-k$ Stellen mit Zahlen aus $\{1, 2, 3, 4, 5\}$ aufzufüllen, sprich man hat $5^{n-k} \cdot \binom{n}{k}$ Möglichkeiten, bei n Versuchen genau k-mal die Sechs zu würfeln.

Da die Anzahl aller möglichen n-Tupel mit Einträgen in $\{1, 2, 3, 4, 5, 6\}$ gleich 6^n ist, ist die Wahrscheinlichkeit $P_n(k)$ für die Sechser-Häufigkeit $\frac{k}{n}$ bei n Würfen gleich

$$P_n(k) = \frac{5^{n-k}}{6^n} \binom{n}{k}.$$

Jede der denkbaren Häufigkeiten hat eine positive Wahrscheinlichkeit. Ein Maß dafür, ob die auftretenden Häufigkeiten „nahe" bei $\frac{1}{6}$ liegen, ist der *gewichtete Durchschnitt*

$$\mathbf{E}_n = \sum_{k=0}^{n} P_n(k) \frac{k}{n} = \sum_{k=1}^{n} P_n(k) \frac{k}{n} = \frac{1}{6^n} \sum_{k=1}^{n} 5^{n-k} \frac{(n-1)\cdots(n-k+1)}{(k-1)\cdots 1}$$

$$= \frac{1}{6^n} \sum_{k=1}^{n} 5^{n-k} \binom{n-1}{k-1},$$

wobei das Gewicht, mit dem eine Häufigkeit gewichtet ist, gerade die Wahrscheinlichkeit ist, mit der diese Häufigkeit auftritt. Man nennt diesen gewichteten Durchschnitt den *Erwartungswert* der Zufallsvariable H_n. Der Erwartungswert muss kein wirklich erzielbares Ergebnis sein. Wir berechnen die ersten 4 dieser Erwartungswerte:

$$\mathbf{E}_1 = \frac{1}{6}\binom{0}{0} = \frac{1}{6}$$

$$\mathbf{E}_2 = \frac{1}{6^2}\left(5\binom{1}{0} + \binom{1}{1}\right) = \frac{6}{6^2} = \frac{1}{6}$$

$$\mathbf{E}_3 = \frac{1}{6^3}\left(5^2\binom{2}{0} + 5\binom{2}{1} + \binom{2}{2}\right) = \frac{36}{6^3} = \frac{1}{6}$$

$$\mathbf{E}_4 = \frac{1}{6^4}\left(5^3\binom{3}{0} + 5^2\binom{3}{1} + 5\binom{3}{2} + \binom{3}{3}\right) = \frac{216}{6^4} = \frac{1}{6}$$

Es ist möglich zu zeigen, dass $\mathbf{E}_n = \frac{1}{6}$ für alle $n \in \mathbb{N}$ gilt (zum Beispiel mit vollständiger Induktion, die wir später diskutieren werden, aber hier noch nicht voraussetzen wollen). Das zeigt dann zumindest, dass im (gewichteten) Mittel die Häufigkeit von Sechsen gerade die Wahrscheinlichkeit ist, eine einzelne Sechs zu würfeln.

(ii) Der Erwartungswert $\mathbf{E}_n$ für die Häufigkeit von Sechsen ist in (i) durch eine relativ komplizierte Formel gegeben, die wir noch nicht für alle n alle auswerten konnten. Wir betrachten daher in diesem zweiten Teil unserer Diskussion wiederholten Würfelns eine andere Zufallsvariable zu einer Serie von Würfelwürfen, deren Erwartungswert leichter zu berechnen ist. Jetzt ordnen wir jedem möglichen Ausgang $x = (x_1, \ldots, x_n) \in X = \{1, 2, 3, 4, 5, 6\}^n$ bei n-maligem Würfeln die Zahl $D(x) = \frac{1}{n} \sum_{j=1}^{n} x_j$ zu, das heißt, die durchschnittliche Augenzahl. Für einen einzigen Würfelwurf ist der Erwartungswert für die Augenzahl gleich

$$\frac{1}{6} \cdot 1 + \frac{1}{6} \cdot 2 + \frac{1}{6} \cdot 3 + \frac{1}{6} \cdot 4 + \frac{1}{6} \cdot 5 + \frac{1}{6} \cdot 6 = \frac{21}{6} = \frac{7}{2}.$$

Weil jedes x die gleiche Wahrscheinlichkeit $\left(\frac{1}{6}\right)^n$ hat, ist der Erwartungswert der durchschnittlichen Augenzahl gleich $\left(\frac{1}{6}\right)^n$ mal der Summe aller $D(x)$ mit $x \in X$. Da wir diese Elemente nicht durchnummeriert haben, schreiben wir

$$\sum_{x \in X} D(x)$$

für diese Summe und erhalten für den Erwartungswert

$$\frac{1}{6^n} \sum_{x \in X} D(x) = \frac{1}{6^n} \sum_{x \in X} \frac{1}{n} \sum_{j=1}^{n} x_j = \frac{1}{n6^n} \sum_{x \in X} \sum_{j=1}^{n} x_j = \frac{1}{n6^n} \sum_{j=1}^{n} \sum_{x \in X} x_j$$

$$= \frac{1}{n6^n} n \cdot 21 \cdot 6^{n-1} = \frac{21}{6},$$

weil es zu jedem $j = 1, \ldots, n$ und jedem $k \in \{1, 2, 3, 4, 5, 6\}$ genau 6^{n-1} Elemente $x \in X$ mit $x_j = k$ gibt. In der ersten Zeile der Rechnung haben wir ausgenutzt, dass den Faktor $\frac{1}{n}$ aus der zweiten Summe herausziehen darf, weil er für jeden Summenden gleich ist, und dass es bei der Summation nicht darauf ankommt, in welcher Reihenfolge man aufsummiert. Wir haben also herausgefunden, dass der Erwartungswert der durchschnittlichen Augenzahl bei n-fachem Würfeln genauso gleich $\frac{7}{2}$ ist wie bei einem einzigen Wurf. $\square$

Alle Beispiele für Abzählprobleme, die wir bis jetzt betrachtet haben, sind Beispiele für *mathematische Modellierungen* realer Situationen durch „passende" Mengen und Interpretationen von Zahlen, die man aus ihren *Kardinalitäten,* das heißt den jeweiligen Anzahlen von Elementen, bildet (wie Gewinnchancen oder Wahrscheinlichkeiten). Dabei haben wir uns auf klar geregelte Situationen beschränkt und jeweils nach Bedarf neue mathematische Objekte (wie Produktmengen oder Zufallsvariablen) eingeführt, die die Beschreibung der Modelle und die Berechnung oder Interpretation der Kardinalitäten strukturieren. Außerdem haben wir immer vereinfachende Annahmen gemacht, damit Rechnungen überhaupt möglich wurden. Zum Beispiel haben wir beim Lotto und beim Würfeln bisher immer angenommen, dass die unterschiedlichen Ergebnisse alle gleich wahrscheinlich sind, obwohl kein realer Würfel komplett „fair" ist. All das ist typisch für mathematische Modellierung.

Beispiel 1.9 (Ununterscheidbare Würfel) Die Annahme, dass alle möglichen Ausgänge eines Experiments gleich wahrscheinlich sind, ist in der Regel nicht realistisch und muss gesondert begründet werden. Um die Problematik zu erläutern, modellieren wir das Würfeln mit zwei nicht unterscheidbaren Würfeln und studieren die Wahrscheinlichkeiten für alle möglichen Ergebnisse.

Wirft man nur einen Würfel, so werden die möglichen Ausgänge durch die Menge $M = \{1, 2, 3, 4, 5, 6\}$ beschrieben. Bei zwei Würfeln erhält man jeweils zwei Zahlen. Da die Würfel nicht unterscheidbar sind, gibt es zwei verschiedene Möglichkeiten. Entweder zeigen die beiden Würfel unterschiedliche Augenzahlen oder sie zeigen die gleichen Augenzahlen. Im ersten Fall werden die möglichen Ergebnisse durch die zweielementigen Teilmengen von M beschrieben:

$$\{1, 2\}, \{1, 3\}, \{1, 4\}, \{1, 5\}, \{1, 6\},$$
$$\{2, 3\}, \{2, 4\}, \{2, 5\}, \{2, 6\},$$
$$\{3, 4\}, \{3, 5\}, \{3, 6\},$$
$$\{4, 5\}, \{4, 6\},$$
$$\{5, 6\}.$$

Im zweiten Fall werden die möglichen Ergebnisse durch die einelementigen Teilmengen von M beschrieben (Pasch$_1$ mit 1, Pasch$_2$ mit 2, etc.). Insgesamt gibt es also $15 + 6 = 21$ unterscheidbare Ergebnisse.

Es wäre keine gute Idee, das Würfelexperiment jetzt durch eine Menge mit 21 Elementen zu beschreiben und dann zu definieren, dass jeder Ausgang die Wahrscheinlichkeit $\frac{1}{21}$ hat. Man würde dann bei einer Versuchsreihe schnell feststellen, dass diese Festsetzung von Wahrscheinlichkeiten keine gute Prognosekraft hat.

Realistischer ist es, davon auszugehen, dass die beiden Würfel jeweils mit der Wahrscheinlichkeit $\frac{1}{6}$ die Augenzahlen 1 bis 6 produzieren. Selbst wenn die Würfel für den Würfler nicht unterscheidbar sind, sind es doch zwei verschiedene Würfel, sagen wir der Würfel 1 und der Würfel 2. So betrachtet gibt es $6 \cdot 6 = 36$ gleich wahrscheinliche Ergebnisse, die durch Paare von Zahlen in M beschrieben werden. Sagen wir, an erster Stelle das Ergebnis von Würfel 1 und an zweiter Stelle das Ergebnis von Würfel 2:

$$(1, 1), (1, 2), (1, 3), (1, 4), (1, 5), (1, 6),$$
$$(2, 1), (2, 2), (2, 3), (2, 4), (2, 5), (2, 6),$$
$$(3, 1), (3, 2), (3, 3), (4, 4), (5, 5), (6, 6),$$
$$(4, 1), (4, 2), (4, 3), (4, 4), (4, 5), (4, 6),$$
$$(5, 1), (5, 2), (5, 3), (5, 4), (5, 5), (5, 6),$$
$$(6, 1), (6, 2), (6, 3), (6, 4), (6, 5), (6, 6).$$

Von diesen Ergebnissen sind für den Würfler diejenigen ununterscheidbar, die man durch Spiegelung an der Diagonale des quadratischen Schemas enthält. Die Ergebnisse (a, b) und (b, a) stellen sich für den Würfler als Ergebnis $\{a, b\}$ dar, wenn a

und b verschieden sind, und als Pasch$_a$ wenn a und b gleich sind. Damit ergeben sich die Wahrscheinlichkeiten

$$P(\{a, b\}) = \frac{2}{36} = \frac{1}{18} \quad \text{und} \quad P(\text{Pasch}_a) = \frac{1}{36}$$

für die 21 für den Würfler unterscheidbaren Ergebnisse. $\qquad\square$

1.1.3 Ausblicke

Wir betrachten noch ein paar weitere Modellierungen aus dem Bereich Kartenspiele, die immer noch klar geregelt sind, aber mit Regeln, die schon deutlich komplexer sind. Das wird weitere mathematische Hilfsmittel erfordern, die wir aber nicht alle schon in diesem Abschnitt bereit stellen können.

Beispiel 1.10 (Skat) Skat ist ein Kartenspiel für drei Personen, das mit 32 Karten gespielt wird. Es gibt 4 Familien von Karten ($\clubsuit$, $\spadesuit$, $\heartsuit$, $\diamondsuit$) und jede dieser Familien hat 8 Mitglieder (7, 8, 9, B, D, K, 10, A). Die vollen Namen von B, D, K, A sind „Bube", „Dame", „König", „Ass". Wenn $F = \{\clubsuit, \spadesuit, \heartsuit, \diamondsuit\}$ die Menge der Familien und $T = \{7, 8, 9, B, D, K, 10, A\}$ die Menge der Typen von Mitgliedern sind, dann ist jede Karte durch ihre Familie und ihren Typ eindeutig bestimmt, zum Beispiel Herz-Bube. Damit lässt sich die Menge der Karten mit der Produktmenge $F \times T$ identifizieren.

Zu Spielbeginn bekommt jeder Spieler 10 Karten, die übrigen zwei Karten werden (vorerst) beiseite gelegt. Die Spielregeln sind kompliziert, wir wollen hier nur zwei Aspekte herausgreifen. Erstens, die B-Karten („Buben") spielen eine Sonderrolle und es ist im Spiel ein Vorteil viele Buben zu haben. Abgesehen von den Buben gibt in jeder Familie von Karten eine Rangordnung („wer sticht wen?"), die durch die Reihenfolge der obigen Auflistung gegeben ist:

$$7 < 8 < 9 < D < K < 10 < A.$$

Buben stehen höher als Nicht-Buben. Mit einem Ass zu stechen bringt viele Punkte, da ein Ass mit 11 Punkten dotiert ist, und wenn eine Karte einer Familie angespielt wird, müssen die anderen Spieler Karten dieser Familie dazu geben, falls sie welche haben. Spielt also jemand ein Ass aus, wird er damit stechen, falls die beiden anderen Spieler Karten aus der selben Familie haben. Andernfalls können die Mitspieler das Ass mit einem Buben stechen und sich so die vielen Ass-Punkte sichern. Daher ist es beim Skat wichtig, die Wahrscheinlichkeit dafür einschätzen zu können, dass die beiden Mitspieler Karten aus einer bestimmten Familie haben.

Frage 1: Wie hoch ist die Wahrscheinlichkeit, dass mindestens 1 Bube unter den beiden beiseite gelegten Karten ist? Es gibt zwei sich gegenseitig ausschließende (d. h. disjunkte) Möglichkeiten, mindestens einen Buben unter den beiseite gelegten Karten zu haben:

a. Die erste Karte ist ein Bube. Die Wahrscheinlichkeit hierfür ist $\frac{4}{32}$.

b. Die erste Karte ist kein Bube, die zweite aber schon. Die Wahrscheinlichkeit hierfür ist $\frac{28}{32} \cdot \frac{4}{31}$.

Wegen der Summenformel (1.3) für die Wahrscheinlichkeiten von disjunkten Teilereignissen aus Bemerkung 1.6 ergibt sich jetzt die folgende Antwort auf Frage 1:

$$\frac{4}{32} + \frac{28}{32} \cdot \frac{4}{31} = \frac{4 \cdot 31 + 28 \cdot 4}{992} = \frac{236}{992} = \frac{59}{248} \approx \frac{1}{4}.$$

Hier verwenden wir das Zeichen $\approx$ für „ungefähr gleich".

Frage 2: Wie hoch ist die Wahrscheinlichkeit für einen Spieler, mindestens 1 Buben zu bekommen? Im Prinzip lässt sich Frage 2 ebenso beantworten, wie Frage 1, nur dass jetzt mehr Fälle zu betrachten sind, weil der Spieler ja 10 Karten bekommt und nicht nur 2.

a. Die erste Karte ist ein Bube. Die Wahrscheinlichkeit hierfür ist $\frac{4}{32}$.

b. Die erste Karte ist kein Bube, die zweite aber schon. Die Wahrscheinlichkeit hierfür ist $\frac{28}{32} \cdot \frac{4}{31}$.

c. Die ersten zwei Karten sind keine Buben, die dritte aber schon. Die Wahrscheinlichkeit hierfür ist $\frac{28}{32} \cdot \frac{27}{31} \cdot \frac{4}{30}$.

d. Die ersten drei Karten sind keine Buben, die vierte aber schon. Die Wahrscheinlichkeit hierfür ist $\frac{28}{32} \cdot \frac{27}{31} \cdot \frac{26}{30} \cdot \frac{4}{29}$.

etc.

Insgesamt hat man also zehn disjunkte Möglichkeiten, die man zum Schluss noch aufsummieren muss. Wenn man sich die Wahrscheinlichkeiten der ersten vier Fälle anschaut, kann man den Eindruck gewinnen, dass hinter den Formeln ein System steckt. Und in der Tat, jedes mal wenn wieder eine Karte kein Bube war, ist die Situation so wie am Anfang, nur mit weniger Karten.

Frage 3: Der Spieler S_1 hat das ♣-Ass und eine weitere ♣–Karte. Wie groß ist die Wahrscheinlichkeit, dass die beiden Mitspieler S_2 und S_3 eine ♣-Karte haben, die kein Bube ist?

Zur Beantwortung dieser Frage gehen wir zunächst so vor wie bei den ersten beiden Fragestellungen und analysieren die Karten-Situation. Dann aber nehmen wir einen Perspektivwechsel vor und nehmen die Spieler in den Fokus, um unsere abzuzählenden Mengen zu bauen. Dieser Perspektivwechsel erleichtert die Lösung des Problems ganz erheblich, ein Phänomen, das man in der Mathematik häufig findet.

Neben ♣-Ass und ♣-Bube gibt es noch sechs ♣-Karten aus der ♣-Familie. Eine davon hat der Spieler S_1 selbst. Es bleiben also noch fünf ♣-Karten, die auf die beiden Mitspieler und den beiseite gelegten Zweierstapel (auch „Skat" genannt) verteilt sind. Für jede dieser fünf restlichen ♣-Karten ist die Wahrscheinlichkeit, dass sie beim Spieler S_2 gelandet ist, gleich $\frac{10}{22}$. Um das einzusehen, stelle man sich vor, dass jeder Spieler 10 Postfächer hat, in die je eine Karte geworfen werden kann, und der Skat 2 Postfächer. Zusammen haben die Spieler S_2, S_3 und der Skat $10 + 10 + 2 = 22$ Postfächer, in die die Karte geworfen werden kann. Die Wahrscheinlichkeit, dass keine der fünf restlichen ♣-Karten bei Spieler S_2 landet, ergibt sich damit zu

$$\frac{12}{22} \cdot \frac{12}{22} \cdot \frac{12}{22} \cdot \frac{12}{22} \cdot \frac{12}{22} = \frac{6^5}{11^5} = \frac{7776}{161051}.$$

Die gleiche Wahrscheinlichkeit hat man für den Spieler S_3. Die beiden Ereignisse sind disjunkt, weil der Skat höchstens zwei der fünf restlichen ♣-Karten aufnehmen kann. Das heißt, die Wahrscheinlichkeit, dass einer der beiden Mitspieler keine der fünf restlichen ♣-Karten hat, ist

$$2 \cdot \frac{7776}{161051} = \frac{15552}{161051} \approx \frac{1}{10}.$$

Die Gegenwahrscheinlichkeit, dass beide Mitspieler eine ♣-Karte haben, die sie zugeben müssen, liegt also bei etwa 90 %.

Wenn wir die Ausgangssituation so modifizieren, dass der Spieler S_1 noch eine ♣-Karte mehr hat, also nur vier statt fünf restliche ♣-Karten vorhanden sind, ergeben sich die Wahrscheinlichkeiten

$$2 \cdot \frac{6^4}{11^4} = 2 \cdot \frac{1296}{14641} = \frac{2592}{14641} \approx \frac{1}{6}.$$

Das heißt, in diesem Fall liegt die Wahrscheinlichkeit, dass beide Mitspieler eine ♣-Karte haben, die sie zugeben müssen, bei nur noch etwa 82 %. Eine weitere ♣-Karte bei Spieler S_1 liefert dann

$$2 \cdot \frac{6^3}{11^3} = 2 \cdot \frac{216}{1331} = \frac{432}{1331} \approx \frac{1}{3}$$

und eine Gegenwahrscheinlichkeit von etwa 62 %. $\qquad\square$

Die Frage nach der Rangordnung der Karten beim Skat ist Beispiel dafür, dass in mathematischen Modellierungen von realen Situationen Relationen zwischen Elementen von Mengen eine wichtige Rolle spielen können. Seien A und B zwei Mengen und

$$A \times B = \{(a, b) \mid a \in A, b \in B\}$$

die Produktmenge der Paare wie in Bemerkung 1.7. Eine *Relation R* zwischen Elementen von A und B ist eine Teilmenge von $A \times B$. Zwei Elemente $a \in A$ und $b \in B$ stehen in Relation R, wenn $(a, b) \in R$. Sehr oft werden Relationen durch Symbole statt Buchstaben bezeichnet, zum Beispiel durch „<", wenn es darum geht, dass ein Objekt „kleiner" ist als ein anderes. Man schreibt dann oft „$a < b$" statt „$(a, b) \in <$".

In Beispiel 1.10 sind $A = B$ die Menge K aller Karten und die Relation ist

$$R = \{(a, b) \in K \times K \mid a < b, \text{ d.h. } „b \text{ sticht } a“\}.$$

Bemerkung 1.11 (Typen von Relationen) Der Begriff einer Relation ist sehr flexibel und kann zur Vereinheitlichung von mathematischen Begriffen eingesetzt werden.

Ordnungsrelationen: Die Relation „b sticht a" beim Skat ist ebenso so wie die übliche Relation $a < b$ auf den natürlichen Zahlen eine *strikte Ordnungsrelation,* das heißt, eine Relation R mit den folgenden Eigenschaften:

Transitivität: Aus $(x, y) \in R$ und $(y, z) \in R$ folgt $(x, z) \in R$.
Asymmetrie: Aus $(x, y) \in R$ folgt $(y, x) \notin R$, d.h. (y, x) ist kein Element von R.

Abbildungen: Eine Abbildung $f : A \to B$ wie am Ende von Bemerkung 1.3 beschrieben ist nichts anderes als eine Relation R_f in $A \times B$, für die gilt

Zu jedem $a \in A$ gibt es genau ein $b \in B$ mit $(a, b) \in R_f$.

Die Zuordnung $f(a) = b$ ist gegeben durch $(a, b) \in R_f$. Man nennt die Teilmenge R_f in diesem Kontext auch den *Graph* von f.

Äquivalenzrelationen: In Beispiel 1.9 haben wir zwei Ergebnisse eines Wurfs mit zwei Würfeln ununterscheidbar genannt, wenn sie dieselben Augenzahlen haben, und so die möglichen Ergebnisse in Klassen „für den Würfler ununterscheidbarer Ergebnisse" eingeteilt. Die durch

$$\left\{((a, b), (a', b')) \in \{1, 2, 3, 4, 5, 6\}^2 \times \{1, 2, 3, 4, 5, 6\}^2 \;\middle|\; \begin{array}{l} (a, b) \text{ und } (a', b') \\ \text{sind ununterscheidbar} \end{array} \right\}$$

gegebene Relation R auf der Menge $X = \{1, 2, 3, 4, 5, 6\}^2$ der möglichen Ergebnisse von Würfen mit zwei Würfeln hat folgende Eigenschaften:

Reflexivität: Für jedes $x \in X$ gilt $(x, x) \in R$.
Symmetrie: Aus $(x, y) \in R$ folgt $(y, x) \in R$.
Transitivität: Aus $(x, y) \in R$ und $(y, z) \in R$ folgt $(x, z) \in R$.

Eine Relation auf einer (beliebigen) Menge X, die diese drei Eigenschaften erfüllen, nennt man eine *Äquivalenzrelation.* Zwei Elemente x und y von X heißen dann *äquivalent,* wenn $(x, y) \in R$.
Eine Äquivalenzrelation R auf einer Menge X definiert immer eine Partition (siehe Bemerkung 1.3) von X in Teilmengen, deren Elemente zueinander äquivalent

sind, während Elemente aus jeweils unterschiedlichen Teilmengen der Partition niemals äquivalent sind. Die Teilmengen der Partition heißen auch *Äquivalenzklassen*. Die Äquivalenzklasse $[x] = [x]_R$, die $x \in X$ enthält, ist durch

$$[x]_R = \{y \in X \mid (x, y) \in R\}$$

gegeben. Man nennt jedes Element einer Äquivalenzklasse einen *Repräsentanten* dieser Äquivalenzklasse. Insbesondere ist also x ein Repräsentant von $[x]$. Umgekehrt definiert jede Partition einer Menge eine Äquivalenzrelation auf der Menge: Zwei Elemente sind genau dann äquivalent, wenn sie zur selben Teilmenge der Partition gehören. $\qquad\Box$

Ein neuer Aspekt, der sich im folgenden Beispiel 1.12 zeigt, ist die Notwendigkeit, auch mit nicht-disjunkten Ereignissen und Mehrfachzählungen umgehen zu können.

Beispiel 1.12 (Schafkopf) Ein bayerischer Verwandter von Skat (aus Beispiel 1.10) ist das Spiel Schafkopf. Die Karten sind wie beim Skat, auch wenn die Buben „Unter" heißen und die Damen „Ober". Auch die vier Familien haben andere Namen („Eichel", „Gras", „Herz", „Schellen"). Es wird zu viert gespielt und jeder Spieler bekommt 8 Karten. Damit bleibt kein Rest und es gibt keinen Skat. Außerdem sind neben den Untern auch die Ober Trümpfe, mit denen man (unter anderem) ein Ass stechen kann. Die Fragestellung nach dem Ass aus Beispiel 1.10 (Frage 3) bleibt relevant, nur ändern sich die Zahlenverhältnisse. Wir nehmen an, dass Spieler S_1 das Eichel-Ass und eine weitere Eichel-Karte hat und fragen nach der Wahrscheinlichkeit dafür, dass jeder Mitspieler eine von Unter und Ober verschiedene Eichel-Karte hat, die er zugeben muss, wenn Eichel angespielt wurde. Es sind vier solcher restlicher Eichel-Karten vorhanden, die auf die drei Mitspieler verteilt werden müssen. Die Wahrscheinlichkeit, dass der Mitspieler S_2 keine der vier Karten bekommen hat, sondern 4-mal eine der übrigen 24 Karten, ist

$$\frac{16^4}{24^4} = \frac{2^4}{3^4} = \frac{16}{81} \approx 20\,\%.$$

Ebenso für die Mitspieler S_3 und S_4. Diesmal dürfen wir die Wahrscheinlichkeiten nicht einfach addieren, weil die Ereignisse nicht disjunkt sind. Im Vergleich zu Beispiel 1.10 (Frage 3) haben wir einen Mitspieler mehr. Es könnte sein, dass zwei Mitspieler keine der vier Karten bekommen haben, sondern alle beim dritten Mitspieler gelandet sind. Diese Fälle hätte man dann doppelt gezählt. Die Wahrscheinlichkeit, dass alle der vier restlichen Eichel-Karten beim Mitspieler S_4 gelandet sind (und keine bei den Mitspielern S_2 und S_3), ist

$$\frac{8^4}{24^4} = \frac{1}{3^4} = \frac{1}{81}.$$

Ebenso die Wahrscheinlichkeiten, dafür dass alle der vier restlichen Eichelkarten beim Mitspieler S_3 bzw. S_2 gelandet sind. Insgesamt ergibt sich für die Wahrscheinlichkeit, dass irgendein Mitspieler keine der vier restlichen Eichel-Karten hat, zu

$$3 \cdot \frac{16}{81} - 3 \cdot \frac{1}{81} = \frac{45}{81} = \frac{5}{9} \approx 55\,\%$$

und die Gegenwahrscheinlichkeit ist $\frac{4}{9}$. An dieser Stelle protestiert der Schafkopfexperte. In vielen Fällen spielen nämlich beim Schafkopf je zwei Paare als Team. Dann ist nur wichtig, dass die gegnerischen Mitspieler je eine der vier restlichen Eichel-Karten haben. Seien S_1 und S_2 ein Team, das heißt das gegnerische Team besteht aus S_3 und S_4. Die Wahrscheinlichkeit, dass S_3 oder S_4 keine der vier restlichen Eichel-Karten hat, ist

$$2 \cdot \frac{16}{81} - \frac{1}{81} = \frac{31}{81} \approx 38\,\%,$$

wobei die Doppelzählung von dem Fall herrührt, dass alle vier der restlichen Eichel-Karten beim Spieler S_2 sind. Die Gegenwahrscheinlichkeit liegt dann also bei etwa $62\,\%$. $\qquad\square$

Die Zählmethode aus Beispiel 1.12 führt zum *Prinzip von Inklusion und Exklusion*, das wir in Bemerkung 1.13 für zwei und drei Mengen erläutern werden. Vorher müssen wir aber den Schnitt und die Vereinigung von Mengen erklären. Beides haben wir implizit in den obigen Beispielen schon mehrfach genutzt, wenn wir davon sprachen, das irgendeine Eigenschaft für x *und* y beziehungsweise x *oder* y gelten. Seien A und B Mengen. Dann ist der *Schnitt* von A und B durch

$$A \cap B = \{x \mid x \in A \text{ und } x \in B\}$$

gegeben. Die *Vereinigung* von A und B

$$A \cup B = \{x \mid x \in A \text{ oder } x \in B\}.$$

Man beachte dabei, dass dieses „oder" kein „entweder oder" ist. Also sind auch Elemente von $A \cap B$ Elemente von $A \cup B$, das heißt $A \cap B$ ist eine Teilmenge von $A \cup B$. Für drei Mengen A, B, C gilt sowohl

$$A \cap (B \cap C) = (A \cap B) \cap C = \{x \mid x \in A \text{ und } x \in B \text{ und } x \in C\}$$

als auch

$$A \cup (B \cup C) = (A \cup B) \cup C = \{x \mid x \in A \text{ oder } x \in B \text{ oder } x \in C\}.$$

Wir lassen deshalb die Klammern weg und schreiben $A \cap B \cap C$ bzw. $A \cup B \cup C$.
   Wir brauchen auch noch die *Differenz*

$$A \setminus B = \{x \in A \mid x \notin B\}$$

zweier Mengen A und B, durch die die Teilmenge von A beschrieben wird, die nur die Elemente von A enthält, die nicht auch in B sind.

Bemerkung 1.13 (Prinzip von Inklusion und Exklusion) Seien A, B, C drei Mengen. Dann gilt

$$|A \cup B| = |A| + |B| - |A \cap B|$$

und

$$|A \cup B \cup C| = |A| + |B| + |C| - |A \cap B| - |B \cap C| - |A \cap C| + |A \cap B \cap C|.$$

Für die erste Formel muss man nur feststellen, dass die Elemente von $A \cap B$ in der Summe $|A| + |B|$ doppelt berücksichtigt sind. Um die Korrektheit der zweiten Formel einzusehen, stellen wir zuerst fest, dass die Elemente von $A \cap B \cap C$ in $|A| + |B| + |C|$ dreifach gezählt, die Elemente von $(A \cap B) \setminus C$, $(B \cap C) \setminus A$ und $(A \cap C) \setminus B$ aber jeweils nur zweifach. Mit der Subtraktion von $|A \cap B|, |B \cap C|$ und $|A \cap C|$ werden diese Doppelzählungen wettgemacht, aber die Anzahl der Elemente von $A \cap B \cap C$ wird dreimal abgezogen. Also muss man sie einmal wieder dazu zählen, damit auch die Elemente von $A \cap B \cap C$ in der Gesamtzählung berücksichtigt sind. Die Namensgebung des Prinzips erklärt sich wie folgt:

1. Man bezieht alle Elemente der Mengen A, B und C in die Zählung ein (Inklusion).
2. Man schließt alle Elemente, die doppelt gezählt wurden, nämlich die von den Schnitten $A \cap B$, $B \cap C$ und $A \cap C$, einmal aus der Zählung aus (Exklusion).
3. Man bezieht alle Elemente, die mehrfach ausgeschlossen wurden, nämlich die Elemente des Dreifachschnitts $A \cap B \cap C$ wieder in die Zählung ein (Inklusion).

Bei nur zwei Mengen ist man schon nach zwei Schritten fertig, bei mehr als drei Mengen fährt man abwechselnd mit Exklusions- und Inklusionsschritten fort, bis man beim Schnitt aller Mengen angekommen ist. Je nach dem, ob die Anzahl der Mengen gerade oder ungerade ist, ist dieser letzte Schritt ein Exklusions- oder ein Inklusionsschritt.   □

Abstrakte Überlegungen wie die in Bemerkung 1.13 werden oft zugänglicher, wenn man sich einfache konkrete Beispiele für die beschriebene Situation überlegt. Hier könnte man $A = \{1, 2, 3\}$, $B = \{2, 3, 4\}$ und $C = \{3, 4, 5\}$ betrachten. Dann findet man $A \cap B = \{2, 3\}$, $B \cap C = \{3, 4\}$ und $A \cap C = A \cap B \cap C = \{3\}$ sowie

$$5 = |A \cup B \cup C| = 3 + 3 + 3 - 2 - 2 - 1 + 1.$$

In Beispiel 1.12 haben wir die Inklusion-Exklusion-Formel für drei Mengen implizit auch schon verwendet. Die Wahrscheinlichkeiten dafür, dass die Spieler S_2, S_3, S_4 jeweils keine der vier restlichen Eichelkarten haben, basieren auf den Mengen M_2, M_3, M_4 von Kartenverteilungen, bei denen die Spieler S_2, S_3, S_4 keine der vier restlichen Eichelkarten haben. Die Wahrscheinlichkeit, dass einer der Spieler

S_2, S_3, S_4 keine der vier restlichen Eichelkarten hat, ist dann $|M_2 \cup M_3 \cup M_4|$ geteilt durch die Gesamtanzahl an möglichen Kartenverteilungen. Dass die Berechnung in Beispiel 1.12 weniger kompliziert war als die Überlegung in Bemerkung 1.13 liegt daran, dass $M_2 \cap M_3 \cap M_4$ leer ist, das heißt keine Elemente enthält.

Wie zuvor schon erwähnt, wird die mathematische Modellierung selbst regelbasierter Systeme umso schwieriger, je komplizierter die Regeln sind. Um die einführenden Vorführ-Beispiele hinreichend übersichtlich zu halten, haben wir sie alle aus den Bereichen Sport und Spiel gewählt, wo die Regeln überschaubar sind. Beispiele, für die die Regeln von Technik und Naturwissenschaft gesetzt werden, eignen sich weniger zur Einführung. Eine Klasse von Beispielen, für die die Regeln auch von Menschen gemacht werden, in denen aber mit viel größeren Zahlen gearbeitet werden muss, sind Wahlsysteme. Wir diskutieren zum Abschluss dieses Abschnitts kurz an, welche Arten von Zählproblemen in diesem Kontext auftauchen, ohne dabei ins Detail gehen zu können.

Beispiel 1.14 (Wahlsysteme)

Relative Mehrheiten: Die einfachste Variante der Wahl für einen Posten ist gegeben durch eine Menge W von Wahlberechtigten, die je eine Stimme haben, eine Menge K von Kandidaten und die Regel, dass derjenige Kandidat den Posten bekommt, für den die meisten Stimmen abgegeben werden. Dieses Wahlsystem führt aber nicht immer zum Ziel, denn es fehlt eine Regel, die sagt, was zu tun ist, wenn die höchste Stimmenzahl von mehreren Kandidaten erreicht wird. Wenn es sehr viele Wahlberechtigte gibt, von denen auch sehr viele an der Wahl teilnehmen, wird das in der Praxis nicht vorkommen. Aber wenn es um Vorstandswahlen oder Ähnliches geht, kommt man ohne eine solche Zusatzregel nicht aus.
Eine für die Kandidaten relevant Frage ist: Wie viele Stimmen brauche ich, um den Posten zu bekommen? Die sichere Antwort auf die Frage ist: Mehr als die Hälfte aller abgegebenen Stimmen. Denn es könnte ja sein, dass ein einziger Gegenkandidat alle anderen Stimmen auf sich vereint und die restlichen Gegenkandidaten alle keine Stimmen bekommen. In diesem Fall muss man mehr als die Hälfte aller Stimmen haben, um die Wahl zu gewinnen.
Wir modifizieren die Frage ein wenig: Was ist der minimale Anteil von Stimmen, mit dem man die Wahl gewinnen kann? Jetzt hängt die Antwort von der Anzahl der Kandidaten ab. Angenommen, es werden s Stimmen abgegeben, von denen s_j auf den Kandidaten k_j entfallen. Der Kandidat k_1 gewinnt die Wahl, wenn

$$s_1 > \max\{s_j \mid j = 2, \ldots, |K|\},$$

wobei $\max\{\ldots\}$ natürlich für das Maximum der Elemente steht. Um den minimalen Anteil von Stimmen zu ermitteln, überlegen wir uns Folgendes. Es gilt die Nebenbedingung $s - s_1 = \sum_{j=2}^{|K|} s_j$, das heißt, wenn s_1 feststeht, dann gilt es diejenige Stimmenverteilung auf die Kandidaten k_j mit $j = 2, \ldots, |K|$ zu finden, für die $\max\{s_j \mid j = 2, \ldots, |K|\}$ unter der Nebenbedingung minimal ist. Die Überlegung zur ursprünglichen Fragestellung legt jetzt nahe, dass diese Stimmverteilung möglichst weit weg von der Konzentration auf einen Gegenkandidaten sein muss. Und in der Tat, wenn man dem Gegenkandidaten k_{j_0} mit $s_{j_0} = \max\{s_j \mid j = 2, \ldots, |K|\}$ eine Stimme wegnimmt und sie einem anderen Gegenkandidaten k_{j_1} gibt, der weniger Stimmen hat, dann wird $\max\{s_j \mid j = 2, \ldots, |K|\}$ um 1 kleiner, außer es gilt $s_{j_1} + 1 = s_{j_0}$ (dann bleibt das Maximum gleich). Also liefern diejenigen Stimmenverteilungen das minimale Maximum, in denen sich die Zahlen s_j mit $j = 2, \ldots, |K|$ um maximal 1 unterscheiden. Für solche Stimmverteilungen gibt es also a Gegenkandidaten mit s_{j_0} Stimmen und b Gegenkandidaten mit $s_{j_0} - 1$ Stimmen. Die Nebenbedingung liefert

$$s - s_1 = a \cdot s_{j_0} + b \cdot (s_{j_0} - 1) = (a + b) \cdot s_{j_0} - b = (|K| - 1) \cdot s_{j_0} - b,$$

also,

$$s_{j_0} = \frac{s - s_1 + b}{|K| - 1}.$$

Damit k_1 die Wahl gewinnt, muss gelten

$$s_1 > s_{j_0} = \frac{s - s_1 + b}{|K| - 1},$$

was man zu

$$s_1 > \frac{s + b}{|K|} = \frac{s}{|K|} + \frac{b}{|K|}$$

umformen kann. Wegen $b < |K|$ reicht es also für den Kandidaten k_1, wenn er mehr als $\frac{s}{|K|} + 1$ Stimmen hat und sich die Stimmen der Gegenkandidaten wie oben beschrieben verteilen. Grob gesprochen kann es bei $|K|$ Kandidaten also für einen Kandidaten reichen, ein $|K|$-tel der Stimmen, also einen Stimmenanteil von mehr als $\frac{1}{|K|}$ zu haben, um die Wahl zu gewinnen.

Verhältniswahlrecht: Ein reines Verhältniswahlrecht ist mathematisch einfach zu modellieren. Man hat eine Menge P von zur Wahl zugelassenen Parteien und eine festgelegte Anzahl n von zu besetzenden Sitzen. Jede Partei bekommt prozentual genauso viele Sitze wie sie Stimmen hat. Dabei muss man Regeln für das Runden von Zahlen aufstellen, weil n ja eine natürliche und keine Bruchzahl ist.
Komplizierter wird es, wenn das Wahlrecht eine Prozent-Hürde festsetzt, die eine Partei überspringen muss, um überhaupt einen Sitz zu erlangen. In Deutschland gibt es für den Bundestag zum Beispiel eine 5%-Hürde. Für jede Partei, die an so einer Hürde scheitert, gehen also Stimmen verloren. Dann gäbe es verschiedene Möglichkeiten vorzugehen.

1. Jede Partei p, deren Stimmenanteil $s(p)$, eine Zahl zwischen 0 und 1, über der Hürde liegt, bekommt $n \cdot s(p)$ Sitze (gerundet). Die Summe S der $s(p)$ der erfolgreichen Parteien liegt unter 1, wenn es Parteien gibt, die an der Hürde gescheitert sind. In diesem Fall werden an die erfolgreichen Parteien weniger als n Sitze verteilt. Der Rest fällt weg.

2. Jede Partei p, deren Stimmenanteil $s(p)$ über der Hürde liegt, bekommt $\frac{n}{S} \cdot s(p)$ Sitze (gerundet). Damit werden dann n Sitze an die erfolgreichen Parteien verteilt, das heißt sie bekommen einen höheren Anteil an Sitzen als ihr Anteil an Stimmen ist.

Ich kenne kein Wahlsystem, in dem die 1. Variante vorgesehen ist. In der Praxis werden die Sitze auch nicht immer direkt nach Prozentanteilen verteilt, sondern nach komplizierteren Verfahren (zum Beispiel D'Hondt, Hare/Niemeyer, Sainte-Laguë).

Abzählprobleme ergeben sich vor allem dadurch, dass man bei der Festlegung von Verteilungsregeln verstehen sollte, wie sie sich auswirken. Unterschiedliche Regeln können zum Beispiel eher große oder eher kleine Parteien bevorzugen. Wenn die Regeln festgelegt sind, ergeben sich Abzählfragen aus strategischen Überlegungen. Zum Beispiel, ob es zum Erreichen der eigenen politischen Ziele besser sein könnte, eine Partei zu wählen, die man zwar nicht präferiert, aber über die Hürde hieven möchte, um bestimmte Koalitionen zu ermöglichen.

Mehrheitswahlrecht: In seiner einfachsten Variante entspricht das Mehrheitswahlrecht dem Verfahren, das wir unter dem Punkt relative Mehrheiten beschrieben haben. In der Praxis hat man meist gestufte Varianten.

Wenn es um einen einzelnen Posten geht, wie bei Präsidentenwahlen, hat man oft zwei Wahlgänge. Einen ersten, in dem etliche Kandidaten antreten und einen zweiten, in dem die beiden Kandidaten mit den meisten Stimmen im ersten Wahlgang zu einer Stichwahl gegeneinander antreten. Bei den Präsidentschaftswahlen in den USA besteht die Stufung in einer Wahl nach Bundesstaaten, denen jeweils eine aus dem Bevölkerungsproporz bestimmte Wahlmänneranzahl zusteht. In fast allen Staaten bekommt der Kandidat mit den meisten Stimmen alle Wahlmänner, einige wenige Staaten teilen die Wahlmänner nach Stimmenanteil auf. Am Ende wird der Präsident von den Wahlmännern gewählt, die sich dabei an den Wahlauftrag aus ihren Staaten halten müssen.

Parlamentswahlen im Mehrheitswahlrecht sind in der Regel so organisiert, dass Wahlkreise eingerichtet werden, die jeweils einen Kandidaten ins Parlament schicken dürfen. Diesen Platz bekommt dann der Kandidat mit den meisten Stimmen. Das Mehrheitswahlrecht führt tendenziell dazu, dass geringe Unterschiede in den Stimmenzahlen große Auswirkungen auf die Postenvergabe haben. Im Extremfall kann es in den gestuften Varianten sogar sein, dass Kandidaten gewinnen, die weniger Stimmen haben als ihre Konkurrenten. Zum Beispiel kann ein Kandidat bei US-Präsidentschaftswahlen einige Staaten mit großem Vorsprung gewinnen und viele andere knapp verlieren und dadurch zwar mehr Stimmen, aber weniger Wahlmänner haben. Wie stark sich dieses Phänomen auswirken kann, hängt von diversen Parametern ab. Von der Größenverteilung der Staaten, von der geographischen Verteilung von politischen Interessen und Präferenzen. Der Tendenz nach werden die verzerrenden Effekte umso stärker, je inhomogener das System ist. Fundierte Aussagen lassen sich aber nur anhand detaillierter Modelle machen, in denen man dann Abzählprobleme formulieren kann. Dass solche Modelle existieren und eingesetzt werden, kann man am Phänomen des *Gerrymandering* sehen, bei dem Regierungen Wahlkreise so zuschneiden, dass die Opposition einige Wahlkreise haushoch, die Regierung aber viele Wahlkreise mit relativ knapper Mehrheit, gewinnt.

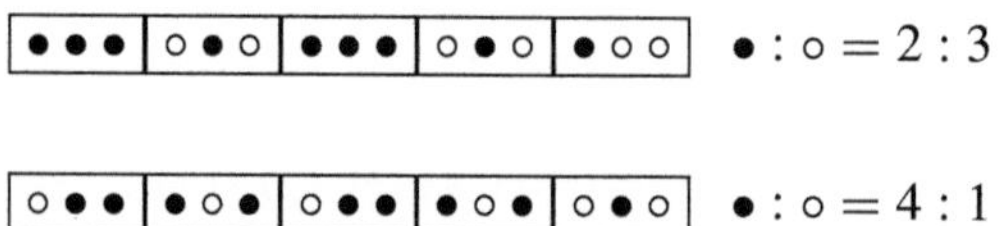

Das Wahlkreisprinzip hat den Vorteil, dass lokale Interessen leichter repräsentiert werden können. In Deutschland versucht man die Vorteile von Verhältniswahlrecht und Mehrheitswahlrecht zu kombinieren (durch Erst- und Zweitstimmen mit Direkt- und Listenkandidaten), was aber wieder zu anderen Problemen führt, wie eine ungewollte Vergrößerung des Parlaments durch sogenannte Ausgleichs- und Überhangmandate. Es liegt auf der Hand, dass die resultierenden Abzählprobleme in solchen Hybridsystemen noch anspruchsvoller werden. $\quad\square$

Wir haben in diesem Abschnitt gesehen, dass Abzählprobleme in regelbasierten Kontexten in natürlicher Weise auftauchen. Sie werden umso komplizierter, je komplexer das Regelwerk und je größer das zu beschreibende System ist. Wir haben auch gesehen, dass die Einführung mathematischer Begriffe die Beschreibung/Modellierung von Systemen erleichtern und die Berechnung quantitativer Kenngrößen ermöglichen kann. Wir sind dabei auch an Grenzen gestoßen, die man als Motivation sehen kann, die mathematischen Werkzeuge zu verbessern und so die Grenzen zu verschieben.

Grenzen verschoben haben insbesondere die heutzutage verfügbaren technischen Hilfsmittel. Damit können Modelle durchgerechnet werden, die früher aufgrund ihrer Komplexität völlig unangreifbar gewesen wären. Umso relevanter ist heute die Fähigkeit, Modelle entwickeln und bewerten zu können. Auch wenn die Mathematik hinter den Computermodellen und Algorithmen nicht mehr leicht zu sehen ist – sie zu verstehen ist essentiell, wenn man die Kontrolle behalten will.

1.1.4 Mathematische Modellierung – eine kleine Rückschau

Im Zuge der Diskussion verschiedener Abzählprobleme haben wir eine Reihe von mathematischen Konzepten eingeführt, die in erster Linie dazu dienten, den Überblick zu behalten, wenn die beschriebenen Situationen komplexer wurden oder wenn sie aus unterschiedlichen Blickwinkeln betrachtet werden sollten. Das wichtigste dieser Konzepte ist das einer *Menge* als Zusammenfassung (Paket) von unterschiedlichen Objekten, die man als *Elemente* der Menge bezeichnet (siehe Bemerkung 1.3). Das Konzept einer Menge ist im Vergleich zur Mathematik als Wissenschaft (ca.

2500 Jahre) ziemlich jung, nämlich etwa 150 Jahre. Es geht auf Georg Cantor (1845–1918) zurück und hat trotz diverser grundlegender Probleme[2] die Geometrie als Einstieg in die wissenschaftliche Mathematik abgelöst. Die meisten Einführungsvorlesungen zum Mathematikstudium enthalten einen Vorspann zur Mengenlehre, was oft das Vorurteil bestärkt, die Mathematik sei eine (langweilige) formalistische Spielerei ohne Inhalt. Ihr Potential als vereinfachendes Ordnungsprinzip erschließt sich nicht so ohne Weiteres, wenn man keine hinreichend komplexen Fragestellungen untersucht. Wir verfolgen hier den Ansatz, neue Konzepte möglichst erst einzuführen, wenn ihr Einsatz im gegebenen Kontext auch illustriert werden kann. Beispiele dafür sind der *Schnitt*, die *Vereinigung* und die *Differenz* von Teilmengen, die wir in Bemerkung 1.13 gebraucht haben.

Abgeleitet aus dem Konzept einer Menge haben wir dann in unterschiedlichen Kontexten die Konzepte *Abbildungen* als Zuordnungen von Elementen einer Menge zu Elementen einer anderen Menge (siehe Bemerkung 1.3) und *Relationen* auf einer oder zwischen zwei Mengen betrachtet (siehe Bemerkungen 1.7 und 1.11). Sowohl Abbildungen (oder synonym *Funktionen*) als auch Relationen haben wir dazu eingesetzt, Elemente von Mengen zu kennzeichnen oder Zusammenhänge zwischen Elementen oder Teilmengen zu beschreiben.

Mathematische Modellierung bedeutet im Wesentlichen, dass man in realen Gegebenheiten Objekte und funktionale Abhängigkeiten identifiziert, die für konkrete Fragestellungen relevant sein können, diese in der Sprache der Mengenlehre benennt und beschreibt, und dabei versucht, Gesetzmäßigkeiten zu formulieren, mit deren Hilfe man Aussagen über die realen Gegebenheiten machen kann, die sich mit beobachtbaren Fakten abgleichen lassen. In ihren primitivsten Formen handelt es sich um reine Beschreibungen, die allenfalls das Abzählen bestimmter Konstellationen etwas vereinfachen, wie bei den Austragungsregeln für Sportveranstaltungen zu Beginn dieses Abschnitts. Mit dem Konzept der *Wahrscheinlichkeit* (siehe Bemerkung 1.6) haben wir aber auch schon einen Modellierungsansatz gesehen, der mithilfe mathematischer Methoden und ausgefeilten Interpretationen der mathematischen Ergebnisse qualitative und quantitative Vorhersagen erlaubt, die weit jenseits dessen liegen, was man durch reines Nachdenken über die konkrete reale Situation herausfinden kann (siehe z. B. Beispiel 1.8). A priori ist natürlich nicht klar, ob eine mathematische Modellierung eine reale Situation in sinnvoller Weise abbildet. Das muss sich erst erweisen, indem die aus dem mathematischen Modell gewonnenen Aussagen (zum Beispiel über die Häufigkeit bestimmter Ereignisse) mit den Beobachtungen der realen Situation abgeglichen werden. Eine besondere Erfolgsgeschichte mathematischer Modellierung ist die Quantenmechanik, die bei aller Rätselhaftigkeit sehr präzise Ergebnisse liefert und vielfache Anwendungen hat. In jüngster Zeit spielen „kleine" Quantensysteme sogar eine wichtige Rolle in der Informatik. Die dafür

---

[2] Die Probleme, die sich in der Mengenlehre ergeben, haben alle mit der mathematischen Behandlung unendlicher Familien von Objekten zu tun. Sie zeigen sich insbesondere, wenn man versucht, mit der „Menge aller Mengen" umzugehen. Eine ausführlichere Erläuterung samt historischer Einordnung findet sich in [HH21, Kap. 4 Entwicklungslinien].

benötigten Modelle lassen sich mit den in diesem Buch bereitgestellten Konzepten vollständig beschreiben (siehe [Sc19]).

1.2   Die natürlichen Zahlen

In Abschn. 1.1 haben wir einfach strukturierte Abzählprobleme aus der realen Welt mathematisch modelliert und zur Lösung dieser Abzählprobleme die aus dem Schulunterricht bekannten Rechenregeln für ganze (auch negative) Zahlen und Bruchzahlen verwendet ohne sie zu rechtfertigen. An manchen Stellen sind wir dabei an rechentechnische Grenzen gestoßen. Unser Ziel ist es jetzt, ausgehend von den natürlichen Zahlen unsere Vorstellung von Zahlbereichen zu präzisieren und dabei genau zu untersuchen, was man mit welchen Zahlen machen kann. Dieser Wechsel ist eine echte Zäsur. Zwar werden wir auf dem Weg auch neue Rechentechniken finden, die uns auch helfen werden, offen gebliebene Probleme aus Abschn. 1.1 zu lösen. Aber um den Weg dorthin zu verstehen und um auf neue Fragen vorbereitet zu sein, die wir uns noch gar nicht gestellt haben, müssen wir dazu übergehen, alle Behauptungen sauber aus klar formulierten Voraussetzungen herzuleiten und dabei auch immer klar zu machen, welche schon bewiesenen Aussagen dabei verwendet werden.

Dieses Vorgehen ist anstrengend, aber es erlaubt, komplexe Problemstellungen in einfachere Probleme zu zerlegen, diese Teilprobleme mit geeigneten schon bekannten Lösungsverfahren zu behandeln und anschließend die Lösungen in der Lösung des Ausgangsproblems einzusetzen. Wer sich an dieser Stelle von dem Wechsel zu einer höheren Informationsdichte im Text noch überfordert fühlt, sei auf das Buch [HHP15] hingewiesen, in dem die wesentlichen Inhalte der Abschn. 1.2–1.4 in sehr viel gemächlicherer Weise präsentiert werden.

Der inhaltliche Schwerpunkt dieses Abschnitts ist die Charakterisierung der natürlichen Zahlen durch ein Axiomensystem und die Beschreibung von Addition und Multiplikation auf diesen Zahlen. Die Ergebnisse werden insbesondere die Gestalt der Visualisierung

$$\bullet \quad \bullet \quad \bullet \quad \bullet \quad \bullet \quad \bullet \quad \cdots$$

rechtfertigen, die folgende Intuitionen zu den natürlichen Zahlen transportiert.

- Die natürlichen Zahlen haben einen Anfang (Eins), aber kein Ende.
- Jede natürliche Zahl hat einen Nachbarn zur Rechten – die nächst größere natürliche Zahl.
- Jede natürliche Zahl ist von der ersten natürlichen Zahl aus zu erreichen, indem man wiederholt von einer Zahl zum rechten Nachbarn geht.
- Addition von Eins liefert den Nachbarn zur Rechten.
- Addition von n bedeutet n Schritte nach rechts, das heißt n-fach iterierte Addition von 1.
- Die natürlichen Zahlen tragen eine Ordnung, wobei die größere Zahl rechts von der kleineren Zahl steht. Von zwei unterschiedlichen natürlichen Zahlen ist stets eine die größere.

Die Multiplikation wird von der obigen Visualisierung nicht direkt intuitiv unterstützt. Dazu wären rechteckige Punktanordnungen geeigneter, bei denen aber die anderen Intuitionen verloren gingen. Wir begnügen uns hier mit der Ankündigung, dass es sich bei der Multiplikation um eine iterierte Addition handelt.

1.2.1 Axiomatische Charakterisierung

Axiome sind Regeln, die gesetzt und nicht hinterfragt werden. Wir wollen eine Menge von Objekten betrachten, die gewissen Axiomen genügt, die unsere Erfahrung des Zählens formalisieren. Ziel ist es, die Axiome so zu wählen, dass wir in diesem formalen System alles tun können, was wir vom Umgang mit den „Zähl-Zahlen" kennen. Mit „axiomatischer Charakterisierung" meinen wir, dass die Wahl der Axiome so einschränkend ist, dass Mengen, die sie erfüllen, sich im Wesentlichen nur durch Namensgebungen unterscheiden, das heißt, durch Umbenennungen ineinander übergeführt werden können.

Sei jetzt N eine nichtleere Menge und $<$ eine Relation auf N. Zunächst haben wir für diese Relation noch nicht die Interpretation „kleiner" festgelegt. An dieser Stelle könnte N auch eine Schulklasse (mit den Schülern als Elementen) sein und die Relation $x < y$ bedeuten: x schreibt bei y ab. Da die hier zu entwickelnde Axiomatik aber letztendlich die natürlichen Zahlen charakterisieren soll, verwenden wir hier schon eine vertraute Notation.

Wir nehmen zunächst nur an, dass N und $<$ die folgenden drei Axiome erfüllen. Später wird noch ein viertes Axiom dazukommen.

Axiom 1.15 (Asymmetrie) Wenn $x, y \in N$ und $x < y$, dann gilt nicht $y < x$.

Axiom 1.16 (Minimalprinzip) Jede nichtleere Teilmenge X von N hat ein *kleinstes Element*, das heißt, es gibt ein $x \in X$, sodass für alle $y \in X$ gilt: $x < y$ oder $x = y$.

Wir sagen, eine Teilmenge X von N ist *beschränkt*, wenn es ein $m \in N$ gibt, sodass für alle $x \in X$ gilt: $x < m$ oder $x = m$.

Axiom 1.17 (Maximalprinzip) Jede nichtleere beschränkte Teilmenge X von N hat ein *größtes Element*, das heißt, es gibt ein $x \in X$, sodass für alle $y \in X$ gilt: $y < x$ oder $y = x$.

Um Schreibarbeit zu vereinfachen und bei komplizierteren Aussagen den Überblick behalten zu können, haben sich in der Mathematik abkürzende Schreibweisen durchgesetzt. Hier einige Beispiele, die wir oft verwenden werden.

- Statt „Teilmenge X von N" schreibt man „$X \subseteq N$".
- Statt „für alle" (oder „zu jedem") schreibt man „$\forall$".
- Statt „gibt es" (oder „existiert") schreibt man „$\exists$".

- Statt „$x < y$ oder $x = y$" schreibt man „$x \leq y$" und betrachtet die Menge $\{(x, y) \in N \times N \mid x \leq y\}$ als eine neue Relation „kleiner gleich".
- Statt „dann gilt die folgende Aussage" schreibt man einfach einen Doppelpunkt.
- Um zu betonen, dass eine Gleichheit definitionsgemäß gilt und nicht aus irgendetwas gefolgert wird, schreibt man einen Doppelpunkt neben das $=$ auf die Seite, wo das neu zu definierende Objekt steht. Das heißt, sowohl $X := \{x, y\}$ als auch $\{x, y\} =: X$ bedeutet, dass X als die Menge $\{x, y\}$ definiert wird.
- Die leere Menge wird mit $\emptyset$ bezeichnet.

Mit diesen Konventionen lesen sich Minimal- und Maximalprinzip wie folgt:

Minimalprinzip: $\forall X \subseteq N, X \neq \emptyset : \exists x \in X$ mit $(\forall y \in X : x \leq y)$.

Maximalprinzip: $\forall X \subseteq N, X \neq \emptyset, X$ beschränkt $: \exists x \in X$ mit $(\forall y \in X : y \leq x)$.

Die folgende erste Schlussfolgerung[3] aus Axiom 1.15 und 1.16 wird immer wieder nutzbringend eingesetzt werden.

Satz 1.18 (Trichotomie) *Für $a, b \in N$ gilt genau eine der folgenden Beziehungen*

$$a < b, \quad a = b, \quad b < a.$$

Beweis Wir betrachten zwei Fälle, $a \neq b$ und $a = b$. Im ersten Fall setzen wir $X := \{a, b\}$ und wenden das Minimalprinzip 1.16 auf X an. Das gibt uns ein kleinstes Element in X. Wenn a ein kleinstes Element ist, dann gilt $a \leq b$, also $a < b$, weil wir $a = b$ ausgeschlossen haben. Wenn b ein kleinstes Element von X ist, gilt analog $b < a$. Wegen der Asymmetrie 1.15 kann nur eine der beiden Beziehungen $a < b$ und $b < a$ gelten.

Im zweiten Fall, das heißt, wenn $a = b$ gilt, müssen wir uns überlegen, warum $a < b$ und $b < a$ unmöglich sind. Aber aus $a < b$ folgt automatisch $b < a$, weil man überall a statt B und b statt a schreiben kann. Wegen Axiom 1.15 ist das aber nicht möglich, also kann weder $a < b$ noch $b < a$ gelten. $\square$

---

[3] In Abschn. 1.1 haben wir nur die Strukturelemente „Beispiel" und „Bemerkung" für thematisch abgesetzte Inhalte verwendet. In diesem Abschnitt beginnen wir, den gängigen Tradition folgend, damit mathematische Inhalte nicht nur feiner zu strukturieren, sondern auch zu hierarchisieren. Ein „Satz" ist eine für sich genommen wichtige Aussage, die eines Beweises bedarf und immer wieder verwendet wird. Eine „Proposition" ist eine Aussage, die oft leichter zu beweisen ist als ein Satz oder nur eine Zwischenstufe für später zu erreichende weitergehende Aussagen darstellt. Ein „Lemma" dagegen ist eine Aussage, die als technisches Hilfsmittel im Beweis eines oder mehrerer Sätze verwendet wird. Es gibt auch „Korollare", die Aussagen bezeichnen, die man verhältnismäßig leicht als Konsequenzen von Sätzen erhält. Die Abgrenzung zwischen diesen Arten von Aussagen ist nicht scharf und sie ist auch kontextabhängig.

Bemerkung 1.19 (Eindeutigkeit von Minima und Maxima) Das Argument im Beweis von Satz 1.18 zeigt auch, dass jede nichtleere Teilmenge X von N ein *eindeutig bestimmtes* kleinstes Element $\min(X)$ hat. Ganz analog sieht man außerdem, dass jede nichtleere beschränkte Teilmenge Y von N ein *eindeutig bestimmtes* größtes Element $\max(Y)$ hat. $\square$

Wir führen noch einige weitere abkürzende Schreibweisen ein:

- Statt „existiert genau ein" schreibt man „$\exists!$".
- Statt „folgt" oder „impliziert" schreibt man „$\Rightarrow$".
- Statt „dann und nur dann", das heißt „$\Rightarrow$ und $\Leftarrow$" schreibt man „$\Leftrightarrow$".

Mit der Trichotomie (Satz 1.18) lassen sich Minimalprinzip und Maximalprinzip wie folgt verschärfen:

$$\forall X \subseteq N, X \neq \emptyset : \quad \exists! \, x \in X \text{ mit } (\forall y \in X : x \leq y) \qquad \textbf{(Min)}$$

$$\forall X \subseteq N, X \neq \emptyset, X \text{ beschränkt} : \quad \exists! \, x \in X \text{ mit } (\forall y \in X : y \leq x) \qquad \textbf{(Max)}$$

Das kleinste Element von N heißt *Eins* und wird mit 1 bezeichnet.

Proposition 1.20 (Transitivität) *Sei* $x, y, z \in N$. *Dann gilt*

$$(x < y \text{ und } y < z) \quad \Rightarrow \quad x < z.$$

Beweis Sei $X = \{x, y, z\}$. Wegen $x < y$ und $y < z$ ist nach Satz 1.18 weder y noch z das kleinste Element von X. Also muss x das kleinste Element von X sein, dessen Existenz durch Axiom 1.16 garantiert wird, und daher folgt $x \leq z$. Wäre $x = z$, so hätte man nach Voraussetzung $x < y$ und $y < x$, was nach Axiom 1.15 nicht möglich ist. Also gilt $x < z$. $\square$

Die leere Menge spielt oft eine Sonderrolle und muss argumentativ auch gesondert betrachtet werden. Dabei kommen oft „logische Tricks" zum Einsatz, auf die wir in der folgenden Bemerkung eingehen und in Bemerkung 1.22 gesondert thematisieren.

Bemerkung 1.21 (Aussagenlogik) In der *Aussagenlogik* weist man beliebigen Aussagen die Werte *wahr* oder *falsch* zu und untersucht dann die Wahrheitswerte von Aussagen, die man durch Negation oder Kombination von Aussagen mit bekannten Wahrheitswerten erhält. Ist zum Beispiel eine Aussage A wahr, dann ist ihre Negation $\neg A$ falsch. Ist A dagegen falsch, dann ist $\neg A$ wahr. Solche Zusammenhänge stellt man oft in „Wahrheitswertetabellen" dar.

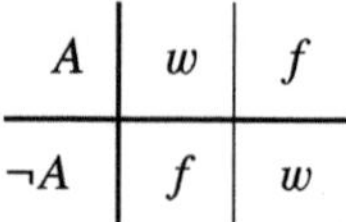

Wahrheitswertetabelle für $\neg A$

Die Wahrheitswertetabellen sehen komplizierter aus, wenn man mehrere Aussagen miteinander kombiniert, zum Beispiel durch das logische „und", das mit $\wedge$ bezeichnet wird, bzw. das logische „oder", das man mit $\vee$ bezeichnet.

Wahrheitswertetabelle für $A \wedge B$ Wahrheitswertetabelle für $A \vee B$

Die Wahrheitswertetabellen helfen auch dabei zu verstehen, wie man kombinierte Aussagen negiert. Für Aussagen wie $A \vee B$ prüft man durch Einsetzen von w und f in die Wahrheitswertetabellen sofort nach, dass $\neg(A \vee B)$ und $(\neg A) \wedge (\neg B)$ die gleichen Wahrheitswertetabellen haben, also *logisch äquivalent* sind. Man schreibt dann einfach $\neg(A \vee B) = (\neg A) \wedge (\neg B)$.

Zur Beschreibung von Schlussfolgerungen benutzt man die logische „Implikation", die mit $\Rightarrow$ bezeichnet wird. Ihre Wahrheitswertetabelle ist wie folgt gegeben:

Wahrheitswertetabelle für $A \Rightarrow B$

Die logische Implikation ist insoweit ein wenig kontraintuitiv, als die Implikation $A \Rightarrow B$ wahr sein kann, obwohl B falsch ist. Dies passiert, wenn die *Prämisse A* falsch ist. Insbesondere ist $A \Rightarrow B$ wahr, wenn sowohl A als auch B falsch sind. Die Setzung ist sinnvoll, weil man aus falschen Voraussetzungen in logisch korrekter Art und Weise beliebige Aussagen ableiten kann. Zum Beispiel lässt sich aus der falschen Aussage $1 = 2$ problemlos in korrekter Weise ableiten, dass der Mond die Sonne ist: Man bildet eine Menge, die nur den Mond und die Sonne als Elemente hat. Wenn aber $2 = 1$ gilt, dann hat diese Menge nur ein Element, das heißt, Mond und Sonne müssen gleich sein.

Der *Umkehrschluss* zu einer Implikation $A \Rightarrow B$ (dem *Schluss* „Aus A schließe ich B") ist die Implikation $\neg B \Rightarrow \neg A$ („Aus $\neg B$ schließe ich $\neg A$"). Man überprüft sofort, dass $\neg B \Rightarrow \neg A$ die gleiche Wahrheitstabelle hat wie $A \Rightarrow B$, das heißt, Schluss und Umkehrschluss (auch die *Kontraposition* genannt) sind logisch gleichwertig. Die Redewendung „Das bedeutet im Umkehrschluss ...", die gebraucht wird, um die Bedeutung logischer Konsequenzen zu erläutern, ist daher völlig gerechtfertigt. Man darf den Umkehrschluss $\neg B \Rightarrow \neg A$ von $A \Rightarrow B$ aber nicht mit der *umgekehrten Implikation* $B \Rightarrow A$ verwechseln. Diese hat eine andere Wahrheitswertetabelle. Der Umkehrschluss von „Politiker sind Plaudertaschen" ist also „Wer keine Plaudertasche ist, ist auch kein Politiker" und keineswegs „Plaudertaschen sind Politiker". Und „Wer ein Herz hat, ist ein Mensch" ist auch keine Konsequenz von „Wer ein Mensch ist, hat ein Herz".

Ein Vergleich der Wahrheitswertetabellen zeigt, dass $A \Rightarrow B$ nicht nur zu $\neg B \Rightarrow \neg A$, sondern auch zu $(\neg A) \vee B$ logisch äquivalent ist. Es gibt also diverse Möglichkeiten, eine Implikation darzustellen.

Wenn man eine Aussage A durch einen *Widerspruchsbeweis* nachweisen will, dann leitet man aus $\neg A$ logisch korrekt eine Aussage B ab, von der man weiß, dass sie falsch ist, das heißt im *Widerspruch* zu schon bekannten Tatsachen steht. Man benutzt also eine Implikation $\neg A \Rightarrow B$, deren Wahrheitswert w ist, obwohl B den Wahrheitswert f hat. Das geht nur, wenn A wahr ist, wie man an der Wahrheitswertetabelle für $\neg A \Rightarrow B$ ablesen kann.

$$
\begin{array}{c|c|c}
B \diagdown & w & f \\
A & & \\
\hline
w & w & w \\
\hline
f & w & f
\end{array}
$$

Wahrheitswertetabelle für $\neg A \Rightarrow B$

Bemerkung 1.22 Die leere Menge $\emptyset$ erfüllt die Axiome 1.15, 1.16 und 1.17. Um das einzusehen, überlegt man sich, dass es unmöglich ist, die Voraussetzungen der jeweiligen Implikation zu erfüllen (das „wenn" im „wenn, dann" tritt nicht auf); also ist die Implikation nach Bemerkung 1.21 automatisch richtig.

Beispiel 1.23 Sei $M = \{a, b, c\}$ eine beliebige Menge mit drei Elementen. Wir betrachten eine Relation $<$ auf M die durch

$$< := \{(a, b), (b, c), (a, c)\}$$

gegeben ist. Dann erfüllt M mit $<$ die Axiome 1.15, 1.16 und 1.17.

Unser Ziel ist es, die natürlichen Zahlen unserer Erfahrung durch ein Axiomensystem zu beschreiben. Bemerkung 1.22 zeigt, dass wir gut daran getan haben, N als nichtleere Menge vorauszusetzen. Beispiel 1.23 zeigt, dass die Axiome 1.15, 1.16 und 1.17 noch nicht alle der gewohnten Eigenschaften der natürlichen Zahlen liefern. Insbesondere garantieren sie nicht, dass es zu jeder natürlichen Zahl eine noch größere gibt. Dies müssen wir in einem zusätzlichen Axiom fordern!

Axiom 1.24 (Unbeschränktheit) N ist nicht beschränkt.

Wenn $x \in N$, dann liefert Axiom 1.24, dass die Menge

$$\{y \in N \mid x < y\}$$

nicht leer ist, denn sonst hätte man wegen Satz 1.18 „$\forall z \in N : z \leq x$", das heißt N wäre beschränkt. Man bezeichnet das kleinste Element von $\{y \in N \mid x < y\}$ mit $x + 1$, was hier nur ein (komplizierter) Name ist. Man wählt ihn, weil die (noch nicht definierte) Addition auf N später gerade so gemacht wird, dass $\min(\{y \in N \mid x < y\})$ die Summe von x und 1 ist!

Mit Axiom 1.24 lässt sich das Prinzip der *vollständigen Induktion* beweisen, das in Beispiel 1.10 schon angesprochen wurde.

Satz 1.25 (Vollständige Induktion) *Sei $N \neq \emptyset$ eine Menge, die die Axiome 1.15, 1.16, 1.17 und 1.24 erfüllt, sowie $X \subseteq N$ eine Teilmenge mit folgenden Eigenschaften:*

(a) $1 \in X$.
(b) *Wenn $x \in X$, dann gilt auch $x + 1 \in X$.*

Dann ist $X = N$.

Beweis Sei $Y := N \setminus X := \{y \in N \mid y \notin X\}$ das *Komplement* von X in N. Wir müssen zeigen, dass Y leer ist. Wenn $Y \neq \emptyset$, dann hat Y ein kleinstes Element $y \in Y$. Sei

$$Z := \{x \in X \mid x < y\}.$$

Dann ist $1 \in Z$, weil $1 \leq y$ und $y \neq 1 \in X$. Da Z (durch y) beschränkt ist, hat Z nach Axiom 1.17 ein größtes Element $z \in Z$. Wegen $Z \subseteq X$ und (b) haben wir $z + 1 \in X$. Da aber $z < z + 1$, kann $z + 1$ nicht in Z sein, das heißt, $z + 1 < y$ gilt nicht. Aber dann muss wegen der Trichotomie aus Satz 1.18 die Ungleichung $y \leq z + 1$ gelten. Die Gleichheit $y = z + 1$ ist nicht möglich, weil $y \notin X$, aber $z + 1 \in X$ gilt. Andererseits steht $z < y$ und $y < z + 1$ im Widerspruch dazu, dass $z + 1$ das kleinste Element von $\{x \in N \mid z < x\}$ ist. Also kann die Menge Y keine Elemente enthalten haben. $\square$

Bemerkung 1.26 (Induktionsbeweise) Sei N eine Menge, die die Axiome 1.15, 1.16, 1.17 und 1.24 erfüllt. Der Satz 1.25 über die vollständige Induktion liefert ein Werkzeug unendlich viele durchnummerierte Aussagen $A(n)$ zu beweisen, das heißt zu zeigen, dass sie wahr sind. Dazu muss man die Aussage für ein $n_0 \in N$ beweisen, den sogenannten *Induktionsanfang*. Weiterhin muss man zeigen, dass

$$\forall n \geq n_0, n \in N : \quad A(n) \Rightarrow A(n+1). \tag{$*$}$$

Letzteres nennt man den *Induktionsschritt*. Mit Satz 1.25 folgt dann

$$\forall n \geq n_0, n \in N : \quad A(n). \tag{$**$}$$

Um das einzusehen, setzen wir $X := \{m \in N \mid A(n_0 + m) \text{ gilt}\}$. Weil $A(n_0)$ gilt (Induktionsanfang), zeigt $(*)$, dass auch $A(n_0 + 1)$ gilt, das heißt, $1 \in X$. Außerdem liefert $(*)$, dass für jedes $n \in X$ gilt $n + 1 \in X$. Damit liefert Satz 1.25, dass $X = N$, also

$$\forall n \in N : \quad A(n_0 + n).$$

Zusammen mit dem Induktionsanfang erhalten wir also $(**)$. Gelegentlich nennt man die zu beweisende Aussage $A(n)$ auch die *Induktionsannahme*. Man beachte, dass die Aussagen $A(n)$ in $(*)$ und $(**)$ unterschiedliche Rollen spielt. In $(*)$ ist sie Teil einer wahren Implikation, für die die Hypothese $A(n)$ nicht wahr zu sein muss. In $(**)$ dagegen steht sie als wahre Aussage. $\qquad\square$

Wir werden im Text und in den Übungen viele, zum Teil sehr elegante, Induktionsbeweise sehen. Man sollte aber nicht den Eindruck bekommen, dass die Induktion ein Wundermittel ist, mit dem man alle Probleme lösen kann. Um Induktion einsetzen zu können, muss man ganz genau wissen, was man zu beweisen hat. Sie hilft in der Regel nicht dabei, die richtigen Formeln zu finden.

Bemerkung 1.27 (Modelle der natürlichen Zahlen) Wir nennen jede nichtleere Menge, die Axiom 1.15, 1.16, 1.17 und 1.24 erfüllt, ein *Modell* für die natürlichen Zahlen. Mithilfe von Satz 1.25 werden wir später zeigen, dass alle Modelle der natürlichen Zahlen im wesentlich gleich sind. Bevor wir das tun, schauen wir uns noch eine Reihe von Konstruktionen an, die man für jedes Modell der natürlichen Zahlen durchführen kann. Dazu gehören insbesondere die Addition und die Multiplikation zweier Elemente.

Wir nehmen die Existenz von Modellen für die natürlichen Zahlen an, wählen uns eines aus, das wir mit $\mathbb{N}$ bezeichnen und *die* Menge der *natürlichen Zahlen* nennen. $\qquad\square$

Die hier gewählte Vorgehensweise erlaubt uns den Einstieg in eine streng beweisorientierte Mathematik, ohne uns vorweg mit den Subtilitäten der axiomatischen Mengenlehre belasten zu müssen. Dieser Einstieg ist intuitiv gut abgesichert und wir fragen uns nicht, *was* die natürlichen Zahlen sind, sondere *welche Eigenschaften* die natürlichen Zahlen haben. Diese Eigenschaften der natürlichen Zahlen sind alles, was wir im weiteren Verlauf nutzen werden. Das birgt natürlich die Gefahr, dass uns jemand den Boden unter den Füßen wegzieht, indem er beweist, dass es gar kein Modell für die natürlichen Zahlen geben kann.

1.2.2 Addition und Multiplikation

Wir beginnen mit der Addition, für die durch die Einführung der Zahl $x + 1 \in \mathbb{N}$ zu einer Zahl $x \in \mathbb{N}$ der Anfang schon gemacht ist. Wir definieren eine Abbildung $a_1 : \mathbb{N} \to \mathbb{N}$ (man denke: „addiere 1") durch $a_1(x) := x + 1$. Wenn für $y \in \mathbb{N}$ die Abbildung $a_y : \mathbb{N} \to \mathbb{N}$ (man denke: „addiere y") gegeben ist, dann definiert man eine Abbildung $a_{y+1} : \mathbb{N} \to \mathbb{N}$ durch $a_{y+1}(x) := a_1\big(a_y(x)\big)$. Wir schreiben

$$x + y := a_y(x).$$

Durch Anwendung von Induktion (Satz 1.25) auf die Menge $\{y \in \mathbb{N} \mid a_y \text{ ist definiert}\}$ sieht man, dass a_y für alle $y \in \mathbb{N}$ definiert ist. Damit können wir eine neue Abbildung $a : \mathbb{N} \times \mathbb{N} \to \mathbb{N}$ durch $a(x, y) := x + y$ definieren. Diese Abbildung ist die *Addition* auf $\mathbb{N}$.

Proposition 1.28 (Ordnung und Addition) *Wenn $x, y \in \mathbb{N}$, dann gilt $x < x + y$.*

Beweis Sei $x \in \mathbb{N}$ und $Y := \{y \in \mathbb{N} \mid x < x + y\}$. Dann gilt $1 \in Y$ nach der Definition von $x + 1$. Wenn $y \in Y$, dann haben wir

$$x < x + y < (x + y) + 1 = a_1\big(a_y(x)\big) = a_{y+1}(x) = x + (y + 1).$$

Wegen der Transitivität (Proposition 1.20) folgt $x < x + (y + 1)$, also $y + 1 \in Y$. Mit Induktion ergibt sich $Y = \mathbb{N}$, das heißt die Behauptung. $\square$

Wir können jetzt die entscheidenden Rechenregeln für die Addition in $\mathbb{N}$ beweisen:

Satz 1.29 (Rechenregeln für die Addition auf $\mathbb{N}$) *Sei $x, y, z \in \mathbb{N}$. Dann gilt:*

 (i) $x + (y + z) = (x + y) + z$ (Assoziativität).
 (ii) $x + y = y + x$ (Kommutativität).
 (iii) $x + z = y + z \ \Rightarrow\ x = y$ (Kürzungseigenschaft).

Beweis Wir beweisen alle drei Aussagen mit vollständiger Induktion.

 (i) Sei $Z := \{z \in \mathbb{N} \mid \forall x, y \in \mathbb{N} : \ x + (y + z) = (x + y) + z\}$. Nach Definition der Addition gilt $x + (y + 1) = (x + y) + 1$, also $1 \in Z$. Wenn $z \in Z$, rechnet man

$$x + (y + (z + 1)) \overset{1 \in Z}{=} x + ((y + z) + 1) \overset{1 \in Z}{=} (x + (y + z)) + 1$$
$$\overset{z \in Z}{=} ((x + y) + z) + 1 = (x + y) + (z + 1),$$

wobei die letzte Gleichheit eine Konsequenz der Definition der Addition ist, und hat $z + 1 \in Z$. Mit Induktion folgt also $Z = \mathbb{N}$.

(ii) Wir zeigen zunächst

$$\forall y \in \mathbb{N}: \quad 1 + y = y + 1. \tag{$*$}$$

Dazu betrachten wir die Menge $Y := \{y \in \mathbb{N} \mid 1 + y = y + 1\}$ und halten fest, dass $1 \in Y$. Wenn $y \in Y$, rechnet man mit (i)

$$1 + (y + 1) = (1 + y) + 1 = (y + 1) + 1,$$

also $y + 1 \in Y$, sodass mit Induktion $Y = \mathbb{N}$ folgt.

Jetzt setzt man $X := \{x \in \mathbb{N} \mid \forall y \in \mathbb{N}: x + y = y + x\}$ und stellt fest, dass nach $(*)$ $1 \in X$ gilt. Wenn $x \in X$, rechnet man

$$(x + 1) + y \overset{(i)}{=} x + (1 + y) \overset{(*)}{=} x + (y + 1) \overset{(i)}{=} (x + y) + 1 \overset{x \in X}{=} (y + x) + 1$$
$$\overset{(i)}{=} y + (x + 1)$$

und findet $x + 1 \in X$. Mit Induktion folgt wieder $X = \mathbb{N}$, also (ii).

(iii) Betrachte die Menge

$$Z := \{z \in \mathbb{N} \mid \forall x, y \in \mathbb{N}: x + z = y + z \Rightarrow x = y\}.$$

Man zeigt zunächst, dass $1 \in Z$ gilt. Dazu nehmen wir $x + 1 = y + 1$ an und zeigen, dass weder $x < y$ noch $y < x$ gelten kann. Wenn nämlich $x < y$ gilt, finden wir

$$x < y < y + 1 = x + 1,$$

was im Widerspruch zu $x + 1 = \min\{z \in \mathbb{N} \mid x < z\}$ steht. Die Ungleichung $y < x$ schließt man genauso aus, indem man die Rollen von x und y in obigem Argument vertauscht. Jetzt folgt mit Satz 1.18 die Gleichheit $x = y$.

Wenn für $z \in Z$ die Gleichung $x + (z + 1) = y + (z + 1)$ gilt, rechnen wir

$$(x + 1) + z \overset{(i)}{=} x + (1 + z) \overset{(ii)}{=} x + (z + 1) = y + (z + 1) \overset{(i),(ii)}{=} (y + 1) + z$$

und finden $x + 1 = y + 1$. Weil aber auch $1 \in Z$ ist, folgt weiter $x = y$ und schließlich $z + 1 \in Z$. Also haben wir mit Induktion $Z = \mathbb{N}$ und (iii). $\qquad\square$

Proposition 1.30 (Lösbarkeit von $a + x = b$) *Wenn für $a, b \in \mathbb{N}$ die Relation $a < b$ gilt, dann gibt es genau ein $x \in \mathbb{N}$ mit $a + x = b$, das heißt, die Gleichung $a + x = b$ ist für gegebene $a < b$ in $\mathbb{N}$ und gesuchtes $x \in \mathbb{N}$ eindeutig lösbar.*

Beweis Lautet eine Aussage „es gibt genau ein" müssen sowohl die Existenz als auch die Eindeutigkeit gezeigt werden. Um die Existenz einer Lösung zu zeigen, betrachten wir die Menge $X := \{u \in \mathbb{N} \mid a + u \leq b\}$. Da aus $a < b$ folgt $a + 1 \leq b$, sehen wir, dass $1 \in X$. Wenn $u \in X$, rechnen wir

$$u \overset{1.28}{<} u + a \overset{1.29(ii)}{=} a + u \leq b,$$

was mit der Transitivität (Proposition 1.20) $u < b$ liefert. Insbesondere ist X beschränkt und hat daher (Axiom 1.17) ein eindeutig bestimmtes größtes Element $x := \max(X)$. Wir zeigen $a + x = b$, indem wir $a + x < b$ und $b < a + x$ ausschließen (Satz 1.18): $b < a + x$ steht im Widerspruch zu $x \in X$. Aus $a + x < b$ folgt $a + (x + 1) = (a + x) + 1 \leq b$ (Satz 1.29), was im Widerspruch zu $x = \max(X)$ steht. Damit ist die Existenzaussage gezeigt.

Für die Eindeutigkeit gehen wir von zwei Lösungen $x, x_2 \in \mathbb{N}$, das heißt, wir nehmen an, dass $a + x_1 = b = a + x_2$, und wollen $x_1 = x_2$ zeigen. Dies folgt aber sofort aus Satz 1.29(iii). $\qquad\qquad\square$

Proposition 1.31 (Verträglichkeit von Ordnung und Addition) *Für alle $a, b, n \in$* $\mathbb{N}$ *gilt*

$$
\begin{aligned}
&\text{(i)} && a = b && \Leftrightarrow && a + n = b + n, \\
&\text{(ii)} && a < b && \Leftrightarrow && a + n < b + n, \\
&\text{(iii)} && a \leq b && \Leftrightarrow && a + n \leq b + n.
\end{aligned}
$$

Beweis

(i) Die Richtung „$\Rightarrow$" folgt sofort, die Richtung „$\Leftarrow$" folgt aus der Kürzungseigenschaft in Satz 1.29(iii).

(ii) Wir beweisen die Richtung „$\Rightarrow$" mit Induktion und halten dazu $a, b \in \mathbb{N}$ mit $a < b$ fest.

   Induktionsannahme $A(n)$: $a + n < b + n$.

   Induktionsanfang: Es gilt $a + 1 \leq b < b + 1$ weil $a + 1$ das kleinste Element von $\mathbb{N}$ ist, das größer als a ist. Es gibt zwei Möglichkeiten: Wenn $a + 1 = b$, dann haben wir offensichtlich $a + 1 < b + 1$. Wenn dagegen $a + 1 < b$, dann haben wir $a + 1 < b < b + 1$, und $a + 1 < b + 1$ folgt aus der Transitivität in Proposition 1.20.

   Induktionsschritt: Sei $n = m + 1 > 1$, dann folgt aus $A(m)$, dass $a + m < b + m$. Wenn man jetzt das Argument zum Induktionsanfang auf $a + m$ und $b + m$ anwendet, so findet man $(a + m) + 1 < (b + m) + 1$. Damit folgt $A(n)$ aus der Assoziativität in Satz 1.29(i).

   Wegen (i) und der gerade bewiesenen Implikation „$\Rightarrow$" folgt, dass für $a + n < b + n$ weder $a = b$ noch $a > b$ gelten kann. Also folgt aus der Trichotomie in Satz 1.18, dass $a < b$ gelten muss. Damit ist auch die Richtung „$\Leftarrow$" bewiesen.

(iii) Dieser Teil folgt wegen der Trichotomie durch Kombination von (i) und (ii). $\square$

Die Multiplikation auf $\mathbb{N}$ ist eine iterierte Addition. Wir gehen bei ihrer Definition genauso vor wie bei der Einführung der Addition, die eine iterierte Addition der Eins ist.

Wir definieren eine Abbildung $m_1 \colon \mathbb{N} \to \mathbb{N}$ (man denke „multipliziere mit 1") durch $m_1(x) := x$. Wenn für $y \in \mathbb{N}$ die Abbildung $m_y \colon \mathbb{N} \to \mathbb{N}$ (man denke „multipliziere mit y") gegeben ist, dann definiert man eine Abbildung $m_{y+1} \colon \mathbb{N} \to \mathbb{N}$ durch $m_{y+1}(x) := m_y(x) + x$. Wir schreiben

$$xy := x \cdot y := m_y(x).$$

Mit Induktion sieht man, dass m_y für alle $y \in \mathbb{N}$ definiert ist. Damit können wir eine neue Abbildung $m \colon \mathbb{N} \times \mathbb{N} \to \mathbb{N}$ durch $m(x, y) := x \cdot y$ definieren. Diese Abbildung ist die *Multiplikation* auf $\mathbb{N}$.

Satz 1.32 (Rechenregeln für die Multiplikation auf $\mathbb{N}$) *Seien* $x, y, z \in \mathbb{N}$. *Dann gilt (Punkt vor Strich):*

(i) $(x + y)z = xz + yz$ (Distributivität).
(ii) $xy = yx$ (Kommutativität).
(iii) $x(yz) = (xy)z$ (Assoziativität).
(iv) $xz = yz \Rightarrow x = y$ (Kürzungseigenschaft).

Beweis Wir beweisen die Aussagen (i)–(iv) mit vollständiger Induktion.

(i) Betrachte $Z := \{z \in \mathbb{N} \mid \forall x, y \in \mathbb{N} : (x + y)z = xz + yz\}$. Dann gilt wegen $a \cdot 1 = a$ für alle $a \in \mathbb{N}$, dass $1 \in Z$. Wenn $z \in Z$, rechnet man

$$(x + y)(z + 1) \stackrel{\text{Def}}{=} (x + y)z + (x + y) \stackrel{z \in Z}{=} (xz + yz) + (x + y)$$
$$\stackrel{1.29}{=} (xz + x) + (yz + y) \stackrel{\text{Def}}{=} x(z + 1) + y(z + 1)$$

und erhält $z + 1 \in Z$. Mit Induktion (Satz 1.25) folgt jetzt $Z = \mathbb{N}$ und (i).

(ii) Wir zeigen zunächst

$$\forall y \in \mathbb{N} : \ 1 \cdot y = y \cdot 1. \qquad\qquad (*)$$

Dazu betrachten wir die Menge $Y := \{y \in \mathbb{N} \mid 1 \cdot y = y \cdot 1\}$ und halten fest, dass $1 \in Y$. Für $y \in Y$ rechnet man

$$1 \cdot (y + 1) \stackrel{\text{Def}}{=} 1 \cdot y + 1 \stackrel{y \in Y}{=} y \cdot 1 + 1 = y + 1 = (y + 1) \cdot 1$$

und findet $y + 1 \in Y$, sodass mit Induktion $Y = \mathbb{N}$ folgt.
Jetzt setzt man $X := \{x \in \mathbb{N} \mid \forall y \in \mathbb{N} : xy = yx\}$ und stellt fest, dass nach $(*)$ gilt: $1 \in X$. Wenn $x \in X$, rechnet man

$$y(x + 1) \stackrel{\text{Def}}{=} yx + y \stackrel{x \in X}{=} xy + y \stackrel{(*)}{=} xy + 1 \cdot y \stackrel{\text{(i)}}{=} (x + 1)y$$

und findet $x + 1 \in X$. Mit Induktion folgt wieder $X = \mathbb{N}$, also (ii).

(iii) Sei $Z := \{z \in \mathbb{N} \mid \forall x, y \in \mathbb{N} : x(yz) = (xy)z\}$. Es folgt unmittelbar, dass $1 \in Z$. Wenn $z \in Z$, rechnet man

$$(xy)(z+1) \overset{\text{Def}}{=} (xy)z + xy \overset{z \in Z}{=} x(yz) + xy \overset{(ii)}{=} (yz)x + yx$$
$$\overset{(i)}{=} (yz+y)x \overset{(ii)}{=} x(yz+y) \overset{\text{Def}}{=} x(y(z+1))$$

und hat $z + 1 \in Z$. Mit Induktion folgt also $Z = \mathbb{N}$ und (iii).

(iv) Sei $xz = yz$. Wir zeigen $x = y$, indem wir $x < y$ und $y < x$ ausschließen (Trichotomie!): Wenn $x < y$, dann existiert nach Proposition 1.30 ein $u \in \mathbb{N}$ mit $x + u = y$, und man kann rechnen

$$xz + uz \overset{(i)}{=} (x+u)z = yz = xz,$$

sodass nach Proposition 1.28 $xz < xz$ folgt. Dies steht aber in Widerspruch zu Satz 1.18. Also kann $x < y$ nicht gelten. Durch Vertauschen der Rollen von x und y in obigem Argument schließt man auch $y < x$ aus und zeigt so $x = y$. $\square$

Proposition 1.33 (Verträglichkeit von Ordnung und Multiplikation auf $\mathbb{N}$) *Es gilt*

$$\forall a, b \in \mathbb{N} : \quad a \leq ab.$$

Die Gleichheit $a = ab$ gilt dabei nur für $b = 1$.

Beweis Für festes $a \in \mathbb{N}$ setzen wir $X_a := \{b \in \mathbb{N} \mid a \leq ab\}$. Dann gilt $1 \in X_a$ wegen $a \cdot 1 = a$. Für $b \in X_a$ gilt

$$a \overset{1.28}{<} a + ab \overset{1.29(ii)}{=} ab + a \overset{\text{Def}}{=} a(b+1),$$

also $b + 1 \in X_a$. Mit Satz 1.25 ergibt sich $X_a = \mathbb{N}$, das heißt die erste Behauptung. Es bleibt zu zeigen, dass aus $a = ab$ die Gleichheit $b = 1$ folgt. Dazu rechnen wir

$$1a \overset{1.32(ii)}{=} a1 \overset{\text{Def}}{=} a = ab \overset{1.32(ii)}{=} ba$$

und wenden dann Satz 1.32(iv) an. $\square$

Bemerkung 1.34 (Teilbarkeit auf $\mathbb{N}$) Sei $\mathbb{N}$ die Menge der natürlichen Zahlen und $a, b \in \mathbb{N}$. Wir sagen a *teilt* b, geschrieben $a \mid b$, falls b ein ganzzahliges Vielfaches von a ist, das heißt, falls es ein $c \in \mathbb{N}$ mit $b = ca$ gibt. Damit definiert

$$R := \{(a, b) \in \mathbb{N} \times \mathbb{N} \mid a \text{ teilt } b\}$$

eine Relation auf $\mathbb{N}$.

(i) Die Relation R ist *reflexiv*, das heißt, es gilt $a \mid a$.

(ii) Aus $a \mid b$ folgt $a \leq b$. Insbesondere hat jede natürliche Zahl nur endlich viele Teiler.

(iii) Die Relation R ist *transitiv*, das heißt, aus $a \mid b$ und $b \mid c$ folgt $a \mid c$.

(iv) Aus $a \mid b$ und $b \mid a$ folgt $a = b$.

Die Eigenschaft (i) folgt sofort aus $a = 1a$ und die Eigenschaft (ii) ist eine Konsequenz von Proposition 1.33. Wenn nämlich $xa = b$ mit $x \in \mathbb{N}$ gilt, dann rechnen wir

$$a \overset{1.33}{\leq} ax \overset{1.32(ii)}{=} xa = b.$$

Um die Transitivität einzusehen, nehmen wir an, dass $xa = b$ und $yb = c$ mit $x, y \in \mathbb{N}$ gelten. Dann rechnen wir

$$c = yb = y(xa) \overset{1.32(i)}{=} (yx)a,$$

und erhalten so $a \mid c$.

Die Eigenschaft (iv) lässt sich wieder aus Proposition 1.33 ableiten. Wenn nämlich $xa = b$ und $yb = a$ mit $x, y \in \mathbb{N}$ gelten, dann folgt aus der obigen Rechnung zur Transitivität, dass $(yx)a = a$ ist. Mit Satz 1.32(iv) folgt $yx = 1$ und Proposition 1.33 liefert $x = y = 1$, weil für $x \neq 1$ gelten würde $y < 1$, im Widerspruch zu dem Umstand, dass 1 das kleinste Element von $\mathbb{N}$ ist (analog für y). Also gilt $a = b$. $\qquad\square$

Jetzt, wo wir Addition und Multiplikation auf den natürlichen Zahlen zur Verfügung haben, können wir das Prinzip des Induktionsbeweises aus Bemerkung 1.26 anhand der Aussage $2 + \sum_{j=1}^{n} 2^j = 2^{n+1}$ aus Beispiel 1.1 illustrieren. Dabei benutzen wir die übliche Namensgebung $2 := 1 + 1$ für die zweitkleinste natürliche Zahl. Man beachte, dass wir die ursprüngliche Gleichung $1 + \sum_{j=1}^{n} 2^j = 2^{n+1} - 1$ aus Beispiel 1.1 hier umgestellt haben, damit keine Subtraktion mehr vorkommt. Die Subtraktion wird uns erst zur Verfügung stehen, wenn wir unseren Zahlbereich von den natürlichen auf die ganzen Zahlen erweitert haben.

Beispiel 1.35 (Induktionsbeweis) Wir führen das Prinzip an den Aussagen

$$A(n): \quad 2 + \sum_{j=1}^{n} 2^j = 2^{n+1}$$

für $n \in \mathbb{N}$ aus Beispiel 1.1 vor. Der Induktionsanfang ist die Aussage

$$2 + 2^1 = 2^2,$$

die offensichtlich wahr ist. Der Induktionsschritt besteht in der Rechnung

$$2 + \sum_{j=1}^{n+1} 2^j = \left(1 + \sum_{j=1}^{n} 2^j\right) + 2^{n+1} \overset{A(n)}{=} 2^{n+1} + 2^{n+1} = 2 \cdot 2^{n+1} = 2^{n+2},$$

mit der nachgewiesen wird, dass $A(n+1)$ gilt, wenn $A(n)$ gilt. Man beachte hier, dass wir im letzten Schritt nur die Definition der Potenz 2^m als Produkt von m Faktoren 2 benutzt haben, nicht aber irgendwelche Potenzgesetze. $\square$

1.2.3 Modelle der natürlichen Zahlen

In diesem Unterabschnitt zeigen wir, dass alle Modelle für die natürlichen Zahlen (siehe Bemerkung 1.27) im Wesentlichen gleich sind. Dabei bezieht sich die „Gleichheit" nicht nur darauf, dass man eine umkehrbare Abbildung zwischen den zugrunde liegenden Mengen findet, sondern auch, dass diese Abbildung sowohl die Ordnungen als auch die algebraischen Operationen Addition und die Multiplikation ineinander überführen. Das bedeutet, dass es für alle Aussagen über natürliche Zahlen, die sich vollständig durch die Ordnung und die algebraischen Operationen ausdrücken lassen, entweder für alle Modelle der natürlichen Zahlen richtig sind oder für keines der Modelle. Dies rechtfertigt unsere Vorgehensweise, ein Modell als *die* natürlichen Zahlen $\mathbb{N}$ auszuwählen und dann nur noch Aussagen der genannten Art über $\mathbb{N}$ zu betrachten.

Wir starten mit einer Bemerkung zu Abbildungseigenschaften, die präzisiert, was wir unter einer umkehrbaren Abbildung verstehen wollen.

Bemerkung 1.36 (Abbildungseigenschaften) Sei $f: A \to B$ eine Abbildung. Man nennt sie *surjektiv*, wenn zu jedem $b \in B$ ein $a \in A$ mit $f(a) = b$ existiert. Man kann sich hier vorstellen, dass B von A via f vollkommen überdeckt wird, und das ist eine Möglichkeit, „A ist größer oder gleich B" zu sagen. Man kann den Größenunterschied noch weiter quantifizieren, indem man beispielsweise für jedes $b \in B$ zählt, wie viele Elemente von A auf b abgebildet werden.

Wenn auf der anderen Seite aus $f(a_1) = f(a_2)$ folgt, dass $a_1 = a_2$, dann nennt man f *injektiv*. Anders ausgedrückt, man kann sich A in B eingebettet vorstellen, indem man jeden Punkt a mit seinem Bild $f(a)$ unter f identifiziert (Abb. 1.1). Dies ist dann eine Möglichkeit, „A ist kleiner oder gleich B" zu sagen. Auch hier kann man den Größenunterschied noch weiter quantifizieren, zum Beispiel indem man zählt, wie viele Elemente von B nicht im *Bild* $f(A) := \{f(a) \mid a \in A\}$ von A sind.

Für $A' \subseteq A$ und $B' \subseteq B$ nennt man $f(A') := \{f(a') \mid a' \in A'\}$ das *Bild* von A' unter f und $f^{-1}(B') := \{a \in A \mid f(a) \in B'\}$ das *Urbild* von B' unter f.

Wenn eine Abbildung f sowohl injektiv als auch surjektiv ist, dann heißt sie *bijektiv*. Durch Umdrehen der Pfeile in

$$A \to B, \quad a \mapsto f(a)$$

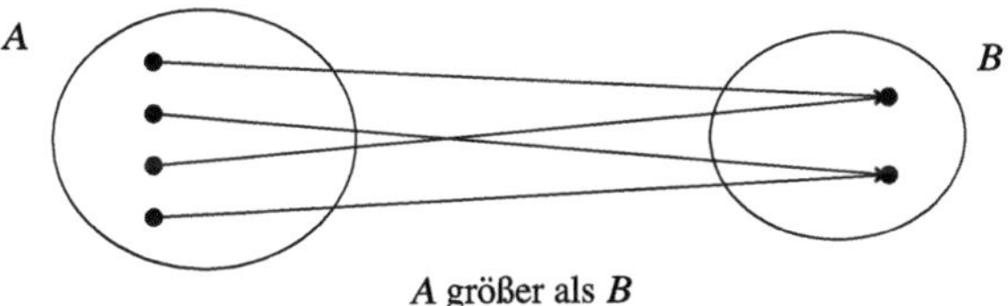

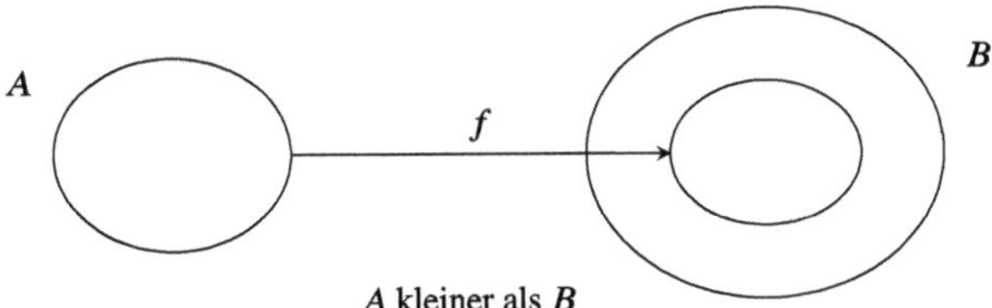

Abb. 1.1 Abbildungen als Vergleich von Mengen

lässt sich dann eine Abbildung $B \to A$ definieren, die man die *Umkehrabbildung* von f nennt und mit f^{-1} bezeichnet. Im Ergebnis entspricht dann jedem Punkt von A genau ein Punkt von B, das heißt, dies ist eine Möglichkeit, „A und B sind gleich groß" zu sagen. $\qquad\square$

Konstruktion 1.37 (Modellvergleich für natürliche Zahlen) Wir betrachten zwei Modelle $(N, <)$ und $(N', <')$ für die natürlichen Zahlen. Gelingt es uns nun, wie zuvor beschrieben, eine strukturerhaltende, bijektive Abbildung zu konstruieren, haben wir die wesentliche Gleichheit beider Modelle gezeigt. Wir beginnen mit der Konstruktion und zeigen danach (Satz 1.38) die strukturerhaltenden Eigenschaften. Die Abbildung $\phi\colon N \to N'$ konstruieren wir als eine Relation, das heißt als eine Teilmenge von $N \times N'$. Dazu gehen wir in zwei Schritten vor:

1. Unser Ziel ist nun die Konstruktion einer Teilmenge $\emptyset \neq X'_n \subseteq N'$ zu jedem $n \in N$ mit der Eigenschaft

$$\forall x' \in X'_n: \quad x' + 1_{N'} \in X'_n. \qquad (*_n),$$

wobei $1_{N'} = \min(N')$ die Eins in N' ist, unter Verwendung von vollständiger Induktion. Um die Notation nicht zu überfrachten schreiben wir für die Addition auf N' auch nur $+$ und nicht $+'$.

Für $1 = \min N$ (hier bleiben wir bei der Notation 1 für die Eins in N) setzen wir $X'_1 := N'$. Diese Menge ist nicht leer und hat nach dem Unbeschränktheitsaxiom (Axiom 1.24) die Eigenschaft $(*_1)$. Sei jetzt $n \in N$. Angenommen wir haben die Menge $X'_n \neq \emptyset$ mit der Zusatzeigenschaft $(*_n)$ konstruiert. Dann setzen wir

$$X'_{n+1} := \left(X'_n \setminus \{\min(X'_n)\}\right),$$

wobei $\min(X')$ für $X' \subseteq N'$ das Minimum von X' bezeichnet. Wir müssen zeigen, dass X'_{n+1} nicht leer ist und die Eigenschaft $(*_{n+1})$ hat. Sei dazu $n' := \min(X'_n)$. Wir zeigen mit Induktion, dass

$$\forall m' \in N' : \quad n' + m' \in X'_n. \tag{$**$}$$

Für $m' = 1_{N'}$ ist das gerade die Eigenschaft $(*_{n'})$. Wenn $n' + m' \in X'_n$, dann liefert die Eigenschaft $(*_n)$, dass

$$n' + (m' + 1_{N'}) \stackrel{1.29(i)}{=} (n' + m') + 1_{N'} \in X'_n.$$

Also liefert Satz 1.25, angewendet auf $(N', <')$, die Eigenschaft $(**)$. Mit Proposition 1.30, angewendet auf $(N', <')$, ergibt sich daraus

$$\forall n' <' x' \in N' : \quad x' \in X'_n$$

und damit $x' \in X'_{n+1}$. Insbesondere ist also X'_{n+1} nicht leer.

Um die Eigenschaft $(*_{n+1})$ zu zeigen, nehmen wir an, dass $x' \in X'_{n+1}$. Wegen $X'_{n+1} = X'_n \setminus \{n'\}$ gilt $n' <' x' <' x' + 1_{N'}$ und daher $n' <' x' + 1_{N'}$ (siehe Proposition 1.20). Da $x' + 1_{N'}$ wegen $(*_n)$ in X'_n liegt, folgt jetzt $x' + 1_{N'} \in X'_{n+1}$, also die Eigenschaft $(*_{n+1})$.

Sei $X \subseteq N$ die Menge aller $n \in N$, für die man ein $X'_n \neq \emptyset$ mit $(*_n)$ konstruieren kann. Mit vollständiger Induktion (siehe Satz 1.25) sieht man jetzt, dass $X = N$ gilt.

2. Sei $\phi := \{(n, n') \in N \times N' \mid n' = \min(X'_n)\}$. Dann ist ϕ eine Relation. Weil für jedes $n \in N$ die Menge $X'_n \subseteq N'$ nicht leer ist, hat sie nach dem Minimalprinzip ein Minimum und dieses Minimum ist nach Bemerkung 1.19 auch eindeutig bestimmt. Also gibt es zu jedem $n \in N$ genau ein $n' \in N'$ mit $(n, n') \in \phi$. Damit ist ϕ eine Abbildung. $\qquad\square$

Satz 1.38 (Modelle natürlicher Zahlen) *Seien $(N, <)$ und $(N', <')$ Modelle natürlicher Zahlen und $\phi \colon N \to N'$ die in Konstruktion 1.37 konstruierte Abbildung. Sie hat die folgenden Eigenschaften.*

(i) $\phi(1) = 1_{N'}$.
(ii) $\forall n, m \in N : \quad \phi(n + m) = \phi(n) + \phi(m) \in N'$.
(iii) $\forall n, m \in N : \quad n < m \;\Leftrightarrow\; \phi(n) <' \phi(m)$.
(iv) *Die Abbildung ϕ ist bijektiv.*
(v) $\forall X \subseteq N : \quad \phi(\min X) = \min \phi(X)$.
(vi) $\forall x, y \in N : \quad \phi(xy) = \phi(x)\phi(y) \in N'$.

Beweis

(i) Nach Konstruktion 1.37 gilt $\phi(1) = \min X_1' = \min N' = 1_{N'}$.

(ii) Wir führen den Nachweis für beliebiges $n \in N$ durch Induktion über $m \in N$.
Wegen $\min(X_n') + 1_{N'} \in X_n'$ gilt $\min(X_n') + 1_{N'} = \min X_{n+1}'$ und

$$\phi(n+1) = \min(X_{n+1}') = \min(X_n') + 1_{N'} = \phi(n) + 1_{N'}.$$

Damit folgt die Aussage für $m = 1$.
Für den Induktionsschritt rechnen wir

$$\phi(n + (m+1)) = \phi((n+m)+1) \overset{\text{Ind-Anf}}{=} \phi(n+m) + 1_{N'}$$

$$\overset{\text{Ind-Ann}}{=} (\phi(n) + \phi(m)) + 1_{N'} = \phi(n) + (\phi(m) + 1_{N'})$$

$$\overset{\text{Ind-Anf}}{=} \phi(n) + \phi(m+1).$$

Zusammen mit Satz 1.25 folgt die Behauptung.

(iii) Wenn $n < m$, dann gibt es nach Proposition 1.30 ein $x \in N$ mit $n + x = m$. Mit
(ii) folgt

$$\phi(m) = \phi(n+x) = \phi(n) + \phi(x),$$

also liefert Proposition 1.28 $\phi(n) <' \phi(n) + \phi(x) = \phi(m)$. Wenn umgekehrt
$\phi(n) <' phi(m)$ gilt, dann kann nicht $m = n$ gelten. Es kann auch nicht $m < n$
gelten, denn dann würde das obige Argument (mit vertauschten Rollen von m
und n) die Relation $\phi(m) <' \phi(n)$ zeigen. Wegen Satz 1.18 (Trichotomie) muss
also $n < m$ gelten.

(iv) Wegen (iii) liefert Satz 1.18, dass aus $n \neq m$ die Ungleichung $\phi(n) \neq \phi(m)$
folgt. Das ist die Kontraposition für „ϕ ist injektiv" (siehe die Bemerkungen 1.36
und 1.21), das heißt wir haben gezeigt, dass ϕ injektiv ist. Die Surjektivität
$\phi(N) = N'$ zeigen wir wieder mit Induktion. Nach (i) wissen wir schon, dass
$1_{N'} \in \phi(N)$. Wenn jetzt die Induktionsvoraussetzung $n' \in \phi(N)$ gilt, dann gibt
es ein $n \in N$ mit $\phi(n) = n'$. Aber dann gilt nach (ii)

$$\phi(n+1) = \phi(n) + \phi(1) = n' + 1_{N'}$$

und $n' + 1_{N'} \in \phi(N)$. Satz 1.25 zeigt jetzt $\phi(N) = N'$. Zusammen haben wir
damit die Bijektivität von ϕ gezeigt.

(v) Wegen (iii) und (iv) ist die Abbildung

$$\tilde{\phi} : X \to \phi(X), \quad n \mapsto \phi(n)$$

bijektiv und erfüllt

$$\forall n, m \in X : \quad n < m \Leftrightarrow \tilde{\phi}(n) < \tilde{\phi}(m).$$

Also muss das kleinste Element von X auf das kleinste Element von $\phi(X)$ abgebildet werden. Aber das bedeutet gerade

$$\phi(\min X) = \min \phi(X).$$

(vi) Diese Aussage lässt sich ähnlich wie Aussage (ii) mit Induktion über m beweisen. Für $m = 1$ folgt die Aussage aus der Rechnung

$$\phi(n \cdot 1) = \phi(n) = \phi(n) \cdot 1_{N'} \overset{\text{(i)}}{=} \phi(n)\phi(1).$$

Für den Induktionsschritt rechnen wir

$$\phi(n(m + 1)) \overset{1.32\text{(i)}}{=} \phi(nm + n) \overset{\text{(ii)}}{=} \phi(nm) + \phi(n)$$
$$\overset{\text{Ind-Ann}}{=} \phi(n)\phi(m) + \phi(n) \overset{1.32\text{(i)}}{=} \phi(n)(\phi(m) + 1_{N'})$$
$$\overset{\text{(i)}}{=} \phi(n)(\phi(m) + \phi(1)) \overset{\text{(ii)}}{=} \phi(n)\phi(m + 1).$$

Zusammen liefert Satz 1.25 jetzt die Behauptung. $\square$

1.3   Ganze und rationale Zahlen

Intuitiver Hintergrund für die Konstruktion der ganzen Zahlen aus den natürlichen Zahlen ist folgende Überlegung: Jede ganze Zahl ist die Differenz zweier natürlicher Zahlen. Allerdings kann man eine ganze Zahl auf verschiedene Weisen als Differenz natürlicher Zahlen schreiben. Zum Beispiel ist $-3 = 5 - 8 = 7 - 10$. Wir stellen uns eine ganze Zahl als ein Paar von natürlichen Zahlen vor und wollen solche Paare, die dieselbe Differenz liefern, als „gleich" betrachten. Bevor wir diese Idee umsetzen, halten wir die Visualisierung

$$\cdots \quad \bullet \quad \bullet \quad \bullet \quad \bullet \quad \bullet \quad \circ \quad \bullet \quad \bullet \quad \bullet \quad \bullet \quad \bullet \quad \cdots$$

der ganzen Zahlen fest, die wiederum eine Reihe zentraler Intuitionen für diese Zahlen transportiert.

- Die ganzen Zahlen haben weder einen Anfang noch ein Ende.
- Ein Element – die Null – in den ganzen Zahlen spielt eine Sonderrolle. Rechts von der Null sitzen die natürlichen Zahlen, links von der Null die Negativen der natürlichen Zahlen.
- Die ganzen Zahlen tragen eine Ordnung, wobei die größere Zahl rechts von der kleineren Zahl steht. Von zwei unterschiedlichen ganzen Zahlen ist stets eine die größere.
- Jede ganze Zahl hat einen Nachbarn zur Rechten (die nächst größere ganze Zahl) und einen Nachbarn zur Linken (die nächst kleinere ganze Zahl).

- Jede ganze Zahl ist von der Null aus zu erreichen, indem man wiederholt von einer Zahl zum rechten/linken Nachbarn geht.
- Addition von Eins liefert den Nachbarn zur Rechten, Subtraktion von Eins liefert den Nachbarn zur Linken.
- Addition einer natürlichen Zahl n bedeutet n Schritte nach rechts, das heißt n-fach iterierte Addition von 1. Subtraktion einer natürlichen Zahl n bedeutet n Schritte nach links, das heißt n-fach iterierte Subtraktion von 1.

Der folgende Satz benutzt die Begriffe und Notationen aus Bemerkung 1.11.

Satz 1.39 (Konstruktion der ganzen Zahlen) *Durch*

$$(a, b) \sim (c, d) \quad :\Leftrightarrow \quad a + d = c + b$$

wird eine Äquivalenzrelation auf $\mathbb{N} \times \mathbb{N}$ *definiert. Sei* $\mathbb{Z} := \{[(a, b)] \mid (a, b) \in \mathbb{N} \times \mathbb{N}\}$ *die Menge der Äquivalenzklassen. Dann ist*

$$j_{\mathbb{N}} \colon \mathbb{N} \to \mathbb{Z}, \quad a \mapsto [(a + 1, 1)]$$

eine injektive Abbildung.

Beweis Die Symmetrie der Relation $\sim$ folgt aus

$$(a, b) \sim (c, d) \quad \Leftrightarrow \quad a + d = c + b \quad \Leftrightarrow \quad c + b = a + d \quad \Leftrightarrow \quad (c, d) \sim (a, b).$$

Die Transitivität ist eine Konsequenz von

$$\begin{aligned}
\begin{matrix} (a, b) \sim (c, d) \\ (c, d) \sim (e, f) \end{matrix} \quad &\Leftrightarrow \quad \begin{matrix} a + d = c + b \\ c + f = e + d \end{matrix} \\
&\Rightarrow a + d + f = c + b + f = c + f + b = e + d + b \\
&\overset{1.29\text{(iii)}}{\Rightarrow} a + f = e + b \\
&\Rightarrow (a, b) \sim (e, f),
\end{aligned}$$

und die Reflexivität sieht man aus

$$(a, b) \sim (a, b) \quad \Leftrightarrow \quad a + b = a + b.$$

Damit ist die erste Behauptung gezeigt. Wenn $[(a + 1, 1)] = [(b + 1, 1)]$, dann gilt $(a + 1, 1) \sim (b + 1, 1)$, also $(a + 1) + 1 = (b + 1) + 1$. Wieder mit der Kürzungseigenschaft folgt daraus $a = b$, und das zeigt die Injektivität von $j_{\mathbb{N}} \colon \mathbb{N} \to \mathbb{Z}$. $\qquad\square$

Wir nennen $\mathbb{Z}$ die Menge der *ganzen Zahlen* und schreiben

$$a - b \text{ statt } [(a, b)].$$

Dabei ist $a - b$ an dieser Stelle nur ein Name, denn wir haben noch keine Subtraktion auf den ganzen Zahlen.

Anordnung von $\mathbb{Z}$

Das nächste Ziel ist, auf $\mathbb{Z}$ eine Ordnungsrelation $<_{\mathbb{Z}}$ einzuführen. Wir setzen

$$<_{\mathbb{Z}} := \{(a - b, c - d) \in \mathbb{Z} \times \mathbb{Z} \mid a + d < c + b\}.$$

An dieser Stelle treffen wir auf ein Problem, das immer dann auftaucht, wenn wir eine Eigenschaft einer *Äquivalenzklasse* durch eine Eigenschaft eines *Repräsentanten* beschreiben wollen: Erhalten wir dieselbe Eigenschaft, wenn wir einen anderen Repräsentanten wählen? In unserem Beispiel müssen wir feststellen, ob aus $(a, b) \sim (a', b')$ und $(c, d) \sim (c', d')$

$$a + d < c + b \quad \Leftrightarrow \quad a' + d' < c' + b'$$

folgt. Wenn dem so ist, dann sagen wir, $<_{\mathbb{Z}}$ ist *wohldefiniert*. Da $(a, b) \sim (a', b')$ und $(c, d) \sim (c', d')$ die Gleichungen $a + b' = b + a'$ und $c + d' = d + c'$ und somit

$$(a + d) + (b' + c') = (a' + d') + (b + c)$$

liefern, sieht man in unserem Fall mit Proposition 1.31, dass $<_{\mathbb{Z}}$ tatsächlich wohldefiniert ist:

$$a + d < c + b \Rightarrow (a' + d') + (b + c) = (a + d) + (b' + c') < (b' + c') + (b + c)$$
$$\overset{1.31}{\Rightarrow} a' + d' < c' + b',$$

und die Umkehrung geht analog.

Addition und Multiplikation auf $\mathbb{Z}$

Für die *Addition* auf $\mathbb{Z}$ setzen wir

$$(a - b) +_{\mathbb{Z}} (c - d) := [a + c, b + d] = (a + c) - (b + d)$$

und für die *Multiplikation*

$$(a - b) \cdot_{\mathbb{Z}} (c - d) := [(ac + bd, bc + ad)] = (ac + bd) - (bc + ad).$$

Sowohl $+_{\mathbb{Z}}$ als auch $\cdot_{\mathbb{Z}}$ sind wohldefinierte Abbildungen $\mathbb{Z} \times \mathbb{Z} \to \mathbb{Z}$. Um das einzusehen, verifiziert man, dass für $(a, b), (c, d), (a', b'), (c', d') \in \mathbb{N} \times \mathbb{N}$ gilt:

$$\begin{array}{ll} (a, b) \sim (a', b') & \quad (a + c, b + d) \sim (a' + c', b' + d') \\ (c, d) \sim (c', d') \quad \Rightarrow & (ac + bd, bc + ad) \sim (a'c' + b'd', b'c' + a'd') \end{array}$$

Wir wollen uns die natürlichen Zahlen über die injektive Abbildung $j_\mathbb{N}\colon \mathbb{N} \to \mathbb{Z}$ als Teilmenge von $\mathbb{Z}$ vorstellen. Das ist natürlich nur dann angebracht, wenn Ordnung, Addition und Multiplikation in $\mathbb{N}$ durch die Identifizierung von $a \in \mathbb{N}$ mit $j_\mathbb{N}(a) \in \mathbb{Z}$ nicht durcheinandergebracht werden. Die folgende Bemerkung zeigt, dass dem so ist.

Bemerkung 1.40 (Einbettung von $\mathbb{N}$ in $\mathbb{Z}$)

(i) Für $a, b \in \mathbb{N}$ gilt $a < b \Leftrightarrow j_\mathbb{N}(a) <_\mathbb{Z} j_\mathbb{N}(b)$, denn $j_\mathbb{N}(a) <_\mathbb{Z} j_\mathbb{N}(b)$ ist nach Definition äquivalent zu $(a + 1) + 1 < (b + 1) + 1$, was nach Proposition 1.31 äquivalent zu $a < b$ ist. Damit sehen wir insbesondere, dass $j_\mathbb{N}(\mathbb{N})$ zusammen mit $<_\mathbb{Z}$ auf $j_\mathbb{N}(\mathbb{N})$ wieder ein Modell der natürlichen Zahlen ist.

(ii) $j_\mathbb{N}(a + b) = j_\mathbb{N}(a) +_\mathbb{Z} j_\mathbb{N}(b)$. Um dies einzusehen, beachte $j_\mathbb{N}(a) = [(a + n, n)]$ und analog $j_\mathbb{N}(b) = [(b + n, n)]$ sowie $j_\mathbb{N}(a + b) = [(c + n, n)]$ mit $c = a + b$ für alle $n \in \mathbb{N}$. Dann gilt

$$j_\mathbb{N}(a + b) = [(a + b + 1, 1)] = [(a + b + 1 + 1, 1 + 1)]$$
$$= [(a + 1, 1)] +_\mathbb{Z} [(b + 1, 1)] = j_\mathbb{N}(a) +_\mathbb{Z} j_\mathbb{N}(b).$$

(iii) $j_\mathbb{N}(a \cdot b) = j_\mathbb{N}(a) \cdot_\mathbb{Z} j_\mathbb{N}(b)$. Der Beweis hierfür ist analog zu dem von (ii). $\quad\square$

1.3.1 Rechnen mit ganzen Zahlen

Jetzt, wo wir wissen, dass Ordnung, Addition und Multiplikation von $\mathbb{Z}$ jeweils „Erweiterungen" der entsprechenden Relationen für $\mathbb{N}$ sind, lassen wir den Index $\mathbb{Z}$ weg und schreiben auch für Elemente von $\mathbb{Z}$ einfach $x < y$, $x + y$ und $x \cdot y = xy$.

Als Nächstes listen wir die wichtigsten Rechenregeln für die Addition und die Multiplikation auf den ganzen Zahlen auf, die sich aus den entsprechenden Rechenregeln für die natürlichen Zahlen ergeben (siehe Satz 1.29). Wir beginnen mit der Addition.

Satz 1.41 (Rechenregeln für die Addition auf $\mathbb{Z}$) *Es gilt:*

(i) $\forall x, y, z \in \mathbb{Z}: x + (y + z) = (x + y) + z$ (Assoziativität).
(ii) $\forall x, y \in \mathbb{Z}: x + y = y + x$ (Kommutativität).
(iii) *Zu $y, z \in \mathbb{Z}$ existiert ein $x \in \mathbb{Z}$ mit $y + x = z$ (Lösbarkeit).*

Beweis

(i) Wir schreiben $x = a - b$, $y = c - d$, $z = e - f$ mit $a, b, c, d, e, f \in \mathbb{N}$ und rechnen, unter Verwendung der Assoziativität der Addition in $\mathbb{N}$,

$$x + (y + z) = (a - b) + ((c - d) + (e - f)) = (a - b) + ((c + e) - (d + f))$$
$$= (a + (c + e)) - (b + (d + f)) = ((a + c) + e) - ((b + d) + f)$$
$$= ((a + c) - (b + d)) + (e - f) = (x + y) + z.$$

(ii) Wir schreiben $x = a - b$, $y = c - d$ mit $a, b, c, d \in \mathbb{N}$ und rechnen, unter Verwendung der Kommutativität der Addition in $\mathbb{N}$,

$$x + y = (a - b) + (c - d) = (a + c) - (b + d) = (c + a) - (d + b) = (c - d) + (a - b) = y + x.$$

(iii) Wir schreiben $y = c - d$, $z = e - f$ mit $c, d, e, f \in \mathbb{N}$. Mit $b := c + f$ und $a = d + e$ gilt dann

$$(c + a) - (d + b) = (c + d + e) - (d + c + f) = (e + (c + d)) - (f + (c + d)) = e - f = z.$$

Wir setzen $x = a - b$ und erhalten $y + x = (c - d) + (a - b) = z$, was die Behauptung beweist. $\qquad\square$

Mengen, die eine Addition mit den Eigenschaften von Satz 1.41 haben, kommen in der Mathematik so oft vor, dass sie einen eigenen Namen haben. Das hat auch den Vorteil, dass man Folgerungen aus diesen Eigenschaften nur einmal und nicht für jedes Beispiel neu beweisen muss.

Definition 1.42 (Abelsche Gruppen) Sei Z eine feste nichtleere Menge. Auf Z sei eine *Verknüpfung* gegeben, das heißt eine Abbildung $a: Z \times Z \to Z$, für die wir die Notation $x * y := a(x, y)$ einführen. Man nennt $(Z, *)$ eine *kommutative* oder *abelsche*[4] *Gruppe,* wenn sie die drei folgenden Eigenschaften hat:

Kommutativität: $\forall x, y \in Z : x * y = y * x$.
Assoziativität: $\forall x, y, z \in Z : x * (y * z) = (x * y) * z$.
Lösbarkeit: $\forall a, b \in Z \, \exists x \in Z : a * x = b$.

Verzichtet man auf das Lösbarkeitsaxiom, so spricht man von einer *kommutativen Halbgruppe*.

Alternativ zur Notation $a * b$ verwendet man auch $a + b$, $a \cdot b$ oder ab. Wenn man $+$ verwendet, spricht man von der Verknüpfung als einer *Addition*, für alle anderen Bezeichnungsweisen von einer *Multiplikation*. $\qquad\square$

Proposition 1.43 (Neutrales Element in abelschen Gruppen) *Sei $(Z, *)$ eine abelsche Gruppe. Dann gibt es genau ein $n \in Z$ mit*

$$\forall x \in Z : \quad x * n = x.$$

Dieses Element heißt neutrales Element *oder* Einselement *bezüglich $*$. Für Additionen nennt man das neutrale Element* Null *und bezeichnet es mit* 0.

---

[4] Zu Ehren des norwegischen Mathematikers Niels Hendrik Abel (1802–1829).

Beweis Wir zeigen zuerst die Existenz von n: Wähle ein $a \in Z$, dann garantiert das Lösbarkeitsaxiom aus Beispiel 1.42 die Existenz einer Lösung der Gleichung $a + z = a$, das heißt eines Elements $n \in Z$ mit $a * n = a$. Wir zeigen, dass mit diesem n für alle $x \in Z$ die Gleichung $x * n = x$ gilt. Wähle dazu ein $x \in Z$. Wieder mit dem Lösbarkeitsaxiom finden wir ein $y \in Z$ mit $a * y = x$. Dann rechnet man

$$x * n = (a * y) * n \overset{\text{Ass}}{=} a * (y * n) \overset{\text{Kom}}{=} a * (n * y) \overset{\text{Ass}}{=} (a * n) * y \overset{\text{Def}}{=} a * y = x.$$

Um die Eindeutigkeit von n zu zeigen, nimmt man an, man hat zwei Elemente n_1 und n_2, die beide Nullen sind. Es gilt dann $n_1 = n_1 * n_2 = n_2 * n_1 = n_2$. $\square$

Beispiel 1.44 (Null in $(\mathbb{Z}, +)$) Für $a, b, c \in \mathbb{N}$ gilt

$$(a - b) + (c - c) = (a + c) - (b + c) = a - b,$$

also ist $c - c = [(c, c)] = [(1, 1)]$ die Null 0 in $\mathbb{Z}$. $\square$

Proposition 1.45 (Eindeutige Lösbarkeit in abelschen Gruppen) *Sei $(Z, +)$ eine abelsche Gruppe. Dann gibt es zu $a, b \in Z$ genau ein $x \in Z$ mit $a + x = b$.*

Beweis Die Existenz einer Lösung ist durch das Lösbarkeitsaxiom aus Beispiel 1.42 garantiert. Seien x_1 und x_2 zwei Lösungen, das heißt $a + x_1 = b = a + x_2$. Wieder mit dem Lösbarkeitsaxiom findet man ein $z \in Z$ mit $z + a = a + z = 0$. Dann rechnet man mit Proposition 1.43

$$x_1 = 0 + x_1 = (z + a) + x_1 = z + (a + x_1)$$
$$= z + (a + x_2) = (z + a) + x_2 = 0 + x_2 = x_2,$$

wobei auch die Assoziativität der Addition benutzt wurde. $\square$

Die eindeutige Lösung $x \in Z$ der Gleichung $a + x = b$ für $a, b \in Z$ heißt die *Differenz* von b und a und wird mit $b - a$ bezeichnet. Die Zahl $-a := 0 - a \in Z$ heißt das *Negative* oder das *additive Inverse* von $a \in Z$.

Bemerkung 1.46 (Differenz in $\mathbb{Z}$) In der Definition der ganzen Zahlen haben wir für $a, b \in \mathbb{N}$ das Element $[(a, b)]$ mit $a - b$ abgekürzt. Wenn wir jetzt a und b mit $j_{\mathbb{N}}(a)$ bzw. $j_{\mathbb{N}}(b)$ in $\mathbb{Z}$ identifizieren (siehe Bemerkung 1.40), dann liefert die Differenz dieser beiden Zahlen in der abelschen Gruppe $\mathbb{Z}$ a priori eine weitere Bedeutung von $a - b$. Natürlich hätten wir die Abkürzung $a - b$ nicht gewählt, wenn dies zu Mehrdeutigkeiten führen würde. Wir haben nämlich

$$j_{\mathbb{N}}(b) + [(a, b)] = [(b + 1, 1)] + [(a, b)] = [(a + 1 + b, 1 + b)] = [(a + 1, 1)] = j_{\mathbb{N}}(a),$$

das heißt, $[(a, b)]$ ist die Differenz von $j_{\mathbb{N}}(a)$ und $j_{\mathbb{N}}(b)$. $\square$

Man definiert die Differenz in einer abelschen Gruppe $(Z, +)$, ähnlich wie die Addition, als eine Verknüpfung $d \colon Z \times Z \to Z, (a, b) \mapsto d(a, b) := a - b$. In dieser Form nennt man die Differenz auch *Subtraktion:* Man subtrahiert b von a und erhält die Differenz $a - b$. Die Subtraktion erfüllt eine Reihe von Rechenregeln, die von den ganzen Zahlen her bekannt sind – und die wir mit dem Beweis der nachfolgenden Proposition gezeigt haben werden.

Proposition 1.47 (Rechenregeln für die Subtraktion in $\mathbb{Z}$) *Sei $(Z, +)$ eine abelsche Gruppe und $a, b \in Z$. Dann gilt:*

   (i) $a + (b - a) = b$.
  (ii) $a - a = 0$.
 (iii) $a + (-a) = 0$.
 (iv) $b + (-a) = b - a$.
  (v) $-(-b) = b$.
 (vi) $(b + a) - a = b$.

Beweis

   (i) Dies folgt unmittelbar aus der Definition der Differenz.
  (ii) Mit (i) und Proposition 1.45 folgt aus $a + 0 = a$ die Gleichung $a - a = 0$.
 (iii) Setze $b = 0$ in (i).
 (iv) Wegen (iii) gilt $(a + (-a)) + b = 0 + b = b$, also wegen Kommutativität und Assoziativität $a + (b + (-a)) = b$ und damit $b + (-a) = b - a$.
  (v) $0 = b + (-b) = (-b) + b$ impliziert $b = 0 - (-b) = -(-b)$, wobei die letzte Gleichheit gerade die Definition von $-x$ ist.
 (vi) Mit (iv) und (iii) rechnen wir

$$(b + a) - a = (b + a) + (-a) = b + \big(a + (-a)\big) = b + 0 = b,$$

was die Behauptung beweist. $\qquad\square$

Als Nächstes wenden wir uns den Rechenregeln für die Multiplikation auf $\mathbb{Z}$ zu.

Satz 1.48 (Rechenregeln für die Multiplikation auf $\mathbb{Z}$) *Seien $x, y, z \in \mathbb{Z}$. Dann gilt:*

   (i) $(x + y)z = xz + yz$ (Distributivität – *„Punkt vor Strich"*).
  (ii) $xy = yx$ (Kommutativität).
 (iii) $x(yz) = (xy)z$ (Assoziativität).

Beweis

(i) Wir schreiben $x = a - b$, $y = c - d$, $z = e - f$ mit $a, b, c, d, e, f \in \mathbb{N}$ und rechnen, unter Verwendung der Rechenregeln aus Satz 1.32 für $\mathbb{N}$,

$$(x + y)z = ((a - b) + (c - d))(e - f) = ((a + c) - (b + d))(e - f))$$
$$= ((a + c)e + (b + d)f) - ((b + d)e + (a + c)f)$$
$$= (ae + ce + bf + df) - (be + de + af + cf)$$
$$= ((ae + bf) - (be + af)) + ((ce + df) - (de + cf))$$
$$= (a - b)(e - f) + ((c - d)(e - f) = xz + yz.$$

(ii) Wir schreiben $x = a - b$, $y = c - d$ mit $a, b, c, d \in \mathbb{N}$ und rechnen, unter Verwendung Kommutativität der Multiplikation in $\mathbb{N}$,

$$xy = (a - b)(c - d) = (ac + bd) - (bc + ad)$$
$$= (ca + db) - (cb + da) = (c - d)(a - b) = yx.$$

(iii) Wir schreiben $x = a - b$, $y = c - d$, $z = e - f$ mit $a, b, c, d, e, f \in \mathbb{N}$ und rechnen, unter Verwendung der Rechenregeln aus Satz 1.32 für $\mathbb{N}$,

$$x(yz) = (a - b)((c - d)(e - f)) = (a - b)((ce + df) - (de + cf))$$
$$= (a(ce + df) + b(de + cf)) - (b(ce + df) + a(de + cf))$$
$$= (ace + adf + bde + bcf) - (bce + bdf + ade + acf)$$

sowie

$$(xy)z = ((a - b)(c - d))(e - f) = ((ac + bd) - (bc + ad))(e - f)$$
$$= ((ac + bd)e + (bc + ad)f) - ((ac + bd)f + (bc + ad)e)$$
$$= (ace + bde + bcf + adf) - (acf + bdf + bce + ade).$$

Wieder mit den Rechenregeln aus Satz 1.32 sieht man, dass die beiden Ausdrücke gleich sind. $\qquad\square$

Ähnlich wie für die ganzen Zahlen mit nur der Addition kommen auch Mengen mit einer Addition und einer Multiplikation, die die Rechenregeln aus Satz 1.48 erfüllen, so oft vor, dass sie einen eigenen Namen bekommen.

Definition 1.49 (Kommutative Ringe[5] mit Eins) Sei Z eine Menge mit zwei Verknüpfungen, einer Addition „+" und einer Multiplikation „·". Sei $(Z, +)$ eine abelsche Gruppe und $(Z, \cdot)$ eine kommutative Halbgruppe. Man nennt $(Z, +, \cdot)$ einen *kommutativen Ring*, wenn zusätzlich gilt:

---

[5] Der komplizierte Name „kommutativer Ring mit Eins" für die hier beschriebenen Objekte deutet schon darauf hin, dass es in der Mathematik auch Ringe mit oder ohne Eins gibt, die nicht kommutativ sind. Der Name „Ring" wurde von David Hilbert (1862–1943) eingeführt. Er bezieht sich auf

Distributivität: $\forall x, y, z \in Z : x(y + z) = (xy) + (xz)$.

Wenn außerdem gilt,

Existenz einer Eins: $\exists e \in Z \, \forall x \in Z : e \cdot x = x$,

dann nennt man $(Z, +, \cdot, e)$ einen *kommutativen Ring mit Eins*. $\qquad\square$

Bemerkung 1.50 ($\mathbb{Z}$ **als kommutativer Ring mit Eins**) Wegen

$$1 \cdot (a - b) = ((1 + 1) - 1)(a - b) = ((1 + 1)a + 1 \cdot b) - ((1 + 1)b + 1 \cdot a)$$
$$= (a + a + b) - (b + b + a) = a - b$$

für $a, b \in \mathbb{N}$ ist $1 = j_{\mathbb{N}}(1) \in \mathbb{Z}$ eine Eins in $\mathbb{Z}$ und Satz 1.48 zeigt, dass $\mathbb{Z}$ mit seiner Addition und Multiplikation ein kommutativer Ring mit Eins ist. $\qquad\square$

Proposition 1.51 *Sei* $(Z, +, \cdot)$ *ein kommutativer Ring und* 0 *die Null in* $(Z, +)$. *Für alle* $x, y, z \in Z$ *gilt dann unter Verwendung der Punkt-vor-Strich-Konvention:*

  (i) $(x + y)z = xz + yz$.
 (ii) $x(y - z) = xy - xz$.
(iii) $0 \cdot x = 0$.
 (iv) $(-x)y = -xy$.
  (v) $(Z, +, \cdot)$ *hat höchstens eine Eins. Sie wird normalerweise mit* e *oder auch* 1 *bezeichnet.*

Beweis

  (i) $(x + y)z = z(x + y) \overset{\text{Dist}}{=} (zx) + (zy) = (xz) + (yz)$.
 (ii) $xy \overset{1.47}{=} x(z + (y - z)) \overset{\text{Dist}}{=} (xz) + x(y - z)$, also gilt $x(y - z) = (xy) - (xz)$
       wegen Proposition 1.45.
(iii) $0 \cdot x = x \cdot 0 = x(y - y) = (xy) - (xy) = 0$ nach Proposition 1.47.
 (iv) $(-x)y = (0 - x)y \overset{\text{(ii)}}{=} 0 \cdot y - (xy) \overset{\text{(iii)}}{=} 0 - (xy) = -(xy)$.
  (v) Wenn e und e' beides Einsen sind, dann gilt $e = e' \cdot e = e \cdot e' = e'$. $\qquad\square$

Bemerkung 1.52 (Trichotomie für $\mathbb{Z}$**)** Es folgt direkt aus der Definition der Ordnung $<$, dass für jedes $z \in \mathbb{Z}$ eine der Beziehungen

$$z = 0, \quad z > 0, \quad z < 0$$

<hr>

eine heute kaum noch gebräuchliche Bedeutung des Wortes Ring als einen Zusammenschluss zu einer Gemeinschaft (vergleiche zum Beispiel „Weißer Ring" oder „Drogenring"). Man sollte mathematische Namensgebungen nicht überinterpretieren. Meist ist es nicht möglich, aus dem Namen eines Begriffs ein intuitives Verständnis abzuleiten.

gelten muss. Wenn $z = a - b > 0$, dann heißt dies $a > b$, und es gibt wegen Proposition 1.30 ein $x \in \mathbb{N}$ mit $b + x = a$. Weil aber $b + z = a$, zeigt Proposition 1.45, dass $z = x \in \mathbb{N}$. Umgekehrt gilt für $z \in \mathbb{N}$, dass $z > 0$. Damit erhält man

$$\{z = a - b \in \mathbb{Z} \mid z > 0\} = \mathbb{N}. \tag{1.6}$$

Damit können wir eine *Betragsfunktion*

$$\mathbb{Z} \to \mathbb{N}_0 := \mathbb{N} \cup \{0\}, \quad z \mapsto |z| := \begin{cases} z & \text{für } z \geq 0 \\ -z & \text{für } z < 0 \end{cases}$$

einführen, die uns oft erlaubt, Ergebnisse über $\mathbb{Z}$ auf Ergebnisse über $\mathbb{N}$ und die Null zurückzuführen. $\square$

Die folgende Proposition liefert weitere Rechengesetze für kommutative Ringe mit Eins, die sogenannten Potenzgesetze. Außerdem enthält sie die binomische Formel für die Potenzen $(a + b)^n$, die den in Abschn. 1.1.2 vergebenen Namen Binomialkoeffizient für $\binom{n}{k}$ rechtfertigt.

Proposition 1.53 (Potenzgesetze) *Sei $(Z, +, \cdot)$ ein kommutativer Ring mit Eins* 1, *$r \in Z$ und $n \in \mathbb{N}_0 = \mathbb{N} \cup \{0\}$. Die n-te Potenz r^n von r ist definiert durch*

$$r^n := \begin{cases} \underbrace{r \cdots r}_{n \text{ Faktoren}} & \textit{für } n \in \mathbb{N}, \\ 1 & \textit{für } n = 0. \end{cases}$$

Man zeige die folgenden Formeln für $r, s \in Z$, $n, m \in \mathbb{N}_0$ und die Binomialkoeffizienten $\binom{n}{k} = \frac{n!}{k!(n-k)!}$ (siehe Abschn. 1.1.2)

  (i) $r^{n+m} = r^n \cdot r^m$.
  (ii) $r^{nm} = (r^n)^m$.
  (iii) $(rs)^n = r^n \cdot s^n$.
  (iv) $(r + s)^n = \sum_{k=0}^{n} \binom{n}{k} r^k s^{n-k}$ *(Binomische Formel)*.

Beweis

  (i) Das folgt sofort aus der Assoziativität der Multiplikation in Z.
  (ii) Das folgt ebenfalls sofort aus der Assoziativität der Multiplikation in Z.
  (iii) Das folgt sofort aus der Kommutativität der Multiplikation in Z.

(iv) Mit Induktion über n finden wir

$$(r + s)^{n+1} = (r + s) \cdot (r + s)^n = (r + s) \cdot \sum_{k=0}^{n} \binom{n}{k} r^k s^{n-k}$$

$$= \sum_{k=0}^{n} \binom{n}{k} r^{k+1} s^{n-k} + \sum_{k=0}^{n} \binom{n}{k} r^k s^{n-k+1}$$

$$= \sum_{j=1}^{n+1} \binom{n}{j-1} r^j s^{n+1-j} + \sum_{k=0}^{n} \binom{n}{k} r^k s^{n+1-k}$$

$$= \binom{n}{n} r^{n+1} s^0 + \sum_{j=1}^{n} \left(\binom{n}{j-1} + \binom{n}{j} \right) r^j s^{n+1-j} + \binom{n}{0} r^0 s^{n+1}.$$

Damit bleibt nur zu zeigen, dass für $k = 1, \ldots, n$ gilt

$$\binom{n}{k-1} + \binom{n}{k} = \binom{n+1}{k}.$$

Dazu rechnen wir

$$\binom{n}{k-1} + \binom{n}{k} = \frac{n!}{(k-1)!(n-k+1)!} + \frac{n!}{k!(n-k)!}$$

$$= \frac{n!k}{k!(n-k+1)!} + (n-k+1)\frac{n!}{k!(n-k+1)!}$$

$$= \frac{n!(k+n-k+1)}{k!(n-k+1)!} = \frac{(n+1)!}{k!(n+1-k)!} = \binom{n+1}{k}.$$

$\square$

Proposition 1.54 (Rechenregeln für die Ordnung auf $\mathbb{Z}$) *Für alle $a, b \in \mathbb{Z}$ gilt:*

(i) $a, b > 0 \implies a + b > 0, ab > 0.$
(ii) $a \neq 0 \implies a^2 > 0.$
(iii) $a > 0 \iff -a < 0.$
(iv) $ab > 0, b > 0 \implies a > 0.$
(v) $ab > 0, b < 0 \implies a < 0.$

Beweis

(i) Das folgt wegen $\mathbb{N} + \mathbb{N} \subseteq \mathbb{N}$ und $\mathbb{N} \cdot \mathbb{N} \subseteq \mathbb{N}$ sofort aus $\mathbb{N} = \{a \in \mathbb{Z} \mid z > 0\}$
(siehe Bemerkung 1.52)).

(ii) Für $a \neq 0$ gilt nach Bemerkung 1.52 entweder $a > 0$ oder $-a > 0$. Wegen $a^2 = (-a)^2$ folgt die Behauptung aus (i).

(iii) Das folgt direkt aus der Definition der Ordnung auf $\mathbb{Z}$.

(iv) Nach Proposition 1.51(iii) muss $a \neq 0$ gelten. Wenn $a < 0$, dann ist $-a > 0$ und damit $-ab = (-a)b > 0$ im Widerspruch zu Bemerkung 1.52. Es bleibt also, wieder mit Bemerkung 1.52, nur $a > 0$.

(v) Das folgt mit (iv), wenn man $(-a)(-b) = ab > 0$ und $-b > 0$ verwendet. $\square$

Beispiel 1.55 (Einheitengruppen kommutativer Ringe mit Eins) Sei $(Z, +, \cdot)$ ein kommutativer Ring mit Eins e und $Z^\times := \{a \in Z \mid \exists\, a' \in Z : aa' = e\}$. Dann ist $(Z^\times, \cdot)$ eine abelsche Gruppe.

Kommutativität und Assoziativität der Multiplikation werden schon in der Definition 1.49 eines kommutativen Rings gefordert. Es bleibt zu zeigen, dass das Produkt ab zweier Elemente von $Z^\times$ wieder in $Z^\times$ liegt und dass die so gefundene abelsche Halbgruppe $(Z^\times, \cdot)$ die Lösbarkeitseigenschaft aus Definition 1.42 hat. Wenn $a, b \in Z^\times$ und für $a', b' \in Z$ gilt $aa' = e = bb'$, dann folgt $(ab)(b'a') = a(bb')a' = aea' = aa' = e$, also insbesondere $ab \in Z^\times$. Um die Lösbarkeit der Gleichung $ax = b$ zu zeigen, rechnen wir $a(a'b) = (aa')b = eb = b$. Damit ist gezeigt, dass $(Z^\times, \cdot)$ eine abelsche Gruppe ist. Sie heißt die *Einheitengruppe* von $(Z, +, \cdot)$ und ihre Elemente die *Einheiten*.

Unser bisher einziges Beispiel für einen kommutativen Ring mit Eins ist $(\mathbb{Z}, +, \cdot)$. Die zugehörige Einheitengruppe $\mathbb{Z}^\times$ hat nur zwei Elemente, nämlich 1 und -1. Die Rechnung $(-1)(-1) = 1 \cdot 1 = 1$ zeigt $\pm 1 \in \mathbb{Z}^\times$. Sei umgekehrt $a \in \mathbb{Z}^\times$. Dann kann a wegen Proposition 1.51(iii) nicht 0 sein. Wenn $a > 0$ und $ab = 1$, dann gilt nach Bemerkung 1.52, dass $a \in \mathbb{N}$ und nach Proposition 1.54, dass $b \in \mathbb{N}$, weil $1 = 1^2 > 0$. Aber dann gilt nach Proposition 1.33, dass $a \leq ab = 1$ und somit $a = 1$, weil 1 das kleinste Element von $\mathbb{N}$ ist. Wenn $a < 0$ ist, zeigt die Rechnung $(-a)(-a') = aa' = 1$, dass auch $-a$ eine Einheit ist. Wegen $-a > 0$ wissen wir nach dem obigen Argument, dass $-a = 1$, also $a = -1$ gilt. $\square$

1.3.2   Der Fundamentalsatz der Zahlentheorie

In diesem Unterabschnitt untersuchen wir die Zerlegung natürlicher Zahlen als Produkte kleinerer Zahlen. Ausgangspunkt ist die Beobachtung, dass in der Regel ein Rest bleibt, wenn man eine natürliche Zahl durch eine andere teilen will.

Lemma 1.56 (Division mit Rest) *Seien $a, b \in \mathbb{N}$. Dann existieren $q, r \in \mathbb{N}_0 := \mathbb{N} \cup \{0\}$ mit $a = q \cdot b + r$ und $0 \leq r < b$.*

Verbalisierung Man zieht von einer Zahl a die Zahl b so oft ab, wie man als Ergebnis eine natürliche Zahl oder 0 erhält. Das letzte solche Ergebnis ist r, und q ist die Anzahl der durchgeführten Subtraktionen.

Visualisierung

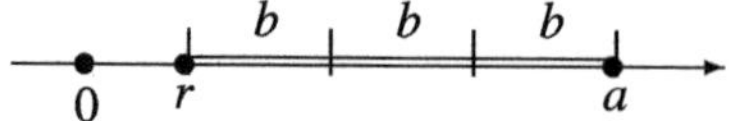

Beweis Wenn $0 < a < b$, setzen wir $r := a$ und $q := 0$. Damit gilt dann $a = q \cdot b + r$. Für $a \geq b$ ist die Menge $\{m \in \mathbb{N} \mid m \cdot b \leq a\}$ nicht leer und beschränkt (durch a). Nach dem Maximalprinzip 1.17 können wir $q := \max\{m \in \mathbb{N} \mid m \cdot b \leq a\}$ und $r := a - q \cdot b$ setzen. Dann gilt $r \geq 0$ und $(q + 1) \cdot b > a$. Die Rechnung

$$r = a - q \cdot b = a - (q + 1) \cdot b + b < a - a + b = b$$

zeigt $r < b$, und das beweist die Behauptung. $\qquad\qquad\qquad\qquad\qquad\qquad\square$

Satz 1.57 (Existenz des größten gemeinsamen Teilers) *Seien $a, b \in \mathbb{N}$. Dann gibt es ein eindeutiges $d \in \mathbb{N}$ derart, dass*

(i) *$d \mid a$ und $d \mid b$ (d teilt a und d teilt b),*

(ii) *für jeden gemeinsamen Teiler t von a und b gilt $t \mid d$.*

Wegen Eigenschaft (iv) in Beispiel 1.34 zeigt Satz 1.57(ii), dass d die größte Zahl $d \in \mathbb{N}$ ist, die a und b teilt. Daher nennt man sie den *größten gemeinsamen Teiler* von a und b. Sie wird mit $\mathrm{ggT}(a, b)$ bezeichnet.

Verbalisierung Es gibt genau eine Zahl d, die a und b teilt und von jeder anderen Zahl t, die a und b teilt, geteilt wird.

Visualisierung

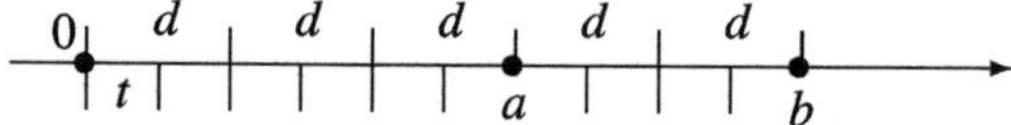

Beweis Als Erstes zeigen wir die Eindeutigkeit des ggT. Dazu nehmen wir an, d und d' seien zwei Zahlen, die die Eigenschaften (i) und (ii) erfüllen. Ziel ist es dann zu zeigen, dass $d = d'$ gelten muss. Aus (i) für d' und (ii) für d folgt, dass $d' \mid d$. Genauso folgt aus (i) für d und (ii) für d', dass $d \mid d'$. Nach der Eigenschaft (iii) in Beispiel 1.34 liefert dies $d = d'$.

Wir beginnen den Nachweis der Existenz des ggT mit einer Vorüberlegung: Wenn eine Zahl d die Zahlen a und b teilt, dann teilt sie auch jede Zahl der Form $ax + by \in \mathbb{N}$, wobei x, y ganze Zahlen sind. Wenn nämlich $a = dm$ und $b = dn$, dann folgt $ax + by = dmx + dny = d(nx + my)$. Insbesondere kann d nicht größer sein als die kleinste solche Zahl. Da jede Menge von natürlichen Zahlen, die nicht leer ist, nach dem Minimalprinzip ein kleinstes Element hat, existiert also das Minimum

$$d := \min\{ax + by \in \mathbb{N} \mid x, y \in \mathbb{Z}\}. \qquad\qquad (1.7)$$

Behauptung d erfüllt (i) und (ii).

Um diese Behauptung zu beweisen, wählen wir $x_0, y_0 \in \mathbb{Z}$ mit $d = ax_0 + by_0$. Um (ii) zu zeigen, nehmen wir an, dass t ein Teiler von a und b ist, das heißt $t \mid a$ und $t \mid b$. Dann gilt $t \mid ax_0$ und $t \mid by_0$, also auch $t \mid (ax_0 + by_0) = d$. Damit ist (ii) gezeigt.

Für den Nachweis von (i) brauchen wir Lemma 1.56: Danach existieren $q, r \in \mathbb{Z}$ mit $0 \le r < d$ und $a = qd + r$. Insbesondere gilt $r \in \mathbb{N}_0 = \mathbb{N} \cup \{0\}$. Es folgt

$$r = a - qd = a - q(ax_0 + by_0) = ax' + by',$$

wobei wir $x' = 1 - qx_0$ und $y' = -qy_0$ setzen. Also sind r und d beide von der Form $ax + by$ mit $x, y \in \mathbb{Z}$. Aber d ist die kleinste natürliche Zahl der Form $ax + by$ mit $x, y \in \mathbb{Z}$ ist, muss $r = 0$ gelten. Aber dann gilt $a = qd$, das heißt $d \mid a$. Analog zeigt man $d \mid b$, indem man b mit Rest durch d teilt und den Rest betrachtet. Damit ist dann auch (i) gezeigt. $\qquad\square$

Bemerkung 1.58 (Alternative Definition des ggT) Viele Autoren definieren den ggT anders: Sie ersetzen in Bedingung (ii) von Satz 1.57 $t \mid d$ durch $t \le d$, d. h. sie setzen

$$\mathrm{ggT}'(a, b) := \max\{t \in \mathbb{N} \mid t \mid a \text{ und } t \mid b\}.$$

Mit dieser veränderten Bedingung folgen die Existenz und Eindeutigkeit des größten gemeinsamen Teilers sofort, weil es in jeder endlichen Menge von natürlichen Zahlen eine eindeutig bestimmte größte Zahl gibt. Mit Bedingung (ii) von Satz 1.57 folgt, dass jeder gemeinsame Teiler von a und b ein Teiler von $\mathrm{ggT}(a, b)$ ist, was $\mathrm{ggT}'(a, b) \mid \mathrm{ggT}(a, b)$ impliziert. Damit gilt insbesondere $\mathrm{ggT}'(a, b) \le \mathrm{ggT}(a, b)$. Die umgekehrte Relation $\mathrm{ggT}'(a, b) \ge \mathrm{ggT}(a, b)$ folgt sofort aus der Definition von $\mathrm{ggT}'(a, b)$, weil $\mathrm{ggT}(a, b)$ sowohl a als auch b teilt. Damit ist gezeigt, dass $\mathrm{ggT}'(a, b) = \mathrm{ggT}(a, b)$. $\qquad\square$

Der Beweis von Satz 1.57 sagt uns im Prinzip sogar, wie man den ggT von zwei natürlichen Zahlen findet: Er ist das kleinste Element der Menge $M = \{ax + by \in \mathbb{N} \mid x, y \in \mathbb{Z}\}$. Satz 1.57 sagt uns aber nicht, wie man einer Zahl ansieht, ob sie zu M gehört oder nicht. Das heißt, bis jetzt ist unser Beweis nicht wirklich konstruktiv. Aber schon Euklid (325–265 v. Chr.) wusste, wie man den ggT berechnet.

Satz 1.59 (Euklidischer Algorithmus) *Gegeben seien $a, b \in \mathbb{N}$, gesucht ist $\mathrm{ggT}(a, b)$. Division mit Rest (Lemma 1.56) liefert $q_1, r_1 \in \mathbb{Z}$ mit $a = q_1 b + r_1$ und $0 \le r_1 < b$.*

Ist $r_1 = 0$, dann gilt $b = \mathrm{ggT}(a, b)$.

Ist $r_1 \neq 0$, so existieren $q_2, r_2 \in \mathbb{Z}$ mit $b = q_2 r_1 + r_2$ und $0 \le r_2 < r_1$.

Ist $r_2 = 0$, dann gilt $r_1 = \mathrm{ggT}(a, b)$.

Ist $r_2 \neq 0$, so existieren $q_3, r_3 \in \mathbb{Z}$ mit $r_1 = q_3 r_2 + r_3$ und $0 \le r_3 < r_2$.

$\vdots$

Der Algorithmus bricht ab, sobald $r_j = 0$ auftritt. Dies geschieht spätestens nach b Schritten, denn $b > r_1 > r_2 > \cdots > r_j \geq 0$.

Mit den obigen Bezeichnungen gilt: Ist $k + 1$ der kleinste Index mit $r_{k+1} = 0$, so haben wir $r_k = \mathrm{ggT}(a, b)$.

Beweis Sei d der ggT von a und b. Wegen $a = q_1 b + r_1$ ist dann $r_1 = a - q_1 b$ durch d teilbar. Im nächsten Schritt liefert $b = q_2 r_1 + r_2$, dass $r_2 = b - q_2 r_1$ durch d teilbar ist. Sukzessive liefern die vom Algorithmus produzierten Gleichungen

$$\begin{aligned}
a &= q_1 b + r_1 & &\Rightarrow d \mid r_1 \\
b &= q_2 r_1 + r_2 & &\Rightarrow d \mid r_2 \\
r_1 &= q_3 r_2 + r_3 & &\Rightarrow d \mid r_3 \\
&\ \ \vdots & & \quad \vdots \\
r_{k-2} &= q_k r_{k-1} + r_k & &\Rightarrow d \mid r_k.
\end{aligned}$$

Wenn wir umgekehrt auch $r_k \mid d$ zeigen können, dann gilt $d = r_k$, und wir sind fertig. Wir gehen so vor, dass wir $r_k \mid a$ und $r_k \mid b$ zeigen, was nach Satz 1.57 die Relation $r_k \mid d$ liefert. Wieder arbeiten wir die Gleichungen aus dem Algorithmus ab, allerdings in umgekehrter Reihenfolge, beginnend mit der letzten Gleichung $r_{k-1} = q_{k+1} r_k$:

$$\begin{aligned}
r_{k-1} &= q_{k+1} r_k & &\Rightarrow r_k \mid r_{k-1} \\
r_{k-2} &= q_k r_{k-1} + r_k & &\Rightarrow r_k \mid r_{k-2} \\
&\ \ \vdots & & \quad \vdots \\
r_1 &= q_3 r_2 + r_3 & &\Rightarrow r_k \mid r_1 \\
b &= q_2 r_1 + r_2 & &\Rightarrow r_k \mid b \\
a &= q_1 b + r_1 & &\Rightarrow r_k \mid a
\end{aligned}$$

Wir haben also $d = r_k$ gezeigt und damit den Satz bewiesen. $\qquad\square$

Zur Illustration berechnen wir $\mathrm{ggT}(18, 48)$ mithilfe des euklidischen Algorithmus:

$$\begin{aligned}
48 &= 2 \cdot 18 + 12 \\
18 &= 1 \cdot 12 + 6 \\
12 &= 2 \cdot 6 + 0
\end{aligned}$$

Dies liefert $\mathrm{ggT}(18, 48) = 6$.

Um zu zeigen, dass der euklidische Algorithmus wirklich den ggT liefert, haben wir die Charakterisierung des ggT aus Satz 1.57 benutzt, nicht die oft verwendete alternative Definition aus Bemerkung 1.58. Das heißt, nur im Zusammenspiel von Satz 1.57 und 1.59 erhalten wir einen konstruktiven Beweis für die Existenz des größten gemeinsamen Teilers.

Beispiel 1.60 (Primzahlen I) Jede natürliche Zahl n hat die Teiler 1 und n. Üblicherweise definiert man eine *Primzahl* als eine natürliche Zahl $n > 1$, die keine weiteren Teiler hat. Das bedeutet, eine natürliche Zahl n ist genau dann eine Primzahl, wenn sie genau zwei verschiedene Teiler hat. Euklid hat als Erster einen Beweis dafür aufgeschrieben, dass die Menge aller Primzahlen unendlich sein muss. Sein Beweis ist ein Widerspruchsbeweis. Wir negieren die Behauptung und leiten daraus eine falsche Aussage ab. Wir nehmen also an, dass die Menge aller Primzahlen endlich ist oder anders ausgedrückt, sei $\{p_1, \ldots, p_k\}$ die Menge aller Primzahlen. Dann gehen wir in zwei Schritten vor, wobei wir die Aussage des ersten Schrittes im zweiten Schritt anwenden.

1. Schritt: Der kleinste Teiler $d > 1$ einer natürlichen Zahl $n > 1$ ist eine Primzahl. Andernfalls hätte man $d = d_1 d_2$ mit $1 < d_1 < d$ und $1 < d_2 < d$ und d wäre nicht minimal.
2. Schritt: Nach dem 1. Schritt hat die Zahl $n := p_1 \cdot \ldots \cdot p_k + 1 > 1$ einen Primteiler p. Dann muss p eine der Zahlen $p_1, \ldots, p_k$ sein. Also teilt p sowohl n als auch $p_1 \cdot \ldots \cdot p_k$, das heißt, es gibt Zahlen $a, b \in \mathbb{Z}$ mit

$$ap = n \quad \text{und} \quad bp = p_1 \cdot \ldots \cdot p_k.$$

Dann gilt

$$(a - b)p = ap - bp = n - p_1 \cdot \ldots \cdot p_k = 1.$$

Daraus folgt nach Eigenschaft (iv) in Beispiel 1.34, dass $p \leq 1$ gilt. Diese Aussage ist falsch, da jede Primzahl $p > 1$ erfüllt.

Wir haben also aus der Endlichkeit der Menge der Primzahlen die falsche Aussage abgeleitet, dass es eine Primzahl gibt, die kleiner als 2 ist, und damit die Negierung der Annahme, das heißt die Unendlichkeit der Menge der Primzahlen, gezeigt.□

Der Beweis von Lemma 1.56 beweist auch die folgende Variante dieses Lemmas für $a > 0$.

Lemma 1.61 (Division mit Rest) *Seien $a, b \in \mathbb{Z}, b > 0$. Dann existieren $q, r \in \mathbb{Z}$ mit $a = q \cdot b + r$ und $0 \leq r < b$.*

Beweis Es bleiben die Fälle $a = 0$ und $a < 0$ zu behandeln. Ersterer ist trivial, man wählt einfach $q = r = 0$. Für $a < 0$ gilt $-a > 0$, und wir finden $q', r' \in \mathbb{Z}$ mit $-a = q' \cdot b + r'$ und $0 \leq r' < b$. Wenn $r' = 0$, dann gilt $a = (-q') \cdot b + 0$, und wir sind fertig. Wenn $0 < r' < b$, finden wir $a = -q' \cdot b - r' = -(q' + 1) \cdot b + (b - r')$, und wir sind ebenfalls fertig, weil $b > b - r' > 0$ gilt. □

Beispiel 1.62 (Restklassen) Seien $m \in \mathbb{N}$ und $R = \{(a, b) \in \mathbb{Z} \times \mathbb{Z} \mid a \equiv b \mod m\}$, wobei $a \equiv b \mod m$ durch $m \mid b - a$ definiert ist. Man schreibt $m\mathbb{Z}$ für die Menge aller Zahlen der Form $a = mk$ mit $k \in \mathbb{Z}$, das heißt, $m\mathbb{Z}$ ist die Menge der durch m teilbaren ganzen Zahlen. Dann gilt

$$R = \{(a, b) \in \mathbb{Z} \times \mathbb{Z} \mid (a - b) \in m\mathbb{Z}\},$$

weil zwei Zahlen bei Division durch m genau dann den gleichen Rest haben, wenn ihre Differenz den Rest 0 hat. Die Relation R ist reflexiv, transitiv und *symmetrisch*, das heißt, aus aRb folgt bRa. Die Restklasse $[k]_m$ von k modulo m lässt sich auch folgendermaßen beschreiben:

$$[k]_m = \{a \in \mathbb{Z} \mid aRk\} = k + m\mathbb{Z} = \{k + \ell \mid \ell \in m\mathbb{Z}\}.$$

$\square$

Korollar 1.63 (Bézout) Wenn $a, b \in \mathbb{N}$ *teilerfremd* sind, das heißt $\mathrm{ggT}(a, b) = 1$ gilt, dann gibt es ganze Zahlen x, y mit $ax + by = 1$.

Beweis Im Beweis von Satz 1.57 haben wir die Gültigkeit der Formel

$$\mathrm{ggT}(a, b) = \min\{ax + by \in \mathbb{N} \mid x, y \in \mathbb{Z}\}. \tag{1.8}$$

von Bézout gezeigt. Wenn also $\mathrm{ggT}(a, b) = 1$ gilt, muss es $x, y \in \mathbb{Z}$ mit $ax + by = 1$ geben.
$\square$

Proposition 1.64 (Primzahlen) *Ist p eine Primzahl und gilt $p \mid mn$ für $m, n \in \mathbb{N}$, so folgt $p \mid m$ oder $p \mid n$.*

Beweis Wir nehmen an, dass p *kein* Teiler von m ist. Nach Satz 1.57 haben p und m einen größten gemeinsamen Teiler $\mathrm{ggT}(p, m)$. Der muss dann der einzige andere Teiler von p sein, nämlich 1. Nach Korollar 1.63 existieren $x, y \in \mathbb{Z}$ mit $px + my = 1$, und es gilt $pnx + mny = n$. Wegen $p \mid mn$ finden wir ein $z \in \mathbb{N}$ mit $pz = mn$, und es folgt $p(nx + zy) = pnx + mny = n$, das heißt $p \mid n$. Damit ist die Proposition bewiesen.
$\square$

Satz 1.65 (Fundamentalsatz der Zahlentheorie) *Jede natürliche Zahl $n > 1$ besitzt eine bis auf die Reihenfolge der Faktoren eindeutige Darstellung als Produkt von Primzahlen.*

Beweis

1. Schritt: Existenz der Zerlegung
   Wir beweisen zunächst mit Induktion, dass sich jedes $n > 1$ als Produkt von endlich vielen Primzahlen schreiben lässt.
   Induktionsannahme $A(n)$: Jede natürliche Zahl m mit $1 < m \leq n$ lässt sich als Produkt von endlich vielen Primzahlen schreiben.
   Induktionsanfang: Der Fall $n = 2$ ist klar, denn 2 ist eine Primzahl und somit das Produkt von Primzahlen – auch wenn das Produkt nur einen Faktor hat.
   Induktionsschritt: Wegen $n > 1$ hat n einen Primfaktor p_1 (siehe 1. Schritt in Beispiel 1.60), für den dann insbesondere $\frac{n}{p_1} \in \mathbb{N}$ gilt. Ist $n = p_1$, so hat man die

gewünschte Aussage. Andernfalls gilt $1 < \frac{n}{p_1} < n$, das heißt $1 < \frac{n}{p_1} \leq n - 1$, und mit der Induktionsannahme $A(n-1)$ ergibt sich $\frac{n}{p_1} = p_2 \cdot \ldots \cdot p_k$. Also gilt $n = p_1 \cdot p_2 \cdot \ldots \cdot p_k$, und die Existenz einer *Primzahlfaktorisierung* der gewünschten Art ist gezeigt.

2. Schritt: Eindeutigkeit der Zerlegung

Die Eindeutigkeit der Primzahlfaktorisierung bis auf die Reihenfolge lässt sich ebenfalls mit Induktion zeigen, allerdings ist die Induktionsannahme $A(n)$ etwas komplizierter. Wir gehen von der Gleichheit zweier Primfaktorisierungen aus, wobei die erste n Faktoren hat. Die Reihenfolge beschreiben wir mithilfe einer bijektiven Abbildung auf den Indizes.

Induktionsannahme $A(n)$: Für $n \leq k$ seien $p_1, \ldots, p_n$ und $q_1, \ldots, q_k$ Primzahlen mit $p_1 \cdot \ldots \cdot p_n = q_1 \cdot \ldots \cdot q_k$. Dann gilt $n = k$ und es gibt eine umkehrbare Abbildung $\varphi \colon \{1, \ldots, n\} \to \{1, \ldots, n\}$ mit $p_j = q_{\varphi(j)}$ für $j = 1, \ldots, n$.

Induktionsanfang: Für $n = 1$ gehen wir von $p_1 = q_1 \cdot \ldots \cdot q_k$ aus und zeigen, dass auch die rechte Faktorisierung nur einen Faktor haben kann. Nach Proposition 1.64 gibt es maximal zwei Möglichkeiten: $p_1 \mid q_1$ oder, falls $k \geq 2$ ist, $p_1 \mid q_2 \cdot \ldots \cdot q_k$. Wenden wir Proposition 1.64 wiederholt an, finden wir ein $i \in \{1, \ldots, k\}$ mit $p_1 \mid q_i$, und weil auch q_i prim ist, gilt $p_1 = q_i$. Aber dann haben wir $1 = \frac{1}{q_i} q_1 \cdot \ldots \cdot q_k$, das heißt $k = 1 = i$. Damit ist $A(1)$ bewiesen.

Induktionsschritt: Wir nehmen an, $A(n)$ ist bewiesen, und wollen zeigen, dass auch $A(n+1)$ gilt. Wenn $p_1 \cdot \ldots \cdot p_n \cdot p_{n+1} = q_1 \cdot \ldots \cdot q_k$, dann gilt $p_{n+1} \mid q_1 \cdot \ldots \cdot q_k$, und das Argument aus dem Induktionsanfang liefert ein $i \in \{1, \ldots, k\}$ mit $p_{n+1} = q_i$. Wir setzen $\varphi(n+1) = i$ und stellen fest, dass

$$p_1 \cdot \ldots \cdot p_n = \frac{1}{q_i} q_1 \cdot \ldots \cdot q_k,$$

wobei die rechte Seite ein Produkt von nur $k - 1$ Primzahlen ist, weil sich q_i herauskürzt. Jetzt wenden wir $A(n)$ an und finden $k - 1 = n$ sowie eine umkehrbare Abbildung $\varphi \colon \{1, \ldots, n\} \to \{1, \ldots, n+1\} \setminus \{i\}$ mit $p_j = q_{\varphi(j)}$. Zusammen liefern diese Aussagen $A(n+1)$. $\qquad\square$

1.3.3 Bruchrechnen

Die ganzen Zahlen haben bezüglich der Multiplikation das gleiche Manko wie die natürlichen Zahlen bezüglich der Addition: Man kann Gleichungen in der Regel nicht lösen (z. B. $3 + x = 1$ bzw. $3x = 1$). Um dies beheben zu können, müsste man durch (von Null verschiedene) ganze Zahlen teilen können, und das erreicht man am leichtesten, indem man Brüche einführt. Auf diese Weise landet man bei den rationalen Zahlen, wobei man sich daran erinnern sollte, dass verschiedene Brüche dieselbe rationale Zahl liefern können, zum Beispiel $\frac{1}{3} = \frac{2}{6}$. Die Situation ist also sehr ähnlich der Situation, die man bei der Konstruktion der ganzen Zahlen aus den natürlichen Zahlen vorfindet, und wir behandeln sie mit den gleichen Methoden. Wieder halten wir eine Visualisierung fest, bevor wir diese Idee umsetzen.

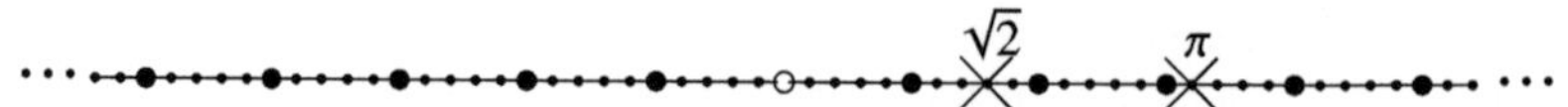

Dieses Mal ist die Visualisierung nur eine grobe Annäherung an die „wahren" Verhältnisse, weil es solche äquidistanten Punktketten für beliebig kleine Distanzen gibt und weil es zwischen je zwei solcher Punkte Löcher gibt, wo Zahlen fehlen, die man aus geometrischen Gründen erwarten würde, wie die Wurzel aus 2 (Länge der Diagonalen im Einheitsquadrat, ungefähr gleich 1,41) oder die Kreiszahl π (Verhältnis von Umfang zu Durchmesser eines Kreises, ungefähr gleich 3,14), von denen man aber zeigen kann, dass sie nicht rational sind (für $\sqrt{2}$ siehe Beispiel 1.79). Trotzdem transportiert diese Visualisierung immer noch eine Reihe von wichtigen Intuitionen zu den rationalen Zahlen.

- Die rationalen Zahlen haben weder einen Anfang noch ein Ende.
- Ein Element – die Null – in den rationalen Zahlen spielt eine Sonderrolle.
- Die ganzen Zahlen sind in den rationalen Zahlen enthalten.
- Die rationalen Zahlen tragen eine Ordnung, wobei die größere Zahl rechts von der kleineren Zahl steht. Von zwei unterschiedlichen rationalen Zahlen ist stets eine die größere.
- Die rationalen Zahlen bilden keinen kompletten „Zahlenstrahl", sondern haben (viele) „Löcher".
- Die Addition einer positiven/negativen rationalen Zahl r wird durch eine Verschiebung nach rechts/links um den Abstand zwischen der Null und r gegeben.

Wir beginnen jetzt mit der formalen Konstruktion der rationalen Zahlen. Sei dazu

$$\mathbb{Z}_{\neq 0} := \mathbb{Z} \setminus \{0\} = \{a \in \mathbb{Z} \mid a \neq 0\}.$$

Durch

$$(a, b) \sim (c, d) \quad :\Leftrightarrow \quad ad = cb$$

wird eine Relation auf $\mathbb{Z} \times \mathbb{Z}_{\neq 0}$ definiert. Das folgende Lemma brauchen wir, um zu zeigen, dass diese Relation transitiv ist.

Lemma 1.66 (Kürzungseigenschaft und Nullteilerfreiheit) *Seien* $x, y \in \mathbb{Z}$ *und* $z \in \mathbb{Z}_{\neq 0}$*. Dann gilt die Kürzungseigenschaft*

$$xz = yz \;\Rightarrow\; x = y.$$

Insbesondere ist $xy \neq 0$*, wenn* $x \neq 0$ *und* $y \neq 0$ *gilt. Man sagt,* $\mathbb{Z}$ *ist* nullteilerfrei.

Beweis Wir zeigen $x = y$, indem wir $x < y$ und $x > y$ ausschließen (Bemerkung 1.52). Wegen der Symmetrie in x und y reicht es, $x < y$ auszuschließen. Wir nehmen also an, dass $x < y$. Wenn $z > 0$, dann gilt $z, y - x \in \mathbb{N}$, also auch

$(y - x)z \in \mathbb{N}$, im Widerspruch zu $(y - x)z = 0$. Wenn $z < 0$, dann gilt $y - x, -z \in \mathbb{N}$, also auch $(y - x)(-z) \in \mathbb{N}$, im Widerspruch zu

$$(y - x)(-z) = -(y - x)z = -0 = 0.$$

$\square$

Satz 1.67 (Brüche)

(i) *Die Relation $\sim$ auf $\mathbb{Z} \times \mathbb{Z}_{\neq 0}$ ist eine Äquivalenzrelation.*
(ii) *Sei $\mathbb{Q} := \{[(a, b)] \mid (a, b) \in \mathbb{Z} \times \mathbb{Z}_{\neq 0}\}$. Dann ist*

$$j_{\mathbb{Z}} \colon \mathbb{Z} \to \mathbb{Q}, \quad a \mapsto [(a, 1)]$$

eine injektive Abbildung.

Beweis Dieser Beweis ist sehr ähnlich zu dem von Satz 1.39.

(i) Die Symmetrie der Relation $\sim$ folgt aus

$$(a, b) \sim (c, d) \quad \Leftrightarrow \quad ad = cb \quad \Leftrightarrow \quad cb = ad \quad \Leftrightarrow \quad (c, d) \sim (a, b).$$

Die Transitivität ist eine Konsequenz von

$$\begin{array}{l} (a, b) \sim (c, d) \\ (c, d) \sim (e, f) \end{array} \Rightarrow \begin{array}{l} ad = cb \\ cf = ed \end{array}$$

$$\Rightarrow afd = adf = cbf = cfb = edb = ebd$$

$$\overset{1.66}{\Rightarrow} af = eb$$

$$\Rightarrow (a, b) \sim (e, f),$$

und die Reflexivität sieht man aus

$$(a, b) \sim (a, b) \quad \Leftrightarrow \quad ab = ab.$$

(ii) Wenn $[(a, 1)] = [(b, 1)]$, dann gilt $(a, 1) \sim (b, 1)$, also $a = a \cdot 1 = b \cdot 1 = b$. Das zeigt die Injektivität von $j_{\mathbb{Z}} \colon \mathbb{Z} \to \mathbb{Q}$. $\square$

Wir nennen $\mathbb{Q}$ die Menge der *rationalen Zahlen* und schreiben

$$\frac{a}{b} \quad \text{statt} \quad [(a, b)].$$

Addition und Multiplikation auf $\mathbb{Q}$

Für die *Addition* auf $\mathbb{Q}$ folgen wir der bekannten Formel für die Addition von Brüchen und setzen

$$\frac{a}{b} +_{\mathbb{Q}} \frac{c}{d} := \frac{ad + bc}{bd}.$$

Um einzusehen, dass diese Addition wohldefiniert ist, betrachten wir $\frac{a}{b} = \frac{a'}{b'}$ und $\frac{c}{d} = \frac{c'}{d'}$. Dann gilt $ab' = a'b$ und $cd' = c'd$. Damit rechnen wir

$$(ad - bc)b'd' = ab'd'd + cd'b'b = (a'd' + b'c')bd$$

und das zeigt

$$\frac{ad + bc}{bd} = \frac{a'd' + b'c'}{b'd'}$$

und damit die Wohldefiniertheit der Addition. Für die *Multiplikation* setzen wir

$$\frac{a}{b} \cdot_\mathbb{Q} \frac{c}{d} := \frac{ac}{bd}.$$

Hier wird die Wohldefiniertheit durch die Rechnung

$$acb'd' = a'cbd' = a'c'bd$$

bewiesen.

Wir wollen uns die ganzen Zahlen über die injektive Abbildung $j_\mathbb{Z} \colon \mathbb{Z} \to \mathbb{Q}$ als Teilmenge von $\mathbb{Q}$ vorstellen. Das ist natürlich wieder nur dann angebracht, wenn Addition und Multiplikation in $\mathbb{Z}$ durch die Identifizierung von $a \in \mathbb{Z}$ mit $j_\mathbb{Z}(a) = \frac{a}{1} \in \mathbb{Q}$ nicht durcheinandergebracht werden (über die Ordnung sprechen wir später).

Proposition 1.68 (Einbettung von $\mathbb{Z}$ in $\mathbb{Q}$) *Für die Abbildung $j_\mathbb{Z} \colon \mathbb{Z} \to \mathbb{Q}$ aus Satz 1.67 und $a, b \in \mathbb{Z}$ gilt:*

(i) $j_\mathbb{Z}(a + b) = j_\mathbb{Z}(a) +_\mathbb{Q} j_\mathbb{Z}(b)$.
(ii) $j_\mathbb{Z}(a \cdot b) = j_\mathbb{Z}(a) \cdot_\mathbb{Q} j_\mathbb{Z}(b)$.

Beweis Die beiden Identitäten folgen aus den Rechnungen

$$j_\mathbb{Z}(a + b) = \frac{a + b}{1} = \frac{a}{1} +_\mathbb{Q} \frac{b}{1} = j_\mathbb{Z}(a) +_\mathbb{Q} j_\mathbb{Z}(b)$$

und

$$j_\mathbb{Z}(a \cdot b) = \frac{a \cdot b}{1} = \frac{a}{1} \cdot_\mathbb{Q} \frac{b}{1} = j_\mathbb{Z}(a) \cdot_\mathbb{Q} j_\mathbb{Z}(b)$$

$\square$

Addition und Multiplikation von $\mathbb{Q}$ sind also jeweils „Erweiterungen" der entsprechenden Relationen für $\mathbb{Z}$. Wir lassen den Index $_\mathbb{Q}$ weg und schreiben auch für Elemente in $\mathbb{Q}$ einfach $x + y$ und $x \cdot y = xy$.

Satz 1.69 (Rechenregeln für $\mathbb{Q}$**)** $(\mathbb{Q}, +, \cdot)$ *ist ein kommutativer Ring mit* $1 = j_{\mathbb{Z}}(1) = \frac{1}{1}$ *als Eins und* $0 = j_{\mathbb{Z}}(0) = \frac{0}{1}$ *als Null (siehe Definition 1.49). Außerdem ist* $\mathbb{Q}^{\times} := \mathbb{Q} \setminus \{0\}$ *bezüglich der Multiplikation eine abelsche Gruppe mit* 1 *als neutralem Element.*

Beweis Die Kommutativität der Addition folgt aus der Rechnung

$$\frac{a}{b} + \frac{c}{d} = \frac{ad + bc}{bd} = \frac{cb + da}{db} = \frac{c}{d} + \frac{a}{b},$$

wobei wir die Kommutativität von Addition und Multiplikation in den ganzen Zahlen benutzt haben. Ganz ähnlich folgt die Kommutativität der Multiplikation aus der Rechnung

$$\frac{a}{b} \cdot \frac{c}{d} = \frac{ac}{bd} = \frac{ca}{db} = \frac{c}{d} \cdot \frac{a}{b}.$$

Die Nachweise der Assoziativität von Addition und Multiplikation verlaufen nach dem selben Muster, auch wenn die Rechnungen etwas länger sind:

$$\left(\frac{a}{b} + \frac{c}{d}\right) + \frac{e}{f} = \frac{ad + bc}{bd} + \frac{e}{f} = \frac{(ad + bc)f + ebd}{bdf}$$

$$= \frac{adf + bcf + ebd}{bdf} = \frac{adf + bcf + bde}{bdf}$$

$$= \frac{a(df) + b(cf + de)}{bdf} = \frac{a}{b} + \frac{cf + de}{df}$$

$$= \frac{a}{b} + \left(\frac{c}{d} + \frac{e}{f}\right).$$

$$\left(\frac{a}{b} \cdot \frac{c}{d}\right) \cdot \frac{e}{f} = \frac{ac}{bd} \cdot \frac{e}{f} = \frac{ace}{bdf} = \frac{a}{b} \cdot \frac{ce}{df} = \frac{a}{b} \cdot \left(\frac{c}{d} \cdot \frac{e}{f}\right).$$

Die Lösbarkeit der Gleichung $\frac{a}{b} + x = \frac{c}{d}$ folgt mit $x = \frac{c}{d} + \frac{-a}{b} = \frac{cb - da}{db}$, wie die Rechnung

$$\frac{a}{b} + x = \frac{a}{b} + \frac{cb - da}{db} = \frac{adb + b(cb - da)}{bdb} = \frac{adb + bcb - bda)}{bdb} = \frac{bcb}{bdb} = \frac{c}{d}$$

zeigt. Die Lösbarkeit der Gleichung $\frac{a}{b} \cdot x = \frac{c}{d}$ für $a \neq 0$ folgt mit $x = \frac{cb}{da}$ aus der Rechnung

$$\frac{a}{b} \cdot x = \frac{a}{b} \cdot \frac{cb}{da} = \frac{acb}{bda} = \frac{c}{d}.$$

Dass 0 und 1 die neutralen Elemente der abelschen Gruppen $(\mathbb{Q}, +)$ bzw. $(\mathbb{Q}^{\times}, \cdot)$ sind, zeigen die Rechnungen

$$\frac{0}{1} + \frac{a}{b} = \frac{0 \cdot b + 1 \cdot a}{1 \cdot b} = \frac{a}{b}$$

und

$$\frac{1}{1} \cdot \frac{a}{b} = \frac{1 \cdot a}{1 \cdot b} = \frac{a}{b}.$$

Jetzt bleibt nur noch die Distributivität von Addition und Multiplikation zu zeigen. Diese folgt aus der Rechnung

$$\left(\frac{a}{b} + \frac{c}{d}\right) \cdot \frac{e}{f} = \frac{ad + bc}{bd} \cdot \frac{e}{f} = \frac{ade + bce}{bdf} = \frac{aedf + bfce}{bfdf}$$

$$= \frac{ae}{bf} + \frac{ce}{df} = \frac{a}{b} \cdot \frac{e}{f} + \frac{c}{d} \cdot \frac{e}{f}.$$

Wie im Falle der abelschen Gruppen und der kommutativen Ringe führt man einen eigenen Namen für diesen Satz an Rechenregeln ein.

Definition 1.70 (Körper) Sei $(Z, +, \cdot)$ ein kommutativer Ring mit Eins e und $e \in Z_{\neq 0} := Z \setminus \{0\}$. Wenn das Produkt zweier Elemente von $Z_{\neq 0}$ wieder in $Z_{\neq 0}$ liegt und $(Z_{\neq 0}, \cdot)$ eine abelsche Gruppe ist, dann heißt $(Z, +, \cdot)$ ein *Körper*. $\quad\square$

Damit ist $(\mathbb{Q}, +, \cdot)$ also ein Körper. Wir werden noch diverse andere Körper als $\mathbb{Q}$ sehen, an dieser Stelle sei nur ein Beispiel angeführt, das von einer ganz anderen Natur ist als $\mathbb{Q}$.

Beispiel 1.71 (Restklassen modulo 2) Die in Beispiel 1.62 unter anderem eingeführte Menge $\mathbb{F}_2$ der Restklassen modulo 2 hat nur zwei Elemente, $\bar{0} := [0]_2$ und $\bar{1} := [1]_2$. Wir definieren eine Addition und eine Multiplikation auf $\mathbb{F}_2$ durch die Tabellen

<table>
<tr><td>+</td><td>$\bar{0}$</td><td>$\bar{1}$</td><td></td><td>$\cdot$</td><td>$\bar{0}$</td><td>$\bar{1}$</td></tr>
<tr><td>$\bar{0}$</td><td>$\bar{0}$</td><td>$\bar{1}$</td><td></td><td>$\bar{0}$</td><td>$\bar{0}$</td><td>$\bar{0}$</td></tr>
<tr><td>$\bar{1}$</td><td>$\bar{1}$</td><td>$\bar{0}$</td><td></td><td>$\bar{1}$</td><td>$\bar{0}$</td><td>$\bar{1}$</td></tr>
</table>

Addition auf $\mathbb{F}_2$ Multiplikation auf $\mathbb{F}_2$

Man verifiziert sofort, dass dann für alle $n, m \in \mathbb{Z}$

$$[n]_2 + [m]_2 = [n + m]_2 \quad \text{und} \quad [n]_2 \cdot [m]_2 = [n \cdot m]_2$$

gilt. Aus den Rechenregeln für den Ring $(\mathbb{Z}, +, \cdot)$ leitet man damit ab, dass $(\mathbb{F}_2, +, \cdot)$ ein kommutativer Ring ist. Direkt aus den Formel ergibt sich, dass $\bar{0}$ in diesem Ring die Null ist und $\bar{1}$ eine Eins. Da $\mathbb{F}_2 \setminus \{\bar{0}\} = \{\bar{1}\}$ eine abelsche Gruppe ist, ist also $(\mathbb{F}_2, +, \cdot)$ ein Körper. $\quad\square$

Anordnung von $\mathbb{Q}$

An dieser Stelle können wir eine Ordnung auf $\mathbb{Q}$ einführen, die die Ordnung auf den ganzen Zahlen fortsetzt. Als Erstes definieren wir die Menge der *positiven rationalen Zahlen* durch

$$\mathbb{Q}^+ := \left\{ \frac{a}{b} \in \mathbb{Q} \;\middle|\; a, b \in \mathbb{Z}, ab > 0 \right\}$$

und stellen fest, dass $\mathbb{Q}^+$ wohldefiniert ist und die folgenden Regeln gelten:

Proposition 1.72 (Positive rationale Zahlen)

(i) *Seien $a, a' \in \mathbb{Z}$ und $b, b' \in \mathbb{Z}_{\neq 0}$. Falls $\frac{a}{b} = \frac{a'}{b'}$, dann gilt*

$$ab > 0 \quad \Leftrightarrow \quad a'b' > 0.$$

(ii) *Für jedes $x \in \mathbb{Q}$ gilt genau eine der folgenden Beziehungen:*

$$x = 0, \quad x \in \mathbb{Q}^+, \quad -x \in \mathbb{Q}^+$$

(iii) *Für alle $x, y \in \mathbb{Q}^+$ gilt $x + y \in \mathbb{Q}^+$ und $xy \in \mathbb{Q}^+$.*

Beweis

(i) $\frac{a}{b} = \frac{a'}{b'}$ liefert $ab' = a'b$. Für $ab > 0$ unterscheiden wir zwei Fälle und wenden die Rechenregeln für die Ordnung auf $\mathbb{Z}$ aus Proposition 1.54 an. Wenn $b' > 0$ ist, dann gilt $0 < abb' = a'b^2$ und es folgt $a' > 0$. Aber dann gilt auch $a'b' > 0$. Wenn $b' < 0$, dann gilt $0 > abb' = a'b^2$ und es folgt $a' < 0$. Aber dann gilt auch $a'b' = (-a')(-b') > 0$. Damit ist die Implikation „$\Rightarrow$" gezeigt. Die Implikation „$\Leftarrow$" folgt genauso, indem man die Rollen von a, b und a', b' im Argument vertauscht.

(ii) Für $x = \frac{a}{b}$ mit $a, b \in \mathbb{Z}^\times$ gilt $ab > 0$ oder $-ab > 0$ (siehe Bemerkung 1.52). Im ersten Fall folgt sofort $\frac{a}{b} \in \mathbb{Q}^+$ im zweiten $-\frac{a}{b} \in \mathbb{Q}^+$, weil $-\frac{a}{b} = \frac{-a}{b}$ und $0 < -ab = (-a)b$. Wenn $a = 0$, dann gilt auch $x = 0$.

(iii) Seien $x = \frac{a}{b}$ und $y = \frac{c}{d}$ in $\mathbb{Q}^+$. Dann gilt $x + y = \frac{ad+bc}{bd}$ und mit Proposition 1.54

$$(ad + bc)(bd) = abd^2 + cdb^2 > 0,$$

also $x + y \in \mathbb{Q}^+$. Mit $xy = \frac{ac}{bd}$ finden wir $(ac)(bd) = (ab)(cd) > 0$, also analog $xy \in \mathbb{Q}^+$. $\qquad\square$

Wir definieren eine Relation $<_\mathbb{Q}$ auf $\mathbb{Q}$ durch

$$x <_\mathbb{Q} y \quad :\Leftrightarrow \quad y - x \in \mathbb{Q}^+.$$

Die Einschränkung von $<_{\mathbb{Q}}$ auf $\mathbb{Z}$ liefert die alte Ordnung auf $\mathbb{Z}$, das heißt, für $a, b \in \mathbb{Z}$ gilt

$$a < b \quad \Leftrightarrow \quad j_{\mathbb{Z}}(a) <_{\mathbb{Q}} j_{\mathbb{Z}}(b).$$

Damit können wir auch in der Bezeichnung $<_{\mathbb{Q}}$ den Index $\mathbb{Q}$ weglassen. Außerdem können wir jetzt mithilfe von $j_{\mathbb{Z}}$ die ganzen Zahlen als Teilmenge der rationalen Zahlen auffassen. Ab jetzt identifizieren wir $a \in \mathbb{Z}$ mit $j_{\mathbb{Z}}(a) \in \mathbb{Q}$ und lassen die Bezeichnung $j_{\mathbb{Z}}(\cdot)$ weg.

Einmal mehr gibt es für die eben bewiesenen Eigenschaften einen Namen, weil sie in dieser Kombination oft vorkommen.

Definition 1.73 (Geordneter Körper) Einen Körper $(Z, +, \cdot)$, zusammen mit einer Teilmenge $P \subseteq Z$ heißt ein *geordneter Körper*, wenn P die folgenden Eigenschaften erfüllt.

Totalordnung: Für $a \in Z$ gilt genau eine der folgenden Beziehungen:

$$a = 0, \quad a \in P, \quad -a \in P.$$

Verträglichkeit: Für $a, b \in P$ gilt $a + b \in P$ und $ab \in P$.

Auf einem geordneten Körper definiert man durch

$$x < y \quad :\Leftrightarrow \quad y - x \in P$$

eine Anordnung. $\qquad\square$

Wir können an dieser Stelle sehen, dass $(\mathbb{Q}, +, \cdot, \mathbb{Q}^{+})$ ein geordneter Körper ist und die Anordnung dabei der oben definierten entspricht. Damit lässt sich die folgende Proposition auf $(\mathbb{Q}, +, \cdot, \mathbb{Q}^{+})$ anwenden.

Proposition 1.74 (Eigenschaften geordneter Körper) *Sei $(Z, +, \cdot, P)$ ein geordneter Körper. Dann gilt für $a, b, c \in Z$:*

(i) *Es gilt $0 < a$ genau dann, wenn $a \in P$.*

(ii) *Es gilt genau eine der folgenden Beziehungen:*

$$a = b, \quad a < b, \quad b < a \quad \textit{(Trichotomie)}.$$

(iii) *Es gilt die folgende Implikation:*

$$(a < b, \ b < c) \quad \Rightarrow \quad a < c \quad \textit{(Transitivität)}.$$

(iv) *Für $a \neq 0$ gilt $a^2 \in P$, das heißt $a^2 > 0$.*

Beweis

(i) Wegen $a - 0 = a$ folgt dies sofort aus der Definition von $<$.
(ii) Wendet man die Totalordnungseigenschaft aus Definition 1.73 auf das Element $a - b \in Z$ an, ergibt sich auch dies sofort aus der Definition von $<$.
(iii) $a < b$, $b < c$ liefert $b - a \in P$, $c - b \in P$, also gilt nach der Verträglichkeitseigenschaft aus Definition 1.73 und Proposition 1.47

$$c - a = (c - b) + (b - a) \in P.$$

Aber das bedeutet gerade $a < c$.
(iv) Wenn $a \in P$, dann gilt $a^2 = a \cdot a \in P$. Wenn $-a \in P$, dann rechnen wir mit Proposition 1.51

$$a^2 = a \cdot a = -(-a \cdot a) = -(a \cdot (-a)) = (-a) \cdot (-a) \in P.$$

Nach (ii) sind damit alle Möglichkeiten ausgeschöpft, weil wir $a \neq 0$ vorausgesetzt haben. $\qquad\square$

Proposition 1.75 (Maxima und Minima endlicher Mengen in geordneten Körpern) *Sei $(Z, +, \cdot, P)$ ein geordneter Körper und $\emptyset \neq M \subseteq Z$ eine endliche Menge. Dann gibt es in M ein eindeutig bestimmtes kleinstes Element $\min(M)$ und ein eindeutig bestimmtes größtes Element $\max(M)$. Es gilt also insbesondere*

$$\forall x \in M \setminus \{\min(M)\}: \quad x > \min(M),$$
$$\forall x \in M \setminus \{\max(M)\}: \quad x < \max(M).$$

Beweis Wir zeigen das mit Induktion über die Anzahl $|M| := n$ der Elemente in M. Der Induktionsanfang ist klar, wenn M nur ein Element hat, ist dieses eine Element sowohl das kleinste, als auch das größte Elemente und die Eindeutigkeit ist ohnehin klar.

Wenn $|M| = n + 1$, dann nehmen wir ein $x_o \in M$ aus der Menge heraus, d. h. wir betrachten $M_o := M \setminus \{x_o\}$. Induktion zeigt jetzt, dass $\min(M_o) \in M_o$ und $\max(M_o) \in M_o$ existieren und jeweils eindeutig bestimmt sind. Es gilt $\min(M_o) \neq x_o \neq \max(M_o)$. Nach Proposition 1.74(ii) gilt $x_o < \min(M_o)$ oder $x_o > \min(M_o)$. Im ersten Fall gilt $x_o = \min(M)$. Im zweiten Fall haben wir $\min(M) = \min(M_o)$. Für das Maximum argumentieren wie analog. Wir wenden Proposition 1.74(ii) an um zu sehen, dass $x_o > \max(M_o)$ oder $x_o < \max(M_o)$. Im ersten Fall gilt $x_o = \max(M)$. Im zweiten Fall haben wir $\max(M) = \max(M_o)$. Damit sind die Existenzen und die Ungleichungen bewiesen. Die Eindeutigkeit folgt sofort aus den gezeigten Ungleichungen. $\qquad\square$

Absolutbeträge in geordneten Körpern

Für die Konstruktion der reellen Zahlen aus den natürlichen Zahlen wird mit Absolutbeträgen gearbeitet. Deswegen leiten wir hier die elementaren Eigenschaften aus den Axiomen her.

Definition 1.76 (Absolutbetrag) Die Einteilung des Zahlbereichs Z in positive und negative Zahlen (und 0) erlaubt wie in Bemerkung 1.52 die Einführung eines *Absolutbetrags* $|a|$ (oft sagt man einfach nur *Betrag*) einer Zahl $a \in Z$:

$$|a| := \begin{cases} a & \text{für } a \geq 0 \\ -a & \text{für } a < 0 \end{cases}$$

In jedem Fall ist also $0 \leq |a|$. $\hfill\square$

Das folgende Lemma brauchen wir insbesondere um die essentiellen Eigenschaften von Absolutbeträgen auf geordneten Körpern nachweisen zu können.

Lemma 1.77 (Eigenschaften geordneter Körper) *Sei* $(Z, +, \cdot, P)$ *ein geordneter Körper. Dann gilt für* $a, b, c, d \in Z$:

(i) $a < b \Rightarrow a + c < b + c$.
(ii) $(a < b, \ c < d) \Rightarrow a + c < b + d$.
(iii) $(a < b, \ 0 < c) \Rightarrow ac < bc$.
(iv) $(a < b, \ c < d, \ 0 < b, \ 0 < c) \Rightarrow ac < bd$.

Beweis

(i) $a < b$ bedeutet $b - a \in P$, und mit Proposition 1.47 impliziert dies $(b + c) - (a + c) = b - a \in P$, also $a + c < b + c$.
(ii) Mit (i) findet man $a + c < b + c < b + d$, also wegen der Transitivität (Proposition 1.74) $a + c < b + d$.
(iii) Mit $b - a \in P$ und $c \in P$ sowie Proposition 1.51 findet man $bc - ac = (b - a)c \in P$, also $ac < bc$.
(iv) Mit (iii) folgert man $ac < bc < bd$ und daraus, wieder mit der Transitivität, $ac < bd$. $\hfill\square$

Satz 1.78 (Eigenschaften des Absolutbetrags) *Sei* $(Z, +, \cdot, P)$ *ein geordneter Körper. Dann gilt für* $a, b \in Z$:

(i) $|a| = |-a|$.
(ii) $-|a| \leq a \leq |a|$.
(iii) $-b \leq a \leq b \Leftrightarrow |a| \leq b$.
(iii') $-b < a < b \Leftrightarrow |a| < b$.
(iv) $|a| - |b| \leq |a + b| \leq |a| + |b|$.
(v) $|a| - |b| \leq |a - b| \leq |a| + |b|$.
(vi) $|ab| = |a|\,|b|$.
(vii) $\left|\dfrac{a}{b}\right| = \dfrac{|a|}{|b|}$, *falls* $b \neq 0$.

Beweis

(i) Für $a = 0$ ist das klar. Für $a > 0$ gilt $-a < 0$, also $|a| = a = -(-a) = |-a|$. Für $a < 0$ gilt $-a > 0$, also $|a| = -a = |-a|$.

(ii) Für $a = 0$ ist das wieder klar. Für $a > 0$ gilt $-a = -|a| < 0 < a = |a|$, und für $a < 0$ gilt $|a| = -a > 0 > a = -|a|$.

(iii) Wenn $a \geq 0$, folgt aus $a \leq b$ die Ungleichung $|a| = a \leq b$. Wenn $a < 0$, folgt aus $-b \leq a$ erst $-a \leq b$ und dann die Ungleichung $|a| = -a \leq b$. Umgekehrt folgt aus $|a| \leq b$, z. B. durch Addition von $b - a$ auf beiden Seiten, die Ungleichung $-b \leq -|a|$ und dann $-b \leq -|a| \leq a \leq |a| \leq b$.

(iii') Dies folgt sofort aus (iii).

(iv) Durch Aufaddieren der Ungleichungen aus (ii) für a und b (nach Lemma 1.77 (ii)) erhält man $-(|a| + |b|) \leq a + b \leq |a| + |b|$. Mit (iii) folgt $|a + b| \leq |a| + |b|$. Ersetzt man in dieser Überlegung b durch $-b$, so folgt wegen (i) $|a - b| \leq |a| + |b|$. Damit hat man jeweils die rechte der beiden Ungleichungen. Wendet man diese jetzt auf $a + b$ statt a an, findet man $|a| = |(a + b) - b| \leq |a + b| + |b|$, also $|a| - |b| \leq |a + b|$ (Proposition 1.47). Ersetzt man schließlich wieder b durch $-b$, findet man auch noch $|a| - |b| \leq |a - b|$.

(v) Dies folgt sofort aus (iv), wenn man b durch $-b$ ersetzt.

(vi) Wenn $a \geq 0$ und $b \geq 0$, dann ist $ab \geq 0$ und somit die Gleichung klar. Wenn $a \geq 0, b < 0$, findet man $-b > 0$ und mit Proposition 1.51

$$|ab| = |-(ab)| = |a(-b)| = a(-b) = |a|\,|b|.$$

Die Fälle $b \geq 0, a < 0$ und $a < 0, b < 0$ behandelt man ähnlich.

(vii) $|a| = \left| b\dfrac{a}{b} \right| = |b|\left| \dfrac{a}{b} \right|$ liefert $\dfrac{|a|}{|b|} = \left| \dfrac{a}{b} \right|$. $\qquad\square$

1.4   Reelle und komplexe Zahlen

Wie schon in der Einleitung zu Abschn. 1.3.3 angedeutet, haben die rationalen Zahlen immer noch ein Manko. Man kann für viele einfache Gleichungen keine Lösungen finden. Ein besonders prominentes Beispiel ist die Gleichung $x^2 = 2$, von der schon die alten Griechen wussten, dass sie keine rationale Lösung hat.

Beispiel 1.79 ($x^2 = 2$) Wir zeigen durch einen Widerspruch zum Fundamentalsatz der Zahlentheorie, dass $x^2 = 2$ keine rationale Lösung hat. Sei also $x = \frac{a}{b}$ eine rationale Zahl mit $x^2 = 2$. Wegen $x^2 = (-x)^2$ können wir annehmen, dass $x \in \mathbb{Q}^+$ und $a, b \in \mathbb{N}$. Es gilt dann $a^2 = 2b^2$. Seien jetzt $a = p_1^{k_1} \cdots p_m^{k_m}$ und $b = q_1^{\ell_1} \cdots q_n^{\ell_n}$ die durch den Fundamentalsatz 1.65 der Zahlentheorie garantierten Primzahlzerlegungen von a und b. Es ergibt sich

$$p_1^{2k_1} \cdots p_m^{2k_m} = 2q_1^{2\ell_1} \cdots q_n^{2\ell_n},$$

also gibt es links eine gerade Anzahl von Zweien, rechts dagegen eine ungerade Anzahl von Zweien. Dieser Widerspruch zur Eindeutigkeitsaussage in Satz 1.65 beweist die Behauptung. $\square$

Die reellen Zahlen sind eine Erweiterung von $\mathbb{Q}$, so wie $\mathbb{Q}$ eine Erweiterung von $\mathbb{Z}$ ist. Wir werden später (siehe Beispiel 1.93) zeigen, dass die Gleichung $x^2 = 2$ eine Lösung in den reellen Zahlen hat. Damit ist eines der Löcher aus der in Abschn. 1.3.3 gegebenen Visualisierung gestopft. Es wird sich herausstellen, gleichzeitig auch alle anderen Löcher gestopft sind und die reellen Zahlen durch einen „kontinuierlichen" Zahlenstrahl visualisiert werden können, auf dem auch alle rationalen Zahlen liegen.

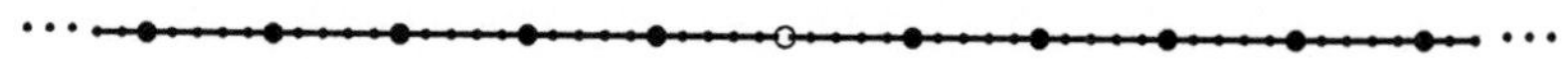

- Die reellen Zahlen haben weder einen Anfang noch ein Ende.
- Ein Element – die Null – in den rationalen Zahlen spielt eine Sonderrolle.
- Die rationalen Zahlen sind in den reellen Zahlen enthalten.
- Die reellen Zahlen tragen eine Ordnung, wobei die größere Zahl rechts von der kleineren Zahl steht. Von zwei unterschiedlichen reellen Zahlen ist stets eine die größere.
- Die reellen Zahlen bilden einen kompletten „Zahlenstrahl", der keine „Löcher" hat.
- Die Addition einer positiven/negativen reellen Zahl r wird durch eine Verschiebung nach rechts/links um den Abstand zwischen der Null und r gegeben.

1.4.1   Konstruktion der reellen Zahlen durch Cauchy-Folgen

Während die Methoden der Konstruktion von $\mathbb{Z}$ aus $\mathbb{N}$ und von $\mathbb{Q}$ aus $\mathbb{Z}$ „algebraisch" waren, das heißt, durch Manipulationen mit Addition und Multiplikation entstanden, erfordert die Konstruktion der reellen Zahlen aus $\mathbb{Q}$ genuin „analytische" Methoden, das heißt *Grenzprozesse,* für die statt einzelner Elemente immer gleich unendliche Mengen von Elementen betrachtet werden müssen.

Eine *Folge a* von Elementen in einer Menge M ist eine Abbildung

$$a : \mathbb{N} \to M, \ n \mapsto a(n).$$

Im Einklang mit der traditionellen Notation schreiben wir auch a_n statt $a(n)$ und

$$(a_n)_{n \in \mathbb{N}} \quad \text{statt} \quad a : \mathbb{N} \to M.$$

Als Nächstes definieren wir eine Relation $\sim$ auf der Menge $\mathcal{F}_{\mathbb{Q}}$ der Folgen von Elementen in $\mathbb{Q}$. Wir sagen $(a_n)_{n \in \mathbb{N}} \sim (b_n)_{n \in \mathbb{N}}$, wenn gilt:

$$\forall \varepsilon \in \mathbb{Q}, \varepsilon > 0 \ \exists K \in \mathbb{N} : \quad (\forall n, m \in \mathbb{N}, n > K, m > K : \ -\varepsilon < a_m - b_n < \varepsilon)$$
$$(1.9)$$

In Worten: Zu jeder positiven rationalen Zahl ε existiert eine natürliche Zahl K, sodass für alle natürlichen Zahlen m, n, die größer sind als K, die Ungleichungen $-\varepsilon < a_m - b_n < \varepsilon$ gelten.

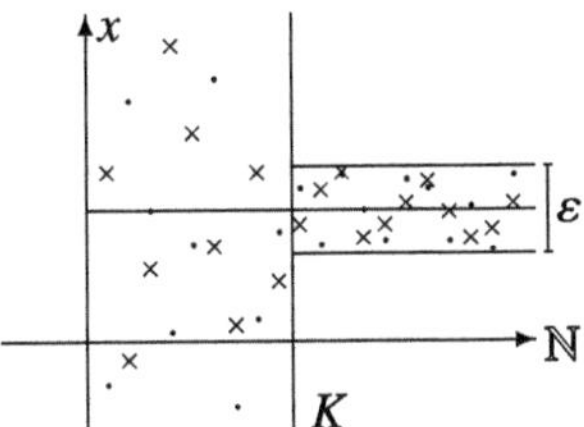

Die so definierte Relation $\sim$ ist keine Äquivalenzrelation, weil sie nicht reflexiv ist. Dies motiviert die folgende Definition.

Definition 1.80 (Schwache Äquivalenzrelation) Eine *schwache Äquivalenzrelation* auf einer Menge M ist eine Relation, die symmetrisch und transitiv ist. $\square$

Wir übertragen die Begriffe „Äquivalenz" und „Repräsentant" aus Bemerkung 1.11 auf schwache Äquivalenzrelationen: Wenn $\sim$ eine schwache Äquivalenzrelation auf M ist und $a \sim b$ gilt, dann heißen die Elemente a und b *äquivalent*. Die Menge

$$[a] := [a]_\sim := \{b \in M \mid a \sim b\}$$

aller zu $a \in M$ äquivalenten Elemente heißt die *Äquivalenzklasse* von $a \in M$, und jedes Element $b \in [a]$ heißt ein *Repräsentant* von $[a]$.

Solche Äquivalenzklassen bezüglich schwacher Äquivalenzrelationen können leer sein. Wenn $a \nsim a$ (das heißt, wenn $a \sim a$ nicht gilt), dann kann wegen

$$a \sim b \quad \Rightarrow \quad (a \sim b \text{ und } b \sim a) \quad \Rightarrow \quad a \sim a$$

auch für kein anderes $b \in M$ die Relation $a \sim b$ gelten. Also haben wir

$$[a] = \emptyset \quad \Leftrightarrow \quad a \nsim a.$$

Dies zeigt, dass eine schwache Äquivalenzrelation genau dann eine Äquivalenzrelation ist, wenn alle Äquivalenzklassen nicht leer sind.

Proposition 1.81 (Äquivalenzklassen) *Sei $\sim$ eine schwache Äquivalenzrelation auf M und $a, b \in M$.*

(i) $a \sim b \;\Rightarrow\; [a] = [b]$.
(ii) $a \nsim b \;\Rightarrow\; [a] \cap [b] = \emptyset$.

Beweis

(i) Wenn $c \in [a]$, dann gilt $c \sim a$, und wegen der Transitivität hat man $c \sim b$, also $c \in [b]$. Somit gilt $[a] \subseteq [b]$, und die umgekehrte Inklusion $[b] \subseteq [a]$ folgt analog durch Vertauschen der Rollen von a und b. Damit sind $[a]$ und $[b]$ gleich.

(ii) Wenn $c \in [a] \cap [b]$ wäre, dann hätte man $a \sim c$ und $b \sim c$, was wegen der Transitivität $a \sim b$ zur Folge hätte. $\square$

Satz 1.82 (Reelle Zahlen)

(i) *Die durch* (1.9) *definierte Relation* $\sim$ *auf* $\mathcal{F}_{\mathbb{Q}}$ *ist eine schwache Äquivalenzrelation.*

(ii) *Sei* $\mathbb{R} := \{[a] \mid a \in \mathcal{F}_{\mathbb{Q}},\, [a] \neq \emptyset\}$. *Dann ist*

$$j_{\mathbb{Q}} \colon \mathbb{Q} \to \mathbb{R}, \quad a \mapsto [(a_n)_{n \in \mathbb{N}}]$$

mit $a_n = a$ *für alle* $n \in \mathbb{N}$ *eine injektive Abbildung.*

Beweis

(i) Die Symmetrie der Relation $\sim$ folgt aus der Äquivalenz

$$-\varepsilon < a_m - b_n < \varepsilon \quad \Leftrightarrow \quad -\varepsilon < b_n - a_m < \varepsilon.$$

Um die Transitivität zu zeigen, nehmen wir an, dass $(a_n)_{n \in \mathbb{N}} \sim (b_n)_{n \in \mathbb{N}}$ und $(b_n)_{n \in \mathbb{N}} \sim (c_n)_{n \in \mathbb{N}}$ gilt. Zu $\varepsilon > 0$ finden wir natürliche Zahlen K_1 und K_2 mit

$$\forall n, m \in \mathbb{N},\, n > K_1,\, m > K_1 \;:\; -\frac{\varepsilon}{2} < a_m - b_n < \frac{\varepsilon}{2}$$

und

$$\forall n, k \in \mathbb{N},\, n > K_2,\, k > K_2 \;:\; -\frac{\varepsilon}{2} < b_n - c_k < \frac{\varepsilon}{2}.$$

Wähle eine natürliche Zahl $K > K_1, K_2$. Dann erhält man durch Addition der beiden obigen Ungleichungen

$$\forall m, k \in \mathbb{N},\, m > K,\, k > K \;:\; -\varepsilon < a_m - c_k < \varepsilon.$$

Damit ist $(a_n)_{n \in \mathbb{N}} \sim (c_n)_{n \in \mathbb{N}}$ gezeigt.

(ii) Als Erstes stellen wir fest, dass $j_{\mathbb{Q}}$ wohldefiniert ist, weil aus $a_n = a$ für alle $n \in \mathbb{N}$ folgt $a_n - a_m = 0$ für alle $n, m \in \mathbb{N}$ und somit $(a_n)_{n \in \mathbb{N}} \sim (a_n)_{n \in \mathbb{N}}$, das heißt $[(a_n)_{n \in \mathbb{N}}] \neq \emptyset$, also $[(a_n)_{n \in \mathbb{N}}] \in \mathbb{R}$. Wenn $[(a_n)_{n \in \mathbb{N}}] = [(b_n)_{n \in \mathbb{N}}]$ mit $a_n = a$ und $b_n = b$ für alle $n \in \mathbb{N}$ und $a, b \in \mathbb{Q}$, dann gilt für jedes $\varepsilon > 0$, dass

$$-\varepsilon < a - b < \varepsilon.$$

Schreibe $c := a - b$ und, falls $c \neq 0$, wähle $\varepsilon := \frac{|c|}{2}$. Dann gilt

$$-\frac{|c|}{2} < c < \frac{|c|}{2},$$

was nach Satz 1.78 zunächst $|c| < \frac{|c|}{2}$, dann $2|c| < |c|$ und schließlich $|c| < 0$ zur Folge hat. Das ist aber nicht möglich, also muss $c = 0$ gelten. Dies zeigt die Injektivität von $j_{\mathbb{Q}} \colon \mathbb{Q} \to \mathbb{R}$. $\qquad\square$

Definition 1.83 (Cauchy-Folgen und reelle Zahlen) Eine Folge a rationaler Zahlen heißt eine *Fundamental-* oder *Cauchy-Folge*, wenn $[a] \neq \emptyset$. Die Menge $\mathbb{R}$ der nichtleeren Äquivalenzklassen auf der Menge der Cauchy-Folgen heißt die Menge der *reellen Zahlen*.

Wir haben zu Beginn des Abschnitts darauf hingewiesen, dass die Relation $\sim$ auf $\mathcal{F}_{\mathbb{Q}}$ keine Äquivalenzrelation ist, sondern nur eine schwache Äquivalenzrelation. Um das einzusehen, betrachtet man zum Beispiel die Folge $(a_n)_{n\in\mathbb{N}}$ mit $a_n = n$, für die $(a_n)_{n\in\mathbb{N}} \nsim (a_n)_{n\in\mathbb{N}}$ gilt.

Addition und Multiplikation auf $\mathbb{R}$

Für die *Addition* auf $\mathbb{R}$ setzen wir

$$[(a_n)_{n\in\mathbb{N}}] +_{\mathbb{R}} [(b_n)_{n\in\mathbb{N}}] := [(c_n)_{n\in\mathbb{N}}],$$

wobei für jedes $n \in \mathbb{N}$ gilt: $c_n := a_n + b_n$. Wir schreiben einfach $(a_n + b_n)_{n\in\mathbb{N}}$ für diese Folge. Für die *Multiplikation* setzen wir

$$[(a_n)_{n\in\mathbb{N}}] \cdot_{\mathbb{R}} [(b_n)_{n\in\mathbb{N}}] := [(c_n)_{n\in\mathbb{N}}],$$

wobei für jedes $n \in \mathbb{N}$ gilt: $c_n := a_n \cdot b_n$. Für diese Folge schreiben wir $(a_n b_n)_{n\in\mathbb{N}}$. Selbstverständlich taucht auch hier wieder das Problem der Wohldefiniertheit auf.

Lemma 1.84 (Addition und Multiplikation auf $\mathbb{R}$) $+_{\mathbb{R}}$ *und* $\cdot_{\mathbb{R}}$ *sind wohldefinierte Funktionen* $\mathbb{R} \times \mathbb{R} \to \mathbb{R}$.

Beweis Wir halten zunächst fest, dass $[(a_n)_{n\in\mathbb{N}}], [(b_n)_{n\in\mathbb{N}}] \in \mathbb{R}$ insbesondere $(a_n)_{n\in\mathbb{N}} \sim (a_n)_{n\in\mathbb{N}}$ und $(b_n)_{n\in\mathbb{N}} \sim (b_n)_{n\in\mathbb{N}}$ impliziert. Wenn $(a_n)_{n\in\mathbb{N}} \sim (a'_n)_{n\in\mathbb{N}}$ und $(b_n)_{n\in\mathbb{N}} \sim (b'_n)_{n\in\mathbb{N}}$ gilt, dann finden wir zu $\varepsilon > 0$ natürliche Zahlen K_1 und K_2 mit

$$\forall n, m \in \mathbb{N}, n > K_1, m > K_1 \ : \ -\frac{\varepsilon}{2} < a_m - a'_n < \frac{\varepsilon}{2}$$

und

$$\forall m, n \in \mathbb{N}, m > K_2, n > K_2 \ : \ -\frac{\varepsilon}{2} < b_m - b'_n < \frac{\varepsilon}{2}.$$

Wähle eine natürliche Zahl $K > K_1, K_2$. Dann erhält man durch Addition der beiden obigen Ungleichungen

$$\forall m, n \in \mathbb{N}, m > K, n > K \ : \ -\varepsilon < (a_m + b_m) - (a_n' + b_n') < \varepsilon.$$

Damit ist $(c_n)_{n \in \mathbb{N}} \sim (c_n')_{n \in \mathbb{N}}$ gezeigt, wobei $c_n' := a_n' + b_n'$. Dies zeigt insbesondere $(c_n)_{n \in \mathbb{N}} \sim (c_n)_{n \in \mathbb{N}}$, also $[(c_n)_{n \in \mathbb{N}}] \neq \emptyset$ und $[(c_n)_{n \in \mathbb{N}}] \in \mathbb{R}$. Dann folgt aber auch die Wohldefiniertheit von $+_\mathbb{R}$.

Um die Wohldefiniertheit von $\cdot_\mathbb{R}$ zu zeigen, stellt man zunächst fest, dass es wegen $(a_n)_{n \in \mathbb{N}} \sim (a_n)_{n \in \mathbb{N}}$ ein $K \in \mathbb{N}$ mit $-1 < a_n - a_K < 1$ für alle $n > K$ gibt. Damit findet man ein $s \in \mathbb{N}$ mit $-s < a_n < s$ für alle $n \in \mathbb{N}$. Ähnliches gilt für $(b_n)_{n \in \mathbb{N}}$, $(a_n')_{n \in \mathbb{N}}$ und $(b_n')_{n \in \mathbb{N}}$. Also können wir gleich annehmen, dass

$$\forall n \in \mathbb{N} \ : \ -s < a_n, a_n', b_n, b_n' < s$$

gilt. Zu $\varepsilon > 0$ finden wir natürliche Zahlen K_1 und K_2 mit

$$\forall n, m \in \mathbb{N}, n > K_1, m > K_1 \ : \ -\frac{\varepsilon}{3s} < a_m - a_n' < \frac{\varepsilon}{3s}$$

und

$$\forall m, n \in \mathbb{N}, m > K_2, n > K_2 \ : \ -\frac{\varepsilon}{3s} < b_m - b_n' < \frac{\varepsilon}{3s}.$$

Wir schreiben

$$a_n b_n - a_m' b_m' = (a_n - a_n')b_n + a_n'(b_n - b_m') + b_m'(a_n' - a_m').$$

Wähle eine natürliche Zahl $K > K_1, K_2$. Dann gilt für $n, m > K$

$$|a_n b_n - a_m' b_m'| \leq |a_n - a_n'|s + s|b_n - b_m'| + s|a_n' - a_m'| < 3s\frac{\varepsilon}{3s} = \varepsilon.$$

Wegen Satz 1.78 zeigt dies wie im Falle der Addition die Wohldefiniertheit der Multiplikation. $\qquad\square$

Wir wollen uns die rationalen Zahlen über die injektive Abbildung $j_\mathbb{Q} \colon \mathbb{Q} \to \mathbb{R}$ als Teilmenge von $\mathbb{R}$ vorstellen. Dazu muss man wieder nachweisen, dass Addition und Multiplikation in $\mathbb{Q}$ durch die Identifizierung von $a \in \mathbb{Q}$ mit $j_\mathbb{Q}(a) \in \mathbb{R}$ nicht durcheinandergebracht werden.

Bemerkung 1.85 (Einbettung von $\mathbb{Q}$ in $\mathbb{R}$) Für die Abbildung $j_\mathbb{Q} \colon \mathbb{Q} \to \mathbb{R}$ und $a, b \in \mathbb{Q}$ gilt:

(i) $j_\mathbb{Q}(a + b) = j_\mathbb{Q}(a) +_\mathbb{R} j_\mathbb{Q}(b)$.
(ii) $j_\mathbb{Q}(a \cdot b) = j_\mathbb{Q}(a) \cdot_\mathbb{R} j_\mathbb{Q}(b)$.

Beide Eigenschaften folgen unmittelbar aus den Definitionen.   □

Mit dem Wissen, dass Addition und Multiplikation von $\mathbb{R}$ jeweils „Erweiterungen"
der entsprechenden Relationen für $\mathbb{Q}$ sind, lassen wir den Index $\mathbb{R}$ weg und schreiben
auch für Elemente in $\mathbb{R}$ einfach $x + y$ und $x \cdot y = xy$. Außerdem schreiben wir 1
für $j_{\mathbb{Q}}(1)$ und 0 für $j_{\mathbb{Q}}(0)$.

Jetzt kann man verifizieren, dass $\mathbb{R}$ ein Körper ist.

Satz 1.86 (($\mathbb{R}, +, \cdot$) **ist ein Körper**) *Sei $x, y, z \in \mathbb{R}$. Dann gilt:*

 (i) $x + (y + z) = (x + y) + z$ (Assoziativität).
 (ii) $x + y = y + x$ (Kommutativität).
 (iii) *Aus $x + z = y + z$ folgt $x = y$* (Kürzungseigenschaft).
 (iv) $x + 0 = x$ (Null).
 (v) $xy = yx$ (Kommutativität).
 (vi) $x(yz) = (xy)z$ (Assoziativität).
 (vii) *Aus $xz = yz$ folgt $x = y$* (Kürzungseigenschaft) *falls $z \neq 0$.*
 (viii) $x \cdot 1 = x$ (Eins).
 (ix) $(x + y)z = xz + yz$ (Distributivität).

Beweis Stellvertretend für die Punkte (i), (ii), (v), (vi), (ix) zeigen wir (ii): Sei $x =
[(x_n)_{n \in \mathbb{N}}]$ und $y = [(y_n)_{n \in \mathbb{N}}]$. Es gilt dann $x + y = [(x_n + y_n)_{n \in \mathbb{N}}]$ und $y + x =
[(y_n + x_n)_{n \in \mathbb{N}}]$, also folgt $x + y = y + x$ sofort aus der Kommutativität von $\mathbb{Q}$. Die
anderen Punkte folgen analog, indem man die Rechenregeln für $\mathbb{Q}$ auf die einzelnen
Folgenglieder anwendet.

Als Nächstes zeigen wir (iii): Sei $x = [(x_n)_{n \in \mathbb{N}}]$, $y = [(y_n)_{n \in \mathbb{N}}]$ und $z =
[(z_n)_{n \in \mathbb{N}}]$. Wenn $x + z = y + z$, dann gilt

$$(x_n + z_n)_{n \in \mathbb{N}} \sim (y_n + z_n)_{n \in \mathbb{N}}.$$

Also gibt es zu $\varepsilon > 0$ ein $K \in \mathbb{N}$ mit

$$\forall n, m > K : \quad |(x_n - y_m) + (z_n - z_m)| < \varepsilon.$$

Ebenso kann man

$$\forall n, m > K : \quad |z_n - z_m| < \varepsilon$$

annehmen. Zusammen liefert dies (Satz 1.78)

$$\forall n, m > K : \quad |x_n - y_m| \leq |(x_n - y_m) + (z_n - z_m)| + |z_m - z_n| < 2\varepsilon,$$

das heißt $(x_n)_{n \in \mathbb{N}} \sim (y_n)_{n \in \mathbb{N}}$ und somit also $x = y$.

(iv) ist offensichtlich.

Um die Kürzungseigenschaft (vii) zu sehen, betrachten wir wieder $x = [(x_n)_{n \in \mathbb{N}}]$,
$y = [(y_n)_{n \in \mathbb{N}}]$ und $z = [(z_n)_{n \in \mathbb{N}}]$. Die Aussage $z \neq 0$ bedeutet, dass $(z_n)_{n \in \mathbb{N}}$ nicht

äquivalent zur konstanten Nullfolge ist. Daher gibt es ein $c \in \mathbb{Q}^+$ und beliebig große $n \in \mathbb{N}$ mit $|z_n| > c$ (d. h., zu jedem $m \in \mathbb{N}$ gibt es ein $k_m > m$ mit $|z_{k_m}| > c$). Wenn jetzt $xz = yz$, dann gilt

$$(x_n z_n)_{n \in \mathbb{N}} \sim (y_n z_n)_{n \in \mathbb{N}},$$

das heißt $|x_n z_n - y_m z_m| < \varepsilon$ für vorgegebenes $\varepsilon \in \mathbb{Q}^+$ und große $n, m \in \mathbb{N}$. Wegen $[(a_n)_{n \in \mathbb{N}}] \neq \emptyset$ wissen wir, dass auch $|x_m - x_n| < \varepsilon$ für große n, m gilt. Für gegebenes $\varepsilon \in \mathbb{Q}^+$ finden wir daher ein $K \in \mathbb{N}$ so, dass für alle $n, m \in \mathbb{N}$ mit $n, m \geq K$

$$|x_n - y_m| \leq |x_n - x_{k_m}| + |x_{k_m} - y_{k_m}| + |y_{k_m} - y_m|$$

$$\leq \varepsilon + \left| x_{k_m} z_{k_m} - y_{k_m} z_{k_m} \right| \cdot \left| \frac{1}{z_{k_m}} \right| + \varepsilon \;\leq\; 2\varepsilon + \frac{\varepsilon}{c}$$

gilt, also $(x_n)_{n \in \mathbb{N}} \sim (y_n)_{n \in \mathbb{N}}$ und $x = y$.

Da auch (viii) offensichtlich ist, ist damit der Satz bewiesen. $\square$

Anordnung von $\mathbb{R}$

Um die *Ordnung* auf $\mathbb{R}$ einzuführen, definieren wir zunächst die Menge der *positiven reellen Zahlen* durch

$$\mathbb{R}^+ := \{[(a_n)_{n \in \mathbb{N}}] \mid \exists \varepsilon \in \mathbb{Q}^+, K \in \mathbb{N} \text{ mit } (\forall n \in \mathbb{N}, n > K : a_n > \varepsilon)\}.$$

In Worten: Es existieren eine positive rationale Zahl ε und eine natürliche Zahl K, sodass für alle natürlichen Zahlen n, die größer sind als K, $a_n > \varepsilon$ gilt. Wir nennen die Elemente von $\mathbb{R}^+$ die *positiven reellen Zahlen*. Wie im Falle der rationalen Zahlen stellt man fest, dass $\mathbb{R}^+$ wohldefiniert ist, und findet die folgenden Verträglichkeitseigenschaften:

Satz 1.87 $((\mathbb{R}, +, \cdot, \mathbb{R}^+)$ **ist ein geordneter Körper)**

(i) $\mathbb{R}^+$ *ist wohldefiniert.*

(ii) *Für alle $a \in \mathbb{R}$ gilt genau eine der folgenden Beziehungen*

$$a = 0, \quad a \in \mathbb{R}^+, \quad -a \in \mathbb{R}^+.$$

(iii) *Für alle $a, b \in \mathbb{R}^+$ gilt $a + b \in \mathbb{R}^+$ und $ab \in \mathbb{R}^+$.*

Beweis

(i) Wenn $[(a_n)_{n \in \mathbb{N}}] = [(a_n')_{n \in \mathbb{N}}]$ und die definierende Eigenschaft von $\mathbb{R}^+$ für $(a_n)_{n \in \mathbb{N}}$ gilt, dann finden wir $K_1 \in \mathbb{N}$ mit $|a_n - a_n'| < \frac{\varepsilon}{2}$ für alle $n > K_1$. Für $n > K, K_1$ gilt

$$a_n' = a_n + (a_n' - a_n) \geq a_n - |a_n' - a_n| > \varepsilon - \frac{\varepsilon}{2} = \frac{\varepsilon}{2}.$$

Damit sieht man, dass für $(a'_n)_{n \in \mathbb{N}}$ die Bedingung

$$\exists K \in \mathbb{N}: \quad \left(\forall n \in \mathbb{N}, n > K : a'_n > \frac{\varepsilon}{2} \right)$$

gilt, was die Wohldefiniertheit von $\mathbb{R}^+$ beweist.

(ii) Wenn $a = [(a_n)_{n \in \mathbb{N}}] = 0$, dann gibt es zu $\varepsilon > 0$ ein $K \in \mathbb{N}$ mit $|a_n| < \varepsilon$ für alle $n > K$. Damit sieht man, dass sich die drei Beziehungen

$$a = 0, \quad a \in \mathbb{R}^+, \quad -a \in \mathbb{R}^+$$

gegenseitig ausschließen.

Sei jetzt $a = [(a_n)_{n \in \mathbb{N}}] \in \mathbb{R}$. Wegen $[(a_n)_{n \in \mathbb{N}}] \neq \emptyset$ gilt $(a_n)_{n \in \mathbb{N}} \sim (a_n)_{n \in \mathbb{N}}$, das heißt, zu jedem $\varepsilon > 0$ gibt es ein $K \in \mathbb{N}$ mit $|a_n - a_m| < \frac{\varepsilon}{2}$ für alle $n, m > K$. Wenn $a \notin \mathbb{R}^+$, dann gibt es ein $n > K$ mit $a_n < \frac{\varepsilon}{2}$. Dann folgt aber

$$a_m = (a_m - a_n) + a_n < \frac{\varepsilon}{2} + \frac{\varepsilon}{2} = \varepsilon$$

für alle $m > K$. Analog folgt aus $-a \notin \mathbb{R}^+$ die Existenz eines $K' \in \mathbb{N}$ mit $-a_m < \varepsilon$ für alle $m > K'$. Zusammen erhält man, dass $a, -a \notin \mathbb{R}^+$ impliziert $(a_n)_{n \in \mathbb{N}} \sim 0$, also $[a] = 0$.

(iii) $a = [(a_n)_{n \in \mathbb{N}}] \in \mathbb{R}^+$ und $b = [(b_n)_{n \in \mathbb{N}}] \in \mathbb{R}^+$, dann gibt es ein $\varepsilon \in \mathbb{Q}^+$ und ein $K \in \mathbb{N}$ mit $a_n, b_n > \varepsilon$ für alle $n > K$. Damit gilt aber

$$a_n + b_n > 2\varepsilon \quad \text{und} \quad a_n b_n > \varepsilon \cdot \varepsilon$$

für alle $n > K$. Wegen $2\varepsilon > 0$ und $\varepsilon \cdot \varepsilon > 0$ liefert dies $a + b \in \mathbb{R}^+$ und $ab \in \mathbb{R}^+$. $\square$

Mit Satz 1.87 können wir den *Betrag* $|a|$ einer reellen Zahl durch

$$|a| := \begin{cases} a & \text{falls } a \in \mathbb{R}^+, \\ 0 & \text{falls } a = 0, \\ -a & \text{falls } -a \in \mathbb{R}^+ \end{cases} \tag{1.10}$$

definieren. Wie im Falle der rationalen Zahlen definieren wir eine Relation $<_{\mathbb{R}}$ auf $\mathbb{R}$ durch

$$a <_{\mathbb{R}} b \quad :\Leftrightarrow \quad b - a \in \mathbb{R}^+.$$

An dieser Stelle können wir sehen, dass die Einschränkung von $<_{\mathbb{R}}$ auf $\mathbb{Q}$ die alte Ordnung auf $\mathbb{Q}$ liefert: Für $a, b \in \mathbb{Q}$ gilt

$$a < b \quad \Leftrightarrow \quad j_{\mathbb{Q}}(a) <_{\mathbb{R}} j_{\mathbb{Q}}(b).$$

Dies ist unmittelbar klar, weil $j_\mathbb{Q}(b) - j_\mathbb{Q}(a) = j_\mathbb{Q}(b - a)$ die Äquivalenzklasse der konstanten Folge $b - a$ ist, also in $\mathbb{R}^+$ genau dann, wenn $b > a$. Damit können wir auch in der Bezeichnung $<_\mathbb{R}$ den Index $\mathbb{R}$ weglassen. Außerdem können wir jetzt mithilfe von $j_\mathbb{Q}$ die rationalen Zahlen als Teilmenge der reellen Zahlen auffassen. Ab jetzt identifizieren wir $a \in \mathbb{Q}$ mit $j_\mathbb{Q}(a) \in \mathbb{R}$ und lassen die Bezeichnung $j_\mathbb{Q}(\cdot)$ weg.

1.4.2   Die Ordnungs-Vollständigkeit der reellen Zahlen

Ordnungs-Vollständigkeit ist die Eigenschaft von $\mathbb{R}$, die es erlaubt, Zahlen zu definieren, die man durch bekannte (zum Beispiel rationale) Zahlen annähern kann. Um die *Ordnungs-Vollständigkeit* mathematisch sauber beschreiben zu können, führen wir das Konzept einer *größten unteren Schranke* ein.

Definition 1.88 (Größte untere Schranke) Sei Z ein geordneter Körper und $X \subseteq Z$. Dann heißt $m \in Z$ eine *untere Schranke* von X, wenn gilt:

$$\text{Für alle } x \in X \text{ gilt } m \leq x.$$

Eine Menge, für die es eine untere Schranke gibt, heißt *nach unten beschränkt*. Eine untere Schranke $m \in Z$ von X heißt *größte untere Schranke* von X, wenn gilt:

$$\text{Für jede untere Schranke } n \in Z \text{ von } X \text{ gilt } n \leq m.$$

Da aus $n \leq m$ und $m \leq n$ folgt $n = m$ (Proposition 1.74), kann es höchstens eine größte untere Schranke geben. Man nennt die größte untere Schranke von X (wenn sie existiert) auch das *Infimum* von X und bezeichnet sie mit $\inf(X)$. Wenn $X = \emptyset$ ist, ist jedes $m \in Z$ eine untere Schranke von X. Da geordnete Körper kein größtes Element haben (wegen $m + 1 > m$ für alle $m \in Z$), setzt man $\inf(\emptyset) := \infty$, wobei ∞ kein Element von Z, sondern nur ein Symbol für „unendlich" ist. $\qquad\square$

Definition 1.89 (Ordnungs-Vollständigkeit geordneter Körper) Ein geordneter Körper $(Z, +, \cdot, P)$ heißt *Ordnungs-vollständig,* wenn jede nach unten beschränkte nichtleere Teilmenge von Z eine größte untere Schranke hat. $\qquad\square$

Unser nächstes Ziel ist es, die Ordnungs-Vollständigkeit von $(\mathbb{R}, +, \cdot, \mathbb{R}^+)$ zu zeigen. Wir beginnen mit zwei technischen Lemmata, die auch für sich genommen interessant sind.

Lemma 1.90 ($\mathbb{N}$ und $\mathbb{Q}$ in $\mathbb{R}$)

(i) *Zu jeder reellen Zahl $a > 0$ gibt es ein $\varepsilon \in \mathbb{Q}$ mit $0 < \varepsilon < a$.*
(ii) *Zu jeder reellen Zahl a gibt es ein $k \in \mathbb{N}$ mit $|a| < k$.*

Beweis

(i) Wenn $a = [(a_n)_{n\in\mathbb{N}}]$, dann gibt es wegen $a > 0$ eine rationale Zahl $\varepsilon > 0$ und ein $K \in \mathbb{N}$ mit $a_n > 2\varepsilon$ für $n > K$. Dann gilt aber $a_n - \varepsilon > \varepsilon$ für alle $n > K$, also $a - \varepsilon > 0$ und daher $a > \varepsilon$.

(ii) Im Beweis von Lemma 1.84 wurde gezeigt, dass es ein $k \in \mathbb{N}$ mit

$$\forall n \in \mathbb{N}: \quad 1 - k < a_n < k - 1,$$

also

$$\forall n \in \mathbb{N}: \quad k \pm a_n > 1$$

gibt. Aber das impliziert $k > \pm a$, woraus wiederum $k > |a|$ folgt. $\qquad\square$

Lemma 1.91 (Monotone beschränkte Folgen) *Sei $b \in \mathbb{Q}$ und $(a_n)_{n\in\mathbb{N}}$ eine Folge in $\mathbb{Q}$ mit*

$$a_n \leq a_{n+1} \leq b$$

für alle $n \in \mathbb{N}$, dann gilt $a := [(a_n)_{n\in\mathbb{N}}] \neq \emptyset$ und $a_m \leq a \leq b$ in $\mathbb{R}$ für alle $m \in \mathbb{N}$.

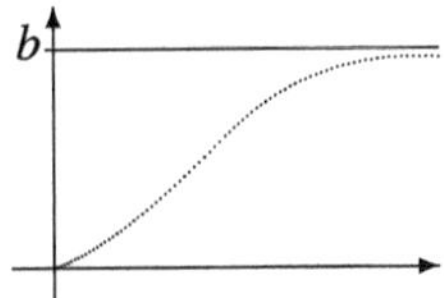

Beweis Wenn $(a_n)_{n\in\mathbb{N}} \nsim (a_n)_{n\in\mathbb{N}}$, dann finden wir ein $\varepsilon > 0$ und zu jedem $k \in \mathbb{N}$ natürliche Zahlen p_k, q_k mit $p_{k-1} < q_k < p_k$ und $a_{p_k} - a_{q_k} \geq \varepsilon$. Damit rechnet man

$$a_{p_k} - a_{q_1} = (a_{p_k} - a_{q_k}) + (a_{q_k} - a_{p_{k-1}}) + (a_{p_{k-1}} - a_{q_{k-1}}) + \ldots + (a_{p_1} - a_{q_1})$$
$$\geq (a_{p_k} - a_{q_k}) + (a_{p_{k-1}} - a_{q_{k-1}}) + \ldots + (a_{p_1} - a_{q_1}) \geq k\varepsilon,$$

im Widerspruch (Lemma 1.90) zur Beschränktheit der a_n. Damit ist gezeigt, dass $[(a_n)_{n\in\mathbb{N}}] \neq \emptyset$, also $a \in \mathbb{R}$.

Um die Ungleichung $a_n \leq a \leq b$ zu zeigen, beachte zunächst, dass a_n und b durch die konstanten Folgen $(c_k)_{k\in\mathbb{N}}$ und $(d_k)_{k\in\mathbb{N}}$ mit $c_k = a_n$ und $d_k = b$ definiert sind und $a_n = c_k \leq a_k \leq d_k = b$ für $k > n$ gilt. Dies schließt die Beziehungen $a_n > a$ und $a > b$ aus, also folgt die Ungleichung aus Satz 1.87. $\qquad\square$

Satz 1.92 (Ordnungs-Vollständigkeit von $\mathbb{R}$) *Jede nichtleere nach unten beschränkte Teilmenge von $\mathbb{R}$ hat eine größte untere Schranke, das heißt $(\mathbb{R}, +, \cdot, \mathbb{R}^+)$ ist ein Ordnungs-vollständiger geordneter Körper.*

Beweis Sei $M \subseteq \mathbb{R}$ nach unten beschränkt. Wähle eine natürliche Zahl $q_1 \in \mathbb{N}$ und betrachte die Menge

$$S_1 := \left\{ p \in \mathbb{Z} \;\middle|\; \forall x \in M : \; \frac{p}{q_1} \leq x \right\}.$$

Da mit M auch die Menge $q_1 \cdot M := \{ q_1 x \mid x \in M \}$ nach unten beschränkt ist, ist nach Lemma 1.90(ii) die Menge S_1 nach oben beschränkt, hat also ein größtes Element p_1. Induktiv definieren wir

$$q_{n+1} := 2q_n$$

und

$$S_{n+1} := \left\{ p \in \mathbb{Z} \;\middle|\; \forall x \in M : \; \frac{p}{q_{n+1}} \leq x \right\}.$$

Wie zuvor stellt man fest, dass S_{n+1} ein größtes Element p_{n+1} hat. Da aus $\frac{p_n}{q_n} \leq x$ die Ungleichung $\frac{2p_n}{q_{n+1}} \leq x$ folgt, erhalten wir $p_{n+1} \geq 2p_n$ und $\frac{p_{n+1}}{q_{n+1}} \geq \frac{p_n}{q_n}$. Dann definiert die Folge $(\frac{p_n}{q_n})_{n \in \mathbb{N}}$ nach Lemma 1.91 ein Element $a \in \mathbb{R}$, für das

$$\forall x \in M : \quad a \leq x$$

gilt. Wir behaupten, dass dieses a die größte untere Schranke von M ist. Dazu nehmen wir an, dass es ein $b \in \mathbb{R}$ mit

$$\forall x \in M : \quad a < b \leq x$$

gibt. Nach Lemma 1.90 gibt es ein rationales $\varepsilon > 0$ mit $\varepsilon < b - a$, das heißt $a + \varepsilon < b$. Wegen $2n > n + 1$ für alle $n \in \mathbb{N} \setminus \{1\}$ (Induktion) ist die Menge $\{ q_n \in \mathbb{N} \mid n \in \mathbb{N} \}$ nicht beschränkt. Also gibt es ein $n \in \mathbb{N}$ mit $q_n > \frac{1}{\varepsilon}$. Sei n_o das kleinste solche n. Wegen $\frac{p_{n_o}}{q_{n_o}} \leq a$ gilt

$$\frac{p_{n_o} + 1}{q_{n_o}} = \frac{p_{n_o}}{q_{n_o}} + \frac{1}{q_{n_o}} < \frac{p_{n_o}}{q_{n_o}} + \varepsilon \leq a + \varepsilon < b.$$

Aber dann ist $\frac{p_{n_o}+1}{q_{n_o}}$ eine untere Schranke für M im Widerspruch zur Definition von p_{n_o}. Also war a schon die größte untere Schranke von M. $\qquad\square$

Wir zeigen jetzt die Existenz einer (positiven) reellen Lösung der Gleichung $x^2 = r > 0$ (vgl. Beispiel 1.79). Sie wird die *Wurzel* oder spezieller die *Quadratwurzel* aus r genannt.

Beispiel 1.93 (Quadratwurzeln) Es soll gezeigt werden, dass eine Lösung von $x^2 = r > 0$ in $\mathbb{R}$ existiert. Dazu kann man die Menge $M := \{x \in \mathbb{R} \mid 0 \le x, x^2 > r\}$ betrachten, die nach unten beschränkt ist und daher nach Satz 1.92 eine größte untere Schranke $a \in \mathbb{R}$ hat. Diese Zahl ist die gesuchte *Wurzel* aus r, das heißt, sie erfüllt $a^2 = r$: Wegen der Trichotomie (Satz 1.87(ii)) reicht es zu zeigen, dass weder $a^2 < r$ noch $a^2 > r$ gelten kann.

Wir weisen als Erstes nach, dass $a > 0$ ist. Sei dazu $y_o = \min\{r, 1\} > 0$. Dann gilt

$$y_o^2 = \begin{cases} r^2 & \text{für } r \le 1, \\ 1 & \text{für } r > 1, \end{cases}$$

also $y_o^2 \le r$, weil $r^2 \le r \cdot 1 = r$ für $r \le 1$. Damit gilt für $0 \le y < y_o$, dass $y^2 < r$, das heißt, alle diese y sind nicht in M. Es liegt aber für $x \in M$ auch jedes $z > x$ in M, weil dann $0 \le x < z$ und $r < x^2 < z^2$ (siehe Lemma 1.77(iv)). Also sind die Zahlen y mit $0 < y < y_o$ alle untere Schranken von M. Da es nach Lemma 1.90 solche Zahlen gibt, muss $a > 0$ gelten.

Wäre $a^2 > r$, dann hätte man für $\varepsilon := \min(\frac{a^2 - r}{2a}, a) > 0$

$$(a - \varepsilon)^2 = a^2 - 2\varepsilon a + \varepsilon^2 > a^2 - 2a\varepsilon \ge r,$$

im Widerspruch zur Annahme, dass a eine untere Schranke von M ist. Damit wissen wir, dass $a^2 \le r$ gilt. Wäre jetzt $a^2 < r$, dann hätte man für $\varepsilon := \min\left(\frac{r - a^2}{2a + 1}, 1\right) > 0$

$$(a + \varepsilon)^2 = a^2 + 2\varepsilon a + \varepsilon^2 \overset{\varepsilon \le 1}{\le} a^2 + 2a\varepsilon + \varepsilon = a^2 + (2a + 1)\varepsilon \le a^2 + (r - a^2) = r,$$

im Widerspruch zur Annahme, dass a die größte untere Schranke von M ist. Zusammen wissen wir also jetzt, dass $a^2 = r$ gilt.

Mit a ist auch $-a$ eine Lösung von $x^2 = r$. Beachte, dass wegen

$$(x + a)(x - a) = x^2 - a^2 = x^2 - r$$

für jede Lösung b von $x^2 = r$ die Gleichung $(b + a)(b - a) = 0$ gilt. Die Definition 1.70 liefert dann aber, dass $b + a$ oder $b - a$ gleich 0 sein müssen. Das heißt, es gibt keine anderen Lösungen von $x^2 = r$ als $\pm a$. Man nennt a und $-a$ die *Quadratwurzeln* oder einfacher die *Wurzeln* aus r, und bezeichnet a mit $\sqrt{r}$. Das Argument von oben zeigt auch, dass $0 = a = -a$ die einzige Lösung von $x^2 = 0$ ist. Man schreibt $\sqrt{0} = 0$. $\qquad\square$

Bemerkung 1.94 (Kleinste obere Schranke) Die Definition der Ordnungs-Vollständigkeit fordert die *Existenz* einer größten unteren Schranke für jede nach unten beschränkte Menge. Statt mit nach unten beschränkten Mengen und größten unteren Schranken kann man auch mit nach *oben* beschränkten Teilmengen und *kleinsten* oberen Schranken, die dann *Suprema* genannt werden, arbeiten. Damit formuliert man die Ordnungs-Vollständigkeit als „Jede nach oben beschränkte nichtleere Teilmenge von Z hat eine kleinste obere Schranke". Die beiden Varianten sind äquivalent, weil man durch die Spiegelung $x \mapsto -x$ am Nullpunkt aus oberen Schranken von M untere Schranken von $-M$ erhält.

Die kleinste obere Schranke von X (wenn sie existiert) nennt man das *Supremum* von X und bezeichnet sie mit $\sup(X)$. Da geordnete Körper kein kleinstes Element haben (wegen $m - 1 < m$ für alle $m \in Z$), setzt man $\sup(\emptyset) := -\infty$, wobei $-\infty$ kein Element von Z, sondern nur ein Symbol für „minus unendlich" ist. $\qquad\Box$

Zum Abschluss dieses Abschnitts beschreiben wir eine Anwendung der Ordnungs-Vollständigkeit (in der Form von Existenzen von Suprema), die oft nützlich ist.

Proposition 1.95 (Archimedisches Axiom) *Sei* $(Z, +, \cdot, P)$ *ein Ordnungsvollständiger geordneter Körper. Dann ist die Teilmenge* $N := \{1, 1 + 1, 1 + 1 + 1, \ldots\} \subseteq P$ *zusammen mit der Einschränkung der Ordnung von Z auf N ein Modell für die natürlichen Zahlen und es gilt das* archimedische Axiom, *das heißt, zu* $x, y > 0$ *gibt es ein* $n \in N := \{1, 1 + 1, 1 + 1 + 1, \ldots\}$ *mit* $nx > y$.

Beweis Um die erste Behauptung zu zeigen, bezeichnen wir die Eins in Z vorübergehend mit 1_Z und definieren induktiv eine Abbildung $\varphi : \mathbb{N} \to N$ durch $\varphi(1) = 1_Z$ und

$$\forall n \in \mathbb{N} : \quad \varphi(n + 1) = \varphi(n) + 1_Z.$$

Dann ist $N = \varphi(\mathbb{N})$, das heißt φ ist surjektiv. Mit Induktion sieht man, dass

$$\forall n, m \in \mathbb{N} : \quad \varphi(n + m) = \varphi(n) + \varphi(m).$$

Damit folgt, dass $\varphi(n) < \varphi(n')$ für $n < n'$ gilt. Insbesondere ist φ auch injektiv, also bijektiv, und es gilt

$$\forall n, n' \in \mathbb{N} : \quad (n < n' \; \Leftrightarrow \; \varphi(n) < \varphi(n')).$$

Jetzt kann man die Asymmetrie, das Minimal- und Maximalprinzip sowie die Unbeschränktheit für $(N, <)$ aus den entsprechenden Eigenschaften von $(\mathbb{N}, <)$ ableiten. Damit ist die erste Behauptung gezeigt.

Angenommen, es gilt $nx \leq y$ für alle $n \in N$. Dann ist die Menge $M := \{nx \in Z \mid n \in \mathbb{N}\}$ nach oben beschränkt, hat also eine kleinste obere Schranke s. Damit kann die Zahl $s - x$ keine obere Schranke sein, das heißt, es existiert ein $n_0 \in \mathbb{N}$ mit $s - x < n_0 x \leq s$. Aber dann gilt für alle $n_0 \leq n \in \mathbb{N}$ ebenfalls $s - x < nx \leq s$, weil $n_0 x \leq nx$ und s eine obere Schranke von M ist. Die Verträglichkeit von Addition und Ordnung liefert dann $s < nx + x = (n + 1)x \leq s$, also $s < s$. Dieser Widerspruch beweist die Behauptung. $\qquad\Box$

Bemerkung 1.96 (Axiomatische Charakterisierung der reellen Zahlen) Man kann die reellen Zahlen durch seine Eigenschaft, ein Ordnungs-vollständiger geordneter Körper zu sein, charakterisieren. Dazu zeigt man einen Satz, der besagt, dass zwei Mengen Z und $\tilde{Z}$ mit zugehörigen Additionen und Multiplikationen sowie Ordnungen, die alle in diesem Abschnitt eingeführten Axiome erfüllen, bijektiv aufeinander abgebildet werden können, und zwar so, dass die Additionen, Multiplikationen und Ordnungen ineinander übergehen.

Man kann daher die reellen Zahlen, ähnlich wie wir das mit den natürlichen Zahlen gemacht haben, einfach über einen Satz von geforderten Eigenschaften einführen. Man muss sich keine weitere Gedanken über die Konstruktion der reellen Zahlen machen, wenn man nur diese Eigenschaften und Folgerungen daraus verwendet. Man nennt jeden Ordnungs-vollständigen geordneten Körper *ein Modell für die reellen Zahlen* oder einfach *die reellen Zahlen* und bezeichnet solch einen Zahlbereich mit $\mathbb{R}$. Wie bei den natürlichen Zahlen bleibt allerdings das Risiko, dass es gar keine Ordnungs-vollständigen geordneten Körper gibt. Unsere bisherigen Überlegungen zeigen, dass dieses Risiko nicht größer ist als das der Nichtexistenz der natürlichen Zahlen. Mit diesem Hintergrundswissen wird in vielen Einführungsvorlesungen im universitären Mathematikstudium dieser axiomatische Zugang zu den reellen Zahlen gewählt, weil er Zeit spart. $\qquad\square$

1.4.3 Von den reellen zu den komplexen Zahlen

Auch in den reellen Zahlen kann man nicht alle einfach zu formulierenden Gleichungen lösen. So kann man wegen $\mathbb{R}^+ \cdot \mathbb{R}^+ \subseteq \mathbb{R}^+$ und $a^2 = (-a)^2$ die Gleichung $x^2 = -1$ in $\mathbb{R}$ nicht lösen. Dieses Manko können wir durch die Einführung der komplexen Zahlen beheben. Diese Konstruktion ist wieder algebraisch. Sei $\mathbb{C} := \{(a, b) \mid a, b \in \mathbb{R}\}$ und $\mathbb{C}^\times := \{(a, b) \in \mathbb{C} \mid (a, b) \neq (0, 0)\}$. Betrachte die Abbildungen

$$+_{\mathbb{C}}\colon \mathbb{C} \times \mathbb{C} \to \mathbb{C}, \quad \big((a, b), (a', b')\big) \mapsto (a + a', b + b')$$

und

$$\cdot_{\mathbb{C}}\colon \mathbb{C} \times \mathbb{C} \to \mathbb{C}, \quad \big((a, b), (a', b')\big) \mapsto (aa' - bb', ab' + ba').$$

Man nennt $\mathbb{C}$ zusammen mit dieser Addition und dieser Multiplikation die *komplexen Zahlen*.

Satz 1.97 (($\mathbb{C}, +_{\mathbb{C}}, \cdot_{\mathbb{C}}$) ist ein Körper) *Die komplexen Zahlen $\mathbb{C}$ sind bezüglich ihrer Addition und ihrer Multiplikation ein Körper. Die Null für $(\mathbb{C}, +_{\mathbb{C}})$ ist durch $(0, 0)$ und die Eins für $(\mathbb{C}^\times = \mathbb{C} \setminus \{(0, 0)\}, \cdot_{\mathbb{C}})$ ist durch $(1, 0)$ gegeben.*

Beweis Wir wollen zeigen, dass $(\mathbb{C}, +_{\mathbb{C}}, \cdot_{\mathbb{C}})$ ein Körper ist. Dass $(\mathbb{C}, +_{\mathbb{C}})$ eine abelsche Gruppe ist, weist man nach, indem man die Eigenschaften (Kommutativität, Assoziativität, Lösbarkeit) komponentenweise betrachtet und die entsprechenden

Eigenschaften von $(\mathbb{R}, +)$ verwendet. Auch die Kommutativität der Multiplikation folgt sofort aus der definierenden Formel und der Kommutativität von Addition und Multiplikation auf $\mathbb{R}$. Etwas komplizierter ist der Nachweis, dass $(\mathbb{C}, \cdot_{\mathbb{C}})$ assoziativ ist. Das folgt aus der Rechnung

$$
\begin{aligned}
((a, b) &\cdot_{\mathbb{C}} (a', b')) \cdot_{\mathbb{C}} (a'', b'') \\
&= (aa' - bb', ab' + ba') \cdot_{\mathbb{C}} (a'', b'') \\
&= ((aa' - bb')a'' - (ab' + ba')b'', (aa' - bb')b'' + (ab' + ba')a'') \\
&= (aa'a'' - bb'a'' - ab'b'' - ba'b'', aa'b'' - bb'b'' + ab'a'' + ba'a'') \\
&= (aa'a'' - ab'b'' - bb'a'' - ba'b'', aa'b'' + ab'a'' - bb'b'' + ba'a'') \\
&= (a(a'a'' - b'b'') - b(b'a'' + a'b''), a(a'b'' + b'a'') + b(a'a'' - b'b'')) \\
&= (a, b) \cdot_{\mathbb{C}} (a'a'' - b'b'', b'a'' + a'b'') \\
&= (a, b) \cdot_{\mathbb{C}} ((a', b') \cdot_{\mathbb{C}} (a'', b'')).
\end{aligned}
$$

Dass die Null für $(\mathbb{C}, +_{\mathbb{C}})$ durch $(0, 0)$ gegeben ist, ist klar. Weiter gilt

$$
(1, 0) \cdot_{\mathbb{C}} (a, b) = (1 \cdot a - 0 \cdot b, 1 \cdot b + 0 \cdot a) = (a, b)
$$

und, falls $a^2 + b^2 \neq 0$,

$$
(a, b) \cdot_{\mathbb{C}} \left(\frac{a}{a^2 + b^2}, \frac{-b}{a^2 + b^2} \right) = \left(\frac{a^2}{a^2 + b^2} - \frac{b(-b)}{a^2 + b^2}, \frac{a(-b)}{a^2 + b^2} + \frac{ba}{a^2 + b^2} \right) = (1, 0),
$$

wobei wir für $x, y \in \mathbb{R}$ mit $y \neq 0$ die Bruch-Notation $\frac{x}{y} = xy^{-1}$ mit dem multiplikativen Inversen y^{-1} von y in $(\mathbb{R}^{\times}, \cdot)$ verwenden. Wenn jetzt $(a, b) \neq (0, 0)$, dann ist mindestens eine der Zahlen a^2, b^2 positiv, das heißt $a^2 + b^2$ ist positiv. Zusammen ergibt sich, dass $(\mathbb{C}^{\times}, \cdot_{\mathbb{C}})$ eine abelsche Gruppe mit $(1, 0)$ als neutralem Element ist.

Jetzt bleibt nur noch die Distributivität von Addition und Multiplikation zu zeigen. Dazu rechnen wir

$$
\begin{aligned}
((a, b) +_{\mathbb{C}} (a', b')) &\cdot_{\mathbb{C}} (a'', b'') = \\
&= (a + a', b + b') \cdot_{\mathbb{C}} (a'', b'') \\
&= ((a + a')a'' - (b + b')b'', (a + a')b'' + (b + b')a'') \\
&= (aa'' + a'a'' - bb'' - b'b'', ab'' + a'b'' + ba'' + b'a'') \\
&= (aa'' - bb'', ab'' + ba'') + (a'a'' - b'b'', a'b'' + b'a'') \\
&= (a, b) \cdot_{\mathbb{C}} (a'', b'') +_{\mathbb{C}} (a', b') \cdot_{\mathbb{C}} (a'', b'').
\end{aligned}
$$

$\square$

Die Rechnungen im Beweis von Satz 1.97 sind nicht schwer, aber ziemlich unintuitiv. Das lässt sich ändern. Man führt die Notation $z = a + ib$ für (a, b) ein. Die Zahl a nennt man den *Realteil* $\mathrm{Re}(a + ib)$ von $a + ib$ und die Zahl b den *Imaginärteil* $\mathrm{Im}(a + ib)$ von $a + ib$ (Abb. 1.2).

Abb. 1.2 Komplexe
Zahlenebene

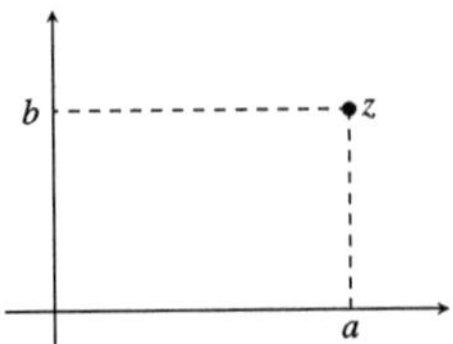

Man betrachtet $\mathbb{R}$ als Teilmenge von $\mathbb{C}$, indem man a mit $j_{\mathbb{R}}(a) := (a, 0) = a + i0$ identifiziert. Definiert man die *imaginäre Einheit* $\mathrm{i} := (0, 1)$, so erhält man zunächst

$$(a, 0) +_{\mathbb{C}} \mathrm{i} \cdot_{\mathbb{C}} (b, 0) = (a, 0) +_{\mathbb{C}} (0, 1) \cdot_{\mathbb{C}} (b, 0) = (a, 0) +_{\mathbb{C}} (0, b) = (a, b) = a + \mathrm{i}b.$$

Es entstehen durch die Identifikation $a = (a, 0)$ also keine Zweideutigkeiten. Außerdem gilt $\mathrm{i} \cdot_{\mathbb{C}} \mathrm{i} = (-1, 0) = -1$. Die Multiplikation

$$(a + \mathrm{i}b) \cdot_{\mathbb{C}} (a' + \mathrm{i}b') = (aa' - bb') + \mathrm{i}(ab' + ba')$$

entsteht also durch formales Ausmultiplizieren. Auch hier lässt man normalerweise den Multiplikationspunkt weg und schreibt zz' statt $z \cdot_{\mathbb{C}} z'$. Es bietet sich hier als Übung an, die obigen Rechnungen in dieser Notation nochmal durchzuführen. Dabei stellt man dann fest, dass die Rechnungen sehr viel vertrauter aussehen.

Bemerkung 1.98 (Einbettung von $\mathbb{R}$ in $\mathbb{C}$) Die obigen Rechnungen zeigen, dass die Abbildung $j_{\mathbb{R}} : \mathbb{R} \to \mathbb{C}$, $a \mapsto (a, 0)$ injektiv ist und die Bedingungen

$$j_{\mathbb{R}}(a + b) = j_{\mathbb{R}} +_{\mathbb{C}} j_{\mathbb{R}}(b)$$
$$j_{\mathbb{R}}(a \cdot b) = j_{\mathbb{R}} \cdot_{\mathbb{C}} j_{\mathbb{R}}(b)$$

für $a, b \in \mathbb{R}$ erfüllt. Also können wir jetzt die Indizes $_{\mathbb{C}}$ in Addition und Multiplikation weglassen und mithilfe von $j_{\mathbb{R}}$ die reellen Zahlen als Teilmenge der komplexen Zahlen auffassen. Ab jetzt identifizieren wir $a \in \mathbb{R}$ mit $j_{\mathbb{R}}(a) \in \mathbb{C}$ und lassen die Bezeichnung $j_{\mathbb{R}}(\cdot)$ weg. Zusammen haben wir jetzt die folgenden Inklusionen von Zahlbereichen mit kompatiblen Additionen und Multiplikationen:

$$\mathbb{N} \subset \mathbb{N}_0 \subset \mathbb{Z} \subset \mathbb{Q} \subset \mathbb{R} \subset \mathbb{C}.$$

$\square$

Wir werden später (Satz 3.81) zeigen, dass man in $\mathbb{C}$ jede Gleichung der Form

$$a_n x^n + a_{n-1} x^{n-1} + \ldots + a_1 x + a_0 = 0$$

mit $a_0, \ldots, a_n \in \mathbb{C}$ und $a_n \neq 0$ lösen kann. Welche Bedeutung diesem Resultat beigemessen wird, kann man daran ablesen, dass es unter dem Namen „Fundamentalsatz der Algebra" geführt wird. Ein Preis, den man für die Lösbarkeit solcher Polynomgleichungen bezahlen muss, ist das Fehlen einer Anordnung auf $\mathbb{C}$. Wäre nämlich $\mathbb{C}$ ein angeordneter Körper, müssten sowohl $-1 = i^2$ als auch $1 = 1^2$ nach Proposition 1.74(iv) positiv sein, was aber nach Proposition 1.74(ii) nicht möglich ist.

Fazit

Ausgehend von den natürlichen Zahlen haben wir in den Abschn. 1.2, 1.3 und 1.4 sukzessive unsere Zahlbereiche erweitert. Motiviert wurde das durch Defizite der kleineren Zahlbereiche, zum Beispiel, weil man darin gewisse Gleichungen nicht lösen oder gewisse Rechenoperation nicht durchführen konnte.

Im Zuge dieser Erweiterungen haben wir den Aufbau der naiven Mengenlehre, den wir in Abschn. 1.1 begonnen hatten, um unsere Zählstrategien zu ordnen, in den nachfolgenden Abschnitten weiter voran getrieben. Insbesondere haben wir in Bemerkung 1.36 Eigenschaften von Abbildungen in den Blick genommen und an verschiedenen Beispielen das Konzept der Wohldefiniertheit diskutiert (siehe zum Beispiel Abschn. 1.3). Schon aus Abschn. 1.1 bekannte Konzepte wie das der Äquivalenzrelation wurden massiv benutzt und zum Teil auch modifiziert (siehe zum Beispiel Definition 1.80). Zusätzlich zur Mengenlehre haben wir auch Konzepte aus der Aussagenlogik (siehe Bemerkung 1.21) eingeführt, um unseren Werkzeugkasten an Beweistechniken zu erweitern.

Darüber hinaus haben wir im Rahmen der Mengenlehre diverse algebraische Strukturen wie abelsche Gruppen (siehe Beispiel 1.42), kommutative Ringe mit Eins (siehe Definition 1.49) und Körper (siehe die Definitionen 1.70 und 1.73) definiert. Zunächst diente das nur dem Zweck, redundante Wiederholungen von Rechnungen zu vermeiden. Die neuen Strukturen eröffnen aber auch neue Wege in der mathematischen Modellbildung und der Untersuchung mathematischer Strukturen. Das mag an dieser Stelle noch eine weitgehend unbelegte Behauptung sein, die nächsten Kapitel enthalten jedoch jede Menge Material, das diese Behauptung stützt.

Ein dritter Punkt, für den sich die Mengenlehre schon als nützlich herausgestellt hat, ist der Umgang mit dem Konzept der „Unendlichkeit". In Abschn. 1.4 beruhte die Konstruktion der reellen Zahlen auf einem systematische Umgang mit unendlichen Familien von Objekten, wie zum Beispiel Folgen. Dabei sind wir dabei auf subtile Konzepte wie Infima und Suprema (siehe Definition 1.88 und Bemerkung 1.94) sowie die Ordnungs-Vollständigkeit gestoßen. Damit konnten wir dann zum Beispiel eine Zahl finden, deren Quadrat 2 ist. Daran war die klassische griechische Mathematik noch gescheitert.

Es zeigt sich also, dass die Mengenlehre keine sinnlose Spielerei ist, und es deutet sich auch schon an, dass sie im Gegenteil das Zeug dazu hat, die Basis einer wissenschaftlichen Mathematik zu sein.

Der sukzessive Erweiterungsprozess für die Zahlbereiche ist ein Beispiel für eine allgemeine mathematische Strategie, Probleme zu lösen: Man bettet ein gegebenes Problem (zum Beispiel, eine natürliche Zahl x zu finden, die die Gleichung $x^3 - x^2 + 2 = 0$ löst) in einen allgemeineren Rahmen ein, in dem Lösungsmethoden bereitstehen, und findet eine Lösung in dem allgemeineren Rahmen (zum Beispiel, alle komplexen Zahlen x, die die obige Gleichung lösen). Im Anschluss kann man dann untersuchen, ob diese Lösung auch eine Lösung des ursprünglichen Problems liefert (zum Beispiel, ob eine, der Lösungen x eine natürliche Zahl ist). Während die Erweiterung des Rahmens oft Gegenstand einer allgemeinen Theorie ist, erfordern die Überprüfungen der Lösungen meist sehr spezielle Untersuchungen.

Literaturhinweise

Es gibt eine Reihe von Lehrbüchern, in denen die hier diskutierten und weitere Zahlbereiche eingeführt werden. Als Beispiele seien hier [Eb92, HH21, HHP15, KvP13, MM93] genannt. Ich habe mich hier an den Büchern [HH21, HHP15] orientiert, die ihrerseits aus Vorlesungsskripten entwickelt wurden, die von [MM93] inspiriert waren. Die reellen Zahlen werden, meist als Ordnungs-vollständige geordnete Körper neben die natürlichen Zahlen gestellt, in zahllosen Lehrbüchern zur Analysis behandelt. Als Beispiele seien [Be03, Kö02] genannt. Die grundlegenden Begriffe der naiven Mengenlehre werden in praktisch allen einführenden Lehrbüchern zu mathematischen Inhalten der Anfangssemester im universitären Studium in separaten Abschnitten besprochen. Eine tiefer gehende Diskussion findet man zum Beispiel in [Ha72]. Abzählprobleme kommen verstreut immer wieder in diversen Lehrbüchern vor. Systematisch werden sie in Büchern zur Kombinatorik wie [Ai79] behandelt.

Naheliegende Vertiefungen und Anwendungen der Inhalte dieses Kapitels findet man in der (abzählenden) „Kombinatorik" und in der (elementaren) „Zahlentheorie", wie sie zum Beispiel in den Büchern [Ai79, Bu08] dargestellt werden. Mit dem Material aus diesem Kapitel als Grundlage kann man schon große Teile solcher Bücher lesen. Sie enthalten in der Regel aber auch Abschnitte, in denen Vektorräume als begrifflicher Rahmen sowie Techniken aus der „Linearen Algebra" und der „Analysis" vorkommen. Für die Lektüre solcher Teile müsste man dann auch auf Material aus den Kap. 2 bis 5 zurückgreifen.

Lineares Rechnen 2

In Kap. 1 haben wir sukzessive die Zahlbereiche von $\mathbb{N}$ bis hin zu $\mathbb{C}$ erweitert, weil wir immer wieder auf elementare Gleichungen gestoßen sind, die sich in den kleineren Bereichen nicht lösen lassen. In diesem Kapitel gehen wir von einer Klasse von Gleichungen aus, die sich in allen Körpern lösen lassen, den *linearen* Gleichungen. In einer Unbekannten (nur solche Gleichungen kamen in Kap. 1 vor) haben diese Gleichungen die Gestalt $ax = b$ mit Konstanten a, b in einem Körper $\mathbb{K}$ und einer Unbekannten x, die man ebenfalls in $\mathbb{K}$ finden möchte. Wenn $a \neq 0$ ist, dann ist die Lösung in eindeutiger Weise durch $x = a^{-1}b$ gegeben.

Ausgehend von einer einzelnen linearen Gleichung (in beliebig vielen Unbekannten) entwickeln wir in diesem Kapitel eine Lösungstheorie für Systeme solcher Gleichungen. Die Lösungsmengen solcher Systeme führen uns auf den Begriff des Vektorraums und eine Reihe daraus abgeleiteter Konzepte und Strukturen, die wir auch näher untersuchen werden. Am Ende des Kapitels kommen wir zurück zum Rechnen mit Zahlen, das uns durch die vorangegangenen strukturellen Ergebnisse ermöglicht wird.

2.1 Lineare Gleichungssysteme

Wir beginnen mit einem konkreten Typus von Rechenaufgabe, der Lösung von linearen Gleichungen. Diese Aufgabe ist eine Basisproblemstellung, auf die unterschiedlichste Rechenaufgaben zurückgeführt werden können. Oft bedarf es für eine solche Reduktion allerdings ausgeklügelter Methoden.

© Der/die Autor(en), exklusiv lizenziert an Springer-Verlag GmbH, DE, ein Teil von   93
Springer Nature 2026
J. Hilgert, *Mathematik für Ambitionierte*,
https://doi.org/10.1007/978-3-662-73048-5_2

Definition 2.1 (Lineare Gleichung) Eine *lineare Gleichung* über einem kommutativen Ring mit Eins Z ist eine Gleichung der Form

$$a_1 x_1 + \ldots + a_n x_n = b. \tag{LG}$$

Dabei sind die $a_1, \ldots, a_n, b$ als bekannt vorausgesetzte Zahlen in Z, die man die *Koeffizienten* der Gleichung nennt, und die $x_1, \ldots, x_n$ die zu bestimmenden Unbekannten. $\qquad\square$

Über Körpern lässt sich die Lösungsmenge einer linearen Gleichung präzise beschreiben.

Algorithmus 2.2 (Lösen einer linearen Gleichung) Für eine einzelne lineare Gleichung (LG) über einem Körper $\mathbb{K}$ lässt sich die Lösungsmenge wie folgt bestimmen:

1. **Fall:** $a_1 = \ldots = a_n = 0$ und $b = 0$. In diesem Fall lösen alle $x_1, \ldots, x_n \in \mathbb{K}$ die Gleichung.
2. **Fall:** $a_1 = \ldots = a_n = 0$ und $b \neq 0$. In diesem Fall löst keine Wahl von $x_1, \ldots, x_n$ die Gleichung.
3. **Fall:** Nicht alle a_j sind Null. Sei a_m, $1 \le m \le n$, der erste von Null verschiedene Koeffizient. Dann wird (LG) zu

$$0 x_1 + \ldots + 0 x_{m-1} + a_m x_m + \ldots + a_n x_n = b.$$

In diesem Fall wählt man beliebige $x_{m+1}, \ldots, x_n$ und setzt

$$x_m := \frac{1}{a_m}(b - a_{m+1}x_{m+1} - \ldots - a_n x_n). \tag{$*$}$$

Die Wahl der $x_1, \ldots, x_{m-1}$ hat auf die Gleichung keinen Einfluss.
Damit erhält man das folgende Ergebnis: Wählt man $x_1, \ldots, x_{m-1}, x_{m+1}, \ldots, x_n$ beliebig und setzt x_m wie in $(*)$, dann hat man alle Lösungen von (LG). $\qquad\square$

Stellt man mehrere lineare Gleichungen zusammen, so spricht man von einem linearen Gleichungssystem.

Definition 2.3 (Lineares Gleichungssystem) Ein *lineares Gleichungssystem* ist ein Gleichungssystem der folgenden Form:

$$\begin{array}{ccccc}
a_{11}x_1 & + \ldots + & a_{1n}x_n & = & b_1 \\
\vdots & & \vdots & \vdots & \\
a_{m1}x_1 & + \ldots + & a_{mn}x_n & = & b_m.
\end{array} \tag{LGS}$$

In der üblichen Summenschreibweise liest sich das wie folgt:

$$\sum_{j=1}^{n} a_{ij} x_j = b_i, \qquad i = 1, \ldots, m. \tag{LGS}$$

Die *Lösungsmenge* von (LGS) über einem Körper $\mathbb{K}$ ist die Menge

$$\{(x_1, \ldots, x_n) \in \mathbb{K}^n \mid \text{die } x_1, \ldots, x_n \text{ erfüllen (LGS)}\},$$

wobei $\mathbb{K}^n$ einfach die Menge aller n-Tupel $(x_1, \ldots, x_n)$ mit $x_j \in \mathbb{K}$ für $j = 1, \ldots, n$ bezeichnet.

2.1.1   Der Gauß-Algorithmus

Lineare Gleichungssysteme über Körpern können durch eine systematische Variablenelimination vollständig gelöst werden. Das heißt, man kann alle Lösungen berechnen. Der entsprechende Algorithmus ist unter dem Namen Gauß-Algorithmus bekannt, die Vorgehensweise war aber wohl schon vor Carl Friedrich Gauß (1777–1855) bekannt.

Algorithmus 2.4 (Gauß-Algorithmus, erste Version)

1. Schritt: Wenn $a_{1j} = \ldots = a_{mj} = 0$ gilt, dann muss x_j keine Bedingung erfüllen, das heißt x_j ist frei wählbar. Man nennt die Spalten mit Nummern in

$$N := \{j \in \{1, \ldots, n\} \mid (\forall i = 1, \ldots, m)\ a_{ij} = 0\}$$

Nullspalten und setzt

$$U := \{1, \ldots, n\} \setminus N = \{j_1, \ldots, j_u\},$$

wobei die j_ℓ der Größe nach geordnet sind. Dann streicht man alle Nullspalten und erhält als Ergebnis das folgende Gleichungssystem:

$$\begin{aligned}
a_{1j_1} x_{j_1} + \ldots + a_{1j_u} x_{j_u} &= b_1 \\
a_{2j_1} x_{j_1} + \ldots + a_{2j_u} x_{j_u} &= b_2 \\
\vdots \qquad\qquad \vdots \qquad\quad \vdots \\
a_{mj_1} x_{j_1} + \ldots + a_{mj_u} x_{j_u} &= b_m
\end{aligned} \tag{$*_1$}$$

Nach diesem Schritt gibt es keine Nullspalten mehr, und die neue erste Spalte ist die j_1-te Spalte.

2. Schritt: Sei $a_{p j_1}$ der erste von Null verschiedene Koeffizient in der (neuen) ersten Spalte. Dann vertausche die erste mit der p-ten Zeile.

Das Ergebnis dieses Schritts ist das folgende Gleichungssystem

$$
\begin{aligned}
a'_{1 j_1} x_{j_1} + \ldots + a'_{1 j_u} x_{j_u} &= b'_1 \\
a'_{2 j_1} x_{j_1} + \ldots + a'_{2 j_u} x_{j_u} &= b'_2 \\
\vdots \qquad\qquad \vdots \qquad\ \ \vdots & \\
a'_{m j_1} x_{j_1} + \ldots + a'_{m j_u} x_{j_u} &= b'_m
\end{aligned}
\tag{$*_2$}
$$

mit einem von Null verschiedenen ersten Koeffizienten in der ersten Zeile.

3. Schritt: Teile jeden Koeffizienten in der ersten Zeile durch den ersten Koeffizienten.

Das resultierende Gleichungssystem hat die Eigenschaft, dass der erste Koeffizient in der ersten Zeile gleich 1 ist:

$$
x_{j_1} + \underbrace{\frac{a'_{1 j_2}}{a'_{1 j_1}}}_{a''_{1 j_2}} x_{j_2} + \ldots + \underbrace{\frac{a'_{1 j_u}}{a'_{1 j_1}}}_{a''_{1 j_u}} x_{j_u} = \underbrace{\frac{b'_1}{a'_{1 j_1}}}_{b''_1} \, .
$$

4. Schritt: Subtrahiere von der i-ten Zeile $a'_{i j_1}$-mal die erste Zeile ($i \geq 2$).

Das Ergebnis hat die folgende Gestalt:

$$
\begin{aligned}
x_{j_1} + a''_{1 j_2} x_{j_2} + \ldots + a''_{1 j_u} x_{j_u} &= b''_1 \\
a''_{2 j_2} x_{j_2} + \ldots + a''_{2 j_u} x_{j_u} &= b''_2 \\
\vdots \qquad\qquad \vdots \qquad\ \ \vdots & \\
a''_{m j_2} x_{j_2} + \ldots + a''_{m j_u} x_{j_u} &= b''_m
\end{aligned}
\tag{$*_4$}
$$

Beachte, dass jeder der vier Schritte rückgängig gemacht werden kann, das heißt, es wurde keine Information verschenkt. Genauer, wenn $(x_{j_1}, \ldots, x_{j_u})$ eine Lösung von ($*_4$) ist, dann ist $(x_1, \ldots, x_n)$ für beliebige x_j mit $j \in N$ eine Lösung von (LGS), und umgekehrt ist für jede Lösung $(x_1, \ldots, x_n)$ von (LGS) auch $(x_{j_1}, \ldots, x_{j_u})$ eine Lösung von ($*_4$). Nochmal anders ausgedrückt: Alle vier Schritte lassen die Lösungsmenge unverändert, das heißt, die linearen Gleichungssysteme vor und nach dem jeweiligen Schritt haben die gleichen Lösungsmengen. Um das einzusehen, stellen wir zunächst fest, dass es keine Bedingungen für die Variablen der Nullspalten gibt, das heißt, die entsprechenden Einträge können in der Lösungsmenge frei gewählt werden. Der Übergang von ($*_1$) zu ($*_2$) im 2. Schritt ändert nur die Reihenfolge der Gleichungen, also nichts an der Lösungsmenge. Für den 3. Schritt sei $(x_{j_1}, \ldots, x_{j_u})$ eine Lösung der Gleichung

$$
a'_{1 j_1} x_{j_1} + a'_{1 j_2} + \ldots + a'_{1 j_u} x_{j_u} = b'_1
\tag{$*$}
$$

Dann gilt

$$x_{j_1} + \frac{a'_{1j_2}}{a'_{1j_1}} x_{j_2} + \ldots + \frac{a'_{1j_u}}{a'_{1j_1}} x_{j_u} = \frac{b'_1}{a'_{1j_1}}. \tag{$\dagger$}$$

Umgekehrt, wenn $(x_{j_1}, \ldots, x_{j_u})$ die Gleichung ($\dagger$) löst, dann gilt auch ($*$). Damit sind die Lösungsmengen dieser beiden Gleichungen identisch, und weil die anderen Gleichungen des Systems sich im 3. Schritt nicht ändern, ist der Beweis komplett. Im 4. Schritt ist eine Lösung von ($*_2$) mit $a'_{1j_1} = 1$ automatisch eine Lösung von ($*_4$), weil zur i-ten Zeile in ($*_4$) die Gleichung

$$\left(a'_{ij_1} x_{j_1} + \ldots + a'_{ij_u} x_{j_u}\right) - a'_{ij_1}\left(a'_{1j_1} x_{j_1} + \ldots + a'_{1j_u} x_{j_u}\right) = b'_i - a'_{ij_1} b'_1 = b''_i$$

gehört. Da man diesen Schritt mit einer Transformation derselben Bauart wieder rückgängig machen kann, ist auch jede Lösung von ($*_4$) eine Lösung von ($*_2$).

Iteration: Wenn man jetzt das System

$$\begin{aligned}
a''_{2j_2} x_{j_2} + \ldots + a''_{2j_u} x_{j_u} &= b''_2 \\
\vdots \qquad\qquad \vdots \qquad\quad \vdots \\
a''_{mj_2} x_{j_2} + \ldots + a''_{mj_u} x_{j_u} &= b''_m
\end{aligned} \tag{$**$}$$

lösen kann, dann erhält man zu jeder Lösung $(x_{j_2}, \ldots, x_{j_u})$ von ($**$) genau eine Lösung $(x_{j_1}, \ldots, x_{j_u})$ von ($*_4$), indem man die erste Zeile von ($*_4$) nach x_{j_1} auflöst, das heißt

$$x_{j_1} = b''_1 - (a''_{1j_2} x_{j_2} + \ldots + a''_{1j_u} x_{j_u})$$

setzt. Also wiederholt man die Schritte 1 bis 4 für das kleinere System ($**$). $\qquad\square$

Der an den Beginn des Gauß-Algorithmus gestellte Schritt des Nullspaltenstreichens erscheint zunächst banal, weil niemand ein Gleichungssystem aufstellen würde, in dem gewisse Variablen nur mit Nullen als Koeffizienten vorkommen. Der Sinn dieses Vorgehens erschließt sich aber, wenn man das System ($**$) im Iterationsschritt betrachtet: In ($**$) können nämlich durch die vorhergegangenen Schritte sehr wohl Nullspalten entstanden sein.

Im Prinzip hat man das Problem, die Lösungsmengen linearer Gleichungssysteme über Körpern zu bestimmen, mit dem Algorithmus 2.4 gelöst: Jedes lineare Gleichungssystem lässt sich mit dem Gauß-Algorithmus lösen, sofern eine Lösung existiert. Allerdings kann man den Algorithmus noch erheblich ökonomischer formulieren und dabei zusätzliche Einsichten gewinnen, die für die weitere Entwicklung wichtig sind. Insbesondere motivieren sie die gesamte Matrizenrechnung.

Definition 2.5 (Matrix[1]) Eine *Matrix* ist ein rechteckiges Zahlenschema der Form

$$\begin{pmatrix} a_{11} & \dots & a_{1n} \\ \vdots & & \vdots \\ a_{m1} & \dots & a_{mn} \end{pmatrix}.$$

Die

$$a_{i1}, \dots, a_{in} \quad \text{und} \quad \begin{matrix} a_{1j} \\ \vdots \\ a_{mj} \end{matrix}$$

für $i = 1, \dots, m$ und $j = 1, \dots, n$ heißen die *Zeilen* bzw. die *Spalten* der Matrix. $\square$

Die Daten eines linearen Gleichungssystems (LGS) liefern die Matrizen

$$\begin{pmatrix} a_{11} & a_{12} & \dots & a_{1n} \\ \vdots & \vdots & & \vdots \\ a_{m1} & a_{m2} & \dots & a_{mn} \end{pmatrix} \quad \text{und} \quad \begin{pmatrix} a_{11} & a_{12} & \dots & a_{1n} & b_1 \\ \vdots & \vdots & & \vdots & \vdots \\ a_{m1} & a_{m2} & \dots & a_{mn} & b_m \end{pmatrix},$$

die man *Koeffizientenmatrix* bzw. die *erweiterte Koeffizientenmatrix* von (LGS) nennt.

Um die verschiedenen Schritte im Gauß-Algorithmus 2.4 effizient beschreiben zu können, betrachtet man für eine Matrix die folgenden elementaren Zeilenumformungen.

Definition 2.6 (Elementare Zeilenumformungen)

Typ I(p, q): Vertauschen zweier Zeilen (p) und (q).
Typ II$(p; c)$: Multiplikation einer Zeile (p) mit $c \neq 0$.
Typ III$(c, p; q)$: Addition des c-Fachen einer Zeile (p) zu einer anderen Zeile (q).

$\square$

Selbstverständlich lassen sich auch die analogen *elementaren Spaltenumformungen* betrachten, aber diese werden im Moment noch nicht gebraucht.

Die elementaren Zeilenumformungen lassen sich durch ebensolche Umformungen wieder rückgängig machen, das heißt invertieren:

I(p, q) invertiert I(p, q).

---

[1] Der Name Matrix, der im Lateinischen für „Gebärmutter" steht, wurde von dem englischen Mathematiker James Joseph Sylvester (1814–1897) eingeführt. Er bezog sich dabei auf den Umstand, dass man aus den Matrizen gewisse Funktionen, die Determinanten (vergleiche Abschn. 5.6.1), gewinnen konnte, für die er sich eigentlich interessierte.

$\mathrm{II}(p; c^{-1})$ invertiert $\mathrm{II}(p; c)$.
$\mathrm{III}(-c, p; q)$ invertiert $\mathrm{III}(c, p; q)$.

Die entscheidende Beobachtung an dieser Stelle ist, dass elementare Zeilenumformungen die Lösungsmengen der linearen Gleichungssysteme nicht verändern.

Proposition 2.7 (Äquivalenz von Gleichungssystemen) *Zwei lineare Gleichungssysteme, deren erweiterte Koeffizientenmatrizen durch eine elementare Zeilenumformung ineinander übergeführt werden können, haben dieselben Lösungsmengen.*

Beweis Für die Umformungen vom Typ $\mathrm{I}(p, q)$ ist das trivial, und für die Umformungen vom Typ $\mathrm{II}(p; c)$ wurde es explizit in der Beschreibung des Gauß-Algorithmus behandelt. Ebenso der Fall der Umformungen vom Typ $\mathrm{III}(c, p; q)$.

Mithilfe der erweiterten Koeffizientenmatrix und elementaren Zeilenumformungen lässt sich der Gauß-Algorithmus deutlich straffer darstellen als in Algorithmus 2.4.

Algorithmus 2.8 (Gauß-Algorithmus, zweite Version)

1. Schritt: Streiche in der erweiterten Koeffizientenmatrix alle Spalten, die nur aus Nullen bestehen. Die übrig bleibenden Spalten seien $j_1 < \ldots < j_u$.
Ergebnis:

$$\begin{pmatrix} a_{1j_1} & a_{1j_2} & \ldots & a_{1j_u} & b_1 \\ \vdots & \vdots & & \vdots & \vdots \\ a_{mj_1} & a_{mj_2} & \ldots & a_{mj_u} & b_m \end{pmatrix}$$

2. Schritt: Wenn $a_{pj_1} \neq 0$ und $a_{ij_1} = 0$ für $i < p$, dann $\mathrm{I}(1, p)$.
Ergebnis:

$$\begin{pmatrix} a'_{1j_1} & a'_{1j_2} & \ldots & a'_{1j_u} & b'_1 \\ \vdots & \vdots & & \vdots & \vdots \\ a'_{mj_1} & a'_{mj_2} & \ldots & a'_{mj_u} & b'_m \end{pmatrix}$$

3. Schritt: $\mathrm{II}\left(1; \dfrac{1}{a'_{1j_1}}\right)$.
Ergebnis:

$$\begin{pmatrix} 1 & a''_{1j_2} & \ldots & a''_{1j_u} & b''_1 \\ a'_{2j_1} & a'_{2j_2} & \ldots & a'_{2j_u} & b'_2 \\ \vdots & \vdots & & \vdots & \vdots \\ a'_{mj_1} & a'_{mj_2} & \ldots & a'_{mj_u} & b'_m \end{pmatrix}$$

4. Schritt: $\mathrm{III}\left(-a'_{i\,j_1},\,1;\,i\right),\quad i=2,\ldots,m.$
Ergebnis:

$$\begin{pmatrix} 1 & a''_{1\,j_2} & \cdots & a''_{1\,j_u} & b''_1 \\ 0 & a''_{2\,j_2} & \cdots & a''_{2\,j_u} & b''_2 \\ \vdots & \vdots & & \vdots & \vdots \\ 0 & a''_{m\,j_2} & \cdots & a''_{m\,j_u} & b''_m \end{pmatrix}$$

Iteration: Starte das Verfahren mit

$$\begin{pmatrix} a''_{2\,j_2} & \cdots & a''_{2\,j_u} & b''_2 \\ \vdots & & \vdots & \vdots \\ a''_{m\,j_2} & \cdots & a''_{m\,j_u} & b''_m \end{pmatrix}$$

$\square$

Der erste Schritt des Gauß-Algorithmus (Streichen der Nullspalten) kann bei der Iteration zu Verwirrung führen, weil man ständig die Variablenanzahl ändern muss. Darum schleppt man oft die Nullspalten mit, übergeht sie aber im Algorithmus. Als Ergebnis des Gauß-Algorithmus 2.8 erhält man dann eine Matrix im selben Format wie die erweiterte Koeffizientenmatrix des ursprünglichen (LGS). Genauer, man findet die folgende Proposition.

Proposition 2.9 (Zeilenstufenform) *Jede (Koeffizienten-) Matrix lässt sich durch elementare Zeilenumformungen auf eine* Zeilenstufenform *bringen:*

$$\begin{pmatrix} 0 \cdots 0\;1 & * \cdots\cdots\cdots & \cdots\cdots\cdots\cdots & \cdots \\ \vdots \qquad \vdots\;\;0 & 0\cdots\;\;0\;\;1 & * \cdots\cdots\cdots & \cdots \\ \vdots \qquad \vdots\;\;\vdots & \vdots \qquad \vdots\;\;0 & 0\cdots\;0\;\;1 & \cdots \\ \vdots \qquad \vdots\;\;\vdots & \vdots \qquad \vdots\;\;\vdots & \vdots \qquad \vdots\;\;0 & \cdots \\ \vdots \qquad \vdots\;\;\vdots & \vdots \qquad \vdots\;\;\vdots & \vdots \qquad \vdots\;\;\vdots & \vdots \\ 0\cdots 0\;0 & 0\cdots\;0\;\;0 & 0\;\cdots\;0\;\;0 & \cdots \end{pmatrix}$$

$\square$

Die Stellen einer Matrix in Zeilenstufenform, an denen in einer Zeile zum ersten Mal eine 1 steht, nennen wir die *Stufen* der Matrix. Die Anzahl der Stufen ist immer kleiner oder gleich der Anzahl der Zeilen und der Anzahl der Spalten.

Zur Illustration betrachte man das folgende Rechenbeispiel, das auf eine Zeilenstufenmatrix mit drei Stufen in den Spalten 1, 3 und 4 führt:

$$\left(\begin{array}{ccc|c} 1\,2\,3 & 4 & 5 \\ 4\,8\,6 & 10 & 8 \\ 3\,6\,5 & 6 & 7 \\ 0\,0\,3 & 2 & 6 \end{array}\right) \rightsquigarrow \left(\begin{array}{ccc|c} 1\,2 & 3\ \ 4 & 5 \\ 0\,0 & -6\ -6 & -12 \\ 0\,0 & -4\ -6 & -8 \\ 0\,0 & 3\ \ 2 & 6 \end{array}\right) \rightsquigarrow \left(\begin{array}{ccc|c} 1\,2\,3 & 4 & 5 \\ 0\,0\,1 & 1 & 2 \\ 0\,0\,0 & -2 & 0 \\ 0\,0\,0 & -1 & 0 \end{array}\right) \rightsquigarrow \left(\begin{array}{cccc|c} 1\,2\,3\,4 & 5 \\ 0\,0\,1\,2 & 2 \\ 0\,0\,0\,1 & 0 \\ 0\,0\,0\,0 & 0 \end{array}\right)$$

2.1.2 Lösungsmengen

Aus einer erweiterten Koeffizientenmatrix in Zeilenstufenform lassen sich verschiedene Informationen über die Lösungsmenge von (LGS) ablesen. Zum Beispiel wird Proposition 2.10 zeigen, dass (LGS) genau dann lösbar ist, wenn für die Anzahl h der Stufen der Zeilenstufenform der Koeffizientenmatrix und die Anzahl k der Stufen der Zeilenstufenform der erweiterten Koeffizientenmatrix gilt $h = k$. Das heißt, (LGS) ist genau dann lösbar, wenn die Erweiterung der Koeffizientenmatrix nicht zu einer zusätzlichen Stufe führt.

Wir betrachten jetzt ein lineares Gleichungssystem (LGS) und bringen die erweiterte Koeffizientenmatrix durch elementare Zeilenumformungen auf Zeilenstufenform. Seien $1 \leq s_1 < \ldots < s_k \leq n + 1$ die Nummern der Spalten, in denen eine Stufe vorkommt, das heißt $a_{ls_l} = 1$ und $a_{ij} = 0$ für $(i, j) \neq (l, s_l)$ mit $i \geq l$ und $j \leq s_l$.

Proposition 2.10 (Lösbarkeit von linearen Gleichungssystemen) *Das System (LGS) ist dann und nur dann lösbar, wenn $s_k \leq n$.*

Beweis Wir nehmen an, dass $s_k = n + 1$, das heißt, in der letzten Spalte der erweiterten Koeffizientenmatrix gibt es eine Stufe. Dann hat man die Gleichung

$$0x_1 + \ldots + 0x_n = 1$$

zu lösen, was offensichtlich nicht geht. Umgekehrt, wenn $s_k \leq n$, dann ist jede Gleichung des Systems entweder von der Form $0 = 0$ oder von der Form

$$x_j + a_{j+1}x_{j+1} + \ldots + a_nx_n = b_i,$$

was für beliebige $x_{j+1}, \ldots, x_n$ mit passendem x_j gelöst werden kann.

Die Zeilenstufenform der erweiterten Koeffizientenmatrix erlaubt auch die explizite Bestimmung der Lösungsmenge.

Algorithmus 2.11 (Bestimmung der Lösungsmenge) Wir nehmen an, dass das (LGS) in Zeilenstufenform gegeben ist und $s_k \leq n$ gilt. Ziel ist es, diejenigen $(x_1, \ldots, x_n)$ zu bestimmen, die Lösungen von (LGS) sind.

(i) Alle x_j mit $j \notin S := \{s_1, \ldots, s_k\}$ sind frei wählbar (in $\mathbb{K}$).

(ii) Die Zahlen $x_{s_1}, \ldots, x_{s_k}$ müssen dann das Gleichungssystem

$$x_{s_1} + a_{1,s_1+1}x_{s_1+1} + \ldots + a_{1,n}x_n = b_1$$
$$x_{s_2} + a_{2,s_2+1}x_{s_2+1} + \ldots + a_{1,n}x_n = b_2$$
$$\vdots$$
$$x_{s_k} + a_{k,s_k+1}x_{s_k+1} + \ldots + a_{1,n}x_n = b_k$$

lösen (alle anderen Zeilen von (LGS) liefern nur Nullen und keine Bedingungen). Das lässt sich von unten nach oben bewerkstelligen:

1. Schritt: Da keine der Spalten $s_k + 1, \ldots, n$ eine Stufe enthält, sind alle x_j mit $j = s_k + 1, \ldots, n$ schon in (i) bestimmt worden (durch freie Wahl). Die Zahl x_{s_k} wird dann eindeutig durch die Gleichung

$$x_{s_k} = b_k - (a_{k,s_k+1}x_{s_k+1} + \ldots + a_{1,n}x_n)$$

festgelegt.

2. Schritt: Da mit Ausnahme von s_k keine der Spalten $s_{k-1} + 1, \ldots, n$ eine Stufe enthält, sind alle x_j mit $j = s_{k-1} + 1, \ldots, n$ schon entweder in (i) (durch freie Wahl) oder in Schritt (ii.1) bestimmt worden. Die Zahl $x_{s_{k-1}}$ wird dann eindeutig durch die Gleichung

$$x_{s_{k-1}} = b_{k-1} - (a_{k-1,s_{k-1}+1}x_{s_{k-1}+1} + \ldots + a_{1,n}x_n)$$

festgelegt.

$$\vdots$$

k. Schritt: Da mit Ausnahme von $s_2, \ldots, s_k$ keine der Spalten $s_1 + 1, \ldots, n$ eine Stufe enthält, sind alle x_j mit $j = s_1 + 1, \ldots, n$ schon entweder in (i) (durch freie Wahl) oder in den Schritten (ii.1) bis (ii.(k-1)) bestimmt worden. Die Zahl x_{s_1} wird dann eindeutig durch die Gleichung

$$x_{s_1} = b_1 - (a_{1,s_1+1}x_{s_1+1} + \ldots + a_{1,n}x_n)$$

festgelegt.

Zusammen liefern (i) und (ii) alle möglichen Lösungen von (LGS). $\square$

Es gibt einen Sonderfall von linearen Gleichungssystemen, in dem die Lösbarkeit auch ohne die Proposition 2.10 sofort klar ist: Wenn die rechte Seite des Gleichungssystems aus lauter Nullen besteht, dann ist $(0, \ldots, 0)$ auf jeden Fall eine Lösung. Man nennt ein derartiges lineares Gleichungssystem *homogen*. Wenn in einem homogenen linearen Gleichungssystem mehr Unbekannte als Gleichungen vorkommen, dann gilt in der Notation von Algorithmus 2.11, dass $n > m$ ist. Es folgt $n - k \geq n - m > 0$, und es existieren auch von Null verschiedene Lösungen, weil S eine echte Teilmenge von $\{1, \ldots, n\}$ sein muss.

Zu jedem linearen Gleichungssystem

$$\sum_{j=1}^{n} a_{ij} x_j = b_i, \qquad i = 1, \ldots, m \tag{LGS}$$

lässt sich das zugehörige homogene lineare Gleichungssystem

$$\sum_{j=1}^{n} a_{ij} x_j = 0, \qquad i = 1, \ldots, m \tag{HLGS}$$

aufstellen. Es stellt sich heraus, dass man die Lösungsmenge von (LGS) vollständig durch die Lösungsmenge von (HLGS) beschreiben kann, wenn man nur eine einzige Lösung von (LGS) kennt. Dies ist der Startpunkt der „linearen Algebra", denn die Lösungsmengen von (HLGS) „erben" von $\mathbb{K}^n$ die (komponentenweise) Addition und die (komponentenweise) Multiplikation mit einem Skalar. Das bedeutet, alle Lösungsräume von homogenen linearen Gleichungssystemen haben eine natürliche algebraische Struktur.

Proposition 2.12

(i) *Seien $(x_1, \ldots, x_n)$ und $(y_1, \ldots, y_n)$ Lösungen von (HLGS) und $t \in \mathbb{K}$. Dann sind auch $(x_1 + y_1, \ldots, x_n + y_n)$ und $(tx_1, \ldots, tx_n)$ Lösungen von (HLGS).*

(ii) *Sei $(y_1, \ldots, y_n)$ eine Lösung von (LGS). Dann erhält man alle Lösungen von (LGS), indem man zu $(y_1, \ldots, y_n)$ alle Lösungen des zugehörigen homogenen Systems (HLGS) addiert.*

Beweis

(i) Dies ist eine unmittelbare Folgerung aus den Identitäten

$$\sum_{j=1}^{n} a_{ij}(x_j + y_j) = \sum_{j=1}^{n} a_{ij} x_j + \sum_{j=1}^{n} a_{ij} y_j \quad \text{und} \quad \sum_{j=1}^{n} a_{ij} t x_j = t \sum_{j=1}^{n} a_{ij} x_j.$$

(ii) Wegen $\sum_{j=1}^{n} a_{ij} y_j = b_i$ gilt $\sum_{j=1}^{n} a_{ij} z_j = b_i$ genau dann, wenn $\sum_{j=1}^{n} a_{ij}(z_j - y_j) = 0$. $\qquad\square$

2.2   Vektorräume

Die Rechenregeln für Addition und Multiplikation in Körpern zeigen zusammen mit Proposition 2.12, dass jeder Lösungsraum eines homogenen linearen Gleichungssystems ein Vektorraum im Sinne der nachfolgenden Definition 2.13 ist. Um die Einführung einer so abstrakten algebraischen Struktur zu rechtfertigen, bedarf es mehr als einer Klasse von Beispielen. Wir werden in diesem Kapitel noch viele Beispiele für Vektorräume sehen, aber es sei hier schon angemerkt, dass auch die Matrizen, mit denen man bei der Lösung von linearen Gleichungssystemen rechnet, eine Vektorraumstruktur tragen. Umgekehrt macht eine genauere Untersuchung von Vektorräumen die Matrizenrechnung für viele andere Kontexte einsetzbar.

Definition 2.13 **(Vektorraum)** Sei $\mathbb{K}$ ein Körper. Ein $\mathbb{K}$-*Vektorraum* ist eine nichtleere Menge V, zusammen mit zwei Verknüpfungen, der *Addition* $+ : V \times V \to V$, $(v, w) \mapsto v + w$ und der *skalaren Multiplikation*, $\cdot : \mathbb{K} \times V \to V$, $(c, v) \mapsto c \cdot v$, die folgende Eigenschaften erfüllen:
Addition: $(V, +)$ ist eine abelsche Gruppe.
Skalare Multiplikation:

(i) $\forall a, b \in \mathbb{K}, \ \forall x \in V : \ a \cdot (b \cdot x) = (ab) \cdot x$.
(ii) $\forall x \in V : \ 1 \cdot x = x$.

Distributivität:

(i) $\forall a \in \mathbb{K}, \ \forall x, y \in V : \ a \cdot (x + y) = (a \cdot x) + (a \cdot y)$.
(ii) $\forall a, b \in \mathbb{K}, \ \forall x \in V : \ (a + b) \cdot x = (a \cdot x) + (b \cdot x)$.

Die Elemente eines Vektorraums nennt man auch *Vektoren*. $\square$

Das neutrale Element bezüglich der Addition $+$ in V ist nach Proposition 1.43 eindeutig bestimmt. Man bezeichnet es mit 0 und nennt es die *Null* des Vektorraums. Es gibt im Kontext von Vektorräumen also immer zwei Nullen, die im Körper und die im Vektorraum. Da nur die wenigsten Autoren einen notationellen Unterschied machen, muss man immer aus dem Kontext erschließen, welche Null gemeint ist. Auch der Nachweis der Eindeutigkeit des additiven Inversen bezieht sich nur auf die Axiome für die Addition und gilt daher unverändert für Vektorräume. Man verwendet auch in diesem Kontext die Notation $-v$ für das Negative von $v \in V$.

Das einfachste Beispiel für einen $\mathbb{K}$-Vektorraum ist der Körper $\mathbb{K}$ selbst. Es ist aber auch leicht zu verifizieren, dass unser Ausgangsbeispiel $(\mathbb{K}^n, +, \cdot)$ zusammen mit der komponentenweisen Addition

$$(x_1, \ldots, x_n) + (y_1, \ldots, y_n) := (x_1 + y_1, \ldots, x_n + y_n) \qquad (2.1)$$

und der komponentenweisen skalaren Multiplikation

$$c \cdot (x_1, \ldots, x_n) := (c\,x_1, \ldots, c\,x_n) \qquad (2.2)$$

einen $\mathbb{K}$-Vektorraum bildet. Die Null in diesem Vektorraum ist das n-Tupel $(0, \ldots, 0) \in \mathbb{K}^n$, das nur Nullen enthält.

Dieses Beispiel lässt sich zu einer allgemeinen Konstruktion verallgemeinern. Wenn $V_1, \ldots, V_n$ lauter $\mathbb{K}$-Vektorräume sind, dann ist die Produktmenge $V_1 \times \ldots \times V_n = \{(x_1, \ldots, x_n) \mid \forall j = 1, \ldots, n : x_j \in V_j\}$ ein $\mathbb{K}$-Vektorraum bezüglich der durch die Formeln (2.1) und (2.2) gegebenen komponentenweisen Addition und skalaren Multiplikation. Man nennt $V_1 \times \ldots \times V_n$ mit dieser Vektorraumstruktur das *direkte Produkt* der Vektorräume $V_1, \ldots, V_n$.

Proposition 2.12 (i) zeigt, dass jede Lösungsmenge eines homogenen linearen Gleichungssystems der Form (HLGS) in n Variablen mit Koeffizienten in $\mathbb{K}$ bezüglich der in den Formeln (2.1) und (2.2) gegebenen Verknüpfungen ebenfalls ein $\mathbb{K}$-Vektorraum ist. Dazu muss man die acht Identitäten aus Definition 2.13 gar nicht mehr testen, sie „vererben" sich von $\mathbb{K}^n$ auf die Lösungsmenge. Zu prüfen ist nur, dass die Einschränkung der Verknüpfungen in den $\mathbb{K}^n$-Variablen auf die Lösungsmenge wieder Elemente in der Lösungsmenge liefert. Auch die schon beobachtete Tatsache, dass die Null eine Lösung ist, sowie der Umstand, dass mit jedem Vektor auch sein Negatives zur Lösungsmenge gehört, lässt sich daraus ableiten.

Man kann diese Idee problemlos auf den Fall abstrakter Vektorräume übertragen und reduziert so für viele Beispiele den Nachweis der Gültigkeit der Rechenregeln für Vektorräume auf den Nachweis, dass die betrachtete Teilmenge abgeschlossen unter der Addition und der skalaren Multiplikation des Vektorraums ist.

Definition 2.14 (Untervektorraum) Sei $(V, +, \cdot)$ ein $\mathbb{K}$-Vektorraum. Eine nicht-leere Teilmenge $U \subseteq V$ heißt *Untervektorraum* (oder auch *linearer Unterraum*), wenn:

(a) $\forall u, v \in U : \quad u + v \in U$.
(b) $\forall c \in \mathbb{K}, \ \forall u \in U : \quad c \cdot u \in U$. $\qquad\qquad\square$

Die einfachsten Beispiele für lineare Unterräume eines Vektorraums V sind $\{0\}$ und der Raum V selbst. Man nennt sie auch die *trivialen Unterräume* von V.

Sei $(V, +, \cdot)$ ein $\mathbb{K}$-Vektorraum und $U \subseteq V$ ein Untervektorraum. Dann ist $(U, +, \cdot)$ mit den Einschränkungen der Operationen ein $\mathbb{K}$-Vektorraum. Um das einzusehen, reicht es nachzuweisen, dass sowohl die Null in V als auch die additiven Inversen von Elementen aus U in U liegen, denn die Rechenregeln gelten ja automatisch, weil V ein Vektorraum ist.

Sei $u \in U$, dann gilt $0 \cdot u = (0 + 0) \cdot u = 0 \cdot u + 0 \cdot u \in U$, und durch Addition des Negativen von $0 \cdot u$ auf beiden Seiten der Gleichung erhält man $0 = 0 \cdot u \in U$. Das erste Distributivgesetz liefert jetzt

$$0 = 0 \cdot u = (-1 + 1) \cdot u = (-1) \cdot u + 1 \cdot u = (-1) \cdot u + u,$$

woraus man $-u = (-1) \cdot u \in U$ schließt (in dieser Rechnung benutzen wir die übliche „Punkt-vor-Strich" Konvention).

Die Gleichung $0 = \lambda \cdot v$ ist in einem Vektorraum nur für $\lambda = 0$ oder $v = 0$ erfüllbar. Analog wie oben liefert $\lambda \cdot 0 = \lambda \cdot (0 + 0) = \lambda \cdot 0 + \lambda \cdot 0$ nämlich, dass $\lambda \cdot 0 = 0$ und für $\lambda \neq 0$ gilt

$$v = \frac{1}{\lambda} \cdot \lambda v = \frac{1}{\lambda} \cdot 0 = 0.$$

Das folgende Beispiel liefert, zusammen mit den zugehörigen linearen Unterräumen, eine Vielzahl von weiteren Vektorräumen.

Beispiel 2.15 (Vektorräume von Abbildungen) Sei M eine Menge und V ein $\mathbb{K}$-Vektorraum. Dann ist die Menge W aller Abbildungen von M nach V bezüglich der durch

$$(f + g)(m) := f(m) + g(m)$$
$$(c \cdot f)(m) := c \cdot \big(f(m)\big)$$

für $m \in M$ definierten punktweisen Verknüpfungen ein $\mathbb{K}$-Vektorraum. $\qquad\square$

2.2.1 Homomorphismen

Bisher haben wir gesehen, dass Vektorräume einen gemeinsamen Rahmen für Zahlenräume und Lösungsmengen von homogenen linearen Gleichungssystemen bilden. Man verifiziert auch leicht, dass die Menge $\mathrm{Mat}(m \times n, \mathbb{K})$ der $m \times n$-Matrizen (m Zeilen und n Spalten) mit Einträgen in einem Körper $\mathbb{K}$ bezüglich der komponentenweisen Addition und komponentenweisen skalaren Multiplikation ein $\mathbb{K}$-Vektorraum ist. Aber auch die Gleichungssysteme selbst haben eine nützliche Interpretation im Rahmen der Vektorraumtheorie. Sie lassen sich über Abbildungen zwischen Vektorräumen beschreiben, die die Vektorraumstruktur erhalten (siehe das Beispiel 2.18 weiter unten). Man nennt solche Abbildungen Vektorraum-Homomorphismen oder einfach lineare Abbildungen.

Definition 2.16 (Homomorphismus) Seien $(V, +, \cdot)$ und $(W, \oplus, \odot)$ zwei $\mathbb{K}$-Vektorräume. Eine Abbildung $\varphi : V \to W$ heißt $\mathbb{K}$-*Vektorraum-Homomorphismus* oder auch $\mathbb{K}$-*linear*, wenn gilt:

$$\forall c_1, c_2 \in \mathbb{K}, \ \forall v_1, v_2 \in V : \quad \varphi(c_1 \cdot v_1 + c_2 \cdot v_2) = c_1 \odot \varphi(v_1) \oplus c_2 \odot \varphi(v_2).$$

Die Menge aller $\mathbb{K}$-Vektorraum-Homomorphismen von V nach W bezeichnen wir mit $\mathrm{Hom}_{\mathbb{K}}(V, W)$. Wenn $V = W$, schreiben wir auch $\mathrm{End}_{\mathbb{K}}(V)$ für $\mathrm{Hom}_{\mathbb{K}}(V, V)$ und nennen die Elemente dieser Menge *Endomorphismen* von V. Ein $\mathbb{K}$-Vektorraum-Homomorphismus φ heißt $\mathbb{K}$-*Vektorraum-Isomorphismus*, wenn φ bijektiv ist. $\quad\square$

Abb. 2.1 Vorder- und
Seitenansicht

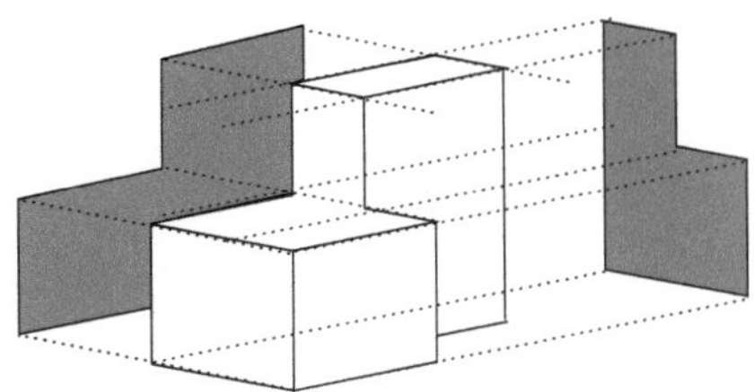

Normalerweise lässt man die Punkte für die Multiplikation ganz weg und benutzt immer das gleiche Additionszeichen $+$. In Definition 2.16 dienen die unterschiedlichen Symbole nur dazu, zu betonen, dass auf der linken und der rechten Seite der definierenden Gleichung für die Homomorphie-Eigenschaft unterschiedliche Verknüpfungen zu verwenden sind.

Bevor wir näher auf die Interpretation von linearen Gleichungssystemen über lineare Abbildungen eingehen, betrachten wir ein geometrisches Beispiel linearer Abbildungen, das man aus Planzeichnungen dreidimensionaler Objekte in der Architektur kennt. An dieser Stelle appellieren wir für den Begriff der Dimension noch an die Intuition des Lesers. Eine mathematische Definition geben wir erst in Abschn. 2.2.2.

Beispiel 2.17 (Ansichten räumlicher Objekte) Betrachtet man dreidimensionale Objekte als Punktmengen in $\mathbb{R}^3$, so lassen sich die in der Architektur üblichen zweidimensionalen Bilder dieser Objekte durch $\mathbb{R}$-lineare Abbildungen $\mathbb{R}^3 \to \mathbb{R}^2$ beschreiben (siehe Abb. 2.1):

Vorderansicht: $(x, y, z) \mapsto (y, z)$
Seitenansicht: $(x, y, z) \mapsto (x, z)$
Draufsicht: $(x, y, z) \mapsto (x, y)$ $\qquad\qquad\qquad\quad\square$

Für zwei $\mathbb{K}$-Vektorräume V und W überprüft man leicht, dass die Menge $\mathrm{Hom}_{\mathbb{K}}(V, W)$ ein linearer Unterraum des in Beispiel 2.15 betrachteten $\mathbb{K}$-Vektorraums aller W-wertigen Funktionen auf V ist. Um das einzusehen, betrachten wir $\varphi, \psi \in \mathrm{Hom}_{\mathbb{K}}(V, W)$ und $r, s \in \mathbb{K}$. Für $c_1, c_2 \in \mathbb{K}$ und $v_1, v_2 \in V$ zeigt dann die Rechnung

$$
\begin{aligned}
(r\varphi + s\psi)(c_1 v_1 + c_2 v_2) &= r\varphi(c_1 v_1 + c_2 v_2) + s\psi(c_1 v_1 + c_2 v_2) \\
&= rc_1\varphi(v_1) + rc_2\varphi(v_2) + sc_1\psi(v_1) + sc_2\psi(v_2) \\
&= c_1\left(r\varphi(v_1) + s\psi(v_1)\right) + c_2\left(r\varphi(v_2) + s\psi(v_2)\right) \\
&= c_1(r\varphi + s\psi)(v_1) + c_2(r\varphi + s\psi)(v_2)
\end{aligned}
$$

die Behauptung. Insbesondere ist also $\mathrm{Hom}_{\mathbb{K}}(V, W)$ ein $\mathbb{K}$-Vektorraum bezüglich der punktweisen Operationen.

Beispiel 2.18 (Lineare Gleichungen und lineare Abbildungen) Gegeben sei eine homogene lineare Gleichung der Form $\sum_{j=1}^{n} a_j x_j = 0$. Dann definiert

$$(x_1, \ldots, x_n) \mapsto \sum_{j=1}^{n} a_j x_j$$

eine Abbildung $v \colon \mathbb{K}^n \to \mathbb{K}$, von der man leicht nachprüft, dass sie $\mathbb{K}$-linear ist. Die Lösungsmenge der homogenen linearen Gleichung $\sum_{j=1}^{n} a_j x_j = 0$ ist dann gerade $v^{-1}(\{0\})$. Umgekehrt, wenn $v \colon \mathbb{K}^n \to \mathbb{K}$ eine $\mathbb{K}$-lineare Abbildung ist, dann gilt mit $a_j := v(0, \ldots, 1, \ldots, 0)$

$$v(x_1, \ldots, x_n) = \sum_{j=1}^{n} x_j v(0, \ldots, 1, \ldots, 0) = \sum_{j=1}^{n} a_j x_j.$$

Das heißt, es gibt eine Bijektion zwischen homogenen linearen Gleichungen und linearen Abbildungen $\mathbb{K}^n \to \mathbb{K}$, für die die Lösungsmengen der Gleichungen gerade die Urbilder von 0 unter der entsprechenden Abbildung sind.

Diese Überlegungen übertragen sich sofort auf homogene lineare Gleichungssysteme, indem man lineare Abbildungen $\mathbb{K}^n \to \mathbb{K}^m$ betrachtet: Dem homogenen linearen Gleichungssystem

$$\sum_{j=1}^{n} a_{ij} x_j = 0, \quad i = 1, \ldots, m$$

mit m Gleichungen in n Unbekannten entspricht dann die Abbildung

$$\phi_A : \mathbb{K}^n \to \mathbb{K}^m, \ (x_1, \ldots, x_n) \mapsto \left(\sum_{j=1}^{n} a_{1j} x_j, \ldots, \sum_{j=1}^{n} a_{mj} x_j \right). \qquad (2.3)$$

Identifiziert man ein homogenes lineares Gleichungssystem mit seiner Koeffizientenmatrix $A := (a_{ij})$, so ist die Abbildung

$$\mathrm{Mat}(m \times n, \mathbb{K}) \to \mathrm{Hom}_{\mathbb{K}}(\mathbb{K}^n, \mathbb{K}^m), \ A \mapsto \phi_A$$

nicht nur eine Bijektion, sondern sogar ein Vektorraum-Isomorphismus.

Die Betrachtungsweise lässt sich auch auf allgemeine lineare Gleichungssysteme verallgemeinern. Die Lösungsmenge von

$$\sum_{j=1}^{n} a_{ij} x_j = b_i, \quad i = 1, \ldots, m$$

ist gerade das Urbild von $(b_1, \ldots, b_m)$ unter ϕ_A. $\qquad\qquad\qquad\qquad\qquad \square$

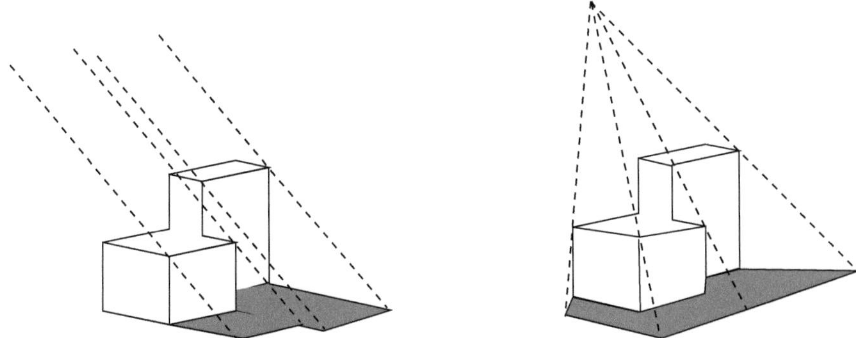

Abb. 2.2 Schattenwurf bei parallelem Licht und bei punktförmiger Lichtquelle

Beispiel 2.18 zeigt, dass das Urbild der Null für lineare Abbildungen $\mathbb{K}^n \to \mathbb{K}^m$ eine besondere Rolle spielt. Weil dies ist auch in allgemeineren Kontexten so ist, führt man für diese Menge einen besonderen Namen ein.

Definition 2.19 (Kern einer linearen Abbildung) Sei $\varphi: V \to W$ ein $\mathbb{K}$-Vektorraum-Homomorphismus. Dann heißt $\varphi^{-1}(\{0\})$ der *Kern* von φ. Der Kern wird mit Kern(φ) bezeichnet. $\square$

Die Kerne der Abbildungen in Beispiel 2.17 sind $\mathbb{R}(1, 0, 0)$, $\mathbb{R}(0, 1, 0)$ und $\mathbb{R}(0, 0, 1)$. Sie lassen sich als die Richtungen interpretieren, aus denen der Gegenstand die jeweilige Ansicht bietet. Da das Betrachten einer Ansicht ein Auge voraussetzt und ein feststehendes Auge einen ausgedehnten Gegenstand nicht betrachten kann ohne die Blickrichtung zu ändern, stellen die Architekturansichten schon eine gewisse Idealisierung in der Darstellung dreidimensionaler Objekte dar.

Was durch die Abbildungen dagegen präzise beschrieben wird, sind Schatten von dreidimensionalen Objekten unter parallelem Licht aus den drei angegebenen Richtungen. Der Schattenwurf von dreidimensionalen Objekten unter Beleuchtung durch eine punktförmige Lichtquelle ist keine lineare Abbildung, kann aber ebenfalls mit den hier vorgestellten Methoden berechnet werden. Der Punkt, auf den ein kleiner (idealisiert: punktförmiger) Gegenstand seinen Schatten wirft, ist der Schnittpunkt der Geraden durch Lichtquelle und Gegenstand mit der Bodenebene (siehe Abb. 2.2).

Mathematisch gleichwertig ist die Frage, ob man eine räumliche Konstellation auf einer Leinwand so darstellen kann, dass sie für den Betrachter des Bildes korrekt erscheint. Die Lichtquelle ist dann durch das Auge des Betrachters ersetzt, und statt der Bodenplatte hat man eine Leinwand, die man sich zwischen Auge und Gegenstand vorstellen muss. Dieses Problem hat die Maler der Renaissance intensiv beschäftigt. Es war der Ausgangspunkt der projektiven Geometrie, die wiederum ein wichtiger Wegbereiter der algebraischen Geometrie war.

Eine simple Rechnung zeigt, dass der Kern einer linearen Abbildung ein linearer Unterraum ist. Dies ist ein Spezialfall der folgenden Proposition.

Proposition 2.20 (Bilder und Urbilder von linearen Unterräumen) *Seien V und W zwei $\mathbb{K}$-Vektorräume, $\varphi \in \mathrm{Hom}_{\mathbb{K}}(V, W)$ eine $\mathbb{K}$-lineare Abbildung und $E \subseteq V$, $F \subseteq W$ lineare Unterräume. Dann gilt:*

(i) *$\varphi(E) \subseteq W$ ist ein linearer Unterraum. Insbesondere ist das* Bild

$$\mathrm{Bild}(\varphi) := \varphi(V) := \{\varphi(v) \mid v \in V\}$$

von φ ein linearer Unterraum von W.

(ii) *Das* Urbild *$\varphi^{-1}(F) := \{x \in V \mid \varphi(v) \in F\}$ von F in V ist ein linearer Unterraum.*

Beweis

(i) Für $r, r' \in \mathbb{K}$, $v, v' \in E$ und $w = \varphi(v)$, $w' = \varphi(v')$ gilt

$$rw + r'w' = r\varphi(v) + r'\varphi(v') = \varphi(rx + r'x') \in \varphi(E).$$

(ii) Für $v, v' \in \varphi^{-1}(F)$ und $r, r' \in \mathbb{K}$ gilt

$$\varphi(rv + r'v') = r\varphi(v) + r'\varphi(v') \in F.$$

Als praktische Anwendung des Kerns einer linearen Abbildung erhält man eine Charakterisierung der Injektivität linearer Abbildungen, die den Nachweis der Injektivität erleichtert.

Proposition 2.21 (Injektivitätskriterium) *Ein Homomorphismus $\varphi\colon V \to W$ von $\mathbb{K}$-Vektorräumen ist genau dann injektiv, wenn $\mathrm{Kern}(\varphi) = \{0\}$ gilt.*

Beweis Wenn φ injektiv ist, hat die Null in W nur ein Urbild, also besteht der Kern von φ nur aus der Null in V. Umgekehrt sei $\mathrm{Kern}(\varphi) = \{0\}$ und $\varphi(v) = \varphi(v')$. Dann gilt

$$\varphi(v - v') = \varphi(v) - \varphi(v') = 0$$

und somit $v = v'$. Dies zeigt, dass φ injektiv ist.

Wir schließen diesen Abschnitt mit einer im Vergleich zu den bisherigen Beispielen völlig neuartigen Konstruktion von Vektorräumen ab. Hier geht es nicht um mehr oder weniger komplizierte Teilmengen von leicht zu beschreibenden Vektorräumen wie $\mathbb{K}^n$ oder Funktionenräumen. Vielmehr definiert man eine Addition und eine skalare Multiplikation auf einer Menge von Äquivalenzklassen (siehe Bemerkung 1.11). Wir bezeichnen die Menge aller Äquivalenzklassen bzgl. einer Äquivalenzrelation auf M mit M/R.

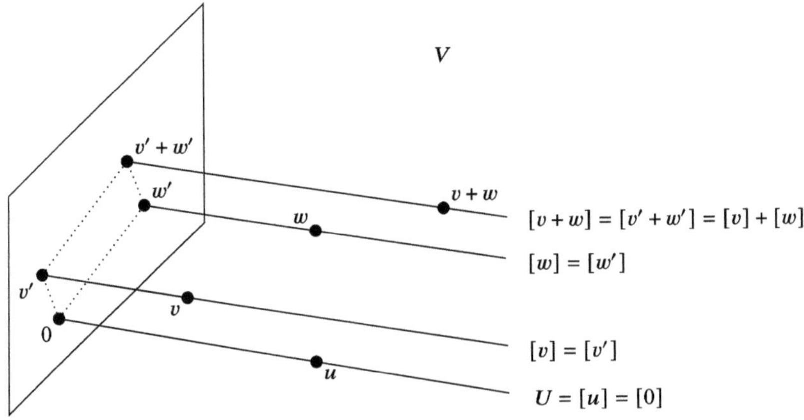

Abb. 2.3 Eindimensionale Äquivalenzklassen in $\mathbb{R}^3$

Beispiel 2.22 (Quotientenvektorräume) Sei $(V, +, \cdot)$ ein $\mathbb{K}$-Vektorraum und $U \subseteq V$ ein $\mathbb{K}$-Untervektorraum. Nicht nur U hat eine Vektorraumstruktur, sondern auch die Menge seiner Translate in V. Um das einzusehen, definiert man die Äquivalenzrelation

$$\sim_U := \{(v, w) \in V \times V \mid v + U = w + U\}$$

auf V, wobei $v + U = \{v + u \mid u \in U\}$ für $v \in V$ gelten soll. Reflexivität, Symmetrie und Transitivität der Relation $\sim_U$ sind klar. Zwei Elemente v und w in V sind bezüglich dieser Relation genau dann äquivalent, wenn $v - w \in U$. Also sind die Äquivalenzklassen gerade die Translate von U, das heißt die Mengen der Form

$$[v] := [v]_{\sim_U} = \{v + u \mid u \in U\} = v + U.$$

Man schreibt V/U statt $V/\sim_U$ für die Menge der Äquivalenzklassen.

Behauptung: V/U ist bezüglich der Verknüpfungen

$$[v] + [w] := [v + w] \tag{2.4}$$

$$c \cdot [v] := [c \cdot v] \tag{2.5}$$

für $v, w \in V$ und $c \in \mathbb{K}$ ein $\mathbb{K}$-Vektorraum, und die Abbildung $\pi : V \to V/U$, $v \mapsto [v]$ ist ein surjektiver $\mathbb{K}$-Vektorraum-Homomorphismus mit $\mathrm{Kern}(\pi) = U$. Man nennt V/U den *Quotientenraum* von V nach U und $\pi : V \to V/U$ die *kanonische Projektion* von V auf V/U.

In Abb. 2.3 ist die Situation skizziert, in der man aus $\mathbb{R}^3$ einen eindimensionalen Raum herausfaktorisiert und die Äquivalenzklassen durch eine Ebene parametrisiert werden.

Beweis der Behauptung: Für die Addition lässt sich die Antwort auf die Frage nach der Wohldefiniertheit wie folgt formulieren: $[v] = [v']$ und $[w] = [w']$ liefern $v - v' \in U$ und $w - w' \in U$, also wegen der Abgeschlossenheit von U unter der Addition und den Rechenregeln für Vektorräume auch $(v + w) - (v' + w') = (v - v') - (w - w') \in U$. Aber dann gilt $[v + w] = [v' + w']$ nach Definition der Äquivalenzrelation $\sim_U$. Also ist die Addition in der Tat wohldefiniert. Ähnlich geht man beim Nachweis der Wohldefiniertheit der skalaren Multiplikation vor: Wenn $[v] = [w]$, dann ist $v - w \in U$ und somit auch $cv - cw = c(v - w) \in U$, das heißt $[cv] = [cw]$.

Für die Assoziativität der Addition rechnet man

$$([v] + [w]) + [x] = [v + w] + [x] = [v + w + x] = [v] + [w + x] = [v] + ([w] + [x])$$

und die Kommutativität sieht man ganz analog. Die Identität $[0] + [v] = [0 + v] = [v]$ liefert, dass $[0] \in V/U$ die Null der Vektorraumstruktur sein muss. Entsprechend findet man mit $[v] + [-v] = [v - v] = [0]$ das additive Inverse $[-v]$ von $[v]$. Die Assoziativität der skalaren Multiplikation ist eine Konsequenz von

$$c \cdot (d \cdot [v]) = c \cdot [d \cdot v] = [c \cdot (d \cdot v)] = [(cd) \cdot v] = (cd) \cdot [v].$$

Die Identität $1 \cdot [v] = [1 \cdot v] = [v]$ ist klar, und die Distributivgesetze errechnen sich wie folgt:

$$(c + d) \cdot [v] = [(c + d)v] = [cv + dv] = c \cdot [v] + d \cdot [v],$$
$$c \cdot ([v] + [w]) = c \cdot [v] + c \cdot [w] = [cv] + [cw] = c \cdot [v] + c \cdot [w].$$

Bleibt die Aussage über $\pi : V \to V/U$, $v \mapsto [v]$ zu zeigen. Die Surjektivität ist klar, weil jede Äquivalenzklasse von der Form $[v]$ für ein $v \in V$ ist. Die Homomorphie-Eigenschaften sind eine Konsequenz der Rechnungen zur Wohldefiniertheit und $\pi^{-1}(0) = U$ folgt direkt aus der Definition von π. $\square$

2.2.2 Basen

Das Rechnen mit Matrizen spielte in unserer Untersuchung linearer Gleichungssysteme in Abschn. 2.1 eine zentrale Rolle und führte auf das Konzept des Vektorraums. Es stellt sich heraus, dass Vektorräume und ihre Homomorphismen umgekehrt neue Aspekte im Rechnen mit Matrizen aufzeigen. Insbesondere führt die Verknüpfung von Homomorphismen zu einer Multiplikation von Matrizen. Der Schlüsselbegriff, der die gegenseitige Befruchtung von Vektorraumtheorie und Matrizenrechnung ermöglicht, ist der einer Basis für einen Vektorraum. Er ist insbesondere dann nützlich, wenn es endliche Basen gibt. Solche Basen erlauben es, unterschiedliche Objekte der Vektorraumtheorie durch Matrizen zu beschreiben und ihre Eigenschaften in Eigenschaften von Matrizen zu übersetzen. Die Anzahl der Basiselemente bestimmt die Größe der Matrizen und wird die Dimension des Vektorraums genannt.

Die Existenz von Addition und skalarer Multiplikation in Vektorräumen ermöglicht eine sehr effiziente Beschreibung linearer Unterräume. Für lineare Unterräume von $\mathbb{K}^n$ braucht man zum Beispiel jeweils nur eine endliche Menge von Elementen, wobei die Anzahl der Elemente nie größer als n ist. Insbesondere ist es also möglich, die Lösungsmenge eines linearen Gleichungssystems durch endlich viele Daten vollständig zu beschreiben. Neben den theoretischen Implikationen erleichtert diese Reduktion an Komplexität natürlich auch die algorithmische Weiterverarbeitung solcher Lösungsdaten sowie das Abspeichern der Ergebnisse im Computer.

Die Schlüsselidee für die effiziente Darstellung von linearen Unterräumen durch minimale Mengen ist die Bildung von *Linearkombinationen* der Form $\sum_{j=1}^{m} c_j v_j$, wobei die v_j Elemente eines $\mathbb{K}$-Vektorraums und die c_j Elemente von $\mathbb{K}$ sind. Für eine gegebene Teilmenge $M \subseteq V$ von Vektoren ist die Menge aller Linearkombinationen von Elementen dieser Menge ein linearer Unterraum, weil mit zwei Linearkombinationen $\sum_{j=1}^{n} a_j v_j$ und $\sum_{k=1}^{m} b_k w_k$ von Elementen $v_1, \ldots, v_n, w_1, \ldots, w_m \in M \subseteq V$ mit $a_1, \ldots, a_n, b_1, \ldots, b_m \in \mathbb{K}$ auch

$$a \sum_{j=1}^{n} a_j v_j + b \sum_{k=1}^{m} b_k w_k = \sum_{j=1}^{n} (aa_j) v_j + \sum_{k=1}^{m} (bb_k) w_k$$

eine Linearkombination von Elementen aus M ist. Man nennt diesen linearen Unterraum den von M *aufgespannten* Vektorraum. Wenn man einen linearen Unterraum durch endlich viele Vektoren aufspannen kann, heißt er *endlichdimensional*. In diesem Fall stellt sich heraus, dass die Anzahl der benötigten Vektoren nur von dem linearen Unterraum abhängt. Diese Anzahl nennt man dann die *Dimension* des linearen Unterraums. Eine *Basis* ist dann eine minimale Menge von Vektoren, die den linearen Unterraum aufspannen.

Definition 2.23 (Basis) Sei $(V, +, \cdot)$ ein $\mathbb{K}$-Vektorraum und $A \subseteq V$ eine nichtleere Teilmenge. Dann heißt

$$\langle A \rangle := \langle A \rangle_{\mathbb{K}-\mathrm{VR}} := \left\{ \sum_{j=1}^{m} c_j a_j \,\middle|\, m \in \mathbb{N}, a_j \in A, c_j \in \mathbb{K} \right\}$$

der *lineare Spann* (oder die *lineare Hülle*) von A. Für $A = \emptyset$ definiert man $\langle A \rangle_{\mathbb{K}-\mathrm{VR}} := \{0\}$. Weiter heißt A *linear abhängig*, wenn es eine echte Teilmenge $A' \subsetneq A$ mit $\langle A' \rangle_{\mathbb{K}-\mathrm{VR}} = \langle A \rangle_{\mathbb{K}-\mathrm{VR}}$ gibt. Andernfalls heißt A *linear unabhängig*. A ist eine *Basis* für V, wenn A linear unabhängig ist und V aufspannt (das heißt $\langle A \rangle_{\mathbb{K}-\mathrm{VR}} = V$). $\square$

Das einfachste Beispiel für eine Basis ist die *Standardbasis* $\{e_1, \ldots, e_n\}$ für den Vektorraum $\mathbb{K}^n$, die aus den Vektoren

$$e_1 = (1, 0, 0, \ldots, 0)$$
$$e_2 = (0, 1, 0, \ldots, 0)$$
$$\vdots$$
$$e_n = (0, \ldots, 0, 0, 1)$$

besteht. Mit dieser Setzung ist klar, dass ein Vektor $a = (a_1, \ldots, a_n) \in \mathbb{K}^n$ sich als Linearkombination $a = \sum_{j=1}^{n} a_j\, e_j$ schreiben lässt, das heißt, $\{e_1, \ldots, e_n\}$ spannt ganz $\mathbb{K}^n$ auf. Lässt man einen der Vektoren weg, zum Beispiel e_k, dann kann man nur noch solche Vektoren aufspannen, die an der k-ten Stelle eine Null haben. Das zeigt die lineare Unabhängigkeit von $\{e_1, \ldots, e_n\}$.

Für die Berechnung von Dimensionen sowie für die Konstruktion von Basen braucht man eine praktisch durchführbare Methode, die lineare Unabhängigkeit einer Menge nachzuweisen. Die Definition selbst ist dafür nicht gut geeignet, weil sie erfordert, für alle Teilmengen den linearen Spann zu bestimmen. Die folgende Charakterisierung, mit der man sehr gut arbeiten kann, wird daher oft zur Definition der linearen Unabhängigkeit genommen.

Satz 2.24 (**Test auf lineare Unabhängigkeit**) *Sei V ein $\mathbb{K}$-Vektorraum und $A \subseteq V$. Dann sind folgende Aussagen äquivalent:*

(1) *A ist linear unabhängig.*

(2) *Für $v_1, \ldots, v_k \in A$ verschieden und $c_1, \ldots, c_k \in \mathbb{K}$ mit $\sum_{j=1}^{k} c_j v_j = 0$ folgt, dass $c_1 = \ldots = c_k = 0$.*

Beweis

$(2) \Rightarrow (1)$: Wenn $v_1, \ldots, v_k \in A$ verschieden und $c_1, \ldots, c_k \in \mathbb{K}$ nicht alle 0 sind, jedoch

$$\sum_{j=1}^{k} c_j v_j = 0 \qquad\qquad \text{(NLR)}$$

gilt (so eine Gleichung nennt man eine *nichttriviale lineare Relation*), dann ist A linear abhängig. Um das einzusehen, kann man annehmen, dass $c_1 \neq 0$ gilt. Gegebenenfalls muss man dazu die v's und c's umnummerieren. Durch Umstellen der Gleichung findet man

$$v_1 = \sum_{j=2}^{k} \left(-\frac{c_j}{c_1}\right) v_j \in \langle A \setminus \{v_1\}\rangle.$$

Jetzt setzt man $A' := A \setminus \{v_1\} \subsetneq A$. Dann gilt $v_1 = \sum_{j=1}^{m} c_j' a_j'$ mit $a_j' \in A'$ und man kann rechnen

$$\langle A \rangle = \left\{ t v_1 + \sum_{i=1}^{k} d_i b_i \,\middle|\, b_i \in A'; t, d_i \in \mathbb{K}; k \in \mathbb{N} \right\}$$

$$= \left\{ \sum_{j=1}^{m} t c_j' a_j' + \sum_{i=1}^{k} d_i b_i \,\middle|\, a_j', b_i \in A'; c_j', t, d_i \in \mathbb{K}; k \in \mathbb{N} \right\} \subseteq \langle A' \rangle \subseteq \langle A \rangle.$$

Zusammen ergibt sich $\langle A \rangle = \langle A' \rangle$.

$(1) \Rightarrow (2)$: Wenn A linear abhängig ist, dann gibt es $A' \subsetneq A$ mit $\langle A' \rangle = \langle A \rangle$. Sei $v \in A \setminus A'$ und $v = \sum_{j=1}^{k} c_j v_j$, $v_j \in A'$, $c_j \in \mathbb{K}$. Dann ist

$$1v + \sum_{j=1}^{k} (-c_j) v_j = 0$$

die gewünschte nichttriviale lineare Relation.

Mit Satz 2.24 kann man zeigen, dass man für eine gegebene Basis jeden Vektor eines Vektorraums in eindeutiger Weise als Linearkombination der Basisvektoren schreiben kann. Diese Eigenschaft zeichnet die Basen unter allen Teilmengen eines Vektorraums aus.

Satz 2.25 (Koordinatendarstellung) *Sei V ein $\mathbb{K}$-Vektorraum und $B \subseteq V$. Dann sind folgende Aussagen äquivalent:*

(1) *B ist eine Basis für V.*
(2) *Jedes $v \in V$ lässt sich in eindeutiger Weise als Linearkombination von Elementen aus B schreiben.*

Beweis Die Existenz einer Linearkombination für *jedes* $v \in V$ ist äquivalent zu $\langle B \rangle = V$. Wegen Satz 2.24 ist die Eindeutigkeit der Linearkombination äquivalent zur linearen Unabhängigkeit von B. Wenn nämlich $u = \sum_{j=1}^{k} c_j v_j = \sum_{i=1}^{\ell} d_i w_i$ mit $\{v_1, \ldots, v_k\}, \{w_1, \ldots, w_\ell\} \subseteq B$ gilt, dann kann man ohne Beschränkung der Allgemeinheit $\{v_1, \ldots, v_k\} = \{w_1, \ldots, w_\ell\}$ annehmen, indem man die Vereinigung der beiden Mengen nimmt und zusätzliche Summanden der Form $0 \cdot v_j$ bzw. $0 \cdot w_i$ aufnimmt. Dann gilt $\sum_{j=1}^{k}(c_j - d_j) v_j = 0$ und daher wegen Satz 2.24 $c_j = d_j$ für alle j. Umgekehrt, wenn aus $\sum_{j=1}^{k} c_j v_j = 0 = \sum_{j=1}^{k} 0 \cdot v_j$ für $\{v_1, \ldots, v_k\} \subseteq B$ folgt, dass für alle j gilt $c_j = 0$, dann liefert Satz 2.24 die lineare Unabhängigkeit von B. $\qquad\square$

Man kann die in Satz 2.25 (2) garantierte Linearkombination in der Form

$$v = \sum_{b \in B} x_b b$$

schreiben, wobei nur endlich viele der Koeffizienten $x_b \in \mathbb{K}$ ungleich Null sind. Man nennt die x_b die *Koordinaten* von v bezüglich der Basis B.

Wenn die Basis eines Vektorraums nur endlich viele Elemente hat, nummeriert man diese Elemente gern in der Form $v_1, \ldots, v_n$ durch und bezeichnet die Koordinate von v_j mit x_j. In diesem Fall heißt dann $(x_1, \ldots, x_n)$ der *Koordinatenvektor* von v. Man beachte, dass es zur Bestimmung eines Koordinatenvektors von v auf die Reihenfolge der Basiselemente ankommt. Die Beschreibung von linearen Abbildungen durch Matrizen, die wir aus den Koordinatendarstellungen ableiten werden, hängt ebenfalls von der Durchnummerierung der Basiselemente ab. Daher wird in Texten, in denen nur endliche oder höchstens abzählbare Basen vorkommen, eine Basis oft als Tupel oder Folge von Vektoren und nicht als Teilmenge von Vektoren definiert.

Am Beispiel der Räume von Matrizen kann man sehen, dass die Durchnummerierung von Basiselementen keineswegs natürlich vorgegeben ist.

Beispiel 2.26 (Basen für Räume von Matrizen) Sei $E_{ij} \in \mathrm{Mat}(m \times n, \mathbb{K})$ die Matrix, die als Einträge nur Nullen hat, außer an der Stelle ij, wo sie eine Eins hat. Dann ist $\{E_{ij} \mid i = 1, \ldots m; \, j = 1, \ldots, n\}$ eine Basis für $\mathrm{Mat}(m \times n, \mathbb{K})$, weil jede Matrix sich in eindeutiger Weise als Linearkombination der E_{ij} schreiben lässt. Die Koeffizienten sind dabei gerade die Einträge der Matrix. $\hfill\square$

An dieser Stelle sollte man beachten, dass Satz 2.25 nichts darüber aussagt, ob es überhaupt Basen für einen Vektorraum gibt. Im Allgemeinen kann man das nur garantieren, wenn man das Auswahlaxiom aus der Mengenlehre voraussetzt. Es besagt:

Sei Γ eine Menge und $\{U_\gamma \mid \gamma \in \Gamma\}$ eine Menge von nichtleeren Mengen. Dann kann man aus jedem U_γ ein Element $x_\gamma \in U_\gamma$ auswählen, das heißt, es gibt eine Funktion $a : \Gamma \to \bigcup_{\gamma \in \Gamma} U_\gamma$ mit $a(\gamma) \in U_\gamma$.

Bei dem Auswahlaxiom handelt es sich um eine Existenzaussage, die für endliche und abzählbar unendliche Mengen unproblematisch ist, sich aber für überabzählbare Mengen nicht aus den üblichen mengentheoretischen Axiomen beweisen lässt. Man kann diese Existenzaussage zu den mengentheoretischen Axiomen hinzunehmen, ohne die Widerspruchsfreiheit des Systems zu zerstören. Genauer gesagt ist diese erweiterte Mengentheorie genau dann widerspruchsfrei, wenn die übliche Mengentheorie widerspruchsfrei ist. Diesen Satz aus den Grundlagen der Mathematik beweisen wir nicht. Wir nehmen ihn aber zum Anlass, das Auswahlaxiom einzusetzen, wenn wir es nicht vermeiden können.

Für endlichdimensionale Vektorräume, das heißt solche, die von endlich vielen Vektoren aufgespannt werden, kann man die Existenz einer Basis allerdings auch ohne das Auswahlaxiom garantieren. Es stellt sich heraus, dass jede endliche Menge, die den Raum aufspannt, schon eine Basis enthält.

Satz 2.27 (Basis-Auswahl) *Sei* $U = \langle v_1, \ldots, v_k \rangle := \langle \{v_1, \ldots, v_k\} \rangle \subset V$. *Dann enthält* $\{v_1, \ldots, v_k\}$ *eine Basis für* U.

Beweis Man testet $\{v_1, \ldots, v_k\}$ mit Satz 2.24 auf lineare Unabhängigkeit.

1. Fall: Wenn $\{v_1, \ldots, v_k\}$ linear unabhängig ist, gibt es nichts zu zeigen.
2. Fall: Wenn $\{v_1, \ldots, v_k\}$ linear abhängig ist, dann existiert eine echte Teilmenge $\{v_{i_1}, \ldots, v_{i_r}\} \subsetneqq \{v_1, \ldots, v_k\}$ mit

$$\langle v_{i_1}, \ldots, v_{i_r} \rangle = \langle v_1, \ldots, v_k \rangle = U.$$

Jetzt wiederholt man den Test mit der kleineren Menge. Dieses Verfahren bricht ab, weil man in jedem Schritt mindestens ein Element streicht. Man landet nach endlich vielen Schritten bei Fall 1 und hat die gewünschte Basis. $\square$

Basen und Koordinaten erlauben nicht nur eine effiziente Beschreibung von Vektorräumen, sondern auch von linearen Abbildungen. Insbesondere lassen sich lineare Abbildungen zwischen endlichdimensionalen Vektorräumen durch endlich viele Zahlen beschreiben, die man gut als Matrizen schreiben kann. Wir werden diese Vorgehensweise in Abschn. 2.3.1 genauer studieren. Hier beschränken wir uns auf die Feststellung, dass eine lineare Abbildung durch ihre Werte auf einer Basis vollständig beschrieben ist.

Proposition 2.28 (Einschränkung linearer Abbildungen auf Basen) *Seien* V *und* W $\mathbb{K}$*-Vektorräume und* B *eine Basis für* V.

(i) *Jede* $\mathbb{K}$*-lineare Abbildung* $\varphi \colon V \to W$ *ist durch ihre Einschränkung auf* B *vollständig bestimmt.*
(ii) *Jede Abbildung* $\psi \colon B \to W$ *lässt sich in eindeutiger Weise zu einer* $\mathbb{K}$*-linearen Abbildung* $\varphi \colon V \to W$ *fortsetzen (das heißt* $\varphi|_B = \psi$*).*

Beweis

(i) Sei $v \in V$. Dann lässt sich v nach Satz 2.25 als Linearkombination der Elemente von B schreiben: $v = \sum_{b \in B} c_b b$, wobei nur endlich viele der c_b von 0 verschieden sind. Also gilt

$$\varphi(v) = \sum_{b \in B} c_b \varphi(b),$$

und φ ist durch seine Werte auf B vollständig bestimmt.

(ii) Die Eindeutigkeit folgt sofort aus dem ersten Teil. Zur Existenz zieht man wieder Satz 2.25 heran, um v in eindeutiger Weise als Linearkombination der Elemente von B zu schreiben: $v = \sum_{b \in B} c_b b$. Dann definiert man eine Abbildung $\varphi \colon V \to W$ durch

$$\varphi(v) := \sum_{b \in B} c_b \psi(b)$$

und muss zeigen, dass φ $\mathbb{K}$-linear ist. Dies ist aber eine elementare Rechnung: Mit $v = \sum_{b \in B} c_b b$ und $w = \sum_{b \in B} d_b b$ findet man

$$\varphi(rv + sw) = \varphi\Big(\sum_{b \in B}(rc_b + sd_b)b\Big) = \sum_{b \in B}(rc_b + sd_b)\psi(b)$$

$$= \sum_{b \in B} rc_b\psi(b) + \sum_{b \in B} sd_b\psi(b) = r\Big(\sum_{b \in B} c_b\psi(b)\Big) + s\Big(\sum_{b \in B} d_b\psi(b)\Big)$$

$$= r\varphi(v) + s\varphi(w).$$

$\square$

Eigenschaften wie die in Proposition 2.28 (ii) beschriebenen werden oft *universelle Eigenschaften* genannt und in Form eines *kommutativen Diagramms* der Bauart

$$
\begin{array}{ccc}
B & \overset{\iota}{\hookrightarrow} & V \\
& {}_{\forall\psi}\searrow & \big\downarrow {\scriptstyle \exists!\varphi} \\
& & W
\end{array}
$$

dargestellt. Dabei bedeutet „kommutativ", dass die Abbildungen, die durch Hintereinanderausführung der Abbildungen an den Pfeilen entstehen, nur von Anfang und Ende der Pfeilfolge abhängen, nicht von der Folge selbst.

Bemerkung 2.29 (Verknüpfung von Abbildungen) Wir haben bisher noch keine formale Definition der *Verknüpfung* oder *Hintereinanderausführung* von Abbildungen gegeben. Damit ist folgendes gemeint. Wenn $f : A \to B$ und $g : B \to C$ Abbildungen sind, dann ist die Verknüpfung $g \circ f : A \to C$ durch $a \mapsto g(f(a))$ gegeben.

Die Kommutativität des obigen Diagramms bedeutet dann, dass $\phi \circ \iota = \psi$ gilt, wobei $\iota : B \to V$, $b \mapsto b$ die Inklusionsabbildung ist.

Dimension

Die Anzahl der Elemente in einer Basis hängt nicht von der Basis ab. Das heißt, diese Anzahl ist eine Kenngröße des Vektorraums und nicht der Basis. Man nennt sie die *Dimension* des Vektorraums. Die Dimension erlaubt es oft, Aussagen über Vektorräume mit Induktion zu beweisen, ohne explizite Kenntnis von Basen zu haben.

Wir starten mit einem Lemma.

Lemma 2.30 (Isomorphe Bilder von Basen) *Sei $\varphi\colon V \to W$ ein $\mathbb{K}$-Vektorraum-Isomorphismus und $A \subseteq V$. Man zeige, dass gilt:*

(i) $\langle \varphi(A) \rangle = \varphi(\langle A \rangle)$.

(ii) *A ist linear (un)abhängig genau dann, wenn $\varphi(A) \subseteq W$ linear (un)abhängig ist.*

(iii) *A ist eine Basis für V genau dann, wenn $\varphi(A)$ eine Basis für W ist.*

Beweis

(i) Man rechnet

$$\varphi\big(\langle A \rangle\big) = \varphi\Big(\Big\{ \sum_{j=1}^{m} c_j a_j \;\Big|\; m \in \mathbb{N}, a_j \in A, c_j \in \mathbb{K} \Big\}\Big)$$

$$= \Big\{ \sum_{j=1}^{m} c_j \varphi(a_j) \;\Big|\; m \in \mathbb{N}, a_j \in A, c_j \in \mathbb{K} \Big\} = \langle \varphi(A) \rangle.$$

(ii) Wegen der Bijektivität von φ ist $A' \subsetneqq A$ äquivalent zu $\varphi(A') \subsetneqq \varphi(A)$. Mit dem ersten Teil sind dann auch $\langle A' \rangle = \langle A \rangle$ und $\langle \varphi(A') \rangle = \langle \varphi(A) \rangle$ äquivalent und die Behauptung folgt.

(iii) Dieser Teil ist eine unmittelbare Konsequenz der beiden ersten Teile. $\qquad\square$

Satz 2.31 (Endliche Basen) *Sei $V \neq \{0\}$ ein $\mathbb{K}$-Vektorraum. Dann sind folgende Aussagen äquivalent:*

(1) *V hat eine Basis mit n Elementen.*

(2) *Jede Basis für V hat n Elemente, und es gibt auch eine solche Basis.*

(3) *V ist isomorph zu $\mathbb{K}^n$, das heißt, es gibt einen Isomorphismus von $\mathbb{K}$-Vektorräumen $\varphi\colon V \to \mathbb{K}^n$.*

Sind diese Bedingungen erfüllt, so kann keine linear unabhängige Teilmenge von V mehr als n Elemente haben.

Beweis

(1) $\Rightarrow$ (2): Sei $B = \{v_1, \ldots, v_n\}$ eine Basis und $B' \subseteq V$ eine linear unabhängige Menge. Zunächst zeigt man, dass B' nicht mehr als n Elemente haben kann. Dazu stellt man die Elemente von B' als Linearkombinationen der $\{v_1, \ldots, v_n\}$ dar, was wegen Satz 2.25 möglich ist. Wir nehmen wir an, dass B' die Elemente $w_1, \ldots, w_m$ enthält, und setzen

$$w_i =: \sum_{j=1}^{n} c_{ij} v_j \qquad i = 1, \ldots, m; \; j = 1, \ldots, n.$$

Als Nächstes betrachten wir das homogene lineare Gleichungssystem

$$\sum_{i=1}^{m} c_{ij} x_i = 0$$

mit n Gleichungen und m Unbekannten. Wenn jetzt $n < m$ wäre, dann hätte das System nach den Folgerungen aus Algorithmus 2.11 (siehe S. 103) eine von Null verschiedene Lösung $(x_1, \ldots, x_m) \neq 0$. Wegen

$$\sum_{i=1}^{m} x_i w_i = \sum_{i=1}^{m} x_i \left(\sum_{j=1}^{n} c_{ij} v_j \right) = \sum_{j=1}^{n} \left(\sum_{i=1}^{m} c_{ij} x_i \right) v_j = 0$$

stünde dies aber nach Satz 2.24 im Widerspruch zur linearen Unabhängigkeit von $\{w_1, \ldots, w_m\}$. Damit ist $m \leq n$ bewiesen. Insbesondere ist gezeigt, dass jede Basis für V endlich sein muss. Wenn also B' auch eine Basis ist, kann man die Rollen von B und B' vertauschen und erkennt mit demselben Argument, dass $n \leq m$, also $n = m$, gilt.

$(2) \Rightarrow (3)$: Sei $\{v_1, \ldots, v_n\}$ eine Basis für V. Wegen Satz 2.25 kann man durch

$$\varphi \left(\sum_{j=1}^{n} c_j v_j \right) := (c_1, \ldots, c_n) = \sum_{j=1}^{n} c_j e_j \in \mathbb{K}^n$$

eine Abbildung $\varphi \colon V \to \mathbb{K}^n$ definieren. Diese Abbildung ist bijektiv mit Umkehrabbildung

$$\psi \colon \mathbb{K}^n \to V, \quad (c_1, \ldots, c_n) \mapsto \sum_{j=1}^{n} c_j v_j.$$

Es bleibt noch zu zeigen, dass φ linear ist. Für $v = \sum_{j=1}^{n} c_j v_j$ und $w = \sum_{j=1}^{n} d_j v_j$ rechnet man dazu

$$\varphi(rv + sw) = \varphi \left(\sum_{j=1}^{n} (rc_j + sd_j) v_j \right) = (rc_1 + sd_1, \ldots, rc_n + sd_n)$$

$$= r(c_1, \ldots, c_n) + s(d_1, \ldots, d_n) = r\varphi(v) + s\varphi(w).$$

$(3) \Rightarrow (1)$: Dies folgt unmittelbar aus Lemma 2.30, weil man die Standardbasis für $\mathbb{K}^n$ (siehe S. 114) hat.

Man beachte, dass die letzte Behauptung in Satz 2.31 im Zuge des Arguments für $(1) \Rightarrow (2)$ gezeigt wurde. $\qquad\qquad\square$

Ein wesentlicher Bestandteil des Beweises von Satz 2.31 ist die Beobachtung, dass Isomorphismen von Vektorräumen Basen immer auf Basen abbilden. Insbesondere haben isomorphe Vektorräume immer die gleiche Dimension.

Eine wesentliche Lehre, die man aus Satz 2.31 zieht, ist, dass man Rechnungen für endlichdimensionale $\mathbb{K}$-Vektorräume in $\mathbb{K}^n$ durchführen kann, sobald man eine Basis mit n Elementen gefunden hat. Damit werden alle Rechenmethoden, die man für $\mathbb{K}^n$ entwickelt hat, auch für solche Vektorräume verfügbar. Man sollte sich aber klar machen, dass solche Rechnungen dann von der Wahl der Basis abhängen. Auf begrifflicher Ebene muss man dabei immer klären, wie sich eine über Basen beschriebene Größe verändert, wenn man eine Basis durch eine andere Basis ersetzt. Als rechentechnische Anwendung kann man dann für ein gegebenes Problem eine Basis in geschickter Art und Weise so wählen, dass das Problem auf ein schon bekanntes zurückgeführt oder der Rechenaufwand minimiert wird.

Definition 2.32 (Dimension) Wenn die äquivalenten Bedingungen aus Satz 2.31 gelten, nennt man n die *Dimension* von V. Man schreibt $\dim_{\mathbb{K}}(V)$ oder, wenn $\mathbb{K}$ aus dem Kontext klar ist, $\dim(V)$ für die Dimension. Andernfalls sagt man, V ist *unendlichdimensional* und schreibt $\dim(V) = \infty$. $\qquad\square$

Man beachte, dass jeder Vektorraum, der von endlich vielen Vektoren aufgespannt wird, nach dem Basis-Auswahlsatz 2.27 eine endliche Basis enthält. Also hat jeder im auf S. 119 eingeführten Sinne endlichdimensionale Vektorraum endliche Dimension.

Kombiniert man Satz 2.27 mit Satz 2.31, so erhält man auch eine Methode, konkrete Basen zu finden, wenn man eine endliche Menge hat, die den ganzen Vektorraum aufspannt. Diese Methode ist allerdings nicht besonders effektiv, denn man muss ja alle Teilmengen der vorgegebenen endlichen Menge auf lineare Abhängigkeit testen. Außerdem möchte man in vielen Fällen eine Basis nicht durch Ausdünnung einer großen Menge, sondern durch gezielte Vergrößerung einer vorgegebenen linear unabhängigen Menge konstruieren. Dass dies für endlichdimensionale Vektorräume im Prinzip immer möglich ist, zeigt der Basisergänzungssatz 2.33.

Satz 2.33 (Basisergänzung) *Sei V ein endlichdimensionaler $\mathbb{K}$-Vektorraum und $W \subseteq U \subseteq V$ lineare Unterräume. Weiter sei $\{w_1, \ldots, w_k\}$ eine Basis für W. Dann gibt es Elemente $u_1, \ldots, u_m \in U$, so dass $\{w_1, \ldots, w_k, u_1, \ldots, u_m\}$ eine Basis für U ist.*

Beweis Wenn $W = U$, dann ist nichts zu zeigen. Wenn $W \subsetneq U$, dann gibt es ein $u \in U \setminus W$ und $\{w_1, \ldots, w_k, u\}$ ist linear unabhängig. Um das einzusehen, stellen wir zunächst fest, dass

$$\left(\sum_{j=1}^{k} c_j w_j \right) + cu = 0$$

impliziert $c = 0$, weil wir andernfalls

$$u = -\frac{1}{c}\sum_{j=1}^{k} c_j w_j = \sum_{j=1}^{k}\left(-\frac{c_j}{c}\right) w_j \in W$$

hätten, was im Widerspruch zu $u \in U \setminus W$ stünde. Also gilt $\sum_{j=1}^{k} c_j w_j = 0$ und das zeigt wegen der linearen Unabhängigkeit von $\{w_1, \ldots, w_k\}$, dass $c_1 = 0, \ldots, c_k = 0$. Damit haben wir die lineare Unabhängigkeit von $\{w_1, \ldots, w_k, u\}$ nachgewiesen.

Jetzt setzen wir $u_1 := u$ und $U_1 := \langle w_1, \ldots, w_k, u_1\rangle \subseteq U$. Dann ist $\{w_1, \ldots, w_k, u_1\}$ nach dem obigen Argument eine Basis für U_1 und man kann die bisherigen Beweisschritte für U_1 statt W wiederholen, falls $U_1 \subsetneq U$ gilt.

Auf diese Weise findet man $u_1, \ldots, u_j, \ldots \in U$ und lineare Unterräume $U_1 \subseteq \ldots \subseteq U_j \subseteq \ldots \subseteq U$ mit der Eigenschaft, dass $\{w_1, \ldots, w_k, u_1, \ldots, u_j\}$ eine Basis für U_j ist. Da nach Satz 2.31 keine linear unabhängige Teilmenge von V mehr als $\dim_{\mathbb{K}} V$ Elemente haben kann, muss irgendwann der erste Fall eintreten, das heißt, es gibt ein m mit $U_m = U$. Folglich ist $\{v_1, \ldots, v_k, u_1, \ldots, u_m\}$ eine Basis für U. $\square$

Als Anwendung des Basisergänzungssatzes 2.33 erhält man eine Formel, die die Dimensionen von Schnitten und Summen von linearen Unterräumen miteinander in Beziehung setzt. Zum Beweis ergänzt man eine Basis des Schnitts zu Basen der einzelnen Räume und zeigt, dass die Vereinigung dieser Basen eine Basis der Summe ist.

Proposition 2.34 (Dimensionsformel für Unterräume) *Es seien V ein endlichdimensionaler $\mathbb{K}$-Vektorraum und $U_1, U_2 \subseteq V$ lineare Unterräume.*

(i) *Wenn $U_1 \subseteq U_2$, dann gilt $\dim_{\mathbb{K}}(U_1) \leq \dim_{\mathbb{K}}(U_2)$. Falls zusätzlich $\dim_{\mathbb{K}}(U_1) = \dim_{\mathbb{K}}(U_2)$ gilt, hat man $U_1 = U_2$.*

(ii) *Es gilt*

$$\dim_{\mathbb{K}}(U_1) + \dim_{\mathbb{K}}(U_2) = \dim_{\mathbb{K}}(U_1 + U_2) + \dim_{\mathbb{K}}(U_1 \cap U_2),$$

wobei $U_1 + U_2 = \langle U_1 \cup U_2\rangle = \{u_1 + u_2 \mid u_1 \in U_1, u_2 \in U_2\}$ ist.

Beweis

(i) $\{v_1, \ldots, v_r\}$ sei eine Basis von U_1. Ergänze diese mithilfe von Satz 2.33 zu einer Basis $\{v_1, \ldots, v_r, v_{r+1}, \ldots, v_{r+s}\}$ von U_2. Dann gilt

$$\dim_{\mathbb{K}}(U_1) = r \leq r + s = \dim_{\mathbb{K}}(U_2).$$

Für $\dim_{\mathbb{K}}(U_1) = \dim_{\mathbb{K}}(U_2)$ folgt $s = 0$, und $\{v_1, \ldots, v_r\}$ ist eine Basis von U_2. Damit haben wir $U_1 = U_2$.

(ii) Sei $\{u_1, \ldots, u_d\}$ eine Basis für $U_1 \cap U_2$. Betrachte $U_1 \cap U_2$ einmal als linearen Unterraum von U_1 und einmal als linearen Unterraum von U_2. Dementsprechend ergänze $\{u_1, \ldots, u_d\}$ einerseits zu einer Basis $\{u_1, \ldots, u_d, v_1, \ldots, v_r\}$ für U_1 und andererseits zu einer Basis $\{u_1, \ldots, u_d, w_1, \ldots, w_s\}$ für U_2. Wir zeigen jetzt, dass die $u_1, \ldots, u_d, v_1, \ldots, v_r, w_1, \ldots, w_s$ paarweise verschieden sind und die Menge $\{u_1, \ldots, u_d, v_1, \ldots, v_r, w_1, \ldots, w_s\}$ eine Basis für $U_1 + U_2$ ist. Dazu müssen wir die Menge auf lineare Unabhängigkeit prüfen und zeigen, dass sie ganz $U_1 + U_2$ aufspannt.

Lineare Unabhängigkeit:

$$\left(\sum_{i=1}^{d} a_i u_i + \sum_{j=1}^{r} b_j v_j \right) + \left(\sum_{k=1}^{s} c_k w_k \right) = 0$$

impliziert $\sum_{k=1}^{s} c_k w_k \in U_2 \cap U_1$, so dass man eine Darstellung

$$\sum_{k=1}^{s} c_k w_k = \sum_{i=1}^{d} a_i' u_i$$

hat. Dies schreibt man um in $\sum_{k=1}^{s} c_k w_k + \sum_{i=1}^{d} (-a_i') u_i = 0$ und folgert $c_k = 0$, weil $\{u_1, \ldots, u_d, w_1, \ldots, w_s\}$ linear unabhängig ist. Dann hat man aber

$$\sum_{i=1}^{d} a_i u_i + \sum_{j=1}^{r} b_j v_j = 0,$$

woraus $a_i, b_j = 0$ folgt, weil $\{u_1, \ldots, u_d, v_1, \ldots, v_r\}$ linear unabhängig ist. Mit Satz 2.24 folgt, dass die $u_1, \ldots, u_d, v_1, \ldots, v_r, w_1, \ldots, w_s$ linear unabhängig und insbesondere paarweise verschieden sind.

Linearer Spann: Für $t_1 \in U_1$ und $t_2 \in U_2$ gilt $t_1 = \sum a_i u_i + \sum b_j v_j$ und $t_2 = \sum a_i' u_i + \sum c_k w_k$, also

$$\sum (a_i + a_i') u_i + \sum b_j v_j + \sum c_k w_k = t_1 + t_2 \in U_1 + U_2.$$

Das heißt, jedes Element von $U_1 + U_2$ eine Linearkombination von Elementen in

$$\{u_1, \ldots, u_d, v_1, \ldots, v_r, w_1, \ldots, w_s\}.$$

Damit haben wir gezeigt, dass diese Menge eine Basis für $U_1 + U_2$ ist, und es bleiben nur noch die Längen der einzelnen Basen abzuzählen:

$$\dim_{\mathbb{K}}(U_1 + U_2) = d + r + s \quad \dim_{\mathbb{K}}(U_1 \cap U_2) = d$$
$$\dim_{\mathbb{K}}(U_1) = d + r \qquad \dim_{\mathbb{K}}(U_2) = d + s$$

$\square$

Es gibt noch diverse weitere Dimensionsformeln. Wir betrachten zwei davon. Zunächst zeigen wir, dass die Dimension eines Quotientenraums V/U (siehe Beispiel 2.22) gerade die Differenz der Dimensionen von V und U ist, sofern beide Räume endlichdimensional sind. Als Folgerung ergibt sich eine Dimensionsformel, die einen Zusammenhang zwischen Kern und Bild einer linearen Abbildung herstellt.

Proposition 2.35 (Dimensionsformel für Quotientenräume) *Sei V ein endlichdimensionaler $\mathbb{K}$-Vektorraum und U ein $\mathbb{K}$-Untervektorraum. Dann gilt:*

$$\dim(V) = \dim(U) + \dim(V/U).$$

Beweis Wir ergänzen eine Basis $u_1, \ldots, u_r$ für U mit dem Basisergänzungssatz 2.33 zu einer Basis $u_1, \ldots, u_r, v_1, \ldots, v_s$ für V.

Behauptung 1: $\{[v_1], \ldots, [v_s]\} \subseteq V/U$ ist linear unabhängig.
  Um das einzusehen, benutzen wir Satz 2.24 und setzen

$$[0] = \sum_{j=1}^{s} c_j[v_j] = \sum_{j=1}^{s} [c_j v_j] = \left[\sum_{j=1}^{s} c_j v_j \right]$$

an, was auf $\sum_{j=1}^{s} c_j v_j - 0 \in U$ führt. Das heißt, wir können wegen Satz 2.25 schreiben $\sum_{j=1}^{s} c_j v_j = \sum_{i=1}^{r} d_i u_i$. Dies kann man zu

$$\sum_{j=1}^{s} c_j v_j - \sum_{i=1}^{r} d_i u_i = 0$$

umformulieren, woraus wegen der linearen Unabhängigkeit der Basis für V folgt, dass alle Koeffizienten $c_1, \ldots, c_s, d_1, \ldots, d_r$ gleich 0 sind.

Behauptung 2: $\langle [v_1], \ldots, [v_s] \rangle = V/U$.
  Zum Beweis stellen wir zuerst fest, dass jedes Element von V/U von der Form $[v]$ ist. Wieder mit Satz 2.25 können wir schreiben

$$v = \sum_{i=1}^{r} a_i u_i + \sum_{j=1}^{s} b_j v_j.$$

Dann gilt

$$[v] = [0] + \Big[\sum_{j=1}^{s} b_j v_j \Big] = \sum_{j=1}^{s} b_j [v_j],$$

und die Behauptung folgt.

Wir wissen jetzt, dass $\{[v_1], \ldots, [v_s]\}$ eine Basis für V/U ist und müssen nur noch die Dimensionen abzählen:

$$\dim(V) = r + s, \quad \dim(U) = r, \quad \dim(V/U) = s.$$

$\square$

Um aus Proposition 2.35 die angekündigte Folgerung für die Dimensionen von Bild und Kern einer linearen Abbildung ziehen zu können, brauchen wir noch die folgende einfache Bemerkung, die wir als Satz aufschreiben, weil sie Modellcharakter für analoge Sätze in beliebigen algebraischen Strukturen hat. Alle diese Sätze werden unter dem Namen *Isomorphiesatz* geführt.

Satz 2.36 (Isomorphie) *Sei $\varphi \in \mathrm{Hom}_{\mathbb{K}}(V, W)$. Dann ist die Abbildung*

$$\overline{\varphi} : V/\mathrm{Kern}(\varphi) \to \mathrm{Bild}(\varphi), \quad [v] \mapsto \varphi(v)$$

wohldefiniert und ein Isomorphismus von $\mathbb{K}$-Vektorräumen.

Beweis Die Wohldefiniertheit ist eine Konsequenz der Äquivalenzen

$$[v] = [w] \iff v - w \in \mathrm{Kern}(\varphi) \iff \varphi(v) = \varphi(w).$$

Wenn $\overline{\varphi}([v]) = \varphi(v) = \varphi(w) = \overline{\varphi}([w])$, dann gilt $[v] = [w]$, das heißt $\overline{\varphi}$ ist injektiv. Die Surjektivität ist klar. Um zu zeigen, dass $\overline{\varphi}$ $\mathbb{K}$-linear ist, rechnen wir

$$\overline{\varphi}(r[v] + s[w]) = \overline{\varphi}([rv + sw]) = \varphi(rv + sw) = r\varphi(v) + s\varphi(w) = r\overline{\varphi}([v]) + s\overline{\varphi}([w]).$$

$\square$

Kombiniert man jetzt Proposition 2.35 mit Satz 2.36 und der Beobachtung, dass isomorphe Vektorräume die gleiche Dimension haben, so erhält man die angekündigte Dimensionsformel für lineare Abbildungen.

Proposition 2.37 (Dimensionsformel für lineare Abbildungen) *Sei $\varphi \in \mathrm{Hom}_{\mathbb{K}}$ (V, W) mit $\dim(V) < \infty$. Dann gilt*

$$\dim(V) = \dim(\mathrm{Kern}(\varphi)) + \dim(\mathrm{Bild}(\varphi)).$$

$\square$

2.2.3 Anwendung auf lineare Gleichungssysteme

Wir wenden die eingeführten Begriffe und Ergebnisse an, um zu einem homogenen linearen Gleichungssystem vom Typ (HLGS) für die mit Algorithmus 2.11 gefundene Lösungsmenge eine Basis zu bestimmen und damit die Lösungsmenge durch endlich viele Daten zu charakterisieren. Zunächst soll aber illustriert werden, wo dabei die Schwierigkeit liegt. Das allgemeine Verfahren wird dann in Satz 2.38 angegeben.

Die Idee zur allgemeinen Konstruktion einer Basis ist, von den frei wählbaren x_j alle bis auf jeweils eines zu 0 zu setzen und das eine zu 1. Um dann eine Lösung zu erhalten, muss man noch die nicht frei wählbaren x_{s_r} sukzessive so modifizieren, dass auch wirklich alle Gleichungen erfüllt sind. Diese zu modifizierenden x_j sind genau die, die zu einer Stufe gehören.

Beispiel 1:

$$\begin{pmatrix} 1 & 2 & 3 & 4 \\ 0 & 0 & 1 & 2 \end{pmatrix} \quad \text{liefert die Lösungsmenge} \quad \begin{aligned} x_4 &\quad \text{beliebig} \\ x_3 &= -2x_4 \\ x_2 &\quad \text{beliebig} \\ x_1 &= -2x_2 - 3x_3 - 4x_4 \\ &= -2x_2 + 2x_4. \end{aligned}$$

Beispiel 2:

$$\begin{pmatrix} 1 & 2 & 0 & -2 \\ 0 & 0 & 1 & 2 \end{pmatrix} \quad \text{liefert die Lösungsmenge} \quad \begin{aligned} x_4 &\quad \text{beliebig} \\ x_3 &= -2x_4 \\ x_2 &\quad \text{beliebig} \\ x_1 &= -2x_2 + 2x_4. \end{aligned}$$

In Beispiel 1 kann man mit $(x_1, x_2, x_3, x_4) = (0, 0, 0, 1)$ anfangen und diesen Vektor mit der zweiten Gleichung zu $(0, 0, -2, 1)$ modifizieren. Diesen Vektor modifiziert man dann mit der ersten Gleichung zu $(2, 0, -2, 1)$. Den Vektor $(0, 1, 0, 0)$ modifiziert man mit der ersten Gleichung zu $(-2, 1, 0, 0)$. Man sieht dann sofort, dass $\{(2, 0, -2, 1), (-2, 1, 0, 0)\}$ tatsächlich eine Basis für den Lösungsraum ist. Dabei ist Folgendes zu beachten: Wollte man $(0, 0, 0, 1)$ zunächst mit der ersten Gleichung modifizieren, dann hätte man unterschiedliche Möglichkeiten, die erste und die dritte Komponente zu wählen, wobei die Wahl der dritten Komponente die Wahl der ersten Komponente beeinflussen würde.

In Beispiel 2 findet man mit denselben Rechenschritten dieselbe Basis. Der Unterschied ist folgender: Wollte man jetzt $(0, 0, 0, 1)$ mit der ersten Gleichung modifizieren, dann hätte man zwar wieder unterschiedliche Möglichkeiten, die erste und die dritte Komponente zu wählen, aber diesmal würde die Wahl der dritten Komponente die Wahl der ersten Komponente nicht beeinflussen. Der Grund dafür ist, dass der Koeffizient über der Stufe in der dritten Spalte 0 ist. Wir können also die dritte

Komponente beliebig setzen, zum Beispiel zu 0, und finden $(2, 0, 0, 1)$. Dann liefern die beiden Modifikationen mit der ersten Gleichung und der zweiten Gleichung zusammen $(2, 0, -2, 1)$. Dies ist eine Art „Parallelisierung" der Modifikationen, die sich in der allgemeinen Konstruktion als eine einfache Formel für die Basisvektoren niederschlägt.

Satz 2.38 (Basis für den Lösungsraum) *Sei* $(a_{ij})_{\substack{i\,=\,1\,,\,\ldots\,,\,m \\ j\,=\,1\,,\,\ldots\,,\,n}}$ *die Koeffizientenmatrix eines homogenen linearen Gleichungssystems* (HLGS), *gegeben in Zeilenstufenform mit Stufen in den Spalten* $s_1, \ldots, s_k$. *Weiter sei* $a_{i s_r} = 0$ *für* $i \neq r$. *Dann bilden die Vektoren* $v_j \in \mathbb{K}^n$, $j \in M := \{1, \ldots, n\} \setminus \{s_1, \ldots, s_k\}$, *gegeben durch*

$$v_j = e_j - \sum_{l=1}^{k} a_{lj} e_{s_l}$$

eine Basis des Lösungsraums. Die Länge dieser Basis ist $n - k$.

Beweis

1. Schritt: Wir zeigen zuerst, dass die v_j Lösungen des (HLGS) $\sum_{s=1}^{n} a_{is} x_s = 0$ sind. Die Komponenten des Zeilenvektors $v_j = (v_{j,1}, \ldots, v_{j,n})$ sind durch

$$v_{j,s} = \begin{cases} 1, & s = j \in M, \\ -a_{lj}, & s = s_l, \\ 0, & \text{sonst} \end{cases}$$

gegeben, also kann man wegen $a_{i s_l} = \begin{cases} 0, & i \neq l, \\ 1, & i = l, \end{cases}$ wie folgt rechnen

$$\sum_{s=1}^{n} a_{is} v_{j,s} = a_{ij} + \sum_{l=1}^{k} a_{i s_l}(-a_{lj}) = a_{ij} + 1(-a_{ij}) = 0.$$

2. Schritt: Als Nächstes zeigen wir, dass die Menge $\{v_j \mid j \in M\}$ linear unabhängig ist. Wenn

$$0 = \sum_{j \in M} c_j v_j = \sum_{j \in M} c_j e_j + \sum_{l=1}^{k} d_l e_{s_l}$$

gilt, dann sind alle Koeffizienten, insbesondere die c_j, gleich Null, weil die Elemente $e_1, \ldots, e_n$ der Standardbasis für $\mathbb{K}^n$ linear unabhängig sind. Also sind nach Satz 2.24 die v_j linear unabhängig.

3. Schritt: Schließlich zeigen wir noch, dass die v_j, $j \in M$, den Lösungsraum aufspannen. Um das einzusehen, erinnert man sich an Algorithmus 2.11, der zeigt, dass man jede beliebige Lösung $(x_1, \ldots, x_n) \in \mathbb{K}^n$ erhalten kann, indem man die x_j mit $j \in M$ frei wählt und dann die x_{s_l} für $l = 1, \ldots, k$ daraus berechnet. Also gibt es zu jeder Vorgabe von Zahlen $c_j \in \mathbb{K}$, $j \in M$, genau eine Lösung $(x_1, \ldots, x_n)$, die $x_j = c_j$ für alle $j \in M$ erfüllt. Aber $\sum_{j \in M} c_j v_j$ ist so eine Lösung, das heißt $\sum_{s \in M} c_j v_j = (x_1, \ldots, x_n)$. Damit ist $\langle v_j \mid j \in M \rangle$ der ganze Lösungsraum.

$\square$

Für die Anwendung von Satz 2.38 ist wichtig zu bemerken, dass man durch elementare Zeilenumformungen vom Typ III jede Matrix in Zeilenstufenform auf eine Gestalt bringen kann, die die Voraussetzungen des Satzes erfüllt. Damit erlaubt der Satz, die Lösungsmengen aus der modifizierten Zeilenstufenform ohne weitere Rechnung direkt abzulesen.

Die Überlegungen zur Dimension erlauben noch eine ganz anders geartete Anwendung auf die Theorie linearer Gleichungssysteme. Eine homogene lineare Gleichung (vergleiche Definition 2.1) vom Typ

$$a_1 x_1 + \ldots + a_n x_n = 0$$

über einem Körper $\mathbb{K}$ lässt sich in der Form $\phi(x) = 0$ mit der linearen Abbildung

$$\phi \colon \mathbb{K}^n \to \mathbb{K}, \ (x_1, \ldots, x_n) \mapsto \sum_{j=1}^{n} a_j x_j \tag{2.6}$$

schreiben (vergleiche Beispiel 2.18). In der Geometrie trifft man oft auf Situationen, in denen man gleichzeitig unendlich viele solcher Gleichungen erfüllen muss, die aber redundant sind und durch ein System von nur endlich vielen Gleichungen ersetzt werden können, ohne dass man die Lösungsmenge verändert. Das ist typischerweise der Fall, wenn die linearen Gleichungen, aufgefasst als lineare Abbildungen von $\mathbb{K}^n$ nach $\mathbb{K}$, einen linearen Unterraum von $\mathrm{Hom}_{\mathbb{K}}(\mathbb{K}^n, \mathbb{K})$ bilden. Wenn man zum Beispiel das orthogonale Komplement eines linearen Unterraums berechnen soll, das heißt, alle Vektoren bestimmen soll, die auf dem gegebenen Unterraum senkrecht stehen, dann ist das für jeden Vektor des Unterraums eine lineare Gleichung. Da der lineare Unterraum in der Regel unendlich viele Elemente hat, führt die Frage auf ein lineares Gleichungssystem mit unendlich vielen Gleichungen. Erst wenn man gezeigt hat, dass ein Vektor genau dann im orthogonalen Komplement des Unterraums liegt, wenn er senkrecht auf allen Vektoren einer Basis für den Unterraum steht, kann man die Aufgabe auf ein lineares Gleichungssystem mit endlich vielen Gleichungen zurückführen. Allgemein hat man immer, wenn die Menge U der zu den linearen Gleichungen gehörigen linearen Abbildungen einen linearen Unterraum von $\mathrm{Hom}_{\mathbb{K}}(\mathbb{K}^n, \mathbb{K})$ bildet, eine endliche Basis $\{\phi_1, \ldots, \phi_m\}$ für U (vergleiche Beispiel 2.18 und Proposition 2.34). Das homogene lineare Gleichungssystem mit m

Gleichungen, das zu diesen linearen Abbildungen gehört, hat dann dieselbe Lösungsmenge wie das unendliche System von homogenen linearen Gleichungen, das zur Gesamtheit aller $\phi \in U$ gehört.

Unendliche Dimension

Die elementaren Methoden der linearen Algebra beziehen sich zum überwiegenden Teil auf die Behandlung endlichdimensionaler Vektorräume. Vieles lässt sich aber für unendlichdimensionale Vektorräume retten, die eine Basis mit abzählbar unendlich vielen Elementen haben.

Im Zentrum dieses Abschnitts stehen zwei Beispielklassen von Vektorräumen mit abzählbaren Basen, die sowohl in der Algebra, als auch in der Analysis eine zentrale Rolle spielen, die Polynome und die Polynomfunktionen. Es sei aber an dieser Stelle festgehalten, dass es Vektorräume gibt, die weder eine endliche noch eine abzählbare Basis zulassen. Diese tauchen typischerweise in der Analysis als Räume von Funktionen auf.

Zur Vorbereitung der Diskussion von Polynomen und Polynomfunktionen betrachten wir Vektorräume von Folgen, die man als Spezialfall von Beispiel 2.15 bezeichnen kann.

Beispiel 2.39 (Folgen von Zahlen) Sei $\mathbb{K}$ ein Körper und $V := \{a \colon \mathbb{N} \to \mathbb{K}\}$ die Menge aller *Folgen* in $\mathbb{K}$ (siehe auch Abschn. 1.4.1). Wir schreiben in diesem Kontext auch a_n für $a(n)$ und $(a_n)_{n \in \mathbb{N}}$ für $a \colon \mathbb{N} \to \mathbb{K}$. Dann definieren die punktweisen Verknüpfungen

$$(a + b)(n) := a(n) + b(n) \quad \text{und} \quad (ra)(n) := r\big(a(n)\big)$$

eine $\mathbb{K}$-Vektorraumstruktur auf V. Die Folgen $e^{(i)}$ für $i \in \mathbb{N}$, die durch

$$e^{(i)}_j := \begin{cases} 1 & \text{für } i = j \\ 0 & \text{für } i \neq j \end{cases}$$

definiert sind, bilden eine linear unabhängige Teilmenge von V, sie spannen V aber nicht auf, denn jede Linearkombination dieser Folgen hat nur endlich viele von Null verschiedene Folgenglieder, das heißt Funktionswerte. Umgekehrt lässt sich aber jede Folge mit nur endlich vielen von Null verschiedenen Folgengliedern als Linearkombination der $e^{(i)}$ schreiben. Also ist $\{e^{(i)} \mid i \in \mathbb{N}\}$ eine Basis für

$$U := \{a \in V \mid \exists n \in \mathbb{N} : \forall m \geq n \text{ gilt } a_m = 0\}.$$

$\square$

Je nach Kontext ist es manchmal praktischer, die Indizierung von Folgen schon bei 0 beginnen zu lassen, das heißt $\mathbb{N}$ in Beispiel 2.39 durch $\mathbb{N}_0 = \mathbb{N} \cup \{0\}$ zu ersetzen. Das ist zum Beispiel bei der folgenden Neuinterpretation von Folgen mit Werten in einem Körper der Fall, auf denen man durch Analogie mit reellen Funktionen der Form $x \mapsto \sum_{j=1}^{n} a_j x^j$ auch eine Multiplikation definiert und so zu dem in der gesamten Mathematik eminent wichtigen Konzept eines Polynomrings gelangt.

Definition 2.40 (Polynome und Polynomfunktionen)

(i) Wir bezeichnen die Menge aller Folgen $(k_n)_{n \in \mathbb{N}_0}$ in $\mathbb{K}$, für die nur endlich viele k_n von Null verschieden sind, mit $\mathbb{K}[X]$. Dann ist $\mathbb{K}[X]$ ein $\mathbb{K}$-Untervektorraum des Raums aller Abbildungen von $\mathbb{N}_0$ nach $\mathbb{K}$ (das heißt aller $\mathbb{K}$-wertigen Folgen). Sei $X^j \in \mathbb{K}[X]$ die Folge, die als j-tes Folgenglied eine Eins hat und sonst lauter Nullen. Die X^j heißen *Monome*. Die Menge $\{X^j \mid j \in \mathbb{N}_0\}$ aller Monome ist eine Basis für $\mathbb{K}[X]$. Insbesondere ist jedes Element von $\mathbb{K}[X]$ von der Form

$$F(X) := \sum_{j=0}^{n} a_j X^j.$$

Man nennt die Elemente von $\mathbb{K}[X]$ *Polynome* (in einer Variablen). Normalerweise schreibt man 1 für X^0 und einfach a_0 für $a_0 X^0 = a_0 1$.

(ii) Nach Beispiel 2.15 und der Bemerkung nach Definition 2.14 ist die Menge

$$\left\{ f : \mathbb{K} \to \mathbb{K} \,\middle|\, \exists\, n \in \mathbb{N}_0, a_0, \ldots, a_n \in \mathbb{K} : \forall x \in \mathbb{K} \text{ gilt } f(x) = \sum_{j=1}^{n} a_j x^j \right\}$$

ein $\mathbb{K}$-Vektorraum. Wir bezeichnen sie mit $\mathrm{Pol}(\mathbb{K})$ und nennen ihre Elemente *Polynomfunktionen*.　　□

Man kann zwei $\mathbb{K}$-wertige Funktionen f und g auf einer Menge M punktweise miteinander multiplizieren, das heißt, man setzt

$$(f \cdot g)(m) := f(m)\, g(m)$$

für $m \in M$. Wenn f und g zwei Polynomfunktionen sind, dann erhält man als Ergebnis wieder eine Polynomfunktion. Dabei gilt

$$\left(\sum_{j=0}^{N} c_j x^j \right)\left(\sum_{k=0}^{M} d_k x^k \right) = \sum_{j=0}^{N} \sum_{k=0}^{M} c_j d_k x^{j+k} = \sum_{\ell=0}^{N+M} \sum_{j+k=\ell} c_j d_k x^{\ell}.$$

Dies motiviert die Einführung einer Multiplikation auch auf $\mathbb{K}[X]$ durch

$$\left(\sum_{j=0}^{N} c_j X^j \right)\left(\sum_{k=0}^{M} d_k X^k \right) := \sum_{j=0}^{N} \sum_{k=0}^{M} c_j d_k X^{j+k} = \sum_{\ell=0}^{N+M} \sum_{j+k=\ell} c_j d_k X^{\ell},$$

was sich für Monome zu $X^j X^k := X^{j+k}$ spezialisiert. Diese Multiplikationen machen $\mathrm{Pol}(\mathbb{K})$ und $\mathbb{K}[X]$ zu kommutativen Ringen mit Eins: Die Rechenregeln aus Definition 1.49 sind durch einfache Rechnungen zu verifizieren, sobald man die neutralen und inversen Elemente kennt. Für $\mathrm{Pol}(\mathbb{K})$ sind die konstanten Funktionen mit den Werten Null bzw. Eins die neutralen Elemente für die Addition und die Multiplikation. Das inverse Element zu $f \in \mathrm{Pol}(\mathbb{K})$ bezüglich der Addition ist $-f$, das heißt die Funktion $x \mapsto -f(x)$. Für $\mathbb{K}[X]$ ist das neutrale Element bezüglich der Addition die Folge, die nur aus Nullen besteht. Das neutrale Element bezüglich der Multiplikation die Folge, die mit 1 beginnt und ansonsten nur Nullen hat. Das inverse Element zu $F(X) = \sum_{j=0}^n a_j X^j \in \mathbb{K}[X]$ bezüglich der Addition ist $\sum_{j=0}^n (-a_j) X^j$.

Für einen Körper $\mathbb{K}$ mit unendlich vielen Elementen kann man zeigen, dass die Vektorräume $\mathbb{K}[X]$ und $\mathrm{Pol}(\mathbb{K})$ als kommutative Ringe mit Eins und als $\mathbb{K}$-Vektorräume isomorph sind. Deshalb macht man zum Beispiel normalerweise keinen Unterschied zwischen reellen Polynomen und reellen Polynomfunktionen. Für endliche Körper sieht das ganz anders aus. So gibt es zum Beispiel für den Körper $\mathbb{F}_2 := \{0, 1\}$ mit zwei Elementen aus Beispiel 1.71 nur vier verschiedene Funktionen $\mathbb{F}_2 \to \mathbb{F}_2$, während $\mathbb{F}_2[X]$ unendlich viele Elemente hat.

Bemerkung 2.41 (Nullstellen von Polynomen) Der Schlüssel zur Isomorphie von $\mathbb{K}[X]$ und $\mathrm{Pol}(\mathbb{K})$ für Körper mit unendlich vielen Elementen ist die Polynomdivision, die uns zeigen wird, dass ein Polynom der Form $\sum_{j=0}^n a_j X^j \in \mathbb{K}[X]$ mit $a_n \neq 0$ nicht mehr als n verschiedene Nullstellen in $\mathbb{K}$ haben kann. Dabei heißt $x \in \mathbb{K}$ eine *Nullstelle* von $\sum_{j=0}^n a_j X^j$, wenn $\sum_{j=0}^n a_j x^j = 0$ gilt. Aus den Definitionen von Polynomen und Polynomfunktionen in Beispiel 2.40 sieht man sofort, dass die Abbildung

$$\Phi : \mathbb{K}[X] \to \mathrm{Pol}(\mathbb{K}), \quad \sum_{j=0}^n a_j X^j \mapsto \left(x \mapsto \sum_{j=0}^n a_j x^j \right)$$

ein surjektiver $\mathbb{K}$-Vektorraumhomomorphismus und ein *Homomorphismus von kommutativen Ringen mit Eins* ist. Letzteres bedeutet, dass nicht nur die Addition erhalten bleibt, sondern auch die Multiplikation

$$\forall F(X), G(X) \in \mathbb{K}[X]: \quad \Phi\big(F(X)G(X)\big) = \Phi\big(F(X)\big)\Phi\big(G(X)\big)$$

und die Eins: $\Phi(1) = 1$. Der Kern von Φ besteht aus allen Polynomen, für die alle Elemente von $\mathbb{K}$ Nullstellen sind. Wenn der Körper $\mathbb{K}$ unendlich viele Elemente hat, kann das also nur das Nullpolynom sein. Damit ist Φ nach Proposition 2.21 auch injektiv, also insgesamt bijektiv. $\qquad\square$

Wir kommen jetzt zur Polynomdivision und dem Beweis der obigen Behauptung über die Nullstellen von Polynomen.

Lemma 2.42 (Polynomdivision: Abspalten von Linearfaktoren) *Wenn* $a \in \mathbb{K}$ *eine Nullstelle des Polynoms* $P(X) = \sum_{j=0}^{n} a_j X^j \in \mathbb{K}[X]$ *ist, dann gibt es ein Polynom* $Q(X) = \sum_{j=0}^{n-1} b_j X^j \in \mathbb{K}[X]$ *mit* $P(X) = (X-a)Q(X)$. *Wenn nicht alle* a_j *gleich* 0 *sind, dann kann man auch die* b_j *so wählen, dass nicht alle gleich* 0 *sind.*

Beweis Durch Koeffizientenvergleich wird man durch die Rechnung

$$\sum_{j=0}^{n} a_j X^j = (X-a)\sum_{j=0}^{n-1} b_j X^j = \sum_{j=0}^{n-1} b_j X^{j+1} - \sum_{j=0}^{n-1} ab_j X^j$$

$$= \sum_{j=1}^{n} b_{j-1} X^j - \sum_{j=0}^{n-1} b_j a X^j = -ab_0 + \sum_{j=1}^{n-1}(b_{j-1} - b_j a)X^j + b_{n-1} X^n.$$

auf das Gleichungssystem

$$
\begin{array}{rrcl}
-ab_0 & & = & a_0 \\
b_0 & -ab_1 & = & a_1 \\
& b_1 \quad -ab_2 & = & a_2 \\
& \ddots & \vdots & \vdots \\
& b_{n-2} \quad -ab_{n-1} & = & a_{n-1} \\
& b_{n-1} & = & a_n
\end{array}
\tag{2.7}
$$

geführt. Jede Lösung $(b_0, \ldots, b_{n-1})$ von (2.7) liefert ein $Q \in \mathrm{Pol}(\mathbb{K})$ mit den gewünschten Eigenschaften: $Q(X) = \sum_{j=0}^{n-1} b_j X^j$. Nicht alle b_j können 0 sein, wenn die rechte Seite von (2.7) nicht Null ist. Um (2.7) zu lösen, betrachtet man zwei Fälle:

1. Fall: Wenn $a = 0$, dann gilt $\Phi(P)(0) = 0 = a_0$. Also ist

$$b_{n-1} = a_n, \ b_{n-2} = a_{n-1}, \ldots, b_0 = a_1$$

eine Lösung von (2.7).

2. Fall: Wenn $a \neq 0$, rechnet man mit der erweiterten Koeffizientenmatrix

$$
\left(\begin{array}{ccccc|c}
-a & & & & & a_0 \\
1 & -a & & & & a_1 \\
& 1 & -a & & & a_2 \\
& & 1 & \ddots & & \vdots \\
& & & \ddots & -a & a_{n-1} \\
& & & & 1 & a_n
\end{array}\right)
\rightsquigarrow
\left(\begin{array}{cccc|c}
1 & & & & -a^{-1}a_0 \\
0 & -a & & & a_1 + a^{-1}a_0 \\
& 1 & -a & & a_2 \\
& & \ddots & \ddots & \vdots
\end{array}\right)
\rightsquigarrow
$$

$$
\rightsquigarrow
\left(\begin{array}{ccc|c}
1 & & & -a^{-1}a_0 \\
0 & 1 & & -a^{-1}a_1 - a^{-2}a_0 \\
0 & 0 & & a_2 + a^{-1}a_1 + a^{-2}a_0 \\
\vdots & & & \vdots
\end{array}\right)
\rightsquigarrow \cdots \rightsquigarrow
\left(\begin{array}{cccc|c}
1 & & & & -a^{-1}a_0 \\
& 1 & & & -a^{-1}a_1 - a^{-2}a_0 \\
& & 1 & & -a^{-1}a_2 - a^{-2}a_1 - a^{-3}a_0 \\
& & & \ddots & \vdots \\
& & & 1 & -a^{-1}a_{n-1} - a^{-2}a_{n-2} - \ldots - a^{-n}a_0 \\
& & & 0 & a_n + a^{-1}a_{n-1} + \ldots + a^{-n}a_0
\end{array}\right)
$$

und findet

$$a_n + a^{-1}a_{n-1} + \ldots + a^{-n}a_0 = a^{-n}(a^n a_n + \ldots + aa_1 + a_0) = a^{-n}P(a) = 0.$$

Also ist das System nach Proposition 2.10 lösbar.

$\square$

Wenn das $Q(X)$ in Lemma 2.42 eine Nullstelle hat, kann man das Lemma auch auf $Q(X)$ anwenden. Durch Iteration erhält man also

$$P(X) = (X - a_1) \cdots (X - a_k)\tilde{Q}(X),$$

wobei $\tilde{Q}(X) \in \mathbb{K}[X]$ keine Nullstelle hat und $k \leq n$ gilt.

Die Argumente vor Lemma 2.42 zeigen jetzt insbesondere, dass man $\mathbb{R}[X]$ mit $\mathrm{Pol}(\mathbb{R})$ identifizieren kann. Die reellen Polynome bilden ein reiches Reservoir an Funktionen. Dieses Reservoir wird noch erweitert, wenn man auch Grenzwerte von solchen Funktionen wie die Winkelfunktionen Sinus und Kosinus und die Exponentialfunktion behandeln kann (siehe Bemerkung 3.79 und Beispiel 3.28).

2.3   Rechnen mit linearen Abbildungen

Ausgangspunkt unserer Überlegungen ist die Beschreibung von Vektoren durch Zahlen mithilfe von Basen. Der Einfachheit halber beschränken wir uns hier auf endlichdimensionale Vektorräume. Sei also V ein endlichdimensionaler $\mathbb{K}$-Vektorraum und $\{v_1, \ldots, v_n\}$ eine Basis für V. Dann liefert Satz 2.25 zu jedem Vektor $v \in V$ die Koordinaten, aber wie wir schon auf S. 116 festgestellt haben, können wir diese Koordinaten erst zu einem Koordinatenvektor zusammenstellen, wenn wir eine Reihenfolge der Basisvektoren festgelegt haben. Wir fassen deshalb die Basis in eine festen Reihenfolge zu einer *angeordneten Basis* $\mathbf{v} = (v_1, \ldots, v_n)$ zusammen und definieren dazu zwei Abbildungen

$$\kappa_{\mathbf{v}} : V \to \mathbb{K}^n, \quad \sum_{j=1}^{n} x_j v_j \mapsto (x_1, \ldots, x_n)$$

und

$$\pi_{\mathbf{v}} : \mathbb{K}^n \to V, \quad (x_1, \ldots, x_n) \mapsto \sum_{j=1}^{n} x_j v_j.$$

Die Abbildung $\kappa_{\mathbf{v}}$ ordnet einem Vektor seine Koordinaten zu, wir nennen sie dementsprechend die *Koordinatenabbildung* zu $\mathbf{v}$. Die Abbildung $\pi_{\mathbf{v}}$, die ja nichts anderes ist als die Umkehrabbildung von $\kappa_{\mathbf{v}}$, ordnet jedem Satz $(x_1, \ldots, x_n)$ von Parametern einen Vektor zu. Wir nennen sie die *Parametrisierung* von V durch den Parameterraum $\mathbb{K}^n$.

2.3.1 Darstellende Matrizen

Die erste aus Vektorräumen abgeleitete Struktur, der wir Koordinaten zuordnen, ist
die lineare Abbildung.

Definition 2.43 (Darstellende Matrizen für lineare Abbildungen) Seien V und W
zwei endlichdimensionale $\mathbb{K}$–Vektorräume mit angeordneten Basen $\mathbf{v} = (v_1, \ldots, v_n)$
und $\mathbf{w} = (w_1, \ldots, w_m)$. Weiter sei $\varphi \colon V \to W$ linear. Wir definieren die *darstellende Matrix*

$$A_{\mathbf{w}}^{\mathbf{v}}(\varphi) = \begin{pmatrix} a_{11} & \cdots & a_{1n} \\ \vdots & & \vdots \\ a_{m1} & \cdots & a_{mn} \end{pmatrix}$$

von φ bzgl. $\mathbf{v}$ und $\mathbf{w}$ durch

$$\varphi(v_j) =: \sum_{i=1}^{m} a_{ij} w_i \quad j = 1, \ldots, n. \tag{2.8}$$

$\square$

Als besonders einfaches Beispiel betrachten wir zu einen Vektor v in einem endlich-
dimensionalen $\mathbb{K}$-Vektorraum die lineare Abbildung $\varphi_v \colon \mathbb{K} \to V,\ \lambda \mapsto \lambda v$. Wenn
$\mathbf{v}$ eine angeordnete Bass für V ist und $\kappa_{\mathbf{v}}(v) = (x_1, \ldots, x_n) \in \mathbb{K}^n$ die Koordinaten
von v bezüglich $\mathbf{v}$ sind, dann gilt

$$A_{\mathbf{v}}^{\mathbf{e}}(\varphi_v) = \begin{pmatrix} x_1 \\ \vdots \\ x_n \end{pmatrix}, \tag{2.9}$$

wobei $\mathbf{e} = (1)$ die kanonische Standardbasis für $\mathbb{K}$ ist. Das ist insbesondere auch
richtig, wenn $V = \mathbb{K}^n$ ist und $\mathbf{v}$ die angeordnete Standardbasis $(e_1, \ldots, e_n)$ für $\mathbb{K}^n$.
In diesem Fall ist $v = (x_1, \ldots, x_n)$ und die Identifizierung von V mit $\mathrm{Hom}_{\mathbb{K}}(\mathbb{K}, V)$
via $v \mapsto \varphi_v$ erklärt, warum man Elemente von $\mathbb{K}^n$ oft als *Spaltenvektoren* in der
Form (2.9) schreibt. Wir folgen für Koordinatenvektoren $\kappa_{\mathbf{v}}(v)$ dieser Konvention
und schreiben

$$A_{\mathbf{v}}^{\mathbf{e}}(\varphi_v) = \kappa_{\mathbf{v}}(v) = \begin{pmatrix} x_1 \\ \vdots \\ x_n \end{pmatrix}. \tag{2.10}$$

Als Kontrast zu (2.10) betrachten wir eine lineare Abbildung der Form

$$\phi \colon \mathbb{K}^n \to \mathbb{K},\ (x_1, \ldots, x_n) \mapsto \sum_{j=1}^{n} a_j x_j,$$

wie wir sie in Beispiel 2.18 zur Untersuchung linearer Gleichungen hatten. Wenn $\mathbf{v}$ wieder die angeordnete Standardbasis ist und $\mathbf{e} = (1)$, dann gilt

$$A_{\mathbf{v}}^{\mathbf{e}}(\phi) = \begin{pmatrix} a_1 \dots a_n \end{pmatrix}, \tag{2.11}$$

wobei man in solchen Fällen der leichteren Lesbarkeit wegen oft die einzelnen Einträge durch Kommas abtrennt und $(a_1, \dots, a_n)$ schreibt. Für einen allgemeinen n-dimensionalen $\mathbb{K}$-Vektorraum mit angeordneter Basis $\mathbf{v} = (v_1, \dots, v_n)$ erhält man für $\phi \in \mathrm{Hom}_{\mathbb{K}}(V, \mathbb{K})$ und $v = \sum_{j=1}^{n} x_j v_j = \pi_{\mathbf{v}}(x_1, \dots, x_n)$

$$\phi \colon V \to \mathbb{K}, \ \pi_{\mathbf{v}}(x_1, \dots, x_n) \mapsto \sum_{j=1}^{n} \phi(v_j) x_j, \tag{2.12}$$

und bekommt so einen Isomorphismus $\mathrm{Hom}_{\mathbb{K}}(V, \mathbb{K}) \to V, \phi \mapsto \pi_{\mathbf{v}}\big(\phi(v_1), \dots, \phi(v_n)\big)$, der allerdings im Gegensatz zu dem Isomorphismus $\mathrm{Hom}_{\mathbb{K}}(\mathbb{K}, V) \cong V$ nicht kanonisch ist, sondern von der Wahl der Basis $\mathbf{v}$ abhängt.

Um auch eine darstellende Matrix mit mehr als einer Spalte und mehr als einer Zeile zu haben, betrachten wir noch $V = \mathbb{R}^2$ mit der angeordneten Basis $\mathbf{v} = \big((1, 1), (-1, 1)\big)$ und $W = \mathbb{R}^3$ mit der angeordneten Basis $\mathbf{w} = \big((1, 1, 1), (1, 1, 0), (1, 0, 0)\big)$. Dann gilt für $\varphi \in \mathrm{Hom}_{\mathbb{R}}(\mathbb{R}^2, \mathbb{R}^3)$ mit $\varphi(x, y) = (x, x + y, x - y)$, dass

$$\varphi(v_1) = \varphi(1, 1) = (1, 2, 0) = 0w_1 + 2w_2 - w_3,$$
$$\varphi(v_2) = \varphi(-1, 1) = (-1, 0, -2) = -2w_1 + 2w_2 - w_3,$$

also

$$A_{\mathbf{w}}^{\mathbf{v}}(\varphi) = \begin{pmatrix} 0 & -2 \\ 2 & 2 \\ -1 & -1 \end{pmatrix}.$$

Dieses Beispiel illustriert auch den Merksatz, dass in den Spalten der darstellenden Matrix die Koordinaten der Bilder der Basisvektoren stehen.

Als Nächstes übersetzen wir die algebraischen Strukturen von Mengen linearer Abbildungen in Eigenschaften von Koordinatensätzen, d. h. Darstellungsmatrizen. Wir beginnen mit der Vektorraumstruktur der Menge $\mathrm{Hom}_{\mathbb{K}}(V, W)$. Sie übersetzt sich in die Vektorraumstruktur des passenden Matrizenraums (vgl. S. 106).

Proposition 2.44 (Darstellende Matrizen für lineare Abbildungen) *Seien V und W $\mathbb{K}$-Vektorräume mit angeordneten Basen $\mathbf{v}$ und $\mathbf{w}$ der Länge n bzw. m. Dann ist die Abbildung $A_{\mathbf{w}}^{\mathbf{v}} \colon \mathrm{Hom}_{\mathbb{K}}(V, W) \to \mathrm{Mat}(m \times n, \mathbb{K})$ ein Isomorphismus von $\mathbb{K}$-Vektorräumen.*

Beweis Wir zeigen zunächst, dass $\phi \mapsto A_{\mathbf{w}}^{\mathbf{v}}(\phi)$ $\mathbb{K}$-linear ist. Wenn $\mathbf{v} = (v_1, \ldots, v_n)$ und $\mathbf{w} = (w_1, \ldots, w_m)$, dann rechnet man für $\varphi(v_j) = \sum_{i=1}^{m} a_{ij} w_i$ und $\psi(v_j) = \sum_{i=1}^{m} b_{ij} w_i$

$$(r\varphi + s\psi)(v_j) = r \sum_{i=1}^{m} a_{ij} w_i + s \sum_{i=1}^{m} b_{ij} w_i = \sum_{i=1}^{m} (r a_{ij} + s b_{ij}) w_i.$$

Also gilt

$$A_{\mathbf{w}}^{\mathbf{v}}(r\,\varphi + s\,\psi) = (r\,a_{ij} + s\,b_{ij})_{\substack{i=1,\ldots,m \\ j=1,\ldots,n}} = r\,(a_{ij})_{\substack{i=1,\ldots,m \\ j=1,\ldots,n}} + s\,(b_{ij})_{\substack{i=1,\ldots,m \\ j=1,\ldots,n}}$$
$$= r\,A_{\mathbf{w}}^{\mathbf{v}}(\varphi) + s\,A_{\mathbf{w}}^{\mathbf{v}}(\psi).$$

Aus der definieren Gl. (2.8) der darstellenden Matrix liest man sofort ab, dass die durch

$$\left(\varphi_{\mathbf{w}}^{\mathbf{v}}(A)\right)(v_j) = \sum_{i=1}^{m} a_{ij} w_i \quad j = 1, \ldots, n. \tag{2.13}$$

gegebene Abbildung $\varphi_{\mathbf{w}}^{\mathbf{v}} : \mathrm{Mat}(m \times n, \mathbb{K}) \to \mathrm{Hom}_{\mathbb{K}}(V, W)$ die Umkehrabbildung von $A_{\mathbf{w}}^{\mathbf{v}}$ ist. Um die Behauptung zu zeigen genügt es jetzt nachzuweisen, dass die Umkehrabbildung einer $\mathbb{K}$-linearen Abbildung immer selbst $\mathbb{K}$-linear ist: Wir betrachten $w_1, w_2 \in W$ und $v_1, v_2 \in V$ mit $\varphi(v_1) = w_1$ und $\varphi(v_2) = w_2$. Dann gilt

$$\varphi^{-1}(c_1 w_1 + c_2 w_2) = \varphi^{-1}(c_1 \varphi(v_1) + c_2 \varphi(v_2))$$
$$= \varphi^{-1}(\varphi(c_1 v_1 + c_2 v_2))$$
$$= c_1 v_1 + c_2 v_2$$
$$= c_1 \varphi^{-1}(w_1) + c_2 \varphi^{-1}(w_2).$$

$\square$

2.3.2   Matrizenmultiplikation

Die nächste Struktur, die wir in Koordinaten beschreiben wollen, ist die Verknüpfung von linearen Abbildungen. Dazu seien V, V' und V'' endlichdimensionale $\mathbb{K}$-Vektorräume und $\varphi : V \to V'$ sowie $\psi : V' \to V''$ $\mathbb{K}$-lineare Abbildungen. Dann ist auch $\psi \circ \varphi$ $\mathbb{K}$-linear und wir können die Frage stellen, wie man bei vorgegebenen angeordneten Basen $\mathbf{v}$, $\mathbf{v}'$ und $\mathbf{v}''$ die darstellende Matrix von $\psi \circ \varphi$ aus denen von φ und ψ berechnen kann.

Proposition 2.45 (Matrizenmultiplikation) *Seien* $A \in \mathrm{Mat}(m \times n, \mathbb{K})$, $B \in \mathrm{Mat}(\ell \times m, \mathbb{K})$ *und* $C \in \mathrm{Mat}$

$(\ell \times n, \mathbb{K})$ *die darstellenden Matrizen von* φ *und* ψ *und* $\psi \circ \varphi$. *Dann gilt* $C = (c_{ij})$ *mit*

$$c_{ij} = \sum_{k=1}^{m} b_{ik} a_{kj} \quad i = 1, \dots, \ell; \ j = 1, \dots, n. \tag{2.14}$$

Beweis Wenn $\mathbf{v} = (v_1, \dots, v_n), \mathbf{v}' = (v_1', \dots, v_m')$ und $\mathbf{v}'' = (v_1'', \dots, v_\ell'')$, dann hat man

$$\varphi(v_j) = \sum_{k=1}^{m} a_{kj} v_k', \quad j = 1, \dots, n$$

$$\psi(v_k') = \sum_{i=1}^{\ell} b_{ik} v_i'', \quad k = 1, \dots, m$$

und rechnet

$$\psi \circ \varphi(v_i) = \sum_{k=1}^{m} a_{kj} \psi(v_k') = \sum_{k=1}^{m} a_{kj} \sum_{i=1}^{\ell} b_{ik} v_i'' = \sum_{i=1}^{\ell} \Big(\sum_{k=1}^{m} b_{ik} a_{kj} \Big) v_i''.$$

Damit folgt die Behauptung. $\qquad\qquad\qquad\qquad\qquad\qquad\qquad\qquad\square$

Man nennt die durch (2.14) definierte Abbildung

$$\mathrm{Mat}(\ell \times m, \mathbb{K}) \times \mathrm{Mat}(m \times n, \mathbb{K}) \to \mathrm{Mat}(\ell \times n, \mathbb{K}), \quad (B, A) \mapsto BA := C$$

die *Matrizenmultiplikation*. Sie verläuft nach dem Schema „Zeile $\times$ Spalte"

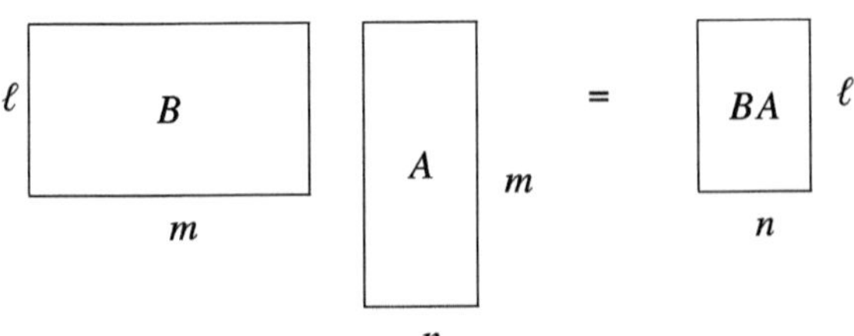

Bemerkung 2.46 (Eigenschaften der Matrizenmultiplikation) Wegen des Assoziativität der Hintereinanderausführung von Abbildungen erhält man aus Proposition 2.45 ohne jede Rechnung die Assoziativität der Matrizenmultiplikation:

$$\forall C \in \mathrm{Mat}(k \times \ell, \mathbb{K}), \ B \in \mathrm{Mat}(\ell \times m, \mathbb{K}), \ A \in \mathrm{Mat}(m \times n, \mathbb{K}): \quad C(BA) = (CB)A.$$

Aus den Identitäten

$$\psi \circ (\varphi_1 + \varphi_2)(v) = \psi(\varphi_1(v) + \varphi_2(v)) = \psi(\varphi_1(v)) + \psi(\varphi_2(v)) = (\psi \circ \varphi_1 + \psi \circ \varphi_2)(v)$$

und

$$(\psi_1 + \psi_2) \circ \varphi(v) = (\psi_1 + \psi_2)(\varphi(v)) = \psi_1(\varphi(v)) + \psi_2(\varphi_2(v)) = \psi_1 \circ \varphi(v) + \psi_2 \circ \varphi_2(v)$$

für $\psi, \psi_1, \psi_2 \in \mathrm{Hom}_{\mathbb{K}}(V', V'')$, $\varphi, \varphi_1, \varphi_2 \in \mathrm{Hom}_{\mathbb{K}}(V, V')$ und $v \in V$ oder durch direktes Nachrechnen erhält man die Distributivgesetze

$$\forall B \in \mathrm{Mat}(\ell \times m, \mathbb{K}), A_1 A_2 \in \mathrm{Mat}(m \times n, \mathbb{K}): \quad B(A_1 + A_2) = BA_1 + BA_2$$

und

$$\forall B_1, B_2 \in \mathrm{Mat}(\ell \times m, \mathbb{K}), A \in \mathrm{Mat}(m \times n, \mathbb{K}): \quad (B_1 + B_2)A = B_1 A + B_2 A.$$

$\square$

Bemerkung 2.47 (Inverse Matrizen) Die Beschreibung der Verknüpfung von Abbildungen durch die Matrizenmultiplikation erlaubt uns auch die Übertragung der Invertierbarkeit linearer Abbildungen in die Matrizenrechnung. Seien dazu V und W endlichdimensionale $\mathbb{K}$-Vektorräume mit angeordneten Basen $\mathbf{v}$ und $\mathbf{w}$ sowie $\phi \in \mathrm{Hom}_{\mathbb{K}}(V, W)$ invertierbar. Dann sind die Dimensionen von V und W gleich und es gilt

$$A_{\mathbf{v}}^{\mathbf{w}}(\phi^{-1})A_{\mathbf{w}}^{\mathbf{v}}(\phi) = A_{\mathbf{v}}^{\mathbf{v}}(\phi^{-1} \circ \phi) = A_{\mathbf{v}}^{\mathbf{v}}(\mathrm{id}_V) = \begin{pmatrix} 1 & & \\ & \ddots & \\ & & 1 \end{pmatrix} =: \mathbf{1}_{\dim V}.$$

Analog hat man $A_{\mathbf{w}}^{\mathbf{v}}(\phi)A_{\mathbf{v}}^{\mathbf{w}}(\phi^{-1}) = \mathbf{1}_{\dim W}$. Dementsprechend nennt man eine quadratische Matrix $B \in \mathrm{Mat}(n \times n, \mathbb{K}))$ *invers* zu einer anderen quadratischen Matrix $B \in \mathrm{Mat}(n \times n, \mathbb{K})$, wenn $BA = AB = \mathbf{1}_n$ gilt.

Da nach Proposition 2.44 jede quadratische Matrix als darstellende Matrix geschrieben werden kann und eine Abbildung nur genau eine Umkehrabbildung haben kann, hat eine quadratische Matrix A auch höchstens eine inverse Matrix. Diese bezeichnet man dann mit A^{-1}. Es reicht aus, eine der beiden Bedingungen $AB = \mathbf{1}_n$ und $BA = \mathbf{1}_n$ zu fordern, die andere folgt dann automatisch, weil nach der Dimensionsformel für lineare Abbildungen in Proposition 2.37 eine lineare Abbildung zwischen zwei Vektorräumen gleicher Dimension genau dann injektiv ist, wenn sie surjektiv ist. Wenn jetzt $A_{\mathbf{w}}^{\mathbf{v}}(\varphi) = A$ und $A_{\mathbf{v}}^{\mathbf{w}}(\psi) = B$ ist, dann impliziert $AB = \mathbf{1}_n$ die Gleichheit $\varphi \circ \psi = \mathrm{id}_W$, also ist φ surjektiv und damit bijektiv. Es folgt

$$\psi = \varphi^{-1} \circ \varphi \circ \psi = \varphi^{-1}$$

und das zeigt $B = A^{-1}$.

$\square$

Man bekommt eine quadratische Matrix $A \in \mathrm{Mat}(n \times n, \mathbb{K})$ in besonders einfacher Weise als darstellende Matrix, wenn man A mithilfe der Matrizenmultiplikation als lineare Selbstabbildung $x \mapsto Ax$ auf $\mathbb{K}^n$ betrachtet (Elemente von $\mathbb{K}^n$ als Spaltenvektoren). Dann ist die Invertierbarkeit von A dadurch charakterisiert, dass A injektiv ist, d. h. der Lösungsraum des homogenen linearen Gleichungssystems $Ax = 0$ muss Null sein. Das ist nach Algorithmus 2.11 aber genau dann der Fall, wenn eine (und damit jede) Zeilenstufenform von A in jeder Spalte eine Stufe hat. Da A quadratisch ist, hat die Zeilenstufenform lauter Einsen auf der Diagonale.

Mithilfe der Matrizenmultiplikation lässt sich auch gut beschreiben, wie sich die darstellenden Matrizen verändern, wenn man die zugrunde liegenden Basen ändert. Wir beginnen mit einer Beschreibung von Basiswechseln per se. Sei also V ein endlichdimensionaler $\mathbb{K}$-Vektorraum und $\mathbf{v} = (v_1, \ldots, v_n)$ eine angeordnete Basis für V. Nach Satz 2.25 lässt sich jedes $v \in V$ in eindeutiger Weise als Linearkombination $v = \sum_{i=1}^{n} x_i v_i$ der Basiselemente schreiben. Wenn $\mathbf{w} = (w_1, \ldots, w_n)$ eine weitere angeordnete Basis für V ist, ist also jedes w_j eine Linearkombination der v_i:

$$w_j = \sum_{i=1}^{n} t_{ij} v_i \quad \forall j = 1, \ldots, n.$$

Die so entstandene Matrix

$$T_{\mathbf{v}}^{\mathbf{w}} = \begin{pmatrix} t_{11} & \cdots & t_{1n} \\ \vdots & & \vdots \\ t_{n1} & \cdots & t_{nn} \end{pmatrix} \tag{2.15}$$

heißt die *Übergangsmatrix* von $\mathbf{v}$ nach $\mathbf{w}$.

Proposition 2.48 (Übergangsmatrix) *Sei V ein $\mathbb{K}$-Vektorraum mit angeordnete Basen* $\mathbf{v} = (v_1, \ldots, v_n)$ *und* $\mathbf{w} = (w_1, \ldots, w_n)$.

(i) *Die Übergangsmatrix $T_{\mathbf{v}}^{\mathbf{w}}$ ist invertierbar und ihr Inverses ist durch die Übergangsmatrix $T_{\mathbf{w}}^{\mathbf{v}}$ gegeben.*

(ii) *Für die Koordinaten gilt $\kappa_{\mathbf{v}}(v) = T_{\mathbf{v}}^{\mathbf{w}} \kappa_{\mathbf{w}}(v)$.*

Beweis Wir schreiben

$$T_{\mathbf{v}}^{\mathbf{w}} = \begin{pmatrix} t_{11} & \cdots & t_{1n} \\ \vdots & & \vdots \\ t_{n1} & \cdots & t_{nn} \end{pmatrix} \quad \text{und} \quad T_{\mathbf{w}}^{\mathbf{v}} = \begin{pmatrix} s_{11} & \cdots & s_{1n} \\ \vdots & & \vdots \\ s_{n1} & \cdots & s_{nn} \end{pmatrix}.$$

Dann gilt

$$v_i = \sum_{k=1}^{n} s_{ki} \sum_{l=1}^{n} t_{lk} v_l = \sum_{l=1}^{n} \left(\sum_{k=1}^{n} t_{lk} s_{ki} \right) v_l$$

und daher, wegen Satz 2.25, $\sum_{k=1}^{n} t_{lk} s_{ki} = \delta_{li}$, wobei

$$\delta_{ij} := \begin{cases} 1 & \text{für } i = j \\ 0 & \text{für } i \neq j \end{cases}$$

das *Kronecker-Delta* ist. Dies zeigt $T_{\mathbf{v}}^{\mathbf{w}} T_{\mathbf{w}}^{\mathbf{v}} = \mathbf{1}_n$ und damit (i). Mit $v = \sum_{i=1}^{n} x_i v_i = \sum_{j=1}^{n} y_j w_j$, d.h.

$$\kappa_{\mathbf{v}}(v) = \begin{pmatrix} x_1 \\ \vdots \\ x_n \end{pmatrix} \quad \text{und} \quad \kappa_{\mathbf{w}}(v) = \begin{pmatrix} y_1 \\ \vdots \\ y_n \end{pmatrix},$$

gilt wegen

$$\sum_{i=1}^{n} x_i v_i = v = \sum_{j=1}^{n} y_j w_j = \sum_{j=1}^{n} y_j \sum_{i=1}^{n} t_{ij} v_i = \sum_{i=1}^{n} \Big(\sum_{j=1}^{n} t_{ij} y_j \Big) v_i$$

und Satz 2.25, dass $x_i = \sum_{j=1}^{n} t_{ij} y_j$. Die beweist (ii).

$\square$

Jetzt haben wir die Werkzeuge in der Hand, die Abhängigkeit der darstellenden Matrizen von den zugrunde gelegten Basen explizit zu beschreiben.

Satz 2.49 (Basiswechsel für lineare Abbildungen) *Seien V und W zwei $\mathbb{K}$-Vektorräume mit angeordneten Basen $\mathbf{v} = (v_1, \dots, v_n)$ und $\mathbf{v}' = (v_1', \dots, v_n')$ bzw. $\mathbf{w} = (w_1, \dots, w_m)$ und $\mathbf{w}' = (w_1', \dots, w_m')$. Für $\phi \in \mathrm{Hom}_{\mathbb{K}}(V, W)$ gilt dann*

$$A_{\mathbf{w}'}^{\mathbf{v}'}(\phi) = T_{\mathbf{w}'}^{\mathbf{w}} A_{\mathbf{w}}^{\mathbf{v}}(\phi)\, T_{\mathbf{v}}^{\mathbf{v}'}.$$

Beweis Wir schreiben

$$T_{\mathbf{v}}^{\mathbf{v}'} = \begin{pmatrix} t_{11} & \cdots & t_{1n} \\ \vdots & & \vdots \\ t_{n1} & \cdots & t_{nn} \end{pmatrix} \quad \text{und} \quad T_{\mathbf{w}}^{\mathbf{w}'} = \begin{pmatrix} s_{11} & \cdots & s_{1m} \\ \vdots & & \vdots \\ s_{m1} & \cdots & s_{mm} \end{pmatrix}$$

sowie

$$A_{\mathbf{w}}^{\mathbf{v}}(\phi) = \begin{pmatrix} a_{11} & \cdots & a_{1n} \\ \vdots & & \vdots \\ a_{m1} & \cdots & a_{mn} \end{pmatrix} \quad \text{und} \quad A_{\mathbf{w}'}^{\mathbf{v}'}(\phi) = \begin{pmatrix} a_{11}' & \cdots & a_{1n}' \\ \vdots & & \vdots \\ a_{m1}' & \cdots & a_{mn}' \end{pmatrix}.$$

Dann gilt

$$v'_j = \sum_{i=1}^{n} t_{ij} v_i \quad \forall j = 1, \ldots, n \quad \text{und} \quad w'_s = \sum_{k=1}^{m} s_{k\ell} w_k \quad \forall \ell = 1, \ldots, m.$$

Die Rechnungen

$$\varphi(v'_j) = \sum_{k=1}^{m} a'_{kj} w'_r = \sum_{k=1}^{m} a'_{kj} \sum_{\ell=1}^{m} s_{\ell k} w_\ell = \sum_{\ell=1}^{m} \left(\sum_{k=1}^{m} s_{\ell k} a'_{kj} \right) w_\ell$$

und

$$\varphi(v'_j) = \varphi\left(\sum_{i=1}^{n} t_{ij} v_i \right) = \sum_{i=1}^{n} t_{ij} \varphi(v_i) = \sum_{i=1}^{n} t_{ij} \sum_{\ell=1}^{m} a_{\ell i} w_\ell = \sum_{\ell=1}^{m} \left(\sum_{i=1}^{n} a_{\ell i} t_{ij} \right) w_\ell.$$

liefern mit Satz 2.25

$$\sum_{k=1}^{m} s_{\ell k} a'_{kj} = \sum_{i=1}^{n} a_{\ell i} s_{ij} \quad \forall \ell = 1, \ldots, m; \ j = 1, \ldots, n,$$

d.h. $T_{\mathbf{w}}^{\mathbf{w}'} A_{\mathbf{w}'}^{\mathbf{v}'}(\phi) = A_{\mathbf{w}}^{\mathbf{v}}(\phi) T_{\mathbf{v}}^{\mathbf{v}'}$ und daher

$$A_{\mathbf{w}'}^{\mathbf{v}'}(\phi) = (T_{\mathbf{w}}^{\mathbf{w}'})^{-1} A_{\mathbf{w}}^{\mathbf{v}}(\phi) T_{\mathbf{v}}^{\mathbf{v}'} = T_{\mathbf{w}'}^{\mathbf{w}} A_{\mathbf{w}}^{\mathbf{v}}(\phi) T_{\mathbf{v}}^{\mathbf{v}'}.$$

$\square$

Von besonderer Bedeutung ist der Satz 2.49 im Spezialfall, dass $V = W$, $\mathbf{v} = \mathbf{w}$ und $\mathbf{v}' = \mathbf{w}'$. Das führt dann auf die Relation $A_{\mathbf{v}'}^{\mathbf{v}'}(\phi) = (T_{\mathbf{v}}^{\mathbf{v}'})^{-1} A_{\mathbf{v}}^{\mathbf{v}}(\phi) T_{\mathbf{v}}^{\mathbf{v}'}$ und motiviert den Begriff *ähnlicher* Matrizen. Zwei quadratische Matrizen A, $A' \in \mathrm{Mat}(n \times n, \mathbb{K})$ heißen ähnlich, wenn es eine invertierbare Matrix $T \in \mathrm{Mat}(n \times n, \mathbb{K})$ mit $A' = T^{-1} A T$ gibt. Es ist leicht zu verifizieren, dass die Ähnlichkeit von quadratischen Matrizen eine Äquivalenzrelation ist.

2.3.3 Eigenwerte und Eigenvektoren

Wir illustrieren den Nutzen von Koordinatenrechnungen an einem Problem, das in der mathematischen Modellierung der Quantenmechanik (in ihrer Entstehungszeit auch *Matrizenmechanik* genannt) eine zentrale Rolle spielt. Für eine vorgegebene lineare Abbildung $\varphi \in \mathrm{End}_{\mathbb{K}}(V)$ möchte man die Lösungen $(\lambda, v) \in \mathbb{K} \times V$ der Gleichung $\varphi(v) = \lambda v$ zu bestimmen. Die Zahlen λ, die in solchen Lösungen vorkommen, spielen die Rolle von charakteristischen Größen der betrachteten physikalischen Systeme. Insbesondere für Elektronen konnte man sie mit Schwingungsfrequenzen in Verbindung bringen, die für das System kennzeichnend sind. Dieser physikalischen Interpretation entsprechend nennt man diese Zahlen die *Eigenwerte* von φ. Solche Eigenwerte tauchen auch in mathematischen Modellierungen anderer Schwingungsvorgänge auf und beschreiben dort ebenfalls charakteristische Frequenzen. Die Gesamtheit dieser Eigenwerte heißt in Anlehnung an den Sprachgebrauch für elektromagnetische Wellen (insbesondere Licht- oder Radiowellen) auch das *Spektrum* von φ.

Definition 2.50 (Eigenwerte, Eigenvektoren und Eigenräume) Sei V ein $\mathbb{K}$-Vektorraum und $\varphi \in \mathrm{End}_{\mathbb{K}}(V)$. Eine Zahl $\lambda \in \mathbb{K}$ heißt *Eigenwert* von φ, wenn es ein $0 \neq v \in V$ mit

$$\varphi(v) = \lambda v \tag{2.16}$$

gibt. Der Vektor v heißt dann *Eigenvektor* von φ zum Eigenwert λ. Für $\lambda \in \mathbb{K}$ heißt die Lösungsmenge von $\varphi(v) = \lambda v$ der *Eigenraum* von φ zum Eigenwert λ, falls sie von Null verschieden ist. Sie wird mit V_λ bezeichnet. □

Wenn V endlichdimensional ist und $\mathbf{v}$ eine geordnete Basis für V, dann liefert die Eigenwertgleichung (2.16) die Matrizengleichung $A_{\mathbf{v}}^{\mathbf{v}} \kappa_{\mathbf{v}}(v) = \lambda \kappa_{\mathbf{v}}(v)$ und das motiviert die folgende Übertragung der Definitionen von Eigenwerten und Eigenvektoren auf quadratische Matrizen. Für eine solche Matrix $A \in \mathrm{Mat}(n \times n, \mathbb{K})$ nennt man eine Zahl $\lambda \in \mathbb{K}$ einen *Eigenwert* von A, wenn es ein $0 \neq x \in \mathbb{K}^n$ mit

$$Ax = \lambda x \tag{2.17}$$

gibt, wobei man x als Spaltenvektor auffasst und Ax die Matrizenmultiplikation ist. Der Spaltenvektor x heißt dann *Eigenvektor* von A zum Eigenwert λ. Für festes $\lambda \in \mathbb{K}$ heißt die Lösungsmenge der Eigenwertgleichung (2.17) der *Eigenraum* von A zum Eigenwert λ falls sie von Null verschieden ist.

Da man jede Matrix $A \in \mathrm{Mat}(n \times n, \mathbb{K})$ über die kanonische Basis für $\mathbb{K}^n$ als lineare Abbildung $A\colon \mathbb{K}^n \to \mathbb{K}^n, x \mapsto Ax$ auffassen kann, kann man die Definitionen für Matrizen als Spezialfälle für die Definitionen für Endomorphismen auffassen. Wenn man also allgemeine Aussagen über Eigenwerte und Eigenvektoren von Endomorphismen beweist, hat man damit auch die entsprechenden Aussagen für Eigenwerte und Eigenvektoren von Matrizen gezeigt. Das ist zum Beispiel für nachfolgende Proposition der Fall, in der gezeigt wird, dass Eigenvektoren zu unterschiedlichen Eigenwerten linear unabhängig sind. Insbesondere kann kein Vektor Eigenvektor zu mehr als einem Eigenwert sein, das heißt, man kann von *dem* zu einem Eigenvektor gehörigen Eigenwert sprechen.

Proposition 2.51 (Lineare Unabhängigkeit von Eigenvektoren) *Sei V ein $\mathbb{K}$-Vektorraum und $\varphi \in \mathrm{End}_{\mathbb{K}}(V)$.*

(i) *Sei $0 \neq v \in V$. Dann gibt es höchstens ein $\lambda \in \mathbb{K}$ so, dass v ein Eigenvektor von φ zum Eigenwert λ ist.*

(ii) *Wenn $\lambda \in \mathbb{K}$, dann ist V_λ ein Untervektorraum von V.*

(iii) *Seien $\lambda_1, \ldots, \lambda_k$ verschiedene Eigenwerte von φ und $0 \neq v_j \in V_{\lambda_j}$. Dann ist $\{v_1, \ldots, v_k\}$ linear unabhängig.*

Beweis

(i) Wenn $\lambda_1 v = \varphi(v) = \lambda_2 v$, dann gilt $(\lambda_1 - \lambda_2)v = 0$, also $\lambda_1 - \lambda_2 = 0$, weil sonst

$$v = \frac{1}{\lambda_1 - \lambda_2}(\lambda_1 - \lambda_2)v = \frac{1}{\lambda_1 - \lambda_2}\, 0 = 0.$$

(ii) Wenn $v, w \in V_\lambda$ und $r, s \in \mathbb{K}$, dann gilt

$$\varphi(rv + sw) = r\varphi(v) + s\varphi(w) = r\lambda v + s\lambda w = \lambda(rv + sw).$$

(iii) Induktion über k: Sei $\sum_{j=1}^{k} c_j v_j = 0$. Dann gilt

$$0 = \varphi\Big(\sum_{j=1}^{k} c_j v_j\Big) - \lambda_1\Big(\sum_{j=1}^{k} c_j v_j\Big) = \sum_{j=1}^{k} c_j(\lambda_j - \lambda_1)v_j.$$

Induktion zeigt, dass $\{v_2, \ldots, v_k\}$ linear unabhängig ist, also folgt $c_2 = \ldots = c_k = 0$. Dann ist aber auch $c_1 = 0$. $\qquad\square$

Die lineare Unabhängigkeit der Eigenvektoren in Proposition 2.51(iii) zeigt, dass das Spektrum von Operatoren auf endlichdimensionalen Vektorräumen immer endlich ist. In quantenmechanischen Systemen ist aber die Anzahl der messbaren Größen in der Regel nicht beschränkt. In der Modellierung führt das dazu, dass man mit unendlichdimensionalen Vektorräumen arbeitet.

Besonders einfach wird das Rechnen mit darstellenden Matrizen von Endomorphismen, wenn sie nur auf der Diagonale von Null verschiedene Einträge haben. In diesem Fall stehen in Diagonale genau die Eigenwerte der Matrix. Ob es für einen Endomorphismus so eine diagonale darstellende Matrix gibt, hängt von der Konstellation der Eigenräume ab, wie das folgende Resultat zeigt.

Proposition 2.52 (Diagonalisierbarkeit quadratischer Matrizen) *Die folgenden Aussagen für $A \in \mathrm{Mat}(n \times n, \mathbb{K})$ sind äquivalent.*

(1) *A ist ähnlich zu einer Diagonalmatrix.*
(2) *$\mathbb{K}^n$ hat eine Basis aus Eigenvektoren von A.*

Beweis Sei $\{e_1, \ldots, e_n\}$ die Standardbasis für $\mathbb{K}^n$, wobei die e_j als Spaltenvektoren betrachtet werden.

$(1) \Rightarrow (2)$: Wenn

$$\begin{pmatrix} d_1 & & \\ & \ddots & \\ & & d_n \end{pmatrix} = C^{-1}AC,$$

dann gilt

$$C^{-1}ACe_j = \begin{pmatrix} d_1 & & \\ & \ddots & \\ & & d_n \end{pmatrix} \begin{pmatrix} 0 \\ \vdots \\ 1 \\ \vdots \\ 0 \end{pmatrix} = \begin{pmatrix} 0 \\ \vdots \\ d_j \\ \vdots \\ 0 \end{pmatrix} = d_j e_j.$$

Wir setzen $v_j := Ce_j$ und erhalten $Av_j = d_j v_j$, d.h. die v_j sind Eigenvektoren von A. Da C invertierbar ist, ist $\{v_1, \dots, v_n\}$ eine Basis für $\mathbb{K}^n$ (vgl. Lemma 2.30).
$(1) \Leftarrow (2)$: Sei $\{v_1, \dots, v_n\}$ eine Basis aus Eigenvektoren für $\mathbb{K}^n$ und $\lambda_1, \dots, \lambda_n$ die zugehörigen Eigenwerte (nicht notwendigerweise verschieden). Weiter sei $C = (c_{ij})$ die Übergangsmatrix von $\{e_1, \dots, e_n\}$ nach $\{v_1, \dots, v_n\}$, d.h.

$$v_j = \sum_{i=1}^{n} c_{ij} e_i = Ce_j.$$

Man erhält

$$ACe_j = Av_j = \lambda_j v_j = C(\lambda_j e_j)$$

und $C^{-1}ACe_j = \lambda_j e_j$. Zusammen ergibt sich

$$C^{-1}AC = \begin{pmatrix} \lambda_1 & & 0 \\ & \ddots & \\ 0 & & \lambda_n \end{pmatrix}$$

$\square$

Proposition 2.52 liefert noch keinen Hinweis dafür, wie man herausfinden kann, ob die Bedingungen (1) und (2) erfüllt sind. Insbesondere sagt die Proposition nichts darüber, wie man Eigenwerte und Eigenvektoren finden kann. Wegen $C^{-1}AC(C^{-1}v) = C^{-1}Av$ ist aber klar, dass ähnlich Matrizen dieselben Eigenwerte haben, auch wenn im Allgemeinen die Eigenvektoren verschieden sein werden, weil normalerweise $Cv \neq v$ gilt. Außerdem folgt direkt aus der Eigenwertgleichung (2.16), dass $\lambda \in \mathbb{K}$ ein Eigenwert von $\phi \in \mathrm{End}_{\mathbb{K}}(V)$ ist, wenn der Endomorphismus $\phi - \lambda \, \mathrm{id}_V$ nicht injektiv ist. Für $\dim_{\mathbb{K}} V < \infty$ ist das nach Proposition 2.37 gleichbedeutend damit, dass $\phi - \lambda \, \mathrm{id}_V$ nicht invertierbar ist. Für Matrizen übersetzt sich dies in die Aussage, dass $A - \lambda \mathbf{1}$ keine invertierbare Matrix ist.

Wenn man schon weiß, dass $\lambda \in \mathbb{K}$ ein Eigenwert von $A \in \mathrm{Mat}(n \times n, \mathbb{K})$ ist, dann reduziert sich die Aufgabe, die Eigenvektoren zu finden, auf die Lösung des homogenen linearen Gleichungssystems mit Koeffizientenmatrix $A - \lambda \mathbf{1}_n$. In dieser Formulierung liefert der Algorithmus 2.11 zur Bestimmung der Lösungsmenge eine linearen Gleichungssystems auch einen Ansatz, wie man die Eigenwerte bestimmen kann: λ ist genau dann ein Eigenwert, wenn der Lösungsraum des durch $A - \lambda \mathbf{1}_n$ gegebenen homogenen linearen Gleichungssystems mehr als eine Lösung hat. Das ist aber genau dann der Fall, wenn es zu $A - \lambda \mathbf{1}_n$ eine Zeilenstufenform gibt, die weniger als n Stufen hat. Wendet man den Gauß-Algorithmus 2.8 auf $A - \lambda \mathbf{1}_n$ an, so heißt das, dass es einen Schritt geben muss, bei dem keine Stufe entsteht. In diesem Schritt produziert der Algorithmus dann eine Null auf der Diagonale der Matrix. Als Ergebnis erhält man, dass λ genau dann ein Eigenwert von A ist, wenn $A - \lambda \mathbf{1}_n$ eine Zeilenstufenform hat, für die das Produkt der Diagonalelemente Null ist.

Fazit

In diesem Kapitel haben wir Techniken und Begriffe diskutiert, die sich aus der Frage nach Lösungen von linearen Gleichungen ergeben. Sie bilden einen Teil der „Linearen Algebra", der aber auch gewisse nichtlineare Konzepte wie Bilinearformen (zum Beispiel in Form von Skalarprodukten zur Untersuchung geometrischer Sachverhalte) und Determinanten (als Hilfsmittel in der Lösungstheorie von linearen Gleichungssystemen) zugerechnet werden. Wir haben uns hier auf die rein linearen Aspekte beschränkt, um die zentralen Ideen der Theorie deutlicher in den Vordergrund zu stellen. Vektorräume und lineare Abbildungen sind fundamental für alle Bereiche der Mathematik, weit über die Geometrie oder das elementare Gleichungslösen hinaus. Was wir hier nicht angesprochen haben, sind Rechentechniken, die darauf beruhen, durch geschickte Wahl der Basen möglichst einfache darstellende Matrizen (oft *Normalformen* genannt) zu finden. Trotzdem haben wir schon Beispiele dafür gesehen, wie die Einführung guter theoretischer Konzepte praktische Probleme löst. So erlaubt die Bestimmung einer Basis für den Lösungsraum eines homogenen linearen Gleichungssystems in Satz 2.38 die exakte Behandlung solcher (in der Regel unendlichen) Lösungsmengen im Computer, obwohl der nur über endlich viel Speicherplatz verfügt.

Literaturhinweise

Das Material in diesem Kapitel wird in der einen oder anderen Form in jedem Lehrbuch zur Linearen Algebra behandelt. Viele dieser Lehrbücher beginnen mit einer Theorie von (endlichdimensionalen) Vektorräumen und behandeln lineare Gleichungssysteme als Anwendungen dieser Theorie. Der hier gewählte Aufbau ist aus [Hi13a] übernommen und basiert auf Vorlesungsskripten, die ursprünglich von einem dem Lehrbuch [KB18] zugrundeliegenden Vorlesungsskript von Wolf Barth inspiriert waren.

Einige Vertiefungen und Anwendungen, insbesondere die Frage nach Normalformen und speziellen Rechentechniken, werden in jedem Lehrbuch zur Linearen Algebra behandelt. Abschwächungen der Voraussetzungen wie zum Beispiel die Ersetzung von Körper durch Ringe werden in der einschlägigen Literatur nicht so oft diskutiert (Ausnahmen sind [OR74, KM95]). In [Hi24] bildet diese Verallgemeinerung den Einstieg in eine weitreichende Diskussion unterschiedlicher mathematischer Strukturen.

Abstände und Umgebungen

Man stelle sich zwei Punkte in einer Ebene vor. Was ist der Abstand der beiden Punkte? Die übliche Methode, den Abstand zu definieren, ist, eine gerade Strecke zwischen die beiden Punkte zu legen und dann die Länge dieser Strecke zu messen. In der realen Welt würde man das nicht tun, wenn auf dieser geraden Verbindung ein unüberwindliches Hindernis läge. Dann würde man eventuell von der „Luftlinienentfernung" sprechen und als wirkliche Entfernung, die Länge der kürzesten Straßenverbindung in Kilometern angeben. Bei großen Distanzen in den USA ist es eher üblich anzugeben, wie viele Stunden Autofahrt benötigt werden, um vom Ort x zum Ort y zu gelangen. Diese Angabe würde sich ändern, wenn eine Brücke auf dem Weg weggeschwemmt würde und man einen Umweg nehmen müsste.

Schon diese simplen Beispiele zeigen, dass sehr unterschiedliche Methoden Abstände zu beschreiben denkbar sind. Es stellt sich die Frage, ob solche unterschiedlichen Methoden Gemeinsamkeiten haben, die man präzise beschreiben kann. Wenn man sich darauf festlegt, den Abstand zwischen zwei Punkten einer Menge durch Zahlen beschreiben zu wollen, dann sind die folgenden Eigenschaften sinnvolle Punkte auf einer Liste von Anforderungen an einen Abstand, der diesen Namen verdient:

(i) Abstände sind positiv oder 0.
(ii) Der Abstand zwischen zwei Punkten ist genau dann 0, wenn die beiden Punkte gleich sind.
(iii) Umwege verlängern den Abstand: Die Summe der Abstände zwischen x und y und y und z ist mindestens so groß wie der Abstand zwischen x und z.

© Der/die Autor(en), exklusiv lizenziert an Springer-Verlag GmbH, DE, ein Teil von 147
Springer Nature 2026
J. Hilgert, *Mathematik für Ambitionierte*,
https://doi.org/10.1007/978-3-662-73048-5_3

3.1   Metrische Räume

Mathematisch lassen sich die aufgeführten Eigenschaften von Abständen wie folgt formulieren: Sei M eine Menge und $d: M \times M \to \mathbb{R}$ eine Funktion (das d steht hier für „Distanz"). Dann soll gelten

(i) $d(x, y) \in \mathbb{R}_{\geq 0} := \{r \in \mathbb{R} \mid r \geq 0\}$.

(ii) $d(x, y) = 0 \ \Leftrightarrow \ x = y$.

(iii) $\forall x, y, z \in M: \ d(x, z) \leq d(x, y) + d(y, z)$.

In den oben angedeuteten Beispielen ist es naheliegend anzunehmen, dass der Abstand *symmetrisch* ist, das heißt $d(x, y) = d(y, x)$ für alle $x, y \in M$. Stellt man sich den einen Punkt jedoch auf einem Berggipfel vor und den anderen im Tal, so ist diese Annahme keineswegs naheliegend, sofern man den Abstand in benötigter Zeit misst. Wenn man diese Eigenschaft also trotzdem fordert, so schließt man willkürlich realistische Szenarien aus der Modellbildung aus. Dafür kann man unterschiedliche gute Gründe haben. Zum Beispiel kann es sein, dass alle Situationen, die man beschreiben möchte, diese Bedingung erfüllen. Manchmal ist man aber auch einfach bereit, die Verkleinerung der Klasse von behandelbaren Beispielen in Kauf zu nehmen, weil man ohne die Zusatzforderung die gewünschten Eigenschaften nicht nachweisen kann. Erst an der Möglichkeit signifikante Aussagen über interessante Beispiele zu machen, entscheidet sich, ob eine Definition gut ist. Im Falle der Abstandsfunktion fordert man die Symmetrie, weil es einerseits sehr viele Situationen gibt, in der sie erfüllt ist, und sie andererseits in vielen Argumenten unverzichtbar ist.

Definition 3.1 (Metrischer Raum) Sei M eine (nicht-leere) Menge und $d: M \times M \to \mathbb{R}_{\geq 0}$ eine Funktion. Dann heißt d eine *Metrik* auf M und (M, d) ein *metrischer Raum*, wenn für alle $x, y, z \in M$ gilt:

(M1) $d(x, y) = 0$ genau dann, wenn $x = y$.

(M2) $d(x, y) = d(y, x)$.

(M3) $d(x, z) \leq d(x, y) + d(y, z)$. $\qquad\qquad\qquad\qquad\qquad$ $\square$

Die Eigenschaft (M3) heißt *Dreiecksungleichung*, weil sie im Falle einer euklidischen Ebene M besagt, dass in einem Dreieck die Länge einer Seite niemals größer ist als die Summe der beiden anderen Seiten (siehe Abb. 3.1). Wenn die Metrik d entweder aus dem Kontext klar ist oder ihre speziellen Eigenschaften nicht gebraucht werden, sagt man einfach: M ist ein metrischer Raum.

Abb. 3.1 Dreiecksungleichung

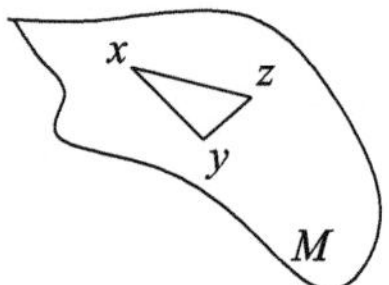

Beispiele für Metriken

Ein einfaches geometrisches Beispiel für eine Metrik liefert der Absolutbetrag auf den reellen Zahlen.

Beispiel 3.2 (Abstand auf $\mathbb{R}$) Durch

$$\forall\, x, y \in \mathbb{R}: \quad d(x, y) := |x - y|. \tag{3.1}$$

wird eine Metrik auf $\mathbb{R}$ definiert. Der Nachweis der Eigenschaften (M1)–(M3) für dieses d ist eine leichte Übung im Rechnen mit Beträgen. In der Tat, da $(\mathbb{R}, +, \cdot, \mathbb{R}^+)$ nach Satz 1.87 ein geordneter Körper ist, wurde (M3) schon in Satz 1.78(iv) gezeigt. Die Symmetriebedingung (M2) folgt sofort aus Satz 1.78(i). Bleibt (M1) zu zeigen. Aber $d(x, x) = |x - x| = |0| = 0$ folgt sofort aus den Definitionen. Umgekehrt zeigt Satz 1.78(ii), dass $d(x, y) = 0$ die Ungleichungen

$$0 = -|x - y| \leq x - y \leq |x - y| = 0$$

zur Folge hat. Aber dann zeigt die Trichotomie aus Proposition 1.74, dass $x - y = 0$, das heißt $x = y$.

Die eben gegebenen Argumente sind auch für allgemeine geordnete Körper mit dem Absolutbetrag aus Definition 1.76 und Satz 1.78 gültig. Wenn also $(Z, +, \cdot, P)$ geordneter Körper ist und $P \subseteq \mathbb{R}^+$ gilt, das heißt, der Absolutbetrag von Z Werte in $\mathbb{R}^+ \cup \{0\} = \mathbb{R}_{\geq 0}$ hat, dann ist Z der zusammen mit der durch

$$\forall\, x, y \in Z: \quad d(x, y) := |x - y|$$

gegebenen Metrik ein metrischer Raum. $\qquad\qquad\square$

Beispiel 3.3 (Abstand auf $\mathbb{R}^2$) Zusammen mit dem Satz von Pythagoras (aus der euklidischen Geometrie, die wir hier nicht voraussetzen wollen) motiviert (3.1) die folgende Metrik auf $\mathbb{R}^2$, die man die *euklidische Metrik* nennt und die den üblichen Abstand in einer Ebene beschreibt.

$$d\big((x_1, x_2), (y_1, y_2)\big) := \sqrt{|x_1 - y_1|^2 + |x_2 - y_2|^2} = \sqrt{(x_1 - y_1)^2 + (x_2 - y_2)^2} \tag{3.2}$$

für $(x_1, x_2), (y_1, y_2) \in \mathbb{R}^2$. Nach Beispiel 1.93 kennen wir alle Bestandteile der Formel (3.2), aber aus dieser Formel abzuleiten, dass d wirklich (M1)–(M3) erfüllt ist nicht so einfach. Die Eigenschaften (M1) und (M2) lassen sich zwar leicht aus Beispiel 1.93 und der definierenden Gleichung ableiten, aber die Dreiecksungleichung erfordert einen echten Beweis. Für zwei Punkte im dreidimensionalen Raum kann man den Satz von Pythagoras zweimal anwenden, um den Abstand zu bestimmen (siehe Abb. 3.2).

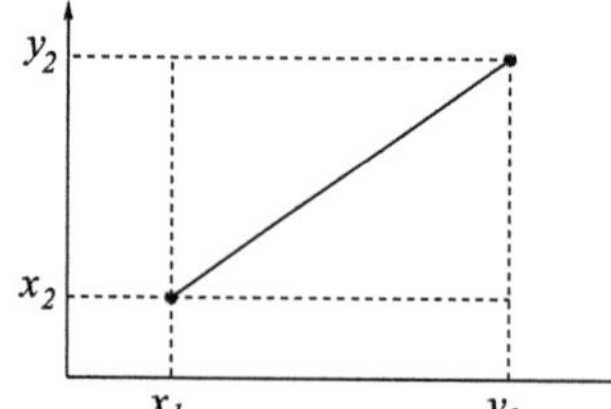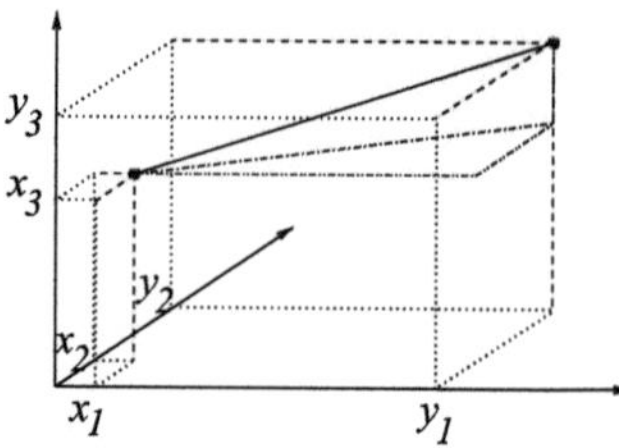

Abb. 3.2 Euklidische Metrik in der Ebene und im Raum

Das liefert dann die Formel

$$d\big((x_1, x_2, x_3), (y_1, y_2, y_3)\big) := \sqrt{\sqrt{|x_1 - y_1|^2 + |x_2 - y_2|^2}^{\,2} + |x_3 - y_3|^2}$$

$$= \sqrt{(x_1 - y_1)^2 + (x_2 - y_2)^2 + (x_3 - y_3)^2}$$

für $(x_1, x_2, x_3), (y_1, y_2, y_3) \in \mathbb{R}^3$. Allgemein führt dies auf die Definition

$$d\big((x_1, \ldots, x_n), (y_1, \ldots, y_n)\big) := \sqrt{(x_1 - y_1)^2 + \ldots + (x_n - y_n)^2} \qquad (3.3)$$

für $(x_1, \ldots, x_n), (y_1, \ldots, y_n) \in \mathbb{R}^n$. Alle diese Funktionen geben Metriken. Wir werden das erst später beweisen, wenn wir die passenden Begriffe dafür eingeführt haben (siehe Proposition 3.75). Für den Fall von $\mathbb{R}^2$ kann man allerdings einen Trick anwenden, der den Nachweis erleichtert. Wir identifizieren $\mathbb{R}^2$ mit $\mathbb{C}$ und benutzen die Multiplikation auf den komplexen Zahlen. Wenn man für $z = a + ib$ setzt $\bar{z} := a - ib$, dann gilt $z \cdot \bar{z} = a^2 + b^2$ und $\operatorname{Re} z = a = \sqrt{a^2} \leq \sqrt{a^2 + b^2} = \sqrt{z \cdot \bar{z}} =: |z|$, weil $0 \leq r < s$ die Ungleichung $r^2 < s^2$ zur Folge hat. Für $z_1, z_2 \in \mathbb{C}$ wie folgt rechnen:

$$|z_1 + z_2|^2 = (z_1 + z_2)(\bar{z}_1 + \bar{z}_2) = z_1\bar{z}_1 + z_1\bar{z}_2 + z_2\bar{z}_1 + z_2\bar{z}_2$$

$$= |z_1|^2 + 2\operatorname{Re}(z_1\bar{z}_2) + |z_1|^2 \leq |z_1|^2 + 2|z_1\bar{z}_2| + |z_1|^2 = |z_1|^2 + 2|z_1| \cdot |z_2| + |z_1|^2$$

$$= (|z_1| + |z_2|)^2.$$

Es folgt $|z_1 + z_2| \leq |z_1| + |z_2|$. Da aber

$$|z_1 - z_2| = \sqrt{(a_1 - a_2)^2 + (b_1 - b_2)^2} = d((a_1, b_1), (a_2, b_2))$$

ergibt sich mit $|z_1 - z_3| = |(z_1 - z_2) + (z_2 - z_3)| \leq |z_1 - z_2| + |z_2 - z_3|$ die Dreiecksungleichung für $\mathbb{R}^2$. $\qquad\square$

Die obigen Beispiele sind mathematische Präzisierungen des Abstandsbegriffs in der euklidischen Geometrie der Ebene und ihren Verallgemeinerungen auf beliebige Dimensionen. Der Begriff einer Metrik ist aber keineswegs nur in solchen rein geometrischen Kontexten einsetzbar. Man findet eine Vielzahl von Beispielen in den unterschiedlichsten Kontexten. Allerdings ist es manchmal gar nicht so einfach nachzuweisen, dass eine gegebene Funktion eine Metrik ist. Das soll uns hier aber nicht davon abhalten, auch einige interessante Beispiele zu skizzieren, deren Kontext zunächst nur grob geschildert werden kann, weil die nötigen Begriffe für eine genauere Beschreibung noch nicht eingeführt wurden. Wir beginnen aber mit einem einfachen, wenn auch extremen Beispiel.

Beispiel 3.4 (Triviale Metrik) Sei M eine beliebige Menge und $d : M \times M \to \mathbb{R}$, die durch

$$d(x, y) = \begin{cases} 0 & \text{für } x = y \\ 1 & \text{für } x \neq y \end{cases}$$

gegeben. Dann ist d eine Metrik auf M. $\qquad\square$

Das Beispiel 3.5 stammt aus der Codierungstheorie und beschreibt den Abstand zwischen Codewörtern, den man für die Korrektur von Übertragungsfehlern einsetzen kann. In diesem Beispiel ist der Nachweis der Eigenschaften (M1)–(M3) ebenfalls einfach.

Beispiel 3.5 (Hamming[1]-Abstand) Wir betrachten das folgende Modell für fehleranfällige Informationsübertragung:

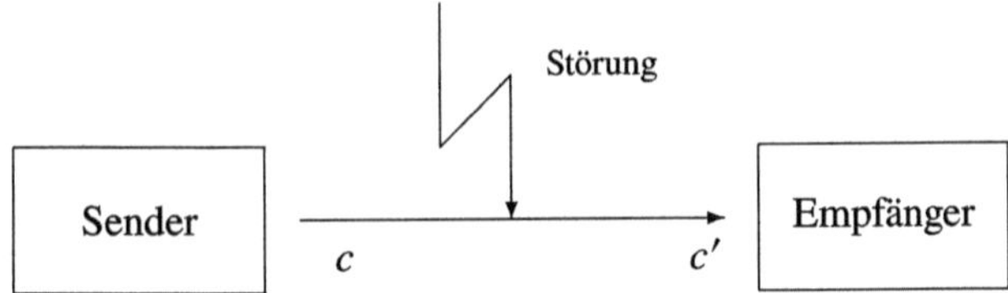

Die Menge $A := \{0, 1\}$ wird als Alphabet interpretiert, das nur aus zwei Buchstaben besteht. Die Elemente von A^n werden als Wörter mit n Buchstaben aufgefasst. Die c und c' in obiger Skizze sind solche Wörter, das heißt, wir betrachten hier nur solche Fehler, durch die Buchstaben verändert, nicht aber geschluckt oder hinzugefügt werden. Ein *Code* ist eine Teilmenge von A^n, die als die Menge der zulässigen, das heißt in der gegebenen Sprache sinnvollen, Wörter betrachtet wird. Die Idee der fehlerkorrigierenden Codes ist es, die Wörter des Codes so verschieden zu bauen, dass auch nach Veränderung von einigen (nicht zu vielen) Buchstaben nur ein Wort des Codes in Frage kommt, das man aus dem empfangenen Wort durch entsprechend wenige Korrekturen zurückgewinnen kann. Um die Verschiedenheit von Wörtern quantitativ zu fassen, führt man den *Hamming-Abstand* ein (Notation für die Kardinalität einer Menge wie auf S. 4):

$$d : A^n \times A^n \to \mathbb{R}_{\geq 0}, \quad d\big((x_1, \ldots, x_n), (y_1, \ldots, y_n)\big) := |\{j \in \{1, \ldots, n\} \mid x_j \neq y_j\}|.$$

---

[1] Nach dem Mathematiker Richard Wesley Hamming (1915–1998).

Das heißt, der Abstand zwischen zwei Wörtern ist die Anzahl der Positionen, an denen unterschiedliche Buchstaben stehen. Die Eigenschaften (M1) und (M2) aus Definition 3.1 folgen sofort aus den Definitionen. Für $x = (x_1, \ldots, x_n)$, $y = (y_1, \ldots, y_n)$, $z = (z_1, \ldots, z_n)$ gilt $x_j \neq z_j$ nur, wenn $x_j \neq y_j$ oder $y_j \neq z_j$ gilt. Damit ergibt sich die Dreiecksungleichung $d(x, z) \leq d(x, y) + d(y, z)$.

Wir wollen also die Code-Wörter so auswählen, dass sie einen gewissen Mindest-Hamming-Abstand voneinander haben. Wenn zum Beispiel der minimale Hamming-Abstand zwischen zwei Code-Wörtern $2m + 1$ ist, dann kann man aus dem empfangenen Wort höchstens ein Code-Wort durch maximal m Veränderungen gewinnen. Wenn man weiß, dass bei der Übertragung nicht mehr als m Stellen verändert wurden, dann muss dieses Code-Wort das ursprünglich gesendete Wort sein. Man ersetzt also die empfangenen Wörter dann durch die bezüglich des Hamming-Abstands nächstgelegenen zulässigen Code-Wörter. Auf diese Weise repariert man alle Übertragungsfehler in Worten, in denen nicht mehr als m Stellen verfälscht wurden.

Die effektive Konstruktion fehlerkorrigierender Codes nutzt nicht nur die Abstandsfunktion, sondern auch die algebraische Struktur des Alphabets und der Wortmenge. Darauf wird in Beispiel 3.67 näher eingegangen. □

Die Idee des Hammingabstands lässt sich auf die Messung von Abständen zwischen Funktionen übertragen. Betrachtet man ein n-Tupel $x = (x_1, \ldots, x_n) \in \{0, 1\}^n$ als eine Funktion $f: \{1, \ldots, n\} \to \{0, 1\}$ mit $f(m) = x_m$, so ist der Hamming-Abstand zwischen zwei Funktionen f_1 und f_2 durch die Formel

$$d(f_1, f_2) := \sum_{m \in M} |f_1(m) - f_2(m)| \tag{3.4}$$

gegeben. Für allgemeine Funktionen $f: M \to \mathbb{R}$ auf einer endlichen Menge M kann man dieselbe Formel benutzen, um den Abstand zweier Funktionen zu definieren. Es ist wieder eine einfache Übungsaufgabe, nachzuweisen, dass das so definierte d eine Metrik auf der Menge $\mathcal{F}(M, \mathbb{R})$ aller reellwertigen Funktionen auf M ist. Für $M = \{1, \ldots, n\}$ führt dies auf folgendes Beispiel einer Metrik auf $\mathbb{R}^n$:

Beispiel 3.6 (Taxifahrerabstand) Auf der Menge $\mathbb{R}^n = \{x = (x_1, \ldots, x_n) \mid x_j \in \mathbb{R}\}$ wird durch $d(x, y) := \sum_{j=1}^n |x_j - y_j|$ eine Metrik definiert. Der Name *Taxifahrerabstand* rührt daher, dass diese Metrik die Distanz modelliert, die man in einer schachbrettartig angelegten Stadt wie Manhattan zwischen zwei Punkten zurücklegen muss.

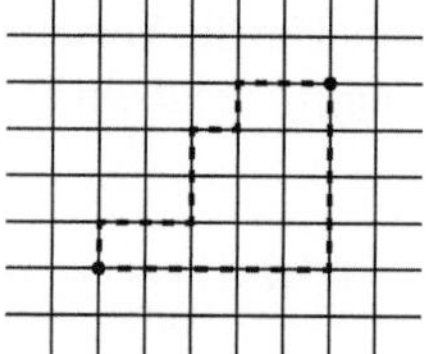

□

Für unendliche Mengen M kann man die Formel (3.4) nicht als Definition übernehmen. Wenn man sich aber klar macht, dass das Integral auf Intervallen eine Art verallgemeinerte Summe ist (das von Leibniz eingeführte Symbol $\int$ ist ein S wie in „Summe"), dann liegt es nahe, eine Abstandsfunktion für Funktionen $f : [a, b] \to \mathbb{R}$ auf einem Intervall $[a, b] \subseteq \mathbb{R}$ durch

$$d(f, g) = \int_a^b |f(x) - g(x)| \, dx \tag{3.5}$$

zu definieren. Das geht nicht für beliebige Funktionen, weil das Integral nicht für beliebige Funktionen definiert ist. Man kann aber im Rahmen der Integrationstheorie zeigen, dass durch (3.5) eine Metrik auf dem Raum $C([a, b], \mathbb{R})$ aller stetigen reellwertigen Funktionen auf $[a, b]$ definiert wird.

Es lässt sich auch ein Bezug der euklidischen Metrik (3.3) zu einem Abstand zwischen Funktionen herstellen. Betrachtet man nämlich einen Punkt $x = (x_1, \ldots, x_n) \in \mathbb{R}^n$ als die Funktion $f : \{1, \ldots, n\} \to \mathbb{R}$ mit $f(m) = x_m$, so ergibt sich für die euklidische Metrik die Formel

$$d(f, g) = \sqrt{\sum_{m=1}^{n} |f(m) - g(m)|^2}. \tag{3.6}$$

Unter Benutzung der Notation $r^{\frac{1}{2}}$ für $\sqrt{r}$, schreibt man dies zu

$$d(f, g) = \left(\sum_{m=1}^{n} |f(m) - g(m)|^2 \right)^{\frac{1}{2}} \tag{3.7}$$

um. Auch diese Metrik hat eine Entsprechung für stetige Funktionen auf Intervallen, das heißt,

$$d(f, g) = \left(\int_a^b |f(x) - g(x)|^2 \, dx \right)^{\frac{1}{2}} \tag{3.8}$$

definiert eine Metrik auf dem Raum $C([a, b], \mathbb{R})$ aller stetigen reellwertigen Funktionen auf $[a, b]$.

Von hier aus gelangt man zu einer Reihe weiterer Verallgemeinerungen. Man kann zeigen, dass für jede reelle Zahl $p \geq 1$ die Formel

$$d(f, g) = \left(\sum_{m \in M} |f(m) - g(m)|^p \right)^{\frac{1}{p}} \tag{3.9}$$

sinnvoll ist (wir haben bis jetzt noch keine $\frac{1}{p}$-te Potenz eingeführt) und eine Metrik auf $\mathcal{F}(M, \mathbb{R})$ definiert, sofern M endlich ist. Auch (3.9) überträgt sich auf stetige Funktionen auf Intervallen. Viel allgemeiner aber findet man Metriken auf Räumen von Funktionen auf beliebigen Mengen, auf denen man vernünftig integrieren kann.

Abb. 3.3 Endlicher Graph
mit Ecken und Kanten

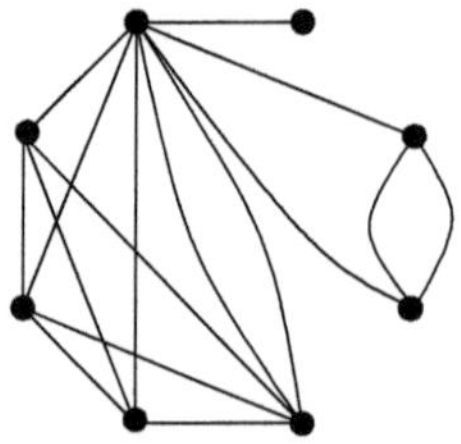

Eine weitere Möglichkeit der Verallgemeinerung ist es, statt der reellwertigen Funktionen, Funktionen mit Werten in einem metrischen Raum (N, d_N) zu betrachten und den Ausdruck $|f(m) - g(m)|$ in den obigen Formeln durch $d_N\big(f(m), g(m)\big)$ zu ersetzen.

Abgesehen von der trivialen Metrik aus Beispiel 3.4 alle bisher aufgeführten Beispiele von Metriken eine Besonderheit: man bestimmt den Abstand dadurch, dass man zuerst eine Differenz bildet und dann dieser Differenz eine positive Zahl zuordnet, die man als Länge interpretieren kann. Das ist möglich, weil alle hier betrachteten metrischen Räume eine Vektorraumstruktur tragen, die es erlaubt, Elemente zu addieren und zu subtrahieren. Wir werden diesen Aspekt in Abschn. 3.4 systematisch aufgreifen. Hier konzentrieren wir uns auf einen anderen Aspekt, den insbesondere das Beispiel 3.6 nahe legt, und der uns zu Beispielen führt, die nicht mehr über Differenzen zu gewinnen sind: die Messung von Längen. Die Interpretation von Beispiel 3.6 als Taxifahrerabstand beruht darauf, dass wir den unterschiedlichen Fahrtrouten jeweils Längen zugeordnet haben. Es kommt immer die gleiche Länge heraus und deshalb ist es sinnvoll, diese Länge zum Abstand zwischen Anfangs- und Endpunkt zu erklären. Möchte man allgemein Längen von Verbindungswegen studieren, so ist zunächst überhaupt nicht klar, wie man das machen kann. Für Graphen lassen sich Weglängen jedoch ganz einfach modellieren.

Beispiel 3.7 (Kantenabstand auf Graphen) Ein *Graph* ist ein Tripel $G = (V, E, \eta)$ mit zwei Mengen E und V sowie einer Abbildung $\eta\colon E \to \{\{a, b\} \mid a, b \in V\}$. Hier ist auch $a = b$ zulässig, das heißt $\{a, b\} = \{a\}$. Die Elemente von V werden *Ecken* (englisch „vertices") genannt. Die Elemente von E heißen *Kanten* (englisch „edges"). Dem liegt die Interpretation zugrunde, dass die Ecken a und b durch eine Kante e verbunden sind, wenn $\eta(e) = \{a, b\}$. Zwei Ecken a und b sind durch mehr als eine Kante verbunden, wenn $\{a, b\}$ unter η mehr als ein Urbild hat. Der Graph heißt *endlich*, wenn sowohl V als auch E endliche Mengen sind (siehe Abb. 3.3).

Ein Graph G heißt *zusammenhängend*, wenn je zwei verschiedene Ecken durch eine Folge von Kanten miteinander verbunden sind. Das bedeutet, zu je zwei Ecken $a, b \in E$ gibt es eine endliche Folge von Kanten $e_1, \ldots, e_k$ mit $\eta(e_j) = \{a_j, a_{j+1}\}$, wobei $a_1 = a$ und $a_{k+1} = b$ ist. So eine Folge von Kanten nennt man einen *Weg* von a nach b.

In einem zusammenhängenden Graphen definiert man den *Kantenabstand* $d(a, b)$ zweier verschiedener Ecken a und b als die minimale Anzahl von Kanten, die man braucht, um die beiden Ecken zu verbinden. Nennt man die Anzahl der Kanten in einem Weg w die *Länge* $\ell(w)$ des Weges, dann lässt sich der Kantenabstand zweier

Abb. 3.4 Gewichteter Kantenabstand auf einem Graphen

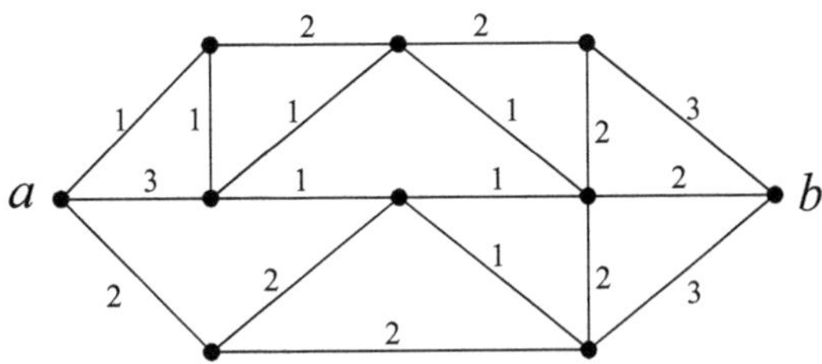

verschiedener Ecken a und b folgendermaßen definieren:

$$d(a, b) := \min\{\ell(w) \mid w \text{ ist ein Weg von } a \text{ nach } b\}. \tag{3.10}$$

In diesem Beispiel folgen alle drei Eigenschaften aus Definition 3.1 direkt aus den Definitionen.

Der Kantenabstand spielt eine wichtige Rolle in Optimierungsproblemen. Um die Palette der Optimierungsprobleme, die man als Abstandsberechnungen auf Graphen formulieren kann, zu erweitern, modifiziert man den Kantenabstand auch durch Gewichtsfunktionen. Das heißt, man ordnet jeder Kante eine positive Zahl als Bewertung zu, die man als „Länge" der Kante interpretiert (siehe Abb. 3.4). Dementsprechend ändert man die Definition der Weglänge ab. Sie ist dann die Summe der Bewertungen aller Kanten des Wegs. Wenn $B: E \to \mathbb{R}_{>0}$ die Bewertungsfunktion ist und w durch die Folge $e_1, \ldots, e_k$ von Kanten gegeben ist, dann erhält man $\ell_B(w) := \sum_{j=1}^{k} B(e_j)$ als Weglänge. Auf so einem bewerteten Graphen ist der Abstand zweier Ecken a und b wieder durch die Gl. (3.10) gegeben, nur, dass man $\ell(w)$ durch $\ell_B(w)$ ersetzen muss. $\qquad\square$

Auch der Kantenabstand auf Graphen hat Entsprechungen in unendlichen Mengen, genauer gesagt, in kontinuierlichen Geometrien. Insbesondere ist der Abstand zwischen zwei Punkten in der euklidischen Geometrie als die Länge der kürzesten Verbindung, nämlich der geraden Verbindungsstrecke, gegeben. In diesem Fall ist sie, im Gegensatz zu den Beispielgraphen in Beispiel 3.7, eindeutig bestimmt. Klarer wird die Analogie, wenn man nach passenden Abstandsfunktionen auf gekrümmten Flächen wie der Kugeloberfläche sucht. Es gibt keinen eindeutig bestimmten kürzesten Weg vom Nordpol zum Südpol. Alle Wege entlang fester Längengrade haben dieselbe Länge. In diesem Kontext tauchen allerdings diverse technische Schwierigkeiten auf. Die Frage, wie man einem Weg eine Länge zuordnen kann, ist schwierig zu beantworten. Für Wege ohne rapide Richtungsänderungen (stetig differenzierbar) kann man sich dazu der Differential- und Integralrechnung bedienen. Wenn man nämlich das Konzept der Ableitung zur Verfügung hat, kann man von einer Geschwindigkeit sprechen. Den zurückgelegten Weg kann man als das Produkt der Geschwindigkeit mit der für den Weg benötigten Zeit berechnen, falls die Geschwindigkeit konstant ist. Für kurze Zeiten ist das annähernd der Fall und für längere Zeit erhält man das richtige Ergebnis durch Integration.

Für Situationen, in denen es unendlich viele Verbindungswege gibt, muss keine kürzeste Verbindung zwischen zwei Punkten existieren. Wenn man zum Beispiel

Abb. 3.5 Fehlen einer
kürzesten Verbindung
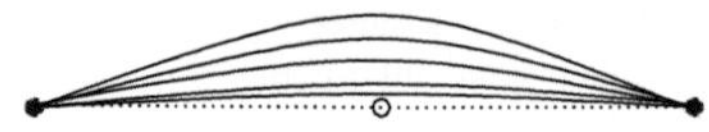

einen Punkt aus der Ebene herausschneidet, dann wird es keine bezüglich der euklidischen Metrik kürzeste Verbindung zwischen zwei Punkten geben, auf deren Verbindungsstrecke dieser Punkt liegt (siehe Abb. 3.5). In diesem Fall muss man statt
des Minimums aller Längen von Verbindungswegen das Infimum dieser Längen
nehmen, um auf eine Abstandsfunktion zu kommen. All diese Überlegungen sind
Bestandteil der „Riemannschen Geometrie".

Das nächste Beispiel ist zahlentheoretischer Natur. Es baut auf dem Fundamentalsatz 1.65 der Zahlentheorie auf, der besagt, dass man jede natürliche Zahl als Produkt
von Primzahlen schreiben kann. Als Startpunkt für die Konstruktion der p-adischen
Zahlen, die eine fundamentale Rolle in der Zahlentheorie spielen, ist das Beispiel
von überragender Bedeutung.

Beispiel 3.8 (p-adischer Abstand auf $\mathbb{Q}$*)* Sei $p \in \mathbb{N}$ eine Primzahl. Für jede ganze
Zahl $0 \neq a \in \mathbb{Z}$ können wir die Primzahlzerlegung aus Satz 1.65 betrachten und in
der Form

$$a = \pm p^k q_1^{\ell_1} \cdots q_m^{\ell_m}$$

schreiben, wobei die q_j von p verschiedene Primzahlen sind. Die ℓ_j sind dann natürliche Zahlen und $k \in \mathbb{N}_0$. Die Zahl k zählt, wie oft p als Primfaktor in a vorkommt,
das heißt $k = 0$, wenn p kein Primteiler von a ist. Damit ist k eine Art p-Inhalt von
a. Man stellt sich eine natürlich Zahl als bezüglich p klein vor, wenn sie oft durch
p teilbar ist, weil sie dann beim Rechnen mit Restklassen modulo p^k für viele k
gleich Null ist. Dementsprechend betrachtet man zwei Zahlen als bezüglich p nahe
zusammen liegend, wenn ihre Differenz oft durch p teilbar ist. Diese Vorstellung
wird unterstützt durch die Tatsache, dass man durch

$$|a|_p := \begin{cases} p^{-k} & a \neq 0 \\ 0 & a = 0 \end{cases}$$

und $d_p(a, a') := |a - a'|_p$ für $a, a' \in \mathbb{Z}$ eine Metrik auf $\mathbb{Z}$ definiert. Die Definition
von d_p lässt sich auf $\mathbb{Q}$ ausdehnen, indem man für einen von Null verschiedenen
Bruch die Primzahlzerlegungen von Nenner und Zähler zu einer Darstellung der
Form

$$x = \frac{a}{b} = \pm p^k q_1^{\ell_1} \cdots q_m^{\ell_m} \tag{3.11}$$

mit $k, \ell_1, \ldots, \ell_m \in \mathbb{Z}$ zusammenfasst und wieder $|x|_p := p^{-k}$ definiert. Zusammen
mit der Setzung $|0|_p = 0$ erhält man so die *p-adische Metrik* $d_p \colon \mathbb{Q} \times \mathbb{Q} \to \mathbb{R}_{\geq 0}$
durch $d_p(x, y) := |x - y|_p$. Dazu verifiziert man die folgenden Eigenschaften der
Abbildung $|\cdot|_p$, aus denen man sofort die Eigenschaften (M1)–(M3) für d_p ableitet:
Für alle $x, y \in \mathbb{Q}$ gilt

(1) $|x|_p = 0 \Leftrightarrow x = 0$.

(2) $|x \cdot y|_p = |x|_p \cdot |y|_p$.
(3) $|x + y|_p \leq \max(|x|_p, |y|_p)$, wobei für $|x|_p \neq |y|_p$ immer „$=$" gilt.

Dabei ist zu beachten, dass (3) die Dreiecksungleichung $|x + y|_p \leq |x|_p + |y|_p$ impliziert.

Die Eigenschaft (1) folgt unmittelbar aus der Definition. Für $xy = 0$ ist auch (2) klar. Für $xy \neq 0$ haben wir

$$|xy|_p = p^{-e_p(xy)} = p^{-e_p(x)} \cdot p^{-e_p(y)} = |x|_p \cdot |y|_p,$$

wobei wir $e_p(x) := k$ für die Darstellung (3.11) von x setzen. Für $x = 0$, $y = 0$ oder $x = -y$ ist (3) klar. Sei also $xy \neq 0$ und $x + y \neq 0$. Mit gekürzten Brüchen $x = \frac{a}{b}$ und $y = \frac{c}{d}$ haben wir

$$
\begin{aligned}
e_p(x + y) = e_p\left(\frac{ad + bc}{bd}\right) &= e_p(ad + bc) - e_p(bd) \\
&\geq \min(e_p(ad), e_p(bc)) - e_p(b) - e_p(d) \\
&= \min(e_p(a) + e_p(d), e_p(b) + e_p(c)) - e_p(b) - e_p(d) \\
&= \min(e_p(a) - e_p(b), e_p(c) - e_p(d)) = \min(e_p(x), e_p(y)),
\end{aligned}
$$

also

$$|x + y|_p = p^{-e_p(x+y)} \leq \max\left(p^{-e_p(x)}, p^{-e_p(y)}\right) = \max(|x|_p, |y|_p).$$

Den Zusatz in (3) erhält man, wenn man die Darstellungen (3.11) für x und y addiert und aus der Summe $p^{e_p(x)}$ ausklammert. Die Darstellung (3.11) der resultierenden Summe kann dann keinen $p^{\pm 1}$-Faktor enthalten, also gilt $e_p(x) = e_p(x + y)$. Durch Ausklammern von $p^{e_p(y)}$ erhält man analog $e_p(y) = e_p(x + y)$. $\square$

In den bisherigen Beispielen ging es immer um Abstände zwischen Punkten in Mengen. Bisweilen waren diese Punkte allerdings kompliziertere Objekte, etwa Funktionen. Interpretiert man Funktionen wie in Bemerkung 1.11 über ihre Funktionsgraphen als Relationen, das heißt als Teilmengen des Produkts $D \times W$ von Definitions- und Wertebereich der Funktionen $F : D \to W$, so kann man Abstände zwischen Funktionen als Abstände zwischen bestimmten Mengen interpretieren. Die Definition dieser Abstände nutzt die spezielle Struktur der Mengen aus, zum Beispiel den Umstand, dass ein Punkt $(x, f(x))$ bei vorgegebenem f schon durch die Angabe von x festgelegt ist. Es ist aber möglich, Abstände auch zwischen viel allgemeineren Mengen zu definieren. Die Schlüsselidee geht auf den Mathematiker Felix Hausdorff (1868–1942) zurück: Zwei Teilmengen A und B eines metrischen Raums (M, d) sollen einen Abstand kleiner oder gleich r haben, wenn es zu jedem $a \in A$ ein $b \in B$ mit $d(a, b) \leq r$ gibt und umgekehrt zu jedem $b' \in B$ ein $a' \in A$ mit $d(a', b') \leq r$.

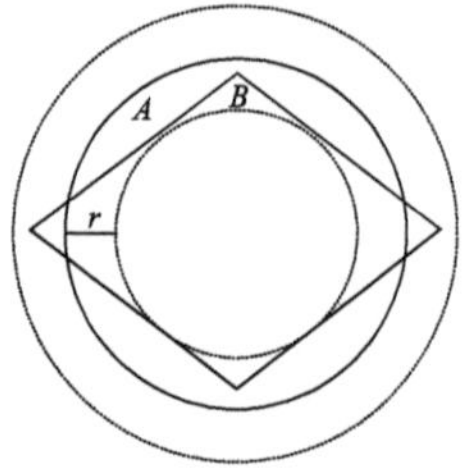

Abb. 3.6 Illustration zum Hausdorff-Abstand zwischen den Mengen A und B

Beispiel 3.9 (Hausdorff-Metrik auf Mengen) Sei (M, d) ein metrischer Raum und $r > 0$. Für jede Teilmenge $A \subseteq M$ setzt man

$$N_r(A) := \{m \in M \mid \exists a \in A : d(a, m) < r\}$$

und möchte nach der obigen Idee eine Metrik $d_{\mathrm{H}} \colon \mathcal{P}(M) \times \mathcal{P}(M) \to \mathbb{R}$ durch

$$d_{\mathrm{H}}(A, B) := \inf\{r \in \mathbb{R}_{>0} \mid A \subseteq N_r(B) \text{ und } B \subseteq N_r(A)\}$$

definieren (siehe Abb. 3.6). Dabei ist $\mathcal{P}(M)$ die *Potenzmenge* von M, das heißt die Menge aller Teilmengen von M. Die Bedingung $A \subseteq N_r(B)$ bedeutet, dass es zu jedem Punkt a aus A einen Punkt b aus B gibt, der von a Abstand höchstens r hat. Analog interpretiert man die Bedingung $B \subseteq N_r(A)$.

Leider funktioniert diese Konstruktion nicht in dieser Allgemeinheit. Die Funktion d_{H} ist nur auf solchen Paaren (A, B) definiert, für die es ein r mit $A \subseteq N_r(B)$ und $B \subseteq N_r(A)$ überhaupt gibt. Das ist zum Beispiel nicht der Fall, wenn A oder B die leere Menge ist, weil $N_r(\emptyset) = \emptyset$ für alle $r > 0$ gilt. Aber auch für $N_r(A) \neq \emptyset$ kann es sein, dass B in keinem $N_r(A)$ enthalten ist. Man betrachte zum Beispiel $A = \{0\} \subseteq \mathbb{R}$ und $B = \{t \in \mathbb{R} \mid t \geq 0\} \subseteq \mathbb{R}$. Dieses Beispiel führt auf die Idee, nur *beschränkte* Teilmengen A von M zu betrachten, das heißt solche, für die es einen Punkt $m \in M$ und ein $r > 0$ mit $A \subseteq N_r(m)$ gibt. Zu zwei beschränkten Teilmengen $A, B \subseteq M$ findet man dann in der Tat ein $r > 0$ mit $A \subseteq N_r(B)$ und $B \subseteq N_r(A)$. Um das einzusehen nehmen wir an, dass $A \subseteq N_r(m) := N_r(\{m\})$ und $B \subseteq N_s(m')$. Dann folgt aus der Dreiecksungleichung, dass

$$B \subseteq N_{s+d(m,m')}(m) \subseteq N_{s+d(m,m')+r}(A)$$

und analog

$$A \subseteq N_{r+d(m,m')}(m') \subseteq N_{r+d(m,m')+s}(B)$$

Wir wissen jetzt also, dass die Menge, über die man in der Definition von $d_{\mathrm{H}}(A, B)$ das Infimum bildet, nicht leer ist. Also ist $d_{\mathrm{H}}(A, B)$ eine Zahl in $\mathbb{R}_{\geq 0}$ und die Funktion $d_{\mathrm{H}} \colon \mathcal{P}(M)_b \times \mathcal{P}(M)_b \to \mathbb{R}$ ist wohldefiniert, wenn $\mathcal{P}(M)_b$ die Menge aller nicht-leeren und beschränkten Teilmengen von M bezeichnet. Allerdings kann man immer noch nicht garantieren, dass d_{H} eine Metrik ist. Betrachte zum Beispiel die Mengen $A := \{x \in \mathbb{R} \mid |x| < 1\}$ und $B := \{x \in \mathbb{R} \mid |x| \leq 1\}$. Dann gilt $A \subseteq N_r(B)$ und $B \subseteq N_r(A)$ für jedes $r > 0$, das heißt $d_{\mathrm{H}}(A, B) = 0$ obwohl die Mengen verschieden sind. Der Unterschied zwischen den beiden Mengen ist allerdings wirklich ziemlich geringfügig: Man muss nur die Randpunkte von A hinzunehmen, um B zu erhalten. Wenn man nur Mengen betrachtet, die alle ihre Randpunkte enthalten, dann liefert d_H tatsächlich eine Metrik, die dann die Hausdorff-Metrik genannt wird.

Die Schwachstelle in der Argumentation des letzten Absatzes ist, dass wir noch keine Definition eines Randpunktes für Teilmengen metrischer Räume gegeben haben. Wir werden das in Definition 3.39 nachholen und vervollständigen das Argument in Beispiel 3.56. □

In diesem Abschnitt haben wir den Begriff einer Metrik eingeführt und mit diversen Beispielen illustriert. Dabei haben wir uns nicht auf die Beschreibung von Beispielen beschränkt, von denen man allein mithilfe der schon eingeführten Konzepte nachweisen kann, dass es sich dabei um Metriken handelt. Ein solches Vorgehen hätte uns gezwungen, die weite Verbreitung von Metriken in der Mathematik zu postulieren, ohne Belege dafür liefern zu können. Selbst mit einem erheblich umfangreicheren Vorspann an eingeführten Begriffen und Techniken hätte man das Problem nicht umgehen können. So tauchten zum Beispiel in den Beschreibungen der Beispiele in Abschn. 3.1 die Konzepte „Stetigkeit", „Integral", „Randpunkt" und „Beschränktheit" auf, von denen nur Letzteres explizit definiert wurde. Die Eigenschaften von Metriken gehen aber in die Definitionen und Ausarbeitungen dieser Konzepte selbst wieder ein. Das heißt, gerade weil der Begriff des metrischen Raumes so fundamental für die moderne Mathematik ist, lassen sich in einer systematischen Darstellung ohne Vorgriffe zu Beginn nur relativ simple Beispiele von Metriken angeben. Die wahre Bedeutung des Konzepts erschließt sich erst, wenn man sich mithilfe von Metriken ein etwas größeres Begriffs- und Methodenarsenal erarbeitet hat, mit dem man interessante Beispiele konstruieren und Anwendungen des Konzepts finden kann.

3.2 Stetigkeit und Grenzwerte

„Stetigkeit" und „Grenzwert" sind zwei zentrale Begriffe der Mathematik, für die man mithilfe von Metriken brauchbare Definitionen angeben kann, die schon sehr viele relevante Beispiele abdecken. Zwei Aspekte werden bei der Diskussion dieser beiden Konzepte im Mittelpunkt stehen. Strukturelle Eigenschaften von Mengen, auf denen man Abstände erklären kann, und Eigenschaften von Abbildungen zwischen solchen Mengen.

Intuitiv bedeutet die Stetigkeit einer Abbildung, dass sie keine Sprünge macht. Um diese Intuition präzise zu fassen, benutzt man Metriken um die Änderungen von Funktionswerten quantitativ in Abhängigkeit von den Argumenten zu beschreiben. Grenzwerte beschreiben das Verhalten von Abbildungen in speziellen Bereichen, zum Beispiel in der Nähe eines bestimmten Punktes oder für über alle Grenzen wachsende Parameter.

Es gibt einen engen Zusammenhang zwischen Stetigkeit und dem Grenzwertbegriff, den wir herausarbeiten wollen. Es sei aber betont, dass man für die Definition

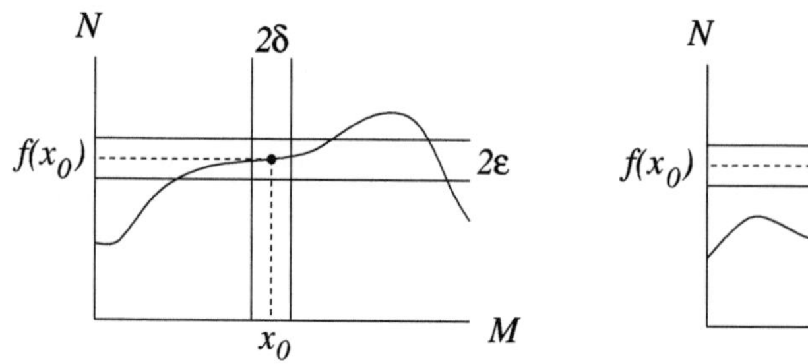

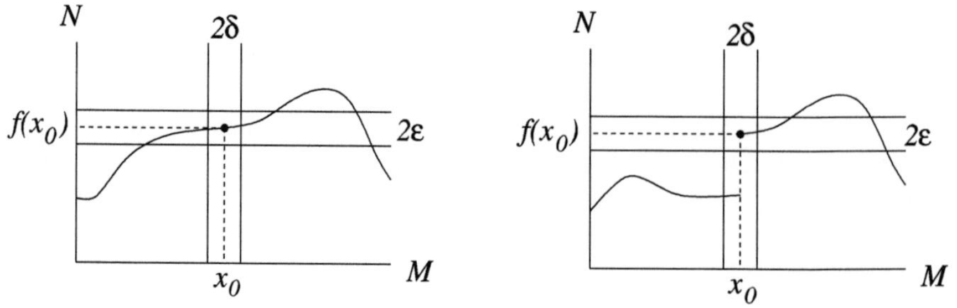

Abb. 3.7 Stetigkeit und Sprungstellen

der Stetigkeit keine Grenzwerte braucht, auch wenn in vielen Texten die Definition der Stetigkeit mithilfe von Grenzwerten formuliert wird.

3.2.1   Stetige Funktionen

Da auch Funktionen, die keine Sprünge machen, sehr steil ansteigen können, ist es nicht so offensichtlich, wie man das Fehlen von Sprüngen präzise formulieren soll. Müsste man Funktionen „messen", in dem man jeden einzelnen Funktionswert abliest, so würde an einer Sprungstelle jede noch so kleine Abweichung in der Messstelle zu einem nicht kontrollierbaren Fehler in der Bestimmung des Funktionswerts führen (vgl. Abb. 3.7). Die Abwesenheit einer Sprungstelle bedeutet dann, dass man zu jeder vorgeschriebenen Fehlertoleranz im abgelesenen Wert eine Messgenauigkeit angeben kann, die garantiert, dass der abgelesene Funktionswert sich um nicht mehr als die vorgegebene Fehlertoleranz vom Funktionswert an der Messstelle unterscheidet. Diese Vorstellung lässt sich mit dem Abstandsbegriff gut in den Griff bekommen. Dementsprechend formulieren wir die Definition der Stetigkeit für Funktionen $f : M \to N$ zwischen zwei metrischen Räumen (M, d_M) und (N, d_N).

Definition 3.10 (Stetige Funktionen) Seien (M, d_M) und (N, d_N) metrische Räume, $f : M \to N$ eine Funktion und $x_0 \in M$. Die Funktion f heißt *stetig in* x_0, wenn

$$\forall \varepsilon > 0 \, \exists \delta > 0 \, \forall x \in M : \quad d_M(x, x_0) < \delta \ \Rightarrow \ d_N\big(f(x), f(x_0)\big) < \varepsilon. \qquad (3.12)$$

Wenn f in jedem Punkt von M stetig ist, dann nennt man f einfach *stetig*. $\qquad\square$

In dieser Definition beschreibt ε den Abweichungsspielraum in den Funktionswerten und δ den Abstand, für den alle Argumente, die nicht mehr von dem gegebenen Punkt abweichen, Funktionswerte innerhalb des Abweichungsspielraums liefern.

Ein Standardbeispiel für eine stetige Funktion ist die Parabel $x \mapsto x^2$, die wir in Beispiel 3.11 betrachten.

Beispiel 3.11 (Parabel) Wir betrachten den metrischen Raum $(\mathbb{R}, d)$ mit der in (3.1) definierten Metrik und die Funktion $f : \mathbb{R} \to \mathbb{R}$ mit $f(x) = x^2$. Um zu prüfen ob f

stetig ist, wählt man einen beliebigen Punkt $x_0 \in \mathbb{R}$ und berechnet die Abweichungen $|f(x_0 + t) - f(x_0)|$ für $t \in \mathbb{R}$:

$$|f(x_0 + t) - f(x_0)| = |(x_0 + t)^2 - x_0^2| = |t(2x_0 + t)|.$$

Es geht jetzt darum zu zeigen, dass man zu $\varepsilon > 0$ ein δ finden kann, für das $|t| < \delta$ die Ungleichung $|f(x_0 + t) - f(x_0)| < \varepsilon$ impliziert. Die Ungleichung $|t(2x_0 + t)| \leq |t|(2|x_0| + |t|)$ führt darauf, ein δ zu suchen, für das $\varepsilon \geq \delta(2|x_0| + \delta)$ gilt. Der Versuch, diese Ungleichung nach δ aufzulösen, bringt uns zu der Setzung $\delta := \min\left\{1, \frac{\varepsilon}{2|x_0|+1}\right\}$. Damit ergibt sich schließlich $|f(x_0 + t) - f(x_0)| < \varepsilon$ für alle $t \in \mathbb{R}$ mit $|t| < \delta$. Also ist f stetig auf ganz $\mathbb{R}$. $\qquad\square$

Man beachte, dass man in Beispiel 3.11 auch die Funktion $f : \mathbb{Q} \to \mathbb{Q}$ mit $f(x) = x^2$ hätte betrachten können, wenn man $\mathbb{Q}$ mit der durch den Absolutbetrag gegebenen Metrik versieht. Dieses Beispiel illustriert, dass Stetigkeit eine Eigenschaft ist, die völlig ohne jede Art von Grenzwert formulierbar ist. Im Grunde werden ja nicht einmal die reellen Zahlen benötigt, weil man auch eine $\mathbb{Q}$-Variante von Metrik definieren könnte, in der die Abstände nur rationale Werte annehmen. Dann könnte man Definition 3.10 wörtlich übernehmen und sich ε und δ als rationale statt reelle Zahlen denken.

Das folgende Beispiel ist ein Prototyp stetiger Funktionen, nämlich der Abstand von einem gegebenen festen Punkt. Dieses Beispiel erlaubt es, Beispiele von stetigen Funktionen einer reellen Variablen auch für allgemeine metrische Räume einzusetzen, wenn Funktionswerte nur von Punktabständen und nicht von den Punkten selbst abhängen. Dazu wird man wissen müssen, dass die Verknüpfung von stetigen Funktionen selbst wieder stetig ist.

Beispiel 3.12 (Abstand von einem Punkt) Sei (M, d) ein metrischer Raum und $y \in M$ beliebig. Dann ist die Funktion

$$f : M \to \mathbb{R}, \quad x \mapsto d(x, y)$$

stetig, wobei $\mathbb{R}$ mit dem Absolutbetrag als metrischer Raum betrachtet wird. Um das einzusehen, wählt man $x_0 \in M$ und $\varepsilon > 0$. Dann gilt mit Proposition 1.78(iii) und der Dreiecksungleichung für (M, d)

$$\forall x \in M : d(x, x_0) < \varepsilon \Rightarrow |f(x) - f(x_0)| = |d(x, y) - d(x_0, y)| \leq d(x, x_0) < \varepsilon.$$

$\qquad\square$

Wir leiten hier noch den Zwischenwertsatz her, der die Eigenschaft „stetige Funktionen machen keine Sprünge" besonders schön illustriert, denn er garantiert, dass eine stetige Funktion $f : [a, b] \to \mathbb{R}$ auf einem *Intervall* $[a, b] := \{x \in \mathbb{R} \mid a \leq x \leq b\}$ keinen Funktionswert zwischen $f(a)$ und $f(b)$ auslässt. Für diesen Satz ist die Ordnungs-Vollständigkeit der reellen Zahlen essentiell, er wird falsch, wenn die Funktion nur auf den rationalen Zahlen in $[a, b]$ definiert ist.

Satz 3.13 (Zwischenwertsatz) *Sei* $f : [a, b] \to \mathbb{R}$ *stetig und* $f(a) < f(b)$. *Dann gibt es zu jedem* $y \in [f(a), f(b)]$ *ein* $x \in [a, b]$ *mit* $f(x) = y$.

Beweis Wir nehmen an, es gäbe zu $y \in [f(a), f(b)]$ kein solches x (damit kann y weder gleich $f(a)$ noch gleich $f(b)$ sein) und leiten einen Widerspruch ab. Dazu betrachten wir die Menge

$$M := \{c \in [a, b] \mid \forall x \in [a, c] : f(x) < y\}.$$

Dann gilt $a \in M$ und $b \notin M$. Sei $s := \sup M$ das Supremum von M. Da b eine obere Schranke von M ist, gilt $s \leq b$. Zu $a \leq x < s$ gibt es ein $x' \in M$ mit $x \leq x' < s$. Aber dann gilt auch $x \in M$ und somit $f(x) < y$. Die Stetigkeit von f in s zeigt jetzt, dass $f(s)$ nicht echt größer als y sein kann. Weil aber y nach Annahme nicht von der Form $f(x)$ ist, folgt $f(s) < y$. Sei jetzt $2\varepsilon := y - f(s)$. Dann gibt es ein $\delta > 0$ so, dass für $x \in [a, b]$ mit $|x - s| \leq \delta$ die Ungleichung $|f(x) - f(s)| \leq \frac{\varepsilon}{2}$ gilt. Dann ist nach der Dreiecksungleichung $f(x) < y$ und es folgt

$$\{x \in [a, b] \mid x \leq s + \delta\} \subseteq M.$$

Dieser Widerspruch zur $s = \sup M$ beweist den Satz. $\qquad\square$

3.2.2　Grenzwerte

Grenzwerte gehen zwar nicht in die Definition der Stetigkeit ein, der Begriff des Grenzwerts lässt sich aber sehr schön aus der Stetigkeit motivieren. Dazu lesen wir die Bedingung (3.12) in der Definition der Stetigkeit etwas anders: „für x nahe an x_0 ist $f(x)$ nahe an $f(x_0)$". Weil dies für beliebig kleine Distanzen gilt, umschreibt man die durch (3.12) definierte Eigenschaft auch als „$f(x)$ geht gegen $f(x_0)$ für x gegen x_0" und verwendet die folgende Notation:

$$f(x) \underset{x \to x_0}{\longrightarrow} f(x_0).$$

Man sagt auch, $f(x)$ „konvergiert" für $x \to x_0$ gegen $f(x_0)$.

Grenzwerte von Funktionswerten

Wirklich einleuchtend ist die obige Sprechweise für die Konvergenz von Funktionswerten nur, wenn es in der Nähe von x_0 wirklich noch weitere Punkte in M gibt. Genauer gesagt, man möchte, dass es beliebig nahe an x_0 Punkte in M gibt, die von x_0 verschieden sind. In diesem Fall nennt man x_0 einen Häufungspunkt von M. Genauer gesagt, für eine Teilmenge $A \subseteq M$ ist $x_0 \in M$ ein *Häufungspunkt von A*, wenn

$$\forall \delta > 0 \, \exists x \in A \setminus \{x_0\} : \quad d_M(x, x_0) < \delta. \tag{3.13}$$

Beispiel 3.14 (Häufungspunkte) Die Menge $\mathbb{N}$ mit dem üblichen Abstand hat keine Häufungspunkte, da jedes Element von $\mathbb{N}$ einen Mindestabstand von 1 zu den anderen Elementen hat. Dagegen hat die Teilmenge $A = \left\{ \frac{1}{n} \mid n \in \mathbb{N} \right\}$ von $\mathbb{R}$ genau einen Häufungspunkt, nämlich 0. In $\mathbb{Q}$ ist jeder Punkt ein Häufungspunkt, weil mit q auch $q + \frac{1}{n}$ für jedes $n \in \mathbb{N}$ wieder in $\mathbb{Q}$ liegt. $\qquad\square$

Definition 3.15 (Grenzwerte von Funktionswerten) Seien (M, d_M) und (N, d_N) metrische Räume, $f \colon M \to N$ eine Funktion und x_0 ein Häufungspunkt von M. Man sagt $f(x)$ *konvergiert* für $x \longrightarrow x_0$ gegen $y \in N$, wenn

$$\forall \varepsilon > 0 \,\exists \delta > 0 \,\forall x \in M \setminus \{x_0\}: \quad d_M(x, x_0) < \delta \;\Rightarrow\; d_N(f(x), y) < \varepsilon. \quad (3.14)$$

In diesem Fall nennt man y den *Grenzwert* oder *Limes* von $f(x)$ für $x \to x_0$ und bezeichnet ihn mit $\lim_{x \to x_0} f(x)$. $\qquad\square$

Bemerkung 3.16 (Eindeutigkeit von Grenzwerten) Es bedarf an dieser Stelle einer Rechtfertigung der Sprechweise „der Grenzwert" und der Notation $\lim_{x \to x_0} f(x)$. A priori könnte es ja sein, dass es mehrere Elemente $y \in N$ gibt, die die Bedingung (3.14) erfüllen. Nehmen wir also an, $y_1, y_2 \in N$ erfüllen beide die Bedingung (3.14). Dann gilt für jedes $x \in M \setminus \{x_0\}$ mit $d_M(x, x_0) < \delta$

$$d_N(y_1, y_2) \leq d_N(f(x), y_1) + d_N(f(x), y_2) < 2\varepsilon.$$

Da man für ε eine beliebige positive reelle Zahl wählen kann, folgt, dass $d_N(y_1, y_2) = 0$, das heißt $y_1 = y_2$. Hier haben wir benutzt, dass x_0 ein Häufungspunkt von M ist. Gäbe es ein $\delta > 0$ mit $\{x \in M \setminus \{x_0\} \mid d_M(x, x_0) < \delta\} = \emptyset$, so wäre die Bedingung (3.14) leer und damit für alle $y \in N$ erfüllt. $\qquad\square$

Beispiel 3.17 (Parabel) Wir greifen das Beispiel 3.11 auf und zeigen, dass für $x_0 \in \mathbb{R}$ gilt $\lim_{x \to x_0} f(x) = f(x_0)$. Wähle dazu $\varepsilon > 0$. Die Rechnung aus Beispiel 3.11 zeigt, dass für $\delta := \min \left\{ 1, \frac{\varepsilon}{2|x_0|+1} \right\}$ gilt: Wenn $|x - x_0| < \delta$, dann gilt

$$|f(x) - f(x_0)| \leq |x - x_0| \left(2|x_0| + |x - x_0| \right) < \varepsilon.$$

$\qquad\square$

Es ist kein Zufall, dass man in den Beispielen 3.11 und 3.17 die gleichen Rechnungen gebraucht hat. Mit dem Begriff des Grenzwerts aus Definition 3.15 lässt sich die Stetigkeit von Funktionen ganz allgemein charakterisieren:

Proposition 3.18 (Charakterisierung der Stetigkeit) *Seien (M, d_M) und (N, d_N) metrische Räume und $f \colon M \to N$ eine Funktion. Dann sind für jedes $x_0 \in M$ folgende Aussagen äquivalent:*

(1) *f ist stetig in $x_0 \in M$.*

(2) $\lim_{x \to x_0} f(x) = f(x_0)$, *wenn x_0 ein Häufungspunkt von M ist.*

Beweis Wenn x_0 ein Häufungspunkt von M ist, folgt die Äquivalenz sofort aus dem Vergleich von (3.14) und (3.12). Wenn x_0 kein Häufungspunkt von M ist, wählt man δ in (3.12) so klein, dass $d_M(x, x_0) > \delta$ für alle $x_0 \neq x \in M$ gilt. □

Grenzwerte von Folgen

Eine *Folge* von Elementen einer Menge N ist nichts anderes als eine Funktion der Form $a \colon \mathbb{N} \to N$, für die man normalerweise a_n statt $a(n)$ schreibt. Wenn N ein metrischer Raum ist und man $\mathbb{N}$ mit dem normalen Abstand versieht, ist eine Folge in N also einfach ein Beispiel für eine Funktion zwischen metrischen Räumen, wie wir sie bisher betrachtet haben. Wir haben in Abschn. 1.4.1 Folgen schon in der Konstruktion der reellen Zahlen verwendet. Aber Folgen spielen ganz allgemein eine wichtige Rolle im Aufbau der Mathematik. In vielen einführenden Vorlesungen zur Analysis wird auch der Begriff des Grenzwerts anhand von Folgen, genauer gesagt Folgen in $\mathbb{R}$, eingeführt. Dafür gibt es keinen mathematisch zwingenden Grund, aber der Begriff des Grenzwerts für Folgen ist insofern etwas einfacher als der in Definition 3.15 gegebene allgemeine Grenzwertbegriff, als man sich für $\mathbb{N}$ keine Gedanken um Häufungspunkt machen muss, die es in $\mathbb{N}$ ja nicht gibt (siehe Beispiel 3.14). Wir diskutieren den Grenzwertbegriff für Folgen hier, um dem Leser die Einordnung in die Theorie der metrischen Räume zu erleichtern.

Definition 3.19 (Grenzwerte von Folgen) Sei (N, d) ein metrischer Raum, $(x_m)_{m \in \mathbb{N}}$ eine Folge in N und $x \in N$. Die Folge $(x_m)_{m \in \mathbb{N}}$ *konvergiert gegen x*, wenn

$$\forall \varepsilon > 0 \; \exists k \in \mathbb{N} \colon \quad \big(k < m \in \mathbb{N} \Rightarrow d(x_m, x) < \varepsilon\big). \tag{3.15}$$

In diesem Fall nennt man x den *Grenzwert* oder *Limes* von $(x_m)_{m \in \mathbb{N}}$ für $m \to \infty$ und bezeichnet ihn mit $\lim_{m \to \infty} x_m$. □

Die Definitionen 3.15 und 3.19 sehen sehr ähnlich aus. Der auffälligste Unterschied ist das Auftreten des Symbols ∞ für „unendlich". Man kann in der Tat einfach einen Punkt ∞ zu $\mathbb{N}$ dazunehmen und die resultierende Menge $M := \mathbb{N} \cup \{\infty\}$ zu einem metrischen Raum mit genau einem Häufungspunkt machen. Dann wird die Definition 3.19 zu einem Spezialfall von Definition 3.15. Allerdings ist diese Metrik nicht kanonisch. Außerdem ist die Visualisierung eines Grenzwerts von Folgen in dieser Interpretation schwierig, weil man den Punkt unendlich zeichnerisch nicht zu fassen bekommt. Visualisiert man dagegen die Folge nicht als Graph einer Funktion $\mathbb{N} \to N$, sondern als durchnummerierte Punkte in N, ergibt sich eine sehr einfache Visualisierung, in der der Grenzwert als (einziger) Häufungspunkt einer Punktwolke auftaucht (Abb. 3.8).

Abb. 3.8 Grenzwert einer
Folge

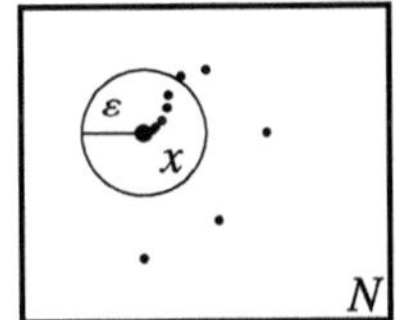

Beispiel 3.20 Die Folge $(x_m)_{m\in\mathbb{N}}$ mit $x_m = \frac{1}{m}$ erfüllt $\lim_{m\to\infty} x_m = 0$. Dies folgt aus dem *Archimedischen Axiom* in Proposition 1.95, nach dem man zu jeder reellen Zahl $\varepsilon > 0$ eine natürliche Zahl $n \in \mathbb{N}$ mit $n\varepsilon > 1$ finden kann. $\square$

Das folgende Beispiel einer konvergenten Folge ist komplizierter, aber von großer theoretischer Bedeutung, weil es in vielen Situation als Vergleichsobjekt eingesetzt werden kann, anhand dessen man entscheiden kann, ob eine Folge konvergent ist oder nicht.

Beispiel 3.21 (Geometrische Folge) Sei $r \in\,]-1, 1[:= \{s \in \mathbb{R} \mid -1 < s < 1\}$. Dann konvergiert die Folge $(r^n)_{n\in\mathbb{N}}$ gegen 0. Um dies einzusehen, stellen wir zunächst fest, dass $0 \leq |r^{n+1}| = |r| \cdot |r^n| < |r^n|$ für jedes $n \in \mathbb{N}$. Damit ist die Folge $(|r^n|)_{n\in\mathbb{N}}$ monoton fallend und nach unten beschränkt. Insbesondere existiert das Infimum x der Menge $\{|r^n| \mid n \in \mathbb{N}\} \subseteq \mathbb{R}_{\geq 0}$. Zu $\varepsilon > 0$ existiert dann ein $n_0 \in \mathbb{N}$ mit

$$\forall n \geq n_0: \quad x \leq |r^n| \leq x + \varepsilon.$$

Das impliziert aber, dass $x = \lim_{n\to\infty} |r^n|$. Wegen

$$x = \lim_{n\to\infty} |r^n| = |r| \lim_{n\to\infty} |r^{n-1}| = |r| \cdot x$$

und $|r| < 1$ folgt $x = 0$. Wegen $|r^n - 0| = |r^n|$ liefert das aber $\lim_{n\to\infty} r^n = 0$. $\square$

Beispiel 3.22 (Geometrische Reihe) Für $c \in \mathbb{C}$ ist die *geometrische Reihe* durch die Folge $S_n := \sum_{k=0}^{n} c^k$ gegeben. Aus der Formel

$$\sum_{j=0}^{k-1} c^j = \frac{1 - c^k}{1 - c} = \frac{1}{1-c} - \frac{1}{1-c}c^k, \tag{3.16}$$

die sich aus der Rechnung

$$(1-c)\sum_{j=0}^{k-1} c^j = (1-c) + (c - c^2) + \ldots + (c^{k-1} - c^k) = 1 - c^k$$

ergibt, und Beispiel 3.21 erkennt man, dass die geometrische Reihe für $c \in\,]-1, 1[$ gegen $\frac{1}{1-c}$ konvergiert. $\square$

Wir kommen auf den angekündigten Vergleich der Definitionen 3.15 und 3.19 zurück. Dazu fassen wir eine Folge $(x_m)_{m \in \mathbb{N}}$ von Punkten in einem metrischen Raum (N, d) als eine Funktion $f \colon \mathbb{N} \to N$, $m \mapsto x_m$ auf. Damit lässt sich (3.15) zu

$$\forall \varepsilon > 0 \; \exists k \in \mathbb{N} : \quad \big(k < m \in \mathbb{N} \Rightarrow d(f(m), x) < \varepsilon \big) \tag{3.17}$$

umschreiben. Die Bedingung $k < m$ kann man so interpretieren, dass m näher an ∞ liegt als k. Sie entspricht also der Bedingung $d(x, x_0) < \delta$ in (3.14). Der verbleibende und entscheidende Unterschied zu (3.14) ist, dass im Falle der Folgen der „Punkt" ∞, gegen den die Argumente der Funktion streben, gar nicht in der Menge liegt, auf der die Funktion definiert ist. Da aber auch in Definition 3.15 der Funktionswert an der Stelle x_0 gar nicht gebraucht wird, ist es eine naheliegende Idee, die Menge $\mathbb{N}$ um den Punkt ∞ zu einer Menge $\bar{\mathbb{N}} := \mathbb{N} \cup \{\infty\}$ zu erweitern. Um dafür auf die schon entwickelten Techniken zurückgreifen zu können, muss man dann allerdings auf $\bar{\mathbb{N}}$ eine Metrik definieren, für die Bedingung (3.14) äquivalent zur Bedingung (3.15) ist.

Auch ohne die Konvergenz von Folgen als Spezialfall der Konvergenz von Funktionswerten aufzufassen, kann man die Stetigkeit von Funktionen auf metrischen Räumen über Konvergenzeigenschaften von Folgen beschreiben. Als Ergebnis erhält man das folgende Analogon von Proposition 3.18.

Proposition 3.23 (Charakterisierung der Stetigkeit) *Seien (M, d_M) und (N, d_N) metrische Räume und $f \colon M \to N$ eine Funktion. Dann sind folgende Aussagen äquivalent:*

(1) *f ist stetig in $x_0 \in M$.*
(2) *Für jede Folge $(x_n)_{n \in \mathbb{N}}$ in M mit $\lim_{n \to \infty} x_n = x_0$ gilt $\lim_{n \to \infty} f(x_n) = f(x_0)$.*

Beweis
$(2) \Rightarrow (1)$: Wenn f in x *nicht* stetig ist, dann gibt es ein $\varepsilon > 0$ mit

$$\forall n \in \mathbb{N}, \; \exists x_n \in M : \quad d_M(x_n, x_0) < \frac{1}{n} \text{ und } d_N(f(x_n), f(x_0)) > \varepsilon.$$

Insbesondere konvergiert die Folge $(f(x_n))_{n \in \mathbb{N}}$ für $n \to \infty$ nicht gegen $f(x_0)$, obwohl die Folge $(x_n)_{n \in \mathbb{N}}$ gegen x_0 konvergiert.

$(1) \Rightarrow (2)$: Wenn f in x_0 stetig ist und eine Folge $(x_n)_{n \in \mathbb{N}}$ in M gegen x_0 konvergiert, dann gibt es zu jedem $\varepsilon > 0$ ein $\delta > 0$ mit

$$\forall x \in M : \quad \big(d_M(x, x_0) < \delta \Rightarrow d_N(f(x), f(x_0)) < \varepsilon \big)$$

und zu δ ein $n_0 \in \mathbb{N}$ mit

$$\forall n \in \mathbb{N} : \quad \big(n > n_0 \Rightarrow d_M(x_n, x_0) < \delta \big).$$

Zusammen gibt es also zu $\varepsilon > 0$ ein n_0 mit

$$\forall\, n \in \mathbb{N}: \quad \bigl(n > n_0 \;\Rightarrow\; d_N(f(x_n),\, f(x_0)) < \varepsilon\bigr),$$

das heißt $\lim_{n\to\infty} f(x_n) = f(x_0)$. $\qquad\qquad\qquad\qquad\qquad\qquad\qquad\square$

3.3 Topologie metrischer Räume

In diesem Abschnitt diskutieren wir qualitative Eigenschaften metrischer Räume, die eine Art Geometrie dieser Räume darstellen, und auch auf andere Kontexte übertragen werden können. Die hier eingeführten Begriffe und Beweistechniken werden heutzutage einem (relativ) neuen Gebiet der Mathematik, eben der Topologie zugerechnet. In diesem Text wollen wir keine systematische Einführung in die Topologie geben, aber die hier vorgestellten Konzepte erlauben auch für den Spezialfall metrischer Räume deutlich einfachere Beweise zum Beispiel für die Stetigkeit von Abbildungen. Für Interessierte wird der Übergang zur Topologie in den Übungen thematisiert.

Der erste topologische Begriff, den wir hier diskutieren, ist die Vollständigkeit. Wir führen sie hier über Cauchy-Folgen ein, was ihre Verwandtschaft mit der Ordnungs-Vollständigkeit der reellen Zahlen unterstreicht. Danach führen wir das Konzept einer Umgebung eines Punktes ein und leiten daraus die Begriffe offene und abgeschlossene Mengen ab. Schließlich definieren wir die Kompaktheit von Mengen, die ebenso wie die Vollständigkeit eine Eigenschaft ist, in der man die Existenz von Grenzwerten fordert. Dadurch kommt beiden Eigenschaften große Bedeutung zu, denn sie liefern Beweistechniken, mit denen man die Existenz von Objekten mit vorgegebenen Eigenschaften nachweisen kann. Das können zum Beispiel Lösungen von Gleichungen sein oder Extremalstellen von Funktionen. Vollständigkeit und Kompaktheit kommen im Schulstoff nicht explizit vor, ermöglichen aber ein tieferes Verständnis der in der Schule angesprochenen Techniken zum Nachweis der Existenz von Nullstellen und Extremwerten. Der Zwischenwertsatz ist ohne die Vollständigkeit der reellen Zahlen nicht denkbar, und die Techniken der Differenzialrechnung zur Extremwertbestimmung liefern nur Bedingungen für lokale Extremwerte. Die Existenz globaler Minima und Maxima für stetige Funktionen auf Intervallen der Form $[a, b]$ mit $a, b \in \mathbb{R}$ ist eine Konsequenz der Kompaktheit dieser Intervalle und kann für unbeschränkte oder offene Intervalle (die ihre Randpunkte nicht enthalten) nicht garantiert werden.

3.3.1 Vollständige metrische Räume

Wir sind dem Begriff der Vollständigkeit schon bei der Einführung der reellen Zahlen in Abschn. 1.4 in der Form der Ordnungs-Vollständigkeit begegnet (siehe Definition 1.89). Zentrales Hilfsmittel war dabei das Konzept der *Cauchy-Folge* in $\mathbb{Q}$. Eine Cauchy-Folge $(x_n)_{n\in\mathbb{N}}$ zeichnete sich dadurch aus, dass die Abstände $|x_m - x_n|$

von Folgengliedern für große m und n sehr klein werden (siehe (1.9) und Definition 1.83). Diese Idee lässt sich auch für metrische Räume formulieren und führt in diesem Kontext auf einen alternativen Vollständigkeitsbegriff.

Definition 3.24 (Cauchy-Folgen und Vollständigkeit) Sei (M, d) ein metrischer Raum. Eine Folge $(x_n)_{n \in \mathbb{N}}$ in M heißt *Cauchy-Folge*, wenn es zu jedem $\varepsilon > 0$ ein $n_0 \in \mathbb{N}$ gibt mit

$$\forall n, m \in \mathbb{N}: \quad n, m > n_0 \;\Rightarrow\; d(x_n, x_m) < \varepsilon.$$

Der Raum (M, d) heißt *vollständig,* wenn jede Cauchy-Folge gegen ein Element von M konvergiert. Eine Teilmenge $E \subseteq M$ heißt *vollständig,* wenn (E, d) als metrischer Raum vollständig ist, das heißt, wenn jede Cauchy-Folge in E gegen ein Element von E konvergiert. $\qquad\square$

Unser nächstes Ziel ist zu zeigen, dass $\mathbb{R}$ bezüglich der in Beispiel 3.2 aus dem Absolutbetrag gewonnenem Metrik vollständig ist. Dazu brauchen wir die folgende einfache Proposition.

Proposition 3.25 (Cauchy-Folgen sind beschränkt) *Sei (M, d) ein metrischer Raum und $(x_n)_{n \in \mathbb{N}}$ eine Cauchy-Folge in M. Dann ist die Menge $\{x_n \in M \mid n \in \mathbb{N}\}$ beschränkt in M im Sinne von Beispiel 3.9.*

Beweis Da $(x_n)_{n \in \mathbb{N}}$ eine Cauchy-Folge in M ist, gibt es ein $n_0 \in \mathbb{N}$ mit $|x_n - x_{n_0+1}| < 1$ für alle $n_0 < n \in \mathbb{N}$. Wenn c das Maximum der Beträge $|x_1|, \ldots, |x_{n_0+1}|$ ist, dann gilt also

$$\forall n \in \mathbb{N}: \quad |x_n| < c + 1.$$

Damit ist die Menge $\{x_n \in Z \mid n \in \mathbb{N}\}$ beschränkt. $\qquad\square$

Lemma 3.26 (Cauchy-Folgen in $\mathbb{R}$) *Sei $(x_n)_{n \in \mathbb{N}}$ eine Cauchy-Folge in $\mathbb{R}$ und $A_n := \{x_k \mid n \le k \in \mathbb{N}\}$. Dann gilt*

 (i) *Die Mengen A_n für $n \in \mathbb{N}$ haben Infima und Suprema in $\mathbb{R}$.*
 (ii) *Sei $a_n := \inf(A_n) \in \mathbb{R}$. Dann ist $(a_n)_{n \in \mathbb{N}}$ eine monoton wachsende und beschränkte Folge in $\mathbb{R}$, die gegen $s := \sup(I) \in \mathbb{R}$ mit $I := \{a_n \mid n \in \mathbb{N}\}$ konvergiert.*
 (iii) *Die Folge $(x_n)_{n \in \mathbb{N}}$ konvergiert gegen s.*

Beweis

 (i) Nach Proposition 3.25 ist $\{x_n \in \mathbb{R} \mid n \in \mathbb{N}\}$ beschränkt in $\mathbb{R}$. Damit sind auch alle A_n beschränkt. Also existieren Infima und Suprema in $\mathbb{R}$ nach Satz 1.92 und Bemerkung 1.94.

(ii) Die Monotonie folgt aus den Inklusionen $A_m \subseteq A_n$ für $m \geq n$. Wegen der Beschränktheit von $\{x_n \in \mathbb{R} \mid n \in \mathbb{N}\}$ ist auch die Menge I beschränkt. Also existiert $s = \sup(I)$ in $\mathbb{R}$. Wenn $\varepsilon > 0$, dann gibt es ein $n_0 \in \mathbb{N}$ mit $a_{n_0} \geq s - \frac{\varepsilon}{2}$. Aber dann gilt wegen der Monotonie

$$\forall n > n_0: \quad s - \varepsilon < s - \frac{\varepsilon}{2} \leq a_{n_0} \leq a_n \leq s < s + \varepsilon.$$

Also gilt

$$\forall n > n_0: \quad |a_n - s| < \varepsilon$$

und damit $\lim_{n \to \infty} a_n = s$.
(iii) Sei $\varepsilon > 0$. Dann gibt es nach (ii) ein $n_0 \in \mathbb{N}$ mit

$$\forall n > n_0: \quad |a_n - s| < \varepsilon.$$

Also gilt für $k \geq n > n_0$, dass $s - \varepsilon < a_n \leq x_k$. Andererseits gibt es ein $k_0 \in \mathbb{N}$ mit

$$\forall k, k' \geq k_0: \quad |x_k - x_{k'}| < \frac{1}{2}\varepsilon,$$

weil $(x_n)_{n \in \mathbb{N}}$ eine Cauchy-Folge ist. Wegen $a_{k_0} = \inf(A_{k_0})$ gibt es zu $k \geq k_0$ ein $k' \geq k_0$ mit $a_{k_0} + \frac{1}{2}\varepsilon > x_{k'}$ zusammen finden wir

$$\forall k \geq k_0: \quad x_k \leq x_{k'} + \frac{1}{2}\varepsilon < a_{k_0} + \varepsilon \leq s + \varepsilon.$$

Für $k > \max\{n_0 + 1, k_0\}$ ergibt sich also $s - \varepsilon < x_k < s + \varepsilon$ und das beweist die Behauptung. $\qquad\square$

Aus Lemma 3.26 ergibt sich unmittelbar der folgende Satz.

Satz 3.27 (Vollständigkeit von $\mathbb{R}$) *Die reellen Zahlen $\mathbb{R}$ sind bezüglich der via* (3.1) *aus dem Absolutbetrag gewonnenen Metrik d vollständig.* $\qquad\square$

Als erste Anwendung der Vollständigkeit der reellen Zahlen führen wir die Exponentialfunktion ein, die uns unter anderem erlauben wird, beliebige reelle Potenzen und Wurzeln von positiven reellen Zahlen zu bilden.

Beispiel 3.28 (Die Exponentialfunktion) Sei $x \in \mathbb{R}$. Wir wollen zeigen, dass die Folge $\sum_{k=0}^{n} \frac{x^k}{k!}$ für $n \to \infty$ einen Grenzwert in $\mathbb{R}$ hat, den wir dann e^x nennen. Die resultierende Funktion

$$\exp : \mathbb{R} \to \mathbb{R}, \ x \mapsto e^x$$

heißt die *Exponentialfunktion*. Zu $x \in \mathbb{R}$ wählen wir mit Proposition 1.95 ein $\ell \in \mathbb{N}$ so, dass $2|x| \leq \ell$. Wenn $\ell \leq k \in \mathbb{N}$, dann gilt

$$\ell^{-\ell} \cdot \ell^k = \ell^{k-\ell} = \underbrace{\ell \cdots \ell}_{(k-\ell)-\mathrm{mal}} \leq k \cdot (k-1) \cdots (\ell+1) \leq k!$$

und damit

$$\left| \sum_{k=\ell+m}^{n} \frac{x^k}{k!} \right| \leq \ell^\ell \sum_{k=\ell+m}^{n} \frac{|x|^k}{\ell^k} \leq \ell^\ell 2^{-\ell-m} \sum_{k=0}^{n} \frac{1}{2^k} \overset{(3.16)}{=} \left(\frac{\ell}{2}\right)^\ell 2^{-m} \frac{1 - \frac{1}{2^{n+1}}}{1 - \frac{1}{2}} \leq \left(\frac{\ell}{2}\right)^\ell 2^{1-m}.$$

$$(3.18)$$

Dies zeigt, dass $\sum_{k=0}^{n} \frac{x^k}{k!}$ eine Cauchy-Folge ist und daher nach Satz 3.27 in $\mathbb{R}$ konvergiert.

(i) Die markanteste Eigenschaft der reellen Exponentialfunktion ist die Gleichung

$$e^{a+b} = e^a \cdot e^b \qquad (3.19)$$

für alle $a, b \in \mathbb{R}$. Um diese Gleichung einzusehen, berechnen wir mithilfe der binomischen Formel aus Proposition 1.53

$$\sum_{m=0}^{n_1} \frac{(a+b)^m}{m!} = \sum_{m=0}^{n_1} \frac{1}{m!} \sum_{k+\ell=m} \binom{m}{k} a^k b^\ell = \sum_{m=0}^{n_1} \frac{1}{m!} \sum_{k+\ell=m} \frac{m!}{k!\,\ell!} a^k b^\ell$$

$$= \sum_{m=0}^{n_1} \sum_{k+\ell=m} \frac{a^k}{k!} \frac{b^\ell}{\ell!}$$

und vergleichen das Ergebnis mit

$$\left(\sum_{k=0}^{n_2} \frac{a^k}{k!} \right) \left(\sum_{\ell=0}^{n_2} \frac{b^\ell}{\ell!} \right) = \sum_{k=0}^{n_2} \sum_{\ell=0}^{n_2} \frac{a^k}{k!} \frac{b^\ell}{\ell!}.$$

Beachte, dass der erste Ausdruck für $n_1 \to \infty$ gegen e^{a+b} konvergiert, der zweite für $n_2 \to \infty$ gegen $e^a \cdot e^b$. Wenn $n_1 \geq 2n_2$, dann enthält die Differenz der beiden Ausdrücke nur Summanden der Form $\frac{a^k}{k!} \frac{b^\ell}{\ell!}$ mit $\max\{k, \ell\} \geq n_2$. Damit wird der Betrag der Differenz durch

$$e^{|a|} \sum_{\ell=n_2}^{n_1} \frac{|b|^\ell}{\ell!} + e^{|b|} \sum_{k=n_2}^{n_1} \frac{|a|^k}{k!}$$

abgeschätzt. Aber dieser Ausdruck wird für große n_1 und n_2 beliebig klein. Genauer gesagt gilt folgendes: Wenn $b \in \mathbb{R}$, dann gibt es zu $\varepsilon > 0$ ein $N \in \mathbb{N}$ mit

$$\forall N \leq n_1 \leq n_2 \text{ mit } n_1, n_2 \in \mathbb{N}: \quad \left| \sum_{k=n_1}^{n_2} \frac{|b|^k}{k!} \right| \leq \varepsilon. \tag{3.20}$$

Um das einzusehen, stellen wir fest, dass wir aus (3.18) für $2|b| \leq \ell \in \mathbb{N}$ die Abschätzung

$$\left| \sum_{k=\ell+m}^{n} \frac{|b|^k}{k!} \right| \leq \sum_{k=\ell+m}^{n} \frac{|b|^k}{k!} \leq \ell^\ell 2^{1-\ell-m}$$

erhalten. Da 2^{-m} nach Beispiel 3.21 für $m \to \infty$ gegen Null konvergiert, finden wir ein $m \in \mathbb{N}$, für das $\ell^\ell 2^{1-\ell-m} < \varepsilon$ gilt. Dann erfüllt $N := \ell + m$ die Bedingung (3.20). Damit wissen wir jetzt, dass die Differenz der Grenzwerte von $\sum_{m=0}^{n_1} \frac{(a+b)^m}{m!}$ und $\left(\sum_{k=0}^{n_2} \frac{a^k}{k!} \right)\left(\sum_{\ell=0}^{n_2} \frac{b^\ell}{\ell!} \right)$ verschwindet. Dies beweist Formel (3.19).

(ii) Als Konsequenz von Formel (3.19) und der trivialen Abschätzung $1 + a \leq \mathrm{e}^a$ für $a \in \mathbb{R}_{\geq 0}$ sehen wir

$$0 < \mathrm{e}^{-a} = \frac{1}{\mathrm{e}^a} \leq \frac{1}{1+a} \longrightarrow 0 \quad \text{für } a \to \infty,$$

das heißt, die Werte der reellen Exponentialfunktion sind immer positiv und für $a \to \mp\infty$ konvergiert e^a gegen 0 bzw. ∞. Letztere Konvergenz haben wir noch nicht formal definiert. In Anlehnung an Definition 3.15 sagen wir, eine Funktion $f : \mathbb{R} \to \mathbb{R}$ konvergiert für $x \to \infty$ gegen ∞, wenn

$$\forall r > 0 \, \exists x_0 > 0 \, \forall x > x_0: \quad f(x) > r.$$

In diesem Fall schreiben wir auch $\lim_{x\to\infty} f(x) = \infty$.

(iii) Aus

$$\mathrm{e}^a \cdot \frac{\mathrm{e}^{b-a} - 1}{b - a} = \frac{\mathrm{e}^b - \mathrm{e}^a}{b - a} = \mathrm{e}^a \sum_{k=1}^{\infty} \frac{(b-a)^{k-1}}{k!}$$

für $a < b$ in $\mathbb{R}$ und $0 < t < 1$ folgt die Ungleichung

$$\mathrm{e}^{a+t(b-a)} < \mathrm{e}^a + t(\mathrm{e}^b - \mathrm{e}^a). \tag{3.21}$$

Mit $c = a + t(b-a)$ gilt wegen $a < c < b$ und $\mathrm{e}^a > 0$ nämlich

$$\frac{\mathrm{e}^c - \mathrm{e}^a}{c - a} = \mathrm{e}^a \sum_{k=1}^{\infty} \frac{(c-a)^{k-1}}{k!} < \mathrm{e}^a \sum_{k=1}^{\infty} \frac{(b-a)^{k-1}}{k!} = \frac{\mathrm{e}^b - \mathrm{e}^a}{b - a},$$

also $(b-a)\mathrm{e}^c < (c-a)\mathrm{e}^b + (b-c)\mathrm{e}^a = t(b-a)\mathrm{e}^b + (1-t)(b-a)\mathrm{e}^a$.
Damit ergibt sich, dass der Funktionswert e^c der Exponentialfunktion für einen
Wert $c = a + t(b-a)$ zwischen a und b, das heißt $t \in [0,1]$, immer unterhalb
des Werts $\mathrm{e}^a + t(\mathrm{e}^b - \mathrm{e}^a)$ liegt.

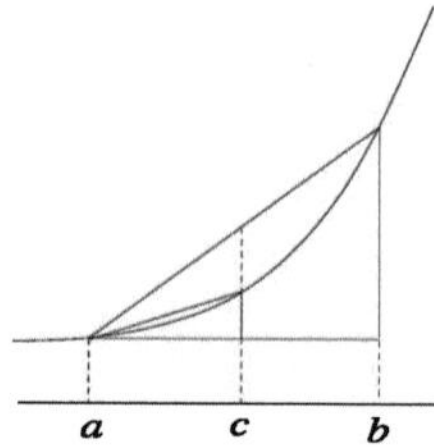

Man nennt diese Eigenschaft der Exponentialfunktion *Konvexität*.   □

Mithilfe von Satz 3.27 zeigt man leicht auch die Vollständigkeit der Räume $(\mathbb{R}^n, d)$
von Zahlentupeln aus Beispiel 3.6 für beliebiges $n \in \mathbb{N}$ zu zeigen. Die Vollständigkeit
dieser metrischen Räume ist essenziell für die Entwicklung der Differentialrechnung
von Funktionen in n reellen Variablen.

Beispiel 3.29 (Vollständigkeit von $\mathbb{R}^n$) Der metrische Raum $(\mathbb{R}^n, d)$ mit der Metrik
aus Beispiel 3.6 ist vollständig. Um das einzusehen, fixieren wir eine Cauchy-Folge
$(x_m)_{m \in \mathbb{N}}$ in $\mathbb{R}^n$ und betrachten für jedes $j \in \{1, \ldots, n\}$ die Folge $(x_{m,j})_{m \in \mathbb{N}}$, wobei
$x_m = (x_{m,1}, \ldots, x_{m,n})$. Wegen

$$\forall j \in \{1, \ldots, n\}: \quad |x_{m,j} - x_{m',j}| \leq d(x_m, x_{m'})$$

ist jede dieser reellen Folgen eine Cauchy-Folge. Nach Satz 3.27 konvergieren sie
alle. Sei $s_j := \lim_{m \to \infty} x_{m,j}$ und $s := (s_1, \ldots, s_n)$. Dann gilt

$$d(x_m, s) = \sum_{j=1}^{n} |x_{m,j} - s_j|,$$

woraus die Konvergenz $s := \lim_{m \to \infty} x_m$ folgt. Man wähle einfach zu $\varepsilon > 0$ ein
m_0 mit $|x_{m,j} - s_j| < \frac{\varepsilon}{n}$ für $m > m_0$ und jedes $j \in \{1, \ldots, n\}$. Dann gilt für solche
m auch $d(x_m, s) < \varepsilon$.   □

Der folgende Satz ist ein typisches Beispiel für das Ausnutzen von Vollständigkeit
zum Nachweis der Existenz von Punkten mit bestimmten Eigenschaften. Er geht auf
den polnischen Mathematiker Stefan Banach (1892–1945) zurück.

Satz 3.30 (Banachscher Fixpunktsatz) *Sei (M, d) ein vollständiger metrischer
Raum und $f : M \to M$ eine Abbildung. Wenn es ein $0 \leq r < 1$ mit*

$$\forall x, x' \in M: \quad d\big(f(x), f(x')\big) \leq r\, d(x, x') \tag{3.22}$$

gibt, dann gibt es genau ein $x_0 \in M$ mit $f(x_0) = x_0$.

Beweis Wir zeigen zunächst die Eindeutigkeit: Wenn x und x' Fixpunkte von f in M sind, dann gilt

$$d(x, x') = d\big(f(x), f(x')\big) \leq r\, d(x, x').$$

Wegen $r < 1$ impliziert dies $d(x, x') = 0$, also $x = x'$.

Um die Existenz eines Fixpunktes nachzuweisen, startet man mit einem beliebigen Punkt $x_0 \in M$ und definiert induktiv $x_n := f(x_{n-1})$ für $n \in \mathbb{N}$. Dann gilt

$$d(x_{n+1}, x_n) = d\big(f(x_n), f(x_{n-1})\big) \leq r\, d(x_n, x_{n-1}) \leq \dots \leq r^n d(x_1, x_0).$$

Mit der Dreiecksungleichung und (3.16) ergibt sich für $k \in \mathbb{N}$

$$d(x_{n+k}, x_n) \leq d(x_{n+k}, x_{n+k-1}) + \dots + d(x_{n+1}, x_n) \leq d(x_1, x_0)\sum_{j=0}^{k-1} r^{n+j}$$

$$= d(x_1, x_0)\, r^n \frac{1-r^k}{1-r} \leq \frac{d(x_1, x_0)}{1-r}\, r^n.$$

Da r^n nach Beispiel 3.21 gegen Null konvergiert, ist $(x_n)_{n\in\mathbb{N}}$ eine Cauchy-Folge. Wegen der Vollständigkeit von M existiert also der Grenzwert $x := \lim_{n\to\infty} x_n \in M$. Es bleibt nur noch zu zeigen, dass $f(x) = x$ gilt. Aus der Ungleichung (3.22) liest man ab, dass f stetig ist. Nach Proposition 3.23 gilt dann $f(x) = \lim_{n\to\infty} f(x_n) = \lim_{n\to\infty} x_{n+1} = x$. $\qquad\square$

Wir werden in Abschn. 5.3.2 zeigen, wie man den Banachschen Fixpunktsatz in einen Existenz- und Eindeutigkeitssatz für die Lösungen von Differentialgleichungen ummünzen kann. An dieser Stelle begnügen wir uns mit einer einfacheren Anwendung, der aus Beispiel 1.93 schon bekannten Existenz von Quadratwurzeln positiver reeller Zahlen. Für diese Anwendung brauchen wir das folgende Beispiel.

Beispiel 3.31 (Vollständigkeit abgeschlossener Intervalle) Für $a, b \in \mathbb{R}$ mit $a \leq b$ ist das Intervall $[a, b] = \{x \in \mathbb{R} \mid a \leq x \leq b\}$ mit der von $\mathbb{R}$ ererbten Metrik ein vollständiger metrischer Raum. Um das einzusehen, wählen wir eine Cauchy-Folge $(x_n)_{n\in\mathbb{N}}$ in $[a, b]$, die wegen Satz 3.27 einen Grenzwert $s \in \mathbb{R}$ hat. Wir müssen zeigen, dass $a \leq s \leq b$. Sei dazu $\varepsilon > 0$ beliebig. Dann gibt es ein $n_0 \in \mathbb{N}$ mit

$$\forall n > n_0: \quad a \leq x_n \leq s + \varepsilon \text{ und } s - \varepsilon \leq x_n \leq b.$$

Es folgt $a - \varepsilon \leq s \leq b + \varepsilon$ und weil ε beliebig klein gewählt werden kann, gilt $a \leq s \leq b$. Genauer gesagt, wir schließen $s < a$ aus, weil für $\varepsilon = \frac{1}{2}(a - s)$ gilt, dass $s + \varepsilon < s + (a - s) = a$ und analog schließen wir aus, dass $s > b$. Dann folgt die Behauptung aus der Trichotomie in Satz 1.87(ii). $\qquad\square$

Beispiel 3.32 (Quadratwurzeln) Sei $0 < r < 1$ reell und $s \in [-r, r]$. Dann hat die Abbildung $f \colon [-r, r] \to \mathbb{R}$, $x \mapsto \frac{1}{2}(x^2 + s)$ wegen

$$-\frac{1}{2}r \le \frac{1}{2}(x^2 + s) \le \frac{1}{2}(r^2 + r) < \frac{1}{2}(r + r) = r$$

ihre Werte in $[-r, r]$ und erfüllt die Ungleichung

$$|f(x) - f(x')| = \frac{1}{2}|x^2 - (x')^2| = \frac{|x + x'|}{2}|x - x'| \le r\,|x - x'|$$

für alle $x, x' \in [-r, r]$. Da $[-r, r]$ nach Beispiel 3.31 vollständig ist, können wir den Banachschen Fixpunktsatz 3.30 auf f anwenden, das heißt, es gibt ein $x \in [-r, r]$ mit $x = f(x) = \frac{1}{2}(x^2 - s)$. Dieses x erfüllt dann $2x = x^2 - s$, das heißt $s + 1 = (x - 1)^2$. Man erkennt also insbesondere, dass es zu jeder Zahl in $[1 - r, 1 + r]$ eine Quadratwurzel gibt. Indem man eine beliebige positive reelle Zahl x durch eine Quadratzahl $n^2 > x$ teilt (das geht nach dem archimedischen Axiom), erhält man sogar die Existenz einer Quadratwurzel für jede positive reelle Zahl. $\qquad\square$

Ähnlich wie man die reellen Zahlen aus den rationalen Zahlen konstruieren kann, lässt sich zu jedem metrischen Raum (M, d) ein vollständiger metrischer Raum $(\bar{M}, \bar{d})$ und eine *Isometrie* $\iota \colon M \to \bar{M}$ finden, für die jeder Punkt von $\bar{M}$ Grenzwert einer Folge in $\iota(M)$ ist.[2] Dabei bedeutet „Isometrie", dass für alle $x, y \in M$ die Gleichheit $\bar{d}\big(\iota(x), \iota(y)\big) = d(x, y)$ gilt. Solche *Vervollständigungen* sind leicht zu konstruieren, der Nachweis der genannten Eigenschaften ist aufwendiger.

Satz 3.33 (Vervollständigung eines metrischen Raums) *Sei (M, d) ein metrischer Raum und $\mathcal{M}$ die Menge aller Cauchy-Folgen in M. Wir definieren eine Relation $\sim$ auf der Menge $\mathcal{M}$ durch*

$$(a_n)_{n \in \mathbb{N}} \sim (b_n)_{n \in \mathbb{N}} \quad :\Leftrightarrow \quad \lim_{n \to \infty} d(a_n, b_n) = 0. \tag{3.23}$$

(i) *$\sim$ ist eine Äquivalenzrelation auf $\mathcal{M}$ ist. Sei $\bar{M}$ die Menge der Äquivalenzklassen.*

(ii) *Seien $a = (a_n)_{n \in \mathbb{N}}$ und $b = (b_n)_{n \in \mathbb{N}}$ Elemente in $\mathcal{M}$ und $\bar{a}, \bar{b} \in \bar{M}$ die zugehörigen Äquivalenzklassen bezüglich $\sim$. Durch $\bar{d}(\bar{a}, \bar{b}) := \lim_{n \to \infty} d(a_n, b_n)$ wird eine Metrik auf $\bar{M}$ definiert.*

(iii) *Die Abbildung $\iota \colon M \to \bar{M}$, die einem Element $a \in M$ die Äquivalenzklasse der konstanten Folge mit Wert $a \in M$ zuordnet ist eine Isometrie, also insbesondere injektiv. Wir identifizieren M mit seinem Bild $\iota(M)$ in $\bar{M}$.*

---

[2] Die Verwendung des allgemein wenig bekannten griechischen Buchstabens ι („Iota") als Bezeichnung für diese und andere Inklusionsabbildungen rührt daher, dass man wegen der Verwechslungsgefahr mit der imaginären Einheit $i \in \mathbb{C}$ nicht i schreiben möchte und der ähnliche Buchstabe j gern als Laufindex in Aufzählungen genommen wird.

(iv) *Jeder Punkt in $\bar{M}$ ist Grenzwert einer Folge in M.*
(v) *$(\bar{M}, \bar{d})$ ist vollständig.*

Beweis

(i) Reflexivität und Symmetrie der Relation $\sim$ sind klar. Die Transitivität folgt aus Dreiecksungleichung für die Metrik d.

(ii) Um die Behauptung zu beweisen, müssen wir zuerst zeigen, dass der Grenzwert auf der rechten Seite von (3.23) überhaupt existiert. Dazu betrachten wir die durch $x_n := d(a_n, b_n)$ definierte Folge $(x_n)_{n \in \mathbb{N}}$ in $\mathbb{R}$. Mit

$$x_n - x_m = d(a_n, b_n) - d(a_m, b_m)$$
$$= d(a_n, b_n) - d(a_n, b_m) + d(a_n, b_m) - d(a_m, b_m)$$
$$\leq d(b_n, b_m) + d(a_n, a_m)$$

sehen wir, dass $(x_n)_{n \in \mathbb{N}}$ eine Cauchy-Folge in $\mathbb{R}$ ist, also nach Satz 3.27 einen Grenzwert hat. Als Nächstes müssen wir nachweisen, dass der Grenzwert nicht von der Wahl der Folgen $a = (a_n)_{n \in \mathbb{N}}$ und $b = (b_n)_{n \in \mathbb{N}}$ abhängt, sondern nur von den Äquivalenzklassen $\bar{a}$ und $\bar{b}$. Dies folgt aus der Ungleichung

$$d(a_n', b_n') \leq d(a_n', a_n) + d(a_n, b_n) + d(b_n, b_n'),$$

weil $\lim_{n \to \infty} d(a_n', a_n) = 0 = \lim_{n \to \infty} d(b_n, b_n')$ wenn $a' = (a_n')_{n \in \mathbb{N}}$ und $b' = (b_n')_{n \in \mathbb{N}}$ zu den Äquivalenzklassen $\bar{a}$ bzw. $\bar{b}$ gehören.

Wir wissen jetzt, dass wir eine Funktion $\bar{d} \colon \bar{M} \times \bar{M} \to \mathbb{R}$ haben, und es bleibt zu zeigen, dass diese Funktion eine Metrik ist. Aus der Definition folgt sofort, dass $\bar{d}$ nur Werte in $\mathbb{R}_{\geq 0}$ annehmen kann. Weiter zeigt die Definition von $\sim$, dass

$$\bar{d}(\bar{a}, \bar{b}) = 0 \quad \Leftrightarrow \quad \bar{a} = \bar{b}$$

gilt. Die Symmetrie von $\bar{d}$ ist klar und die Dreiecksungleichung folgt sofort aus der Dreiecksungleichung für d und dem Umstand, dass die „kleiner gleich"-Relation bei Grenzwertbildung erhalten bleibt (das haben wir in Beispiel 3.31 gezeigt).

(iii) Wegen $\iota(a)_\ell = a$ gilt

$$\bar{d}\big(\iota(a), \iota(b)\big) = \lim_{\ell \to \infty} d\big(\iota(a)_\ell, \iota(b)_\ell\big) = \lim_{\ell \to \infty} d(a, b) = d(a, b),$$

das heißt, ι ist eine Isometrie.

(iv) Sei $\bar{a} \in \bar{M}$ und $(a_n)_{n \in \mathbb{N}}$ eine Cauchy-Folge in M, deren Äquivalenzklasse $\bar{a}$ ist. Betrachte die konstanten Folgen $\iota(a_n)$ für $n \in \mathbb{N}$. Sie bilden eine Folge in $\bar{M}$ und es gilt

$$\bar{d}(\iota(a_n), \bar{a}) = \lim_{\ell \to \infty} d(\iota(a_n)_\ell, a_\ell) = \lim_{\ell \to \infty} d(a_n, a_\ell).$$

Da $(a_n)_{n\in\mathbb{N}}$ eine Cauchy-Folge in M ist, wird die rechte Seite klein für große n, das heißt $\lim_{n\to\infty}\iota(a_n)=\bar{a}$.

(v) Wir zeigen zuerst, dass jede Cauchy-Folge in M einen Grenzwert in $\bar{M}$ hat. Sei dazu $(\iota(a_n))_{n\in\mathbb{N}}$ eine Cauchy-Folge in $\iota(M)$. Da ι eine Isometrie ist, ist auch $(a_n)_{n\in\mathbb{N}}$ eine Cauchy-Folge in M. Sei $\bar{a}$ die Äquivalenzklasse von $(a_n)_{n\in\mathbb{N}}$ bezüglich $\sim$. Dann gilt $\bar{d}\big(\bar{a},\iota(a_n)\big)=\lim_{\ell\to\infty}d(a_\ell,\iota(a_n)_\ell)=\lim_{\ell\to\infty}d(a_\ell,a_n)$, und wir sehen, dass dieser Ausdruck für große n beliebig klein wird. Also gilt $\lim_{n\to\infty}\iota(a_n)=\bar{a}$.

Jetzt können wir zeigen, dass $(\bar{M},\bar{d})$ vollständig ist. Sei dazu $(\bar{a}_n)_{n\in\mathbb{N}}$ eine Cauchy-Folge in $\bar{M}$. Nach (iv) finden wir eine Folge $(b_n)_{n\in\mathbb{N}}$ in M mit

$$d(\iota(b_n),\bar{a}_n)\le \frac{1}{n}.$$

Dann gilt

$$d(b_n,b_m)=\bar{d}\big(\iota(b_n),\iota(b_m)\big)\le \bar{d}\big(\iota(b_n),\bar{a}_n\big)+\bar{d}(\bar{a}_n,\bar{a}_m)+\bar{d}\big(\bar{a}_m,\iota(b_m)\big),$$

also ist $(b_n)_{n\in\mathbb{N}}$ eine Cauchy-Folge. Das Argument in (iv) zeigt, dass diese Cauchy-Folge einen Grenzwert $\bar{b}\in\bar{M}$ hat. Für diesen gilt dann $\bar{b}=\lim_{n\to\infty}\bar{a}_n$, weil

$$\bar{d}(\bar{a}_n,\bar{b})\le \bar{d}\big(\bar{a}_n,\iota(b_n)\big)+\bar{d}(\iota(b_n),\bar{b}). \qquad \square$$

Wendet man die Konstruktion 3.33 auf die rationalen Zahlen $\mathbb{Q}$ mit der durch den Absolutbetrag gegebenen Metrik an, so bekommt man die reellen Zahlen mit der durch den Absolutbetrag definierten Metrik zurück. Da wir im Nachweis der Vollständigkeit von $\bar{M}$ die Vollständigkeit von $\mathbb{R}$ verwenden, liefert diese Konstruktion keinen neuen Beweis der Vollständigkeit von $\mathbb{R}$. Wendet man die Konstruktion 3.33 aber auf $\mathbb{Q}$ mit der p-adischen Metrik aus Beispiel 3.8 an, so erhält man einen neuen vollständigen metrischen Raum $\mathbb{Q}_p$, den man die *p-adischen Zahlen* nennt. Gliedweise Addition und Multiplikation auf Cauchy-Folgen rationaler Zahlen induzieren eine Addition und eine Multiplikation auf den p-adischen Zahlen, die $\mathbb{Q}_p$ zu einem Körper machen. Dadurch werden die p-adischen Zahlen zu einem sehr wichtigen Werkzeug für die Zahlentheorie.

3.3.2 Umgebungen und offene Mengen in metrischen Räumen

In diesem Abschnitt führen wir zunächst zwei spezielle Typen von Teilmengen metrischer Räume ein, die Umgebungen und die offenen Mengen. Sie beschreiben die qualitativen Aspekte des quantitativen Konzepts eines Abstands und werden uns auf Charakterisierungen der Stetigkeit von Abbildungen führen, die den Nachweis der Stetigkeit oft stark vereinfachen.

Darüber hinaus lassen sich einige spezifische Eigenschaften dieser Mengensystems isolieren, die so auch in vielen Kontexten vorkommen, in denen man keine

Abb. 3.9 Inneres und Rand von U

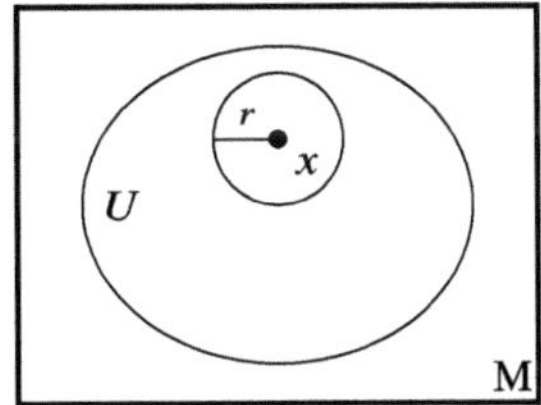
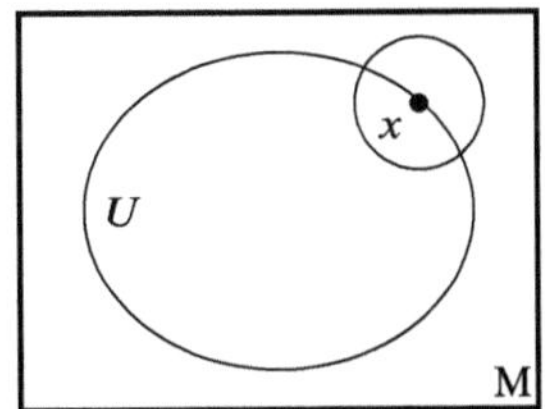

Metriken hat. Sie bilden die Grundlage der *Topologie* als eigenständiger mathematischer Disziplin.

Der Begriff der Umgebung ist für metrische Räume sehr anschaulich. Er präzisiert die Vorstellung, dass eine Menge U einen Punkt x „umgibt", wenn es wenigstens eine Distanz $r > 0$ gibt, für die alle Punkte, die näher als r an x liegen, zu U gehören.

Definition 3.34 (Kugeln und Umgebungen) Sei (M, d) ein metrischer Raum, $x \in M$ und $r > 0$. Dann heißt die Menge

$$B_d(x; r) := \{y \in M \mid d(x, y) < r\}$$

die *offene Kugel um x mit Radius r*. Wenn die Metrik aus dem Kontext klar ist, schreiben wir lediglich $B(x; r)$ statt $B_d(x; r)$. Es sei $x \in M$. Eine Teilmenge $U \subseteq M$ heißt eine *Umgebung* von x in M, wenn es ein $r > 0$ mit $B(x; r) \subseteq U$ gibt. Wir bezeichnen die Menge aller Umgebungen von x in M mit $\mathcal{U}(x)$. $\qquad\square$

Die offenen Kugeln $B(x; r)$ sind Umgebungen von x in M. Man beachte, dass $U \in \mathcal{U}(x)$ den geometrischen Sachverhalt „x liegt im Inneren von U" (im Gegensatz zu „außerhalb" oder „am Rand") modelliert (siehe Abb. 3.9).

Andererseits kann man den geometrischen Sachverhalt „x kann durch Punkte von $N \subseteq M$ approximiert werden" durch

$$\forall U \in \mathcal{U}(x): \quad U \cap N \neq \emptyset$$

modellieren.

In Proposition 3.35 beschreiben wir diejenigen Eigenschaften der Systeme von Umgebungen, die sich als entscheidend für eine allgemeine Modellierung der Begriffe Stetigkeit und Konvergenz herausstellen. In den ersten drei Punkten werden offensichtliche Eigenschaften aufgelistet: Die Beobachtung, dass ein Punkt in jeder seiner Umgebungen enthalten ist, die Tatsache, dass die ganze Menge eine Umgebung eines jeden ihrer Punkte ist, und der Umstand, dass jede Obermenge einer Umgebung selbst eine Umgebung ist (siehe Abb. 3.10).

Erst in den letzten beiden Punkten muss man spezielle Eigenschaften von Kugeln einsetzen: Der Schnitt zweier Umgebungen ist selbst wieder eine Umgebung und jede Umgebung enthält eine kleinere Umgebung, von deren Punkten sie auch wieder eine Umgebung ist (siehe Abb. 3.11).

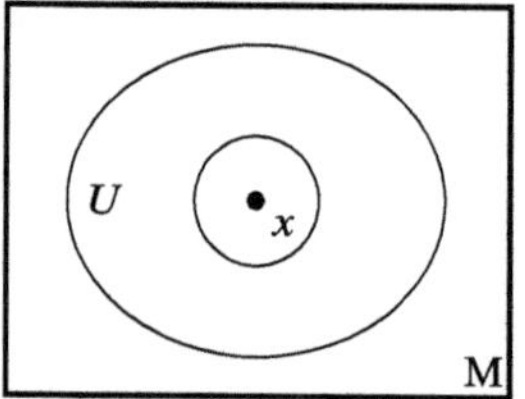 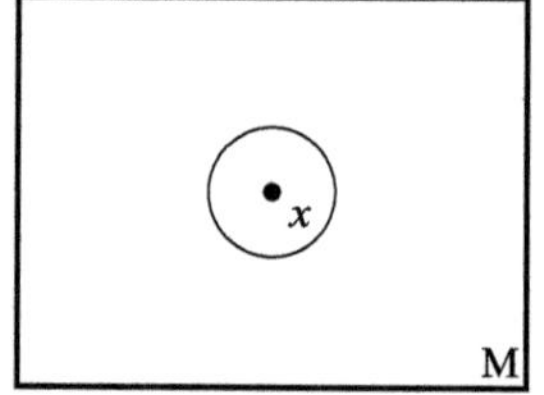 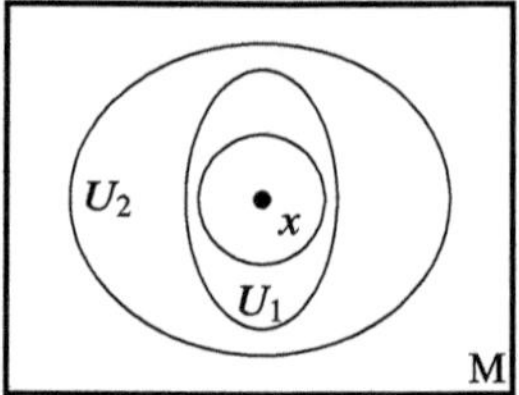

Abb. 3.10 Obermengen von Umgebungen sind Umgebungen

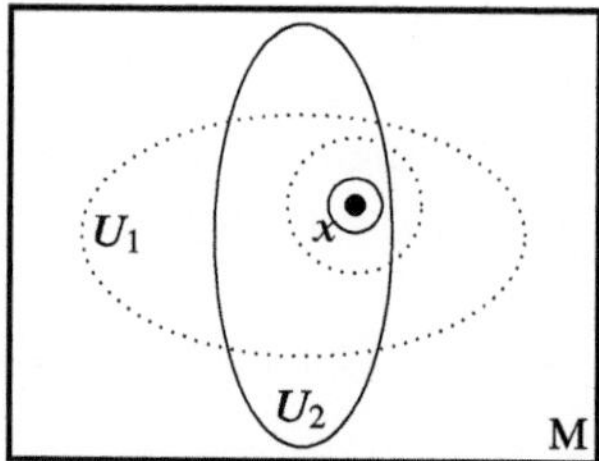 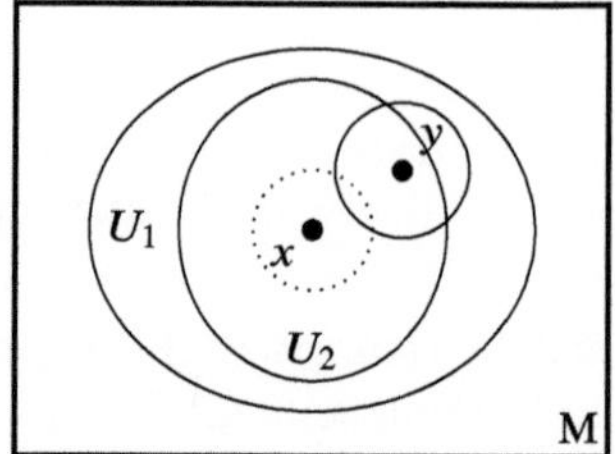

Abb. 3.11 Schnitte von Umgebungen und offene Teilumgebungen

Proposition 3.35 (Umgebungssystem eines metrischen Raums) *Sei (M, d) ein metrischer Raum. Dann gilt für das Umgebungssystem $\mathcal{U} := \{\mathcal{U}(x) \mid x \in M\}$:*

(U1) $x \in U$ *für alle* $U \in \mathcal{U}(x)$.

(U2) $M \in \mathcal{U}(x)$.

(U3) *Aus* $U_1 \in \mathcal{U}(x)$ *und* $U_1 \subseteq U_2 \subseteq M$ *folgt* $U_2 \in \mathcal{U}(x)$.

(U4) *Aus* $U_1, U_2 \in \mathcal{U}(x)$ *folgt* $U_1 \cap U_2 \in \mathcal{U}(x)$.

(U5) *Wenn* $U_1 \in \mathcal{U}(x)$ *ist, dann gibt es ein* $U_2 \in \mathcal{U}(x)$ *mit* $U_1 \in \mathcal{U}(y)$ *für alle* $y \in U_2$.

Beweis (U1), (U2) und (U3) folgen unmittelbar aus den Definitionen. Wenn $B(x; r_1) \subseteq U_1$ und $B(x; r_2) \subseteq U_2$ sind, so gilt für jedes $0 < r \leq \min(r_1, r_2)$

$$B(x; r) \subseteq U_1 \cap U_2,$$

was (U4) zeigt. Um (U5) zu zeigen, wählen wir $U_2 := B(x; \frac{r}{2})$ und stellen fest, dass für $y \in U_2$ wegen der Dreiecksungleichung

$$B(y; \tfrac{r}{2}) \subseteq B(x; r) \subseteq U_1$$

gilt. Aber das zeigt $U_1 \in \mathcal{U}(y)$. $\qquad\square$

Die Stetigkeit von Abbildungen zwischen metrischen Räumen, lässt sich mithilfe des Umgebungsbegriffs umformulieren.

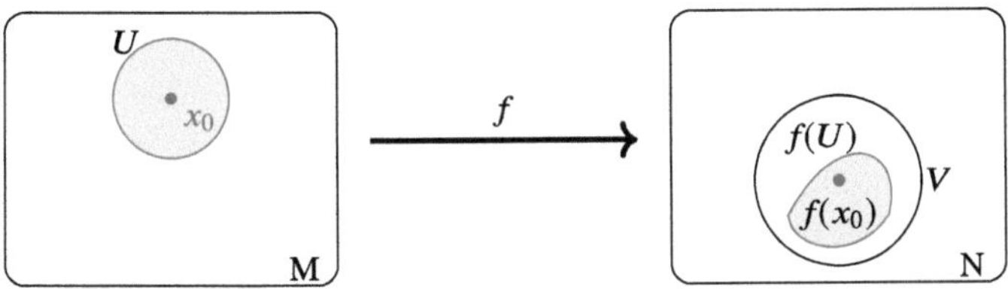

Abb. 3.12 Stetige Bilder von Umgebungen

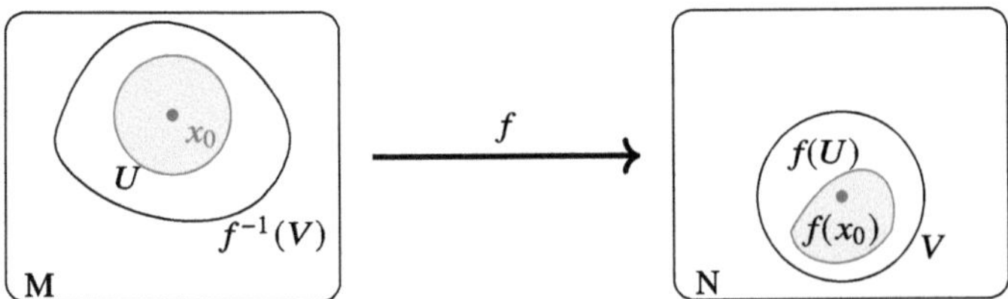

Abb. 3.13 Urbilder von Umgebungen unter stetigen Abbildungen

Proposition 3.36 (Charakterisierung der Stetigkeit für metrische Räume) *Seien* (M, d_M) *und* (N, d_N) *metrische Räume,* $x_0 \in M$ *und* $f : M \to N$ *eine Abbildung. Mit* $\mathcal{U}_M$ *und* $\mathcal{U}_N$ *seien die durch Proposition 3.35 definierten Umgebungssysteme in* M *bzw.* N *bezeichnet. Dann sind folgende Aussagen äquivalent:*

(1) *f ist stetig in x_0.*
(2) *Zu jeder Umgebung $V \in \mathcal{U}_N\big(f(x_0)\big)$ gibt es eine Umgebung $U \in \mathcal{U}_M(x_0)$ mit $f(U) \subseteq V$ (siehe Abb. 3.12).*
(3) *Wenn $V \in \mathcal{U}_N\big(f(x_0)\big)$, dann ist $f^{-1}(V) := \{x \in M \mid f(x) \in V\} \in \mathcal{U}_M(x_0)$. Das bedeutet Urbilder von Umgebungen von $f(x_0)$ sind Umgebungen von x_0 (siehe Abb. 3.13).*

Beweis

(1)$\Rightarrow$(2): Zu $V \in \mathcal{U}_N\big(f(x_0)\big)$ gibt es eine Kugel $B_{d_N}(f(x_0); \varepsilon) \subseteq V$. Wegen (1) und (3.12) findet man ein $\delta > 0$ mit $d_N\big(f(x); f(x_0)\big) < \varepsilon$ für alle $x \in B_{d_M}(x_0; \delta)$. Also gilt

$$f\big(B_{d_M}(x_0; \delta)\big) \subseteq B_{d_n}(f(x_0); \varepsilon) \subseteq V.$$

(2)$\Rightarrow$(3): Sei $V \in \mathcal{U}_N\big(f(x_0)\big)$ und $U \in \mathcal{U}_M(x_0)$ mit $f(U) \subseteq V$. Dann gilt $U \subseteq f^{-1}(V)$ und daher ist $f^{-1}(V) \in \mathcal{U}_M(x_0)$.

(3)$\Rightarrow$(1): Sei $\varepsilon > 0$ und $V := B_{d_N}(f(x_0); \varepsilon)$. Wegen (3) gilt $f^{-1}(V) \in \mathcal{U}(x_0)$, das heißt, es existiert eine Kugel $B_{d_M}(x_0; \delta) \subseteq f^{-1}(V)$. Aber das bedeutet $f(x) \in B_{d_N}(f(x_0); \varepsilon)$ für alle $x \in B_{d_M}(x_0; \delta)$, also ist f stetig in x_0.

$\square$

Wir kommen zur zweiten Klasse von Teilmengen metrischer Räume, die wir in diesem Abschnitt diskutieren wollen, den offenen Mengen. Man kann sich offene Mengen als spezielle Umgebungen vorstellen, nämlich solche, die für alle ihre Punkte Umgebungen sind. Die folgende formale Definition weist allerdings auch die leere Menge als offen aus, obwohl sie nicht Umgebung eines Punktes ist.

Definition 3.37 (Offene und abgeschlossene Mengen in metrischen Räumen)
Sei (M, d) ein metrischer Raum. Eine Teilmenge $U \subseteq M$ heißt *offen*, wenn sie Umgebung jedes Punktes ist, den sie enthält, das heißt

$$\forall x \in U : \quad U \in \mathcal{U}(x).$$

Eine Teilmenge $A \subseteq M$ heißt *abgeschlossen*, wenn ihr *Komplement* $\complement A := M \setminus A$ offen ist. $\qquad\square$

In der folgenden Proposition stellen wir die fundamentalen Eigenschaften des Systems der offenen Mengen zusammen, die sie zu einem alternativen Ausgangspunkt der Topologie machen.

Proposition 3.38 (Offene und abgeschlossene Teilmengen eines metrischen Raums) *Sei (M, d) ein metrischer Raum. Dann gilt:*

(T1) *Vereinigungen offener Mengen in M sind offen.*
(T2) *Endliche Schnitte offener Mengen in M sind offen.*
(T3) *$\emptyset$ und M sind sowohl abgeschlossen als auch offen.*
(T1') *Schnitte abgeschlossener Mengen in M sind abgeschlossen.*
(T2') *Endliche Vereinigungen abgeschlossener Mengen in M sind abgeschlossen.*

Beweis Die Eigenschaft (T3) ist klar mit den Definitionen. Seien U_γ, $\gamma \in \Gamma$, offene Teilmengen von M.

(T1) Wenn $x \in \bigcup_{\gamma \in \Gamma} U_\gamma$, dann gibt es ein γ_0 mit $x \in U_{\gamma_0}$ und U_{γ_0} ist Umgebung von x. Wegen $U_{\gamma_0} \subseteq \bigcup_{\gamma \in \Gamma} U_\gamma$ ist auch letztere Menge eine Umgebung von x.
(T2) Sei jetzt Γ endlich und $x \in \bigcap_{\gamma \in \Gamma} U_\gamma$. Jedes U_γ ist Umgebung von x und mit Induktion folgt aus der Bedingung (U4) in Proposition 3.35, dass endliche Schnitte von Umgebungen eines Punktes selbst Umgebungen dieses Punktes sind. Damit folgt die Behauptung.

Die Eigenschaften (T1') und (T2') folgen durch Komplementbildung aus (T1) und (T2), wobei man die *de Morganschen Formeln*

$$M \setminus \bigcup_{\gamma \in \Gamma} U_\gamma = \bigcap_{\gamma \in \Gamma} (M \setminus U_\gamma) \quad \text{und} \quad M \setminus \bigcap_{\gamma \in \Gamma} U_\gamma = \bigcup_{\gamma \in \Gamma} (M \setminus U_\gamma) \qquad (3.24)$$

verwendet, die direkt aus den Definitionen von Schnitt und Vereinigung von Mengen folgen. $\qquad\square$

Man nennt die Menge $\mathcal{T}$ der offenen Teilmengen eines metrischen Raums M die *Topologie* von M.

Mit der Definition offener und abgeschlossener Mengen können wir Ränder von Teilmengen definieren, die wir in heuristischer Weise schon in Beispiel 3.9 betrachtet haben.

Definition 3.39 (Abschluss, Inneres und Rand) Sei (M, d) ein metrischer Raum und $B \subseteq M$ beliebig. Die Menge

$$\overline{B} := \bigcap \{A \mid A \supseteq B, A \text{ abgeschlossen}\}$$

ist die kleinste abgeschlossene Menge, die B enthält. $\overline{B}$ heißt der *Abschluss* von B. Die Menge

$$B^\circ := \bigcup \{U \mid U \subseteq B, U \text{ offen}\}$$

ist die größte offene Menge, die in B enthalten ist. B° heißt das *Innere* von B. Die Differenz $\overline{B} \setminus B^\circ$ heißt der *Rand* von B und wird mit ∂B bezeichnet. $\square$

Beispiel 3.40 (Offene und abgeschlossene Kugeln) Mit der Dreiecksungleichung zeigt man leicht, dass in einem metrischen Raum (M, d) die Kugeln

$$B_d(x; r) = \{y \in M \mid d(x, y) < r\}$$

offen sind, die Mengen $\bar{B}_d(x; r) = \{y \in M \mid d(x, y) \le r\}$ dagegen abgeschlossen. Daher sind die $B_d(x; r)$ in Definition 3.34 zurecht als *offene Kugeln* bezeichnet worden. Die Mengen $\bar{B}_d(x; r)$ nennt man dementsprechend *abgeschlossene Kugeln*. $\square$

Beispiel 3.41 (Beschränkte Intervalle) Für $a, b \in \mathbb{R}$ mit $a \le b$ definiert man

$$[a, b] := \{x \in \mathbb{R} \mid a \le x \le b\} \quad (\textit{abgeschlosseneIntervalle}),$$
$$[a, b[:= \{x \in \mathbb{R} \mid a \le x < b\} \quad (\textit{halboffeneIntervalle}),$$
$$]a, b] := \{x \in \mathbb{R} \mid a < x \le b\} \quad (\textit{halboffeneIntervalle}),$$
$$]a, b[:= \{x \in \mathbb{R} \mid a \le x < b\} \quad (\textit{offeneIntervalle}).$$

$[a, b]$ ist abgeschlossen und der Abschluss von $[a, b[$, $]a, b]$ und $]a, b[$. Dagegen ist $]a, b[$ ist offen und das Innere von $[a, b[$, $]a, b]$ und $[a, b]$. $\square$

Proposition 3.42 (Häufungspunkte abgeschlossener Mengen) *Sei M ein metrischer Raum und $A \subseteq M$ eine abgeschlossene Menge. Weglassen A enthält alle Häufungspunkte von A.*

Beweis Sei x ein Häufungspunkt von A. Dann gibt es zu jedem $U \in \mathcal{U}(x)$ ein $y \in A$ mit $y \in U$. Wenn $x \notin A$, dann gibt es eine Umgebung U von x, die disjunkt zu A ist, weil $\complement A$ offen ist. Dies liefert einen Widerspruch zu $y \in U$. Also gilt $x \in A$.

$\square$

Zum Abschluss dieses Abschnitts charakterisieren wir die Stetigkeit von Funktionen über ihre Verhalten in Bezug auf offene und abgeschlossene Menge. Diese Charakterisierungen erlauben in vielen Fällen extrem kurze und einfache Beweise von Aussagen über stetige Funktionen. Zum Beispiel lässt sich die Stetigkeit von Verknüpfungen stetiger Funktion mithilfe dieser Charakterisierung in wenigen Zeile beweisen (siehe die nachfolgenden Korollare 3.44 und 3.45).

Proposition 3.43 (Charakterisierung der Stetigkeit für metrische Räume)
Seien (M, d_M) und (N, d_N) metrische Räume sowie $f : M \to N$ eine Abbildung. Dann sind folgende Aussagen äquivalent:

(1) *f ist stetig.*
(2) *Wenn $V \subseteq N$ offen ist, dann ist $f^{-1}(V) \subseteq M$ offen.*
(3) *Wenn $V \subseteq N$ abgeschlossen ist, dann ist $f^{-1}(V) \subseteq M$ abgeschlossen.*

Beweis Seien $\mathcal{U}_M$ und $\mathcal{U}_N$ wie in Proposition 3.36 definiert.

(2)$\Leftrightarrow$(3): Dies folgt sofort aus der Mengengleichheit

$$f^{-1}(N \setminus A) = M \setminus f^{-1}(A),$$

die für jede Teilmenge $A \subseteq N$ und ohne jede Voraussetzung an f gilt.

(2)$\Rightarrow$(1): Wenn $x \in M$ und $V \in \mathcal{U}_N(f(x))$, dann gilt $f(x) \in V^\circ$, das heißt $x \in f^{-1}(V^\circ)$, und V° ist offen. Nach Voraussetzung ist $f^{-1}(V^\circ)$ offen, also eine Umgebung von x. Damit ist $f^{-1}(V) \in \mathcal{U}_M(x)$, also ist f nach Proposition 3.36 stetig in x.

(1)$\Rightarrow$(2): Sei f stetig in jedem $x \in M$. Wenn $V \subseteq N$ offen ist, dann gilt für $x \in f^{-1}(V)$, dass $f(x) \in V$ ist und folglich ist $V \in \mathcal{U}_N(f(x))$. Wegen der Stetigkeit von f in x gibt es nach Definition ein $U \in \mathcal{U}_M(x)$ mit $f(U) \subseteq V$, also $U \subseteq f^{-1}(V)$. Damit ist $f^{-1}(V) \in \mathcal{U}_M(x)$. Da $x \in f^{-1}(V)$ beliebig war, ist $f^{-1}(V)$ offen.

$\square$

Korollar 3.44 (Verknüpfung stetiger Funktionen) Seien $(M, d), (M', d')$ und (M'', d'') metrische Räume und $f : M \to M'$ sowie $g : M' \to M''$ stetige Abbildungen. Dann ist auch $g \circ f : M \to M''$ stetig.

Beweis Sei $U'' \subseteq M''$ offen. Nach Proposition 3.43 ist $U' := g^{-1}(U'') \subseteq M'$ offen. Dann ist aber, wieder mit Proposition 3.43, auch

$$(g \circ f)^{-1}(U'') = f^{-1}\big(g^{-1}(U'')\big) = f^{-1}(U') \subseteq M$$

offen. Da U'' eine beliebige offene Teilmenge von M'' folgt jetzt, erneut mit Proposition 3.43, dass $g \circ f : M \to M''$ stetig ist.

$\square$

Die Eigenschaft (3) aus Proposition 3.43 ist auch ein sehr nützliches Werkzeug, wenn es darum geht, nachzuweisen, dass eine Menge abgeschlossen ist. Es reicht zum Beispiel dafür aus, dass sie die Nullstellenmenge einer stetigen reellwertigen Funktion ist, denn $\{0\}$ ist abgeschlossen in $\mathbb{R}$ (für $x \in \mathbb{R} \setminus \{0\}$ gilt auch $B\big(x; \frac{1}{2}|x|\big) \subseteq \mathbb{R} \setminus \{0\}$). Weil die Abstandsfunktion stetig ist (siehe Beispiel 3.12), sieht man so zum Beispiel auch, dass die Sphären aus Beispiel 3.40 abgeschlossen sind.

Korollar 3.45 (Summen und Produkte stetiger Funktionen) Sei X ein metrischer Raum. Man zeige, dass punktweise Summen und Produkte stetiger Funktionen $X \to \mathbb{R}$ wieder stetig sind.

Beweis Seien $f, g \colon X \to \mathbb{R}$ stetig und $U \subseteq \mathbb{R}$ offen. Wenn $x \in (f + g)^{-1}(U)$, das heißt $f(x) + g(x) \in U$, dann gibt es ein $r > 0$ mit $f(x) + g(x) + B(0; r) \subseteq U$, wobei $\,]-r, r[\, = B(0; r)$ die offene Kugel um 0 in $\mathbb{R}$ mit Radius r ist. Setze $U_f := f(x) + B\big(0; \frac{r}{2}\big)$ und $U_g := g(x) + B\big(0; \frac{r}{2}\big)$. Aus der Stetigkeit von f und g folgt, dass $f^{-1}(U_f)$ und $g^{-1}(U_g)$ offen sind. Dann ist $f^{-1}(U_f) \cap g^{-1}(U_g)$ eine offene Umgebung von x und es gilt

$$f(y) + g(y) \in U_f + U_g \subseteq f(x) + B\big(0; \tfrac{r}{2}\big) + g(x) + B\big(0; \tfrac{r}{2}\big) \subseteq f(x)$$
$$+ g(x) + B(0; r) \subseteq U$$

für alle $y \in f^{-1}(U_f) \cap g^{-1}(U_g)$. Also gilt $y \in f^{-1}(U_f) \cap g^{-1}(U_g) \subseteq (f + g)^{-1}(U)$ und weil $x \in (f + g)^{-1}(U)$ beliebig gewählt war, ist $(f + g)^{-1}(U)$ offen. Mit Proposition 3.43 folgt, dass $f + g \colon X \to \mathbb{R}$ stetig ist.

Für das Produkt $f \cdot g \colon X \to \mathbb{R}$ muss man das Argument leicht modifizieren: Zu $x \in X$ mit $f(x) \cdot g(x) \in U$ wählt man ein $r > 0$ mit

$$\big(f(x) + B(0; r)\big) \cdot \big(g(x) + B(0; r)\big)$$
$$\subseteq f(x) \cdot g(x) + \big(|f(x)|B(0; r)\big) + \big(|g(x)|B(0; r)\big) + B(0; r^2) \subseteq U.$$

Dann gilt für $U_f := f(x) + B(0; r)$ und $U_g := g(x) + B(0; r)$, dass $f^{-1}(U_f)$ und $g^{-1}(U_g)$ offen sind. Wieder ist $f^{-1}(U_f) \cap g^{-1}(U_g)$ eine offene Umgebung von x und es gilt $f(y) \cdot g(y) \subseteq U$ für alle $y \in f^{-1}(U_f) \cap g^{-1}(U_g)$. Also haben wir $y \in f^{-1}(U_f) \cap g^{-1}(U_g) \subseteq (f \cdot g)^{-1}(U)$ und weil $x \in (f \cdot g)^{-1}(U)$ beliebig gewählt war, ist $(f \cdot g)^{-1}(U)$ offen. Mit Proposition 3.43 folgt, dass $f \cdot g \colon X \to \mathbb{R}$ stetig ist.

$\square$

Mit Proposition 3.45 lässt sich das Beispiel 3.11 wie folgt verallgemeinern.

Beispiel 3.46 (Polynomfunktionen) Die konstanten Funktionen $\mathbb{R} \to \mathbb{R}$, $x \mapsto c$ und die Identität $\mathbb{R} \to \mathbb{R}$, $x \mapsto x$ sind stetig, wie man sofort aus den Definitionen ablesen kann. Mit Proposition 3.45 sieht man jetzt, dass jede Polynomfunktion $f \colon \mathbb{R} \to \mathbb{R}$, $x \mapsto \sum_{j=1}^{n} a_j x^j$ (siehe Definition 2.40) stetig ist, weil sie sich durch Addition und Multiplikation aus konstanten Funktionen und der Identität gewinnen lässt. $\square$

3.3.3 Kompakte metrische Räume

Ebenso wie die Vollständigkeit ist auch die Kompaktheit eine Eigenschaft von Mengen, die Existenzbeweise, zum Beispiel für Maxima und Minima stetiger Funktionen, ermöglicht. Für metrische Räume lässt sich Kompaktheit auf mehrere unterschiedliche Weisen einführen. Am einfachsten ist die Definition über die Existenz von Häufungspunkten von Folgen.

Definition 3.47 (Häufungspunkt von Folgen) Sei (M, d) ein metrischer Raum. Ein Punkt $x \in M$ heißt *Häufungspunkt* einer Folge $(x_n)_{n \in \mathbb{N}}$ in M, wenn es zu jedem $\varepsilon > 0$ unendlich viele $n \in \mathbb{N}$ mit $d(x, x_n) < \varepsilon$ gibt. $\square$

Ein Häufungspunkt x einer Folge $(x_n)_{n \in \mathbb{N}}$ braucht keineswegs ein Häufungspunkt der Menge $\{x_n \mid n \in \mathbb{N}\}$ zu sein. Wenn zum Beispiel $x_n = x$ für alle $n \in \mathbb{N}$, so hat die Menge $\{x_n \mid n \in \mathbb{N}\} = \{x\}$ überhaupt keinen Häufungspunkt, während x offensichtlich Häufungspunkt der Folge $(x_n)_{n \in \mathbb{N}}$ ist.

Definition 3.48 (Kompaktheit) Ein metrischer Raum (M, d) heißt *kompakt*, wenn jede Folge in M einen Häufungspunkt in M hat. Eine Teilmenge $K \subseteq M$ heißt *kompakt*, wenn $(K, d_{K \times K})$ als metrischer Raum kompakt ist.

Als Nächstes formulieren wir den Satz, der an dieser Stelle die Einführung der Kompaktheit als Konzept motiviert. Der Beweis für diesen Satz lässt sich mit einer anderen Charakterisierung der Kompaktheit sehr viel einfacher und transparenter führen als mit Definition 3.48. Wir gehen daher hier gar nicht auf den Beweis ein, sondern erklären das Vorgehen erst später (siehe die Sätze 3.57 und 3.60), wenn wir einige weitere Konzepte zur Verfügung haben, die uns erlauben, die alternative Charakterisierung der Kompaktheit zu formulieren.

Satz 3.49 (Extremwerte stetiger Funktionen) *Sei (M, d) ein metrischer Raum und $f \colon M \to \mathbb{R}$ eine stetige Funktion. Dann nimmt f auf jeder kompakten Teilmenge* *von M sein Minimum und sein Maximum an. Insbesondere ist f auf jeder kompakten Teilmenge beschränkt.*

Bemerkung 3.50 (Existenzsätze) Als Motivation sowohl für die Vollständigkeit als auch für die Kompaktheit haben wir angegeben, dass diese Eigenschaften uns Methoden liefern, Existenzsätze zu beweisen. Man muss dabei natürlich beachten, dass beide Definitionen Existenzaussagen enthalten. Im Falle der Vollständigkeit wird die Existenz eines Grenzwerts für jede Cauchy-Folge gefordert, im Falle der Kompaktheit die Existenz von Häufungspunkten für sämtliche Folgen. Es stellt sich daher die Frage, ob man mit diesen Konzepten die Problematik der Existenzbeweise nur verlagert hat, nämlich auf das Problem, nachzuweisen, dass gewisse Mengen vollständig bzw. kompakt sind. In gewisser Weise ist die Antwort auf diese Frage „ja". Der Gewinn, den man durch die Konzeptualisierung macht, ist die Ablösung der Problematik von speziellen Beispielen. Dadurch wird jede Methode, die Nachweise für Vollständigkeit oder Kompaktheit liefert, einsetzbar. Bis jetzt sind wir aber noch den Nachweis schuldig, dass es jenseits endlicher Mengen, die offensichtlich kompakt sind, überhaupt kompakte Mengen gibt. Der Satz 3.62 wird uns eine große Familie von unendlichen Beispielen liefern, aus denen man durch verschiedenste Konstruktionsprinzipien, wie zum Beispiel Produktbildungen, neue Beispiele konstruieren kann. $\qquad\square$

Kompaktheit und Vollständigkeit ähneln sich als Bedingungen insofern als sie beide die Existenz von Häufungspunkten garantieren. Für metrische Räume kann man sogar zeigen (siehe Satz 3.59), dass jede kompakte Teilmenge vollständig ist. Die Umkehrung ist jedoch falsch. So ist zum Beispiel die Menge $\mathbb{N}$ als Teilmenge von $\mathbb{R}$ vollständig, aber nicht kompakt.

Definition 3.51 (Offene Überdeckungen) Seien $Y \subseteq X$ beliebige Mengen. Eine Menge $\mathcal{F}$ von Teilmengen von X heißt eine *Überdeckung* von Y wenn $Y \subseteq \bigcup_{F \in \mathcal{F}} F$

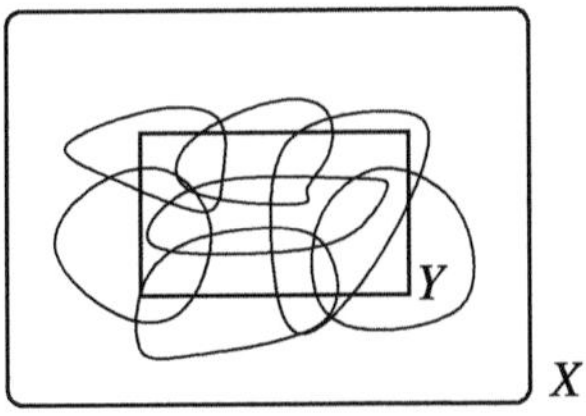

Wenn (X, d) ein metrischer Raum ist und alle $F \in \mathcal{F}$ offen in X sind, dann heißt die Überdeckung $\mathcal{F}$ *offen.* $\qquad\square$

Der Begriff der offenen Überdeckung ist, anders als alle bisherigen Begriffe, die wir aus dem Konzept des Abstands abgeleitet haben, nicht geometrisch motiviert, sondern beweistechnisch. Dementsprechend ist es schwieriger, ihn vorneweg anders zu motivieren, als auf seine Nützlichkeit zu verweisen. Der Grund für Bedeutung offener Überdeckungen ist der enge Zusammenhang mit dem Konzept der Kompaktheit.

Dieser Zusammenhang ist alles andere als offensichtlich, was die Definition einer offenen Überdeckung zu einem wahren Geniestreich macht. Es ist instruktiv, in den Argumenten dieses Abschnitts zu verfolgen, wie die Argumente zusammenbrechen, wenn man darauf verzichtet, von den auftretenden Überdeckungen zu fordern, dass sie offen sind.

Definition 3.52 (Quasikompaktheit) Eine Teilmenge Y eines metrischen Raums X heißt *quasikompakt*, wenn jede offene Überdeckung $\mathcal{F}$ von Y eine endliche *Teilüberdeckung* hat, das heißt, wenn es eine endliche Teilmenge $\mathcal{F}'$ von $\mathcal{F}$ gibt, die selbst eine Überdeckung von Y ist. $\qquad\square$

Die Quasikompaktheit für metrische Räume wird sich als äquivalent zur Kompaktheit herausstellen. Auch sie eignet sich in der Regel nicht direkt, nicht dazu, die Kompaktheit einer Menge nachzuweisen. Wir werden diese Eigenschaft noch weiter umformulieren müssen, bevor wir handhabbare Kriterien für die Kompaktheit erhalten.

In Proposition 3.53 stellen wir einige Eigenschaften quasikompakter Mengen zusammen, die in vielen Beweisen zum Einsatz kommen. Insbesondere wird diese Proposition entscheidend für den Beweis von Satz 3.49 sein.

Proposition 3.53 (Quasikompaktheit metrischer Räume) *Seien X und X' metrische Räume. Dann gilt:*

(i) *Ist X quasikompakt und $Y \subseteq X$ abgeschlossen, so ist auch Y quasikompakt.*

(ii) *Ist $Y \subseteq X$ quasikompakt, so ist Y abgeschlossen.*

(iii) *Ist X quasikompakt und $f : X \to X'$ stetig, so ist $f(X) \subseteq X'$ quasikompakt.*

(iv) *Ist X quasikompakt sowie $f : X \to X'$ stetig und bijektiv, so ist auch die Umkehrabbildung $f^{-1} : X' \to X$ stetig.*

Beweis

(i) Sei $\{U_\alpha\}_{\alpha \in A}$ eine Familie von offenen Teilmengen von X mit $Y \subseteq \bigcup_{\alpha \in A} U_\alpha$. Dann gilt $X = \complement Y \cup \bigcup_{\alpha \in A} U_\alpha$ und davon gibt es eine endliche Teilüberdeckung, die dann auch eine endliche Teilüberdeckung von Y liefert.

(ii) Zu $x \in X \setminus Y$ und $y \in Y$ gibt es Umgebungen U_y und V_y von x und y mit $U_y \cap V_y = \emptyset$. Dann gilt $Y \subseteq \bigcup_{y \in Y} V_y$ und es existiert eine endliche Teilüberdeckung $V_{y_1}, \dots, V_{y_k}$ von Y. Setze

$$U := \bigcap_{i=1}^{k} U_{y_i} \quad \text{und} \quad V := \bigcup_{i=1}^{k} V_{y_i}.$$

Dann ist U eine Umgebung von x und $V \supseteq Y$. Außerdem gilt $U \cap V = \emptyset$. Dies zeigt $x \in U \subseteq X \setminus Y$ und damit ist $X \setminus Y$ offen.

(iii) Sei $f(X) \subseteq \bigcup_{\alpha \in A} V_\alpha$, wobei die $V_\alpha \subseteq X'$ offen sind. Dann sind nach Proposition 3.43 auch die $f^{-1}(V_\alpha)$ offen in X und es gilt $X \subseteq \bigcup_{\alpha \in A} f^{-1}(V_\alpha)$. Also existiert eine endliche Teilüberdeckung $X \subseteq f^{-1}(V_{\alpha_1}) \cup \ldots \cup f^{-1}(V_{\alpha_k})$ so, dass $f(X) \subseteq V_{\alpha_1} \cup \ldots \cup V_{\alpha_k}$ eine endliche Teilüberdeckung ist.

(iv) Wir zeigen (vgl. Proposition 3.43)

$$F \subseteq X \text{ abgeschlossen} \quad \Rightarrow \quad f(F) \subseteq X' \text{ abgeschlossen.}$$

Wenn also $F \subseteq X$ abgeschlossen ist, so liefert (i), dass F quasikompakt ist. Nach (iii) ist dann auch $f(F)$ quasikompakt und (ii) zeigt schließlich, dass $f(F)$ abgeschlossen ist.

$\square$

Bijektive stetige Abbildungen, deren Umkehrabbildungen ebenfalls stetig sind (wie in Proposition 3.53(iv)) heißen *Homöomorphismen*.

Bemerkung 3.54 (Auswahlaxiom) Wir haben im Beweis von Proposition 3.53(ii) stillschweigend das *Auswahlaxiom* (siehe S. 116) benutzt. $\square$

Proposition 3.55 (Beschränktheit quasikompakter Teilmengen metrischer Räume) *Sei M ein metrischer Raum. Dann ist jede quasikompakte Teilmenge von M beschränkt.*

Beweis Sei $C \subseteq M$ quasikompakt und $x \in M$ beliebig. Dann bilden die offenen Kugeln $B(x; n)$ mit $n \in \mathbb{N}$ eine offene Überdeckung von M, also auch von C. Wegen der Quasikompaktheit reichen endlich viele Kugeln aus, um C zu überdecken. Da die Kugeln aber alle ineinander liegen, gibt es ein $n_0 \in \mathbb{N}$ mit $C \subseteq B(x; n_0)$.

$\square$

Die Propositionen 3.53 und 3.55 zeigen, dass jede quasikompakte Teilmenge eines metrischen Raums abgeschlossen und beschränkt ist. Damit können wir das Beispiel 3.9 komplettieren:

Beispiel 3.56 (Hausdorff-Metrik auf Mengen) Sei (M, d) ein metrischer Raum. Dann definiert die Funktion d_H aus Beispiel 3.9 eine Metrik auf der Menge

$$\mathcal{K}(M) := \{K \subseteq M \mid \emptyset \neq K \text{ quasikompakt}\}.$$

Offensichtlich gilt $d_\mathrm{H}(K, K') = d_\mathrm{H}(K', K)$ für alle $K, K' \in \mathcal{K}(M)$. Da für jedes $\varepsilon > 0$ und jedes $K \in \mathcal{K}(M)$ gilt $K \subseteq N_\varepsilon(K)$, haben wir $d_\mathrm{H}(K, K) = 0$. Umgekehrt, wenn $d_\mathrm{H}(K, K') = 0$, dann findet man zu $x \in K$ und $\varepsilon > 0$ ein $x' \in K'$ mit $d(x, x') < \varepsilon$. Das heißt, x ist entweder in K' oder ein Häufungspunkt von K', also nach Proposition 3.42 im Abschluss von K'. Da K' aber quasikompakt ist, ist es abgeschlossen und enthält damit alle seine Häufungspunkte. Dies beweist $x \in K'$ und wir haben $K \subseteq K'$ gezeigt. Vertauscht man in diesem Argument die Rollen von K und K' so findet man $K = K'$.

Es bleibt nur noch die Dreiecksungleichung zu zeigen. Seien dazu $K, K', K'' \in \mathcal{K}(M)$ und $\varepsilon > 0$. Zu $x \in K$ findet man ein $x' \in K'$ mit $d(x, x') < d_{\mathrm{H}}(K, K') + \varepsilon$. Dann findet man ein $x'' \in K''$ mit $d(x', x'') < d_{\mathrm{H}}(K', K'') + \varepsilon$. Wegen $d(x, x'') < d_{\mathrm{H}}(K, K') + d_{\mathrm{H}}(K', K'') + 2\varepsilon$ gilt daher

$$d_{\mathrm{H}}(K, K'') < d_{\mathrm{H}}(K, K') + d_{\mathrm{H}}(K', K'') + 2\varepsilon.$$

Da $\varepsilon > 0$ beliebig gewählt war, folgt $d_{\mathrm{H}}(K, K'') \leq d_{\mathrm{H}}(K, K') + d_{\mathrm{H}}(K', K'')$, das heißt die Dreiecksungleichung. $\qquad\square$

Eine weitere Anwendung der Propositionen 3.53 und 3.55 ist das folgende Resultat, dass ein Analogon zu Satz 3.49 darstellt und diesen auch beweist, sobald wir eingesehen haben, dass in metrischen Räumen eine Menge genau dann kompakt ist, wenn sie quasikompakt ist.

Satz 3.57 (Extremwerte stetiger Funktionen) *Sei M ein metrischer Raum und $f \colon M \to \mathbb{R}$ eine stetige Funktion. Dann nimmt f auf jeder quasikompakten Teilmenge von M sein Minimum und sein Maximum an. Insbesondere ist f auf jeder quasikompakten Teilmenge beschränkt.*

Beweis Sei $C \subseteq M$ quasikompakt. Nach Proposition 3.53(iii) ist $f(C) \subseteq \mathbb{R}$ quasikompakt. Mit Proposition 3.53(ii) und Proposition 3.55 sehen wir, dass $f(C)$ abgeschlossen und beschränkt ist. Sei $R := \sup f(C)$. Dann gibt es zu jedem $n \in \mathbb{N}$ ein $y_n \in f(C)$ mit $R - \frac{1}{n} \leq y_n \leq R$. Aber dann gilt $\lim_{n \to \infty} y_n = R$ und der Beweis von Proposition 3.42 zeigt $R \in f(C)$. Also gibt es ein $x \in C$ mit $f(x) = R$ und wir haben $\sup f(C) = \max f(C)$.

Für das Infimum von $f(C)$ argumentiert man genauso. $\qquad\square$

Wir schließen den Abschnitt mit einigen Charakterisierungen der Kompaktheit für metrische Räume bzw. Teilmengen von $\mathbb{R}^n$ ab, die in der Literatur alle unter dem Schlagwort „Satz von Heine-Borel" aufgeführt werden. Ein Ziel dabei ist nachzuweisen, dass für metrische Räume die Begriffe kompakt und quasikompakt zusammenfallen. Eine wesentliche Konsequenz dieses Nachweises ist, dass aus Satz 3.57 der Satz 3.49 gefolgert werden kann.

Als Vorbereitung für den Beweis der Heine-Borel-Sätze beweist man ein Lemma, das die Überdeckbarkeit kompakter Teilmengen metrischer Räume durch endlich viele Kugeln von vorgegebenem Radius garantiert.

Lemma 3.58 (Überdeckung durch kleine Kugeln) *Sei (M, d) ein metrischer Raum, $K \subseteq M$ kompakt und $r > 0$. Dann gibt es eine endliche Teilmenge $K_r \subseteq K$ mit*

$$\forall x \in K \; \exists x' \in K_r : \quad d(x, x') < r.$$

Beweis Wir nehmen an, es gibt ein $r > 0$, für das die Schlussfolgerung nicht gilt. Dann findet man induktiv eine Folge $x_1, x_2, \ldots$ von Elementen in K mit

$$\forall i, j \in \mathbb{N}, i \neq j : \quad d(x_i, x_j) \geq r.$$

Nach Definition 3.48 hat die Folge $(x_n)_{n \in \mathbb{N}}$ einen Häufungspunkt $x \in K$. Dann kann man in der offenen Kugel $B\left(x; \frac{r}{2}\right)$ unendlich viele Folgenglieder finden. Seien x_i und x_j zwei davon. Diese erfüllen dann $d(x_i, x_j) \leq d(x_i, x) + d(x, x_j) < r$ im Widerspruch zur Konstruktion der Folge. Also kann $(x_n)_{n \in \mathbb{N}}$ keinen Häufungspunkt in K haben, das heißt, K ist nicht kompakt. $\qquad \square$

Satz 3.59 (Heine-Borel I) *Sei (M, d) ein metrischer Raum . Dann sind folgende Aussagen äquivalent:*

(1) *M ist kompakt.*
(2) *Die beiden folgenden Bedingungen sind erfüllt:*
   (a) *M ist vollständig.*
   (b) *Für jedes $\varepsilon > 0$ kann M durch endlich viele offene Kugeln vom Radius ε überdeckt werden.*

Beweis

(1)$\Rightarrow$(2): Die Bedingung (b) folgt sofort aus Lemma 3.58. Um die Vollständigkeit von M zu zeigen, betrachten wir eine Cauchy-Folge $(x_n)_{n \in \mathbb{N}}$ in M. Diese hat wegen (1) einen Häufungspunkt $x \in M$ und wir behaupten, dass $x = \lim_{n \to \infty} x_n$. Wenn nämlich $\varepsilon > 0$, dann gibt es zu jedem $k \in \mathbb{N}$ eine natürliche Zahl $j_k \geq k$ mit $d(x_{j_k}, x) < \varepsilon$. Weil $(x_n)_{n \in \mathbb{N}}$ eine Cauchy-Folge ist, gibt es außerdem ein $n_0 \in \mathbb{N}$ mit $d(x_i, x_j) < \varepsilon$ für $i, j \geq n_0$. Das zeigt (2), weil für $k \geq n_0$ folgt, dass

$$d(x_k, x) \leq d(x_k, x_{j_k}) + d(x_{j_k}, x) < 2\varepsilon.$$

(2)$\Rightarrow$(1): Sei $(x_n)_{n \in \mathbb{N}}$ eine Folge in M, dann gilt nach (b), dass es eine offene Kugel B_1 vom Radius $\frac{1}{2}$ gibt, für die die Menge $N_1 := \{n \in \mathbb{N} \mid x_n \in B_1\}$ unendlich viele Elemente hat. Wieder mit (b) findet man eine offene Kugel B_2 vom Radius $\frac{1}{2^2}$, für die die Menge $N_2 := \{n \in N_1 \mid x_n \in B_2\}$ unendlich viele Elemente hat. Induktiv erhalten wir eine Folge $(B_j)_{j \in \mathbb{N}}$ von offenen Kugeln, deren Radien durch $\frac{1}{2^j}$ gegeben sind, und eine Folge von unendlichen Teilmengen $\mathbb{N} \supseteq N_1 \supseteq N_2 \supseteq \ldots$

mit $x_m \in B_j$ für $m \in N_j$.

Wähle $m_j \in N_j$, dann gilt für $i > j$, dass $m_i, m_j \in N_j$, also $x_{m_i}, x_{m_j} \in B_j$, und somit

$$d(x_{m_i}, x_{m_j}) \leq \frac{1}{2^{j-1}},$$

das heißt, $(x_{m_j})_{j \in \mathbb{N}}$ ist eine Cauchy-Folge. Wegen (a) hat diese Folge einen Grenzwert $x \in M$, der dann automatisch ein Häufungspunkt der Folge $(x_n)_{n \in \mathbb{N}}$ ist. Damit ist (1) bewiesen.

$\square$

Man nennt die in Satz 3.59 (2b) beschriebene Eigenschaft eines metrischen Raums auch *totale Beschränktheit*.

In einem quasikompakten Raum kann es keine Folgen ohne Häufungspunkt geben, weil man sonst den Raum durch offene Mengen überdecken könnte, die jeweils nur endlich viele Folgenglieder enthalten. Dann kann es aber keine endliche Teilüberdeckung geben. Also ist jeder quasikompakte metrische Raum kompakt. Um die umgekehrte Implikation zu beweisen, führen wir das auch anderweitig nützliche Konzept des *Durchmessers* $\delta(A)$ einer Teilmenge A eines metrischen Raumes (M, d) ein. Er ist durch

$$\delta(A) := \sup\{d(x, y) \mid x, y \in A\} \tag{3.25}$$

gegeben. Ein metrischer Raum ist genau dann beschränkt, wenn er einen endlichen Durchmesser hat. Um das einzusehen, halten wir zunächst fest, dass ein metrischer Raum (M, d) beschränkt ist, wenn es ein $m \in M$ und ein $r > 0$ mit $M = \{x \in M \mid d(x, m) < r\}$ gibt. In diesem Fall gilt für alle $x, y \in M$, dass $d(x, y) \leq d(x, m) + d(m, y) \leq 2r$. Also hat M endlichen Durchmesser. Umgekehrt, wenn M endlichen Durchmesser d hat, dann gilt für ein beliebig fixiertes $m \in M$ und jedes $x \in M$, dass $d(x, m) \leq d$. Also ist so ein M beschränkt.

Satz 3.60 (Heine-Borel II[3]**)** *Sei (M, d) ein metrischer Raum und $K \subseteq M$ eine Teilmenge. Dann sind folgende Aussagen äquivalent:*

(1) *K ist kompakt.*

(2) *K ist quasikompakt.*

Beweis

(2)$\Rightarrow$(1): Das haben wir schon auf S. 190 bewiesen.

---

[3] Varianten dieses Resultats laufen auch unter dem Namen Satz von Bolzano-Weierstraß.

$(1)\Rightarrow(2)$: Sei $(U_\lambda)_{\lambda\in\Lambda}$ eine offene Überdeckung von $K \subseteq M$. Wir nehmen an, dass sie keine endliche Teilüberdeckung von K zulässt. Da K kompakt ist, zeigt Lemma 3.58, dass K endlichen Durchmesser $\delta(K)$ hat. Für $x_0 \in K$ gilt also $B_0 := B\big(x_0; \delta(K)\big) \cap K = K$. Wegen Satz 3.59 ist K total beschränkt. Daher findet man ein $x_1 \in K$, für das $B_1 := B\big(x_1; \frac{\delta(K)}{2}\big) \cap K$ nicht von endlich vielen U_λ überdeckt wird. Induktiv nehmen wir an, dass wir Mengen $x_0, x_1, \ldots, x_k \in K$ mit folgenden Eigenschaften gefunden haben:

(a) $B_j := B\big(x_j; \frac{\delta(K)}{2^j}\big) \cap K$ wird nicht von endlich vielen U_λ überdeckt.
(b) $B_j \cap B_{j+1} \neq \emptyset$ für $j = 1, \ldots, k-1$.

Dann liefert die totale Beschränktheit von K ein $x_{k+1} \in K$, für das $B\big(x_{k+1}; \frac{\delta(K)}{2^{k+1}}\big) \cap K \cap B_k$ nicht leer ist und $B_{k+1} := B\big(x_{k+1}; \frac{\delta(K)}{2^{k+1}}\big) \cap K$ nicht von endlich vielen U_λ überdeckt wird. Es gibt also eine ganze Folge $(x_k)_{k\in\mathbb{N}_0}$ mit den Eigenschaften (a) und (b).

Mit der Dreiecksungleichung finden wir wie im Beweis von Satz 3.59

$$d(x_p, x_q) \leq d(x_p, x_{p+1}) + \ldots + d(x_{q-1}, x_q)$$
$$\leq \frac{2\delta(K)}{2^p} + \ldots + \frac{2\delta(K)}{2^{q-1}} \leq \frac{4\delta(K)}{2^p}$$

für $p < q$. Also ist $(x_k)_{k\in\mathbb{N}_0}$ eine Cauchy-Folge, die wegen der Vollständigkeit von K in K konvergiert. Sei $x_\infty \in K$ der Grenzwert. Dann gibt es ein $\lambda_\infty \in \Lambda$ mit $x_\infty \in U_{\lambda_\infty}$ und ein $r_\infty > 0$ mit $B(x_\infty; r_\infty) \subseteq U_{\lambda_\infty}$. Außerdem gibt es ein $N \in \mathbb{N}$ mit $d(x_\ell, x_\infty) \leq \frac{r_\infty}{2}$ sowie $\frac{\delta(K)}{2^\ell} \leq \frac{r_\infty}{2}$ für alle $\ell \geq N$. Insbesondere gilt dann

$$B_N \subseteq B\left(x_N; \frac{\delta(K)}{2^N}\right) \subseteq B(x_\infty; r_\infty) \subseteq U_{\lambda_\infty},$$

das heißt, B_N wird von einem einzigen U_λ überdeckt. Dieser Widerspruch zur Konstruktion der B_k beweist, dass $(U_\lambda)_{\lambda\in\Lambda}$ eine endliche Teilüberdeckung von K haben muss.

$\square$

Für die letzte Variante des Satzes von Heine-Borel brauchen wir noch ein Lemma über Kugeln in $\mathbb{R}^n$.

Lemma 3.61 (Kugeln in $\mathbb{R}^n$) *Sei d der Taxifahrerabstand auf $\mathbb{R}^n$ (siehe Beispiel 3.6) und $\varepsilon > 0$. Dann gilt:*

(i) $\forall x \in \mathbb{R}^n, r > 0 \; \exists k \in \mathbb{N}: \quad B_d(x; r) \subseteq B_d(0; k\varepsilon)$.
(ii) $B_d(0; k\varepsilon)$ *wird von den $B_d(y; \varepsilon)$ mit $y = (y_1, \ldots, y_n) \in \frac{\varepsilon}{n+1}\mathbb{Z}^n$ mit $\sum_{j=1}^n |y_j| \leq (k+1)\varepsilon$ überdeckt.*

Beweis Für den ersten Teil wählt man $k \in \mathbb{N}$ so groß, dass $k\varepsilon > |x| + r$. Wenn $d(x, y) < r$, dann liefert die Dreiecksungleichung, dass $d(0, y) \leq d(0, x) + d(x, y) < |x| + r < k\varepsilon$, das heißt $B_d(x; r) \subseteq B_d(0; k\varepsilon)$. Man stellt fest, dass für diesen Teil die spezielle Form der Metrik unerheblich war.

Für den zweiten Teil nehmen wir an, dass $x = (x_1, \ldots, x_n) \in B_d(0; k\varepsilon)$. Wir wählen für $j = 1, \ldots, n$ jeweils ein $y_j \in \frac{\varepsilon}{n+1}\mathbb{Z}$ mit $|y_j - x_j| \leq \frac{\varepsilon}{n+1}$. Dann gilt $d(x, y) = \sum_{j=1}^{n} |x_j - y_j| \leq \frac{n}{n+1}\varepsilon < \varepsilon$ und weil $d(0, x) = \sum_{j=1}^{n} |x_j| < k\varepsilon$ ist, ergibt sich $d(0, y) \leq d(0, x) + d(x, y) < (k + 1)\varepsilon$.

$\square$

Satz 3.62 (Heine-Borel III) *Sei $(\mathbb{R}^n, d)$ der metrische Raum aus Beispiel 3.6 und $K \subseteq \mathbb{R}^n$. Dann sind folgende Aussagen äquivalent:*

(1) *K ist kompakt.*
(2) *K ist abgeschlossen und beschränkt.*

Beweis Wegen Proposition 3.53 und Proposition 3.55 bleibt nur die Implikation $(2) \Rightarrow (1)$ zu zeigen. Sei also K abgeschlossen und beschränkt. Nach Beispiel 3.29 ist $\mathbb{R}^n$ bezüglich der vorgegebenen Metrik vollständig. Dann ist K als metrischer Raum auch vollständig. Um das einzusehen, betrachtet man eine Cauchy-Folge $(x_k)_{k\in\mathbb{N}}$ in K, die dann einen Grenzwert $x \in \mathbb{R}^n$ hat (siehe auch Beispiel 3.31). Wenn x in der offenen Menge $\mathbb{R}^n \setminus K$ liegt, dann liegt auch eine ganze Kugel $B_d(x; r)$ um x in dieser Menge. Dies steht im Widerspruch dazu, dass unendlich viele x_k in $B_d(x; r)$ liegen müssen, weil alle x_k Elemente von K sind.

Nach Satz 3.59 genügt es, jetzt noch nachzuweisen, dass jede beschränkte Menge in $\mathbb{R}^n$ durch endlich viele Kugeln der Form $B_d(x_k; \varepsilon)$ überdeckt werden kann. Jede beschränkte Menge in $\mathbb{R}^n$ ist enthalten in einer Kugel der Form $B_d(x; r)$. Man findet ein $k \in \mathbb{N}$ mit $B_d(x; r) \subseteq B_d(0; k\varepsilon)$ und stellt fest, dass $B_d(0; k\varepsilon)$ von den Kugeln $B_d(y; \varepsilon)$ überdeckt wird, wobei die y alle Vektoren der Form $y = (y_1, \ldots, y_n) \in \frac{\varepsilon}{n+1}\mathbb{Z}^n$ mit $\sum_{j=1}^{n} |y_j| \leq (k + 1)\varepsilon$ sind (siehe Lemma 3.61).

$\square$

3.4   Normierte Vektorräume

Es gibt viele Möglichkeiten Konvergenzbegriffe auf Vektorräumen einzuführen, aber keine ist kanonisch. Es hängt immer von der konkreten Situation ab, ob man eine nützliche Metrik finden kann. In manchen Fällen hat man allerdings natürliche Metriken auf den Vektorräumen, wie in Beispiel 3.6 und den daraus abgeleiteten Beispielen von Metriken auf Räumen von Funktionen. In diesen Beispielen sind die Metriken verträglich mit den Additionen auf den Vektorräumen. Dies erlaubt zusätzliche Einsichten und unterstreicht, dass das Zusammenspiel mehrerer Strukturen es oft erlaubt, stärkere Aussagen über die Eigenschaften des Objekts zu beweisen, als man sie aus den einzelnen Strukturen ableiten könnte. Ein einfaches Beispiel für dieses

Prinzip ist das Distributivgesetz in Ringen, das die additive und die multiplikative Struktur des Rings miteinander verknüpft und viele Rechnungen im Ring überhaupt erst möglich macht.

3.4.1 Norm und Metrik

Die Verträglichkeit einer Metrik $d : V \times V \to \mathbb{R}_{\geq 0}$ auf einem Vektorraum V mit der Addition auf V äußert sich darin, dass sich Abstände bei Verschiebung nicht ändern, das heißt

$$\forall a, v, w \in V : \quad d(a + v, a + w) = d(v, w). \tag{3.26}$$

Für $a = -w$ ergibt sich damit $d(v, w) = d(v - w, 0)$. Es kommt also den Abständen von der Null eine besondere Bedeutung zu. Die Dreiecksungleichung für die Metrik führt auf die folgende Eigenschaft der Nullabstände:

$$\forall v, w \in V : \quad d(v + w, 0) = d(v, -w) \leq d(v, 0) + d(0, -w) = d(v, 0) + d(w, 0). \tag{3.27}$$

Wenn man das n-Fache $nv = v + \ldots + v$ eines Vektors $v \in V$ als eine um den Faktor n gestreckte Version von v betrachten möchte, so wird man fordern, dass

$$\forall v \in V, \ \forall n \in \mathbb{N} : \quad d(nv, 0) = n\, d(v, 0). \tag{3.28}$$

Das kann allerdings nur funktionieren, wenn die n-fache Addition der 1 im Körper $\mathbb{K}$ niemals auf 0 führt. So lässt zum Beispiel kein Vektorraum über einem Körper, in dem $1 + 1 = 0$ ist, wie im zweielementigen Körper $\mathbb{F}_2$ der Restklassen modulo 2 mit der Addition $[x] + [y] := [x + y]$ und der Multiplikation $[x] \cdot [y] := [x \cdot y]$ (siehe Beispiel 1.71), eine solche Metrik zu.

Wenn $\mathbb{K} = \mathbb{R}$ ist, interpretiert man $rv \in V$ als die mit dem Faktor $|r|$ gestreckte Version des Vektors $\pm v$, wobei das Vorzeichen davon abhängt, ob r positiv oder negativ ist. Für $r = 0$ erhält man als gestreckten Vektor den Nullvektor, und das Vorzeichen ist unerheblich. Diese Überlegung führt auf die folgende Modifikation von Formel (3.28)

$$\forall v \in V, \ \forall r \in \mathbb{R} : \quad d(rv, 0) = |r|\, d(v, 0). \tag{3.29}$$

Kombiniert man jetzt die Bedingungen (3.26), (3.27) und (3.29) so erhält man die Definition einer Norm.

Definition 3.63 (Normierter reeller Vektorraum) Sei V ein $\mathbb{R}$-Vektorraum. Eine Abbildung $V \to \mathbb{R}_{\geq 0}, \ v \mapsto \ \|v\|$ heißt eine *Norm* auf V, wenn

(a) $\|v\| = 0 \Leftrightarrow v = 0$,
(b) $\forall r \in \mathbb{R}, \ \forall v \in V : \quad \|rv\| = |r|\, \|v\|,$

(c) $\forall v, w \in V: \quad \|v + w\| \leq \|v\| + \|w\|$.

In diesem Fall nennt man das Paar $(V, \ \|\cdot\|)$ einen *normierten* $\mathbb{R}$-Vektorraum. $\quad\square$

Da sie über die Ungleichung (3.27) aus der Dreiecksungleichung für Metriken abgeleitet ist, nennt man auch die Ungleichung in Definition 3.63(c) *Dreiecksungleichung*.

Das einfachste Beispiel einer Norm auf einem reellen Vektorraum ist der Absolutbetrag auf $\mathbb{R}$ selbst. Aus ihm wurde in Formel (3.1) eine Metrik auf $\mathbb{R}$ gewonnen. Die Methode lässt sich verallgemeinern: Wann immer man eine Norm $\|\cdot\|$ auf einem reellen Vektorraum hat, definiert die Formel

$$d(v, w) := \|v - w\| \tag{3.30}$$

eine Metrik d auf V.

Beispiel 3.64 (∞–**Norm auf** $\mathbb{R}^n$) Sei $V = \mathbb{R}^n$. Dann ist

$$x = (x_1, \ldots, x_n) \mapsto \max_{j=1,\ldots,n} |x_j| =: \ \|x\|_\infty$$

eine Norm, die *Maximumsnorm* oder *Supremumsnorm*. Um das einzusehen, stellen wir fest, dass für $x = (x_1, \ldots, x_n) \in \mathbb{R}^n$ gilt

$$\|x\|_\infty = 0 \Leftrightarrow \max_{j=1,\ldots,n} |x_j| = 0$$
$$\Leftrightarrow \forall j = 1, \ldots, n: \ |x_j| = 0$$
$$\Leftrightarrow \forall j = 1, \ldots, n: \ x_j = 0$$
$$\Leftrightarrow x = 0.$$

Weiter findet man für $r \in \mathbb{R}$, dass

$$\|rx\|_\infty = \max_{j=1,\ldots,n} |rx_j| = |r| \max_{j=1,\ldots,n} |x_j| = |r| \, \|x\|_\infty.$$

Für $y = (y_1, \ldots, y_n) \in \mathbb{R}^n$ ergibt sich schließlich

$$\|x + y\|_\infty = \max_{j=1,\ldots,n} |x_j + y_j| \leq \max_{j=1,\ldots,n} (|x_j| + |y_j|)$$
$$\leq \max_{j=1,\ldots,n} |x_j| + \max_{j=1,\ldots,n} |y_j| = \|x\|_\infty + \|y\|_\infty.$$

$\quad\square$

Als einfache Anwendung der ∞-Norm beweisen wir hier die Stetigkeit der Exponentialfunktion.

Beispiel 3.65 (**Stetigkeit der Exponentialfunktion**) Aus Beispiel 3.46 wissen wir, dass Polynomfunktionen $f : \mathbb{R} \to \mathbb{R}$ stetig sind. Dann benutzt man die Abschätzungen aus Beispiel 3.28, um zu zeigen, dass für beliebig gewählte reelle Zahlen $a < b$ die Folge $(p_n)_{n \in \mathbb{N}_0}$ mit $p_n(x) = \sum_{k=0}^{n} \frac{x^k}{k!}$ für $x \in [a, b]$ eine Cauchy-Folge in dem Vektorraum $V = \{f : [a, b] \to \mathbb{R} \mid f \text{ stetig}\}$ mit der ∞-Norm ist. Wir wissen aus Beispiel 3.28 schon, dass für jedes $x \in [a, b]$ gilt $\exp(x) = \lim_{n \to \infty} p_n(x)$. Die Ungleichung

$$|e^x - e^{x'}| \leq |e^x - p_n(x)| + |p_n(x) - p_n(x')| + |p_n(x') - p_{n'}(x')| + |p_{n'}(x') - e^{x'}|$$

für $x, x' \in [a, b]$ und $n, n' \in \mathbb{N}$ liefert dann die Stetigkeit von $\exp$. Genauer, zu $\varepsilon > 0$ gibt es ein $n_0 \in \mathbb{N}$ mit $\|p_n - p_m\|_\infty < \varepsilon$ für alle $n, m \geq n_0$. Weiter findet man zu $x \in [a, b]$ ein $n_0 \leq n \in \mathbb{N}$ mit $|e^x - p_n(x)| < \varepsilon$. Wegen der Stetigkeit von p_n gibt es ein $\delta > 0$ mit $|p_n(x) - p_n(x')| < \varepsilon$ für $x' \in [a, b]$ mit $|x - x'| < \delta$. Zu x' findet man ein $n \leq n' \in \mathbb{N}$ mit $|e^x - p_{n'}(x)| < \varepsilon$. Wegen $n_0 \leq n \leq n'$ gilt $|p_n(x') - p_{n'}(x')| \leq \|p_n - p_{n'}\|_\infty < \varepsilon$. Zusammen ergibt sich $|e^x - e^{x'}| < 4\varepsilon$, und das zeigt die Behauptung.

Die Stetigkeit der Exponentialfunktion zeigt nach dem Zwischenwertsatz 3.13 zusammen mit den in Beispiel 3.28 beschriebenen Eigenschaften, dass die Funktion $\exp : \mathbb{R} \to \mathbb{R}_{>0}$, $x \to e^x$ surjektiv ist. Außerdem haben wir

$$\forall x \in \mathbb{R}, \varepsilon > 0 : \quad e^{x+\varepsilon} \overset{(3.19)}{=} e^x e^\varepsilon > e^x,$$

das heißt, die Exponentialfunktion ist strikt monoton steigend und damit insbesondere injektiv. Zusammen findet man also eine Umkehrfunktion

$$\exp^{-1} : \mathbb{R}_{>0} \to \mathbb{R}, \quad e^x \to x,$$

die man den *natürlichen Logarithmus* nennt und mit $\ln$ oder $\log_e$ bezeichnet. Mit dem Logarithmus kann man die Potenzen a^n für $a \in \mathbb{R}_{>0}$ und $n \in \mathbb{Z}$ interpolieren. Dazu setzt man

$$\forall x \in \mathbb{R} : \quad a^x := e^{x \ln(a)} \in \mathbb{R}_{>0} \tag{3.31}$$

und stellt mit Induktion fest, dass diese Setzung für $x \in \mathbb{Z}$ mit den herkömmlichen Potenzen übereinstimmt, weil $e^{\ln a} = a$ gilt. Wenn jetzt $n \in \mathbb{N}$ ist, dann erfüllt die Zahl $a^{\frac{1}{n}} > 0$ die Gleichung

$$(a^{\frac{1}{n}})^n = (e^{\frac{1}{n} \ln(a)})^n e^{n \frac{1}{n} \ln(a)} = e^{\ln a} = a.$$

Also ist $a^{\frac{1}{n}}$ eine positive n-te Wurzel aus a, die man auch mit $\sqrt[n]{a}$ bezeichnet. $\qquad \square$

Auf S. 107 haben wir gesehen, dass für zwei $\mathbb{R}$-Vektorräume V und W auch die Menge der $\mathbb{R}$-linearen Abbildungen $\mathrm{Hom}_\mathbb{R}(V, W)$ ein $\mathbb{R}$-Vektorraum ist. Wenn auf V und W Normen definiert sind, dann kann man (zumindest für endlichdimensionale V und W) auch auf $\mathrm{Hom}_\mathbb{R}(V, W)$ eine Norm definieren.

Beispiel 3.66 (Operatornorm) Seien $(V, \|\cdot\|_V)$ und $(W, \|\cdot\|_W)$ normierte $\mathbb{R}$-Vektorräume. Ein Element $\phi \in \mathrm{Hom}_{\mathbb{R}}(V, W)$ heißt *beschränkt*, wenn es ein $c \in \mathbb{R}_{\geq 0}$ mit

$$\forall v \in V : \quad \|\phi(v)\|_W \leq c \|v\|_V \tag{3.32}$$

gibt. Für ein solches ϕ setzt man

$$\|\phi\|_{\mathrm{op}} := \inf\{c \in \mathbb{R} \mid c \text{ erfüllt } (3.32)\}. \tag{3.33}$$

Für

$$B(V, W) := \{\phi \in \mathrm{Hom}_{\mathbb{R}}(V, W) \mid \phi \text{ beschränkt}\}$$

erhält man auf diese Weise eine Funktion $\|\cdot\|_{\mathrm{op}} : B(V, W) \to \mathbb{R}_{\geq 0}$. Beachte, dass die Menge der $c \in \mathbb{R}_{\geq 0}$, die (3.32) erfüllen, abgeschlossen ist und man daher das Infimum durch ein Minimum ersetzen kann. Wegen

$$\|(\phi + \psi)(v)\|_W \leq \|\phi(v)\|_W + \|\psi(v)\|_W \leq \|\phi\|_{\mathrm{op}} \|v\|_V + \|\psi\|_{\mathrm{op}} \|v\|_V$$

und

$$\|(r\phi)(v)\|_W = \|r \phi(v)\|_W = |r| \|\phi(v)\|_W \leq |r| \|\phi\|_{\mathrm{op}} \|v\|_V$$

für $\phi, \psi \in B(V, W)$ und $r \in \mathbb{R}$ ist $B(V, W)$ ein Untervektorraum von $\mathrm{Hom}_{\mathbb{R}}(V, W)$. Außerdem zeigen die beiden Abschätzungen, dass

$$\|\phi + \psi\|_{\mathrm{op}} \leq \|\phi\|_{\mathrm{op}} + \|\psi\|_{\mathrm{op}}$$

und

$$\|r\phi\|_{\mathrm{op}} = |r| \|\phi\|_{\mathrm{op}}$$

gelten. Da aber $\|\phi\|_{\mathrm{op}} = 0$ äquivalent zu Formel (3.32) mit $c = 0$ ist, haben wir auch

$$\phi = 0 \quad \Leftrightarrow \quad \|\phi\|_{\mathrm{op}} = 0.$$

Damit haben wir gezeigt, dass $\|\cdot\|_{\mathrm{op}}$ eine Norm auf $B(V, W)$ ist, die man die *Operatornorm* nennt. Wir behaupten, dass die Formel

$$\|\phi\|_{\mathrm{op}} = \sup_{\|v\|_V \leq 1} \|\phi(v)\|_W \tag{3.34}$$

gilt. Um das einzusehen, stellen wir zunächst fest, dass aus (3.32) und (3.33) für alle $v \in V$ die Abschätzung $\|\phi(v)\|_W \leq \|\phi\|_{\mathrm{op}} \|v\|_V$ folgt, und damit die Ungleichung

$$\|\phi\|_{\mathrm{op}} \geq \sup_{\|v\|_V \leq 1} \|\phi(v)\|_W.$$

Da aber für $c := \sup_{\|v\|_V \leq 1} \|\phi(v)\|_W$ und $v \in V$ die Ungleichung

$$\|\phi(v)\|_W \leq c \, \|v\|_V,$$

das heißt (3.32), gilt, haben wir nach (3.33) auch die Ungleichung $\|\phi\|_{\mathrm{op}} \leq \sup_{\|v\|_V \leq 1} \|\phi(v)\|_W$. Damit ist (3.34) bewiesen. Für $V \neq \{0\}$ hat man sogar

$$\|\phi\|_{\mathrm{op}} = \sup_{\|v\|_V = 1} \|\phi(v)\|_W. \tag{3.35}$$

$\square$

Seien U, V und W normierte Vektorräume sowie $\varphi \in B(U, W)$, $\psi \in B(V, U)$. Dann ist $\varphi \circ \psi \in B(V, W)$, und es gilt

$$\|\varphi \circ \psi\|_{\mathrm{op}} = \sup_{\|v\|_V \leq 1} \|(\varphi \circ \psi)(v)\|_W.$$

Für $\|v\|_V \leq 1$ rechnet man

$$\|(\varphi \circ \psi)(v)\|_W = \|\varphi(\psi(v))\|_W \leq \|\psi(v)\|_U \, \|\varphi\|_{\mathrm{op}} \leq \|v\|_V \, \|\psi\|_{\mathrm{op}} \, \|\varphi\|_{\mathrm{op}}$$
$$\leq \|\psi\|_{\mathrm{op}} \, \|\varphi\|_{\mathrm{op}}$$

und findet so die Ungleichung

$$\|\varphi \circ \psi\|_{\mathrm{op}} \leq \|\psi\|_{\mathrm{op}} \, \|\varphi\|_{\mathrm{op}}, \tag{3.36}$$

die sich in der Konstruktion von Lösungen linearer Differentialgleichungen als ungemein nützlich erweist (siehe Abschn. 5.3.2).

Das nächste Beispiel zeigt, dass die Ideen, die zum Begriff der Norm geführt haben, auch für endliche Körper nutzbringend eingesetzt werden können. Es greift die Konstruktion fehlerkorrigierender Codes aus Beispiel 3.5 auf, wobei als Alphabet der Körper $\mathbb{F}_2$ mit zwei Elementen aus Beispiel 1.71 gewählt wird.

Beispiel 3.67 (Hamming-Codes) Sei $\mathbb{K} := \{\bar{0}, \bar{1}\} = \mathbb{F}_2$ der Körper mit zwei Elementen und $V := \mathbb{K}^n$ die Menge der n-Tupel mit Einträgen in $\mathbb{K}$. Die Elemente dieses Vektorraums werden als Wörter mit n Buchstaben interpretiert. Auf V hat man den Hamming-Abstand

$$d(x, y) = d\big((x_1, \ldots, x_n), (y_1, \ldots, y_n)\big) = |\{j \in \{1, \ldots, n\} \mid x_j \neq y_j\}|,$$

von dem man sofort nachprüft, dass er translationsinvariant ist, das heißt $d(x + z, y + z) = d(x, y)$ für alle $x, y, z \in V$ erfüllt. In Analogie zu den Normen, die aus translationsinvarianten Metriken auf reellen Vektorräumen gewonnen werden, setzt man

$$\|x\| := |\{j \in \{1, \ldots, n\} \mid x_j = 1\}|$$

und nennt die Abbildung $\|\cdot\| : V \to \mathbb{N}_0$ die Hamming-Norm. Ein Code $C \subseteq V$ heißt *m-fehlerkorrigierend* wenn gilt:

$$d(x, y) \geq 2\,m + 1, \quad \forall x \neq y;\, x, y \in C. \tag{3.37}$$

Ein *m*-fehlerkorrigierender Code C heißt *perfekt*, wenn die *Hamming-Kugeln* $B_m(x) := \{y \in V \mid d(x, y) \leq m\}$ mit Radius m und Mittelpunkt $x \in C$ ganz V überdecken:

$$\bigcup_{x \in C} B_m(x) = V.$$

Dies bedeutet insbesondere, dass man kein zusätzliches Wort in den Code aufnehmen kann, ohne die Fehlerkorrektureigenschaften zu verschlechtern.

Wenn $C \subseteq \mathbb{K}^n$ ein 1-fehlerkorrigierender Code ist, dann gilt

$$|C| \leq \frac{2^n}{n+1}. \tag{3.38}$$

Gleichheit gilt in Formel (3.38) genau dann, wenn C perfekt ist. Um dies einzusehen, stellt man fest, dass die Hamming-Kugeln mit Radius Eins $n + 1$ Elemente haben. Da die Hamming-Kugeln vom Radius Eins um die Codewörter disjunkt sind, hat ihre Vereinigung $|C| \cdot (n + 1)$ Elemente. Dies beweist die Behauptung, weil $2^n = |\mathbb{K}^n|$ gilt. Insbesondere sieht man, dass perfekte 1-fehlerkorrigierende Codes in $\mathbb{K}^n$ nur vorkommen können, wenn $n + 1$ eine Zweierpotenz ist.

Der Umstand, dass $\mathbb{K}^n$ ein Vektorraum ist, eröffnet uns eine Möglichkeit, einen Code zu bauen, den zu speichern nur wenig Platz braucht. Wenn man nämlich einen linearen Unterraum von V als Code C wählt, dann braucht man nur eine Basis zu speichern und kann die anderen Elemente jederzeit leicht rekonstruieren. Solche Codes nennt man *lineare Codes*. Die Translationsinvarianz des Hamming-Abstandes erlaubt es im Falle linearer Codes auch schneller festzustellen, welche Fehlerkorrektureigenschaft der Code hat: Ein linearer Code C ist genau dann *m*-fehlerkorrigierend, wenn

$$\|v\| \geq 2\,m + 1, \quad \forall v \in C \setminus \{0\}. \tag{3.39}$$

Um das einzusehen, wählen wir zwei Elemente $v, w \in C$ mit minimalem Abstand. Der Code C ist genau dann *m*-fehlerkorrigierend, wenn $\|v - w\| \geq 2m + 1$ gilt. Da aber für einen linearen Code mit v und w auch $v - w$ in C liegt, folgt, dass (3.39) die Eigenschaft *m*-fehlerkorrigierend zu sein für C impliziert. Umgekehrt, weil $w = 0$ in C liegt, ist die Gleichung (3.39) eine Konsequenz von

$$2m + 1 \leq \min\{v - w \mid v, w \in C\}.$$

Man muss also nicht $|C|(|C| - 1)$ Paare, sondern nur $|C| - 1$ Elemente testen. Man nennt die Zahl

$$\omega_C := \min\left\{ \|v\| \,\middle|\, 0 \neq v \in C \right\}$$

das *Gewicht* von C.

Wir konstruieren einen perfekten 1-fehlerkorrigierenden linearen Code: Man betrachte dazu $r \in \mathbb{N}$ und $n := 2^r - 1$ sowie die binären Darstellungen

$$j = h_{1j}2^{r-1} + h_{2j}2^{r-2} \ldots + h_{rj}2^0$$

von $j = 1, \ldots, n$, die man durch iteriertes Teilen mit Rest durch 2 gewinnt. Dann bilden die h_{ij} eine $r \times n$-Matrix mit Einträgen in $\mathbb{K}$, und die Lösungsmenge C des (HLGS)

$$\forall i = 1, \ldots, r : \quad \sum_{j=1}^{n} h_{ij}x_j = 0$$

ist der gesuchte lineare Code, den man den *Hamming-Code* der Länge $n = 2^r - 1$ nennt. Um die behaupteten Eigenschaften von C zu verifizieren, überprüft man zunächst, dass $\dim_{\mathbb{K}}(C) = n - r$, und damit $|C| = 2^{n-r} = \frac{2^n}{n+1}$, gilt. Dann bleibt nur noch nachzuweisen, dass C mindestens Gewicht 3 hat. Für $c \in C$ mit $\|c\| \leq 2$, das heißt höchstens zwei von Null verschiedenen Komponenten, gibt es nach Definition von C zwei Zahlen j_1 und j_2 in $\{1, \ldots, n\}$ mit $h_{ij_1}c_{j_1} + h_{ij_2}c_{j_2} = 0$ für alle $i = 1, \ldots, r$. Wenn $c \neq 0$, dann bedeutet das, die Vektoren $(h_{1j_1}, \ldots, h_{rj_1})$, $(h_{1j_2}, \ldots, h_{rj_2}) \in \mathbb{K}^r$ sind linear abhängig, was der Konstruktion der Matrix H widerspricht. Also ist das Gewicht von C mindestens 3. $\quad\square$

Es stellt sich heraus, dass als Konsequenz der Heine-Borel-Sätze aus Abschn. 3.3.3 für endlichdimensionale normierte Vektorräume V und W alle linearen Abbildungen von V nach W beschränkt sind. Um das beweisen zu können, führt man das Konzept der Äquivalenz von Normen ein.

Definition 3.68 (Äquivalenz von Normen) Zwei Normen $\|\cdot\|_{(1)}$ und $\|\cdot\|_{(2)}$ auf einem reellen Vektorraum V heißen *äquivalent*, wenn es zwei positive Konstanten $r, R > 0$ mit

$$\forall v \in V : \quad r\|v\|_{(1)} \leq \|v\|_{(2)} \leq R\|v\|_{(1)}$$

gibt. $\quad\square$

Bemerkung 3.69 (Äquivalenz von Norme)

(i) Die Äquivalenz von Normen ist eine Äquivalenzrelation auf der Menge aller Normen auf einem gegebenen Vektorraum: Die Reflexivität der Relation ist klar, da man in der definierenden Ungleichung der Äquivalenz (siehe Definition 3.68) $R = r = 1$ wählen kann. Die Symmetrie erhält man, weil aus

$$\forall v \in V : \quad r\|v\|_{(1)} \leq \|v\|_{(2)} \leq R\|v\|_{(1)}$$

sofort

$$\forall\, v \in V : \quad \frac{1}{R}\,\|v\|_{(2)} \leq \|v\|_{(1)} \leq \frac{1}{r}\,\|v\|_{(2)}$$

folgt. Für die Transitivität nehmen wir an, dass

$$\forall v \in V : \quad r\|v\|_{(1)} \leq \|v\|_{(2)} \leq R\|v\|_{(1)} \text{ und } s\|v\|_{(2)} \leq \|v\|_{(3)} \leq S\|v\|_{(2)}$$

mit $r, R, s, S > 0$ gilt. Es folgt

$$\forall v \in V : \quad rs\|v\|_{(1)} \leq s\|v\|_{(2)} \leq \|v\|_{(3)} \leq S\|v\|_{(2)} \leq SR\|v\|_{(1)},$$

also sind $\|\cdot\|_{(1)}$ und $\|\cdot\|_{(3)}$ äquivalent.

(ii) Äquivalente Normen auf einem reellen Vektorraum liefern dieselben offenen Teilmengen: Sei V ein $\mathbb{R}$-Vektorraum und $\|\cdot\|_{(1)}$, $\|\cdot\|_{(2)}$ zwei äquivalente Normen darauf. Wenn $U \subseteq V$ offen bezüglich der von $\|\cdot\|_{(1)}$ induzierten Metrik ist, dann findet man zu $v \in U$ ein $\varepsilon > 0$ mit $\{w \in V \mid \|v - w\|_{(1)} < \varepsilon\} \subseteq U$. Wenn

$$\forall w \in V : \quad r\|w\|_{(1)} \leq \|w\|_{(2)} \leq R\|w\|_{(1)}$$

gilt, dann folgt $\{w \in V \mid \|v - w\|_{(2)} < r\varepsilon\} \subseteq \{w \in V \mid \|v - w\|_{(1)} < \varepsilon\} \subseteq U$. Also ist U auch bezüglich der von $\|\cdot\|_{(2)}$ induzierten Metrik offen. Indem man jetzt die Rollen von $\|\cdot\|_{(1)}$ und $\|\cdot\|_{(2)}$ vertauscht, sieht man, dass die beiden Systeme offener Mengen übereinstimmen. $\qquad\square$

Das entscheidende Ergebnis, das uns erlauben wird zu schließen, dass alle linearen Abbildungen zwischen endlichdimensionalen normierten Räumen beschränkt sind, ist der folgende Satz.

Satz 3.70 (Äquivalenz von Normen) *Je zwei Normen auf einem endlichdimensionalen $\mathbb{R}$-Vektorraum sind äquivalent.*

Beweis Wir nehmen zunächst an, dass die folgende Behauptung gilt:

Behauptung: Sei $\|\cdot\|$ eine Norm auf $\mathbb{R}^n$. Dann gibt es zwei Konstanten $r, R > 0$ mit

$$\forall x \in \mathbb{R}^n : \quad r\|x\|_\infty \leq \|x\| \leq R\|x\|_\infty.$$

Wenn die Behauptung gilt, dann ist jede Norm auf $\mathbb{R}^n$ äquivalent zu $\|\cdot\|_\infty$, also sind alle Normen auf $\mathbb{R}^n$ zueinander äquivalent. Wenn $(V, \|\cdot\|_V)$ ein endlichdimensionaler normierter Vektorraum ist, dann gibt es nach Satz 2.31 einen Isomorphismus $\phi \colon \mathbb{R}^n \to V$ von $\mathbb{R}$-Vektorräumen. Man rechnet leicht nach, dass die Abbildung $x \mapsto \|x\| := \|\phi(x)\|_V$ eine Norm auf $\mathbb{R}^n$ ist. Auf diese Weise erhält man eine Bijektion zwischen der Menge der Normen auf V und der Menge der Normen auf $\mathbb{R}^n$, die äquivalente Normen auf äquivalente Normen abbildet. Da je zwei Normen auf $\mathbb{R}^n$ äquivalent sind, gilt das auch auf V.

Als Nächstes beweisen wir die Behauptung: Wir statten $\mathbb{R}^n$ mit der durch die Norm $\|\cdot\|_1$ gegebenen Topologie aus. Wegen $\|x\|_\infty \leq \|x\|_1$ ist die Abbildung $\|\cdot\|_\infty \colon \mathbb{R}^n \to \mathbb{R}$ stetig (siehe Proposition 3.23). Nach Proposition 3.43 ist die Menge $S := \{x \in \mathbb{R}^n \mid \|x\|_\infty = 1\}$ abgeschlossen. Wegen $\|x\|_1 \leq n\|x\|_\infty$ ist S bezüglich $\|\cdot\|_1$ auch beschränkt, also ist S nach Satz 3.62 sogar kompakt. Wir behaupten, dass jede Norm $\|\cdot\| \colon \mathbb{R}^n \to \mathbb{R}$ stetig ist. Um das zu erläutern, setzen wir

$$M := \max\big\{\|e_j\| \;\big|\; j = 1, \ldots, n\big\},$$

wobei $e_1, \ldots, e_n$ die kanonische Basis für $\mathbb{R}^n$ ist. Für $x = (x_1, \ldots, x_n) = \sum_{j=1}^n x_j e_j$ gilt dann

$$\|x\| \leq \sum_{j=1}^n |x_j| M \leq M\|x\|_1,$$

und die Stetigkeit folgt wie für $\|\cdot\|_\infty$. Dann ist auch die Einschränkung von $\|\cdot\|$ auf S stetig und nach Satz 3.49 nimmt diese Funktion auf S ihr Maximum R und ihr Minimum r an. Weil alle $x \in S$ ungleich Null sind, gilt $R, r > 0$. Sei jetzt $x \in \mathbb{R}^n \setminus \{0\}$. Dann gilt $\|x\|_\infty^{-1} x \in S$, also

$$r \leq \|x\|_\infty^{-1}\,\|x\| \leq R,$$

und schließlich

$$r\,\|x\|_\infty \leq \|x\| \leq R\,\|x\|_\infty.$$

Da die Ungleichung für $x = 0$ trivialerweise erfüllt ist, folgt die Behauptung. $\qquad\square$

Eine unmittelbare Konsequenz von Satz 3.70 ist, dass alle Normen auf einem endlichdimensionalen $\mathbb{R}$-Vektorraum dieselben offenen Mengen liefern.

Wir können jetzt zeigen, dass jede lineare Abbildung $\phi \colon V \to W$ zwischen endlichdimensionalen normierten Vektorräumen beschränkt ist. Nach Satz 3.70 können wir ohne Beschränkung der Allgemeinheit annehmen, dass $(V, \|\cdot\|_V) = (\mathbb{R}^m, \|\cdot\|_\infty)$ und $(W, \|\cdot\|_W) = (\mathbb{R}^m, \|\cdot\|_\infty)$ gilt. Wenn $\{e_1, \ldots, e_n\}$ und $\{e_1', \ldots, e_m'\}$ die Standardbasen für $\mathbb{R}^n$ bzw. $\mathbb{R}^m$ sind, dann erlaubt uns Satz 2.25 für jedes $j = 1, \ldots, n$ die Koordinatendarstellung

$$\phi(e_j) = \sum_{k=1}^m a_{kj} e_k' = (a_{1j}, \ldots, a_{mj}).$$

Aber dann liefert

$$\|\phi(e_j)\|_\infty \leq \max\big\{|a_{kj}| \;\big|\; j = 1, \ldots, n;\, k = 1, \ldots, m\big\} =: M$$

die Ungleichung

$$\forall v \in V,\ \|v\|_\infty \leq 1 : \quad \|\phi(v)\|_\infty \leq nM.$$

Also gilt für alle $v \in V$

$$\|\phi(v)\|_\infty \leq nM\|v\|_\infty,$$

und ϕ ist beschränkt.

Zur Vervollständigung unserer Diskussion beschränkter linearer Abbildungen halten wir noch fest, dass lineare Abbildungen zwischen normierten Vektorräumen genau dann beschränkt sind, wenn sie stetig sind. Also haben wir eben gezeigt, dass jede lineare Abbildung zwischen endlichdimensionalen normierten Vektorräumen automatisch stetig ist.

Proposition 3.71 (Stetigkeit und Beschränktheit linearer Abbildungen) *Seien* V, W *normierte* $\mathbb{R}$-*Vektorräume und* $\phi \in \mathrm{Hom}_{\mathbb{R}}(V, W)$ *eine lineare Abbildung. Dann sind folgende Aussagen äquivalent:*

  (1) ϕ *ist stetig.*
  (2) ϕ *ist stetig in* 0.
  (3) ϕ *ist beschränkt.*

Beweis

(1) $\Rightarrow$ (2): Dies ist trivial.

(2) $\Rightarrow$ (3): Es gibt eine Umgebung U von 0 mit $\phi(U) \subseteq \{w \in W \mid \|w\|_W \leq 1\}$ und ein $\delta > 0$ mit $U \supseteq \{v \in V \mid \|v\|_V \leq \delta\}$. Damit folgt für alle $v \in V \setminus \{0\}$

$$\|\phi(v)\|_W = \left\|\phi\left(\frac{v\delta}{\|v\|_V}\right)\right\|_W \frac{\|v\|_V}{\delta} \leq \frac{\|v\|_V}{\delta}.$$

(3) $\Rightarrow$ (1): Aus $\|\phi(v)\|_W \leq C\|v\|_V$ für alle $v \in V$ folgt

$$\|\phi(v_1) - \phi(v_2)\|_W = \|\phi(v_1 - v_2)\|_W \leq \varepsilon,$$

falls $\|v_1 - v_2\|_V \leq \frac{\varepsilon}{C}$. Also ist ϕ stetig.

$\square$

Aufgrund der auf S. 202 nachgewiesenen Beschränktheit linearer Abbildungen zwischen endlichdimensionalen normierten Vektorräumen liefert Proposition 3.71 auch deren Stetigkeit.

Satz 3.72 (Automatische Stetigkeit linearer Abbildungen) *Jede lineare Abbildung zwischen endlichdimensionalen normierten Vektorräumen ist stetig.* $\square$

Wir betrachten ein Beispiel, um zu sehen, dass dieser Satz für unendlichdimensionale Räume falsch ist. Sei U der Vektorraum aller reellen Folgen mit nur endlich vielen von Null verschiedenen Folgengliedern, der von den Folgen $e^{(i)}$, $i \in \mathbb{N}$, aufgespannt wird (siehe Beispiel 2.39). Wir versehen U mit der Norm

$$\|a\| := \max_{n \in \mathbb{N}} |a_n|.$$

Als lineare Abbildung wählen wir $\phi \colon U \to \mathbb{R}$, $a \mapsto \sum_{n \in \mathbb{N}} a_n$. Für die Folgen $a^{(k)} := \frac{1}{k} \sum_{j=1}^{k} e^{(j)}$ gilt $\|a^{(k)}\| = \frac{1}{k}$, das heißt $\lim_{k \to \infty} a^{(k)} = 0$. Andererseits haben wir

$$\phi(a^{(k)}) = \frac{1}{k} \sum_{j=1}^{k} 1 = 1$$

für alle $k \in \mathbb{N}$, das heißt, $\phi(a^{(k)})$ konvergiert für $k \to \infty$ nicht gegen $\phi(0) = 0$. Wegen Proposition 3.23 folgt daraus, dass ϕ nicht stetig ist.

3.4.2 Innere Produkte

In diesem Abschnitt diskutieren wir Normen, die wie die euklidische Norm von quadratischen Ausdrücken stammen. Insbesondere werden wir die Dreiecksungleichung für die euklidischen Normen beweisen. Wir beginnen damit zu präzisieren, was mit „quadratischen Ausdrücken" gemeint ist. Auch wenn wir hier in erster Linie an reellen Vektorräumen interessiert sind, formulieren wir diese Präzisierung für Vektorräume über beliebigen Körpern. Die hier definierten Bilinearformen spielen nämlich in sehr vielen Kontexten eine wichtige Rolle.

Definition 3.73 (Bilinearformen) Sei $\mathbb{K}$ ein Körper und V ein $\mathbb{K}$-Vektorraum. Eine *Bilinearform* auf V ist eine Abbildung $\Phi \colon V \times V \to \mathbb{K}$ mit

(a) $\forall c, c' \in \mathbb{K}, \quad v, v', w \in V : \quad \Phi(cv + c'v', w) = c\,\Phi(v, w) + c'\,\Phi(v', w)$.
(b) $\forall c, c' \in \mathbb{K}, \quad v, w, w' \in V : \quad \Phi(v, cw + c'w') = c\,\Phi(v, w) + c'\,\Phi(v, w')$.

Wir schreiben $\mathrm{Bil}(V)$ für die Menge der Bilinearformen auf V. $\qquad\qquad\square$

Eine Bilinearform $\Phi \in \mathrm{Bil}(V)$ heißt *symmetrisch*, wenn

$$\forall v, w \in V : \quad \Phi(v, w) = \Phi(w, v) \tag{3.40}$$

gilt und *schiefsymmetrisch*, wenn

$$\forall v, w \in V : \quad \Phi(v, w) = -\Phi(w, v). \tag{3.41}$$

Wir bezeichnen die Menge der symmetrischen Bilinearformen auf V mit $\mathrm{Sym}(V)$.

Um aus Bilinearformen Normen gewinnen zu können, braucht man Positivitäts-
eigenschaften. Dafür muss man sich auf reelle Vektorräume zurückziehen.

Definition 3.74 (Positivität von symmetrischen Bilinearformen) Eine symmetrische Bilinearform $\Phi \in \mathrm{Sym}(V)$ auf einem $\mathbb{R}$-Vektorraum V heißt

   (i) *positiv definit*, falls $\Phi(v, v) > 0$ für alle $v \in V \setminus \{0\}$,
  (ii) *positiv semidefinit*, falls $\Phi(v, v) \geq 0$ für alle $v \in V$,
 (iii) *negativ definit*, falls $\Phi(v, v) < 0$ für alle $v \in V \setminus \{0\}$,
 (iv) *negativ semidefinit*, falls $\Phi(v, v) \leq 0$ für alle $v \in V \setminus \{0\}$,
  (v) *indefinit*, sonst.

Ein *Skalarprodukt* (oder auch *inneres Produkt*) auf einem $\mathbb{R}$-Vektorraum V ist eine
positiv definite symmetrische Bilinearform. Wir schreiben $(v|w)$ statt $\Phi(v, w)$. Ein
$\mathbb{R}$-Vektorraum mit innerem Produkt heißt auch ein *euklidischer Vektorraum*. $\square$

Als erste Beispiele für innere Produkte betrachten wir

$$\big((x_1, \ldots, x_n) \mid (y_1, \ldots, y_n)\big) = x_1 y_1 + \ldots + x_n y_n$$

und

$$(f \mid g) := \sum_{m=1}^{n} f(m)\, g(m)$$

auf $\mathbb{R}^n$ und dem dazu isomorphen Vektorraum aller Funktionen $f : \{1, \ldots, n\} \to \mathbb{R}$.
Wenn man $\|v\|_2 := \sqrt{(v \mid v)}$ setzt, ergeben sich daraus mit $d(v, w) := \|v - w\|_2$
die durch die Formeln (3.3) und (3.6) definierten Metriken. Diese Formel liefert also
einen Ansatz dafür, wie man aus einem inneren Produkt eine Norm gewinnen kann.
Die folgende Proposition zeigt, dass dieser Ansatz wirklich funktioniert.

Proposition 3.75 (Normen aus inneren Produkten) *Sei V ein reeller Vektorraum
und $(\cdot \mid \cdot)$ ein inneres Produkt auf V. Dann ist*

$$v \mapsto \|v\| := \sqrt{(v \mid v)}$$

eine Norm.

Beweis Es gilt

$$\|v\|^2 = 0 \quad \Leftrightarrow \quad (v \mid v) = 0 \quad \Leftrightarrow \quad v = 0,$$

weil $(\cdot \mid \cdot)$ positiv definit ist. Weiter rechnen wir

$$\|c \cdot v\| = \sqrt{(c \cdot v \mid c \cdot v)} = \sqrt{c^2\, (v \mid v)} = |c|\sqrt{(v \mid v)} = |c|\, \|v\|.$$

Es bleibt also nur noch die Dreiecksungleichung zu zeigen. Wir beweisen zunächst die *Cauchy-Schwarz-Ungleichung*

$$|(v \mid w)| \leq \|v\| \, \|w\|. \tag{CSU}$$

Beachte dazu, dass für alle $b \in \mathbb{R}$ gilt

$$0 \leq (v + bw \mid v + bw) = \|v\|^2 + (bw \mid v) + (v \mid bw) + |b|^2 \, \|w\|^2.$$

Sei ohne Beschränkung der Allgemeinheit $\|w\| \neq 0$. Dann wählt man $b = -\frac{(v \mid w)}{\|w\|^2}$ und rechnet weiter:

$$0 \leq \|v\|^2 - \frac{(w \mid v)(v \mid w)}{\|w\|^2} - \frac{(w \mid v)(v \mid w)}{\|w\|^2} + \frac{(v \mid w)(w \mid v) \, \|w\|^2}{\|w\|^2 \, \|w\|^2}$$

$$= \|v\|^2 - \frac{|(v \mid w)|^2}{\|w\|^2}.$$

Dies beweist die Cauchy-Schwarz-Ungleichung:

$$0 \leq \|v\|^2 \, \|w\|^2 - |(v \mid w)|^2 \quad \Rightarrow \quad |(v \mid w)|^2 \leq \|v\|^2 \, \|w\|^2$$

$$\Rightarrow \quad |(v \mid w)| \leq \|v\| \, \|w\|.$$

Jetzt erhalten wir die Dreiecksungleichung durch Ausmultiplizieren

$$\|v + w\|^2 = (v + w \mid v + w) = (v \mid v) + (w \mid v) + (v \mid w) + (w \mid w)$$

$$= \|v\|^2 + 2(w \mid v) + \|w\|^2 \leq \|v\|^2 + 2 \, |(w \mid v)| + \|w\|^2$$

$$\overset{\text{(CSU)}}{\leq} \|v\|^2 + 2 \, \|v\| \, \|w\| + \|w\|^2 = (\|v\| + \|w\|)^2$$

und anschließendes Wurzelziehen die Dreiecksungleichung $\|v + w\| \leq \|v\| + \|w\|$. $\qquad\square$

Mit Proposition 3.75 hat man gezeigt, dass die euklidischen Metriken aus den Formeln (3.3) und (3.6) wirklich Metriken sind.

Beispiel 3.76 (Euklidische Metrik auf $\mathbb{R}^n$) Auf $\mathbb{R}^n$ wird durch

$$d\big((x_1, \ldots, x_n), (y_1, \ldots, y_n)\big) := \sqrt{(x_1 - y_1)^2 + \ldots + (x_n - y_n)^2}$$

für $(x_1, \ldots, x_n), (y_1, \ldots, y_n) \in \mathbb{R}^n$ eine Metrik definiert, die man die *euklidische Metrik* auf $\mathbb{R}^n$ nennt. Analog wird auf dem Vektorraum aller Funktionen $f : \{1, \ldots, n\} \to \mathbb{R}$ durch

$$d(f, g) = \sqrt{\sum_{m=1}^{n} |f(m) - g(m)|^2}$$

eine Metrik definiert.   □

Wegen der in Definition 3.63(b) formulierten Skalierungseigenschaft kennt man eine
Norm $\| \cdot \|$ vollständig, wenn man die *Einheitssphäre* $\{v \in V \mid \|v\| = 1\}$ kennt. Wir
vergleichen die euklidische Norm $\| \cdot \|_2$ auf $\mathbb{R}^2$ unter diesem Aspekt mit der Maximumsnorm $\| \cdot \|_\infty$ aus Beispiel 3.64 und der Taxifahrer-Norm $\| \cdot \|_1$ aus Beispiel 3.6.

Beispiel 3.77 (Einheitssphären) Sei $V = \mathbb{R}^2$. Wir skizzieren die Einheitssphären
bzgl. $\| \cdot \|_p$ für $p = 1, 2, \infty$:

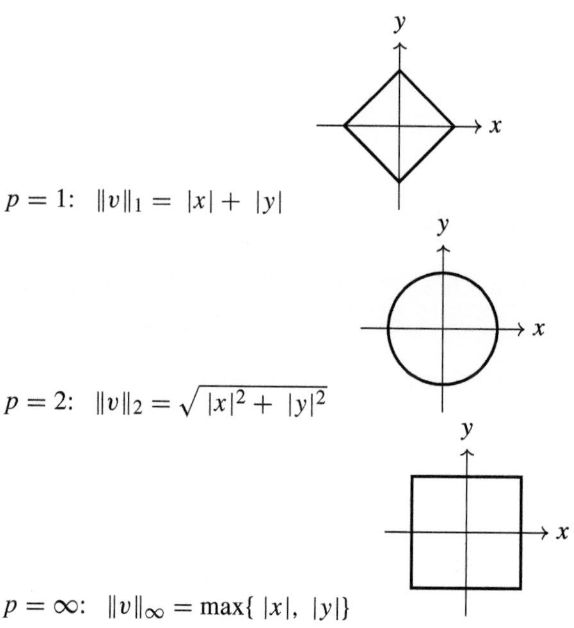

$p = 1$: $\|v\|_1 = |x| + |y|$

$p = 2$: $\|v\|_2 = \sqrt{|x|^2 + |y|^2}$

$p = \infty$: $\|v\|_\infty = \max\{ |x|, |y| \}$

                                                                                 □

Beispiel 3.78 (Quadratsummierbare Folgen) Sei $\ell^2(\mathbb{N})$ die Menge der reellen Folgen
$(a_n)_{n \in \mathbb{N}}$, für die $\sum_{n=1}^\infty |a_n|^2 = \lim_{N \to \infty} \sum_{n=1}^N |a_n|^2$ existiert. $\ell^2(\mathbb{N})$ ist ein Untervektorraum des Raumes aller reellen Folgen, und

$$((a_n), (b_n)) \mapsto \sum_{n=1}^\infty a_n b_n$$

definiert ein inneres Produkt auf $\ell^2(\mathbb{N})$. Die Folgen $e^{(j)} = (0, \ldots, 0, 1, 0, \ldots)$ mit
der Null an der j-ten Stelle haben alle die Norm 1 und erfüllen $(e^{(j)}|e^{(k)}) = 0$ für $j \neq$
k. Insbesondere gilt dann $\|e^{(j)} - e^{(k)}\| = \sqrt{2}$ für $j \neq k$. Die Folge der $e^{(j)}$ ist also
einerseits beschränkt und hat andererseits keinen Häufungspunkt. Als Teilmenge von
$\ell^2(\mathbb{N})$ ist sie diskret und damit abgeschlossen. Dies zeigt insbesondere, dass in dem

metrischen Raum $\ell^2(\mathbb{N})$ abgeschlossene beschränkte Mengen nicht quasikompakt zu sein brauchen, denn die Überdeckung von $\{e^{(j)} \mid j \in \mathbb{N}\}$ durch die einpunktigen Mengen ist ja offen und enthält keine endliche Teilüberdeckung. Nach Satz 3.60 ist die Menge $\{e^{(j)} \mid j \in \mathbb{N}\}$ dann auch nicht kompakt. Man sieht also, dass man den Satz 3.62 nicht für allgemeine metrische Räume beweisen kann. $\qquad\square$

Im Kontext von Normen und Metriken sind die positiv definiten Bilinearformen am wichtigsten. In der mathematischen Modellierung der (speziellen) Relativitätstheorie spielen dagegen indefinite Bilinearformen eine zentrale Rolle (Stichworte sind hier *Minkowski-Raum* und *Lorentzmetrik*).

3.4.3 Der Absolutbetrag auf den komplexen Zahlen

Mit Proposition 3.75 haben wir die Voraussetzung geschaffen, auch auf den komplexen Zahlen einen Absolutbetrag einzuführen, der nicht nur Abstand und Addition verbindet, sondern auch Abstand und Multiplikation. Das wird uns eine Reihe neuer Erkenntnisse zur Natur der komplexen Zahlen liefern. Insbesondere werden wir mithilfe des Absolutbetrags auch den schon in Abschn. 1.4.3 im Kontext der Konstruktion der komplexen Zahlen angekündigten Fundamentalsatz der Algebra beweisen.

Im Beweis von Satz 1.97 haben wir die Inversionsformel

$$(a, b) \cdot \left(\frac{1}{a^2 + b^2}(a, -b) \right) = (1, 0) \tag{3.42}$$

für $(a, b) \neq (0, 0)$ gesehen. Sie motiviert die Setzung $\bar{z} := a - ib$ für $z = a + ib$. Man nennt $\bar{z}$ das *konjugiert Komplexe* von z. Für $z = a + ib$ gilt dann $a^2 + b^2 = z \cdot \bar{z} \in \mathbb{R}_{\geq 0}$. Mit dem durch

$$|z| := \sqrt{a^2 + b^2} = \sqrt{z \cdot \bar{z}}$$

definierten *Absolutbetrag* von z lässt sich (3.42) zu

$$z^{-1} = \frac{1}{|z|^2}\bar{z} \tag{3.43}$$

für $z \neq 0$ umschreiben. Der Absolutbetrag auf $\mathbb{C}$ ist also nichts anderes als die euklidische Norm des zugrunde liegenden Vektorraums $\mathbb{R}^2$. Insbesondere erfüllte er die Dreiecksungleichung $|z + w| \leq |z| + |w|$. Da wir $\mathbb{R}$ als Teilmenge von $\mathbb{C}$ auffassen und auf $\mathbb{R}$ schon einen Absolutbetrag definiert haben, müssen wir zeigen, dass die beiden Definitionen auf $\mathbb{R}$ übereinstimmen. Das folgt aber aus der Gleichheit $\sqrt{a^2} = |a|$ für $a \in \mathbb{R}$, die man sehr schnell aus den Definitionen und der Nullteilerfreiheit von $\mathbb{R}$ ableiten kann.

Wegen $(r, 0) \cdot (a, b) = (ra, rb)$ ist die skalare Multiplikation des reellen Vektorraums $\mathbb{C}$ mit der Multiplikation auf dem Körper $\mathbb{C}$ verträglich, das heißt, es macht keinen Unterschied, ob man $r \cdot z$ mit $r \in \mathbb{R}$ und $z \in \mathbb{C}$ als Multiplikation im Körper $\mathbb{C}$ oder als skalare Multiplikation auf dem $\mathbb{R}$-Vektorraum $\mathbb{C}$ liest. Insbesondere zeigt das die Identität $|r \cdot z| = |r| \cdot |z|$. Man rechnet aber leicht nach, dass sogar $|w \cdot z| = |w| \cdot |z|$ für beliebige komplexe Zahlen $w, z \in \mathbb{C}$ gilt.

Eine erste Anwendung des Absolutbetrags auf $\mathbb{C}$ ist die Definition der *komplexen Exponentialfunktion* durch den Grenzwert

$$\mathrm{e}^z := \sum_{k=0}^{\infty} \frac{z^k}{k!} := \lim_{n \to \infty} \sum_{k=0}^{n} \frac{z^k}{k!} \tag{3.44}$$

für $z \in \mathbb{C}$. Wörtlich derselbe Beweis wie in Beispiel 3.28(i) liefert die Existenz des Grenzwerts in $\mathbb{C}$ und auch die Funktionalgleichung

$$\mathrm{e}^{z+w} = \mathrm{e}^z \cdot \mathrm{e}^w \tag{3.45}$$

für alle $z, w \in \mathbb{C}$. Da für zwei komplexe Zahlen z und w stets $\overline{z \cdot w} = \overline{z} \cdot \overline{w}$ gilt, liefert ((3.44)) sofort, dass $\mathrm{e}^{\overline{z}} = \overline{\mathrm{e}^z}$. Wenn jetzt $z = ir$ mit $r \in \mathbb{R}$, dann finden wir

$$(\mathrm{e}^{ir})^{-1} = \mathrm{e}^{-ir} = e^{\overline{ir}} = \overline{\mathrm{e}^{ir}}$$

und damit

$$|\mathrm{e}^{ir}| = \sqrt{\mathrm{e}^{ir} \cdot \overline{\mathrm{e}^{ir}}} = \sqrt{1} = 1. \tag{3.46}$$

Also liegen die Werte der imaginären Achse $i\mathbb{R}$ unter der komplexen Exponentialfunktion alle auf dem Einheitskreis $\left\{ z \in \mathbb{C} \mid |z|^2 = 1 \right\}$.

Bemerkung 3.79 (Sinus und Kosinus) Die Aufteilung von e^{ir} in Real- und Imaginärteil liefert eine brauchbare Definition der Winkelfunktionen *Sinus* sin und *Kosinus* cos ohne, dass wir vorher das subtile Konzept eines Winkels einführen müssen:

$$\mathrm{e}^{ir} = \cos(r) + \mathrm{i}\sin(r). \tag{3.47}$$

Die Formel (3.47) heißt auch *Eulersche Formel*.

(i) Teilt man die Gleichung (3.44) für $z = ir$ und $w = is$ mit $r, s \in \mathbb{R}$ in Realteil und Imaginärteil auf, so findet man

$$\cos r = \sum_{k=0}^{\infty} (-1)^k \frac{r^{2k}}{(2k)!} \quad \text{und} \quad \sin r = \sum_{k=0}^{\infty} (-1)^k \frac{r^{2k+1}}{(2k+1)!}. \tag{3.48}$$

Diese Gleichungen lassen sich zu Definitionen für Kosinus und Sinus mit komplexen Argumenten heranziehen. Für $z \in \mathbb{C}$ setzt man

$$\cos z = \sum_{k=0}^{\infty} (-1)^k \frac{z^{2k}}{(2k)!} \quad \text{und} \quad \sin z = \sum_{k=0}^{\infty} (-1)^k \frac{z^{2k+1}}{(2k+1)!}, \tag{3.49}$$

wobei man die Existenz des Grenzwertes wie in Beispiel 3.28(i) mithilfe von (3.20) einsehen kann, weil für beide Reihen

$$\left| \sum_{k=m}^{n} a_k z^k \right| \leq \sum_{k=m}^{n} \frac{1}{k!} |z|^k$$

gilt.

(ii) Aus Formel (3.45) gewinnt man durch die Aufspaltung in Real- und Imaginärteil die trigonometrischen Additionstheoreme

$$\cos(r + s) = \cos(r)\cos(s) - \sin(r)\sin(s) \tag{3.50}$$

$$\sin(r + s) = \sin(r)\cos(s) + \cos(r)\sin(s). \tag{3.51}$$

Berücksichtigt man auch noch $e^0 = 1$, ergeben sich außerdem die Identitäten $\cos(-r) = \cos(r)$ und $\sin(-r) = -\sin(r)$ sowie $\cos(0) = 1$ und $\sin(0) = 0$. Die Gleichung (3.46) übersetzt sich in die Identität

$$\sin(r)^2 + \cos(r)^2 = 1. \tag{3.52}$$

(iii) Sinus und Kosinus sind keine konstanten Funktionen. Um das einzusehen, schreibt

$$\sin(r) = \lim_{n \to \infty} \sum_{k=0}^{n} \frac{(-1)^k \, r^{2k+1}}{(2k+1)!} = r\left(1 + r^2 \lim_{n \to \infty} \sum_{k=1}^{n} \frac{(-1)^k \, r^{2k-2}}{(2k-2)!}\right),$$

wobei die Existenz des letzten Grenzwerts auch wieder aus (3.20) folgt. Damit sieht man zum Beispiel, dass für kleine r die Ungleichung $|\sin(r)| > \frac{r}{2}$ gelten muss, was zusammen mit $\sin(0) = 0$ für den Sinus die Behauptung zeigt. Mit $\cos(r)^2 + \sin(r)^2 = 1$ folgt sie dann auch für den Kosinus. $\qquad\square$

Die Definition des Kosinus in Bemerkung 3.79 ermöglicht uns auch eine Definition der Kreiszahl π, die man historisch über das Verhältnis der Fläche einer Kreisscheibe oder des Umfangs eines Kreises zum Radius bzw. Durchmesser eingeführt hat, ohne vorher die Werkzeuge zur Berechnung von Flächen und Längen gekrümmter Kurven bereitstellen zu müssen. Wir werden in (5.46) sehen, dass eine Kreisscheibe vom Radius 1 in der Tat die Fläche π hat. In Beispiel 5.51 geben wir ein Argument dafür, dass der Umfang eines Kreises gerade das π-fache des Durchmessers ist.

Bemerkung 3.80 (Die Kreiszahl π) An dieser Stelle kann man die *Kreiszahl π* durch

$$\pi := \inf\{r \in \mathbb{R}_{\geq 0} \mid \cos(\tfrac{r}{2}) = 0\} \tag{3.53}$$

definieren. Um nachzuweisen, dass es ein $r > 0$ mit $\cos(\frac{r}{2}) = 0$ überhaupt gibt, wählen wir eine Folge $(r_n)_{n \in \mathbb{N}}$ in $\mathbb{R}_{\geq 0}$ mit

$$m := \inf\{\cos(r) \mid t \in \mathbb{R}\} = \lim_{n \to \infty} \cos(r_n).$$

Wegen (3.50) und (3.52) gilt dann

$$1 \geq 2m^2 - 1 = \lim_{n \to \infty} \cos(2r_n) \geq m.$$

Wenn $m \geq a \geq 0$, dann folgt daraus $2m^2 \geq 1 + a$, das heißt $m \geq \sqrt{\frac{1+a}{2}} \geq \frac{1+a}{2}$. Iteriert man das Argument, so erhält man

$$m \geq \frac{1 + \frac{1+a}{2}}{2} = \frac{1}{2} + \frac{1+a}{4}$$

$$m \geq \frac{1 + \frac{1}{2} + \frac{1+a}{4}}{2} = \frac{1}{2} + \frac{1}{4} + \frac{1+a}{8}$$

$$\vdots$$

$$m \geq \frac{1 + \left(\sum_{k=1}^{n-1} \frac{1}{2^k}\right) + \frac{1+a}{2^n}}{2} = \left(\sum_{k=1}^{n} \frac{1}{2^k}\right) + \frac{1+a}{2^{n+1}}$$

und im Grenzwert ergibt sich aus

$$\sum_{k=1}^{n} \frac{1}{2^k} = \frac{1 - \frac{1}{2^{n+1}}}{1 - \frac{1}{2}} - 1 = 1 - \frac{1}{2^n}$$

(siehe Beispiel 3.22), dass $m = 1$. Aber das würde, im Widerspruch zu Bemerkung 3.79(iii), bedeuten, dass cos konstant gleich 1 ist. Damit sehen wir, dass $m < 0$ und mit dem Zwischenwertsatz 3.13 folgt, dass es ein $r \in \mathbb{R}_{\geq 0}$ mit $\cos(r) = 0$ gibt. Wir haben die folgenden Aussagen:

(i) $\frac{\pi}{2}$ ist die kleinste positive Nullstelle von cos.

(ii) Mit den Formeln (3.50) und (3.52) findet man $\sin\left(\frac{\pi}{2}\right) \in \{\pm 1\}$ und $\cos(\pi) = -1$. Also zeigt der Zwischenwertsatz 3.13, dass die Funktion $\cos\colon \mathbb{R} \to [-1, 1]$ alle Werte zwischen -1 und 1 annimmt.

(iii) Wieder mit (3.52) sieht man, dass $\sin^2\colon \mathbb{R} \to [0, 1]$ alle Werte zwischen 0 und 1 annimmt. Die Identität $\sin(-r) = -\sin(r)$ liefert, dass nicht nur $\sin\colon \mathbb{R} \to [-1, 1]$ alle Werte zwischen -1 und 1 annimmt, sondern wegen $\cos(r) = \cos(-r)$ jeder Punkt des Einheitskreises $\{z = x + iy \mid a^2 + b^2 = 1\}$ in $\mathbb{C}$ im Bild von $r \mapsto e^{ir}$ liegt.

(iv) Jede komplexe Zahl z in der Form $z = s\, e^{ir}$ mit $s = |z| \geq 0$ und $r \in \mathbb{R}$ schreiben.

(v) Aus (3.51) folgt $\sin(\pi) = 0$, also mit (i), dass

$$e^{\pi i} = -1.$$

Aber dann gilt $e^{2\pi i} = 1$ und damit

$$\forall r \in \mathbb{R}: \quad \cos(r + 2\pi) = \cos(r) \quad \text{und} \quad \sin(r + 2\pi) = \sin(r).$$

$\square$

Weil man nach Beispiel 3.65 beliebige Wurzeln aus positiven Zahlen ziehen kann, zeigt Bemerkung 3.80(iv), dass die Gleichung $z^k - a = 0$ für jedes $k \in \mathbb{N}$ und jede komplexe Zahl a lösbar ist. Dazu schreibt man $a = |a|e^{ir}$ und setzt $z = |a|^{\frac{1}{k}}e^{i\frac{r}{k}}$. Durch Kombination mit einigen elementaren Normabschätzungen lässt sich daraus der Fundamentalsatz der Algebra ableiten, der besagt, dass jedes nichtkonstante komplexe Polynom eine Nullstelle in $\mathbb{C}$ hat.

Satz 3.81 (Fundamentalsatz der Algebra) *Über den komplexen Zahlen sind alle Polynomgleichungen, das heißt Gleichungen der Form*

$$a_k x^k + a_{k-1} x^{k-1} + \ldots + a_1 x + a_0 = 0,$$

mit $k \geq 1$ und $0 \neq a_k \in \mathbb{C}$ lösbar.

Beweis Sei $f(z) = \sum_{j=0}^{k} a_j z^j$.

Behauptung 1: Zu jedem $r > 0$ gibt es eine Konstante $R > 0$ mit $|f(z)| > r$ für alle $z \in \mathbb{C}$ mit $|z| \geq R$.
Es gilt

$$|f(z)| = |z|^k \left| a_k + z^{-1}\big(a_{k-1} + a_{k-2}z^{-1} + \ldots + a_0 z^{-k+1}\big) \right| \geq |z|^k \frac{|a_k|}{2}$$

für

$$|z| \geq R_0 := \max\left\{1, \frac{2\sum_{j=0}^{k-1}|a_j|}{a_k}\right\}.$$

Also muss man $R \geq R_0$ so wählen, dass $R^k \frac{|a_k|}{2} > r$ gilt.

Behauptung 2: Wenn $f(z_0) \neq 0$, dann gibt es ein $z \in \mathbb{C}$ mit $|f(z)| < |f(z_0)|$.
Weil z_0 eine Nullstelle des Polynoms $f(z) - f(z_0)$ ist, gibt es nach Lemma 2.42 ein $m \in \mathbb{N}$ mit $f(z) - f(z_0) = (z - z_0)^m h(z)$, wobei $h(z)$ ein Polynom ist, das $h(z_0) \neq 0$ erfüllt. Analog findet man ein Polynom $g(z)$ mit $h(z) = h(z_0)$

$+ (z - z_0)g(z)$. Weil $(z - z_0)g(z)$ stetig in z ist, gibt es ein $\varepsilon > 0$ mit $|(z - z_0)g(z)| < |h(z_0)|$ für $|z - z_0| \leq \varepsilon$. Jetzt wählt man z mit $|z - z_0| \leq \varepsilon$ so, dass

$$- (z - z_0)^m = s\,\frac{f(z_0)}{h(z_0)} \tag{3.54}$$

mit $s > 0$: Wenn $\frac{f(z_0)}{h(z_0)} = ae^{ib}$ mit $a > 0$ und $b \in \mathbb{R}$, dann geht das für $z = z_0 + \sqrt[m]{sa}\,e^{i(b+\pi)}$ mit $0 < s \leq \frac{\varepsilon^k}{a}$. Wir wählen $s < 1$. Dann liegt der Punkt $f(z_0) + (z - z_0)^m h(z_0) = (1 - s)f(z_0)$ auf der Verbindungsstrecke von $f(z_0)$ und 0. Es gilt

$$f(z) = f(z_0) + (z - z_0)^m h(z) = f(z_0) + (z - z_0)^m h(z_0) + (z - z_0)^{m+1} g(z)$$

mit $|(z - z_0)^{m+1}g(z)| < |(z - z_0)^m h(z_0)|$, also ist der Abstand von $f(z_0) + (z - z_0)^m h(z_0)$ zu $f(z)$ kleiner als der Abstand zu $f(z_0)$.

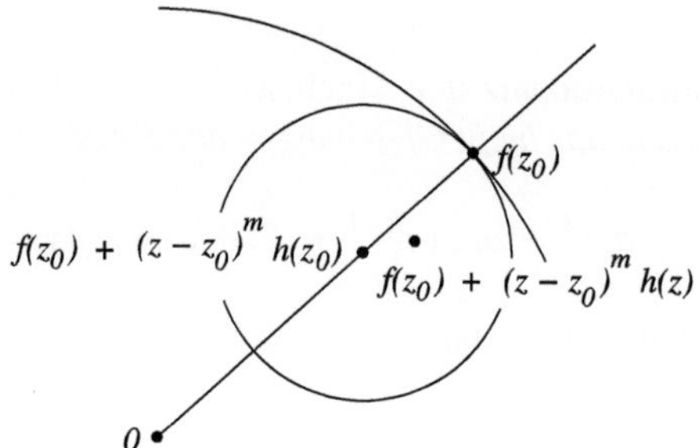

Zusammen erhält man die Abschätzung

$$\begin{aligned}
|f(z_0)| &= \left| f(z_0) - \big(f(z_0) + (z - z_0)^m h(z_0)\big) \right| + \left| f(z_0) + (z - z_0)^m h(z_0) \right| \\
&= \left| (z - z_0)^m h(z_0) \right| + \left| f(z_0) + (z - z_0)^m h(z_0) \right| \\
&> \left| (z - z_0)^{m+1} g(z) \right| + \left| f(z_0) + (z - z_0)^m h(z_0) \right| \\
&> \left| f(z) - \big(f(z_0) + (z - z_0)^m h(z_0)\big) \right| + \left| f(z_0) + (z - z_0)^m h(z_0) \right| \\
&\geq \left| f(z) - \big(f(z_0) + (z - z_0)^m h(z_0)\big) + \big(f(z_0) + (z - z_0)^m h(z_0)\big) \right| \\
&= |f(z)|,
\end{aligned}$$

die Behauptung 2 beweist.

Wenn $f(a) \neq 0$, dann findet man nach Behauptung 1 ein $R > 0$ mit $|f(z)| > |f(a)|$ für alle $z \in \mathbb{C}$ mit $|z| \geq R$. Also ist das durch Satz 3.57 garantierte absolute Minimum z_0 von $\{|f(z)| \mid |z| \leq R\}$ sogar das absolute Minimum der Funktion $|f|$ auf $\mathbb{C}$. Nach Behauptung 2 muss $f(z_0) = 0$ sein.

$\square$

Als weitere Anwendung des Absolutbetrags für komplexe Zahlen führen wir das Konzept eines komplexen normierten Vektorraums ein.

Definition 3.82 (Normierter komplexer Vektorraum) Sei V ein komplexer Vektorraum. Eine Abbildung $V \to \mathbb{R}_{\geq 0}$, $v \mapsto \|v\|$ heißt eine *Norm* auf V, wenn

(i) $\|v\| = 0 \Leftrightarrow v = 0$,
(ii) $\forall z \in \mathbb{C}, \forall v \in V: \quad \|zv\| = |z|\,\|v\|$,
(iii) $\forall v, w \in V: \quad \|v + w\| \leq \|v\| + \|w\|$.

In diesem Fall nennt man das Paar $(V, \|\cdot\|)$ einen *normierten* $\mathbb{C}$-Vektorraum. $\square$

Da wegen $\mathbb{R} \subseteq \mathbb{C}$ jeder $\mathbb{C}$-Vektorraum V auch eine $\mathbb{R}$-Vektorraum ist, muss man sich die Frage stellen inwiefern sich die Definitionen 3.82 und 3.63 unterscheiden. Die Antwort ist, dass jede Norm auf V als $\mathbb{C}$-Vektorraum auch eine Norm auf V als $\mathbb{R}$-Vektorraum ist aber nicht umgekehrt. Es ist nämlich nicht gesagt, dass die Multiplikation eines Vektors in V mit einer komplexen Zahl vom Betrag 1 eine Norm auf dem $\mathbb{R}$-Vektorraum V invariant lässt.

Beispiel 3.83 (**Maximumsnorm auf** $\mathbb{C}^n$) Für $V = \mathbb{C}^n$ wird durch

$$\forall z = (z_1, \ldots, z_n) \in V: \quad \|z\|_\infty := \max_{j=1,\ldots,n} |z_j|$$

eine Norm definiert. $\square$

Fazit

In diesem Kapitel haben wir auf der Basis des Konzepts einer Metrik Konvergenzbegriffe studiert. Die in diesem Kontext entwickelten Techniken werden der „Analysis" und der „Topologie" zugerechnet. Erstere argumentiert vor allem mit Ungleichungen, während man in letzterer in erster Linie mit speziellen Mengensystemen hantiert. Von besonderer Bedeutung sind die Begriffsbildungen Vollständigkeit und Kompaktheit, mit deren Hilfe man Existenzbeweise führen kann. Während eine Variante der Vollständigkeit schon in der Konstruktion der reellen Zahlen in Kap. 1 auftauchte, kam die Kompaktheit hier ganz neu ins Spiel. Im Zusammenspiel mit Vektorraum-Strukturen liefert sie tiefe Einsichten wie wir am Beispielen der Äquivalenz aller Normen auf endlichdimensionalen $\mathbb{R}$-Vektorräumen und dem Fundamentalsatz der Algebra gezeigt haben.

Literaturhinweise

Das Material in diesem Kapitel wird in vielen Lehrbüchern zur Analysis behandelt, bei für den deutschen Markt geschriebenen Werken aber meist erst in den für das zweite Studiensemester gedachten Teilen, weil Funktionen in mehreren Variablen gemäß deutschen Lehrplänen erst dann systematisch behandelt werden. Ausnahmen sind zum Beispiel die Bücher [Be03] und [De14] von Ehrhard Behrends und Anton

Deitmar. Der hier gewählte Aufbau ist aus [Hi13a] übernommen, basiert auf diversen Skripten zur Analysis und ist ursprünglich von den klassischen Lehrbüchern [Di86] und [Sc91] von Jean Dieudonné und Laurent Schwartz inspiriert.

Der nächste Schritt nach den metrischen Räumen in der Behandlung von Grenzwertprozessen sind die topologischen Räume, die wir nur in den Übungen thematisieren. Systematische Darstellungen dazu findet man in manchen Büchern zur „Rellen Analysis" wie zum Beispiel [Fo84] oder in den ersten Kapiteln von spezialisierten Büchern zur Topologie wie [Ke55], [Sc75] oder [To17]. Die „Punktmengentopologie", die sich mit Eigenschaften von Umgebungssystemen beschäftigt, ist in den letzten Jahrzehnten im Vergleich zur „Algebraischen Topologie", in der es um die Unterscheidung unterschiedlicher topologischer Räume geht, deutlich in den Hintergrund getreten, darum sind die älteren Lehrbücher in Bezug auf die Punktmengentopologie sehr viel ausführlicher als neueren.

Messen, Maße und Integrale 4

In Kap. 3 war mit der Messung von Abständen eine der zentralen Fragestellungen der Geometrie unser Ausgangspunkt. In einigen Beispielen wurde auch der Zusammenhang zwischen Abständen und Weglängen diskutiert (vgl. Abschn. 3.1). In diesem Kapitel ist der Startpunkt die Frage nach Messung von Längen und ihren höherdimensionalen Analoga, wie Flächen und Volumina. Auch für diese Messungen werden wir letztendlich zu einem Axiomensystem gelangen, wie wir es bei den Abständen in Form der metrischen Räume sehr schnell gefunden haben. Der resultierende Begriff eines Maßes auf einem messbaren Raum ist, ebenso wie der Begriff einer Metrik, sehr vielseitig einsetzbar und liefert nicht nur einen guten Rahmen für die geometrische Volumenbestimmung, sondern auch für die Integrations- und die Wahrscheinlichkeitstheorie. Im Vergleich zum Fall der Metrik ist die Begriffsbildung für Maße jedoch deutlich komplexer. Zwar kann man die Definitionen problemlos formulieren, ohne diverse heuristische Vorüberlegungen lassen sie sich aber nur schwer motivieren. Dazu kommt, dass die Konstruktion der wichtigsten Beispiele, die die Frage nach Länge, Fläche und Volumen beantworten, auf einem nichttrivialen Grenzwertprozess beruhen. Wir beginnen daher mit einer ausführlichen Diskussion verschiedener Ansätze zur geometrischen Volumenbestimmung, die alle zur Klärung der Begriffsbildung beitragen.

In $\mathbb{R}$ ordnet man einem abgeschlossenen Intervall $[a, b]$ die Länge $|b - a|$ zu, das heißt die Länge des Intervalls ist gerade der (euklidische) Abstand von a und b. Aber auch wenn man Randpunkte wegnimmt, nimmt man diese Länge. Das lässt sich sofort auf den Raum $\mathbb{R}^n$ mit der euklidischen Metrik übertragen: Wenn $a, b \in \mathbb{R}^n$, dann ordnet man der Strecke $\{a + t(b - a) \mid t \in [0, 1]\}$, die die beiden Punkte verbindet, die Länge $\|b - a\|_2$ zu. Es stellen sich sofort die beiden folgenden Fragen:

(1) Welchen Teilmengen von $\mathbb{R}^n$ kann man „Längen" zuordnen?
(2) Wie soll man Flächen und Volumina definieren?

© Der/die Autor(en), exklusiv lizenziert an Springer-Verlag GmbH, DE, ein Teil von
Springer Nature 2026
J. Hilgert, *Mathematik für Ambitionierte*,
https://doi.org/10.1007/978-3-662-73048-5_4

Abb. 4.1 Die ersten vier Schritte in der Konstruktion der Cantor-Menge

Die erste Frage ist schwierig zu beantworten. Für Teilmengen $M \subseteq \mathbb{R}^n$, die durch einen reellen Parameter als $M = \{\phi(t) \mid t \in [0, 1]\}$ mit einer injektiven Funktion $\phi : [0, 1] \to \mathbb{R}^n$ gegeben sind, kann man Verfahren zur Längenbestimmung entwickeln, die auf der Intuition „Weg = Zeit × Geschwindigkeit" beruhen, das heißt der Vorstellung folgen, dass man weiß, wie weit man gefahren ist, wenn man die Geschwindigkeit und die Fahrtdauer kennt. Diese Verfahren funktionieren gut, wenn ϕ keine Sprünge macht und keine drastischen Richtungswechsel vorkommen. Das führt in die Differentialrechnung, die in Kap. 5 behandelt wird.

Für Teilmengen, die sehr unregelmäßig sind oder viele Lücken haben, sind die Methoden der Differentialrechnung nicht brauchbar. Selbst wenn es sich um Teilmengen von $\mathbb{R}$ handelt, hat man dann Schwierigkeiten mit Frage (1): Die disjunkte Vereinigung zweier Intervalle stellt noch kein wirkliches Problem dar, man wird dieser Menge die Summe der Längen der beiden Intervalle als Länge zuordnen. Man stelle sich aber zum Beispiel die folgende Menge vor: Aus dem Intervall $[0, 1]$ nimmt man das mittlere Drittel $]\frac{1}{3}, \frac{2}{3}[:= \{x \in [0, 1] \mid \frac{1}{3} < x < \frac{2}{3}\}$ heraus. Es bleiben zwei Intervalle, mit denen man genauso verfährt. Iteriert man dieses Verfahren und schneidet alle Mengen, die man in den einzelnen Schritten erhält, so findet man die *Cantor-Menge*, das heißt, die Cantor-Menge ist die Menge aller Punkte in $[0, 1]$, die in keinem Schritt herausgenommen wurden (Abb. 4.1).

Kann man dieser Menge eine Länge zuordnen? Wir werden in diesem Kapitel sehen, dass man dieser Menge in sinnvoller Weise die Länge Null zuordnen kann, obwohl sie überabzählbar viele Punkte enthält. Es gibt aber auch Teilmengen von $\mathbb{R}$, für die eine brauchbare Längenbestimmung nicht möglich ist.

Um einen Ansatz für Frage (2) zu finden, überlegt man sich zunächst, was in höheren Dimensionen die Rolle der Intervalle spielen könnte. Am Beispiel eines gefliesten Fußbodens erkennt man eine mögliche Vorgehensweise. Man wählt eine kleine „Einheitsfläche" und bemisst die Gesamtfläche danach, wie viele von den Einheitsflächen man braucht, um die Menge zu überdecken. Wir wählen als Einheitsfläche ein Quadrat mit Seitenlänge 1. Welche Fläche hat dann ein Rechteck mit den Seitenlängen n und m mit $n, m \in \mathbb{N}$?

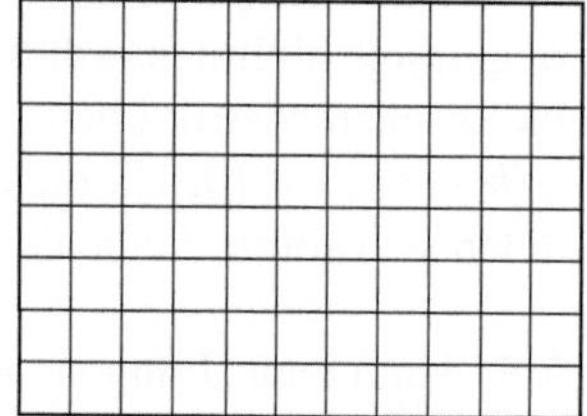

Durch einfaches Abzählen erkennt man, dass man nm Einheitsquadrate braucht, um das Rechteck zu überdecken. Wenn man dem Einheitsquadrat die Fläche 1 zuordnet, was der Wahl einer Flächeneinheit entspricht, dann ergibt sich also die Fläche nm

für das Rechteck mit den Seitenlänge n und m. Damit hat man eine vernünftige Definition der Fläche eines Rechtecks mit ganzzahligen Seitenlängen. Hätte man ein kleineres „Einheitsquadrat" gewählt, zum Beispiel mit Seitenlänge $\frac{1}{k}$, dann hätte man (abzählen!) $k^2 mn$ solcher Quadrate gebraucht, um das Rechteck mit den Seitenlänge n und m zu überdecken. Andererseits lässt sich das Quadrat mit Seitenlänge 1 durch k^2 Quadrate der Seitenlänge $\frac{1}{k}$ überdecken. Wenn man davon ausgeht, dass jedes dieser kleinen Quadrate die gleiche Fläche hat, dann hat also jedes dieser Quadrate die Fläche $\frac{1}{k^2}$. Jetzt kann man alle Rechtecke mit rationalen Seitenlängen durch kleine Quadrate überdecken, deren Seitenlängen $\frac{1}{k}$ mit passendem $k \in \mathbb{N}$ sind, und findet wie zuvor, dass die Fläche des Rechtecks gerade das Produkt der beiden Seitenlängen ist. Wenn man zusätzlich noch annimmt, dass die Fläche eines Rechtecks stetig von den Seitenlängen abhängt, gelangt man zu der Formel

$$\text{Fläche eines Rechtecks} = \text{Produkt der Seitenlängen.}$$

An dieser Stelle gibt es einen subtilen Punkt anzumerken. Ebenso wie man einem Punkt $\{a\} = [a, a]$ die Länge $|a - a| = 0$ zuordnet, hat eine Strecke, die man als ein ausgeartetes Rechteck betrachten kann, deren eine Seitenlänge 0 ist, die Fläche 0. So wie die Länge eines Intervalls unabhängig davon ist, ob wir Randpunkte herausnehmen oder nicht, ist die Fläche eines Rechtecks unabhängig davon, ob wir Teile des Randes daraus entfernen. Das erleichtert unsere Überlegungen, denn wenn die Ränder der Quadrate positive Flächen hätten, müssten wir sicherstellen, dass sich die Quadrate auch an den Rändern nicht überlappen. Das könnte man zum Beispiel dadurch erreichen, dass man die Ränder weg lässt. Aber dann würde das Rechteck nicht vollständig überdeckt. Also dürfte man jeweils nur Teile der Ränder der einzelnen Quadrate weglassen um nicht zu riskieren, dass man Flächenanteile verliert. Auch das ließe sich machen, wäre aber schon relativ kompliziert zu beschreiben, weil man sich auch Gedanken muss, welche Ecken der Quadrate zum Quadrat gehören sollen. Dadurch, dass die Ränder der Quadrate keine Fläche beitragen, können wir nach belieben Teile der Ränder weglassen, ohne Flächenanteile zu verlieren, und Überlappungen an den Rändern zulassen, ohne Flächenanteile mehrfach zu zählen.

Mit denselben Argumenten wie für die Flächen von Rechtecken findet man für Volumina von Quadern in $\mathbb{R}^3$ die Formel

$$\text{Volumen eines Quaders} = \text{Produkt der Seitenlängen,}$$

wenn man dem Einheitswürfel mit Kantenlänge 1 das Volumen 1 zuordnet. Analog zum Flächenfall hat der Rand eines Quaders hier das Volumen 0. In höheren Dimensionen kann man sich die „Würfel" und „Quader" nicht mehr vorstellen, aber die mengentheoretischen Beschreibungen der Zerlegungen in Quadrate bzw. Würfel haben ihre Entsprechungen in jeder Dimension und führen auf die Formel

$$\mathrm{vol}_n\{(x_1, \ldots, x_n) \mid \forall i = 1, \ldots, n : a_i \leq x_i \leq b_i\} = \prod_{i=1}^{n} |b_i - a_i|. \tag{4.1}$$

Mit Formel (4.1) hat man für die höheren Dimensionen denselben Stand erreicht, wie wir ihn im Eindimensionalen hatten: Wir wissen, was das Volumen von einfachen „Mustermengen", sprich Strecken, Rechtecken, Quadern, etc., ist. Jetzt geht es darum zu verstehen, wie man komplizierteren Mengen ein Volumen zuordnen kann.

Das Ziel ist jetzt, für möglichst viele Teilmengen $A \subseteq \mathbb{R}^n$ das Volumen $\text{vol}_n(A)$ zu definieren. Das Volumen einer Menge soll dabei immer eine Zahl größer oder gleich Null oder Unendlich sein. Der leeren Menge als der kleinsten aller Mengen möchte man auch das kleinstmögliche Volumen, also Null, zuordnen. In Anbetracht der Überlegungen zu den Rändern von Quadern zieht man auch nichtleere Mengen mit Volumen Null in Betracht. Motiviert durch die Herleitung der Volumenformel (4.1) für Quader, für die man die Quader in kleinere Quader zerschnitten hat, möchte man gerne die folgende *Additivität* der Volumenfunktion haben

$$\forall A, B \subseteq \mathbb{R}^n \text{ disjunkt} : \quad \text{vol}_n(A \uplus B) = \text{vol}_n(A) + \text{vol}_n(B). \tag{4.2}$$

Hier steht das Symbol $\uplus$ für *disjunkte Vereinigung*. Man kann von der Additivität erwarten, dass sie sich in der Berechnung von Volumina durch Zerlegung in einfachere oder schon behandelte Teilmengen nutzbringend einsetzen lässt. Eine erste Konsequenz von (4.2) wäre, dass Teilmengen kein größeres Volumen haben können als die Ausgangsmengen, das heißt $\text{vol}_n(A) \leq \text{vol}_n(B)$ für $A \subseteq B$ gilt, weil man die disjunkte Zerlegung $B = A \uplus (B \setminus A)$ hat.

Ein sehr intuitiver Ansatz für die Volumensbestimmung ist, eine Menge durch Mustermengen zu überdecken, jeder Überdeckung die Summe der Einzelvolumina zuzuordnen und dann als Volumen der Menge das Infimum der Volumina aller Überdeckungen zu nehmen. Dieses Vorgehen führt auf den Begriff des „äußeren Maßes". Damit dieser Zugang funktionieren kann, müssen zwei Bedingungen erfüllt sein:

(a) Die Mustermengen müssen so gebaut sein, dass man sie wie Quader ohne Überlappung aneinander legen kann.

(b) Man muss zu einer vorgegebenen Menge Überdeckungen durch Mustermengen finden können, die nur wenig „überstehen", das heißt nur beliebig kleine Anteile des Komplements der Menge überdecken.

Für Teilmengen beliebiger metrischer Räume ist die Existenz von Mustermengen, die die Bedingung (a) erfüllen, keineswegs garantiert. Darum möchte man die Bedingung abschwächen und auch Mustermengen zulassen, mit denen man den Raum zwar nicht überlappungsfrei überdecken kann, aber doch das Volumen der Überlappungen beliebig klein halten. Genauer gesagt, man will beschränkte Mengen so durch (kleine) Mustermengen überdecken können, dass das Gesamtvolumen der Überlappung beliebig klein wird.

Mengen, die die Bedingung (b) erfüllen, werden wir später „messbar" nennen, weil wir erwarten, diesen Mengen ein Volumen zuordnen zu können. An dieser Stelle sei angemerkt, dass man unter Annahme des Auswahlaxioms die Existenz von Mengen zeigen kann, die nicht in diesem Sinne messbar sind (siehe Beispiel 4.26). Das heißt, die Probleme mit Mengen, für die man keine brauchbare Längen- oder Flächenmessung finden kann, sind nicht vermeidbar.

Eine alternative Vorgehensweise zur Überdeckung durch Mustermengen wäre, die Menge von innen her mit Mustermengen aufzufüllen und das Supremum der Summen als Maß zu nehmen. Man gelangt so zu „inneren Maßen". Stellt man sich zum Beispiel die Frage, welches Volumen ein Sandförmchen fasst, dann kann man im Prinzip zählen, wie viele Sandkörner darin Platz haben und dadurch eine Näherung für das Volumen bekommen. Die Ungenauigkeit besteht darin, dass beim Auffüllen mit Sandkörnern Hohlräume entstehen, die beim Abzählen nicht berücksichtigt werden. Dieses Problem wird man auch nicht los, wenn man den Sand feiner macht, weil man dann zwar kleinere Hohlräume hat, aber dafür auch mehr davon.

Man stelle sich jetzt vor, die Sandkörner seien kugelförmig und würden sich so zurechtschütteln, dass eine bestimmte Form von Kugelpackung entsteht. Dann würden die Mittelpunkte der Kugeln ein festes geometrisches Muster bilden, eine Art Kristallgitter. In so einem Fall kann man erwarten, dass immer der gleiche Prozentsatz des Volumens von den Kugeln ausgefüllt wird und man könnte die Anzahl der Gitterpunkte in der Menge als Maßzahl für das Volumen nehmen. In diesem Bild bedeutet feineren Sand zu nehmen, das Kristallgitter zu skalieren. Auch hier erwartet man keine Verkleinerung des Anteils der Hohlräume am Gesamtvolumen, aber die Hohlräume an den Rändern des Gefäßes können besser ausgefüllt werden. In Abb. 4.2 ist ein zweidimensionales Analogon einer solchen Gitterpunktapproximation dargestellt. Auch bei dieser Vorgehensweise kann man hoffen, für hinreichend reguläre Mengen im Grenzwert eine Zahl zu erhalten, die man als eine Maßzahl für das Volumen interpretieren kann.

In den folgenden Abschnitten diskutieren wir, wie man die eben skizzierten Ideen sauber formuliert und die nötigen Grenzwertprozesse durchführt. Dabei werden wir uns auf den Zugang über äußere Maße konzentrieren, aber inspiriert von der Kristallgitteridee die Begriffsbildungen auch immer darauf abklopfen, ob sie auch dazu taugen, diskrete Mengen abzuzählen. Das Ergebnis werden Maße auf messbaren Räumen sein, auf die wir dann eine Integrationstheorie aufsetzen.

Zwei Spezialfälle der resultierenden Theorie verdienen hier schon besondere Erwähnung: Wenn der gesamte Raum das Volumen Eins hat, erhält man ein Wahrscheinlichkeitsmaß. In diesem Fall liefern die definierenden Eigenschaften von Maßen eine Axiomatik für die Wahrscheinlichkeitstheorie, wie sie 1933 von A.N. Kolmogorov aufgestellt wurde.

Abb. 4.2 Gitterpunkt-approximationen im Zweidimensionalen

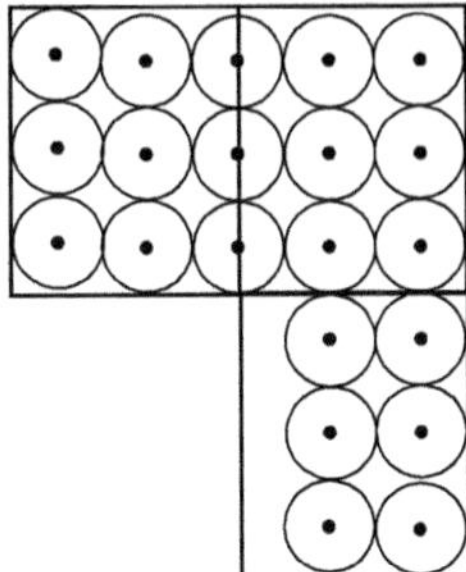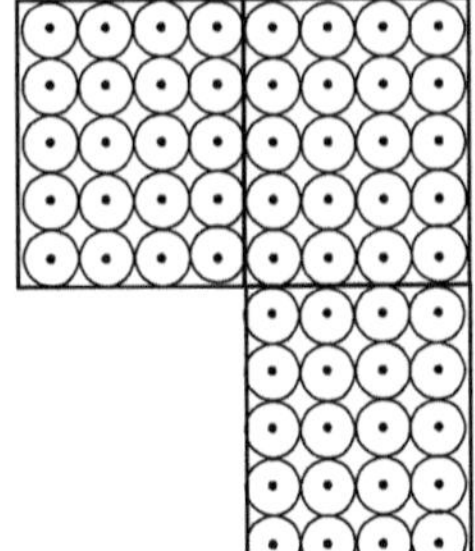

Abb. 4.3 Fläche unter einem
Funktionsgraphen

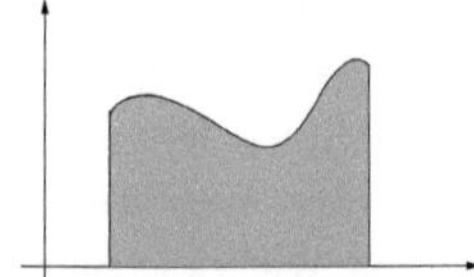

Wenn der Raum, auf dem man integriert, ein Intervall in $\mathbb{R}$ ist, dann kann man aus der hier entwickelten Theorie auch das traditionell in der Schule und den Anfängervorlesungen an Universitäten präsentierte Riemann-Integral einer Funktion ableiten, das (zumindest für positive Funktionen) ja nichts anderes ist als ein Flächenstück, das auf drei Seiten von Geradenstücken und auf einer Seite von einem Funktionsgraphen begrenzt wird (Abb. 4.3).

4.1 Messbare Mengen

In der Diskussion der Fläche einer Teilmenge von $\mathbb{R}^2$ haben wir Quadrate als „Mustermengen" gewählt und uns dabei auf gefliste Böden als Vorbild bezogen. Fliesen müssen aber nicht quadratisch sein. Im Prinzip hätte man dieselben Überlegungen auch für rechteckige, rautenförmige oder noch kompliziertere Mustermengen durchführen können, mit denen man vorgegebene Mengen mit beliebig kleinen Überlappungen und Überständen überdecken kann. Es stellt sich natürlich die Frage, ob das zur selben Familie von messbaren Mengen führen würde und wenn ja, ob man mit den unterschiedlichen Verfahren einer messbaren Menge dasselbe Volumen zuordnen würde.

Das Problem der Auswahl von Mustermengen hat eine gewisse Analogie zur Wahl einer Basis für einen Vektorraum in Kap. 2. Dort hat man Basen dazu benutzt, Eigenschaften von Vektorräumen zu beschreiben und ihnen insbesondere eine Zahl zugeordnet, die Dimension. Die Rolle der Dimension spielt in unserem Kontext das Volumen, während die Rolle der Vektorräume von den messbaren Teilmengen eines Raumes gespielt wird. Der Unterschied ist, dass wir für Vektorräume auch eine Definition haben, die nicht von ihrer Rekonstruktion aus einer Basis abhängt. Unser erstes Ziel in der Präzisierung des Zugangs zur Volumensmessung durch Überdeckung mit Mustermengen wird sein, einen den Vektorräumen analogen begrifflichen Rahmen für die Diskussion von messbaren Mengen zu finden.

4.1.1 σ-Algebren

Der Begriff einer σ-Algebra liefert den gesuchten begrifflichen Rahmen für die Diskussion von messbaren Mengen. Um uns dem Begriff zu nähern, rekapitulieren wir unsere heuristischen Überlegungen zur Volumensbestimmung durch Überdeckung mit Quadraten für allgemeine Mustermengen.

Sei also M eine Menge und $\mathcal{E} \subseteq \mathcal{P}(M)$ eine Familie von *Mustermengen*. Wir nehmen an, dass das Volumen der Mustermengen bekannt ist, das heißt wir geben eine

Funktion $\rho\colon \mathcal{E} \to [0, \infty]$ vor. An dieser Stelle machen wir noch keinerlei Einschränkungen, im Laufe der Diskussion werden wir aber diverse Zusatzbedingungen an ρ stellen, um eine handhabbare Theorie entwickeln zu können. Wenn eine Teilmenge A von Mustermengen $E_1, \ldots, E_k \in \mathcal{E}$ überdeckt wird, das heißt wenn $A \subseteq \bigcup_{j=1}^{k} E_j$ gilt, dann nimmt man die Summe $\sum_{j=1}^{\infty} \rho(E_j)$ als eine obere Schranke für das Volumen der zu untersuchenden Menge. Der Fehler, den man dabei macht, setzt sich aus den Volumina der Überlappungen der Mustermengen und dem Überstand der Mustermengen zusammen. Mit Überstand sind dabei die Punkte gemeint, die in einer der Mustermengen der Überdeckung liegen, nicht aber in der zu messenden Menge (siehe Abb. 4.4). Die Problematik der Überlappungen ist weniger ein Problem der Menge A als ein Problem der Geometrie der Mustermengen. Darum kümmern wir uns später, indem wir Zusatzforderungen an $\mathcal{E}$ und ρ stellen.

Wie groß der Fehler ist, der durch Überstände entsteht, lässt sich noch nicht sagen, weil man ja dem Überstand auch noch kein Volumen zugeordnet hat. Wenn man aber die Mustermengen in kleinere Mustermengen aufteilt und eine der resultierenden kleineren Mustermengen die Menge gar nicht mehr schneidet, kann man diese Mustermenge aus der Überdeckung entfernen und damit den Fehler definitiv verkleinern. So erklärt sich ist die Strategie, beliebig feine Überdeckungen zu nehmen und das Infimum aller so erhaltenen Näherungen als Volumen der Menge zu definieren.

Es ist keineswegs klar, dass die oberen Schranken, die man aus den Überdeckungen erhält, für feine Überdeckungen eine gute Approximation eines sinnvollen Volumens sind. Wenn die zu messende Menge sehr zerklüftet ist, muss man damit rechnen, dass die Verfeinerung der Überdeckungen nicht viel bringt, weil sehr viele Mustermengen sowohl die Menge als auch ihr Komplement schneiden. Solche Mustermengen nennen wir *überstehend*. Nur wenn man zu jedem $\varepsilon > 0$ die Menge so mit Mustermengen überdecken kann, dass die Summe der Volumina der überstehenden Mustermengen kleiner als dieses ε wird, kann man damit rechnen, mit der obigen Strategie eine brauchbare Definition des Volumens der Menge zu bekommen.

Beispiel 4.1 (Überdeckung von durch endlich viele Intervalle) Sei $M = [0, 1]$ und $\mathcal{E}$ die Menge der Intervalle in M. Als $\rho(E)$ nehmen wir die Länge des Intervalls $E \in \mathcal{E}$. Dann gilt $\rho(E) = \rho(\overline{E})$ für jedes $E \in \mathcal{E}$, wobei $\overline{E}$ der Abschluss von E ist. Für jede Teilmenge $A \subseteq M$ und jede Überdeckung $A \subseteq \bigcup_{j=1}^{k} E_j$ gilt $\overline{A} \subseteq \bigcup_{j=1}^{k} \overline{E_j}$ und

Abb. 4.4 Überdeckung
durch Quadrate

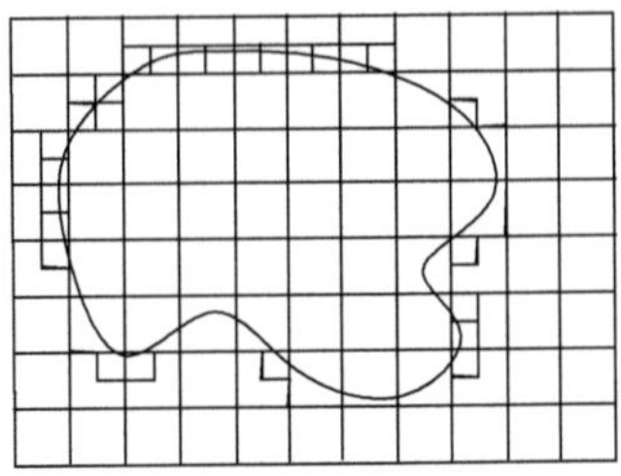

$$\sum_{j=1}^{k} \rho(E_j) = \sum_{j=1}^{k} \rho(\overline{E}_j).$$

Definiert man $\tilde{\rho}(A)$ als das Infimum der $\sum_{j=1}^{k} \rho(E_j)$ für alle endlichen Überdeckungen von A durch Elemente von $\mathcal{E}$, dann findet man $\tilde{\rho}(A) = \tilde{\rho}(\overline{A})$. Für $A := M \cap \mathbb{Q}$ bedeutet das, dass $\tilde{\rho}(A) = 1$. Die Menge A ist *abzählbar*, das heißt von der Form $\{a_1, a_2, \ldots\}$ und jeder Punkt in A ist ein Intervall der Länge Null. Es gilt also

$$\lim_{k \to \infty} \tilde{\rho}(\{a_1, \ldots, a_k\}) = 0 < 1 = \tilde{\rho}(\{a_1, a_2, \ldots\}).$$

$\square$

Beispiel 4.1 ist ein erstes Indiz dafür, dass es besser wäre, zumindest abzählbar unendliche Überdeckungen durch Mustermengen zuzulassen. Um diese Behauptung zu erläutern, betrachten wir das Beispiel einer offenen Kreisscheibe. Sie kann durch abzählbar unendlich viele Quadrate ganz ohne Überstand überdeckt werden (vgl. Abb. 4.5). Anschaulich erwartet man, dass die Summen der Flächen der Quadrate im Grenzwert die Fläche des Kreises ergeben.

Sobald man erwägt, auch abzählbar unendliche Überdeckungen zuzulassen, muss man sich die Frage nach der Bedeutung von Summen mit unendlich vielen Summanden stellen. Man betrachtet diese Summen als spezielle Folgen und nennt sie Reihen. Ein prominentes Beispiel für eine Reihe ist die geometrische Reihe aus Beispiel 3.22. Konvergenzuntersuchungen von Reihen spielen nicht nur beim Studium von Volumina, sondern in sehr vielen mathematischen Kontexten eine wichtige Rolle. Implizit kamen sie schon bei der Behandlung der Exponential- und Winkelfunktionen in Kap. 3 vor Man sollte sie als grundlegende Fragestellung betrachten (siehe auch Abschn. 5.5.3).

Definition 4.2 (Reihen) Sei $(a_n)_{n \in \mathbb{N}}$ eine Folge komplexer Zahlen. Dann ist die zugehörige *Reihe* die Folge $(s_n)_{n \in \mathbb{N}}$ der *Partialsummen*

$$s_n := \sum_{k=1}^{n} a_k := a_1 + \ldots + a_n.$$

Abb. 4.5 Überdeckung einer offenen Kreisscheibe durch unendlich viele Quadrate

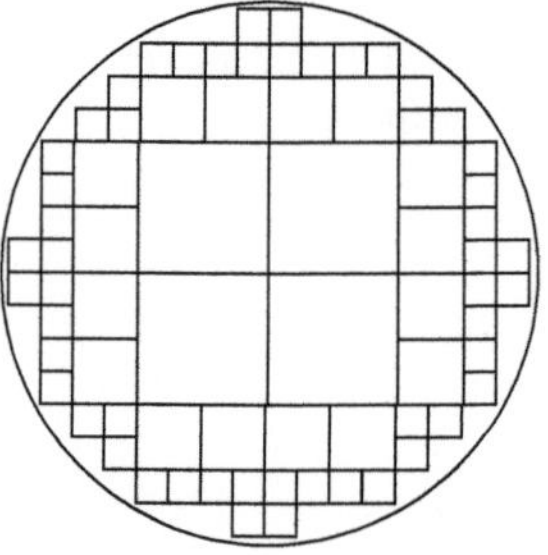

Wenn die Folge $(s_n)_{n\in\mathbb{N}}$ konvergiert, dann sagt man, die Reihe *konvergiert* und bezeichnet den Grenzwert $\lim_{n\to\infty} s_n$ mit $\sum_{k=1}^{\infty} a_k$. Dieser Grenzwert heißt auch die *Summe* oder der *Wert* der Reihe. Man schreibt auch oft $\sum_{k=1}^{\infty} a_k$ anstatt $(s_n)_{n\in\mathbb{N}}$ und zwar unabhängig davon, ob die Reihe konvergiert oder nicht. In der Regel wird aus dem Kontext klar, ob mit $\sum_{k=1}^{\infty} a_k$ die Reihe oder der Wert der Reihe gemeint ist. Eine komplexe Reihe $\sum_{k=1}^{\infty} a_k$ heißt *absolut konvergent*, wenn die Reihe $\sum_{k=1}^{\infty} |a_k|$ der Absolutbeträge konvergiert. $\qquad\square$

Die Konzepte von konvergenten Reihen und ihren Werten aus Definition 4.2 lassen sich direkt auf Folgen in vollständigen normierten Vektorräumen (reell oder komplex) übertragen. Sei $(V, \|\cdot\|)$ so ein Raum. Dann nennt man eine Reihe in V *absolut konvergent*, wenn $\sum_{k=1}^{\infty} \|a_k\|$ konvergiert. Wir werden die folgende Proposition später in dieser Allgemeinheit brauchen.

Proposition 4.3 (Absolute Konvergenz) *Sei $\sum_{k=1}^{\infty} a_k$ eine absolut konvergente Reihe in einem vollständigen normierten Vektorraum V. Dann konvergiert die Reihe $\sum_{k=1}^{\infty} a_k$ und für ihren Wert gilt*

$$\left\| \sum_{k=1}^{\infty} a_k \right\| \le \sum_{k=1}^{\infty} \|a_k\|.$$

Beweis Aus der Ungleichung

$$\left\| \sum_{k=\ell}^{m} a_k \right\| \le \sum_{k=\ell}^{m} \|a_k\| \le \sum_{k=\ell}^{\infty} \|a_k\|$$

folgt zunächst, dass $\sum_{k=\ell}^{m} a_k$ für große ℓ beliebig klein wird. Damit ist die Folge der Partialsummen eine Cauchy-Folge und als solche wegen der Vollständigkeit von V konvergent. Damit haben wir die Konvergenz von $\sum_{k=1}^{\infty} a_k$. Die Aussage für die Werte folgt dann, indem man für $\ell = 1$ auf der linken Seite den Grenzwert für $m \to \infty$ betrachtet. $\qquad\square$

Die Partialsummen von $\sum_{k=1}^{\infty} |a_k|$ bilden im Falle der absoluten Konvergenz eine Cauchy-Folge. Mit Proposition 4.3 sieht man, dass dann auch die Partialsummen von $\sum_{k=1}^{\infty} a_k$ eine Cauchy-Folge bilden und als solche konvergieren.

Mit dem Begriff der Konvergenz von Reihen können wir für abzählbar unendliche Überdeckungen $A \subseteq \bigcup_{j=1}^{\infty} E_j$ dem Ausdruck $\sum_{j=1}^{\infty} \rho(E_j)$ einen Sinn geben und so diese Überdeckungen in unsere Überlegungen zum Volumen mit einbeziehen. Überabzählbare Überdeckungen sind dagegen wertlos. Jede Menge lässt sich als Vereinigung aller ihrer Punkte schreiben, denen man jeweils das Volumen Null zuordnet. Das Problem ist dabei, dass man kein sinnvolles Analogon zu den Reihen hat, wenn eine Familie von Null verschiedener Zahlen durch eine überabzählbare Menge parametrisiert ist. Es liegen dann nämlich für mindestens ein $n \in \mathbb{N}$ unendlich viele Zahlen betragsmäßig zwischen $\frac{1}{n+1}$ und $\frac{1}{n}$. Schon diese Beträge addieren sich zu unendlich auf, das heißt absolute Konvergenz ist in diesem Kontext ein sinnloser Begriff.

Wir kommen zurück auf das Beispiel 4.1. Wenn man dort $k \in \mathbb{N} \cup \{\infty\}$ setzt, das heißt auch abzählbar unendliche Überdeckungen zulässt, findet man $\tilde{\rho}(A) = 0$, weil $\sum_{j=1}^{\infty} \rho(\{a_j\}) = 0$ ist. In dieser Variante hat man also

$$\tilde{\rho}\Big(\overset{\infty}{\underset{j=0}{\dot{\bigcup}}} \{a_j\} \Big) = \sum_{j=0}^{\infty} \tilde{\rho}(\{a_j\}),$$

so wie es die Analogie mit der von den Quadraten überdeckten Kreisscheibe nahelegt.

Wir definieren für jede endliche oder abzählbar unendliche Überdeckung $A \subseteq \bigcup_{j \in J} E_j$ von $A \subseteq M$ durch Mustermengen $E_j \in \mathcal{E}$ das *Randvolumen* der Überdeckung als

$$\sum_{j \in J_\partial} \rho(E_j), \tag{4.3}$$

wobei $J_\partial := \{j \in J \mid E_j \text{ steht über}\}$ ist. Die Formel (4.3) führt auf ein technisches Problem, wenn J_δ unendlich ist. Um die Definition der Konvergenz von Reihen anwenden zu können, müssen wir J_∂ in irgendeiner Reihenfolge anordnen. Wir werden in Satz 4.9 zeigen, dass im Falle positiver Summanden alle Anordnungen dasselbe Ergebnis liefern, hier können wir aber auch mit einer fest gewählten Anordnung arbeiten.

Je kleiner das Randvolumen einer Überdeckung ist, desto geringer ist der Fehler, den man bei der Schätzung des Volumens aufgrund des Überstands macht. Wenn man also das Randvolumen beliebig klein halten kann, dann hat man eine Chance, mit unserer Methode das Volumen von A zu finden. Wir nennen A eine *ρ-messbare* Menge, wenn es zu jedem $\varepsilon > 0$ eine höchstens abzählbar unendliche Überdeckung $A \subseteq \bigcup_j E_j$ gibt, deren Randvolumen kleiner ε ist. Die Mustermengen selbst sind dann auf jeden Fall ρ-messbar, weil sie ohne Überstand durch Mustermengen (eine, um genau zu sein) überdeckt werden können.

Wenn zwei Mengen ρ-messbar sind, dann gilt das auch für die Vereinigung dieser beiden Mengen. Dazu muss man nur je eine Überdeckung wählen, deren Randvolumen jeweils kleiner als $\frac{\varepsilon}{2}$ ist, dann liefert die Vereinigung der beiden Überdeckungen eine Überdeckung der Vereinigung der beiden Mengen, deren Randvolumen weniger als ε ist. Mit Induktion sieht man, dass die Vereinigung von endlich vielen ρ-messbaren Mengen ρ-messbar ist. Man kann auch zeigen, dass abzählbare Vereinigungen ρ-messbarer Mengen A_j messbar sind: Für $A = \bigcup_{j \in \mathbb{N}} A_j$ wählt man zu A_j eine Überdeckung durch Mustermengen mit Randvolumen kleiner als $\frac{\varepsilon}{2^j}$. Die Vereinigung aller dieser Überdeckungen bilden dann eine Überdeckung von A deren Randvolumen nach Beispiel 3.22 durch $\frac{\varepsilon}{2^1} + \frac{\varepsilon}{2^2} + \frac{\varepsilon}{2^3} + \ldots \le \varepsilon$ beschränkt wird.

Seien $E_1, E_2, \ldots$ Elemente von $\mathcal{E}$, die ganz M überdecken, und $A \subseteq M$. Dann können wir $\{E_1, E_2, \ldots\}$ als Überdeckung von A ebenso wie als Überdeckung des Komplements $A^c = M \setminus A$ von A betrachten. Nach Definition ist das Randvolumen in beiden Interpretationen gleich. Dies ist ein Indiz dafür, dass A genau dann ρ-messbar ist, wenn A^c ρ-messbar ist. Um diese Äquivalenz wirklich zu beweisen, würde es zum Beispiel ausreichen zu zeigen, dass man jede höchstens abzählbare Überdeckung einer Menge A durch Elemente von $\mathcal{E}$ durch zu A disjunkte Elemente von $\mathcal{E}$ zu einer Überdeckung von ganz M erweitern kann.

Die Abgeschlossenheit unter Komplementbildung ist eine wünschenswerte Eigenschaft messbarer Mengen, weil sie die Anwendbarkeit der Additivität (4.2) von Volumenfunktionen drastisch vereinfacht. Im Allgemeinen gilt sie nicht (vgl. Beispiel 4.8), aber durch geeignete Zusatzvoraussetzungen kann man große Klassen von Beispielen erzeugen, in denen sie gilt (siehe Abschn. 4.1.3).

Anstatt uns jetzt Gedanken zu machen, welche Voraussetzungen wir an ρ stellen müssen, um diese Eigenschaft für die ρ-messbaren Mengen tatsächlich zu beweisen, fassen wir die beiden Schlüsseleigenschaften in eine Definition. Wir schaffen damit den gewünschten Rahmen, innerhalb dessen man nicht nur die Natur ρ-messbarer Mengen in Abhängigkeit von der Funktion ρ behandeln kann, sondern auch alternative Vorgehensweisen in der Bestimmung von Volumina und verwandten Begriffen wie Wahrscheinlichkeiten präzise beschreiben kann.

Definition 4.4 (σ-**Algebren und messbare Räume**) Seien M eine beliebige, nichtleere Menge und $\mathcal{M} \subseteq \mathcal{P}(M)$ eine nichtleere Menge von Teilmengen von M. Dann heißt $\mathcal{M}$ eine *Algebra,* wenn gilt

(a) $E_1, \ldots, E_n \in \mathcal{M} \;\;\Rightarrow\;\; E_1 \cup \ldots \cup E_n \in \mathcal{M}$,
(b) $E \in \mathcal{M} \;\;\Rightarrow\;\; M \setminus E \in \mathcal{M}$.

Wenn sogar

(a') $E_j \in \mathcal{M}, j \in \mathbb{N} \;\;\Rightarrow\;\; \bigcup_{j \in \mathbb{N}} E_j \in \mathcal{M}$

statt (a) gilt, dann heißt die Algebra $\mathcal{M}$ eine σ-*Algebra.*

Ein Paar $(M, \mathcal{M})$, wobei M eine nichtleere Menge und $\mathcal{M} \subseteq \mathcal{P}(M)$ eine σ-Algebra ist, heißt ein *messbarer Raum.* Die Elemente von $\mathcal{M}$ heißen *messbare Mengen.* $\qquad\square$

Die Namensgebungen „Algebra" und „σ-Algebra" sind konsistent mit den üblichen Traditionen. Eine Struktur, auf der endlich viele Elemente miteinander verknüpft werden, nennt man gemeinhin eine algebraische Struktur. Wenn eine Definition von einer endlichen auf eine abzählbar unendliche Situation ausgedehnt wird, stellt man oft den griechischen Buchstaben σ voran, wie in den Begriffen σ-endlich, σ-kompakt, oder eben σ-Algebra. Es sei hier außerdem angemerkt, dass es in der Mathematik unterschiedliche Strukturen gibt, die mit dem Namen Algebra belegt werden. Die Verwechslungsgefahr ist nicht sehr groß, weil Definition 4.4 sich auf Mengen von Teilmengen bezieht, während der in algebraisch-geometrischen und funktionalanalytischen Kontexten auftauchende Begriff einer Algebra sich auf

Vektorräume bezieht, die zusätzlich eine mit der Vektorraumstruktur kompatible Ringstruktur tragen.

Die einfachsten Beispiele für σ-Algebren in einer Potenzmenge $\mathcal{P}(M)$ sind $\{\emptyset, M\}$ und die Potenzmenge $\mathcal{P}(M)$ selbst.

Beispiel 4.5 *(Eine nicht-triviale σ-Algebra auf $\mathbb{N}$)* Sei $\ell \in \mathbb{N}$ und $[n]_\ell := \{n, n + \ell, n + 2\ell, \ldots\}$ die Teilbarkeitsklasse von n modulo ℓ. Wir setzen

$$\mathcal{M} := \{\emptyset\} \cup \{A \subseteq \mathbb{N} \mid A \text{ ist Vereinigung von Teilbarkeitsklassen}\}.$$

Dann ist $\mathcal{M}$ offensichtlich abgeschlossen unter beliebigen Vereinigungen und Durchschnitten. Da das Komplement einer Teilbarkeitsklasse die Vereinigung der anderen Teilbarkeitsklassen ist, folgt, dass $\mathcal{M}$ eine σ-Algebra ist. $\qquad\square$

Wir greifen die zu Beginn des Abschn. 4.1 erwähnte Analogie zwischen messbaren Räumen und Vektorräumen wieder auf. Darin entsprechen die beiden „trivialen" σ-Algebren $\mathcal{P}(M)$ und $\{\emptyset, M\}$ auf einer Menge M den trivialen Unterräumen V und $\{0\}$ eines Vektorraums V. Das Analogon zum linearen Spann lässt sich wie folgt präzisieren: Seien M und Λ beliebige, nichtleere Mengen. Wenn $\mathcal{M}_\lambda \subseteq \mathcal{P}(M)$ für jedes $\lambda \in \Lambda$ eine σ-Algebra ist, dann ist auch $\bigcap_{\lambda \in \Lambda} \mathcal{M}_\lambda \subseteq \mathcal{P}(M)$ eine σ-Algebra. Wenn jetzt $\mathcal{E} \subseteq \mathcal{P}(M)$ eine beliebige, nichtleere Teilmenge ist, dann ist

$$\sigma(\mathcal{E}) := \langle \mathcal{E} \rangle_{\sigma\text{-Algebra}} := \bigcap \{\mathcal{M} \subseteq \mathcal{P}(M) \mid \mathcal{M} \; \sigma\text{-Algebra, die } \mathcal{E} \text{ enthält}\}$$

ebenfalls eine σ-Algebra, und zwar die kleinste, in der $\mathcal{E}$ enthalten ist. Man nennt sie die von $\mathcal{E}$ *erzeugte* σ-Algebra.

Beispiel 4.6 *(Borel σ-Algebra)* Sei M ein metrischer Raum und $\mathcal{E} := \{U \in \mathcal{P}(M) \mid U \text{ offen in } M\}$. Dann heißt die von $\mathcal{E}$ erzeugte σ-Algebra die *Borel–σ-Algebra* von M. Wir bezeichnen sie mit $\mathcal{B}_M$. Die Elemente von $\mathcal{B}_M$ heißen die *Borel–messbaren* Teilmengen von M. $\qquad\square$

Wir beenden diesen Abschnitt mit einer Beobachtung, die das Rechnen mit messbaren Mengen deutlich vereinfacht: Wegen der de Morgan-Formel

$$\bigcap_{j \in J} E_j = M \setminus \left(\bigcup_{j \in J} (M \setminus E_j) \right),$$

(unverändert gültig auch für unendliche Familien von Mengen) gelten in einer Algebra bzw. einer σ-Algebra $\mathcal{M}$ auch die Gesetze

(c) $E_1, \ldots, E_n \in \mathcal{M} \quad \Rightarrow \quad E_1 \cap \ldots \cap E_n \in \mathcal{M}.$

bzw.

(c') $E_j \in \mathcal{M}$, $j \in \mathbb{N}$ $\Rightarrow$ $\bigcap_{j \in \mathbb{N}} E_j \in \mathcal{M}$.

Außerdem gilt wegen $E \cup (M \setminus E) = M$ und $E \cap (M \setminus E) = \emptyset$ automatisch $\emptyset, M \in \mathcal{M}$.

4.1.2 Äußere Maße

In diesem Abschnitt untersuchen wir die obere Abschätzung für Volumina beliebiger Mengen, die sich aus der Vorgabe einer Volumenfunktion $\rho \colon \mathcal{E} \to [0, \infty]$ ergibt, wie wir sie in Abschn. 4.1.1 eingeführt haben. Besonderes Augenmerk richten wir auf die Frage, unter welchen Bedingungen diese Abschätzung auf den Mustermengen mit der Volumenfunktion übereinstimmt.

Zur leichteren Formulierung setzen wir $\emptyset \in \mathcal{E} \subseteq \mathcal{P}(M)$ und $\rho(\emptyset) = 0$ voraus. Dann definieren wir $\widehat{\mathcal{E}}(A)$ als das System aller Folgen $A_1, A_2, \ldots \in \mathcal{E}$ mit $A \subseteq \bigcup_{n=1}^{\infty} A_n$ und setzen

$$\rho^*(A) := \inf \left\{ \sum_{n=1}^{\infty} \rho(A_n) \ \middle| \ (A_n)_{n \in \mathbb{N}} \in \widehat{\mathcal{E}}(A) \right\}, \tag{4.4}$$

wobei wir der Konventionen aus Definition 1.88 entsprechend $\inf \emptyset = \infty$ setzen. Man beachte, dass damit auch endliche Überdeckungen beschrieben sind, weil man eine endliche Folge $A_1, \ldots, A_k$ durch $A_j = \emptyset$ für $j > k$ auffüllen kann, ohne etwas an der Summe $\rho(A_1) + \rho(A_2) + \ldots$ zu ändern.

Nach der Diskussion zu Beginn von Abschn. 4.1.1 können wir nicht erwarten, dass die resultierende Funktion $\rho^* \colon \mathcal{P}(M) \to [0, \infty]$ für alle Teilmengen $A \subseteq M$ als Volumen von A interpretiert werden kann. Es wird also noch die Frage zu diskutieren sein, welche Teilmengen ρ-messbar sind und wie sich ρ^* auf den ρ-messbaren Mengen verhält. Wir starten aber mit den Eigenschaften von ρ^* als Funktion auf ganz $\mathcal{P}(M)$. Sie spiegeln den Teil der in der Einleitung zu diesem Kapitel beschriebenen Vorstellung von Volumina wieder, den man ohne Voraussetzungen an Überlappungen und Überstände erwarten kann. Man fasst diese Eigenschaften unter dem Namen „äußeres Maß" zusammen.

Definition 4.7 (Äußeres Maß) Sei M eine Menge. Ein *äußeres Maß* auf M ist eine Funktion $\mu \colon \mathcal{P}(M) \to [0, \infty]$ mit folgenden Eigenschaften

(a) $\mu(\emptyset) = 0$,
(b) $\mu(A) \leq \mu(B)$ für $A \subseteq B \subseteq M$ *(Monotonie)*,
(c) Für jede Folge $(A_j)_{j \in \mathbb{N}}$ in $\mathcal{P}(M)$ gilt die σ-*Subadditivität*

$$\mu \left(\bigcup_{j \in \mathbb{N}} A_j \right) \leq \sum_{j \in \mathbb{N}} \mu(A_j).$$

Die Eigenschaften aus Definition 4.7 reichen nicht aus, um die gewünschte Additivität $\mu(A_1 \dot\cup A_2) = \mu(A_1) + \mu(A_2)$ für alle disjunkten Mengen $A_1, A_2 \subseteq M$ oder gar die σ-*Additivität*

$$\mu\left(\bigcup_{j \in \mathbb{N}}^{\cdot} A_j\right) = \sum_{j \in \mathbb{N}} \mu(A_j) \tag{4.5}$$

für jede paarweise disjunkte Folge $(A_j)_{j \in \mathbb{N}}$ in $\mathcal{P}(M)$ zu zeigen (vgl. Gleichung (4.2)). Man wird sich auf kleinere Familien von Teilmengen einschränken müssen, für die diese Eigenschaften gewährleistet werden können.

Beispiel 4.8 *(Punkte als Mustermengen)*

(i) Sei $M = \mathbb{R}$ und $\mathcal{E} = \{\emptyset\} \cup \{\{x\} \mid x \in \mathbb{R}\}$. das heißt, wir betrachten die Punkte in $\mathbb{R}$ als Mustermengen. Als Funktion $\rho \colon \mathcal{E} \to [0, \infty]$ wählen wir die konstante Funktion 0. Dann liefert (4.4)

$$\rho^*(A) = \begin{cases} \infty & \text{falls } A \text{ überabzählbar ist,} \\ 0 & \text{falls } A \text{ höchstens abzählbar ist.} \end{cases}$$

Man verifiziert sofort, dass ρ^* die drei Bedingungen aus Definition 4.7 erfüllt, das heißt ein äußeres Maß ist. Die Funktion ρ^* ist sogar σ-additiv, liefert aber dennoch keinen vernünftigen Volumenbegriff auf $\mathbb{R}$.

(ii) Wir modifizieren ρ^* aus (i) zu einer Funktion $\nu \colon \mathcal{P}(\mathbb{R}) \to [0, \infty]$ durch

$$\nu(A) = \begin{cases} 1 & \text{falls } A \text{ überabzählbar ist,} \\ 0 & \text{falls } A \text{ höchstens abzählbar ist.} \end{cases}$$

Wieder verifiziert man sofort, dass die Abbildung ein äußeres Maß ist. Allerdings ist ν nicht σ-additiv, weil es disjunkte überabzählbare Teilmengen von $\mathbb{R}$ gibt. Wenn man ν auf die von $\mathcal{E}$ erzeugte σ-Algebra $\sigma(\mathcal{E})$ einschränkt, erhält man eine σ-additive Funktion. Das liegt daran, dass die einzigen überabzählbaren Elemente von $\sigma(\mathcal{E})$ die Komplemente abzählbarer Teilmengen von $\mathbb{R}$ sind. Also können zwei überabzählbare Elemente von $\sigma(\mathcal{E})$ niemals disjunkt sein. Aber dann kann in (4.5) höchstens eine der Mengen überabzählbar sein. In diesem Fall stehen links und rechts eine 1. Andernfalls steht auf beiden Seiten eine 0. □

Um den Nachweis dafür erbringen zu können, dass (4.4) immer ein äußeres Maß definiert, brauchen wir den schon erwähnten Umordnungssatz. Es handelt sich dabei um eine nichttriviale Aussage über die absolute Konvergenz von Reihen. Sie besagt, dass man zwei bestimmte Grenzwertprozesse in ihrer Reihenfolge vertauschen darf. Die Vertauschbarkeit zweier Grenzwertprozesse ist keine Selbstverständlichkeit. Es gibt viele Sätze in der Analysis, die auf solche Aussagen hinauslaufen, zum Beispiel über Ableitungen unter dem Integral, Ableitungen von Grenzwerten, Integrale von

Grenzwerten oder einfach die Vertauschung von Integrationen. Aber alle diese Sätze haben spezifische Voraussetzungen wie zum Beispiel absolute oder gleichmäßige Konvergenz, ohne die die Aussage falsch wird.

Die Formulierung des Umordnungssatzes bedarf einer gewissen Vorbereitung. Insbesondere brauchen wir einige Definitionen. Eine *Umordnung* von $\mathbb{N}$ ist eine Matrix

$$
\begin{matrix}
p_{1,1} & p_{1,2} & p_{1,3} & \cdots \\
p_{2,1} & p_{2,2} & p_{2,3} & \cdots \\
p_{3,1} & p_{3,2} & p_{3,3} & \cdots \\
\vdots & \vdots & \vdots &
\end{matrix}
$$

von natürlichen Zahlen, in der jede natürliche Zahl genau einmal vorkommt. Wir lassen allerdings auch zu, dass die Matrix nur endlich viele Zeilen hat. Insbesondere betrachten wir auch den Fall einer einzigen Zeile, der der intuitiven Vorstellung einer Umordnung von $\mathbb{N}$ entspricht. Es ist außerdem auch erlaubt, dass einzelne Zeilen oder Spalten nur endlich viele Zahlen enthalten.

Wir sagen, eine Reihe $\sum_{k=1}^{\infty} a_k$ ist aus den Reihen

$$
\begin{aligned}
\sum_{k=1}^{\infty} b_{1,k} &= b_{1,1} + b_{1,2} + b_{1,3} + \ldots \\
\sum_{k=1}^{\infty} b_{2,k} &= b_{2,1} + b_{2,2} + b_{2,3} + \ldots \\
\sum_{k=1}^{\infty} b_{3,k} &= b_{3,1} + b_{3,2} + b_{3,3} + \ldots \\
&\;\;\vdots
\end{aligned}
$$

zusammengesetzt, wenn es eine Umordnung

$$
\begin{matrix}
p_{1,1} & p_{1,2} & p_{1,3} & \cdots \\
p_{2,1} & p_{2,2} & p_{2,3} & \cdots \\
p_{3,1} & p_{3,2} & p_{3,3} & \cdots \\
\vdots & \vdots & \vdots &
\end{matrix}
$$

von $\mathbb{N}$ mit $b_{i,j} = a_{p_{i,j}}$ gibt.

Satz 4.9 (Umordnungssatz für Reihen) *Sei $\sum_{k=1}^{\infty} a_k$ eine Reihe, die aus den Reihen*

$$
\begin{aligned}
\sum_{k=1}^{\infty} b_{1,k} &= b_{1,1} + b_{1,2} + b_{1,3} + \ldots \\
\sum_{k=1}^{\infty} b_{2,k} &= b_{2,1} + b_{2,2} + b_{2,3} + \ldots \\
\sum_{k=1}^{\infty} b_{3,k} &= b_{3,1} + b_{3,2} + b_{3,3} + \ldots \\
&\;\;\vdots
\end{aligned}
$$

zusammengesetzt ist. Wir nehmen an, dass $\sum_{k=1}^{\infty} b_{m,k}$ für jedes m absolut konvergent mit Wert B_m ist. Sei $C_m = \sum_{k=1}^{\infty} |b_{m,k}|$. Wenn die Reihe $\sum_{m=1}^{\infty} C_m$ konvergiert, dann konvergieren $\sum_{k=1}^{\infty} a_k$ und $\sum_{m=1}^{\infty} B_m$ absolut und ihre Werte sind gleich:

$$
\sum_{k=1}^{\infty} a_k = \sum_{m=1}^{\infty} B_m.
$$

Hier ist der Umordnungssatz für Umordnungen mit unendlich vielen Zeilen formuliert. Für nur endlich viele Zeilen vereinfacht er sich insoweit, als die Summationen über m immer nur endliche Summen sind. Ansonsten bleiben alle Argumente gleich. Im Extremfall einer einzigen Zeile besagt der Satz, dass man den Wert einer absolut konvergenten Reihe nicht ändert, wenn man die Summierung in einer anderen Reihenfolge vornimmt. In dieser Form wendet man ihn zum Beispiel an, um zu zeigen, dass die Formel (4.3) für jede Anordnung von J_∂ denselben Wert ergibt.

Die Beweisidee für den Umordnungssatz ist, die Partialsummen von $\sum_{k=1}^{\infty}|a_k|$ mit Summen über endliche (linke obere) Teilquadrate der Umordnung zu vergleichen. Ein ähnliches Argument haben wir schon in Beispiel 3.28 gesehen. Als zusätzliches Hilfsmittel werden wir das folgende Lemma brauchen.

Lemma 4.10 *Sei $\sum_{k=1}^{\infty} a_k$ eine Reihe mit $a_k \geq 0$. Wenn es eine Konstante $C > 0$ mit $\sum_{k=1}^{n} a_k < C$ für alle $n \in \mathbb{N}$ gibt, dann konvergiert die Reihe.*

Beweis Die Partialsummen $s_n = \sum_{k=1}^{n} a_k$ bilden eine monoton steigende beschränkte Folge in $\mathbb{R}$. Wegen der Beschränktheit existiert das Supremum. Sei $s := \sup_{n \in \mathbb{N}} s_n$. Dann gibt es zu $\varepsilon > 0$ ein $n_0 \in \mathbb{N}$ mit $s_{n_0} \geq s - \varepsilon$. Wegen der Monotonie gilt dann für alle $n \geq n_0$, dass $|s - s_n| = s - s_n \leq s - s_{n_0} \leq \varepsilon$ und das beweist $s = \lim_{n \to \infty} s_n$. $\qquad\square$

Jetzt können wir den Umordnungssatz 4.9 beweisen:

Beweis Zu jedem $n \in \mathbb{N}$ gibt es ein $q \in \mathbb{N}$ mit $\{1, \ldots, n\} \subseteq \{p_{i,j} \mid i, j \leq q\}$.

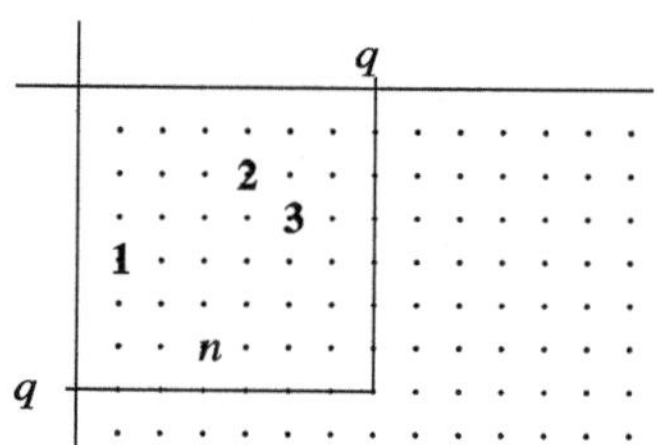

Es gilt dann

$$\sum_{k=1}^{n} |a_k| \leq \sum_{j=1}^{q} |b_{1,j}| + \ldots + \sum_{j=1}^{q} |b_{q,j}| \leq \sum_{k=1}^{\infty} C_k$$

und Lemma 4.10 zeigt die Konvergenz von $\sum_{k=1}^{\infty}|a_k|$. Die Dreiecksungleichung liefert die Abschätzung

$$\sum_{k=1}^{q} |B_k| = \left|\sum_{j=1}^{\infty} b_{1,j}\right| + \ldots + \left|\sum_{j=1}^{\infty} b_{q,j}\right| \leq \sum_{j=1}^{\infty} |b_{1,j}| + \ldots + \sum_{j=1}^{\infty} |b_{q,j}| \leq \sum_{k=1}^{\infty} C_k,$$

aus der die Konvergenz von $\sum_{k=1}^{\infty}|B_k|$ folgt. Das bedeutet, $\sum_{k=1}^{\infty} a_k$ und $\sum_{k=1}^{\infty} B_k$ konvergieren absolut.

Es bleibt zu zeigen, dass die Folge $v_n := \sum_{k=1}^{n}(B_k - a_k)$ gegen Null konvergiert. Wähle dazu ein $\varepsilon > 0$. Dann finden wir ein $m \in \mathbb{N}$ mit

$$\sum_{k=1}^{\infty} |a_{m+k}| = \sum_{k=1}^{\infty} |a_k| - \sum_{k=1}^{m} |a_k| < \varepsilon.$$

Wähle ein $r \in \mathbb{N}$ mit $r > m$ und $\{1, \ldots, m\} \subseteq \{p_{i,j} \mid i, j \le r\}$.

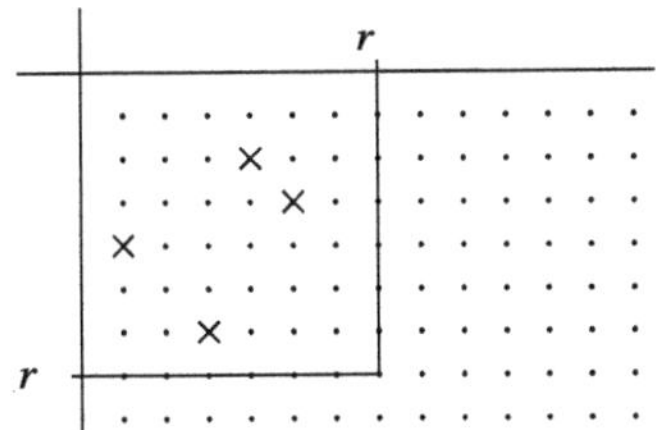

Falls i oder j größer als r ist, gilt dann $p_{i,j} > m$. Setze $s_{i,n} := \sum_{k=1}^{n} b_{i,k}$. Dann enthält die Differenz

$$\sum_{i=1}^{n} s_{i,n} - \sum_{k=1}^{m} a_k$$

für $n > r$ nur solche a_k mit $k > m$.

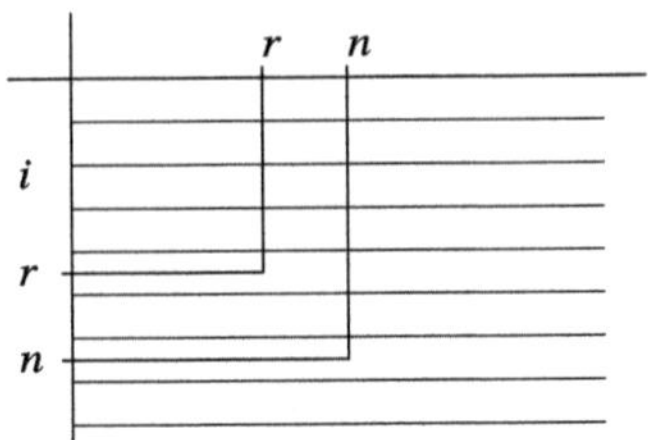

Aber dann gilt

$$\left| \sum_{i=1}^{n} s_{i,n} - \sum_{k=1}^{m} a_k \right| \le \sum_{k=1}^{\infty} |a_{m+k}| < \varepsilon$$

und folglich (weil $n > m$)

$$\left| \sum_{k=1}^{n} s_{k,n} - \sum_{k=1}^{n} a_k \right| < 2\varepsilon$$

für alle $n > r$. Für jedes i enthält die Reihe $\sum_{k=1}^{\infty} b_{i,n+k}$, deren Summe $B_i - s_{i,n}$ ist, für $n > r$ nur solche a_k mit $k > m$. Dabei kommt a_k in höchstens einer dieser Reihen vor und zwar höchstens einmal. Damit folgt

$$\sum_{i=1}^{n} |B_i - s_{i,n}| < 2\varepsilon.$$

Um dies einzusehen, stellen wir zunächst fest, dass zu i und n ein $K_{i,n} \in \mathbb{N}$ existiert mit

$$|B_i - s_{i,n}| = \left| \sum_{k=1}^{\infty} b_{i,n+k} \right| \leq \left(\sum_{k=1}^{K_{i,n}} |b_{i,n+k}| \right) + \frac{\varepsilon}{n}.$$

Andererseits gilt $\sum_{k=1}^{K_{i,n}} |b_{i,n+k}| = \sum_{l \in L_{i,n}} |a_l|$, wobei $L_{i,n}$ eine endliche Teilmenge von $\{m+1, m+2, \ldots\}$ ist. Die Mengen $L_{i,n}$, $i = 1, \ldots, n$ sind disjunkt. Setze $L_n := \bigcup_{i=1}^{n} L_{i,n} \subseteq \{m+1, m+2, \ldots\}$. Dann gilt

$$\sum_{i=1}^{n} |B_i - s_{i,n}| \leq \varepsilon + \sum_{l \in L_n} |a_l| \leq 2\varepsilon.$$

Schließlich erhalten wir

$$\left| \sum_{k=1}^{n} (B_k - a_k) \right| \leq \sum_{k=1}^{n} |B_k - s_{k,n}| + \left| \sum_{k=1}^{n} s_{k,n} - \sum_{k=1}^{n} a_k \right| < 4\varepsilon$$

und das beweist die Behauptung. $\qquad\square$

Mit dem Umordnungssatz 4.9 können wir, wie angekündigt, zeigen, dass (4.4) immer ein äußeres Maß ρ^* definiert. Es liefert zu jeder Teilmenge $A \subseteq M$ eine obere Schranke für das hypothetische Volumen von A (vgl. Abschn. 4.1.1).

Satz 4.11 (Konstruktion äußerer Maße) *Sei M eine Menge, $\emptyset \in \mathcal{E} \subseteq \mathcal{P}(M)$ und $\rho \colon \mathcal{E} \to [0, \infty]$ eine Abbildung mit $\rho(\emptyset) = 0$. Für $A \subseteq M$ sei $\widehat{\mathcal{E}}(A)$ das System aller Folgen $A_1, A_2, \ldots \in \mathcal{E}$ mit $A \subseteq \bigcup_{n=1}^{\infty} A_n$. Dann definiert*

$$\rho^*(A) := \inf\left\{ \sum_{n=1}^{\infty} \rho(A_n) \,\middle|\, (A_n)_{n \in \mathbb{N}} \in \widehat{\mathcal{E}}(A) \right\}, \tag{4.6}$$

ein äußeres Maß $\rho^* \colon \mathcal{P}(M) \to [0, \infty]$.

Beweis Die Eigenschaft (a) aus Definition 4.7 folgt mit $(\emptyset, \emptyset, \ldots) \in \widehat{\mathcal{E}}(\emptyset)$. Die Monotonie (b) ist eine unmittelbare Konsequenz der definition von ρ^*. Um (c) zu zeigen, müssen wir zwei Fälle unterscheiden. Wenn $\sum_{n=1}^{\infty} \rho^*(A_n) = \infty$, dann ist (c) automatisch richtig. Wir nehmen also an, dass $\sum_{n=1}^{\infty} \rho^*(A_n) < \infty$. Dann wählen wir ein beliebiges $\varepsilon > 0$. Für jedes n gibt es dazu eine Folge $(A_{n,m})_{m \in \mathbb{N}} \in \widehat{\mathcal{E}}(A_n)$ mit $\sum_{m=1}^{\infty} \rho(A_{n,m}) \leq \rho^*(A_n) + \frac{\varepsilon}{2^n}$. Die Folge $(A_{n,m})_{n,m=1,2,\ldots}$ (ordne die unendliche Matrix als Folge an) liegt in $\widehat{\mathcal{E}}\left(\bigcup_{n=1}^{\infty} A_n \right)$. Hieraus entsteht mit dem Umordnungssatz 4.9

$$\rho^*\left(\bigcup_{n=1}^{\infty} A_n \right) \leq \sum_{m,n} \rho(A_{n,m}) \leq \sum_{n=1}^{\infty} \left(\rho^*(A_n) + \frac{\varepsilon}{2^n} \right) \leq \sum_{n=1}^{\infty} \rho^*(A_n) + \varepsilon < \infty.$$

Da $\varepsilon > 0$ beliebig ist, folgt die Behauptung. $\square$

Indem man die Überdeckung von $E \in \mathcal{E}$ durch sich selbst nimmt, stellt man sofort fest, dass auf jeden Fall $\rho(E) \geq \rho^*(E)$ gilt. Es könnte aber im Prinzip sein, dass man den Wert $\rho(E)$ unterschreitet, wenn man eine clevere Überdeckung wählt. Das würde der Interpretation von ρ^* als obere Schranke für das Volumen widersprechen und man müsste ρ als Volumenfunktion auf den Mustermengen als inkonsistent zurückweisen. Wir nennen ρ *konsistent,* wenn die Bedingung

$$\rho^*|_{\mathcal{E}} = \rho \tag{4.7}$$

gilt. In dieser Formulierung erfordert die Verifikation der Konsistenz von ρ Kenntnis des äußeren Maßes ρ^*. Da ρ^* aus ρ gewonnen wird, ist es natürlich möglich, (4.7) so umzuformulieren, dass nur noch ρ darin vorkommt. Eine Möglichkeit für so eine Umformulierung ist

$$\forall E \in \mathcal{E}, \; \forall \text{ Folgen } (E_j)_{j \in \mathbb{N}} \text{ in } \mathcal{E} \text{ mit } E \subseteq \bigcup_j E_j : \quad \rho(E) \leq \sum_j \rho(E_j). \tag{4.8}$$

Wenn (4.7) gilt, dann folgt (4.8), weil ρ^* ein äußeres Maß und somit monoton und σ-subadditiv ist. Umgekehrt, wenn (4.8) gilt, wählt man zu $\varepsilon > 0$ eine Überdeckung $E \subseteq \bigcup_j E_j$ mit $E_j \in \mathcal{E}$ und $\rho^*(E) + \varepsilon \geq \sum_j \rho(E_j)$. Es folgt $\rho^*(E) + \varepsilon \geq \rho(E)$ und man schließt $\rho^*(E) \geq \rho(E)$. In manchen Beispielen erlaubt die Formulierung (4.8) die Verifikation der Konsistenz von ρ, ohne vorher ρ^* vollständig bestimmt zu haben.

Beispiel 4.12 (Konsistenz der Länge von Intervallen) Sei $M = \mathbb{R}$ und $\mathcal{E}$ die Menge aller Intervalle in $\mathbb{R}$. Als $\rho \colon \mathcal{E} \to [0, \infty]$ wählt man die Funktion, die jedem Intervall seine Länge zuordnet. Sei $E \subseteq \bigcup_j E_j$ mit $E, E_1, E_2, \ldots \in \mathcal{E}$. Wir wollen die Ungleichung in (4.8) nachweisen. Dazu definieren wir für $\varepsilon > 0$ die offenen Intervalle $E_j^\varepsilon := \,]a_j - \frac{\varepsilon}{2^j}, b_j + \frac{\varepsilon}{2^j}[$, wobei die a_j, b_j die Randpunkte von E_j sind. Dann gilt

$$\sum_j \rho(E_j^\varepsilon) \leq \sum_j \rho(E_j) + 2\varepsilon \sum_j \frac{1}{2^j} \leq \sum_j \rho(E_j) + 2\varepsilon.$$

Wir können daher annehmen, dass alle E_j offene Intervalle von der Form $]a_j, b_j[$ mit $a_j < b_j$ sind. Außerdem können wir annehmen, dass auch E ein offenes Intervall der Form $]a, b[$ mit $a < b$ ist, weil es $\rho(E)$ nicht verändert, wenn man die Randpunkt von E weg nimmt. Indem man jetzt jedes E_j mit dem Intervall $]a, b[$ schneidet, kann auch noch annehmen, dass alle E_i in E enthalten sind. Dann gilt $a = \inf a_j$ und $b = \sup b_j$.

Sei $\varepsilon > 0$. Da E von den E_j überdeckt wird, gibt es ein j_1 mit $b_{j_1} + \varepsilon > b > a_{j_1}$. Falls $a_{j_1} > a$ ist, findet man ein j_2 mit $a_{j_1} \in E_{j_2}$, das heißt $b_{j_2} > a_{j_1} > a_{j_2}$. So fährt man fort, wobei man j_ℓ jeweils so wählt, dass a_{j_ℓ} minimal ist oder, falls es unendlich viele j mit $b_j > a_{j_{\ell-1}} > a_j$ gibt, nicht größer als $\frac{1}{\ell}$ plus das Infimum dieser a_j. Die entstehende Folge der a_{j_ℓ} ist monoton fallend und durch a nach unten beschränkt. Daher ist sie konvergent. Angenommen $a' := \lim_{\ell \to \infty} a_{j_\ell} > a$. Dann gibt es ein E_j mit $a' \in E$ und es gilt $b_j > a' > a_j$. Wähle jetzt ℓ so groß, dass $a_\ell - a' < b_j - a'$ und $\frac{2}{\ell} < a' - a_j$. Dann gilt $b_j > a_\ell > a' > a_j + \frac{2}{\ell}$ und nach Konstruktion $a_{j_{\ell+1}} < a_j + \frac{1}{\ell} < a'$. Aber das steht im Widerspruch zur Definition von a' weil die Folge der a_{j_ℓ} monoton fallend ist. Also gilt $\lim_{\ell \to \infty} a_{j_\ell} = a$ und

$$\rho(E) = \rho(\overline{E}) = b - a = b - \lim_\ell a_{j_\ell} \leq (b_{j_1} + \varepsilon - a_{j_1}) + (b_{j_2} - a_{j_2}) + \dots$$

$$\leq \varepsilon + \sum_\ell \rho(E_{j_\ell}) \leq \varepsilon + \sum_j \rho(E_j).$$

Da $\varepsilon > 0$ beliebig gewählt war, ergibt sich $\rho(E) \leq \sum_j \rho(E_j)$ und die Bedingung (4.8) ist erfüllt. Damit ist ρ ist konsistent. $\qquad\square$

Schon wenn man Beispiel 4.12 auf $M = \mathbb{R}^n$ mit den Quadern als Mustermengen verallgemeinern will, erkennt man, dass der direkte Nachweis von (4.8) selbst bei genauer Kenntnis der Mustermengen kompliziert sein kann. Es wäre daher wünschenswert, allgemeine Bedingungen an M und ρ formulieren zu können, die die Verifikation von (4.8) erleichtern. Solche Bedingungen lassen sich in der Tat finden, wenn M ein metrischer Raum ist und die Elemente von $\mathcal{E}$ durch offene und kompakte Mengen angenähert werden können. Es ist die Kombination von maßtheoretischen und topologischen Strukturen, die uns hier die zusätzlichen Werkzeuge in die Hand gibt, die gewünschten Eigenschaften nachzuweisen.

Definition 4.13 (Regularität von ρ) Sei (M, d) ein metrischer Raum, $\emptyset \in \mathcal{E} \subseteq \mathcal{P}(M)$ und $\rho \colon \mathcal{E} \to [0, \infty]$ eine Abbildung mit $\rho(\emptyset) = 0$. Wir nennen ρ *regulär*, wenn

(a) alle $E \in \mathcal{E}$ beschränkt sind und $\rho(E) < \infty$ erfüllen,
(b) $\forall E \in \mathcal{E}\ \forall \varepsilon > 0\ \exists F \in \mathcal{E}$ mit $\overline{E} \subseteq F^\circ$ und $\rho(F) \leq \rho(E) + \varepsilon$,
(c) $\forall E \in \mathcal{E}\ \forall \varepsilon > 0\ \exists F \in \mathcal{E}$ mit $\overline{F} \subseteq E^\circ$ und $\rho(E) \leq \rho(F) + \varepsilon$. $\qquad\square$

Die Bedingung (b) in Definition 4.13 ist eine quantitative Version der Forderung aus der Einleitung, dass man zu einer Mustermenge den Rand dazunehmen kann, ohne das Volumen zu vergrößern. Dagegen ist Bedingung (c) eine quantitative Version der Forderung, dass man aus einer Mustermenge auch den Rand entfernen darf, ohne das Volumen zu verkleinern.

Wenn $M = \mathbb{R}^n$ und $\mathcal{E}$ die Menge aller Quader in $\mathbb{R}^n$ ist, dann ist $\mathrm{vol}_n \colon \mathcal{E} \to [0, \infty]$ regulär im Sinne von Definition 4.13.

Lemma 4.14 (vol$_n$ **Abschätzung für Quader**) *Sei $M = \mathbb{R}^n$ und $\mathcal{E}$ die Menge aller Quader in $\mathbb{R}^n$, dann gilt die folgenden endlichen Variante von (4.8)*

$$\forall \text{ Quader } E, E_1, \ldots, E_N \in \mathcal{E} \text{ mit } E \subseteq \bigcup_j E_j : \quad \mathrm{vol}_n(E) \le \sum_{j=1}^{N} \mathrm{vol}_n(E_j).$$

$$(4.9)$$

Beweis Wir können ohne Beschränkung der Allgemeinheit annehmen, dass alle E_j abgeschlossen sind, weil das Volumen von Quadern durch die Abschlussbildung nicht vergrößert wird. Indem wir die E_j in kleinere Quader zerteilen, die sich nur an den Rändern schneiden, finden wir endliche Folgen

$$a_{1,1} < \ldots < a_{1,\ell_1}, \quad \ldots \quad , a_{n,1} < \ldots < a_{n,\ell_n},$$

so dass jedes E_j von der Form $\prod_{k=1}^{n}[a_{k,i}, a_{k,i+1}]$ ist. Wenn der Abschluss von E gleich $\overline{E} = \prod_{k=1}^{n}[a_k, b_k]$ ist, dann liefert $E \subseteq \bigcup_{j=1}^{N} E_j$, dass alle $\prod_{k=1}^{n}[a_{k,i_k}, a_{k,i_k+1}]$ mit $[a_k, b_k] \cap [a_{k,i_k}, a_{k,i_k+1}] \ne \emptyset$ für alle $k = 1, \ldots, n$ unter den E_j sind. Aber dann gilt

$$\mathrm{vol}_n(E) = \prod_{k=1}^{n}(b_k - a_k) \le \prod_{k=1}^{n}(a_{k,\ell_k} - a_{k,1}) = \prod_{k=1}^{n} \sum_{i=1}^{\ell_k - 1}(a_{k,i+1} - a_{k,i})$$

$$= \sum_{i_1=1}^{\ell_1} \cdots \sum_{i_k=1}^{\ell_k} \prod_{k=1}^{n}(a_{k,i_k+1} - a_{k,i_k}) \le \sum_{j=1}^{N} \mathrm{vol}_n(E_j).$$

$\square$

Mithilfe des Satzes 3.62 von Heine-Borel lässt sich aus Lemma 4.14 wegen der Regularität von vol$_n$ die Konsistenz ableiten.

Proposition 4.15 (Reguläres ρ) *Sei (M, d) ein metrischer Raum und $\rho \colon \mathcal{E} \to [0, \infty]$ regulär. Wenn für endlich viele Mengen $E, E_1, \ldots, E_N$ in $\mathcal{E}$ mit $E \subseteq \bigcup_j E_j$ gilt $\rho(E) \le \sum_{j=1}^{N} \rho(E_j)$, dann ist ρ konsistent, das heißt es gilt $\rho^*|_{\mathcal{E}} = \rho$.*

Beweis Sei $E \in \mathcal{E}$. Zu $\varepsilon > 0$ findet man eine Überdeckung $E \subseteq \bigcup_j E_j$ mit $E_j \in \mathcal{E}$ und $\rho^*(E) + \varepsilon \ge \sum_j \rho(E_j)$. Wegen Eigenschaft (b) in Definition 4.13 findet man Mengen $F_j \in \mathcal{E}$ mit $\overline{E}_j \subseteq F_j^{\circ}$ und $\rho(F_j) \le \rho(E_j) + \frac{\varepsilon}{2^j}$. Dann gilt

$$\sum_j \rho(F_j) \le \varepsilon + \sum_j \rho(E_j) \le 2\varepsilon + \rho^*(E).$$

Man findet nach Eigenschaft (c) in Definition 4.13 eine Menge $F \in \mathcal{E}$ mit $\overline{F} \subseteq E^{\circ}$ und $\rho(F) + \varepsilon \ge \rho(E)$. Dann gilt $F \subseteq \overline{F} \subseteq E^{\circ} \subseteq \bigcup_j E_j \subseteq \bigcup_j F_j^{\circ}$ und weil $\overline{F}$

abgeschlossen und beschränkt, also nach dem Satz 3.62 kompakt, ist, gibt es nach Satz 3.60 ein $N \in \mathbb{N}$ mit $F \subseteq \bigcup_{j=1}^{N} F_j^{\circ}$. Aber dann zeigt die Voraussetzung, dass

$$\rho(E) \le \varepsilon + \rho(F) \le \varepsilon + \sum_{j=1}^{N} \rho(F_j) \le 3\varepsilon + \rho^*(E).$$

Da $\varepsilon > 0$ beliebig gewählt werden konnte, folgt die Behauptung. $\qquad\square$

Korollar 4.16 (vol_n **ist regulär und konsistent**) Sei $M = \mathbb{R}^n$ und $\mathcal{E}$ die Menge aller Quader in $\mathbb{R}^n$ ist, dann ist $\mathrm{vol}_n : \mathcal{E} \to [0, \infty]$ regulär und konsistent.

Beweis Die Regularität haben wir schon als Motivation für die Proposition 4.15 gezeigt. Wegen Lemma 4.14 kann man jetzt Proposition 4.15 anwenden und erhält so auch die Konsistenz von vol_n. $\qquad\square$

4.1.3 ρ-Lebesgue-messbare Mengen

Mit Proposition 4.15 haben wir eine Klasse von Räumen mit Mustermengen gefunden, für die das äußere Maß zumindest für die Mustermengen die richtigen Volumina liefert. Insbesondere wissen wir, dass $\mathbb{R}^n$ mit den Quadern als Mustermengen und (4.1) als Volumenfunktion zu dieser Klasse gehört. Obwohl wir in diesem Buch unser Programm zur Volumenbestimmung nur für diese Beispiele (beliebige $n \in \mathbb{N}$) vollständig durchführen werden, diskutieren wir die nächsten Schritte der Vorgehensweise in größerer Allgemeinheit, solange das keinen technischen Zusatzaufwand erfordert. Der Grund dafür liegt darin, dass wir auch die Frage thematisieren wollen, ob andere Wahlen von Mustermengen auf andere Volumina führen. Auf $\mathbb{R}^n$ kann man zum Beispiel zeigen, dass jede Wahl von Normkugeln dieselbe σ-Algebra und bis auf Skalierung dasselbe Volumen für ihre Elemente produziert. Das zeigt, dass das aus Überdeckung durch Quader abgeleitete Volumen von messbaren Mengen eine sehr natürliche Größe ist.

Für welche Mengen A, die selbst keine Mustermengen sind, kann man $\rho^*(A)$ als Volumen von A interpretieren? In Abschn. 4.1.1 haben wir als Kandidaten die ρ-messbaren Mengen eingeführt. In diesem Abschnitt stellen wir eine alternative Familie von Mengen vor, die ρ-Lebesgue-messbaren Mengen, für die wir unter zusätzlichen Annahmen auch zeigen können, dass sie eine σ-Algebra bilden, auf der das äußere Maß σ-additiv ist. Man kann zeigen, dass die beiden Familien für das Beispiel der Quader übereinstimmen. Wegen des erforderlichen technischen Aufwands verzichten wir aber auf einen Nachweis dieser Tatsache, die wir auch nicht verwenden werden. Man kann einen Beweis in [Hi13a, § 3.2.3] finden.

Für reguläre Volumenfunktionen auf Mustermengen lassen sich aus Überdeckungen durch Mustermengen immer Überdeckungen durch offene Mengen machen, ohne das äußere Maß nennenswert zu vergrößern. Wenn nämlich $\varepsilon > 0$ und $A \subseteq$

$\bigcup_{j=1}^{\infty} E_j$ mit $E_j \in \mathcal{E}$ die Ungleichung

$$\rho^*(A) + \varepsilon \geq \sum_{j=1}^{\infty} \rho(E_j)$$

erfüllt und $F_j \in \mathcal{E}$ so gewählt ist, dass $E_j \subseteq F_j^\circ$ und $\rho(F_j) \leq \rho(E_j) + \frac{\varepsilon}{2^j}$, dann gilt für $U := \bigcup_{j=1}^{\infty} F_j^\circ$

$$\rho^*(U) \leq \sum_{j=1}^{\infty} \rho(F_j) \leq \varepsilon + \sum_{j=1}^{\infty} \rho(E_j) \leq 2\varepsilon + \rho^*(A).$$

Wenn man jetzt wüsste, dass ρ^* auf einer σ-Algebra, die U und A enthält, additiv ist, dann hätte man

$$\rho^*(U \setminus A) = \rho^*(U) - \rho^*(A) \leq 2\varepsilon.$$

Wir machen aus dieser Schlussfolgerung eine Forderung an A, um die Kandidaten für messbare Mengen zu finden.

Definition 4.17 (ρ-**Lebesgue-messbare Mengen**) Sei (M, d) ein metrischer Raum, $\emptyset \in \mathcal{E} \subseteq \mathcal{P}(M)$ und $\rho\colon \mathcal{E} \to [0, \infty]$ regulär. Eine Teilmenge $A \subseteq M$ heißt ρ-*Lebesgue-messbar*, wenn es zu jedem $\varepsilon > 0$ eine offene Umgebung U von A mit $\rho^*(U \setminus A) < \varepsilon$ gibt, wobei ρ^* das in Satz 4.11 zu ρ konstruierte äußere Maß ist. $\square$

Aus der Definition folgt unmittelbar, dass jede offene Teilmenge ρ-Lebesgue-messbar ist. Andererseits ist keineswegs klar, ob die Mustermengen selbst ρ-Lebesgue-messbar sind, weil wir nicht wissen, ob $\rho^*(U \setminus A) + \rho^*(A) = \rho^*(U)$ gilt. Wir sollten also erwarten, dass ρ-Lebesgue-Messbarkeit und ρ-Messbarkeit im Allgemeinen unterschiedliche Konzepte sind.

Beispiel 4.18 (Leere Mustermengen) Wir betrachten den pathologischen Fall, in dem $\mathcal{E}$ nur aus der leeren Menge besteht. Dann ist ρ regulär und $\rho^*\colon \mathcal{P}(M) \to [0, \infty]$ ist durch

$$\rho^*(A) = \begin{cases} 0 & \text{für } A = \emptyset \\ \infty & \text{für } A \neq \emptyset \end{cases}$$

gegeben. Insbesondere ist ρ konsistent. Die ρ-Lebesgue-messbaren Mengen sind in diesem Fall genau die offenen Mengen. Dagegen ist die leere Menge die einzige ρ-messbare Menge, weil keine andere Menge überhaupt durch Mustermengen überdeckt werden kann. Insbesondere sieht man, dass in diesem Beispiel weder die ρ-messbaren Mengen noch die ρ-Lebesgue-messbaren Mengen eine σ-Algebra bilden. $\square$

Die Monotonie und die σ-Subadditivität äußerer Maße erlauben uns zu zeigen, dass abzählbare Vereinigungen ρ-Lebesgue-messbarer Mengen selbst ρ-Lebesgue-messbar sind.

Proposition 4.19 (Abzählbare Vereinigungen ρ-Lebesgue-messbarer Mengen)
Abzählbare Vereinigungen ρ-Lebesgue-messbarer Mengen sind ρ-Lebesgue-messbar.

Beweis Sei $A = \bigcup_{j=1}^{\infty} A_j$ mit A_j ρ-Lebesgue-messbar. Zu $\varepsilon > 0$ findet man nach Voraussetzung offene Mengen U_j mit $A_j \subseteq U_j$ und $\rho^*(U_j \cap A_j^c) \leq \frac{\varepsilon}{2^j}$. Sei $U = \bigcup_{j=1}^{\infty} U_j$, dann gilt $U \cap A^c \subseteq \bigcup_{j=1}^{\infty}(U_j \cap A_j^c)$. Also liefern Monotonie und Subadditivität von ρ^* die Ungleichungskette

$$\rho^*(U \cap A^c) \leq \rho^*\left(\bigcup_{j=1}^{\infty} U_j \cap A_j^c\right) \leq \sum_{j=1}^{\infty} \rho^*(U_j \cap A_j^c) \leq \varepsilon \sum_{j=1}^{\infty} \frac{1}{2^j} = \varepsilon.$$

Dies zeigt ρ-Lebesgue-Messbarkeit von A. $\qquad\square$

Mit Proposition 4.19 haben wir eine der beiden definierenden Eigenschaften von σ-Algebren für die Menge aller ρ-Lebesgue-messbaren Mengen nachgewiesen. Was noch fehlt, ist die Abgeschlossenheit unter Komplementbildung. Diese Eigenschaft bekommt man nicht ohne zusätzliche Annahmen, die man für ρ machen muss (vgl. Beispiel 4.18). Wir werden mit den folgenden Zusatzbedingungen an ρ arbeiten, die wir *zulässig* nennen. Dabei heißt eine reguläre Abbildung $\rho\colon \mathcal{E} \to [0, \infty]$ *zulässig,* wenn sie die Voraussetzung von Proposition 4.15 und die beiden folgenden Bedingungen erfüllt:

($\dagger$) $\forall A \subseteq M\ \forall \delta, \varepsilon > 0\ \exists (E_j)_{j \in \mathbb{N}}$ mit $E_j \in \mathcal{E}$ vom Durchmesser $\delta(E_j) < \delta$, die A überdecken und $\varepsilon + \rho^*(A) \geq \sum_{j=1}^{\infty} \rho(E_j)$ erfüllen.

($\dagger\dagger$) Jede offene Teilmenge $U \subseteq M$ mit $\rho^*(U) < \infty$ lässt sich in der Form $U = N \cup \bigcup_{j=1}^{\infty} E_j$ mit $\rho^*(N) = 0$, $E_j \in \mathcal{E}$ und $E_j^\circ \cap E_k^\circ = \emptyset$ für alle $j \neq k$ in $\mathbb{N}$ schreiben.

Wie kommt man zu speziell diesen Bedingungen? Sind sie in irgendeiner Weise kanonisch? Die Antwort auf die letzte Frage ist „Nein". Man findet in den Lehrbüchern weder das Konzept einer ρ-messbaren Mengen noch das Konzept einer ρ-Lebesgue-messbaren Menge, so wie es in Definition 4.17 eingeführt wurde. Dementsprechend findet man dort auch keinen Nachweis dafür, dass die ρ-Lebesgue-messbaren Mengen eine σ-Algebra bilden. In den meisten Texten wird nur mit dem ρ gearbeitet, dass man aus der Familie $\mathcal{E}$ der Quader in $\mathbb{R}^n$ bekommt und dementsprechend nur von Lebesgue-messbaren Mengen gesprochen.

Wir haben hier eine allgemeinere Variante gewählt, weil wir auch die Frage diskutieren wollen, ob unterschiedliche Wahlen von Mustermengen auf unterschiedliche

Volumenbegriffe führen. Für die Lebesgue-messbaren Mengen ist seit der Dissertation von Henri Lebesgue (1875–1941) aus dem Jahr 1901 bekannt, dass sie eine σ-Algebra bilden. Wenn man die Lehrbuchbeweise (z. B. aus [Ta11]) für diesen Spezialfall genauer analysiert und versucht, die Argumente auf allgemeinere ρ zu übertragen, dann sind die Bedingungen (†) und (††) eine Möglichkeit sicherzustellen, dass man alle Beweisschritte durchführen kann. Es ist durchaus denkbar, dass der Versuch, einen anderen Nachweis zu verallgemeinern, auf andere und bessere Bedingungen führt. Ebenso denkbar ist, dass ein völlig neuer Beweis gegeben werden kann, der mit viel schwächeren Bedingungen auskommt. Die Vorgehensweise, auf Beweisen von Spezialfällen aufzubauen, illustriert den iterativen Charakter von mathematischem Erkenntnisgewinn.

Wir werden in Satz 4.22 zeigen, dass die Bedingungen (†) und (††) uns erlauben nachzuweisen, dass die Familie der ρ-Lebesgue-messbaren Mengen eine σ-Algebra bildet. Aber vorher wollen wir nachweisen, dass die Volumenfunktion vol_n als Funktion auf den Quadern zulässig ist. Die Regularität von vol_n im Sinne von Definition 4.13 wurde schon in Abschn. 4.1.2 beobachtet. Die Bedingung (†) ist leicht einzusehen, indem man die Quader E_j in hinreichend kleine Quader zerlegt, die sich nur in den Rändern schneiden. Zum Nachweis der Bedingung (††) kann man immer feinere Überdeckungen durch Würfel verwenden, ähnlich wie sie in Abb. 4.4 zur Motivation des äußeren Maßes eingesetzt wurden.

Proposition 4.20 (Fast disjunkte Quader) *Zu jeder offenen Teilmenge $U \subseteq \mathbb{R}^n$ gibt es eine Folge $(E_j)_{j \in \mathbb{N}}$ von Quadern, die sich paarweise höchstens in den Rändern schneiden, und deren Vereinigung ganz U ist.*

Beweis Man startet mit einer Aufteilung von $\mathbb{R}^n$ in abgeschlossene Würfel der Kantenlänge 1, deren Ecken ganzzahlige Koordinaten haben. Diejenigen Würfel, die ganz in U liegen, werden in die Folge aufgenommen, diejenigen, die ganz im Komplement U^c von U liegen, werden entfernt. Die Würfel, die U und U^c schneiden, teilt man in 2^n abgeschlossene Würfel mit Kantenlänge $\frac{1}{2}$ und Ecken in $\frac{1}{2}\mathbb{Z}^n$ auf. Von den so entstandenen Würfeln nimmt man wieder diejenigen in die Folge auf, die ganz in U und entfernt diejenigen, die ganz in U^c liegen. Dieses Verfahren iteriert man, d. h., im k-ten Schritt, werden der Folge Würfel der Kantenlänge $\frac{1}{2^{k-1}}$ und Eckpunkten in $\frac{1}{2^{k-1}}\mathbb{Z}^n$ in die Folge aufgenommen. Nach jedem Schritt sind die offenen Würfel, die man durch das Innere der aufgenommen Würfel erhält, paarweise disjunkt.

Wenn $x \in U$ ist, dann gibt es bezüglich jeder Norm auf $\mathbb{R}^n$ ein $\varepsilon > 0$, für das die Kugel um x mit Radius ε noch ganz in U liegt. Wenn man die ∞-Norm wählt, ist das gerade ein Würfel mit Kantenlänge 2ε und Mittelpunkt x. Da ein Würfel der Kantenlänge ℓ in der ∞-Norm den Durchmesser 2ℓ hat, ist jeder Würfel der Kantenlänge $\frac{1}{2^k}$, der x enthält, ganz in U enthalten, wenn $\frac{1}{2^{k-1}} < \varepsilon$ gilt. Da x aber für jedes k in mindestens einem abgeschlossenen Würfel der Kantenlänge $\frac{1}{2^k}$ mit Ecken in $\frac{1}{2^k}\mathbb{Z}^n$ liegt, gehört er für $\frac{1}{2^{k-1}} < \varepsilon$ spätestens nach k Schritten zu den Punkten, die von ausgewählten E_j überdeckt werden. $\qquad\square$

Zusammen mit der vorangestellten Diskussion liefert Proposition 4.20 das folgende Korollar.

Korollar 4.21 (vol_n **ist zulässig**) *Sei* $M = \mathbb{R}^n$ *und* $\mathcal{E}$ *die Menge aller Quader in* $\mathbb{R}^n$ *ist, dann ist* $\mathrm{vol}_n \colon \mathcal{E} \to [0, \infty]$ *zulässig.* $\qquad\square$

Bevor wir den Nachweis dafür erbringen, dass die ρ-Lebesgue-messbaren Mengen für zulässiges ρ eine σ-Algebra bilden, sollen auch die Bedingungen (†) und (††) im Lichte der Heuristiken aus der Einleitung zu diesem Kapitel kommentiert werden. Bedingung (†) ist eine Zusatzbedingung an die Konstruktion des äußeren Maßes. Sie sagt, dass man das äußere Maß durch Überdeckungen mit Mustermengen von beliebig kleinem Durchmesser bekommen kann. Die Bedingung (††) ist eine Präzisierung der Forderung, dass man zumindest offene Mengen im Wesentlichen überlappungsfrei durch Mustermengen überdecken kann.

Satz 4.22 (ρ-**Lebesgue-messbare Mengen**) *Sei* (M, d) *ein metrischer Raum,* $\emptyset \in \mathcal{E} \subseteq \mathcal{P}(M)$ *eine Familie von Teilmengen und* $\rho \colon \mathcal{E} \to [0, \infty]$ *zulässig. Dann ist die Familie* L_ρ *der* ρ-*Lebesgue-messbaren Mengen in* M *die* σ-*Algebra, die von den offenen Teilmengen und den* ρ^*-*Nullmengen, das heißt den Teilmengen* $A \subseteq M$ *mit* $\rho^*(A) = 0$, *erzeugt wird.*

Beweis Nach Definition ist klar, dass jede offene Teilmenge von M ρ-Lebesgue-messbar ist.

Beh. 1: Für jedes $A \subseteq M$ gilt $\rho^*(A) = \inf\{\rho^*(U) \mid A \subseteq U, U \text{ offen in } M\}$.
$\rho^*(A) \leq \inf\{\rho^*(U) \mid A \subseteq U, U \text{ offen in } M\}$ ist klar, weil ρ^* ein äußeres Maß ist. Es bleibt also die umgekehrte Inklusion zu zeigen. Zu $\varepsilon > 0$ findet man eine Folge $E_1, E_2, \ldots$ in $\mathcal{E}$ mit $\varepsilon + \rho^*(A) > \sum_{j=1}^{\infty} \rho(E_j)$. Wegen Bedingung (b) in Definition 4.13 können wir eine Folge $F_1, F_2, \ldots$ in $\mathcal{E}$ mit $E_j \subseteq F_j^\circ$ und $\rho(F_j) \leq \rho(E_j) + \frac{\varepsilon}{2^j}$ finden. Dann ist $U := \bigcup_{j=1}^{\infty} F_j^\circ \subseteq \bigcup_{j=1}^{\infty} F_j$ offen in M und es gilt

$$\rho^*(U) \leq \sum_{j=1}^{\infty} \rho(F_j) \leq \sum_{j=1}^{\infty} \rho(E_j) + \sum_{j=1}^{\infty} \frac{\varepsilon}{2^j} \leq \varepsilon + \sum_{j=1}^{\infty} \rho(E_j) \leq 2\varepsilon + \rho^*(A)$$

Da $\varepsilon > 0$ beliebig war, folgt Behauptung 1.

Beh. 2: Wenn $A = A_1 \cup A_2$ mit $0 < d(A_1, A_2) := \inf\{d(a_1, a_2) \mid a_1 \in A_1, a_2 \in A_2\}$, dann gilt $\rho^*(A) = \rho^*(A_1) + \rho^*(A_2)$.
$\rho^*(A) \leq \rho^*(A_1) + \rho^*(A_2)$ ist klar, weil ρ^* ein äußeres Maß ist. Es bleibt also die umgekehrte Inklusion zu zeigen. Wähle ein $0 < \delta < d(A_1, A_2)$. Zu $\varepsilon > 0$ findet man eine Folge $E_1, E_2, \ldots$ in $\mathcal{E}$ mit $\varepsilon + \rho^*(A) > \sum_{j=1}^{\infty} \rho(E_j)$. Wegen Bedingung (†) in der Definition der Zulässigkeit können wir annehmen, dass

$\mathrm{diam}(E_j) \leq \frac{1}{2}\delta$ für alle j gilt. Aber dann kann E_j nur eine der beiden Mengen A_1 und A_2 schneiden. Wir setzen $J_i := \{j \in \mathbb{N} \mid A_i \cap E_j \neq \emptyset\}$. Dann gilt $A_i \subseteq \bigcup_{j \in J_i} E_j$ und

$$\rho^*(A_1) + \rho^*(A_2) \leq \sum_{j \in J_1} \rho(E_j) + \sum_{j \in J_2} \rho(E_j) \leq \sum_{j \in \mathbb{N}} \rho(E_j) \leq \varepsilon + \rho^*(A).$$

Da $\varepsilon > 0$ beliebig war, folgt Behauptung 2.

Beh. 3: Alle abgeschlossenen Teilmengen $A \subseteq M$ sind ρ-Lebesgue-messbar.

Beachte, dass der metrische Raum M sich für jedes $x \in M$ als die Vereinigung aller abgeschlossenen Kugeln $B_d(x; n) = \{y \in M \mid d(x, y) \leq n\}$ um x mit Radius $n \in \mathbb{N}$ schreiben lässt. Es gilt $A = \bigcup_{n \in \mathbb{N}} A \cap B_d(x; n)$ und nach Proposition 4.19 reicht es zu zeigen, dass jede der Mengen $A \cap B_d(x; n)$ ρ-Lebesgue-messbar ist. Da $A \subseteq M$ abgeschlossen ist, sind die Mengen $A \cap B_d(x; n)$ nach dem Satz 3.62 von Heine-Borel alle kompakt. Also können wir annehmen, dass $A \subseteq M$ kompakt ist.

Wir zeigen zunächst, dass $\rho^*(A) < \infty$. Nach (†) gibt es eine Familie $(A_j)_{j \in \mathbb{N}}$ von Mengen in $\mathcal{E}$ mit $A \subseteq \bigcup_{j=1}^{\infty} A_j$. Wegen der Bedingungen (b) und (a) in Definition 4.13 findet man $F_j \in \mathcal{E}$ mit $\overline{A}_j \subseteq F_j^\circ$ und $\rho(F_j) < \infty$. Wegen der Kompaktheit von A gibt es nach dem Satz 3.60 von Heine-Borel ein $\ell \in \mathbb{N}$ mit $A \subseteq \bigcup_{j=1}^{\ell} F_j^\circ$. Aber dann erhält man

$$\rho^*(A) \leq \rho^*\left(\bigcup_{j=1}^{\ell} F_j\right) \leq \sum_{j=1}^{\ell} \rho^*(F_j) \leq \sum_{j=1}^{\ell} \rho(F_j) < \infty.$$

Sei jetzt $\varepsilon > 0$ beliebig gewählt. Nach Behauptung 1 findet man eine offene Teilmenge $U \subseteq M$ mit $A \subseteq U$ und $\rho^*(U) \leq \rho^*(A) + \varepsilon$. Wegen Bedingung (††) in der Definition der Zulässigkeit lässt sich die offene Menge $U \setminus A = U \cap A^c$ als Vereinigung $N \cup \bigcup_{j=1}^{\infty} E_j$ mit $\rho^*(N) = 0$, $E_j \in \mathcal{E}$ und $E_j^\circ \cap E_k^\circ = \emptyset$ für $j \neq k$ schreiben. Da ρ^* ein äußeres Maß ist, gilt für jedes $n \in \mathbb{N}$

$$\rho^*\left(A \cup \bigcup_{j=1}^{n} E_j\right) \leq \rho^*(U) \leq \rho^*(A) + \varepsilon. \tag{4.10}$$

Wegen Bedingung (c) in Definition 4.13 können wir für jedes $j \in \mathbb{N}$ eine Menge $F_j \in \mathcal{E}$ mit $\overline{F_j} \subseteq E_j^\circ$ und $\rho(E_j) \leq \rho(F_j) + \frac{\varepsilon}{2^j}$ finden. Nach Proposition 4.15 (die wir anwenden können, weil ρ zulässig ist) gilt dann auch $\rho^*(E_j) \leq \rho^*(F_j) + \frac{\varepsilon}{2^j}$. Weil $A \cap \overline{F_j} = \emptyset = \overline{F_j} \cap \overline{F_i}$ für $j \neq i$ gilt, zeigt Beispiel 3.56, dass $d(A, \overline{F_j}) > 0$. Mit Behauptung 2 (plus Induktion) ergibt sich

$$\rho^*\left(A \cup \bigcup_{j=1}^{n} \cdot \overline{F_j}\right) = \rho^*(A) + \sum_{j=1}^{n} \rho^*(\overline{F_j}). \tag{4.11}$$

Wegen $A \cup \dot{\bigcup}_{j=1}^{n} \overline{F_j} \subseteq A \cup \bigcup_{j=1}^{n} E_j$ liefert die Kombination von (4.10) und (4.11), dass

$$\rho^*(A) + \sum_{j=1}^{n} \rho^*\big(\overline{F_j}\big) \leq \rho^*(A) + \varepsilon.$$

Wegen $\rho^*(A) < \infty$ impliziert dies $\sum_{j=1}^{n} \rho^*\big(\overline{F_j}\big) \leq \varepsilon$. Dies gilt für alle n, also hat man $\sum_{j=1}^{\infty} \rho^*\big(\overline{F_j}\big) \leq \varepsilon$. Insgesamt ergibt sich

$$\rho^*(U \setminus A) \leq \rho^*(N) + \rho^*\Big(\bigcup_{j=1}^{\infty} E_j \Big) \leq \sum_{j=1}^{\infty} \rho^*(E_j) \leq \sum_{j=1}^{\infty} \Big(\frac{\varepsilon}{2^j} + \rho^*\big(\overline{F_j}\big) \Big) \leq 2\varepsilon,$$

also Behauptung 3.

Beh. 4: Alle $A \subseteq M$ mit $\rho^*(A) = 0$ sind ρ-Lebesgue-messbar.

Wenn $\rho^*(A) = 0$, dann gibt es nach Behauptung 1 zu jedem $\varepsilon > 0$ eine offene Menge $U \subseteq M$ mit $A \subseteq U$ und $\rho^*(U) \leq \varepsilon$. Aber dann gilt $\rho^*(U \setminus A) \leq \rho^*(U) \leq \varepsilon$.

Beh. 5: Das Komplement einer ρ-Lebesgue-messbaren Menge ist ρ-Lebesgue-messbar.

Sei $A \subseteq M$ ρ-Lebesgue-messbar. Dann gibt es zu jedem $n \in \mathbb{N}$ eine offene Menge $U_n \subseteq M$, die A enthält und die Ungleichung $\rho^*(U_n \cap A^c) \leq \frac{1}{n}$ erfüllt. Wir setzen $F_n := U_n^c$ und $F := \bigcup_{n \in \mathbb{N}} F_n \subset A^c$. Nach Behauptung 3 ist F_n ρ-Lebesgue-messbar. Aber dann liefert Proposition 4.19, dass auch F ρ-Lebesgue-messbar ist. Weiter gilt für jedes $n \in \mathbb{N}$

$$\rho^*(A^c \cap F^c) \leq \rho^*(A^c \cap F_n^c) = \rho^*(A^c \cap U_n) \leq \frac{1}{n},$$

also ist $\rho^*(A^c \cap F^c) = 0$ und $A^c \cap F^c$ ist nach Behauptung 4 ρ-Lebesgue-messbar. Wenn wir jetzt

$$A^c = (F \cap A^c) \cup (F^c \cap A^c) = F \cup (F^c \cap A^c)$$

schreiben, sehen wir, dass A^c sich als Vereinigung zweier ρ-Lebesgue-messbarer Mengen schreiben lässt und daher (wieder nach Proposition 4.19) selbst ρ-Lebesgue-messbar ist.

Mit Proposition 4.19 und Behauptung 5 haben wir den Nachweis erbracht, dass die Menge der ρ-Lebesgue-messbarer Mengen eine σ-Algebra ist. Dass alle offenen Mengen in dieser σ-Algebra liegen, haben wir gleich zu Beginn des Beweises festgestellt und nach Behauptung 4 enthält sie auch die ρ^*-Nullmengen. Es bleibt also nur noch zu zeigen, dass jede ρ-Lebesgue-messbare Menge $A \subseteq M$ in der von den offenen und den ρ^*-Nullmengen erzeugten σ-Algebra liegt. Dazu wählen wir für jedes $n \in \mathbb{N}$ eine offene Menge $U_n \subseteq M$, die A enthält und die Ungleichung $\rho^*(U_n \cap A^c) \leq \frac{1}{n}$ erfüllt. Dann setzen wir $B := \bigcap_{n \in \mathbb{N}} U_n$ und stellen fest, dass B

in der von den offenen (und den ρ^*-Nullmengen) erzeugten σ-Algebra liegt. Die Menge $B \cap A^c$ erfüllt für jedes $n \in \mathbb{N}$ die Ungleichung

$$\rho^*(B \cap A^c) = \rho^*\left(\bigcap_{j \in \mathbb{N}} (U_j \cap A^c)\right) \leq \rho^*(U_n \cap A^c) \leq \frac{1}{n},$$

ist also eine ρ^*-Nullmenge. Wenn wir jetzt

$$A = B \cap (A \cup B^c) = B \cap (A^c \cap B)^c$$

schreiben, sehen wir, dass auch A in der von den offenen und den ρ^*-Nullmengen erzeugten σ-Algebra liegt. $\qquad\square$

Wir wissen jetzt, dass $\mathcal{L}_{\mathrm{vol}_n}$ eine σ-Algebra ist und betonen noch einmal, dass der Beweis für $\mathcal{L}_{\mathrm{vol}_n}$ auch nicht einfacher gewesen wäre als die allgemeinere Variante für zulässiges ρ. Wir bezeichnen $\mathcal{L}_{\mathrm{vol}_n}$ einfach mit $\mathcal{L}^n$ und nennen die Elemente von $\mathcal{L}^n$ *Lebesgue-messbare Mengen*.

4.2   Maße

Mit Satz 4.22 können wir unser Projekt, einen vernünftigen Volumensbegriff aus der Idee der Überdeckung durch Mustermengen zu entwickeln, abschließen. Dies führt uns auf den abstrakten Begriff eines Maßes, der sich vom Begriff des äußeren Maßes durch zwei wesentliche Aspekte unterscheidet. Erstens ordnet man nicht allen Teilmengen einen Wert in $[0, \infty]$ zu, sondern nur den messbaren Mengen. Zweitens verlangt man auf diesem kleineren Definitionsbereich σ-Additivität anstatt σ-Subadditivität. Auf diese Weise erkauft man sich große rechentechnische Vorteile um den Preis lästiger Diskussionen über die Messbarkeit von Mengen. Man kann den Übergang vom äußeren Maß zum Maß auch so interpretieren, dass man von oberen Abschätzungen für das Volumen übergeht zu Approximationen des Volumens. Das ist nur für die messbaren Mengen möglich, aber wenn man das Volumen approximieren kann, lässt sich mit den Approximationen besser rechnen als nur mit Abschätzungen von oben.

In Satz 4.25 werden wir zeigen, dass das äußere Maß ρ^*, das einer zulässigen Volumenabbildung ρ zugeordnet wird, auf der σ-Algebra $\mathcal{L}_\rho$ der ρ-Lebesgue-messbaren Mengen ein solches Maß ist. Wir starten mit der formalen Definition eines Maßes.

Definition 4.23 (Maß) Sei $(M, \mathcal{M})$ ein messbarer Raum. Eine Abbildung

$$\mu \colon \mathcal{M} \to [0, \infty]$$

heißt ein *Maß* auf $(M, \mathcal{M})$, wenn $\mu(\emptyset) = 0$ ist und für jede disjunkte, abzählbare Familie $E_1, E_2, \ldots$ von messbaren Mengen gilt

$$\mu\Big(\bigcup_{j=1}^{\infty} E_j\Big) = \sum_{j=1}^{\infty} \mu(E_j).$$

$\square$

In Definition 4.23 ist $\sum_{j=1}^{\infty} \mu(E_j)$ als der Grenzwert der entsprechenden Reihe zu lesen, wenn alle $\mu(E_j)$ endlich (das heißt in $[0, \infty[$ sind und die Reihe konvergiert; falls dem nicht so ist, setzt man $\sum_{j=1}^{\infty} \mu(E_j) := \infty$. Das Tripel $(M, \mathcal{M}, \mu)$ heißt ein *Maßraum*. Ein Maß μ heißt *endlich,* wenn $\mu(M)$ endlich ist, und σ-*endlich,* wenn es eine Folge $(E_j)_{j \in \mathbb{N}}$ messbaren Mengen mit $M = \bigcup_{k \in \mathbb{N}} E_k$ und $\mu(E_k) < \infty$ gibt. Man nennt $\mu(M) \in [0, \infty]$ auch die *Gesamtmasse* von μ.

Die Additivität von μ in Definition 4.23 liefert automatisch die Monotonie von μ, weil für $E \subseteq E'$ in $\mathcal{M}$ gilt

$$\mu(E) \leq \mu(E) + \mu(E' \setminus E) = \mu(E').$$

Insbesondere sieht man, dass ein endliches Maß nur endliche Werte annimmt.

Implizit haben wir in Kap. 1 auch schon mit Maßen hantiert, wie man an dem folgenden Beispiel sehen kann.

Beispiel 4.24 (Zähl- und Punktmaße) Auf einem beliebigen Messraum $(M, \mathcal{P}(M))$ mit $M \neq \emptyset$ hat man immer das durch $\mu(E) := \sum_{x \in E} f(x)$ mit $f : M \to \{1\}, x \mapsto 1$ definierte *Zählmaß*. Die Mengen endlichen Maßes für dieses μ sind genau die endlichen Mengen, das heißt, μ ist genau dann σ-endlich, wenn M höchstens abzählbar unendlich ist.

Fixiert man ein $x_0 \in M$, so definiert auch

$$\mu(E) := \begin{cases} 1 & \text{für } x_0 \in E \\ 0 & \text{sonst} \end{cases}$$

ein Maß, das man das *Dirac-* oder *Punktmaß* in $x_0 \in M$ nennt. Dieses Maß ist endlich mit Gesamtmasse 1. $\square$

4.2.1 Lebesgue-Maße

Aus jedem zulässigen ρ auf den Mustermengen kann ein Maß auf den ρ-Lebesgue-messbaren Mengen gewonnen werden, das durch ρ eindeutig bestimmt ist. Ob $\rho_1 : \mathcal{E}_1 \to [0, \infty]$ und $\rho_2 : \mathcal{E}_2 \to [0, \infty]$ auf denselben Volumenbegriff führen, hängt dann wegen Satz 4.22 nur davon ab, ob sie auf dieselben Nullmengen führen und die zugehörigen äußeren Maße den Mengen aus $\mathcal{E}_1 \cup \mathcal{E}_2$ dieselben Volumina zuordnen.

Satz 4.25 (ρ**-Lebesgue-Maß**) *Sei* (M, d) *ein metrischer Raum und* $\mathcal{L}_\rho$ *die* σ-*Algebra der* ρ-*Lebesgue-messbaren Mengen einer zulässigen Abbildung* $\rho \colon \mathcal{E} \to [0, \infty]$. *Dann gilt* $\rho^*(\emptyset) = 0$ *und*

$$\rho^*\Big(\bigcup_{j=1}^{\infty} A_j \Big) = \sum_{j=1}^{\infty} \rho^*(A_j) \tag{4.12}$$

für jede disjunkte abzählbare Familie von Mengen $A_j \in \mathcal{L}_\rho$. *Insbesondere ist* $\rho^*|_{\mathcal{L}_\rho}$ *ein Maß.*

Beweis Aus (4.6) folgt sofort, dass $\rho^*(E) \le \rho(E)$ für jedes $E \in \mathcal{E}$. Mit $\emptyset \in \mathcal{E}$ und $\rho(\emptyset) = 0$ folgt also die erste Behauptung. Die σ-Additivität zeigen wir in mehreren Schritten von zunehmender Allgemeinheit.

1. Schritt: Alle A_j sind kompakt.

In diesem Fall gilt $d(A_i, A_j) > 0$ und die Behauptung 2 im Beweis von Satz 4.22 zeigt mit Induktion über die Anzahl der Summanden, dass für alle $N \in \mathbb{N}$ gilt

$$\rho^*\Big(\bigcup_{j=1}^{N} A_j \Big) = \sum_{j=1}^{N} \rho^*(A_j).$$

Dann zeigt die Monotonie von ρ^*, dass

$$\rho^*\Big(\bigcup_{j=1}^{\infty} A_j \Big) \ge \sum_{j=1}^{N} \rho^*(A_j)$$

für alle N und damit

$$\rho^*\Big(\bigcup_{j=1}^{\infty} A_j \Big) \ge \sum_{j=1}^{\infty} \rho^*(A_j).$$

Die umgekehrte Inklusion ist klar, weil ρ^* ein äußeres Maß ist.

2. Schritt: Alle A_j sind beschränkt.

Sei $\varepsilon > 0$. Da mit A_j auch A_j^c in $\mathcal{L}_\rho$ liegt, gibt es offene Umgebungen U_j von A_j^c mit

$$\frac{\varepsilon}{2^j} > \rho^*(U_j \setminus A_j^c) = \rho^*(U_j \cap A_j) = \rho^*(A_j \setminus F_j),$$

wobei die $F_j := U_j^c$ abgeschlossen sind. Wegen $F_j \subseteq A_j$ sind die F_j auch beschränkt, also nach dem Satz 3.62 von Heine-Borel kompakt. Die Subadditivität von ρ^* zeigt $\rho^*(A_j) \le \rho^*(A_j \setminus F_j) + \rho^*(F_j) \le \frac{\varepsilon}{2^j} + \rho^*(F_j)$. Kombiniert man dies mit Schritt 1 sowie Monotonie und Subadditivität von ρ^*, so erhält man die Abschätzung

$$\sum_j \rho^*(A_j) \leq \varepsilon + \sum_j \rho^*(F_j) = \varepsilon + \rho^*\Big(\bigcup_j F_j\Big) \leq \varepsilon + \rho^*\Big(\bigcup_j A_j\Big) \leq \varepsilon + \sum_j \rho^*(A_j).$$

Weil $\varepsilon > 0$ beliebig war, haben wir damit $\sum_j \rho^*(A_j) = \rho^*\big(\bigcup_j A_j\big)$ bewiesen.

3. Schritt: Allgemeine A_j.

Wir schreiben $M = \bigcup_{n=1}^{\infty} B_n$, wobei die B_n die offenen Kugeln mit Radius n um einen fest gewählten Punkt in M sind. Dann setzen wir $C_n := B_n \setminus B_{n-1}$ für $n \geq 1$. Da $B_0 = \emptyset$ gilt, ergibt sich $A_j = \bigcup_{jn}(C_n \cap A_j)$. Mit Schritt 2 erhalten wir

$$\rho^*(A_j) = \rho^*\Big(\bigcup_n (A_j \cap C_n)\Big) = \sum_n \rho^*(A_j \cap C_n),$$

$$\rho^*\Big(C_n \cap \bigcup_j A_j\Big) = \rho^*\Big(\bigcup_j (C_n \cap A_j)\Big) = \sum_j \rho^*(C_n \cap A_j)$$

und

$$\rho^*\Big(\bigcup_j A_j\Big) = \rho^*\Big(\bigcup_{n,j}(A_j \cap C_n)\Big) = \sum_{n,j} \rho^*(C_n \cap A_j).$$

Da letzteres nach dem Umordnungssatz 4.9 gleich $\sum_j \rho^*(A_j)$ ist, ist damit der Beweis vollständig. $\qquad\square$

Beispiel 4.26 (Das Lebesgue-Maß)

(i) Das Maß, das man auf $(\mathbb{R}^n, \mathcal{L}^n)$ durch Satz 4.25 aus der zulässigen Funktion vol_n enthält, heißt das n-dimensionale *Lebesgue-Maß* und wird mit λ^n bezeichnet. Nach Proposition 4.15 erfüllt es $\lambda^n(Q) = \mathrm{vol}_n(Q)$ für jeden Quader $Q \subseteq \mathbb{R}^n$.

(ii) Da die Menge $\mathcal{E}$ der Quader und die Funktion $\mathrm{vol}_n \colon \mathcal{E} \to [0, \infty]$ invariant unter Translationen ist, ist auch λ^n invariant unter Translationen, das heißt, es gilt

$$\lambda^n(A + x) = \lambda^n(A) \tag{4.13}$$

für alle Lebesgue-messbaren Mengen $A \subseteq \mathbb{R}^n$.

(iii) Die Translationsinvarianz des Lebesgue-Maßes erlaubt uns einen relativ einfachen Beweis dafür, dass die σ-Algebra der Lebesgue-messbaren Mengen nicht die ganze Potenzmenge von $\mathbb{R}^n$ sein kann. Man betrachtet $\mathbb{R}$ als $\mathbb{Q}$-Vektorraum und bildet den Quotientenvektorraum $\mathbb{R}/\mathbb{Q}$. Weil $\mathbb{Q}$ *dicht* in $\mathbb{R}$ ist, das heißt der Abschluss von $\mathbb{Q}$ ganz $\mathbb{R}$ ist und die Translation $\mathbb{R} \to \mathbb{R}, x \mapsto x + r$ ebenso wie ihre Umkehrfunktion stetig ist, ist auch jede Nebenklasse $C = r + \mathbb{Q}$ ist dicht in $\mathbb{R}$. Insbesondere ist $C \cap [0, 1] \neq \emptyset$. Mit dem Auswahlaxiom findet man jetzt zu jedem $C \in \mathbb{R}/\mathbb{Q}$ ein $x_C \in C \cap [0, 1]$.

Behauptung: Die Menge $E := \{x_C \mid C \in \mathbb{R}/\mathbb{Q}\}$ ist nicht vol_1-Lebesgue-messbar.

Sei $r \in [0, 1]$. Dann gilt für $C = r + \mathbb{Q}$, dass $r - x_C \in [-1, 1] \cap \mathbb{Q}$. Damit erhält man

$$[0, 1] \subseteq \biguplus_{q \in [-1,1] \cap \mathbb{Q}} (E + q) \subseteq [-1, 2].$$

Wenn E Lebesgue-messbar ist, dann liefert die Translationsinvarianz des Lebesgue-Maßes

$$1 \le \lambda^1 \Big(\bigcup_{q \in [-1,1] \cap \mathbb{Q}} (E + q) \Big) = \sum_{q \in [-1,1] \cap \mathbb{Q}} \lambda^1(E + q) = \sum_{q \in [-1,1] \cap \mathbb{Q}} \lambda^1(E) \le 3.$$

Dies ist aber unmöglich, weil $[-1, 1] \cap \mathbb{Q}$ eine unendliche Menge ist.

Indem man $E^n \subseteq \mathbb{R}^n$ betrachtet, findet man damit auch Teilmengen von $\mathbb{R}^n$, die nicht vol_n-Lebesgue-messbar sind.

(iv) Das Lebesgue-Maß hat eine weitere „Invarianz-Eigenschaft", die man wie die Translationsinvarianz (4.13) aus der speziellen Geometrie der Quader erhält. Die Menge $\mathcal{E}$ der Quader ist invariant unter den Skalierungen $m_r : \mathcal{E} \to \mathcal{E}, E \mapsto rE$ mit $r > 0$. Die Funktion $\mathrm{vol}_n : \mathcal{E} \to [0, \infty]$ aus (4.1) ist zwar nicht invariant unter diesen Skalierungen, sie erfüllt aber die Identität

$$\mathrm{vol}_n(rE) = r^n \mathrm{vol}_n(E). \tag{4.14}$$

Ersetzt man in der Konstruktion des Lebesgue-Maßes die Funktion vol_n durch die Funktion $\mathrm{vol}_n \circ m_r$, dann erhält man wegen (4.14) das Maß $r^n \lambda^n$, d.h., es gilt

$$\forall A \in \mathcal{L}^n : \quad \lambda^n(rA) = r^n \lambda^n(A). \tag{4.15}$$

$\square$

4.2.2 Wahrscheinlichkeitsmaße

Wir sind durch Überlegungen zur Bestimmung von Volumina auf den Begriff des Maßes geführt worden, aber schon in der Einleitung zu diesem Kapitel wurde darauf hingewiesen, dass die Maßtheorie auch als begrifflicher Rahmen der Wahrscheinlichkeitstheorie taugt. In diesem Kontext sind die maßtheoretischen Begriffe alle mit wahrscheinlichkeitstheoretischen Interpretationen unterlegt. Wir stellen diese Interpretationen hier kurz vor, um dem Leser neben dem geometrischen noch einen weiteren Satz von Intuitionen für die maßtheoretische Begriffswelt zur Verfügung zu stellen. Die probabilistischen Fragestellungen motivieren aber auch einige der Begriffsbildungen, die in diesem Abschnitt erklärt werden.

Mathematisch gesehen ist ein Wahrscheinlichkeitsraum nichts anderes als ein Maßraum mit Gesamtmasse Eins. Es ist die neuartige Interpretation seiner mathematischen Bestandteile, die hier zu neuen Ideen und Fragestellungen führt.

Definition 4.27 (Wahrscheinlichkeitsraum) Ein *Wahrscheinlichkeitsraum* ist ein Maßraum $(M, \mathcal{M}, \mu)$ mit $\mu(M) = 1$. In diesem Fall heißt μ ein *Wahrscheinlichkeitsmaß*, M ein *Ergebnisraum* und $\mathcal{M}$ ein *Ereignisraum*. $\qquad\square$

Wie schon Abschn. 1.1.2 interpretiert man einen Wahrscheinlichkeitsraum als mathematisches Modell eines Zufallsexperiments. Die Punkte in M sind die möglichen Ausgänge des Experiments. Man nennt diese Ausgänge auch *Ergebnisse* oder *Elementarereignisse*. Wenn man drei unterscheidbare Würfel wirft, wären das zum Beispiel alle Tripel (i, j, k) mit i, j und k zwischen 1 und 6, das heißt eine Menge mit 6^3 Elementen. Man interessiert sich oft nicht für Einzelergebnisse, sondern dafür, ob das Ergebnis zu einer bestimmten Klasse von Ergebnissen gehört. Dann spricht man davon, dass ein bestimmtes *Ereignis* eingetreten ist. Bei den drei Würfeln könnte das zum Beispiel die Frage sein, ob ein 2er-Pasch oder ein 3er-Pasch gewürfelt wurde. Letzteres hieße, dass das Ergebnis in der Menge $\{(1, 1, 1), (2, 2, 2), \ldots, (6, 6, 6)\}$ liegt. Die Elemente von $\mathcal{M}$ beschreiben dann die für die Modellierung relevanten Ereignisse. Da $\mathcal{M}$ eine σ-Algebra ist, kann man in der Modellierung auch beschreiben, wann ein Ereignis nicht eintritt, ob mehrere (auch abzählbar unendlich viele) Ereignisse gleichzeitig eingetreten sind oder ob wenigstens eines aus einer (abzählbaren) Familie von Ereignissen eingetreten ist. Dass $\mathcal{M}$ im Allgemeinen nicht die ganze Potenzmenge ist, wird hier zu einem Vorteil, denn es reduziert die Komplexität der Modellierung. Die Zahl $\mu(E)$ wird schließlich als *Wahrscheinlichkeit* (gedacht in Prozent) dafür interpretiert, dass das Ergebnis des Experiments dem Ereignis E zuzurechnen ist.

Man kann aus jedem Maßraum $(M, \mathcal{M}, \mu)$ mit endlichem Maß $\mu(M) > 0$ einen Wahrscheinlichkeitsraum machen, indem man μ durch

$$P : \mathcal{M} \to [0, 1], \quad E \mapsto P(E) := \frac{\mu(E)}{\mu(M)}$$

ersetzt. Insbesondere liefert jede Funktion $f : M \to [0, \infty[$ auf einer endlichen Menge M einen Wahrscheinlichkeitsraum $(M, \mathcal{P}(M), P)$ mit

$$P(E) := \frac{\sum_{m \in E} f(m)}{\sum_{m \in M} f(m)}. \tag{4.16}$$

In diesem Fall nennt man den durch $p_j := \dfrac{f(j)}{\sum_m f(m)}$ gegebenen Vektor $p \in [0, 1]^{|M|}$ den *Wahrscheinlichkeitsvektor* zu $(M, \mathcal{P}(M), P)$.

Die Interpretation von Maßen als Wahrscheinlichkeiten basiert auf der Intuition, dass ein gegebenes Ereignis bei oftmaliger Wiederholung des Zufallsexperiments mit einer „stabilen" relativen Häufigkeit eintritt, die durch das Maß des Ereignisses gegeben wird. Wir wollen an dieser Stelle gar nicht auf die interpretatorischen Schwierigkeiten dieser Intuition von Wahrscheinlichkeit eingehen, sondern vielmehr die daraus abgeleitete Frage behandeln, wie man oftmalige Wiederholungen eines Zufallsexperiments modellieren kann, wenn das einzelne Experiment durch einen gegebenen Wahrscheinlichkeitsraum beschrieben wird.

Für endliche Wahrscheinlichkeitsräume $(M, \mathcal{P}(M), P)$ ist das gar nicht so schwer. Will man die n-malige Wiederholung des durch $(M, \mathcal{P}(M), P)$ beschriebenen Zufallsexperiments beschreiben, so sind die möglichen Ergebnisse Folgen von Punkten in M mit n Folgengliedern, das heißt Punkte in M^n. Da in jedem Versuch beliebige Teilmengen als Ereignis firmieren können, wird man $\mathcal{P}(M^n)$ als σ-Algebra wählen. Bleibt die Frage, welches Maß man auf dem messbaren Raum $(M^n, \mathcal{P}(M^n))$ betrachten soll. Einen Hinweis findet man, wenn man sich überlegt, dass der Verlauf des k-ten Experiments nicht von Ergebnis der vorangehenden Experimente beeinflusst sein soll und selbst auch nicht die nachfolgenden Experimente beeinflussen darf. Das bedeutet, die Wahrscheinlichkeiten für den Ausgang des k-ten Experiments sollen unabhängig vom Ausgang der anderen Experimente sein. Wir fassen diese Vorstellung im Begriff der stochastischen Unabhängigkeit etwas präziser.

Definition 4.28 (Stochastisch unabhängige Ereignisse) Sei $(\Omega, \mathcal{E}, P)$ ein Wahrscheinlichkeitsraum. Dann heißen zwei Ereignisse $A, B \in \mathcal{E}$ *stochastisch unabhängig*, wenn

$$P(A \cap B) = P(A)P(B).$$

$\square$

Stellt man sich Wahrscheinlichkeiten als Massen von Bestandteilen in einem System Ω mit Gesamtmasse Eins vor, so bedeutet die stochastische Unabhängigkeit von A und B, dass der Anteil $\frac{P(B \cap A)}{P(A)}$ von B-Punkten in A genauso hoch ist wie der Anteil $\frac{P(B)}{P(\Omega)} = P(B)$ von B am Gesamtsystem, solange A überhaupt einen relevanten Anteil $\frac{P(A)}{P(\Omega)} = P(A) > 0$ an Ω hat.

Wir wenden diese Überlegungen auf unser Beispiel der n-fachen Wiederholung des durch $(M, \mathcal{P}(M), P)$ beschriebenen Experiments an, wobei wir voraussetzen, dass die verschiedenen Durchführungen des Experiments sich gegenseitig nicht beeinflussen.

Beispiel 4.29 (n-fach wiederholte Experimente) Sei $(M, \mathcal{P}(M), P)$ ein endlicher Wahrscheinlichkeitsräume. Wir suchen einen Wahrscheinlichkeitsraum, der die n Versuche als unabhängige Ereignisse enthält und als Wahrscheinlichkeit dafür, dass im k-ten Versuch das Ereignis E eintritt, die Zahl $P(E)$ liefert. Es ist naheliegend als Messraum den Produktraum M^n mit der trivialen σ-Algebra $\mathcal{P}(M^n)$ zu wählen. Darin wird das Ereignis, dass im k-ten Versuch das Ereignis E eintritt, durch $E_k := \{(m_1, \ldots, m_n) \in M^n \mid m_k \in E\}$ beschrieben. Das gesuchte Maß $P^{(n)}$ auf M^n sollte also $P^{(n)}(E_k) = P(E)$ erfüllen. Andererseits ist das Ereignis, dass in den Versuchen $j = 1, \ldots, n$ mit $j \neq k$ die Ereignisse $F_j \subseteq M$ eintreten, in $(M^n, \mathcal{P}(M^n))$ durch $F^{(k)} := \{(m_1, \ldots, m_n) \in M^n \mid \forall j \neq k : m_j \in F_j\}$ beschrieben. Damit E_k und $F^{(k)}$ stochastisch unabhängig werden, muss gelten

$$P^{(n)}(F_1 \times \ldots \times F_{k-1} \times E \times F_{k+1} \times \ldots \times F_n) = P(E)P^{(n)}(F^{(k)}).$$

Da das Ereignis, dass in den Versuchen $j = 1, \ldots, n$ mit $j \neq k$ die Ereignisse $F_j \subseteq M$ eintreten, auch in $(M^{n-1}, \mathcal{P}(M^{n-1}))$ durch die Menge $F_1 \times \ldots \times F_{k-1} \times$

$F_{k+1} \times \ldots \times F_n$ beschrieben werden kann, muss

$$P^{(n)}(F^{(k)}) = P^{(n-1)}(F_1 \times \ldots \times F_{k-1} \times F_{k+1} \times \ldots \times F_n)$$

gelten. Mit Induktion über die Anzahl der Versuche kommt man zu der Formel

$$P^{(n)}(E_1 \times \ldots \times E_n) = P(E_1) \cdot \ldots \cdot P(E_n) \tag{4.17}$$

für alle $E_1, \ldots, E_n \in \mathcal{P}(M)$, die augenfällige Ähnlichkeit mit der Formel (4.1) für das Volumen von Quadern hat. Für einen Punkt $x = (m_1, \ldots, m_n) \in M^n$ gilt die Formel $P^{(n)}(\{x\}) = \prod_{j=1}^{n} p_{m_j}$. Mit der Rechnung

$$\sum_{x \in M^n} P^{(n)}(\{x\}) = \sum_{m_1 \in M} \cdots \sum_{m_n \in M} p_{m_1} \cdot \ldots \cdot p_{m_n}$$
$$= \Big(\sum_{m_1 \in M} p_{m_1} \Big) \cdot \ldots \cdot \Big(\sum_{m_n \in M} p_{m_n} \Big) = 1$$

sieht man, dass $P^{(n)}(\{x\})$ einen Wahrscheinlichkeitsvektor, also auch ein Wahrscheinlichkeitsmaß auf M^n definiert. Dieses Wahrscheinlichkeitsmaß nennt man das n-fache *Produkt* von P. $\qquad\square$

Das folgende Beispiel zeigt, dass man die etwas kompliziert wirkende Herleitung von (4.17) nicht abkürzen kann.

Beispiel 4.30 (Abhängige Ereignisse) Sei $M = \{0, 1\}$ und P durch $P(\{0\}) = \frac{2}{3}$ festgelegt. Auf $\mathcal{P}(M^2)$ definieren wir ein Wahrscheinlichkeitsmaß durch

$$Q(\{(0, 0)\}) := \frac{1}{2}, \ \ Q(\{(0, 1)\}) := \frac{1}{6}, \ \ Q(\{(1, 0)\}) := \frac{1}{6}, \ \ Q(\{(1, 1)\}) := \frac{1}{6}$$

Dann gilt

$$Q(\{0\} \times M) = \frac{1}{2} + \frac{1}{6} = \frac{2}{3} = P(\{0\}), \ \ Q(\{1\} \times M) = \frac{1}{6} + \frac{1}{6} = \frac{1}{3} = P(\{1\}),$$
$$Q(M \times \{0\}) = \frac{1}{2} + \frac{1}{6} = \frac{2}{3} = P(\{0\}), \ \ Q(M \times \{1\}) = \frac{1}{2} + \frac{1}{6} = \frac{1}{3} = P(\{1\}),$$

d. h., es gilt $Q(E \times M) = P(E) = Q(M \times E)$ für alle $E \in \mathcal{P}(M)$, nicht aber das Analogon zu (4.17), wie man an

$$Q(\{1\} \times \{1\}) = \frac{1}{6} \neq \frac{1}{9} = P(\{1\}) \, P(\{1\})$$

sieht. $\qquad\square$

Für allgemeine Wahrscheinlichkeitsräume ergeben sich diverse technische Probleme bei der Durchführung dieser Konstruktion. Sie beginnen mit der Auswahl der σ-Algebra auf dem Produktraum und kulminieren in der Schwierigkeit ein Wahrscheinlichkeitsmaß auf dieser σ-Algebra zu konstruieren, das auf den „Quadern" $E_1 \times \ldots \times E_n$ die Formel (4.17) liefert. Schon wenn M nicht endlich ist und die σ-Algebra $\mathcal{M}$ nicht die ganze Potenzmenge, muss man sich die Frage stellen, welche σ-Algebra man auf dem Produkt $M \times \ldots \times M$ wählen soll. Zum Beispiel könnte man für einen metrischen Raum M mit $\mathcal{M} = \mathcal{B}_M$ die Borel-σ-Algebra wählen oder aber auch die σ-Algebra, die von den Mengen E_k erzeugt wird. In dieser Situation will man dann zeigen, dass die beiden σ-Algebren übereinstimmen.

Man erkennt hier eine gewisse Parallelität zu den Schwierigkeiten in der Konstruktion des Lebesgue-Maßes auf $\mathbb{R}^n$. Dort hat uns die Geometrie weiter geholfen, weil man aus geometrischen Überlegungen Kandidaten für die Mustermengen und damit für die zu benutzende σ-Algebra, sowie für die Volumenzuschreibungen ρ und damit für die Maße gewinnen konnte. Im Kontext der Wahrscheinlichkeitstheorie steht uns normalerweise aber keine geometrische Leitlinie zur Verfügung. Wir verfolgen daher eine andere Strategie: Wir werden wie im Falle endlicher Wahrscheinlichkeitsräume induktiv vorgehen.

Im Kontext der Induktion über die Anzahl der Faktoren im Produkt stößt man in ganz natürlicher Weise auf das Konzept des Integrals. Um diesen neuen Aspekt deutlich herauszuarbeiten, betrachten wir noch einmal Produktmaße auf endlichen Wahrscheinlichkeitsräumen. Wir beschränken uns dabei auf zwei Faktoren, lassen dafür aber zwei unterschiedliche Wahrscheinlichkeitsräume $(M, \mathcal{P}(M), P)$ und $(N, \mathcal{P}(N), Q)$ zu. Das entspricht der unabhängigen Durchführung zweier Zufallsexperimente, etwa eines Münz- und eines Würfelwurfes.

Beispiel 4.31 (Gewichtete Summen) $(M, \mathcal{P}(M), P)$ und $(N, \mathcal{P}(N), Q)$ seien zwei endliche Wahrscheinlichkeitsräume. Dann findet man das Produktmaß $P \times Q$ auf dem Messraum $(M \times N, \mathcal{P}(M \times N))$ mit $(P \times Q)(E \times F) = P(E)Q(F)$ für $E \subseteq M$ und $F \subseteq N$. Für eine beliebige Teilmenge $A \subseteq M \times N$ gilt dann

$$(P \times Q)(A) = \sum_{(x,y) \in A} P(\{x\})Q(\{y\}).$$

Um $(P \times Q)(A)$ induktiv durch Maße von Teilmengen von M bzw. N auszudrücken, betrachten wir die *Querschnitte* $A_x := \{y \in N \mid (x, y) \in A\}$ und $A^y := \{x \in M \mid (x, y) \in A\}$ für $x \in M$ und $y \in N$. Es ergibt sich

$$(P \times Q)(A) = \sum_{x \in M} \Big(\sum_{y \in A_x} P(\{x\})Q(\{y\}) \Big) = \sum_{x \in M} \Big(\sum_{y \in A_x} Q(\{y\}) \Big) P(\{x\})$$

$$= \sum_{y \in N} \Big(\sum_{x \in A^y} P(\{x\})Q(\{y\}) \Big) = \sum_{y \in N} \Big(\sum_{x \in A^y} P(\{x\}) \Big) Q(\{y\}),$$

und mit den durch $f(x) := \sum_{y \in A_x} Q(\{y\})$ und $g(y) := \sum_{x \in A^y} P(\{x\})$ definierten
Funktionen $f : M \to [0, \infty[$ und $g : N \to [0, \infty[$ finden wir

$$(P \times Q)(A) = \sum_{x \in M} f(x)\, P(\{x\}) = \sum_{y \in N} g(y)\, Q(\{y\}). \qquad (4.18)$$

$\square$

Durch Funktionen gewichtete Summen von Wahrscheinlichkeiten wie in Beispiel
4.31 sind die Prototypen von Integralen. Die eben gefundenen Formeln weisen den
Weg, wie man Maße von Teilmengen in Produkten iterativ berechnet, wenn man
weiß, wie man mit Integralen für die einzelnen Maße umgehen muss.

4.3 Integrale

Integrale sind Verallgemeinerungen von Summen und nicht auf Wahrscheinlichkeitsmaße beschränkt. Man integriert Funktionen über allgemeine Maßräume. Im
Kontext von Lebesgue-Maßen könnte die Funktion zum Beispiel das spezifische
Gewicht in einem dreidimensionalen Objekt sein, das aus verschiedenen Materialien
besteht. Dann liefert das Integral das Gesamtgewicht. Teilt man das Integral durch
die Gesamtmasse, wird aus dem Integral eine Durchschnittsbildung. Wenn die Funktion eine Temperaturverteilung in einem dreidimensionalen Objekt ist und das Maß
wieder das Volumen, so bekommt man auf diese Weise die Durchschnittstemperatur.
In diesem Kontext erkennt man, dass die Gewichtsfunktionen auch negative Werte
haben könnten. Für Wahrscheinlichkeitsmaße lassen sich $\mathbb{R}$-wertige Funktionen auf
dem Wahrscheinlichkeitsraum auch als „Gewinnausschüttungen" interpretieren: Die
Zahl $f(x)$ ist der Gewinn/Verlust, wenn das Zufallsexperiment das Ergebnis x hat. In
diesem Fall liefert das Integral die „Gewinnerwartung". Interpretationen als Durch-
schnitte oder Erwartungswerte verleihen Integralen zusätzliche Bedeutung. Sie liefern aber auch Zusatzinformationen über geometrische Volumina, denn die Aus-
gangsidee als Berechnungsmethode für Produktmaße lässt sich auf geometrische
Maße übertragen und führt dann auf iterative Berechnungsmethoden für Volumina.

Integrale für positive Funktionen lassen sich selbst wieder als Maße interpretieren.
Andererseits lässt sich das Maß einer Menge auch als das Integral der konstanten
Funktion 1 über die Menge interpretieren. Da man reellwertige Funktionen immer
als Differenz von zwei nichtnegativen Funktionen schreiben kann, erwartet man,
dass Integrale sehr ähnliche Eigenschaften haben wie Maße. Insbesondere erwartet
man algebraische Eigenschaften wie Linearität, die man durch Kombination von
Differenzen und Additivität gewinnen kann.

Die angesprochenen unterschiedlichen Interpretationen von Integralen legen auch
eine Strategie für den Aufbau einer Integrationstheorie nahe, der wir in diesem
Abschnitt folgen werden: Wir definieren Integrale für sukzessive komplizierter wer-
dende Gewichtsfunktionen mit zunehmend reichhaltigerem Wertebereich, wobei wir
mit Funktionen beginnen, die als Werte nur 0 und 1 haben. An dieser Strategie kann

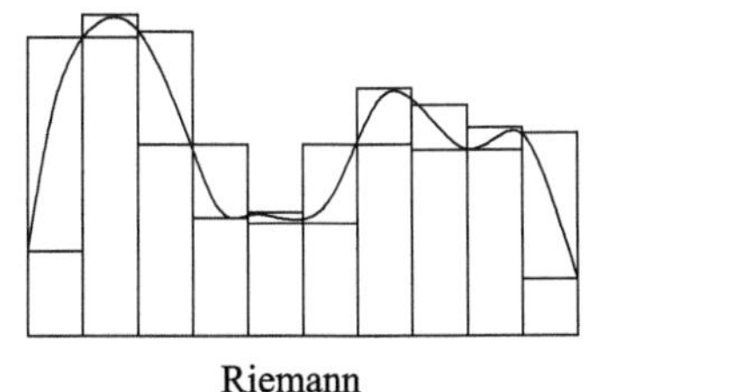

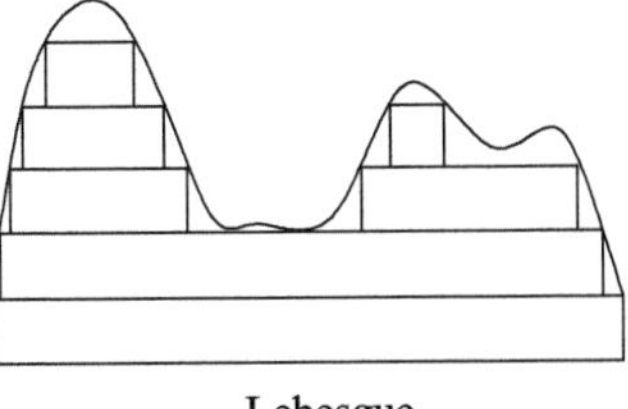

Abb. 4.6 Vergleich der Zugänge von Riemann und Lebesgue zur Integration

man den Unterschied unseres Zugangs zur Integration, der Lebesgue folgt, zu dem üblicherweise in der Schule unterrichten Zugang ablesen, der Riemann und Cauchy folgt. Wir teilen den Wertebereich einer Funktion in kleine Stücke auf und betrachten die Funktion auf der Urbildmengen solcher kleinen Stücke als näherungsweise konstant. Das Integral über diese Urbildmenge ist dann die Konstante mal dem Maß der Urbildmenge und Additivität liefert das Integral über den ganzen Definitionsbereich. Im Riemannschen Zugang teilt man den Definitionsbereich in kleine Stücke mit bekanntem Volumen (in der Schule macht man nur den eindimensionalen Fall, das heißt, man sollte von Länge statt Volumen sprechen) auf und approximiert dort die Funktion durch konstante Funktionen (siehe Abb. 4.6). Wieder hat man konstante Funktionen über Mengen mit bekanntem Maß zu integrieren und dann aufzusummieren. Allerdings funktioniert Riemanns Methode nur, wenn man die Funktion lokal gut durch konstante Funktionen approximieren kann. Daher braucht man in dieser Variante stärkere Voraussetzungen an die zu integrierende Funktion. Für stetige Funktionen liefern beide Zugänge dasselbe Resultat.

Auch Lebesgues Zugang zur Integration kommt nicht ohne einschränkende Voraussetzungen an die zu integrierenden Funktionen aus. Die Grundidee seiner Integrationstheorie ist es, zu jedem Funktionswert das Maß der Niveaumenge zu bestimmen, dieses mit dem Funktionswert zu multiplizieren und die so gewichteten Funktionswerte alle aufzusummieren. Schon der allererste Schritt erzwingt also Einschränkungen an die Natur der zu integrierenden Funktion: Die Niveaumengen müssen messbar sein. Eine zweite technische Schwierigkeit ist, dass es im Allgemeinen unendlich viele Funktionswerte gibt und daher die gewichteten Summen bestenfalls als Grenzwerte existieren. Um einen Grenzwert von endlichen Summen zu produzieren, kann man zum Beispiel erst den Wertebereich der Funktion in endlich viele Intervalle $I_1, \ldots, I_k$ aufteilen und dann den Definitionsbereich und die Urbilder dieser Intervalle zerlegen. Dann approximiert man die Funktion durch eine Funktion, die auf jedem dieser Urbilder konstant ist. Dazu wählt man aus jedem Intervall I_j irgendeinen Wert y_j aus, und nimmt ihn als Wert auf dem Urbild von I_j. Die resultierende Funktion kann man integrieren, wenn die Urbilder der Intervalle messbar sind. Ziel ist ein konvergierender Prozess für sukzessive Verfeinerungen des Wertebereichs, aber um diesen Aspekt kümmern wir uns erst später. Ein erster Schritt ist, zu verstehen, wie man die Messbarkeit der Niveaumengen und Urbilder von Intervallen garantiert, ohne die Klasse der behandelbaren Funktionen zu sehr einzuschränken.

An dieser Stelle lohnt sich der Vergleich mit den stetigen Funktionen. Die konnte man dadurch charakterisieren, dass Urbilder offener Mengen offen sind (vgl. Proposition 3.43). Hier wollen wir, dass die Urbilder bestimmter Mengen messbar sind, also in der auf dem Definitionsbereich gewählten σ-Algebra liegen. Da die Intervalle in der Borel-σ-Algebra liegen und diese sogar erzeugen, liegt es nahe, von den Funktionen zu verlangen, dass Urbilder (Borel-)messbarer Mengen messbare Teilmengen des Definitionsbereichs sind. Dieser Ansatz führt in der Tat zu einem nützlichen Konzept, was nicht zuletzt der Tatsache geschuldet ist, dass sich Urbilder in Bezug auf mengentheoretische Operationen wie Schnitte, Vereinigungen und Komplementbildung im Gegensatz zu Bildern gut verhalten.

Definition 4.32 (Messbare Funktionen) Seien $(M, \mathcal{M})$ und $(N, \mathcal{N})$ messbare Räume und $f\colon M \to N$ eine Abbildung. Dann heißt f $(\mathcal{M}, \mathcal{N})$-*messbar*, wenn

$$\forall A \in \mathcal{N} \;:\quad f^{-1}(A) \in \mathcal{M}, \tag{4.19}$$

das heißt, wenn Urbilder messbarer Mengen wieder messbar sind. $\qquad\square$

Wir lassen den Zusatz $(\mathcal{M}, \mathcal{N})$- weg, wenn klar ist, welche σ-Algebren gemeint sind. Wenn die σ-Algebra $\mathcal{N}$ von dem Mengensystem $\mathcal{E} \subseteq \mathcal{P}(N)$ erzeugt wird, dann können wir (4.19) auch durch

$$\forall N \in \mathcal{E} \;:\quad f^{-1}(N) \in \mathcal{M} \tag{4.20}$$

ersetzen. Um das einzusehen, stellen wir zunächst fest, dass Urbilder von Schnitten, Vereinigungen und Komplementen gerade die Schnitte, Vereinigungen und Komplemente der Urbilder sind. Die Elemente von $\mathcal{N}$ werden durch abzählbare Schnitte und Vereinigungen sowie Komplementbildungen aus Elementen von $\mathcal{E}$ gewonnen, also werden alle Urbilder von Elementen aus $\mathcal{N}$ durch abzählbare Schnitte und Vereinigungen sowie Komplementbildungen aus Elementen von $\{f^{-1}(E) \mid E \in \mathcal{E}\} \subseteq \mathcal{M}$ gewonnen. Da $\mathcal{M}$ eine σ-Algebra ist, ist damit jedes $f^{-1}(A)$ mit $A \in \mathcal{N}$ in $\mathcal{M}$, das heißt, f ist $(\mathcal{M}, \mathcal{N})$-messbar.

Betrachte eine stetige Abbildung $f\colon M \to N$ zwischen zwei metrischen Räumen. Da Urbilder offener Mengen unter f offen sind und die offenen Teilmengen von N die Borel-σ-Algebra $\mathcal{B}_N$ erzeugen, ist f wegen (4.20) $(\mathcal{B}_M, \mathcal{B}_N)$-messbar. Es gibt aber auch unstetige messbare Abbildungen. Die einfachsten Beispiele sind charakteristische Funktionen messbarer Mengen.

Beispiel 4.33 (Charakteristische Funktionen) Seien $(M, \mathcal{M})$ ein messbarer Raum und $E \subseteq M$ eine messbare Menge. Dann ist die durch

$$\chi_E(m) := \begin{cases} 1 & \text{für } m \in E \\ 0 & \text{für } m \notin E \end{cases}$$

definierte *charakteristische Funktion* $\chi_E \colon M \to \mathbb{R}$ messbar, weil

$$
\chi_E^{-1}(]a, b[) =
\begin{cases}
M & \text{falls } a < 0 < 1 < b, \\
E & \text{falls } 0 \leq a < 1 < b, \\
M \setminus E & \text{falls } a < 0 < b \leq 1, \\
\emptyset & \text{sonst}
\end{cases}
$$

und die Mengen M, E, $M \setminus E$, $\emptyset$ alle messbar sind. $\qquad\square$

Die Analogie zu den stetigen Funktionen führt auf eine Reihe weiterer Eigenschaften messbarer Funktionen, insbesondere algebraischer Natur. Seien zum Beispiel $(M, \mathcal{M})$, $(N, \mathcal{N})$ und $(L, \mathcal{L})$ messbare Räume sowie $f \colon M \to N$ und $g \colon N \to L$ messbare Abbildungen. Dann ist auch $g \circ f \colon M \to L$ messbar:

$$
\forall E \in \mathcal{L} : \quad (g \circ f)^{-1}(E) = f^{-1}\big(g^{-1}(E)\big) \in \mathcal{M}. \tag{4.21}
$$

Damit kann man nachweisen, dass die messbaren Abbildungen mit Werten in einem normierten Vektorraum V einen Untervektorraum bilden, denn die Summe $f + g$ zweier messbaren Funktionen $f, g \colon M \to V$ entsteht durch Verknüpfung der Addition

$$
V \times V \to V, \quad (v, w) \mapsto v + w
$$

mit der Abbildung

$$
h \colon M \to V \times V, \quad x \mapsto (f(x), g(x)).
$$

Da die Addition stetig und damit messbar bezüglich der jeweiligen Borel-σ-Algebren ist, reicht es nach (4.21) zu zeigen, dass h messbar ist. Die Borel-σ-Algebra von $V \times V$ wird von den Mengen der Form $U \times U'$ mit offenen Teilmengen $U, U' \subseteq V$ erzeugt. Wegen

$$
h^{-1}(U \times U') = f^{-1}(U) \cap g^{-1}(U')
$$

ist also h messbar. Mit einem analogen Argument kann man zeigen, dass auch das Produkt von $\mathbb{R}$- bzw. $\mathbb{C}$-wertigen messbaren Funktionen selbst wieder messbar ist.

4.3.1 Einfache Funktionen und ihre Integrale

Nach den obigen Überlegungen sind Linearkombinationen von charakteristischen Funktionen messbarer Mengen selbst messbar. Solche Funktionen nennen wir *einfache Funktionen*. Die einfachen Funktionen $M \to \mathbb{C}$ lassen sich charakterisieren als diejenigen messbaren Funktionen, die nur endlich viele Werte annehmen: Wenn nämlich $f(M) \setminus \{0\} = \{c_1, \ldots, c_n\}$, dann ist jedes $E_j := f^{-1}(c_j)$ für $j = 1, \ldots, n$ messbar, und es gilt

$$f = \sum_{j=1}^{n} c_j \, \chi_{E_j}. \tag{4.22}$$

Man nennt die Zerlegung (4.22) von f als Linearkombination von charakteristischen Funktionen die *Standardzerlegung* von f. Sie erfüllt insbesondere $E_i \cap E_j = \emptyset$ für $i \neq j$.

Im Falle von $M = [0, 1]$ sind Treppenfunktionen Beispiele für einfache Funktionen. Es gibt auf $[0, 1]$ aber auch sehr viel weniger anschauliche Beispiele von einfachen Funktionen, weil die involvierten charakteristischen Funktionen für sich genommen schon kompliziert sein können. Man denke zum Beispiel an die charakteristische Funktion der Cantor-Menge oder die charakteristische Funktion der rationalen Zahlen in $[0, 1]$, die sich auch zu einer einfachen Funktion kombinieren lassen.

Für einfache Funktionen lässt sich die oben beschriebene Grundidee der Integration problemlos umsetzen, sofern alle Niveaumengen E_j endliches Maß haben.

Definition 4.34 (Integral einfacher Funktionen mit Werten in $\mathbb{C}$) Wenn $(M, \mathcal{M}, \mu)$ ein Maßraum ist und $f : M \to \mathbb{C}$ eine einfache Funktion mit Standardzerlegung $f = \sum_{j=1}^{n} c_j \, \chi_{E_j}$. Wenn alle $\mu(E_j)$ endlich sind, dann kann man ein *Integral* von f bzgl. μ durch

$$\int_M f \, d\mu := \sum_{j=1}^{n} c_j \, \mu(E_j) \in \mathbb{C}$$

definieren.   □

Für Maßräume $(M, \mathcal{M}, \mu)$ mit $\mu(M) = \infty$ ist die Definition 4.34 problematisch, weil man eine einfache Funktion genau kennen muss um zu entscheiden, ob man ihr Integral überhaupt bilden kann. Die Probleme werden noch verschärft, wenn man allgemeinere Funktionen integrieren will und dazu Grenzwerte betrachten muss. Der Ausweg ist, statt komplexwertiger Funktionen zunächst Funktionen mit Werten in $[0, \infty]$ zu betrachten. Man verschenkt hier nicht viel dadurch, dass man auch ∞ explizit als Wert zulässt, weil selbst für einfache Funktionen mit nur endlichen Werten das Integral unendlich wird, wenn eine der Mengen in der Standardzerlegung unendliches Maß hat. Allerdings muss man sich zunächst auf $[0, \infty]$ eine geeignete σ-Algebra verschaffen und sich auf Konventionen festlegen, wie Addition und Multiplikation auf $[0, \infty]$ zu interpretieren sind. Für die im Kontext der Integration unverzichtbare Betrachtung von Grenzwerten ist es außerdem wichtig, Supremum und Infimum für Teilmengen von $[0, \infty]$ zu definieren.

Von den Integration von Funktionen mit Werten in $[0, \infty]$ gelangt man in einem ersten Schritt zur Integration von reellwertigen Funktionen, die man als Differenzen von Funktionen mit Werten in $[0, \infty]$ schreibt und dementsprechend die Inte-

grale als Differenzen von Integralen mit positiven Integranden definiert. In diesem
Schritt spielen Konvergenzüberlegungen eine zentrale Rolle und man tut gut daran,
nicht nur die positiven Zahlen durch ∞ zu ergänzen, sondern auch die negativen
Zahlen durch $-\infty$. Der Übergang von reellwertigen zu komplexwertigen Funktionen ist algebraischer Natur, weil man komplexwertige Funktionen einfach in Real-
und Imaginärteil aufspalten und separat behandeln kann. Die Integrale bilden dann
Real- und Imaginärteil des komplexen Integrals. Dieses Vorgehen ist verträglich mit
Grenzwertüberlegungen, weil eine Folge komplexer Zahlen genau dann konvergiert,
wenn Real- und Imaginärteile der Folge konvergieren. Das heißt, beim Übergang von
reellwertigen zu komplexwertigen Funktionen nutzt man in der Definition der Integrale nur aus, dass $\mathbb{C}$ ein endlichdimensionaler $\mathbb{R}$-Vektorraum ist. Dementsprechend
gibt es eine ganz analoge Integrationstheorie für Funktionen mit Werten in endlichdimensionalen $\mathbb{R}$-Vektorräumen. In verschiedenen mathematischen Kontexten
ist eine Verallgemeinerung auf Funktionen mit Werten in unendlichdimensionalen
Vektorräumen wünschenswert. Solche Theorien gibt es, sie brauchen aber spezielle
Voraussetzungen an die Vektorräume und sind technisch aufwendiger zu konstruieren.

Wir beginnen der Konstruktion einer σ-Algebra auf der um zwei Punkte $\pm\infty$
ergänzten reellen Geraden. Geometrisch stellen wir uns $\pm\infty$ als plus und minus
„Unendlich" vor und schreiben diese ergänzte Gerade als Intervall:

$$[-\infty, \infty] := \{-\infty\} \cup \mathbb{R} \cup \{\infty\}.$$

A priori sind $-\infty$ und ∞ einfach Symbole. Um mit ihnen rechnen zu können,
ergänzen wir zuerst die Ordnung auf $\mathbb{R}$ durch

$$\forall r \in \mathbb{R} : \quad -\infty < r < \infty$$

und erhalten so eine Ordnung auf $[-\infty, \infty]$. Mit dieser Ordnung kann man Begriffe
wie *untere* und *obere Schranke* sowie *Supremum* und *Infimum* leicht auf Teilmengen
von $[-\infty, \infty]$ übertragen. Der einzige Unterschied zum Fall $\mathbb{R}$ ist, dass auch in $\mathbb{R}$
unbeschränkte Mengen in $[-\infty, \infty]$ ein Supremum und ein Infimum haben.

Die Interpretation von $\pm\infty$ als Begrenzungen der reellen Geraden im Unendlichen legen folgende *Addition* auf $[-\infty, \infty]$ nahe, wobei man wobei $[-\infty, \infty[:=$
$\{-\infty\} \cup \mathbb{R}$ und $]-\infty, \infty] := \mathbb{R} \cup \{\infty\}$ setzt:

$$x + y := \begin{cases} x + y & \text{für } x, y \in \mathbb{R}, \\ \infty & \text{für } x \in]-\infty, \infty] \text{ und } y = \infty, \\ \infty & \text{für } x = \infty \text{ und } y \in]-\infty, \infty], \\ -\infty & \text{für } x \in [-\infty, \infty[\text{ und } y = -\infty, \\ -\infty & \text{für } x = -\infty \text{ und } y \in [-\infty, \infty[, \end{cases}$$

Schwierigkeiten macht die Definition von $-\infty + \infty$. Wenn man als Ergebnis ein
$a \in \mathbb{R}$ nimmt, dann erfüllt die resultierende Addition kein Assoziativgesetz, weil
$(-\infty + \infty) + b = a + b$ im allgemeinen nicht gleich $-\infty + (\infty + b) = -\infty +$

$\infty = a$ ist. Also hat man nur die Wahl $-\infty + \infty$ als ∞ oder $-\infty$ zu definieren. In beiden Fällen rechnet man leicht nach, dass das Ergebnis assoziativ wird, wenn man $\infty + (-\infty) = -\infty + \infty$ definiert. Man bekommt aber Schwierigkeiten mit der Stetigkeit. Sei zum Beispiel $-\infty + \infty = \infty$. Dann gilt

$$\lim_{n \to \infty} \big((-2n) + n\big) = -\infty \neq \infty = -\infty + \infty = \lim_{n \to \infty} (-2n) + \lim_{n \to \infty} n.$$

Analoge Beispiele findet man auch für $-\infty + \infty = -\infty$. Da Grenzwertüberlegungen aber der eigentliche Grund für die Einführung der Punkte $\pm\infty$ sind, verzichtet man darauf, eine Summe von $-\infty$ und ∞ zu definieren.

Analog zur partiellen Addition auf $[-\infty, \infty]$ führt man auch eine partielle Multiplikation ein, wobei die Probleme in der Multiplikation von 0 und $\pm\infty$ liegen.

$$xy := \begin{cases} xy & \text{für } x, y \in \mathbb{R}, \\ \pm\infty & \text{für } x \in \,]0, \infty] \text{ und } y = \pm\infty, \\ \pm\infty & \text{für } x = \pm\infty \text{ und } y \in \,]0, \infty], \\ \mp\infty & \text{für } x \in [-\infty, 0[\text{ und } y = \pm\infty, \\ \mp\infty & \text{für } x = \pm\infty \text{ und } y \in [-\infty, 0[. \end{cases}$$

Während man also auf $[0, \infty] := [0, \infty[\,\cup\{\infty\}$, eine überall definierte Addition hat, existiert die Multiplikation nur auf $]0, \infty]$ oder $[0, \infty[$.

Setze

$$\mathcal{B}_{[-\infty,\infty]} := \{E \subseteq [-\infty, \infty] \mid E \cap \mathbb{R} \in \mathcal{B}_{\mathbb{R}}\} \subseteq \mathcal{P}([-\infty, \infty]).$$

Dann sieht man leicht, dass $\mathcal{B}_{[-\infty,\infty]}$ eine σ-Algebra ist, die von den Halbstrahlen $]a, \infty] := \,]a, \infty[\,\cup\,\{\infty\}$ mit $a \in \mathbb{R}$ erzeugt wird.

Sei jetzt $(M, \mathcal{M})$ ein messbarer Raum, und seien $f, g \colon M \to [-\infty, \infty]$ messbare Abbildungen. Wenn $f + g \colon M \to [-\infty, \infty]$ definiert ist, das heißt, wenn $f(x) + g(x)$ für jedes $x \in M$ definiert ist, dann ist $f + g$ auch messbar:

$$\begin{aligned} (f + g)^{-1}(]a, \infty]) &= (f + g)^{-1}(]a, \infty[) \cup (f + g)^{-1}(\{\infty\}) \\ &= (f + g)^{-1}(]a, \infty[) \cup \big(f^{-1}(\{\infty\}) \cap g^{-1}(]-\infty, \infty])\big) \\ &\qquad \cup \big(g^{-1}(\{\infty\}) \cap f^{-1}(]-\infty, \infty])\big) \end{aligned}$$

und $(f + g)^{-1}(]a, \infty[)$ ist messbar, weil es mit $h^{-1}(]a, \infty[)$ zusammenfällt, wobei h die Summe der messbaren Funktionen $f|_{M'}, g|_{M'} \colon M' \to \mathbb{R}$ mit $M' = f^{-1}(\mathbb{R}) \cap g^{-1}(\mathbb{R})$ ist. Dabei wird benutzt, dass die Inklusion $M' \hookrightarrow M$ messbar ist.

Sei jetzt $(M, \mathcal{M}, \mu)$ ein Maßraum. Wir bezeichnen die Menge der messbaren Funktionen $f \colon M \to [0, \infty]$ mit $\mathcal{L}^+(M)$.

Definition 4.35 (Integral einfacher Funktionen mit Werten in $[0, \infty[$**)** Wenn $(M, \mathcal{M}, \mu)$ ein Maßraum ist und $f: M \to [0, \infty[$ eine einfache Funktion mit Standardzerlegung $f = \sum_{j=1}^{n} c_j \, \chi_{E_j}$, dann definiert man das *Integral* von f über $A \in \mathcal{M}$ bzgl. μ durch

$$\int_A f \, \mathrm{d}\mu := \sum_{j=1}^{n} c_j \, \mu(A \cap E_j) \in [0, \infty].$$

$\square$

Falls M und das Maß μ aus dem Kontext klar sind, schreiben wir einfach $\int f$ für $\int_M f \, \mathrm{d}\mu$ und $\int_A f$ für $\int_A f \, \mathrm{d}\mu$.

Beachte, dass für $A \in \mathcal{M}$ das Mengensystem $\mathcal{M}_A := \{A \cap E \mid E \in \mathcal{M}\} \subseteq \mathcal{P}(A)$ eine σ-Algebra auf A ist und $\mu_A := \mu|_{\mathcal{M}_A}$ einen Maßraum $(A, \mathcal{M}_A, \mu_A)$ liefert. Wenn man eine einfache Funktion $f: M \mapsto [0, \infty[$ auf A einschränkt, erhält man eine einfache Funktion $f|_A: A \to [0, \infty[$, deren Integral dann durch

$$\int f|_A \, \mathrm{d}\mu_A = \int_A f \, \mathrm{d}\mu \qquad (4.23)$$

gegeben ist.

Proposition 4.36 (Abbildungseigenschaften des Integrals) *Seien* $(M, \mathcal{M}, \mu)$ *ein Maßraum und* $f, g \in \mathcal{L}^+(M)$ *einfache Funktionen.*

(i) *Wenn* $c > 0$, *dann gilt* $\int cf = c \int f$.
(ii) $\int (f + g) = \int f + \int g$.
(iii) *Wenn* $f \le g$, *dann gilt* $\int f \le \int g$.

Beweis (i) folgt unmittelbar aus den Definitionen. Für (ii) betrachte die Standardzerlegungen $f = \sum_{j=1}^{n} a_j \chi_{A_j}$ und $g = \sum_{k=1}^{m} b_k \chi_{B_k}$ von f und g. Zusätzlich setzen wir $A_0 := M \setminus \bigcup_{j=1}^{n} A_j$ und $B_0 := M \setminus \bigcup_{k=1}^{m} B_k$ sowie $a_0 := 0 =: b_0$. Dann gilt

$$f = \sum_{j=0}^{n} a_j \chi_{A_j} \quad \text{und} \quad g = \sum_{k=0}^{m} b_k \chi_{B_k}$$

sowie

$$A_j = \bigcup_{k=0}^{m} (A_j \cap B_k) \quad \forall j = 0, 1, \ldots, n \quad \text{und} \quad B_k = \bigcup_{j=0}^{n} (A_j \cap B_k) \quad \forall k = 0, 1, \ldots, m.$$

Jetzt rechnet man

$$\int f + \int g = \sum_{j=0}^{n} a_j \, \mu(A_j) + \sum_{k=0}^{m} b_k \, \mu(B_k) = \sum_{j=0}^{n} \sum_{k=0}^{m} (a_j + b_k) \, \mu(A_j \cap B_k).$$

Wenn $\{c_1, \ldots, c_l\} = \{a_j + b_k \mid j = 0, \ldots, n; k = 0, \ldots, m\} \setminus \{0\}$ und

$$C_i := \bigcup_{a_j + b_k = c_i} (A_j \cap B_k),$$

dann ist $f + g = \sum_{i=1}^{l} c_i \chi_{C_i}$ die Standardzerlegung von $f + g$, und (ii) folgt aus

$$\int (f + g) = \sum_{i=1}^{l} c_i \, \mu(C_i) = \sum_{i=1}^{l} \sum_{a_j + b_k = c_i} (a_j + b_k) \, \mu(A_j \cap B_k).$$

Wenn jetzt $f \leq g$, dann gilt $a_j \leq b_k$ wenn immer $A_j \cap B_k \neq \emptyset$. Daraus leitet man die Ungleichung

$$\int f = \sum_{j=0}^{n} \sum_{k=0}^{m} a_j \, \mu(A_j \cap B_k) \leq \sum_{j=0}^{n} \sum_{k=0}^{m} b_k \, \mu(A_j \cap B_k) = \int g$$

ab. $\qquad\qquad\qquad\qquad\qquad\qquad\qquad\qquad\qquad\qquad\qquad\qquad\qquad\qquad\qquad\quad\;\;\square$

Zusammen mit dem Umordnungssatz 4.9 für Reihen helfen uns die in Proposition 4.36 nachgewiesenen Abbildungseigenschaften des Integrals einzusehen, dass $A \mapsto \int_A f$ ein Maß auf $\mathcal{M}$ definiert. Damit werden die für Maße entwickelten Techniken auch für die Integrale einfacher Funktionen verfügbar.

Proposition 4.37 (Integral einfacher Funktionen als Maße) *Seien* $(M, \mathcal{M}, \mu)$ *ein Maßraum und* $f \in \mathcal{L}^+(M)$ *eine einfache Funktion. Dann ist die Abbildung*

$$\mathcal{M} \to [0, \infty], \quad A \mapsto \int_A f \, \mathrm{d}\mu$$

ein Maß.

Beweis Sei $f = \sum_{j=1}^{n} a_j \chi_{A_j}$ die Standardzerlegung von f. Wir stellen zunächst fest, dass $\int_{\emptyset} f = \sum_{j=1}^{n} a_j \mu(\emptyset) = 0$ ist und wählen eine disjunkte, abzählbare Familie $E_1, E_2, \ldots$ von messbaren Mengen in M. Dann gilt

$$\int_{\bigcup_{i=1}^{\infty} E_i} f = \sum_{j=1}^{n} a_j \mu\Big(A_j \cap \bigcup_{i=1}^{\infty} E_i\Big)$$

$$= \sum_{j=1}^{n} a_j \mu\Big(\bigcup_{i=1}^{\infty} (A_j \cap E_i)\Big) = \sum_{j=1}^{n} a_j \sum_{i=1}^{\infty} \mu(A_j \cap E_i)$$

$$= \sum_{i=1}^{\infty} \sum_{j=1}^{n} a_j \mu(A_j \cap E_i) = \sum_{i=1}^{\infty} \int_{E_i} f.$$

Beachte, dass wir hier die Umordnung der Summierung rechtfertigen müssen: Wenn die Reihen $\sum_{i=1}^{\infty} \mu(A_j \cap E_i)$ konvergieren, geht das nach dem Umordnungssatz 4.9 für Reihen. Wenn eine der Reihen nicht konvergiert, verifizieren wir direkt, dass beide Seiten ∞ sind. $\square$

4.3.2 Integrierbare Funktionen

Für Funktionen in $\mathcal{L}^+(M)$, die nicht notwendigerweise einfach sind, definiert man das Integral als das Supremum aller Integrale einfacher Funktionen, deren Werte an jeder Stelle höchstens so groß sind wie die der gegebenen Funktion. Weil die Integrale einfacher Funktionen nach Proposition 4.36 die Ordnung erhalten, führt diese Definition für einfache Funktionen nicht zu Zweideutigkeiten.

Definition 4.38 (Integral messbarer Funktionen mit Werten in $[0, \infty]$**)** Für beliebige $f \in \mathcal{L}^+(M)$ und $A \in \mathcal{M}$ definieren wir das *Integral* von f über A bzgl. μ durch

$$\int_A f \, d\mu := \sup \left\{ \int_A \phi \, d\mu \;\middle|\; 0 \le \phi \le f, \phi \text{ einfach} \right\}.$$

$\square$

Es folgt unmittelbar aus den entsprechenden Aussagen für einfache Funktionen (vgl. Proposition 4.36), dass $\int_A cf \, d\mu = c \int_A f \, d\mu$ für $f \in \mathcal{L}^+(M)$ und $c \ge 0$ sowie $\int_A f \, d\mu \le \int_A g \, d\mu$ für $f, g \in \mathcal{L}^+(M)$ und $f \le g$. Genauso sieht man mit Proposition 4.37, dass $\int_A f \le \int_B f$, falls $f \in \mathcal{L}^+(M)$ und $A \subseteq B$ messbar sind. Außerdem erkennt man, dass $\int_A f \, d\mu = 0$ ist, falls $f^{-1}(]0, \infty]) \cap A$ eine Nullmenge ist. Mit (4.23) ergibt sich für alle $f \in \mathcal{L}^+(M)$ die Identität

$$\int f|_A \, d\mu_A = \int_A f \, d\mu. \tag{4.24}$$

Die Additivität des Integrals ergibt sich nicht automatisch, weil nicht klar ist, ob man jede einfache Funktion ϕ, die $0 \le \phi \le f + g$ erfüllt, als Summe $\phi_1 + \phi_2$ zweier einfacher Funktionen mit $0 \le \phi_1 \le f$ und $0 \le \phi_2 \le g$ schreiben kann. Das folgende Lemma wird uns helfen, die Additivität des Integrals zu beweisen.

Lemma 4.39 (Approximation durch einfache Funktionen) *Seien* $(M, \mathcal{M})$ *ein messbarer Raum und* $f : M \to [0, \infty]$ *eine messbare Funktion. Dann gibt es eine Folge* $(\phi_n)_{n \in \mathbb{N}}$ *einfacher Funktionen mit folgenden Eigenschaften:*

(a) $0 \le \phi_1 \le \phi_2 \le \ldots \le f$.
(b) $(\phi_n)_{n \in \mathbb{N}}$ *konvergiert punktweise gegen* f.

Beweis Für $n, k \in \mathbb{N}$ mit $0 \leq k \leq 2^{2n} - 1$ setze

$$E_n^k := f^{-1}\Big(\Big]\frac{k}{2^n}, \frac{k+1}{2^n}\Big]\Big) \quad \text{und} \quad F_n := f^{-1}\big(]2^n, \infty]\big).$$

Dann ist

$$\phi_n := \sum_{k=0}^{2^{2n}-1} \frac{k}{2^n}\, \chi_{E_n^k} + 2^n \chi_{F_n}$$

eine einfache Funktion. Jetzt genügt es, für jedes $n \in \mathbb{N}$ die folgenden Eigenschaften zu zeigen:

(a') $\phi_n \leq \phi_{n+1}$,
(b') $0 \leq f(x) - \phi_n(x) \leq 2^{-n}$ für jedes $x \in M$ mit $f(x) \leq 2^n$.

Dafür müssen wir mehrere Fälle unterscheiden:

1) Wenn $x \in E_n^k$ und $f(x) \in \,]\frac{2k}{2^{n+1}}, \frac{2k+1}{2^{n+1}}]$, dann gilt $x \in E_{n+1}^{2k}$ und

$$\phi_n(x) = \frac{k}{2^n} = \frac{2k}{2^{n+1}} = \phi_{n+1}(x).$$

2) Wenn $x \in E_n^k$ und $f(x) \in \,]\frac{2k+1}{2^{n+1}}, \frac{2k+2}{2^{n+1}}]$, dann gilt $x \in E_{n+1}^{2k+1}$ und

$$\phi_n(x) = \frac{k}{2^n} < \frac{2k+1}{2^{n+1}} = \phi_{n+1}(x).$$

3) Wenn $x \in F_n$ und $f(x) \in \,]2^n, 2^{n+1}]$, dann gilt für ein $2^{2n+1} \leq k \leq 2^{2n+2} - 1$, dass $x \in E_{n+1}^k$ und

$$\phi_n(x) = 2^n \leq \frac{k}{2^{n+1}} = \phi_{n+1}(x).$$

4) Wenn $x \in F_n$ und $f(x) \in \,]2^{n+1}, \infty[$, dann gilt $x \in F_{n+1}$ und

$$\phi_n(x) = 2^n < 2^{n+1} = \phi_{n+1}(x).$$

Damit haben wir (a'). Die Bedingung (b') folgt analog durch Nachrechnen. Dazu muss man $f - \varphi_n$ in den Fällen 1) und 2) aus dem Beweis der Bedingung (a') untersuchen:

1) Wenn $x \in E_n^k$ und $f(x) \in \left]\frac{2k}{2^{n+1}}, \frac{2k+1}{2^{n+1}}\right]$, dann gilt $x \in E_{n+1}^{2k}$ und $\phi_n(x) = \frac{k}{2^n}$. Damit ergibt sich

$$0 = \frac{k}{2^n} - \frac{k}{2^n} \le f(x) - \varphi_n(x) \le \frac{2k+1}{2^{n+1}} - \frac{k}{2^n} = \frac{1}{2^{n+1}}.$$

2) Wenn $x \in E_n^k$ und $f(x) \in \left]\frac{2k+1}{2^{n+1}}, \frac{2k+2}{2^{n+1}}\right]$, dann gilt $x \in E_{n+1}^{2k+1}$ und $\phi_n(x) = \frac{k}{2^n}$. Damit ergibt sich

$$0 < \frac{2k+1}{2^{n+1}} - \frac{k}{2^n} \le f(x) - \varphi_n(x) \le \frac{2k+2}{2^{n+1}} - \frac{k}{2^n} = \frac{1}{2^n}.$$

$\square$

In Lemma 4.39 haben wir vorausgesetzt, dass f messbar ist und geschlossen, dass sich f als Supremum (spezieller) Folgen messbarer Funktionen schreiben lässt. Umgekehrt gilt, dass Suprema und Infima von Folgen messbarer Funktionen mit Werten in $[-\infty, \infty]$ messbar sind. Für Suprema ist das eine unmittelbare Konsequenz der Rechnung

$$(\sup f_n)^{-1}(]a, \infty]) = \left\{ m \in M \;\middle|\; \sup_n f_n(m) > a \right\}$$

$$= \left\{ m \in M \mid \exists n \text{ mit } f_n(m) > a \right\} = \bigcup_{n=1}^{\infty} f_n^{-1}(]a, \infty])$$

und für Infima argumentiert man analog mit $[-\infty, a[$.

Der folgende Satz über monotone Konvergenz liefert insbesondere, dass man Integrale von Funktionen in $\mathcal{L}^+(M)$ als Supremum der Integrale beliebiger einfacher Funktionen bekommt, die monoton von unten gegen die Funktion konvergieren. In Kombination mit Lemma 4.39 liefert das die Additivität des Integrals auf $\mathcal{L}^+(M)$, weil mit $\varphi_n \to f$ und $\psi_n \to g$ auch $\varphi_n + \psi_n \to f + g$ punktweise und monoton konvergiert.

Satz 4.40 (Monotone Konvergenz) *Sei $(M, \mathcal{M}, \mu)$ ein Maßraum und $(f_n)_{n \in \mathbb{N}}$ eine Folge in $\mathcal{L}^+(M)$ mit $f_n \le f_{n+1}$ für alle $n \in \mathbb{N}$. Dann gilt*

$$\int \lim_{n \to \infty} f_n = \int \sup_{n \in \mathbb{N}} f_n = \sup_{n \in \mathbb{N}} \int f_n = \lim_{n \to \infty} \int f_n.$$

Beweis Wegen der Monotonie von $(f_n)_{n \in \mathbb{N}}$ und $(\int f_n)_{n \in \mathbb{N}}$ sind die Suprema gleich den Limiten. Setze $f := \sup_{n \in \mathbb{N}} f_n \in \mathcal{L}^+(M)$. Dann liefert $f_n \le f$ sofort $\int f_n \le \int f$ und somit

$$\sup_{n \in \mathbb{N}} \int f_n \le \int f.$$

Um auch die Umkehrung zu zeigen, reicht es zu zeigen, dass für jede einfache Funktion φ mit $0 \le \varphi \le f$ gilt $\int \varphi \le \sup_{n \in \mathbb{N}} \int f_n$. Sei φ so eine Funktion. Für $t \in \,]0, 1[$ und $n \in \mathbb{N}$ ist dann die Menge

$$E_n := \{x \in M \mid f_n(x) \ge t\varphi(x)\}$$

messbar, weil f_n und φ messbar sind. Sei $x \in M$ beliebig mit $f(x) > 0$, dann gilt wegen $\varphi(x) \le f(x)$ und $\varphi(x) < \infty$, dass $t\varphi(x) < f(x)$. Also finden wir ein $n \in \mathbb{N}$ mit $f_n(x) \ge t\varphi(x)$. Wegen $f^{-1}(\{0\}) \subseteq \varphi^{-1}(\{0\}) \subseteq \bigcap_{n \in \mathbb{N}} E_n$ ergibt sich

$$\bigcup_{n \in \mathbb{N}} E_n = M.$$

Wegen $E_n \subseteq E_{n+1}$ folgt $M = E_1 \cup \dot{\bigcup}_{n \in \mathbb{N}}(E_{n+1} \setminus E_n) = E_k \cup \dot{\bigcup}_{n=k}^{\infty}(E_{n+1} \setminus E_n)$ und Proposition 4.37 zeigt, dass

$$\int_M \varphi = \int_{E_1} \varphi + \sum_{n=1}^{\infty} \int_{E_{n+1}\setminus E_n} \varphi = \sup_{N \in \mathbb{N}} \left(\int_{E_1} \varphi + \sum_{n=1}^{N} \int_{E_{n+1}\setminus E_n} \varphi \right) = \sup_{N \in \mathbb{N}} \int_{E_N} \varphi.$$

Damit erhalten wir die Abschätzung

$$t \int \varphi = \sup_{n \in \mathbb{N}} \int_{E_n} t\varphi \le \sup_{n \in \mathbb{N}} \int_{E_n} f_n \le \sup_{n \in \mathbb{N}} \int f_n$$

und weil $t \in \,]0, 1[$ beliebig war, folgt

$$\int \varphi \le \sup_{n \in \mathbb{N}} \int f_n.$$

$\square$

Wir illustrieren Lemma 4.39 und Satz 4.40 mit einem einfachen Beispiel, in dem man alle Integrale ohne weitere Hilfsmittel explizit berechnen kann.

Beispiel 4.41 Wir betrachten die Funktion $f \colon [0, 1] \to \mathbb{R}$, $x \mapsto x$. Als stetige Funktion ist f Borel-messbar und liegt daher in $\mathcal{L}^+([0, 1])$. Um einfache Funktionen zu finden, die f von unten approximieren, betrachten wir die folgende Skizze

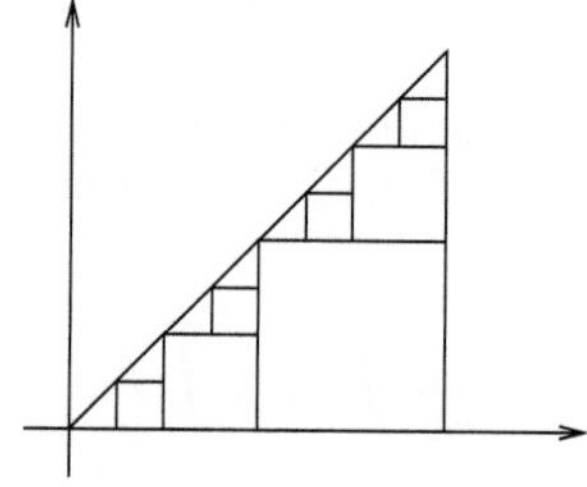

und setzen dann

$$\phi_N := \sum_{n=1}^{N} \frac{1}{2^n} \sum_{k=1}^{2^{n-1}} \chi_{\left[\frac{2k-1}{2^n}, \frac{2k}{2^n}\right[}.$$

Sei $x = \sum_{n=1}^{\infty} a_n \frac{1}{2^n}$ mit $a_n \in \{0, 1\}$ die *dyadische Entwicklung* von $x \in [0, 1]$, das heißt, das Analogon zur Dezimalentwicklung $x = \sum_{n=1}^{\infty} c_n \frac{1}{10^n}$ im Zweiersystem. Dann gilt

$$\sum_{k=1}^{2^{n-1}} \chi_{\left[\frac{2k-1}{2^n}, \frac{2k}{2^n}\right[}(x) = \begin{cases} 1 & \text{für } a_n = 1, \\ 0 & \text{für } a_n = 0 \end{cases}$$

und

$$\lim_{N \to \infty} \phi_N(x) = \sum_{n=1}^{\infty} \frac{1}{2^n} \sum_{k=1}^{2^{n-1}} \chi_{\left[\frac{2k-1}{2^n}, \frac{2k}{2^n}\right[}(x) = \sum_{n=1}^{\infty} a_n \frac{1}{2^n} = x.$$

Für die Integrale der ϕ_N rechnen wir dann mithilfe der Additivität von Integralen

$$\lim_{N \to \infty} \int \phi_N = \lim_{N \to \infty} \sum_{n=1}^{N} \frac{1}{2^n} \sum_{k=1}^{2^{n-1}} \int \chi_{\left[\frac{2k-1}{2^n}, \frac{2k}{2^n}\right[} = \lim_{N \to \infty} \sum_{n=1}^{N} \frac{1}{2^n} \sum_{k=1}^{2^{n-1}} \left(\frac{2k}{2^n} - \frac{2k-1}{2^n} \right)$$

$$= \lim_{N \to \infty} \sum_{n=1}^{N} \frac{1}{2^n} \frac{1}{2} = \lim_{N \to \infty} \sum_{n=2}^{N+1} \frac{1}{2^n} = \frac{1}{2} = \int f$$

und verifizieren so, dass in diesem Beispiel die Definition der Integrale auf das geometrisch erwartete Ergebnis führt. $\qquad\square$

Der Satz 4.40 von der monotonen Konvergenz hat vielfache Anwendungen. Man kann ihn zum Beispiel auch dazu benutzen, das Maß von Mengen zu berechnen, indem man ihn auf charakteristische Funktionen anwendet.

Korollar 4.42 (Grenzmaße monotoner Folgen messbarer Mengen) Sei $(M, \mathcal{M}, \mu)$ ein Maßraum.

(i) Für jede Folge $(A_n)_{n \in \mathbb{N}}$ von Elementen aus $\mathcal{M}$ mit $A_n \subseteq A_{n+1}$ für alle n gilt:

$$\mu\Big(\bigcup_{n \in \mathbb{N}} A_n \Big) = \lim_{n \to \infty} \mu(A_n).$$

(ii) Ist μ endlich, dann gilt für jede Folge $(A_n)_{n \in \mathbb{N}}$ von Elementen aus $\mathcal{M}$ mit $A_{n+1} \subseteq A_n$ für alle n :

$$\mu\Big(\bigcap_{n \in \mathbb{N}} A_n \Big) = \lim_{n \to \infty} \mu(A_n).$$

Beweis Der erste Teil folgt direkt aus Satz 4.40, angewendet auf die aufsteigende
Folge von charakteristischen Funktionen χ_{A_n}. Zum Beweis von (ii) wendet man den
Satz 4.40 auf Folge $\chi_{M \setminus A_n}$ an. Es ergibt sich

$$\mu\Big(M \setminus \bigcap_{n \in \mathbb{N}} A_n \Big) = \mu\Big(\bigcup_{n \in \mathbb{N}} M \setminus A_n \Big) = \lim_{n \to \infty} \mu(M \setminus A_n) = \lim_{n \to \infty} \big(\mu(M) - \mu(A_n) \big)$$

und man erhält die Behauptung, indem man die Zahl $\mu(M) \in \mathbb{R}$ subtrahiert. $\qquad\square$

Man kann auf die Endlichkeitsbedingung in Proposition 4.42(ii) nicht verzichten,
wie man an der Folge der Intervalle $]n, \infty[$ sehen, die alle unendliches Maß haben,
für die sich aber als Schnitt die leere Menge ergibt, die Maß Null hat.

Als einfache Anwendung von Korollar 4.42 kann man zum Beispiel das Maß der
Cantor-Menge berechnen. Da die Cantor-Menge der Schnitt über eine abzählbare
monoton fallende Familie von Mengen E_n vom Maß $\left(\frac{2}{3}\right)^n$ ist, ergibt sich Null als
Maß für die Cantor-Menge.

Dass man aus der Kombination von Lemma 4.39 und Satz 4.40 die Additivität des
Integrals bekommt, haben wir schon festgestellt und in der Berechnung des Integrals
in Beispiel 4.41 auch benutzt. Das Argument lässt sich aber noch verschärfen und
liefert dann sogar die σ-Additivität.

Proposition 4.43 (σ-**Additivität des Integrals**) *Seien* $(M, \mathcal{M}, \mu)$ *ein Maßraum*
und $(f_n)_{n \in \mathbb{N}}$ *eine Folge in* $\mathcal{L}^+(M)$. *Wir setzen* $\sum_{j=1}^{\infty} f_j := \sup \big\{ \sum_{j=1}^{n} f_j \mid n \in$
$\mathbb{N} \big\} \in \mathcal{L}^+(M)$. *Dann gilt*

$$\int \sum_{j=1}^{\infty} f_j = \sum_{j=1}^{\infty} \int f_j.$$

Beweis Mit Induktion folgert man aus der Additivität des Integrals für jedes $n \in \mathbb{N}$

$$\int \sum_{j=1}^{n} f_j = \sum_{j=1}^{n} \int f_j.$$

Die Funktionen $g_n := \sum_{j=1}^{n} f_j$ konvergieren punktweise monoton gegen $\sum_{j=1}^{\infty} f_j$
und der Satz 4.40 von der monotonen Konvergenz liefert

$$\int \sum_{j=1}^{\infty} f_j = \int \sup_{n \to \infty} g_n = \sup_{n \to \infty} \int g_n = \sup_{n \to \infty} \sum_{j=1}^{n} \int f_j = \sum_{j=1}^{\infty} \int f_j.$$

$\qquad\square$

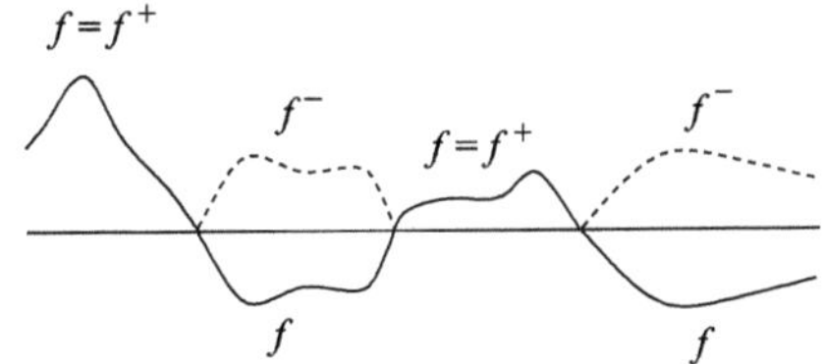

Abb. 4.7 Aufspaltung einer Funktion in ihren positiven und ihren negativen Teil

An dieser Stelle hat man eine Integralabbildung $\int \colon \mathcal{L}^+(M) \to [0, \infty]$ mit überzeugenden Abbildungseigenschaften. Da sich jede messbare Funktion $f \colon M \to [-\infty, \infty]$ in eindeutiger Weise als Differenz $f = f^+ - f^-$ eines *positiven Teils* $f^+ := \max(f, 0) \in \mathcal{L}^+(M)$ und eines *negativen Teils* $f^- := \max(-f, 0) \in \mathcal{L}^+(M)$ schreiben lässt (siehe Abb. 4.7), kann man das Integral $\int f$ durch $\int f^+ - \int f^-$ definieren, sofern nicht beide Integrale unendlich sind. Im Falle eines endlichen Maßraums und gewichteter Summen bedeutet das, dass man die positiven und die negativen Summanden trennt und bei den negativen Summanden das Minuszeichen ausklammert. Dieselbe Interpretation hat man für einfache Funktionen und die allgemeine Definition greift das Ergebnis auf, dass man für den Grenzübergang erwartet.

Definition 4.44 (Integrierbare Funktionen) Sei $(M, \mathcal{M}, \mu)$ ein Massraum, $f \colon M \to [-\infty, \infty]$ eine messbare Funktion sowie $f = f^+ - f^-$ die Zerlegung von f in ihren positiven und ihren negativen Teil. Wenn für $A \in \mathcal{M}$ eines der beiden Integrale $\int_A f^\pm \, d\mu$ endlich ist, dann definieren wir

$$\int_A f \, d\mu := \int_A f^+ \, d\mu - \int_A f^- \, d\mu \tag{4.25}$$

und nennen $\int_A f \, d\mu$ das *Integral* von f über A. Wenn sowohl $\int_A f^+ \, d\mu$ als auch $\int_A f^- \, d\mu$ endlich sind, nennen wir $f|_A$ *μ-integrierbar*. Wenn aus dem Kontext klar ist, welches Maß gemeint ist, lassen wir das μ weg. $\square$

Indem man (4.25) mit (4.24) kombiniert, erkennt man, dass die Einschränkung einer messbaren Funktion auf eine Nullmenge immer integrierbar ist und Null als Integral hat.

Wie zu Beginn des Abschnitts erläutert, kann man jetzt auch Integrale von komplexwertigen Funktionen definieren, indem man die Integrale von Real- und Imaginärteil separat betrachtet. Eine messbare Funktion $f \colon M \to \mathbb{C}$ heißt dementsprechend *integrierbar* über $A \in \mathcal{M}$, wenn $\operatorname{Re} f \colon M \to \mathbb{R}$ und $\operatorname{Im} f \colon M \to \mathbb{R}$ integrierbar über A sind. Das *Integral* $\int_A f$ ist dann durch

$$\int_A f \, d\mu := \int_A \operatorname{Re} f \, d\mu + i \int_A \operatorname{Im} f \, d\mu$$

definiert. Für $\mathbb{K}$ gleich $\mathbb{R}$ oder $\mathbb{C}$ sei $\mathcal{L}^1(M, \mu, \mathbb{K})$ oder (wenn das Maß aus dem

Kontext klar ist) $\mathcal{L}^1(M, \mathbb{K})$ die Menge der über M integrierbaren Funktionen $f: M \to \mathbb{K}$. Statt $\mathcal{L}^1(M, \mathbb{C})$ schreibt man oft nur $\mathcal{L}^1(M)$.

Damit ist unsere Konstruktion eines leistungsstarken Integralbegriffs abgeschlossen. Bisher haben wir noch keine ernstzunehmenden Resultate über die tatsächliche Berechnung von Integralen erzielt, aber wir können schon an dieser Stelle zwei bemerkenswerte Eigenschaften festhalten, die sich beim Rechnen mit Integralen immer wieder als sehr nützlich herausstellen werden: Der Raum $\mathcal{L}^1(M, \mathbb{K})$ ist ein $\mathbb{K}$-Vektorraum und die Integralabbildung $\int: \mathcal{L}^1(M, \mathbb{K}) \to \mathbb{K}$ ist linear. Um das beweisen zu können, brauchen wir ein handhabbares Kriterium für die Integrierbarkeit messbarer Funktionen. Das folgende Lemma stellt mehrere solche Kriterien bereit.

Lemma 4.45 (Charakterisierung der Integrierbarkeit) *Seien* $(M, \mathcal{M}, \mu)$ *ein Maßraum und* $f: M \to [-\infty, \infty]$ *messbar, dann sind folgende Aussagen äquivalent:*

(1) *f ist μ-integrierbar.*
(2) *f^+ und f^- sind μ-integrierbar.*
(3) *Es gibt eine μ-integrierbare Funktion g mit $|f| \leq g$.*
(4) *$|f|$ ist μ–integrierbar.*

Beweis (1)$\Leftrightarrow$(2): Dies folgt unmittelbar aus den Definition der Integrierbarkeit.
(2)$\Rightarrow$(3): Sind f^+ und f^- μ-integrierbar, dann sind f^+, f^- und $g = |f| = f^+ + f^-$ messbar (vgl. Bemerkung 4.3.1) und nach Korollar 4.43 gilt

$$\int g \; \mathrm{d}\mu = \int (f^+ + f^-) \; \mathrm{d}\mu = \int f^+ \; \mathrm{d}\mu + \int f^- \; \mathrm{d}\mu < \infty.$$

Somit ist auch g μ-integrierbar und wegen $|f| = g = f^+ + f^-$ folgt die Behauptung.
(3)$\Rightarrow$(4): Existiert eine μ-integrierbare Funktion g mit $|f| \leq g$, so gilt, wieder mit Korollar 4.43, aufgrund von $g = |f| + (g - |f|)$:

$$\int |f| \; \mathrm{d}\mu \leq \int g \; \mathrm{d}\mu.$$

Die Behauptung folgt nun aus der Annahme, dass $\int g \; \mathrm{d}\mu < \infty$.
(4)$\Rightarrow$(2): Sei nun $|f|$ μ-integrierbar. Es gilt: $f^+ \leq |f|$ und $f^- \leq |f|$. Außerdem sind f^+, f^- und $|f|$ messbar und nichtnegativ. Damit ergibt sich

$$\int f^+ \; \mathrm{d}\mu \leq \int |f| \; \mathrm{d}\mu < \infty \qquad \text{und} \qquad \int f^- \; \mathrm{d}\mu \leq \int |f| \; \mathrm{d}\mu < \infty.$$

$\square$

Satz 4.46 (Integral als lineares Funktional) *Sei* $(M, \mathcal{M}, \mu)$ *ein Maßraum. Dann ist $\mathcal{L}^1(M, \mathbb{K})$ ein $\mathbb{K}$-Vektorraum. Die Abbildung*

$$\int: \mathcal{L}^1(M, \mathbb{K}) \to \mathbb{K}, \quad f \mapsto \int f$$

ist $\mathbb{K}$-linear, bildet nichtnegative Funktionen auf nichtnegative Zahlen ab und erfüllt die Ungleichung

$$\left|\int f\right| \leq \int |f|.$$

Beweis Wir zeigen zunächst die Linearität. Dabei behandeln wir nur den Fall $\mathbb{K} = \mathbb{R}$. Der Fall $\mathbb{K} = \mathbb{C}$ folgt dann durch Aufspalten in Real- und Imaginärteil.

Seien also $f, h \in \mathcal{L}^1(M, \mathbb{R})$ und $r \in \mathbb{R}$. Es genügt jetzt zu zeigen, dass $f + h, rf \in \mathcal{L}^1(M, \mathbb{R})$ und

$$\int (f + h) = \int f + \int h, \quad \int rf = r \int f.$$

Die Funktionen $f + h$ und rf sind messbar (siehe Abschn. 4.3.1). Wenn $r \geq 0$, dann gilt $rf^{\pm} = (rf)^{\pm}$, also sind $\int (rf)^{\pm} = r \int f^{\pm}$ endlich (vgl. Proposition 4.36). Dies zeigt, dass rf integrierbar ist mit

$$\int rf = \int rf^+ - \int rf^- = r \int f^+ - r \int f^- = r \int f.$$

Der Fall $r < 0$ liefert $(rf)^{\pm} = -rf^{\mp}$ und geht ansonsten analog. Wegen Proposition 4.43 gilt

$$\int f - \int h = \int f' - \int h'$$

für alle $f, f', h, h' \in \mathcal{L}^+(M)$ mit $f - h = f' - h'$, falls die betrachteten Integrale endlich sind.

Wegen Lemma 4.45 und der Dreiecksungleichung folgt die Integrierbarkeit von $f + h$, und somit gilt mit obigem

$$\int (f + h) = \int (f + h)^+ - \int (f + h)^- = \int (f^+ + h^+) - \int (f^- + h^-)$$
$$= \int f^+ - \int f^- + \int h^+ - \int h^- = \int f + \int h.$$

Damit ist die Linearität des Integrals gezeigt. Die Positivität ist nach Definition unmittelbar klar, und für die letzte Behauptung setzen wir $\int f = re^{i\gamma}$ mit $r \geq 0$ und $\gamma \in [0, 2\pi[$. Dann rechnen wir nach:

$$\left|\int f\right| = e^{-i\gamma} \int f = \int e^{-i\gamma} f = \int \mathrm{Re}(e^{-i\gamma} f) \leq \int |e^{-i\gamma} f| = \int |f|,$$

weil $\int \mathrm{Im}(e^{-i\gamma} f) = 0$ ist. $\square$

4.3.3 Dominierte Konvergenz

Wir schließen diesen Abschnitt mit einem Konvergenzsatz ab, der von großem theoretischen Interesse ist, aber uns in Kap. 5 auch ganz konkret helfen wird Volumina zu berechnen. Im Gegensatz zum Satz 4.40 von der monotonen Konvergenz setzt der Satz von der dominierten Konvergenz nicht die Monotonie der Funktionenfolgen voraus. Um auch mit solchen Folgen umgehen zu können, brauchen wir zwei abgeschwächte Grenzwertbegriffe für Folgen in $\mathbb{R}$, den *Limes superior* und den *Limes inferior.*

Sei $(a_n)_{n \in \mathbb{N}}$ eine Folge in $\mathbb{R}$. Setze

$$S_n := \sup\{a_j \mid j \geq n\} \quad \text{und} \quad I_n := \inf\{a_j \mid j \geq n\}.$$

Dann sind

$$\limsup_{n \to \infty} a_n := \inf\{S_n \mid n \in \mathbb{N}\} \quad \text{und} \quad \liminf_{n \to \infty} a_n := \sup\{I_n \mid n \in \mathbb{N}\}$$

der Limes superior und der Limes inferior von $(a_n)_{n \in \mathbb{N}}$. Mit $\inf(\emptyset) = \infty$ und $\sup(\emptyset) = -\infty$ lassen wir dann auch die Werte ∞ für den Limes superior und $-\infty$ für den Limes inferior zu. Es ist klar, dass

$$\liminf_{n \to \infty} a_n \leq \limsup_{n \to \infty} a_n.$$

Proposition 4.47 *Eine reelle Folge* $(a_n)_{n \in \mathbb{N}}$ *konvergiert genau dann gegen ein* $a \in [-\infty, \infty] = \mathbb{R} \cup \{-\infty, \infty\}$, *wenn*

$$\liminf_{n \to \infty} a_n = a = \limsup_{n \to \infty} a_n.$$

Beweis Wir beweisen die Behauptung zunächst für $a \in \mathbb{R}$. Wenn $\lim_{j \to \infty} a_j = a$, dann findet man zu $\varepsilon > 0$ ein n_0 mit $S_n = \sup\{a_j \mid j \geq n\} \leq a + \varepsilon$ und $I_n = \inf\{a_j \mid j \geq n\} \geq a - \varepsilon$ für alle $n \geq n_0$. Weil die Folgen $(S_n)_{n \in \mathbb{N}}$ und $(I_n)_{n \in \mathbb{N}}$ monoton sind, gilt daher

$$\limsup_{n \to \infty} a_n = \inf\{S_n \mid n \in \mathbb{N}\} \leq a + \varepsilon \leq \sup\{I_n \mid n \in \mathbb{N}\} + 2\varepsilon = \liminf_{n \to \infty} a_n + 2\varepsilon.$$

Da $\varepsilon > 0$ beliebig war, folgt $\limsup_{n \to \infty} a_n \leq \liminf_{n \to \infty} a_n$, also die Gleichheit.

Umgekehrt, wenn $\limsup_{n \to \infty} a_n = \liminf_{n \to \infty} a_n = a$, dann gibt es zu $\varepsilon > 0$ ein $n_0 \in \mathbb{N}$ mit $I_n - \varepsilon \leq S_n - \varepsilon \leq a_j \leq I_n + \varepsilon$ und $I_n - \varepsilon \leq S_n - \varepsilon \leq a \leq I_n + \varepsilon$ für alle $n_0 \leq n \leq j$. Zusammen findet man $|a - a_j| \leq 4\varepsilon$, also $\lim_{j \to \infty} a_j = a$.

Für $a = \infty$ findet man zu $c > 0$ ein n_0 mit $I_n = \inf\{a_j \mid j \geq n\} \geq c$ für alle $n \geq n_0$. Also gilt

$$\forall c > 0 : \quad c \leq \liminf_{n \to \infty} a_n \leq \limsup_{n \to \infty} a_n,$$

das heißt $\liminf_{n\to\infty} a_n = \limsup_{n\to\infty} a_n = \infty$.

Für $a = -\infty$ findet man zu $c < 0$ ein n_0 mit $S_n = \sup\{a_j \mid j \geq n\} \leq c$ für alle $n \geq n_0$. Also gilt

$$\forall c < 0 : \quad \liminf_{n\to\infty} a_n \leq \limsup_{n\to\infty} a_n \leq c,$$

das heißt $\liminf_{n\to\infty} a_n = \limsup_{n\to\infty} a_n = -\infty$. $\qquad\square$

Lemma 4.48 (Fatou) *Sei* $(f_n)_{n\in\mathbb{N}}$ *eine Folge in* $\mathcal{L}^+(M)$. *Dann gilt*

$$\int \liminf_{n\to\infty} f_n \leq \liminf_{n\to\infty} \int f_n.$$

Beweis Für alle $k \in \mathbb{N}$ gilt

$$\forall j \geq k : \quad \inf_{n\geq k} f_n \leq f_j,$$

also

$$\forall j \geq k : \quad \int \inf_{n\geq k} f_n \leq \int f_j.$$

Dies wiederum zeigt

$$\int \inf_{n\geq k} f_n \leq \inf_{j\geq k} \int f_j.$$

Weil die Folge $(\inf_{n\geq k} f_n)_{k\in\mathbb{N}}$ monoton steigend mit punktweisem Grenzwert $\liminf_{k\to\infty} f_k$ ist, zeigt Satz 4.40 jetzt

$$\int \liminf_{k\to\infty} f_k = \lim_{k\to\infty} \int \inf_{n\geq k} f_n \leq \lim_{k\to\infty} \inf_{j\geq k} \int f_j = \liminf_{k\to\infty} \int f_k.$$

$\qquad\square$

In vielen Anwendungen lässt sich die Konvergenz von messbaren Funktionen nur μ-fast überall nachweisen. Dabei sagt man, eine Folge von Funktionen $f_n : M \to \mathbb{C}$ auf einem Maßraum $(M, \mathcal{M}, \mu)$ *konvergent* μ-*fast überall* gegen eine Funktion $f : M \to \mathbb{C}$, wenn es eine μ-Nullmenge $A \subseteq M$ mit

$$\forall x \in M \setminus A : \quad \lim_{n\to\infty} f_n(x) = f(x)$$

gibt. Wenn das Maß μ aus dem Kontext klar ist, sagt man einfach fast überall oder kurz (f.ü.) konvergent. Der folgende Konvergenzsatz erfordert nur diese abgeschwächte Form von Konvergenz.

Satz 4.49 (Dominierte Konvergenz) *Sei $(M, \mathcal{M}, \mu)$ ein Maßraum und $(f_n)_{n \in \mathbb{N}}$ eine Folge messbarer Funktionen $M \to \mathbb{C}$, die fast überall gegen eine messbare Funktion $f \colon M \to \mathbb{C}$ konvergiert. Wenn es eine Funktion $g \in \mathcal{L}^1(M, \mathbb{R})$ mit*

$$\forall n \in \mathbb{N} \ : \quad |f_n| \le g \ (\text{f. ü.})$$

gibt, dann ist $f \in \mathcal{L}^1(M, \mathbb{C})$, und es gilt

$$\int f = \lim_{n \to \infty} \int f_n.$$

Beweis Nach Lemma 4.45 und der Voraussetzung gilt $f_n \in \mathcal{L}^1(M, \mathbb{C})$ für alle n. Wegen $|\operatorname{Im} f_n|, |\operatorname{Re} f_n| \le |f_n|$ gelten die Voraussetzungen automatisch auch für Real- und Imaginärteile der Funktionen. Man kann daher annehmen, dass alle involvierten Funktionen reellwertig sind. Jetzt zeigt man mit demselben Argument, dass wir $f_n, f \in \mathcal{L}^+(M)$ annehmen können.

Sei jetzt $A \in \mathcal{M}$ eine Nullmenge mit

$$\forall x \in M \setminus A \ : \quad \lim_{n \to \infty} f_n(x) = f(x)$$

und

$$\forall n \in \mathbb{N}, x \in M \setminus A \ : \quad |f_n(x)| \le g(x).$$

Indem wir f_n durch $\min\big(f_n, g(1 - \chi_A)\big)$ und f durch $\min\big(f, g(1 - \chi_A)\big)$ ersetzen, können wir annehmen, dass $A = \emptyset$. Jetzt sagt das Lemma 4.48 von Fatou, dass

$$\int f \le \liminf_{n \to \infty} \int f_n \le \int g.$$

Andererseits zeigt dasselbe Lemma

$$\int g - \int f = \int (g - f) \le \liminf_{n \to \infty} \int (g - f_n) = \int g - \limsup_{n \to \infty} \int f_n.$$

Zusammen sehen wir

$$\limsup_{n \to \infty} \int f_n \le \int f \le \liminf_{n \to \infty} \int f_n \le \limsup_{n \to \infty} \int f_n,$$

was die Behauptung beweist. $\qquad\square$

Beispiel 4.50 (Parameterabhängige Integrale) Seien $(M, \mathcal{M}, \mu)$ ein Maßraum, I ein Intervall positiver Länge und $f \colon M \times I \to \mathbb{C}$ eine Funktion, für die $f(\cdot, t) \colon M \to \mathbb{C}$ für jedes $t \in I$ integrierbar ist. Setze $F(t) := \int_M f(x, t) \, \mathrm{d}\mu(x)$. Wenn es eine integrierbare, nichtnegative Funktion g auf M mit $|f(x, t)| \le g(x)$ für alle

$x \in M$ und $t \in I$ gibt und $\lim_{t \to t_0} f(x, t) = f(x, t_0)$ für alle $x \in M$ ist, dann gilt auch

$$\lim_{t \to t_0} F(t) = F(t_0).$$

Um das einzusehen, wendet man den Satz 4.49 über dominierte Konvergenz auf die Folgen $f_n(x) = f(x, t_n)$ mit $t_n \to t_0 \in \,]a, b[$ an:

$$F(t_0) = \int_M f(x, t_0) \, \mathrm{d}\mu(x) = \int_M \lim_{n \to \infty} f_n(x) \, d\mu(x) = \lim_{n \to \infty} \int_M f_n(x) \, d\mu(x)$$

$$= \lim_{n \to \infty} \int_M f(x, t_n) \, d\mu(x) = \lim_{n \to \infty} F(t_n).$$

$\square$

4.4   Produktmaße und iterierte Integrale

In diesem abschließenden Abschnitt des Kapitels verallgemeinern wir die induktive Konstruktion von Produktmaßen, die wir in Abschn. 4.2.2 für endliche Wahrscheinlichkeitsräume skizziert haben. Wir werden endliche Produkte von σ-endlichen Maßräumen betrachten. Insbesondere ist die Konstruktion also auf Wahrscheinlichkeitsräume und metrische Räume mit ρ-Lebesgue-Maßen anwendbar.

Mit den Produktmaßen kann man nicht nur Wiederholungen von Zufallsexperimenten modellieren, die von beliebigen Wahrscheinlichkeitsräumen beschrieben werden, sondern sie erlauben uns auch die konkrete Berechnung von Integralen durch iterative Vorschriften. Ein dritter Typus von Anwendung ist die Etablierung von Vertauschungssätzen für Grenzwertprozesse.

4.4.1   Produktmaße

Die Strategie für unsere Konstruktion der Produktmaße ist, der Vorgehensweise in den Beispielen 4.29 und 4.31 zu folgen und auf dem Weg alle nötigen Ergänzungen in Bezug auf Strukturen und Eigenschaften zu machen, die sich aus dem Übergang von endlichen Wahrscheinlichkeitsräumen zu a priori allgemeinen Maßen ergeben.

Wir starten mit der Wahl einer geeigneten σ-Algebra. Angesichts der schon gemachten Erfahrungen bei der Konstruktion von σ-Algebren von messbaren Mengen aus einem Satz von Mustermengen in Abschn. 4.1 wählen wir die kleinste σ-Algebra, die die „messbaren Quader" aus (4.17) enthält.

Definition 4.51 (Produkt-σ-Algebra) Seien jetzt $M_1, \dots, M_n$ nichtleere Mengen und $\mathcal{M}_j \subseteq \mathcal{P}(M_j)$ σ-Algebren für $j = 1, \dots, n$. Dann heißt die von den *messbaren Quadern* $E_1 \times \dots \times E_n$ mit $E_j \in \mathcal{M}_j$ für $j = 1, \dots, n\}$ erzeugte σ-Algebra die *Produkt-σ-Algebra* der $\mathcal{M}_j$. Sie wird mit $\bigotimes_{j=1}^{n} \mathcal{M}_j$ bezeichnet. $\square$

Da es für den Nachweis von maßtheoretischen Eigenschaften, z. B. der Messbarkeit von Abbildungen oder der Gleichheit von Maßen, oft ausreicht, diesen Nachweis für Erzeuger einer σ-Algebra zu führen, ist es nützlich Erzeugendensysteme zu haben, deren Mengen sich gut beschreiben und behandeln lassen. In einer Produkt-σ-Algebra kann man nicht erwarten, dass man Erzeuger finden kann, die einfacher sind als die Erzeuger der einzelnen σ-Algebren. Viel komplizierter wird es aber auch nicht. Wenn man für jede der σ-Algebren $\mathcal{M}_j$ ein Erzeugendensystem $\mathcal{E}_j$ hat, dann wird die Produkt-σ-Algebra von den messbaren Quadern, deren „Kanten" zu den Erzeugendensystemen $\mathcal{E}_j$ gehören, erzeugt.

Proposition 4.52 *Seien* $M_1, \ldots, M_n$ *nichtleere Mengen und* $M_j \in \mathcal{E}_j \subseteq \mathcal{P}(M_j)$ *für* $j = 1, \ldots, n$. *Dann gilt*

$$\bigotimes_{j=1}^{n} \sigma(\mathcal{E}_j) = \sigma(\{E_1 \times \ldots \times E_n \mid E_j \in \mathcal{E}_j, j = 1, \ldots, n\}). \tag{4.26}$$

Beweis Die Inklusion „$\supseteq$" ist klar. Für die Umkehrung nennen wir die rechte Seite von (4.26) einfach $\mathcal{M}$ und betrachten die Mengensysteme

$$\mathcal{M}'_j := \{F_j \subseteq M_j \mid \pi_j^{-1}(F_j) \in \mathcal{M}\},$$

wobei $\pi_j \colon M_1 \times \ldots \times M_n \to M_j$ die Projektion auf den j-ten Faktor ist. Da die Urbildoperation mit Schnitten und Komplementbildung vertauscht, das heißt

$$\pi_j^{-1}\left(\bigcap_{a \in A} E_a\right) = \bigcap_{a \in A} \pi_j^{-1}(E_a), \quad \pi_j^{-1}(M_j \setminus E) = M \setminus \pi_j^{-1}(E)$$

gilt, ist $\mathcal{M}'_j \subseteq \mathcal{P}(M_j)$ eine σ-Algebra, die $\mathcal{E}_j$, also auch $\sigma(\mathcal{E}_j)$, enthält. Wenn jetzt $E_j \in \sigma(\mathcal{E}_j)$, dann gilt $\pi_j^{-1}(E_j) \in \mathcal{M}$, also

$$E_1 \times \ldots \times E_n = \bigcap_{j=1}^{n} \pi_j^{-1}(E_j) \in \mathcal{M},$$

was wiederum $\bigotimes_{j=1}^{n} \sigma(\mathcal{E}_j) \subseteq \mathcal{M}$ impliziert. $\qquad\square$

Der nächste Schritt in unserer Konstruktion von Produktmaßen ist die Untersuchung der Querschnitte A_x und A^y auf Messbarkeit. Das erlaubt es dann, aus den Summationen in Beispiel 4.31 Integrationen zu machen.

Proposition 4.53 (Messbare Querschnitte) *Seien* $(M, \mathcal{M})$ *und* $(N, \mathcal{N})$ *messbare Räume. Wenn* $A \in \mathcal{M} \otimes \mathcal{N}$, *dann gilt*

$$A^y := \{x \in M \mid (x, y) \in A\} \in \mathcal{M} \quad und \quad A_x := \{y \in N \mid (x, y) \in A\} \in \mathcal{N}.$$

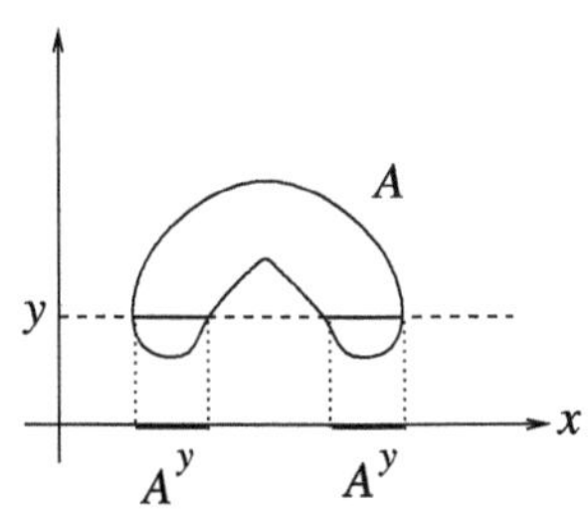
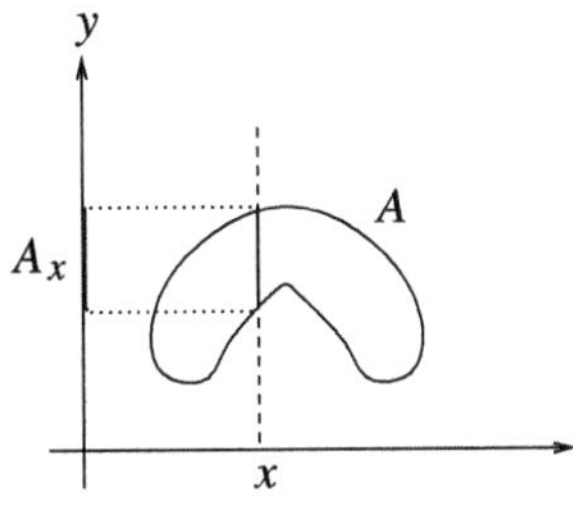

Beweis Betrachte das Mengensystem

$$C := \{E \in \mathcal{M} \otimes \mathcal{N} \mid \forall x \in M, \forall y \in N : \ E_x \in \mathcal{N}, E^y \in \mathcal{M}\}.$$

Dann gilt

$$\forall A \in \mathcal{M}, B \in \mathcal{N} : \quad A \times B \in C.$$

Außerdem verifiziert man für $E, E_1, E_2, \ldots \in C$ und $x \in M$, $y \in N$ sofort

$$\left(\bigcup_{j=1}^{\infty} E_j\right)_x = \bigcup_{j=1}^{\infty} (E_j)_x, \quad \left(\bigcup_{j=1}^{\infty} E_j\right)^y = \bigcup_{j=1}^{\infty} (E_j)^y,$$

$$M \setminus E^y = \big((M \times N) \setminus E\big)^y, \quad N \setminus E_x = \big((M \times N) \setminus E\big)_x.$$

Also ist C eine σ-Algebra, die alle messbaren Quader $A \times B$ mit $A \in \mathcal{M}$ und $B \in \mathcal{N}$ enthält. Daraus folgt aber $\mathcal{M} \otimes \mathcal{N} \subseteq C$ und somit die Behauptung. $\square$

Gegeben seien jetzt zwei Maßräume $(M, \mathcal{M}, \mu)$ und $(N, \mathcal{N}, \nu)$. Wir wollen daraus ein Maß auf $(M \times N, \mathcal{M} \otimes \mathcal{N})$ konstruieren. Wie in Beispiel 4.31 beschrieben, ist die Grundidee, Funktionen in zwei Variablen nacheinander in den beiden Variablen zu integrieren.

Für $E \in \mathcal{M} \otimes \mathcal{N}$ sind nach Proposition 4.53 die Mengen

$$E_x := \{y \in N \mid (x, y) \in E\} \in \mathcal{N} \quad \text{und} \quad E^y := \{x \in M \mid (x, y) \in E\} \in \mathcal{M}$$

für alle $x \in M$ und $y \in N$ messbar. Also kann man die Funktionen

$$f_E \colon M \to [0, \infty], \ x \mapsto \nu(E_x) \quad \text{und} \quad g_E \colon N \to [0, \infty], \ y \mapsto \mu(E^y) \qquad (4.27)$$

definieren. Diese Funktionen entsprechen den Funktionen f und g in Beispiel 4.31. Um sie integrieren zu können, muss man zunächst zeigen, dass sie messbar sind. Dieser Nachweis ist nicht ganz einfach und bedarf einer gewissen Vorbereitung.

Der Trick ist, zu zeigen, dass die Menge der Teilmengen E, für die f_E und g_E messbar sind, eine σ-Algebra ist, die die messbaren Quader enthält. Sobald das gezeigt ist, weiß man, dass f_E und g_E für alle $E \in \mathcal{M} \otimes \mathcal{N}$ messbar sind. Wir beginnen mit einem Lemma.

Lemma 4.54 (Messbare Quader) *Gegeben seien endlich viele messbare Räume* $(M_j, \mathcal{M}_j)$, $j = 1, \ldots, k$. *Ein messbarer Quader in* $M_1 \times \ldots \times M_k$ *ist eine Menge der Form* $A_1 \times \ldots \times A_k$ *mit* $A_j \in \mathcal{M}_j$. *Sei* $\mathcal{A}$ *die Menge aller endlichen Vereinigungen von messbaren Quadern.*

(i) *$\mathcal{A}$ ist die kleinste Algebra in* $\mathcal{M}_1 \otimes \ldots \otimes \mathcal{M}_n$, *die alle messbaren Quader enthält.*

(ii) *Jedes Element von* $\mathcal{A}$ *lässt sich als disjunkte Vereinigung endlich vieler messbarer Quader schreiben.*

Beweis Es ist offensichtlich, dass mit $E_1, \ldots, E_m$ auch $E_1 \cup \ldots \cup E_m$ in $\mathcal{A}$ liegt. Um (i) zu zeigen, bleibt $M \setminus E \in \mathcal{A}$ für $E \in \mathcal{A}$ zu verifizieren. Wegen $M \setminus (E_1 \cup \ldots \cup E_m) = \bigcap_{j=1}^{m} M \setminus E_j$ und aufgrund der Tatsache, dass Schnitte von messbaren Quadern selbst messbare Quader sind, können wir ohne Beschränkung der Allgemeinheit annehmen, dass $E \in \mathcal{A}$ ein messbarer Quader, also von der Form $A_1 \times \ldots \times A_n$ mit $A_j \in \mathcal{M}_j$ ist. Aber dann gilt

$$M \setminus E = (M_1 \setminus A_1) \times M_2 \times \ldots \times M_n \cup \ldots \cup M_1 \times \ldots \times M_{n-1} \times (M_n \setminus A_n)$$

und das beweist (i). Man kann $M \setminus E$ sogar als disjunkte Vereinigung der messbaren Quader $B_1 \times \ldots \times B_n$ schreiben, wobei jedes B_j entweder gleich A_j oder gleich $M \setminus A_j$ ist.

Um (ii) zu zeigen, betrachten wir $E = E_1 \cup \ldots \cup E_m$ mit messbaren Quadern $E_1, \ldots, E_n$ in M. Mit Induktion nehmen wir an, dass $E_2 \cup \ldots \cup E_m$ sich als disjunkte Vereinigung $F_1 \cup \ldots \cup F_\ell$ schreiben lässt. Dann ersetzt man jedes F_k durch $F_k \setminus (F_k \cap E_1)$. Nach dem Zusatz zum Beweis von (i) ist $F_k \setminus (F_k \cap E_1)$ eine endliche disjunkte Vereinigung $F_{k,1} \cup \ldots \cup F_{k,\ell_k}$ von messbaren Quadern $F_{k,i}$, die überdies alle disjunkt zu E_1 sind. Also ist E die disjunkte Vereinigung von E_1 mit den $F_{k,i}$.$\quad\square$

Als Nächstes beweisen wir eine Proposition, die die von einer Algebra erzeugte σ-Algebra charakterisiert und die den Einsatz des oben erläuterten Tricks ermöglicht.

Proposition 4.55 (Von Algebren erzeugte σ-Algebren) *Seien M eine nichtleere Menge und $\mathcal{A} \subseteq \mathcal{P}(M)$ eine Algebra. Weiter sei C die kleinste Familie von Mengen, die $\mathcal{A}$ enthält und folgende Eigenschaften hat:*

(a) *Für $E_1 \subseteq E_2 \subseteq \ldots$ mit $E_j \in C$ gilt $\bigcup_{j=1}^{\infty} E_j \in C$.*

(b) *Für $E_1 \supseteq E_2 \supseteq \ldots$ mit $E_j \in C$ gilt $\bigcap_{j=1}^{\infty} E_j \in C$.*

Dann haben wir $C = \sigma(\mathcal{A})$.

Beweis Indem man alle Mengensysteme, die $\mathcal{A}$ enthalten und sowohl (a) als auch (b) erfüllen, schneidet, sieht man, dass es in der Tat ein kleinstes solches Mengensystem gibt.

Die Inklusion $C \subseteq \sigma(\mathcal{A})$ ist klar. Für die Umkehrung definiert man zu $E \in C$ das Mengensystem

$$C(E) := \big\{ F \in C \mid E \setminus F, F \setminus E, E \cap F \in C \big\}$$

Dann erfüllt $C(E)$ die Bedingungen (a) und (b) mit $C(E)$ statt C. Wenn $E \in \mathcal{A}$, dann gilt außerdem $\mathcal{A} \subseteq C(E)$. Wegen der Minimalität von C haben wir dann also $C \subseteq C(E)$. Weil aber nach der Definition für alle $E, F \in C$ gilt

$$F \in C(E) \quad \Leftrightarrow \quad E \in C(F),$$

haben wir dann

$$\forall E \in \mathcal{A}, F \in C \subseteq C(E) : \quad E \in C(F).$$

Wieder mit der Minimalität von C folgern wir $C \subseteq C(F)$. Insbesondere bedeutet dies, dass

$$\forall E, F \in C : \quad E \cap F, E \setminus F, F \setminus E \in C,$$

das heißt, C ist eine Algebra. Wenn $E_j \in C$ für $j \in \mathbb{N}$, dann betrachten wir $F_n := \bigcup_{j=1}^{n} E_j \in C$ und schließen mit (a)

$$\bigcup_{j=1}^{\infty} E_j = \bigcup_{n=1}^{\infty} F_n \in C.$$

Also ist C eine σ-Algebra, und das beweist die Behauptung. $\qquad\square$

Mit Proposition 4.55 können wir die Messbarkeit der Funktionen f_E und g_E aus (4.27) beweisen. Als Hilfsmittel setzen wir außerdem Korollar 4.42 ein. Wegen der Endlichkeitsvoraussetzung in diesem Korollar müssen wir allerdings voraussetzen, dass μ und ν beide σ-endlich sind.

Lemma 4.56 (Messbarkeit von Querschnittsmaßen) *Falls μ und ν σ-endlich sind, sind die Funktionen f_E und g_E für jedes $E \in \mathcal{M} \otimes \mathcal{N}$ messbar.*

Beweis Wir führen den Beweis für f_E, der andere Fall geht analog. Zunächst betrachten wir den Fall, dass μ und ν endlich sind und betrachten das Mengensystem

$$C := \{ E \in \mathcal{M} \otimes \mathcal{N} \mid f_E \text{ messbar}\}.$$

Wenn $E = A \times B$ mit $A \in \mathcal{M}$, $B \in \mathcal{N}$ ein messbarer Quader ist, dann gilt

$$E_x = \begin{cases} B & \text{falls } x \in A, \\ \emptyset & \text{sonst} \end{cases} \qquad \text{und} \qquad f_E(x) = \begin{cases} \nu(B) & \text{falls } x \in A, \\ 0 & \text{sonst.} \end{cases}$$

Also ist f_E in diesem Fall messbar und $E \in C$ (vgl. Beispiel 4.33). Wenn E die *disjunkte* Vereinigung endlich vieler messbarer Quader $E_1, \ldots, E_k$ ist, dann ist

$$f_E = f_{E_1} + \ldots + f_{E_k}$$

als endliche Summe messbarer Funktionen messbar (siehe Abschn. 4.3). Da die Familie der disjunkten endlichen Vereinigungen von messbaren Quadern nach Lemma 4.54 eine Algebra bilden, haben wir damit gezeigt, dass die von den messbaren Quadern erzeugte Algebra $\mathcal{A}$ in C enthalten ist. Damit reicht es jetzt, zu zeigen, dass C die Bedingungen (a) und (b) aus Proposition 4.55 erfüllt: Dazu betrachten wir $E_1 \subseteq E_2 \subseteq \ldots$ mit $E_j \in C$ und $E = \bigcup_{j=1}^{\infty} E_j$. Nach Korollar 4.42 gilt für $x \in M$

$$f_E(x) = \nu(E_x) = \nu\left(\bigcup_{j=1}^{\infty} (E_j)_x \right) = \sup_{j\in\mathbb{N}} \nu\big((E_j)_x\big) = \sup_{j\in\mathbb{N}} f_{E_j}(x),$$

was die Messbarkeit von f_E zeigt (siehe Abschn. 4.3).

Analog, wenn $E_1 \supseteq E_2 \supseteq \ldots$ mit $E_j \in C$ und $E = \bigcap_{j=1}^{\infty} E_j$, dann gilt nach Korollar 4.42 für $x \in M$

$$f_E(x) = \nu(E_x) = \nu\left(\bigcap_{j=1}^{\infty} (E_j)_x \right) = \inf_{j\in\mathbb{N}} \nu\big((E_j)_x\big) = \inf_{j\in\mathbb{N}} f_{E_j}(x),$$

weil $\nu(E_1)$ endlich ist. Das zeigt dann wieder die Messbarkeit von f_E zeigt. Damit ist das Lemma im Spezialfall endlicher Maße bewiesen.

Im allgemeinen Fall wählen wir eine aufsteigende Familie $(A_n \times B_n)_{n\in\mathbb{N}}$ messbarer Quader mit $\mu(A_n)\nu(B_n) < \infty$ und $\bigcup_{n\in\mathbb{N}}(A_n \times B_n) = M \times N$. Sei $E \in \mathcal{M} \otimes \mathcal{N}$. Da für alle $x \in A_n$ gilt $E_x = \bigcup_{n\in\mathbb{N}}(E_x \cap B_n)$, folgt mit Korollar 4.42, dass

$$f_E(x) = \nu(E_x) = \sup_{n\to\infty} \nu\big(E_x \cap B_n\big) = \sup_{n\to\infty} f_{E\cap(A_n\times B_n)}(x),$$

weil jedes $x \in M$ für hinreichend großes $n \in \mathbb{N}$ in A_n liegt. Jetzt wendet man den Spezialfall auf $A_n \times B_n$ statt $M \times N$ an und findet, dass die Funktion

$$A_n \to [0, \infty], \ x \mapsto f_{E\cap(A_n\times B_n)}(x)$$

messbar bezüglich der σ-Algebra $\mathcal{M}_n := \{E \cap A_n \mid E \in \mathcal{M}\}$ auf A_n ist. Damit ist

$$h_{E,n} \colon M \to [0, \infty], \ x \mapsto f_{E\cap(A_n\times B_n)}(x)\chi_{A_n}(x)$$

$\mathcal{M}$-messbar. Wegen $f_E(x) = \sup_{n\to\infty} f_{E\cap(A_n\times B_n)}(x)\chi_{A_n}(x) = \sup_{n\to\infty} h_{E,n}(x)$ ist dann also auch f_E messbar. $\qquad\square$

Mit Lemma 4.56 kann man zeigen, dass man durch die Integration über Quer- bzw. Längsschnittmaße auf dem Produkt definieren kann. Das entspricht den iterierten Summen in Beispiel 4.31. Allerdings ist im Gegensatz zu Beispiel 4.31 hier aber nicht klar, dass es auf die Reihenfolge der Integrationen nicht ankommt. Das ist wieder eine Frage nach der Vertauschbarkeit zweier Grenzwertprozesse, wie sie uns beim Umordnungssatz 4.9 oder in der σ-Additivität von ρ-Lebesgue-Maßen (vgl. Satz 4.25) schon begegnet ist.

Um zu zeigen, dass die Integrationen von Längs- und Querschnittsmaßen auf dasselbe Ergebnis führen, bedienen wir uns eines Eindeutigkeitsresultats. Damit wird es dann genügen, die Gleichheit nur für Quader nachzurechnen.

Lemma 4.57 (Eindeutigkeit von Maßfortsetzungen) *Seien M eine nichtleere Menge, $\mathcal{A} \subseteq \mathcal{P}(M)$ eine Algebra und $\mathcal{M} := \sigma(\mathcal{A})$. Weiter sei μ ein Maß auf $(M, \mathcal{M})$ mit*

$$\exists A_1, A_2, \ldots \in \mathcal{A} \;:\; \bigcup_{j=1}^{\infty} A_j = M \;\; \text{und} \;\; (\forall j \in \mathbb{N} \;:\; \mu(A_j) < \infty).$$

Wenn ν ein Maß auf $(M, \mathcal{M})$ ist, das auf $\mathcal{A}$ mit μ übereinstimmt, dann gilt $\mu = \nu$.

Beweis Wir beginnen mit dem Spezialfall, dass M endliches Maß hat und setzen

$$C := \{E \in \mathcal{M} \mid \mu(E) = \nu(E)\} \subseteq \mathcal{M}.$$

Beachte, dass wegen $\mu(F \setminus E) = \mu(F) - \mu(E)$ für messbare Mengen $E \subseteq F$ und der analogen Aussage für ν gilt

$$E \in C \;\; \Rightarrow \;\; F \setminus E \in C$$

sofern $F \in C$. Dann erfüllt C die Bedingungen (a) und (b) aus Lemma 4.55. Um das einzusehen, betrachten wir $E_1 \subseteq E_2 \subseteq \ldots$ mit $E_j \in C$ und setzen

$$C_1 := E_1, \quad C_2 := E_2 \setminus E_1, \quad C_3 := E_3 \setminus E_2, \ldots$$

Dann sind die C_j alle disjunkt, und es gilt

$$\mu\Big(\bigcup_{j=1}^{\infty} E_j\Big) = \mu\Big(\bigcup_{j=1}^{\infty} C_j\Big) = \sum_{j=1}^{\infty} \mu(C_j) = \sum_{j=1}^{\infty} \nu(C_j) = \nu\Big(\bigcup_{j=1}^{\infty} C_j\Big) = \nu\Big(\bigcup_{j=1}^{\infty} E_j\Big).$$

Also ist auch $\bigcup_{j=1}^{\infty} E_j \in C$, und dies zeigt (a). Bedingung (b) folgt durch Komplementbildung sofort aus (a), da $M \in \mathcal{A} \subseteq C$. Wegen $\mathcal{A} \subseteq C$ können wir jetzt Lemma 4.55 anwenden und erhalten $\mathcal{M} = C$. Damit ist der Beweis für den Spezialfall endlichen Maßes abgeschlossen.

Im allgemeinen Fall stellen zunächst fest, dass uns die Voraussetzung erlaubt, eine disjunkte Familie $A_j \in \mathcal{A}$, $j \in \mathbb{N}$ mit

$$\dot{\bigcup_{j=1}^{\infty}} A_j = M \quad \text{und} \quad (\forall j \in \mathbb{N} \,:\, \mu(A_j) < \infty)$$

zu finden. Wenn nämlich $A'_j \in \mathcal{A}$, $j \in \mathbb{N}$ irgendeine Familie mit

$$\bigcup_{j=1}^{\infty} A'_j = M \quad \text{und} \quad (\forall j \in \mathbb{N} \,:\, \mu(A'_j) < \infty)$$

ist, setzt man einfach $A''_n := \bigcup_{j=1}^{n} A'_j$ und $A_n := A''_n \setminus A''_{n-1}$.

Wegen $\mu(E) = \sum_{j=1}^{\infty} \mu(E \cap A_j)$ und $\nu(E) = \sum_{j=1}^{\infty} \mu(E \cap A_j)$ für $E \in \mathcal{M}$ genügt es also zu zeigen, dass für $N \in \mathcal{A}$ mit $\mu(N) < \infty$ gilt $\mu(E \cap N) = \nu(E \cap N)$. Dazu betrachten wir die Algebra

$$\widetilde{\mathcal{A}} := \{A \cap N \mid A \in \mathcal{A}\} \subseteq \mathcal{P}(N),$$

die die σ-Algebra

$$\widetilde{\mathcal{M}} := \{E \cap N \mid E \in \mathcal{M}\} \subseteq \mathcal{P}(N)$$

erzeugt. Dann erfüllen die Einschränkungen von μ und ν auf $\widetilde{\mathcal{M}}$ die Voraussetzungen des Spezialfalls, und dieser zeigt dann $\mu(E \cap N) = \nu(E \cap N)$. $\qquad\qquad\square$

Nach diesen Vorarbeiten können wir unsere Konstruktion des Produktmaßes abschließen und haben dann das Beispiel 4.31 für beliebige σ-endliche Maße komplett verallgemeinert.

Satz 4.58 (Produktmaß) $(M, \mathcal{M}, \mu)$ *und* $(N, \mathcal{N}, \nu)$ *seien zwei σ-endliche Maßräume. Dann ist die Abbildung*

$$\mu \otimes \nu \colon \mathcal{M} \otimes \mathcal{N} \to [0, \infty], \quad E \mapsto \int_M \nu(E_x) \, \mathrm{d}\mu(x)$$

ein Maß, das man das Produktmaß von μ und ν nennt. Das Produktmaß $\mu \otimes \nu$ ist σ-endlich und es gilt

$$(\mu \otimes \nu)(E) = \int_M \nu(E_x) \, \mathrm{d}\mu(x) = \int_N \mu(E^y) \, \mathrm{d}\nu(y).$$

Beweis Es ist klar, dass

$$(\mu \otimes v)(\emptyset) = \int_M v(\emptyset)\,\mathrm{d}\mu(x) = 0$$

gilt. Wenn $E_1, E_2, \ldots$ eine disjunkte Familie von Mengen in $\mathcal{M} \otimes \mathcal{N}$ ist und $E = \bigcup_{j=1}^{\infty} E_j$, dann gilt $E_x = \bigcup_{j=1}^{\infty}(E_j)_x$, also

$$v(E_x) = \sum_{j=1}^{\infty} v\big((E_j)_x\big),$$

und mit dem Satz 4.40 von der monotonen Konvergenz folgt

$$(\mu \otimes v)(E) = \int_M v(E_x)\,\mathrm{d}\mu(x) = \sum_{j=1}^{\infty} \int_M v((E_j)_x)\,\mathrm{d}\mu(x) = \sum_{j=1}^{\infty}(\mu \otimes v)\big(E_j\big).$$

Dies zeigt, dass $\mu \otimes v$ ein Maß ist.

Da μ und v σ-endlich sind, gibt es Mengen $A_1, A_2, \ldots$ mit $A_j \in \mathcal{M}, \mu(A_j) < \infty$ für $j \in \mathbb{N}$ und $\bigcup_{j \in \mathbb{N}} A_j = M$ sowie Mengen $B_1, B_2, \ldots$ mit $B_j \in \mathcal{N}, v(B_j) < \infty$ für $j \in \mathbb{N}$ und $\bigcup_{j \in \mathbb{N}} B_j = N$. Es folgt

$$\bigcup_{j,k \in \mathbb{N}} A_j \times B_k = M \times N$$

mit

$$(\mu \otimes v)\big(A_j \times B_k\big) = \int_M v((A_j \times B_k)_x)\,\mathrm{d}\mu(x) = \int_{A_j} v(B_k)\,\mathrm{d}\mu(x) = v(B_k)\mu(A_j) < \infty.$$

Dies zeigt, dass $\mu \otimes v$ σ-endlich ist und mit der von den messbaren Quadern erzeugte Algebra $\mathcal{A}$ sogar die etwas stärkere Bedingung aus Lemma 4.57 erfüllt.

Wir wiederholen jetzt das ganze Argument für die Abbildung

$$\mathcal{M} \otimes \mathcal{N} \to [0, \infty], \quad E \mapsto \int_N \mu(E^y)\,\mathrm{d}v(y)$$

und finden, dass auch diese Abbildung ein σ-endliches Maß ist, für das die Mengen $A_j \times B_k$ das Maß $\mu(A_j)v(B_k)$ haben. Da $\mathcal{A}$ aus disjunkten Vereinigungen von messbaren Quadern besteht, folgt die Gleichheit

$$(\mu \otimes v)\big(A\big) = \int_M v(A_x)\,\mathrm{d}\mu(x) = \int_N \mu(A^y)\,\mathrm{d}v(y)$$

für alle $A \in \mathcal{A}$. Aber dann zeigt Lemma 4.57 die Gleichheit sogar für alle $A \in \mathcal{M} \otimes \mathcal{N}$. $\qquad\square$

Um auch Beispiel 4.29 zu verallgemeinern, muss man das Verfahren aus Satz 4.58 iterieren und so Produktmaße von endlich vielen σ-endlichen Maßen konstruieren. Wie bei Produkten von Zahlen möchte man dabei nicht darüber buchführen müssen, in welcher Reihenfolge man in Mehrfachprodukten multipliziert hat. Wenn man die direkten Produkte $M_1 \times (M_2 \times M_3)$ und $(M_1 \times M_2) \times M_3$ beide mit

$$M_1 \times M_2 \times M_3 := \{(x_1, x_2, x_3) \mid x_1 \in M_1, x_2 \in M_2, x_3 \in M_3\}$$

identifiziert, ergeben sich in der Tat passende Assoziativgesetze für σ-Algebren und Maße.

Korollar 4.59 (Assoziativität von Produktmaßen) Seien $(M_i, \mathcal{M}_i, \mu_i)$ für $i = 1, 2, 3$ drei σ-endliche Maßräume. Dann gilt:

(i) $(\mathcal{M}_1 \otimes \mathcal{M}_2) \otimes \mathcal{M}_3 = \mathcal{M}_1 \otimes (\mathcal{M}_2 \otimes \mathcal{M}_3) = \mathcal{M}_1 \otimes \mathcal{M}_2 \otimes \mathcal{M}_3$.

(ii) $(\mu_1 \otimes \mu_2) \otimes \mu_3 = \mu_1 \otimes (\mu_2 \otimes \mu_3)$.

Beweis Der erste Teil folgt sofort aus der Tatsache, dass alle drei σ-Algebren von den Mengen der Form $E_1 \times E_2 \times E_3$ mit $E_i \in \mathcal{M}_i$ und $i = 1, 2, 3$ erzeugt werden.

Da nach Lemma 4.54 die von den Mengen der Form $E_1 \times E_2 \times E_3$ erzeugte Algebra $\mathcal{A}$ mit $E_i \in \mathcal{M}_i$ und $i = 1, 2, 3$ gerade die Menge der disjunkten Vereinigungen solcher Mengen ist, folgt der zweite Teil aus Satz 4.58 und Lemma 4.57, weil die Maße auf Elementen von $\mathcal{A}$ übereinstimmen. $\qquad\square$

Mit diesem Korollar können wir jetzt zu einer endlichen Familie $(M_i, \mathcal{M}_i, \mu_i)$, $i = 1, \ldots, k$ von σ-endlichen Maßräumen ein *Produktmaß* $\mu_1 \otimes \ldots \otimes \mu_k$ auf $(M_1 \times \ldots \times M_k, \mathcal{M}_1 \otimes \ldots \otimes \mathcal{M}_k)$ durch

$$(\mu_1 \otimes \ldots \otimes \mu_k)(E) := \mu_1 \otimes (\mu_2 \otimes (\ldots \otimes \mu_k) \ldots)(E)$$

definieren.

Beispiel 4.60 (Lebesgue-Maße) Betrachte die Einschränkung des Lebesgue-Maßes λ^1 auf die Borel-σ-Algebra $\mathcal{B}_{\mathbb{R}}$. Weil die Produkt-σ-Algebra $\mathcal{B}_{\mathbb{R}} \otimes \cdots \otimes \mathcal{B}_{\mathbb{R}}$ von den offenen Quadern erzeugt wird, stimmt sie mit der Borel-σ-Algebra $\mathcal{B}_{\mathbb{R}^n}$ von $\mathbb{R}^n$ überein. Die Formel (4.1) zeigt, dass λ^n und $\lambda^1 \otimes \ldots \otimes \lambda^1$ auf den geometrischen Quadern $\mathcal{B}_{\mathbb{R}^n}$ übereinstimmen. Dies bleibt richtig, wenn man auch „Quader" zulässt, in denen eine oder mehrere Seiten unendlich lang sind. Da aber die von den geometrischen Quadern erzeugte Algebra aus disjunkten endlichen Vereinigungen solcher Quader besteht, zeigt Lemma 4.57, dass $\lambda^1 \otimes \ldots \otimes \lambda^1$ die Einschränkung von λ^n auf $\mathcal{B}_{\mathbb{R}^n}$ ist. $\qquad\square$

4.4.2 Iterierte Integrale

Zum Abschluss dieses Abschnitts zeigen wir noch, wie man Integrale bezüglich Produktmaßen als iterierte Integrale berechnet. Wir beginnen Funktionen mit Werten in $[0, \infty]$, weil sie mit denselben Techniken behandelt werden können, die in der Konstruktion der Produktmaße zum Einsatz kamen.

Satz 4.61 (Tonelli) *Seien* $(M, \mathcal{M}, \mu)$ *und* $(N, \mathcal{N}, \nu)$ *zwei* σ*-endliche Maßräume. Sei* $f \colon M \times N \to [0, \infty]$ *eine messbare Abbildung. Dann gilt*

$$\int_{M \times N} f(x, y) \, \mathrm{d}(\mu \otimes \nu)(x, y) = \int_M \left(\int_N f(x, y) \, \mathrm{d}\nu(y) \right) \mathrm{d}\mu(x)$$
$$= \int_N \left(\int_M f(x, y) \, \mathrm{d}\mu(x) \right) \mathrm{d}\nu(y).$$

Beweis Wenn f die charakteristische Funktion einer messbaren Menge ist, dann ist die Aussage gerade die Gleichheit in Satz 4.58 plus die Definition des Produktmaßes. Da man Summen und positive Konstanten aus den Integralen herausziehen kann, ist die Behauptung auch für einfache Funktionen richtig.

Wähle jetzt eine approximierende Folge $(\phi_n)_{n \in \mathbb{N}}$ für f wie in Lemma 4.39. Dann gilt nach dem Satz 4.40 von der monotonen Konvergenz

$$\int_{M \times N} f(x, y) \, \mathrm{d}(\mu \otimes \nu)(x, y) = \lim_{n \to \infty} \int_{M \times N} \phi_n(x, y) \, \mathrm{d}(\mu \otimes \nu)(x, y). \qquad (4.28)$$

Jetzt setzt man

$$g_n(x) := \int_N \phi_n(x, y) \, \mathrm{d}\nu(y) \quad \text{und} \quad h_n(y) := \int_M \phi_n(x, y) \, \mathrm{d}\mu(x)$$

sowie

$$g(x) := \int_N f(x, y) \, \mathrm{d}\nu(y) \quad \text{und} \quad h(y) := \int_M f(x, y) \, \mathrm{d}\mu(x).$$

Dann sind die Folgen $(g_n)_{n \in \mathbb{N}}$ und $(h_n)_{n \in \mathbb{N}}$ monoton steigende Folgen messbarer Funktionen und Satz 4.40 zeigt

$$g_n(x) \to g(x) \quad \text{und} \quad h_n(y) \to h(y).$$

Wieder mit Satz 4.40 rechnen wir jetzt

$$\int_M g(x)\,\mathrm{d}\mu(x) = \sup_{n\to\infty} \int_M g_n(x)\,\mathrm{d}\mu(x) = \sup_{n\to\infty} \int_M \left(\int_N \phi_n(x,y)\,\mathrm{d}\nu(y) \right) \mathrm{d}\mu(x)$$

$$= \sup_{n\to\infty} \int_{M\times N} \phi_n(x,y)\,\mathrm{d}(\mu\otimes\nu)(x,y)$$

$$= \sup_{n\to\infty} \int_N \left(\int_M \phi_n(x,y)\,\mathrm{d}\mu(x) \right) \mathrm{d}\nu(y)$$

$$= \sup_{n\to\infty} \int_N h_n(y)\,\mathrm{d}\nu(y) = \int_N h(y)\,\mathrm{d}\nu(y).$$

Wegen (4.28) beweist diese Rechnung die Behauptung. $\qquad\square$

Die Formulierung einer Variante des Satzes 4.61 für integrierbare Funktionen mit Werten in $\mathbb{R}$ oder $\mathbb{C}$ erfordert einen zusätzlichen Begriff, der im Satz von Tonelli deshalb keine Rolle spielt, weil es dort unerheblich ist, ob die einzelnen Integrale endlich sind oder nicht. Für integrierbare Funktion müssen wir aber sicherstellen, dass die inneren Integrale wirklich als Elemente von $\mathbb{R}$ oder $\mathbb{C}$ existieren. Die technische Schwierigkeit, die dabei auftaucht, ist, dass man gerade das nicht für alle Parameter im Definitionsbereich des äußeren Integrals garantieren kann. Es gibt aber nur so wenige problematische Parameter, dass sie bei der Integration nicht ins Gewicht fallen. Wenig heißt dabei, dass die Menge dieser Ausnahmeparameter das Maß Null hat.

Sei $(M, \mathcal{M}, \mu)$ ein Maßraum. Eine Menge $E \in \mathcal{M}$ heißt eine μ-*Nullmenge*, wenn $\mu(E) = 0$. Eine Aussage über die Punkte $x \in M$ heißt μ-*fast überall* (μ-*f.ü.*) wahr, wenn sie für das Komplement einer Nullmenge wahr ist (wie im Falle der f.ü.-Konvergenz). Manchmal sagt man auch, die Aussage gelte *für μ-fast alle (f.μ-f.a.) x*. Wenn das Maß aus dem Kontext klar ist, lassen wir das μ in den obigen Bezeichnungen weg. Seien insbesondere $(M, \mathcal{M}, \mu)$ ein Maßraum und $(N, \mathcal{N})$ ein messbarer Raum. Dann heißen zwei Abbildungen $f, g \colon M \to N$ μ-*fast überall gleich*, wenn $\{m \in M \mid f(m) \neq g(m)\}$ in einer μ-Nullmenge enthalten ist. Wir schreiben dann

$$f = g \quad \text{f.ü.).}$$

Satz 4.62 (Fubini) *Seien* $(M, \mathcal{M}, \mu)$ *und* $(N, \mathcal{N}, \nu)$ *zwei* σ-*endliche Maßräume und* $f \colon M \times N \to \mathbb{C}$ *eine messbare Abbildung. Wenn*

$$\int_{M\times N} |f(x,y)|\,\mathrm{d}(\mu\otimes\nu)(x,y) < \infty,$$

dann gilt

(i) *Die Funktionen*

$$f_x \colon N \to \mathbb{C}, \quad y \mapsto f(x,y)$$

sind für μ-fast alle $x \in M$ integrierbar.

(ii) *Die Funktionen*

$$f^y : M \to \mathbb{C}, \quad x \mapsto f(x, y)$$

sind für ν-fast alle $y \in N$ integrierbar.

(iii)

$$\int_{M \times N} f(x, y) \, \mathrm{d}(\mu \otimes \nu)(x, y) = \int_M \left(\int_N f(x, y) \, \mathrm{d}\nu(y) \right) \mathrm{d}\mu(x)$$

$$= \int_N \left(\int_M f(x, y) \, \mathrm{d}\mu(x) \right) \mathrm{d}\nu(x).$$

Beweis Indem wir zunächst nach Real- und Imaginärteil und dann nach positivem und negativem Teil aufspalten, können wir annehmen, dass $f \in \mathcal{L}^+(M)$. Jetzt benutzen wir die Bezeichnungen aus dem Beweis des Satzes 4.61 von Tonelli. Dort wird gezeigt, dass für $g(x) = \int_N f(x, y) \, \mathrm{d}\nu(y)$ gilt

$$\int_M g(x) \, \mathrm{d}\mu(x) < \infty.$$

Dann kann es aber keine Menge positiven Maßes geben, auf der $g \colon M \to [0, \infty]$ den Wert ∞ annimmt. Dies beweist (i). Die Behauptung (ii) folgt ganz analog. Der dritte Teil wurde schon in Satz 4.61 bewiesen. $\qquad\square$

Wenn M und N abzählbare Mengen sind, die jeweils mit der Potenzmenge und dem Zählmaß zu einem Maßraum gemacht werden, dann reduziert sich der Satz von Fubini für Funktionen $f \colon M \times N \to \mathbb{C}$ auf einen Spezialfall des Umordnungssatzes 4.9.

Fazit

In diesem Kapitel haben wir ausgehend von der konkreten geometrischen Frage nach Längen, Flächen und Volumina über die Diskussion verschiedener Ansätze und ihrer Limitationen zu den Begriffen σ-Algebra, Messbarkeit und Maß gefunden, die nicht nur im geometrischen Kontext einsetzbar sind, sondern unter anderem auch in der Wahrscheinlichkeitstheorie. Aus der Frage nach der Berechnung von Volumina von Objekten in Produktmengen hat sich dabei auch das Konzept eines Integrals ergeben, das wir dann eingehend untersucht haben. Die konkrete Berechnung von Volumina, Wahrscheinlichkeiten und Integralen hat in diesem Kapitel keine große Rolle gespielt. Dieses Thema greifen wir in Kap. 5 wieder auf, wenn wir die Techniken der Differenzialrechnung zur Verfügung haben.

Literaturhinweise

Die technischen Aspekte des Materials in diesem Kapitel findet man in Büchern über „Maßtheorie" oder „Reelle Analysis" (siehe zum Beispiel [Ba92] und [Fo84]). Auch

manche Lehrbücher zur Analysis wie [De14] enthalten in den für das dritte Studiensemester gedachten Teilen Einführungen in die Maßtheorie und eine Konstruktion
des Lebesgue-Maßes. Meist werden allerdings in solchen Büchern die Konzepte,
um die wir hier gerungen haben, ohne viel Motivation definiert. Dafür enthalten
sie in der Regel zusätzliches Material, das wir hier nicht erwähnt haben. Der hier
gewählte Aufbau ist aus [Hi13a] übernommen und basiert auf diversen Skripten zur
Analysis und zur Maßtheorie. Für die ersten Fassungen dieser Skripten habe ich die
Darstellungen in den Büchern [Fo84] und [MM93] verwendet.

Es gibt viele Lehrbücher unterschiedlichen Schwierigkeitsgrades, die die hier
angerissenen Themen der Maßtheorie und der reellen Analysis vertiefen. Neben
[Ba92] und [Fo84] möchte ich [Du02], [Kl08] und [SS05] erwähnen, die sehr unterschiedliche Perspektiven auf den Stoff präsentieren.

Lineare Approximation 5

In diesem Kapitel geht es darum zu untersuchen, wie man die Techniken der linearen Algebra für nichtlineare Situationen nutzbar macht, indem man durch lineare Objekte approximiert. Diese Vorgehensweise nennt man ganz allgemein Linearisierung. Dabei ist noch nichts darüber gesagt, welche nichtlinearen Objekte durch welche linearen Objekte approximiert werden. Es können nichtlineare Abbildungen auf linearen Räumen durch lineare Abbildungen approximiert werden, aber auch metrische Räume durch Vektorräume.

Als erstes Beispiel werden wir die verfügbare Information über die Lösbarkeit linearer Gleichungssysteme ausnutzen, um Aussagen über die Lösbarkeit nichtlinearer Gleichungen zu machen. Eine weitere Anwendung wird darin bestehen, aus dem Konzept der Linearisierbarkeit und der daraus gewonnenen Ableitung einer Funktion das Konzept einer Differenzialgleichung zu formulieren, das in der Modellierung unterschiedlichster Systeme (zum Beispiel aus Physik, Technik und Medizin) eine zentrale Rolle spielt. Für einfache Klassen solcher Differenzialgleichungen geben wir dann ebenfalls Kriterien zur Lösbarkeit an.

Der Linearisierungsprozess lässt sich iterieren. Man gelangt so zu Approximationen höherer Ordnung, die präziser sind als Linearisierungen, die man auch als *Approximationen erster Ordnung* bezeichnet. Dafür wird die Algebra, die man braucht, um mit solchen Approximationen zu rechnen, komplizierter. Eine erste Anwendung von Approximationen zweiter Ordnung ist die Charakterisierung von Extremwerten. Approximationen von Ordnung höher als zwei spielen vor allem bei theoretischen Überlegungen eine Rolle, auf die hier nicht näher eingegangen werden soll. Erst wenn die Abbildung zumindest lokal gleichmäßig durch iterierte Linearisierungen approximiert werden kann, lassen sich daraus wieder konkrete Lösungsverfahren für Gleichungen (algebraisch oder differenziell) entwickeln. Die relevante Funktionenklasse sind die analytischen Funktionen. Sie lassen sich durch Koeffizientensätze für die iterierten Linearisierungen vollständig beschreiben. Gleichungen für analytische

© Der/die Autor(en), exklusiv lizenziert an Springer-Verlag GmbH, DE, ein Teil von Springer Nature 2026

J. Hilgert, *Mathematik für Ambitionierte*,
https://doi.org/10.1007/978-3-662-73048-5_5

Funktionen werden so in günstigen Fällen zu (unendlichen) linearen Gleichungssystemen für die Koeffizienten, die man durch eine Kombination von linearer Algebra und Grenzwertbetrachtungen lösen kann.

5.1   Linearisierung

Wir starten mit der Approximation von Abbildungen $f : V \to W$ zwischen normierten Vektorräumen durch lineare Abbildungen. Dabei gehen wir von der geometrischen Vorstellung aus, dass der *Graph* $\Gamma(f) := \{(x, f(x)) \in V \times W \mid x \in V\}$ von f durch den Graphen einer linearen Abbildung approximiert werden soll. Da der Graph $\Gamma(\varphi)$ einer linearen Abbildung $\varphi \colon V \to W$ ein linearer Unterraum von $V \times W$ ist, gibt es mehrere Probleme mit dieser Idee:

Wenn der Graph von f sehr krumm ist, kann die Approximation bestenfalls in der Umgebung eines einzelnen Punktes $(x, f(x))$ gut funktionieren. Dieses Problem ist grundsätzlicher Natur und kann nicht wegdiskutiert werden. Linearisierungen sind vom Prinzip her lokal. Exakte Resultate wird man durch Linearisierung nur gewinnen können, wenn man sie mit Grenzwertüberlegungen kombiniert.

Wenn $(0, 0) \in V \times W$ nicht im Graphen von f liegt, könnte es sein, dass kein einziger Punkt auf dem Graphen von f durch den Graphen von φ gut approximiert wird.

Dieses Problem ist leicht zu lösen. Wenn man sich für einen Punkt $(x_0, f(x_0)) \in V \times W$ entschieden hat, an dem man linearisieren möchte, dann verschiebt man den Graphen der linearen Abbildung an diesen Punkt indem man $(x_0, f(x_0))$ zu $\Gamma(\varphi)$ addiert. Aus dem linearen Raum $\Gamma(\varphi)$ wird so der *affine Raum* $(x_0, f(x_0)) + \Gamma(\varphi)$, siehe Abb. 5.1).

Auch wenn man festlegt, dass der verschobene Graph der linearen Abbildung durch einen vorgegebenen Punkt geht, legt das die approximierende lineare Abbildung nicht fest (siehe Abb. 5.2). Dazu muss man präzisieren, was genau man mit Approximation meint und dann überprüfen, ob es Approximationen der geforderten Art überhaupt geben kann. Wenn dem so ist, dann ist die nächste Frage, ob es mehr als eine solche Approximation geben kann.

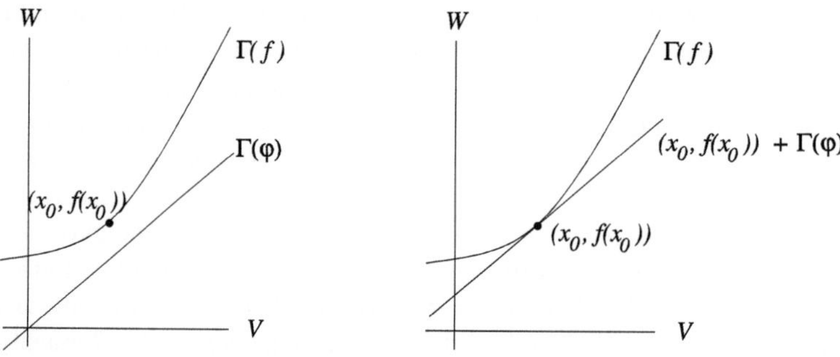

Abb. 5.1 Lineare und affine Approximation

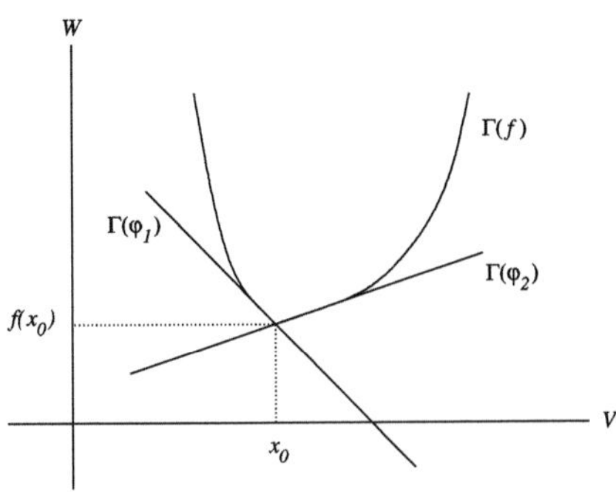

Abb. 5.2 Nichteindeutige affine Approximation an den Graphen

5.1.1 Differenzierbarkeit und Ableitung

Da Linearisierungen im Allgemeinen ohnehin nur lokal sinnvoll sind, kann man sie auch für Funktionen $f: U \to W$ einsetzen, die nur in einer offenen Teilmenge $U \subseteq V$ definiert sind. Wir fixieren einen Punkt $x_0 \in U$ und betrachten zu x_0 und $\varphi \in \mathrm{Hom}_{\mathbb{R}}(V, W)$ die Abbildung $\Phi := \Phi_{x_0,\varphi}: U \to W,\ x_0 + h \mapsto f(x_0) + \varphi(h)$. Der Graph von $\Phi_{x_0,\varphi}$ ist dann in $\big(x_0, f(x_0)\big) + \Gamma(\varphi)$ enthalten. Wir wollen $f(x_0 + h)$ durch $\Phi(x_0 + h)$ in der Nähe von x_0 approximieren, das heißt wir wollen, dass $\|f(x_0 + h) - \Phi(x_0 + h)\|_W$ für kleine $h \in V$ selbst klein wird. Die aussagekräftigsten Ergebnisse einer Linearisierung wird man erwarten können, wenn es nur eine lineare Abbildung gibt, die eine Approximation der gewünschten Art liefert. Anstatt zuerst eine Forderung aufzustellen, wie klein $\|f(x_0 + h) - \Phi(x_0 + h)\|_W$ in Abhängigkeit von $\|h\|_V$ sein soll, überlegen wir uns, wie stark die Forderung sein muss, damit es höchstens ein φ gibt, das sie erfüllt.

Sei also $\Psi := \Phi_{x_0,\psi}: U \to W,\ x_0 + h \mapsto f(x_0) + \psi(h)$ mit $\psi \in \mathrm{Hom}_{\mathbb{R}}(V, W)$ eine weitere approximierende Funktion der gewünschten Bauart. Dann gilt

$$f(x_0 + h) - \Phi(x_0 + h) = f(x_0 + h) - f(x_0) - \varphi(h)$$
$$f(x_0 + h) - \Psi(x_0 + h) = f(x_0 + h) - f(x_0) - \psi(h).$$

Wir ziehen die beiden Gleichungen voneinander ab und betrachten die Norm der Differenz. Für $h \neq 0$, erhält man wegen der Linearität von φ und ψ sowie der Dreiecksungleichung

$$\|h\|_V \left\| \varphi\left(\frac{h}{\|h\|_V}\right) - \psi\left(\frac{h}{\|h\|_V}\right) \right\|_W = \|\varphi(h) - \psi(h)\|_W$$
$$\leq \|f(x_0 + h) - \Phi(x_0 + h)\|_W$$
$$+ \|f(x_0 + h) - \Psi(x_0 + h)\|_W.$$

Bringt man das $\|h\|_V$ in dieser Ungleichung auf die rechte Seite und lässt $h \neq 0$ in einer Umgebung der Null variieren, dann stellt man fest, dass es genügt

$$\lim_{h \to 0} \frac{1}{\|h\|_V} \|f(x_0 + h) - \Phi(x_0 + h)\|_W = 0$$

$$= \lim_{h \to 0} \frac{1}{\|h\|_V} \|f(x_0 + h) - \Psi(x_0 + h)\|_W$$

zu fordern, um sicherzustellen, dass φ und ψ auf der Einheitssphäre in V übereinstimmen. Wieder mit der Linearität von φ und ψ folgt dann aber sogar $\varphi = \psi$. Das führt uns auf die Definition von Differenzierbarkeit, wobei man das Wort „differenzierbar" als synonym für „punktuell in eindeutiger Weise linearisierbar" lesen sollte.

Die eben angestellten Überlegungen starteten mit einer geometrischen Intuition, ließen sich dann aber vollständig in der Sprache der normierten Vektorräume formulieren. Dabei war es unerheblich, dass die betrachteten Vektorräume reell waren. Da die elementare Theorie der differenzierbaren Funktionen im reellen und komplexen Fall vollkommen parallel laufen, behandeln wir hier den komplexen Fall gleich mit, obwohl wir noch keine ernstzunehmende Begründung für die Notwendigkeit von Linearisierungen im Komplexen gegeben haben. Es stellt sich aber heraus, dass die komplexe Differenzialrechnung ein mächtiges Werkzeug auch für diverse rein reelle Fragestellungen ist, zum Beispiel in der Berechnung von Integralen reeller Funktionen über $\mathbb{R}$.

Im Rest dieses Abschnitts und den folgenden Abschn. 5.2–5.5 stehe $\mathbb{K}$ für $\mathbb{R}$ oder $\mathbb{C}$. Erst im letzten Abschn. 5.6 kommen wieder andere Körper vor.

Definition 5.1 (Differenzierbarkeit und Ableitung) Seien $(V, \|\cdot\|_V)$ und $(W, \|\cdot\|_W)$ endlichdimensionale normierte $\mathbb{K}$-Vektorräume und $U \subseteq V$ eine offene Teilmenge. Eine Abbildung $f : U \to W$ heißt $\mathbb{K}$-*differenzierbar* im Punkt $x \in U$, wenn es eine lineare Abbildung $\varphi \in \mathrm{Hom}_{\mathbb{K}}(V, W)$ mit

$$\lim_{V \ni h \to 0} \frac{1}{\|h\|_V}\bigl(f(x + h) - f(x) - \varphi(h)\bigr) = 0 \tag{5.1}$$

gibt. Die durch (5.1) eindeutig bestimmte lineare Abbildung φ wird die *Ableitung* von f in x genannt und mit $f'(x)$ bezeichnet. Wenn $f : U \to W$ in jedem $x \in U$ $\mathbb{K}$-differenzierbar ist, sagen wir $f : U \to W$ ist $\mathbb{K}$-*differenzierbar* und nennen die resultierende Abbildung

$$f' : U \to \mathrm{Hom}_{\mathbb{K}}(V, W)$$

die *Ableitung* von f. $\square$

Wenn aus dem Kontext klar ist, ob man komplexe oder reelle Differenzierbarkeit meint, lässt man das $\mathbb{K}$ in $\mathbb{K}$-differenzierbar weg.

Im Gegensatz zu den vorangegangenen Überlegungen haben wir in Definition 5.1 angenommen, dass V und W endlichdimensional sind. Das ist streng genommen nicht nötig. Weite Teile der Differenzialrechnung funktionieren auch, wenn V und W *Banachräume*, das heißt vollständige normierte Vektorräume, sind, solange man annimmt, dass das φ in Definition 5.1 stetig ist. Man bezahlt die Allgemeinheit allerdings mit zusätzlichem Aufwand. Während man im endlichdimensionalen Fall in (5.1) die Normen auf V und W durch beliebige andere (die ja nach Satz 3.70 automatisch äquivalent sind) ersetzen kann, ohne etwas am Wahrheitsgehalt zu ändern, muss man im unendlichdimensionalen Fall immer genau prüfen, für welche Normen die jeweiligen Aussagen gültig sind. Außerdem hat man immer zu prüfen, ob die Kandidaten für die Ableitung wirklich stetig sind, da es für Banachräume kein Analogon zu Satz 3.72 gibt. Da es uns hier in erster Linie um die begriffliche Analyse des Konzepts der Linearisierbarkeit geht, ziehen wir die schlankere Variante für endlichdimensionale Vektorräume vor.

Sei W ein $\mathbb{K}$-Vektorraum. Dann ist $\mathrm{Hom}_{\mathbb{K}}(\mathbb{K}, W)$ durch die Abbildung

$$W \to \mathrm{Hom}_{\mathbb{K}}(\mathbb{K}, W), \quad x \mapsto (r \mapsto rx),$$

deren Umkehrabbildung durch $\varphi \mapsto \varphi(1)$ gegeben ist, kanonisch isomorph zu W. Für $w \in W \cong \mathrm{Hom}_{\mathbb{K}}(\mathbb{K}, W)$ sind aber

$$\lim_{\mathbb{K} \ni h \to 0} \frac{1}{|h|}(f(x+h) - f(x) - hw) = 0 \quad \text{und} \quad \lim_{\mathbb{K} \ni h \to 0} \frac{f(x+h) - f(x)}{h} = w$$

wegen

$$\left\| w - \frac{f(x+h) - f(x)}{h} \right\|_W = \frac{1}{|h|} \left\| hw - \big(f(x+h) - f(x)\big) \right\|_W$$

äquivalent. Insbesondere ist für $\mathbb{K} = V = W = \mathbb{R}$ der durch (5.1) gegebene Differenzierbarkeitsbegriff für Funktionen einer Variablen äquivalent zu dem üblicherweise in der Schule oder den Anfängervorlesungen vorgestellten Begriff der Differenzierbarkeit, für den man die Existenz eines Grenzwerts für die Differenzenquotienten $\frac{f(x+h)-f(x)}{h}$ fordert.

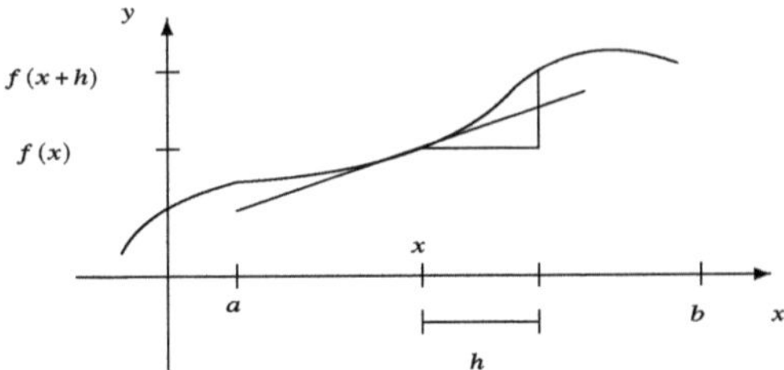

Bisher haben wir nur die Frage nach der Eindeutigkeit von linearen Approximationen betrachtet, aber noch keine Hinweise darauf gegeben, ob es überhaupt interessante Beispiele für differenzierbare Abbildungen gibt.

Beispiel 5.2 (Konstante und lineare Abbildungen) Einsetzen in die Definition zeigt sofort, dass jede konstante Funktion $f\colon U \to W$ differenzierbar ist und überall die Ableitung Null hat. Im reellen Fall ist außerdem geometrisch offensichtlich, dass lineare Abbildungen differenzierbar sind und an jeder Stelle sich selbst als Ableitung haben, denn eine lineare Abbildung wird natürlich durch sich selbst linearisiert. Man kann das aber auch leicht an den formalen Definitionen verifizieren: Wenn $\varphi\colon V \to W$ linear ist, dann gilt $\varphi(x + h) - \varphi(x) - \varphi(h) = 0$ für alle $x, h \in V$ und $\varphi'(x) = \varphi$ folgt für jedes $x \in V$ sofort aus (5.1). $\qquad\square$

Da jeder $\mathbb{C}$-Vektorraum automatisch ein $\mathbb{R}$-Vektorraum ist, ist jede $\mathbb{C}$-differenzierbare Funktion $\mathbb{R}$-differenzierbar und die $\mathbb{C}$-Ableitung stimmt mit der $\mathbb{R}$-Ableitung überein, wobei man $\mathbb{C}$-lineare Abbildungen einfach als $\mathbb{R}$-lineare Abbildungen interpretiert. Die Umkehrung gilt nicht, wie man am Beispiel der komplexen Konjugation

$$\sigma\colon \mathbb{C} \to \mathbb{C}, \quad z \mapsto \bar{z}$$

sieht. Sie ist $\mathbb{R}$-linear, also auch $\mathbb{R}$-differenzierbar mit Ableitung $\sigma'(z) = \sigma \in \mathrm{End}_{\mathbb{R}}(\mathbb{C})$ für jedes $z \in \mathbb{C}$. Wäre σ $\mathbb{C}$-differenzierbar in $z_0 \in \mathbb{C}$, so gäbe es eine $\mathbb{C}$-lineare Abbildung $\varphi \in \mathrm{End}_{\mathbb{C}}(\mathbb{C}) \subseteq \mathrm{End}_{\mathbb{R}}(\mathbb{C})$ mit

$$\lim_{h \to 0} \frac{1}{|h|}\bigl(\sigma(z_0 + h) - \sigma(z_0) - \varphi(h)\bigr) = 0.$$

Wegen der Eindeutigkeit der reellen Linearisierung wäre dann $\varphi = \sigma'(z_0) = \sigma$. Das ist aber unmöglich, weil σ nicht $\mathbb{C}$-linear ist.

Die ersten interessanten Beispiele für differenzierbare Funktionen erhält man, wenn man Bilinearformen $\beta\colon V \times V \to \mathbb{K}$ betrachtet. Das Produkt $V_1 \times V_2 = \{(v_1, v_2) \mid v_1 \in V_1, v_2 \in V_2\}$ von zwei $\mathbb{K}$-Vektorräumen V_1 und V_2 ist bezüglich der komponentenweisen Addition und skalaren Multiplikation selbst ein $\mathbb{K}$-Vektorraum. In Verallgemeinerung von Definition 3.73 nennen wir eine Abbildung $\beta\colon V_1 \times V_2 \to W$ mit Werten in einem dritten $\mathbb{K}$-Vektorraum W *bilinear*, wenn für alle $r_1, r_1', r_2, r_2' \in \mathbb{K}, x_1, x_1' \in V_1, x_2, x_2' \in V_2$ gilt

$$\beta(r_1 x_1 + r_1' x_1', r_2 x_2 + r_2' x_2') = r_1 r_2 \beta(x_1, x_2) + r_1' r_2 \beta(x_1', x_2) + r_1 r_2' \beta(x_1, x_2')$$
$$+ r_1' r_2' \beta(x_1', x_2').$$

Wir wollen zeigen, dass bilineare Abbildungen auf endlichdimensionalen $\mathbb{K}$-Vektorräumen $\mathbb{K}$-differenzierbar sind. Dazu wählen wir uns zwei Normen $\|\cdot\|_1$ und $\|\cdot\|_2$ auf V_1 und V_2 sowie eine Norm $\|\cdot\|_W$ auf W. Dann definiert $\|(x_1, x_2)\| := \max(\|x_1\|_1, \|x_2\|_2)$ eine Norm auf $V_1 \times V_2$. Die folgende Proposition zeigt dann, dass β in der Tat differenzierbar ist und liefert auch die Ableitung β'.

Proposition 5.3 (Bilineare Abbildungen) *Seien $(V_1, \|\cdot\|_1)$, $(V_2, \|\cdot\|_2)$ und $(W, \|\cdot\|_W)$ endlichdimensionale normierte $\mathbb{K}$-Vektorräume. Weiter sei $\beta\colon V_1 \times V_2 \to W$ bilinear.*

(i) *Es gibt eine Konstante $M > 0$ mit*

$$\forall x_1 \in V_1, x_2 \in V_2 : \quad \|\beta(x_1, x_2)\|_W \leq M \|x_1\|_1 \|x_2\|_2.$$

(ii) *β ist differenzierbar mit*

$$\beta'(x_1, x_2)(h_1, h_2) = \beta(x_1, h_2) + \beta(h_1, x_2).$$

Beweis

(i) Wir stellen zunächst fest, dass $x_2 \mapsto \beta(x_1, x_2)$ für jedes $x_1 \in V_1$ linear ist, also ein Element von $\mathrm{Hom}_{\mathbb{K}}(V_2, W)$ definiert. Betrachte jetzt die ebenfalls lineare Abbildung

$$\hat{\beta} \colon V_1 \to \mathrm{Hom}_{\mathbb{K}}(V_2, W), \quad x_1 \mapsto (x_2 \mapsto \beta(x_1, x_2)).$$

Wenn wir die Operatornorm auf $\mathrm{Hom}_{\mathbb{K}}(V_2, W)$ mit $\| \cdot \|_{\mathrm{op2}}$ und die Operatornorm auf dem Raum $\mathrm{Hom}_{\mathbb{K}}(V_1, \mathrm{Hom}_{\mathbb{K}}(V_2, W))$ mit $\| \cdot \|_{\mathrm{op1}}$ bezeichnen, finden wir mit Beispiel 3.66 (das man wörtlich von $\mathbb{R}$ auf $\mathbb{C}$ übertragen kann)

$$\|\beta(x_1, x_2)\|_W = \|\hat{\beta}(x_1)(x_2)\|_W \leq \|\hat{\beta}(x_1)\|_{\mathrm{op2}} \|x_2\|_2 \leq \|\hat{\beta}\|_{\mathrm{op1}} \|x_1\|_1 \|x_2\|_2$$

und die Behauptung folgt mit $M = \|\hat{\beta}\|_{\mathrm{op1}}$.

(ii) Wenn (h_1, h_2) gegen Null geht, dann geht auch

$$\frac{1}{\|(h_1, h_2)\|} \|\beta(x_1 + h_1, x_2 + h_2) - \beta(x_1, x_2) - (\beta(x_1, h_2) + \beta(h_1, x_2))\|_W =$$

$$= \frac{1}{\max(\|h_1\|_1, \|h_2\|_2)} \|\beta(h_1, h_2)\|_W \leq \frac{1}{\max(\|h_1\|_1, \|h_2\|_2)} M \|h_1\|_1 \|h_2\|_2$$

$$\leq M \max(\|h_1\|_1, \|h_2\|_2) = M \|(h_1, h_2)\|$$

gegen Null und das beweist die Behauptung.

$\square$

5.1.2 Konstruktion differenzierbarer Abbildungen

Es gibt sehr viele differenzierbare Abbildungen, die zumeist sehr viel komplizierter sind als die eben besprochenen. Um den Nachweis für diese Behauptung anzutreten, stellen wir einige Konstruktionsprinzipien vor, die es erlauben, aus gegebenen differenzierbaren Abbildungen neue differenzierbare Abbildungen zusammenzusetzen. Man kann zum Beispiel skalare differenzierbare Abbildungen zu vektorwertigen differenzierbaren Abbildungen zusammensetzen.

Beispiel 5.4 (Vektorwertige Abbildungen) Seien $(W_j, \|\cdot\|_j)$, $j = 1, \ldots, k$ end-lichdimensionale normierte $\mathbb{K}$-Vektorräume mit $W = W_1 \times \ldots \times W_k$ und $\|(w_1, \ldots, w_k)\|_W := \max\{\|w_j\|_j \mid j = 1, \ldots, k\}$. Wenn $U \subseteq V$ offen ist und $f_j: U \to W_j$ in $x \in U$ $\mathbb{K}$-differenzierbar, dann ist die Abbildung

$$f: U \to W, \quad v \mapsto (f_1(v), \ldots, f_k(v))$$

$\mathbb{K}$-differenzierbar in x und es gilt

$$f'(x): V \to W, \quad v \mapsto (f_1'(x)v, \ldots, f_k'(x)v).$$

In dieser Situation schreiben wir $f = (f_1, \ldots, f_k)$ und $f'(x) = (f_1'(x), \ldots, f_k'(x))$ oder, wenn die f_j auf ganz U differenzierbar sind, $f' = (f_1', \ldots, f_k')$. $\qquad\square$

Einfach zu verifizieren ist auch die Tatsache, dass Summen, Differenzen und skalare Vielfache von $\mathbb{K}$-differenzierbaren Abbildungen wieder $\mathbb{K}$-differenzierbar sind, sodass diese Abbildungen einen $\mathbb{K}$-Vektorraum bilden.

Proposition 5.5 (Summen und Vielfache differenzierbarer Abbildungen) *Seien* $(V, \|\cdot\|_V)$ *und* $(W, \|\cdot\|_W)$ *endlichdimensionale normierte* $\mathbb{K}$-*Vektorräume und* $U \subseteq V$ *eine offene Teilmenge. Wenn die Abbildungen* $f, g: U \to W$ *in* $x \in U$ *differenzierbar sind und* $r \in \mathbb{K}$, *dann sind auch* $f \pm g: U \to W$ *und* $rf: U \to W$ *für* $r \in \mathbb{K}$ *in* x *differenzierbar und es gilt*

$$(f \pm g)'(x) = f'(x) \pm g'(x), \quad (rf)'(x) = rf'(x).$$

Beweis Wegen

$$\frac{(f \pm g)(x + h) - (f \pm g)(x) - (f'(x) \pm g'(x))h}{\|h\|_V} =$$
$$= \frac{f(x + h) - f(x) - f'(x)h}{\|h\|_V} \pm \frac{g(x + h) - g(x) - g'(x)h}{\|h\|_V}$$

und

$$\frac{(rf)(x + h) - (rf)(x) - (rf'(x))h}{\|h\|_V} = r\frac{f(x + h) - f(x) - f'(x)h}{\|h\|_V}$$

folgt dies sofort aus den Definitionen. $\qquad\square$

Weniger offensichtlich ist die immens wichtige Beobachtung, dass die Hintereinan-derausführung differenzierbarer Abbildungen selbst wieder differenzierbar ist. Die Formel für die Ableitung solcher Verkettungen von Funktionen heißt auch die *Kettenregel*.

Proposition 5.6 (Kettenregel) *Seien* $(V_1, \|\cdot\|_1)$, $(V_2, \|\cdot\|_2)$ *und* $(V_3, \|\cdot\|_3)$ *endlichdimensionale normierte* $\mathbb{K}$-*Vektorräume sowie* $U_1 \subseteq V_1$ *und* $U_2 \subseteq V_2$ *offene Teilmengen. Wir nehmen an, dass die Abbildung* $f_1\colon U_1 \to U_2$ *in* $x \in U_1$ *differenzierbar ist. Wenn die Abbildung* $f_2\colon U_2 \to V_3$ *in* $f_1(x)$ *in differenzierbar ist, dann ist* $f_2 \circ f_1\colon U_1 \to V_3$ *in* x *differenzierbar und es gilt*

$$(f_2 \circ f_1)'(x) = f_2'(f_1(x)) \circ f_1'(x).$$

Beweis Für hinreichend kleines $h \in V_1$ setzen wir $k(h) := f_1(x + h) - f_1(x)$ und rechnen (siehe Beispiel 3.66)

$$
\begin{aligned}
&\|(f_2 \circ f_1)(x + h) - (f_2 \circ f_1)(x) - f_2'(f_1(x)) \circ f_1'(x)h\|_3 \\
&= \|(f_2(f_1(x) + k(h)) - f_2(f_1(x)) - f_2'(f_1(x))k(h) \\
&\quad + f_2'(f_1(x))(k(h) - f_1'(x)h)\|_3 \\
&\leq \|(f_2(f_1(x) + k(h)) - f_2(f_1(x)) - f_2'(f_1(x))k(h)\|_3 \\
&\quad + \|f_2'(f_1(x))\|_{\mathrm{op}}\|f_1(x + h) - f_1(x) - f_1'(x)h\|_2.
\end{aligned}
$$

Beachte, dass die rechte Seite der Ungleichung

$$\frac{\|k(h)\|_2}{\|h\|_1} \leq \frac{\|f_1(x + h) - f_1(x) - f_1'(x)h\|_2 + \|f_1'(x)\|_{\mathrm{op}}\|h\|_1}{\|h\|_1}$$

für $h \to 0$ gegen $\|f_1'(x)\|_{\mathrm{op}}$ konvergiert, also beschränkt ist. Damit sieht man, dass $k(h) \underset{h \to 0}{\longrightarrow} 0$ und

$$\frac{\|(f_2 \circ f_1)(x + h) - (f_2 \circ f_1)(x) - f_2'(f_1(x)) \circ f_1'(x)h\|_3}{\|h\|_1}$$

für $h \to 0$ gegen 0 konvergiert, und dies zeigt die Behauptung. $\qquad\square$

Wenn man die Kettenregel aus Proposition 5.6 mit Proposition 5.3 kombiniert, bekommt man, dass auch Produkte von differenzierbaren Abbildungen differenzierbare Abbildungen sind. Die Formel für die Ableitung solcher Produkte heißt auch die *Produktregel*.

Proposition 5.7 (Produktregel) *Seien* $(V, \|\cdot\|_V)$, $(V_1, \|\cdot\|_1)$, $(V_2, \|\cdot\|_2)$ *und* $(W, \|\cdot\|_W)$ *endlichdimensionale normierte* $\mathbb{K}$-*Vektorräume sowie* $\beta\colon V_1 \times V_2 \to W$ *bilinear. Weiter seien* $f_1\colon U \to V_1$ *und* $f_2\colon U \to V_2$ $\mathbb{K}$-*differenzierbar in* $x \in U$, *wobei* $U \subseteq V$ *offen ist. Dann ist die Abbildung*

$$\mu\colon U \to W, \quad y \mapsto \beta(f_1(y), f_2(y))$$

in x $\mathbb{K}$-*differenzierbar mit*

$$\mu'(x)v = \beta\big(f_1'(x)v, f_2(x)\big) + \beta\big(f_1(x), f_2'(x)v\big).$$

Beweis Betrachte μ als Hintereinanderschaltung der Abbildungen

$$f: U \to V_1 \times V_2, \ u \mapsto (f_1(u), f_2(u)) \quad \text{und}$$
$$\beta: V_1 \times V_2 \to W, \ (x_1, x_2) \mapsto \beta(x_1, x_2).$$

Die Abbildung f ist nach Beispiel 5.4 in x differenzierbar mit Ableitung

$$f'(x)(v_1, v_2) = (f_1'(x)v_1, f_2'(x)v_2).$$

Die Ableitung von β ist nach Proposition 5.3 durch

$$\beta'(x_1, x_2)(v_1, v_2) = \beta(x_1, v_2) + \beta(v_1, x_2)$$

gegeben. Jetzt liefert die Kettenregel 5.6

$$\mu'(x)v = \big((\beta \circ f)'(x)\big)v = \beta'\big(f_1(x), f_2(x)\big)(f_1'(x)v, f_2'(x)v)$$
$$= \beta\big(f_1(x), f_2'(x)v\big) + \beta\big(f_1'(x)v, f_2(x)\big). \qquad \square$$

Beispiel 5.8 (Ableitungen von Polynomfunktionen) Ein besonders einfaches Beispiel für den Einsatz der Produktregel erhält man, wenn $V = V_1 = V_2 = W = \mathbb{R}$ und $\beta: \mathbb{R} \times \mathbb{R} \to \mathbb{R}$ die Multiplikation ist. Für die linearen Abbildungen $f_1 = f_2 = \mathrm{id}_{\mathbb{R}}$ ergibt sich $\mu: \mathbb{R} \to \mathbb{R}$, $x \mapsto x^2$ und $\mu'(x)v = vx + xv = 2xv$. Wenn man wie zuvor $\mathrm{Hom}(\mathbb{R}, \mathbb{R})$ über die Abbildung $\varphi \mapsto \varphi(1)$ mit $\mathbb{R}$ identifiziert, wird das zu $\mu'(x) = 2x$. Mit Induktion findet man für die Funktionen $p_n: \mathbb{R} \to \mathbb{R}$, $x \mapsto x^n$ die Formel $p_n'(x) = nx^{n-1}$: Mit $f_1 = p_{n-1}$ und $f_2 = \mathrm{id}_{\mathbb{R}} = p_1$ erhält man $\mu(x) = x^n = p_n(x)$ und die Produktregel liefert $p_n'(x) = p_{n-1}'(x)x + p_{n-1}(x)$, woraus mit Induktion

$$p_n'(x) = (n-1)x^{n-2}x + p_{n-1}(x) = (n-1)x^{n-1} + x^{n-1} = nx^{n-1} \qquad (5.2)$$

folgt. Daraus ergibt sich mit Proposition 5.5 für $f(x) = \sum_{k=0}^{n} a_k x^k$ die Ableitung

$$f'(x) = \sum_{k=1}^{n} k a_k x^{k-1}.$$

$\square$

5.2 Lösungsmengen nichtlinearer Gleichungen

Als eine erste Anwendung der Differenzierbarkeit betrachten wir das folgende Problem: Seien V und W endlichdimensionale $\mathbb{K}$-Vektorräume, $U \subseteq V$ eine offene Teilmenge und $F : U \to W$ eine Funktion. Für jeden Funktionswert $c \in W$ möchte man die Lösungsmenge der Gleichung

$$F(u) = c \tag{5.3}$$

beschreiben. Wir behalten die Konvention aus dem letzten Abschnitt bei, dass $\mathbb{K}$ immer entweder $\mathbb{R}$ oder $\mathbb{C}$ bezeichnet. Alle für $\mathbb{K}$ gemachten Aussagen gelten für beide Fälle gleichermaßen.

Wir betrachten ein einfaches Beispiel für diese Situation. Sei $\mathbb{K} = \mathbb{R}$ und $F(x, y) = x^2 + y^2$ für $(x, y) \in \mathbb{R}^2$. Für $c < 0$ hat (5.3) dann keine Lösung $(x, y) \in \mathbb{R}^2$. Für $c = 0$ gibt es genau eine Lösung, nämlich $(x, y) = (0, 0)$. Interessant wird die Gleichung für $c > 0$. In diesem Fall gibt es zu jedem $x \in\ ]-1, 1[$ zwei Lösungen $\big(x, \pm y(x)\big)$, wobei $y(x) = \sqrt{1 - x^2}$ ist. Die einzigen weiteren Lösungen in $\mathbb{R}^2$ sind $(\pm 1, 0)$. Für $c \geq 0$ kann man (5.3) zu $\|(x, y)\|_2 = \sqrt{c}$ umschreiben und erkennt die eben beschriebene Lösungsmenge als den Kreis mit Radius $\sqrt{c}$ wieder (vgl. Beispiel 3.77). Im Allgemeinen kann man natürlich nicht auf solches Vorwissen zurückgreifen und steht speziell im Falle einer unendlichen Lösungsmenge vor der Frage, ob die Lösungsmenge noch über weitere Strukturen verfügt, die eine angemessene Beschreibung ermöglichen. Der Schlüssel zur Beantwortung dieser Frage liegt in der Beobachtung, dass sich die Lösungsmenge selbst linearisieren lässt. Dazu muss man eine Lösung (x_0, y_0) vorgeben, um die herum man linearisiert.

5.2.1 Implizite Funktionen

Eine wichtige Beobachtung, die man an dem Beispiel des Kreises machen kann, ist, dass man fast immer die Lösungen (x, y) in der Nähe einer vorgegebenen Lösung (x_0, y_0) in der Form $\big(x, y(x)\big)$ mit einer Funktion $y(x)$ von x schreiben kann. Das bedeutet, man kann die Gl. (5.3) nach y *auflösen*. Man sagt, y sei als Funktion durch (5.3) *implizit* gegeben. Da man die Funktionen $x \mapsto y(x)$ kennt, kann man so große Teile der Lösungsmenge explizit angeben. Die Aussage „fast immer" lässt sich konkretisieren und geometrisch beschreiben: Man kann das y in der Lösungsmenge in der Nähe der Lösung (x_0, y_0) genau dann als Funktion von x angeben, wenn die Linearisierung der Lösungsmenge in (x_0, y_0) nicht vertikal ist.

Um den allgemeinen Fall zu diskutieren, vereinfachen wir (5.3) ein wenig, indem wir die Konstante c auf die linke Seite bringen. Dadurch können wir ohne Beschränkung der Allgemeinheit $c = 0$ annehmen. Wenn die Funktion F differenzierbar ist, kann man mithilfe ihrer Ableitung eine linearisierte Gleichung aufstellen und hat die Chance, die Linearisierung der Lösungsmenge als die Lösungsmenge der linearisierten Gleichung zu bekommen. Es lässt sich allerdings erst präzise formulieren, was die Linearisierung der Lösungsmenge überhaupt sein soll, wenn man eine lokale Beschreibung der Lösungsmenge zur Verfügung hat, wie wir sie im Falle des Kreises durch die implizit gegebene Funktion $x \mapsto y(x)$ gefunden haben.

Abb. 5.3 Der Kreis als
Lösungsmenge von
$x^2 + y^2 = 1$

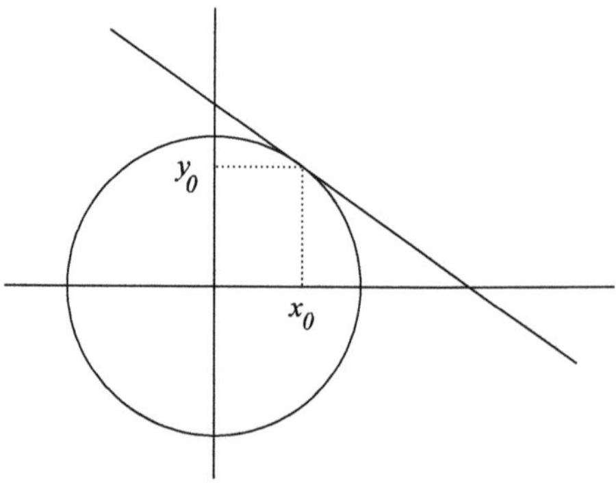

Wir nehmen nach diesen Vorüberlegungen an, dass $V = V_1 \times V_2$ ein direktes
Produkt zweier $\mathbb{K}$-Vektorräume ist, womit (5.3) für $u = (x, y) \in U \subseteq V = V_1 \times V_2$
zu

$$F(x, y) = 0 \tag{5.4}$$

wird. Die linearisierte Version von (5.4) am Punkt $(x_0, y_0) \in U$ ist

$$F'(x_0, y_0)(t, s) = 0, \tag{5.5}$$

wobei man die um (x_0, y_0) verschobene Lösungsmenge von (5.5) als Linearisierung
der Lösungsmenge von (5.4) interpretieren möchte.

Im Falle des Kreises, für den (5.4) durch $x^2 + y^2 - 1 = 0$ gegeben ist, spezialisiert sich (5.5) zu $2x_0 t + 2y_0 s = 0$. Das liefert als verschobene Lösungsmenge von
(5.5) genau die Tangente $(x_0, y_0) + \mathbb{R}(y_0, -x_0)$ im Punkt (x_0, y_0) an den Kreis (vgl.
Abb. 5.3).

Unser vorrangiges Ziel in diesem Abschnitt ist der Satz über implizite Funktionen, der aussagt, dass (5.4) unter bestimmten Bedingungen *lokal* nach y aufgelöst
werden kann. Daraus lassen sich dann Parametrisierungen und Linearisierungen der
Lösungsmengen ableiten.

Im Beispiel des Kreises handelt es sich bei der Bedingung um die geometrische
Aussage, dass die Linearisierung nicht vertikal sein darf. Um auch eine algebraische
Intuition für die Bedingung zu bekommen, betrachten wir den Fall einer linearen
Abbildung F. Sei $(x_0, y_0) \in V_1 \times V_2$ mit $F(x_0, y_0) = 0$ gegeben. Wir nehmen an,
dass die lineare Abbildung $F_2 \colon V_2 \to W$, $y \mapsto F(0, y)$ invertierbar ist und behaupten, dass es dann zu jedem $x \in V_1$ ein eindeutig bestimmtes $y \in V_2$ mit $F(x, y) = 0$
gibt. Zum Nachweis dieser Behauptung rechnen wir

$$F(x_0 + t, y_0 + s) = F(x_0, y_0) + F(t, s) = F(t, 0) + F(0, s) = F_1(t) + F_2(s),$$

wobei $F_1 \colon V_1 \to W$, $x \mapsto F(x, 0)$. Also gilt die Gleichung $F(x_0 + t, y_0 + s) = 0$
genau dann, wenn $s = -F_2^{-1} \circ F_1(t)$. Das eindeutig bestimmte $y = y(x)$ ergibt sich

für $x = x_0 + t$ durch die Formel

$$y(x_0 + t) = y_0 - F_2^{-1} \circ F_1(t). \tag{5.6}$$

Für allgemeines F betrachten wir die linearisierte Gl. (5.5). Das „F_2" der linearisierten Gleichung wird durch die Ableitung von F bezüglich der zweiten Variablen gegeben. Damit ist gemeint, dass man $x \in V_1$ festhält, $y \in V_2$ variieren lässt und die Ableitung von $y \mapsto F(x, y)$ berechnet. Analog wird das „F_1" durch die Ableitung von F nach der ersten Variablen gegeben. Um diese Aussage präzise formulieren zu können, führen wir das Konzept einer *partiellen Ableitung* von F ein.

Definition 5.9 (Partielle Ableitungen) Seien $V_1, \ldots, V_n$ und W endlichdimensionale $\mathbb{K}$-Vektorraum und $V = V_1 \times \ldots \times V_n$. Weiter sei $U \subseteq V$ offen und $a = (a_1, \ldots, a_n) \in U$. Eine Funktion $f : U \to W$ heißt in a partiell nach der j-ten Variablen $\mathbb{K}$-*differenzierbar*, wenn die Funktion

$$x_j \mapsto f(a_1, \ldots, a_{j-1}, x_j, a_{j+1}, \ldots, a_n)$$

in $a_j \in V_j$ $\mathbb{K}$-differenzierbar ist. Diese Funktion ist in der offenen Teilmenge

$$\{y \in V_j \mid (a_1, \ldots, a_{j-1}, y, a_{j+1}, \ldots, a_n) \in U\}$$

von V_j definiert. Ihre Ableitung in a_j wird mit $D_j f(a)$ bezeichnet und die j-te *partielle Ableitung* in a genannt. Es gilt dann $D_j f(a) \in \mathrm{Hom}_{\mathbb{K}}(V_j, W)$. $\square$

Es stellt sich heraus, dass man die partiellen Ableitungen von F leicht aus der Ableitung rekonstruieren kann.

Proposition 5.10 (Partielle Ableitungen) *Seien V, W und U wie in Definition 5.9 und $f : U \to W$ in $a \in U$ differenzierbar. Dann ist f in a auch in jeder Variablen partiell differenzierbar und wir haben die Formel*

$$f'(a)(v_1, \ldots, v_n) = D_1 f(a)(v_1) + \ldots + D_n f(a)(v_n).$$

Beweis Betrachte die $\mathbb{K}$-linearen Einbettungen

$$\iota_j : V_j \to V, \quad x_j \mapsto (0, \ldots, 0, x_j, 0, \ldots, 0),$$

für die gilt

$$f(a_1, \ldots, a_{j-1}, x_j, a_{j+1}, \ldots, a_n) = f(a + \iota_j(x_j - a_j)).$$

Mit der Kettenregel 5.6 folgt also

$$D_j f(a) = f'(a) \circ \iota_j, \tag{5.7}$$

weil ι_j linear ist. Wegen

$$(v_1, \ldots, v_d) = \sum_{j=1}^{n} \iota_j(v_j)$$

folgt die Behauptung. $\square$

Mit Proposition 5.10 können wir die linearisierte Gl. (5.5) zu

$$D_1 F(x_0, y_0)t + D_2 F(x_0, y_0)s = 0 \qquad\qquad (5.8)$$

umschreiben, was auf die Variante

$$y(x_0 + t) = y_0 - D_2 F(x_0, y_0)^{-1} \circ D_1 F(x_0, y_0)(t) \qquad\qquad (5.9)$$

von Gl. (5.6) führt, wenn $D_2 F(x_0, y_0) \in \mathrm{Hom}_{\mathbb{K}}(V_2, W)$ invertierbar ist.

5.2.2 Anwendung des Fixpunktprinzips

Wie wir schon zu Beginn des Kapitels festgestellt haben, kann man exakte Aussagen aus Linearisierungen nur gewinnen, wenn man sie mit Grenzwertüberlegungen kombiniert. Bei der Frage wie man die Auflösung von (5.4) nach y mithilfe der linearisierten Form (5.5) bewerkstelligen kann, ist die Schlüsselidee, die von (5.9) inspirierte Funktion

$$G(x, y) := y - \big(D_2 F(x_0, y_0)\big)^{-1} F(x, y)$$

zu betrachten und festzustellen, dass die Gleichung $F(x, y) = 0$ äquivalent zu $G(x, y) = y$ ist. Man interpretiert $G(x, y) = y$ als Fixpunktgleichung für y mit x als festem Parameter und versucht sicherzustellen, dass es zu jedem x nahe x_0 (genau) einen Fixpunkt y gibt. Wenn man dafür den Banachschen Fixpunktsatz 3.30 einsetzen möchte, muss man sicherstellen, dass $y \mapsto G(x, y)$ für jedes x bezüglich passender Metriken eine Kontraktion wird. Genau das ist die Rolle von $\big(D_2 F(x_0, y_0)\big)^{-1}$, auf das man ja in der Definition von $G(x, y)$ auch verzichten könnte, wenn es nur darum ginge, aus $F(x, y) = 0$ eine Fixpunktgleichung zu machen.

Man kann an dieser Stelle auf den Räumen V_1, V_2 und W beliebige Normen einführen und dann den Nachweis antreten, dass unter den genannten Bedingungen für jedes x genau ein Fixpunkt von $y \mapsto G(x, y)$ in einer kleinen Umgebung von y_0 existiert. Damit bekommt man lokale Parametrisierungen der Lösungsmenge von (5.4). Wenn man allerdings aus diesen Parametrisierungen Linearisierungen der Lösungsmengen gewinnen will, dann muss man zeigen, dass auch die Parametrisierungen differenzierbar sind. Das bedeutet, man muss die Abhängigkeit der Fixpunkte von den Parametern studieren. Die folgende Proposition zeigt, dass das Minimalziel dabei sein muss, nachzuweisen, dass die Fixpunkte stetig von den Parametern abhängen.

Proposition 5.11 (Differenzierbarkeit impliziert Stetigkeit) *Seien* $(V, \|\cdot\|_V)$ *und* $(W, \|\cdot\|_W)$ *endlichdimensionale normierte* $\mathbb{K}$-*Vektorräume und* $U \subseteq V$ *eine offene Teilmenge. Wenn die Abbildung* $f\colon U \to W$ *differenzierbar ist, dann ist sie auch stetig.*

Beweis Sei $x \in U$ und $h \in V \setminus \{0\}$ so klein, dass $x + h \in U$. Dann gilt

$$
\begin{aligned}
\|f(x+h) - f(x)\|_W &= \|h\|_V \left\| \frac{1}{\|h\|_V} \big(f(x+h) - f(x) - f'(x)h\big) \right. \\
&\qquad \left. + f'(x)\frac{h}{\|h\|_V} \right\|_W \\
&\leq \|h\|_V \left(\frac{1}{\|h\|_V} \|f(x+h) - f(x) - f'(x)h\|_W \right. \\
&\qquad \left. + \|f'(x)\|_{\mathrm{op}} \right)
\end{aligned}
$$

und dieser Ausdruck konvergiert für $h \to 0$ gegen 0. $\square$

Die Existenzaussage des Banachschen Fixpunktsatzes 3.30 wird über einen Grenzwert bewiesen, dessen Existenz aus der Vollständigkeit des zugrunde liegenden metrischen Raumes folgt. Wir wollen zeigen, dass dieser Grenzwert stetig von den Parametern abhängt. Ähnlich wie im Falle des Umordnungssatzes 4.9 oder des Satzes 4.62 von Fubini ist das eine Frage nach der Vertauschbarkeit von zwei Grenzwertprozessen: Wenn man die Parameter x als Variablen einer Funktion betrachtet, liefert der Beweis des Banachschen Fixpunktsatzes eine Folge von stetigen Funktionen $x \mapsto y_n(x) = G\big(x, y_{n-1}(x)\big)$, deren Grenzwert die Funktion ist, die jedem x den Fixpunkt $y(x)$ zu diesem Parameter zuordnet. Da Stetigkeit über Grenzwerte in den Funktionsvariablen beschrieben werden kann (siehe Proposition 3.18), ist hier also die Frage, ob

$$
\lim_{x \to a} \lim_{n \to \infty} y_n(x) = \lim_{n \to \infty} \lim_{x \to a} y_n(x)
$$

gilt. Wie schon in Abschn. 4.1.2 angedeutet, braucht man zum Nachweis solcher Vertauschungssätze in der Regel zusätzliche Eigenschaften der Konvergenz. In unserem Kontext muss man fordern, dass die Konvergenzgeschwindigkeiten in Abhängigkeit von den Parametern nicht zu weit auseinander liegen.

Definition 5.12 (Lokal gleichmäßige Konvergenz) Seien A und (M, d) metrische Räume. Eine Folge $(f_n)_{n \in \mathbb{N}}$ von Abbildungen $f_n\colon A \to M$ heißt *gleichmäßig konvergent* gegen eine Abbildung $f\colon A \to M$, wenn es zu jedem $\varepsilon > 0$ ein $n_0 \in \mathbb{N}$ gibt mit

$$
\forall a \in A, \forall n > n_0 : \quad d\big(f_n(a), f(a)\big) < \varepsilon.
$$

Die Folge $(f_n)_{n \in \mathbb{N}}$ heißt *lokal gleichmäßig konvergent* gegen f, wenn es zu jedem $a \in A$ eine Umgebung $U \in \mathcal{U}(a)$ gibt, für die die Folge $(f_n|_U)_{n \in \mathbb{N}}$ gleichmäßig gegen $f|_U$ konvergiert. $\square$

Wenn man den Begriff der gleichmäßigen Konvergenz einmal gefunden hat, ist der Nachweis, dass gleichmäßige Grenzwerte stetiger Funktionen stetig sind, kein Problem mehr. Da Stetigkeit eine lokale Eigenschaft ist, reicht dafür sogar die lokale Gleichmäßigkeit der Konvergenz aus.

Proposition 5.13 (Stetigkeit bei gleichmäßiger Konvergenz) *Seien A und (M, d) metrische Räume. Die Folge $(f_n)_{n\in\mathbb{N}}$ von stetigen Abbildungen $f_n \colon A \to M$ konvergiere lokal gleichmäßig gegen die Funktion $f \colon A \to M$. Dann ist f stetig.*

Beweis Wir halten $a_0 \in A$ fest und wählen $\varepsilon > 0$. Dann gibt es eine Umgebung U von a_0 in A, auf der die f_n gleichmäßig gegen f konvergieren und wir finden ein $n_0 \in \mathbb{N}$ mit

$$\forall n > n_0, \forall a \in U : \quad d(f_n(a), f(a)) < \varepsilon.$$

Für ein festes $n > n_0$ können wir wegen der Stetigkeit von f_n ein U so klein wählen, dass

$$\forall a \in U : \quad d(f_n(a), f_n(a_0)) < \varepsilon$$

gilt. Dann erhalten wir für $a \in U$

$$d\big(f(a), f(a_0)\big) \leq d\big(f(a), f_n(a)\big) + d\big(f_n(a), f_n(a_0)\big) + d\big(f_n(a_0), f(a_0)\big) < 3\varepsilon,$$

was die Stetigkeit von f in a_0 beweist. $\qquad\square$

Um das Banachsche Fixpunktprinzip mit Parametern ordentlich formulieren zu können, müssen wir in der Lage sein, über Konvergenz in einer Produktmenge $M \times A$ zu sprechen, wobei M der metrische Raum sein wird, den wir für den Fixpunktsatz brauchen und A der Parameterraum. Wir versehen $A \times M$ mit der Metrik

$$d_2((a, m), (a', m')) := d_A(a, a') + d(m, m'),$$

wobei d_A eine Metrik auf A ist.

Lemma 5.14 (Banachsches Fixpunktprinzip mit Parametern) *Sei (A, d_A) ein metrischer Raum und (M, d) ein vollständiger metrischer Raum. Weiter sei $q \in [0, 1[$ und $f \colon A \times M \to M$ stetig mit*

$$\forall a \in A, y_1, y_2 \in M : \quad d\big(f(a, y_1), f(a, y_2)\big) \leq q\, d(y_1, y_2).$$

Wenn $g_\infty(a) \in M$ den vom Banachschen Fixpunktsatz 3.30 garantierten Fixpunkt von $y \mapsto f(a, y)$ bezeichnet, dann ist die Abbildung

$$g_\infty \colon A \to M, \quad a \mapsto g_\infty(a)$$

stetig.

Beweis Wähle ein $y_0 \in M$ und betrachte die Abbildungen $g_n : A \to M$ mit $g_0(a) = y_0$ und $g_n(a) := f(a, g_{n-1}(a))$ für $n \in \mathbb{N}$. Mit Induktion folgt sofort, dass die g_n alle stetig sind und das Argument im Beweis von Satz 3.30, angewandt auf die Abbildung $y \mapsto f(a, y)$, zeigt $g_n(a) \to g_\infty(a)$. Nach Proposition 5.13 genügt es also zu zeigen, dass die Folge $(g_n)_{n \in \mathbb{N}}$ lokal gleichmäßig gegen g_∞ konvergiert. Wähle dazu $\varepsilon > 0$. Der Beweis von Satz 3.30 zeigt

$$d\big(g_{n+k}(a), g_n(a)\big) \leq \frac{q^n}{1-q} d\big(g_1(a), g_0(a)\big) = \frac{q^n}{1-q} d\big(f(a, y_0), y_0\big).$$

Wegen der Stetigkeit von f in der ersten Variablen gibt es zu $a_0 \in A$ eine Umgebung $U \in \mathcal{U}(a_0)$ mit

$$\forall a \in U : \quad d\big(f(a, y_0), f(a_0, y_0)\big) \leq \varepsilon.$$

Insbesondere gibt es eine Konstante $c > 0$ mit

$$\forall a \in U : \quad d\big(f(a, y_0), y_0\big) \leq c,$$

also

$$d\big(g_{n+k}(a), g_n(a)\big) \leq \frac{q^n}{1-q} d\big(g_1(a), g_0(a)\big) \leq \frac{q^n}{1-q} c.$$

Also gibt es ein $n_0 \in \mathbb{N}$ mit

$$\forall n, m > n_0 : \quad d\big(g_n(a), g_m(a)\big) \leq \varepsilon.$$

Außerdem findet man zu $a \in U$ ein $n_a \in \mathbb{N}$ mit

$$\forall n > n_a : \quad d\big(g_n(a), g_\infty(a)\big) \leq \varepsilon.$$

Damit gilt

$$\forall n > n_0, a \in U, m > \max\{n_a, n_0\} :$$
$$d\big(g_n(a), g_\infty(a)\big) \leq d\big(g_n(a), g_m(a)\big) + d\big(g_m(a), g_\infty(a)\big) \leq 2\varepsilon$$

und insbesondere

$$\forall n > n_0, a \in U : \quad d\big(g_n(a), g_\infty(a)\big) \leq 2\varepsilon,$$

was die Behauptung zeigt. $\square$

5.2.3　Lokale Parametrisierung von Lösungsmengen

An dieser Stelle haben wir die wesentlichen Argumente in der Hand, die uns stetige lokale Parametrisierungen der Lösungsmenge von (5.4) liefern. Was uns für einen Beweis des Satzes über implizite Funktionen noch fehlt, ist der Nachweis, dass die Abhängigkeit der Fixpunkte von den Parametern nicht nur stetig, sondern sogar differenzierbar ist. Dafür werden wir als technisches Hilfsmittel die Aussage benötigen, dass die $D_2 F(x, y)$ auch für alle (x, y) in einer kleinen Umgebung von (x_0, y_0) invertierbar sind. Wir bekommen diese Aussage mit einem ganz allgemeinen Lemma über invertierbare lineare Abbildungen.

Lemma 5.15 (Invertierbarkeit linearer Abbildungen) *Seien V und W endlich dimensionale $\mathbb{K}$-Vektorräume. Dann ist die Menge $\{L \in \mathrm{Hom}_{\mathbb{K}}(V, W) \mid L$ invertierbar $\}$ offen in dem $\mathbb{K}$-Vektorraum $\mathrm{Hom}_{\mathbb{K}}(V, W)$.*

Beweis Wenn $U := \{L \in \mathrm{Hom}_{\mathbb{K}}(V, W) \mid L$ invertierbar $\} \neq \emptyset$, dann können wir ein $L \in U$ wählen, das uns einen linearen Isomorphismus $\mathrm{End}_{\mathbb{K}}(V) \to \mathrm{Hom}_{\mathbb{K}}(V, W)$, $\varphi \mapsto L \circ \varphi$ liefert. Dieser ist nach Satz 3.72 ebenso wie seine Umkehrung stetig, bildet also offene Mengen auf offene Mengen ab. Wir können daher ohne Beschränkung der Allgemeinheit annehmen, dass $V = W$ ist. Wir versehen $\mathrm{End}_{\mathbb{K}}(V)$ mit der Operatornorm bezüglich einer beliebig gewählten Norm $\| \cdot \|$ auf V.

Für $\varphi \in \mathrm{End}_{\mathbb{K}}(V)$ mit $\|\varphi\|_{\mathrm{op}} < 1$ ist die Reihe $\sum_{k=0}^{\infty} \varphi^k$ wegen

$$\sum_{k=0}^{\infty} \|\varphi^k\|_{\mathrm{op}} \leq \sum_{k=0}^{\infty} \|\varphi\|_{\mathrm{op}}^k = \lim_{n \to \infty} \frac{1 - \|\varphi\|_{\mathrm{op}}^{n+1}}{1 - \|\varphi\|_{\mathrm{op}}} = \frac{1}{1 - \|\varphi\|_{\mathrm{op}}}$$

absolut konvergent in dem vollständigen normierten Raum $\mathrm{End}_{\mathbb{K}}(V)$ (siehe Beispiel 3.21 und Proposition 4.3). Sei Φ der Wert dieser Reihe. Dann gilt

$$(\mathrm{id}_V - \varphi)\Phi = (\Phi - \varphi \circ \Phi) = \lim_{n \to \infty} (\mathrm{id}_V - \varphi^{n+1}) = \mathrm{id}_V,$$

weil φ^{n+1} für $n \to \infty$ gegen Null konvergiert. Damit ist gezeigt, dass $\mathrm{id}_V - \varphi$ in $\mathrm{End}_{\mathbb{K}}(V)$ invertierbar ist.

Wähle jetzt $\varphi_0 \in U$. Dann gilt für $\varphi \in \mathrm{End}_{\mathbb{K}}(V)$ mit $\|\varphi_0 - \varphi\|_{\mathrm{op}} < \|\varphi_0^{-1}\|_{\mathrm{op}}^{-1}$, dass

$$\| \mathrm{id}_V - \varphi_0^{-1}\varphi\|_{\mathrm{op}} \leq \|\varphi_0^{-1}\|_{\mathrm{op}} \cdot \|\varphi_0 - \varphi\|_{\mathrm{op}} < 1.$$

Mit dem ersten Teil des Beweises folgt dann, dass $\varphi_0^{-1}\varphi = \mathrm{id}_V - (\mathrm{id}_V - \varphi_0^{-1}\varphi)$ in $\mathrm{End}_{\mathbb{K}}(V)$ invertierbar ist. Aber das liefert auch die Invertierbarkeit von φ und damit die Behauptung. $\qquad\square$

Satz 5.16 (Implizite Funktionen) *Seien* $(V_1, \|\cdot\|_1)$, $(V_2, \|\cdot\|_2)$ *und* $(W, \|\cdot\|_W)$ *endlichdimensionale normierte* $\mathbb{K}$-*Vektorräume. Weiter sei* $U \subseteq V_1 \times V_2$ *offen und* $F\colon U \to W$ *stetig* $\mathbb{K}$-*differenzierbar (das heißt, die Ableitung von* F *ist stetig). Wenn für* $(x_0, y_0) \in U$ *gilt* $F(x_0, y_0) = 0$ *und die lineare Abbildung* $D_2 F(x_0, y_0)\colon V_2 \to W$ *invertierbar ist, dann gelten folgende Aussagen:*

(i) *Es gibt offene Umgebungen* $U_1 \subseteq V_1$ *und* $U_2 \subseteq V_2$ *der Punkte* x_0 *und* y_0 *mit* $U_1 \times U_2 \subseteq U$,

$$\forall (x, y) \in U_1 \times U_2 \ : \quad D_2 F(x, y)\colon V_2 \to W \text{ ist invertierbar,}$$

und

$$\forall x \in U_1, \ \exists! \, y \in U_2 \ : \quad F(x, y) = 0.$$

(ii) *Die Abbildung* $g\colon U_1 \to U_2$, *die durch*

$$F(x, g(x)) = 0$$

definiert ist, ist stetig $\mathbb{K}$-*differenzierbar mit*

$$\forall x \in U_1 \ : \quad g'(x) = -\big(D_2 F(x, g(x))\big)^{-1} \circ D_1 F(x, g(x)). \tag{5.10}$$

Beweis

(i) Wir setzen $L_0 := D_2 F(x_0, y_0)$ und $G(x, y) := y - L_0^{-1} F(x, y)$ für $(x, y) \in U$. Dann ist die Gleichung $F(x, y) = 0$ äquivalent zu $G(x, y) = y$. Wir wollen das Banachsche Fixpunktprinzip aus Lemma 5.14 auf die Abbildung G anwenden. Dazu bemerken wir als Erstes, dass

$$\begin{aligned}
G(x, y_1) - G(x, y_2) = L_0^{-1}\big(&F(x, y_1 + (y_2 - y_1)) - F(x, y_1) \\
&- D_2 F(x_0, y_0)(y_2 - y_1)\big).
\end{aligned}$$

Da F stetig differenzierbar und $L_0^{-1} \in \mathrm{Hom}_{\mathbb{K}}(W, V_2)$ nach Satz 3.72 stetig ist, gibt es $\delta_1 > 0$ und $\delta_2 > 0$ mit folgender Eigenschaft: Wenn $\|x - x_0\|_1 \leq \delta_1$ sowie $\|y_1 - y_0\|_2 \leq \delta_2$ und $\|y_2 - y_0\|_2 \leq \delta_2$, dann gilt

$$\|G(x, y_1) - G(x, y_2)\|_2 \leq \tfrac{1}{2} \|y_2 - y_1\|_2. \tag{5.11}$$

Wegen Lemma 5.15 können wir δ_1 und δ_2 so klein wählen, dass nicht nur $L_0 = D_2 F(x_0, y_0)$ sondern auch alle $D_2 F(x, y)$ für $(x, y) \in U$ mit $\|x - x_0\|_1 \leq \delta_1$ sowie $\|y - y_0\|_2 \leq \delta_2$ invertierbar sind.

Wir können an dieser Stelle (5.11) noch nicht dazu benutzen, Lemma 5.14 anzuwenden, weil wir noch nichts über das Bild von G wissen. Wegen der Stetigkeit von $G\colon U \to V_2$ finden wir ein $\delta_1 \geq \delta_1' > 0$ mit

$$\forall x \in B(x_0, \delta_1') : \quad \|G(x, y_0) - G(x_0, y_0)\|_2 < \tfrac{\delta_2}{4}.$$

Nach Voraussetzung ist $G(x_0, y_0) = y_0$. Für $\|y - y_0\|_2 < \delta_2$ und $\|x - x_0\|_1 < \delta_1'$ finden wir daher die Abschätzungen

$$\begin{aligned}
\|G(x, y) - y_0\|_2 &= \|G(x, y) - G(x_0, y_0)\|_2 \\
&\leq \|G(x, y) - G(x, y_0)\|_2 + \|G(x, y_0) - G(x_0, y_0)\|_2 \\
&\leq \tfrac{1}{2}\|y - y_0\|_2 + \tfrac{\delta_2}{4} < \tfrac{3}{4}\delta_2.
\end{aligned}$$

Wir setzen $U_1 := B(x_0; \delta_1')$, $U_2 := B(y_0; \delta_2)$ und

$$M := \big\{ y \in V_2 \ \big| \ \|y - y_0\|_2 \leq \delta_2 \big\}.$$

Dann ist $M \subseteq V_2$ abgeschlossen, also wegen Proposition 3.42 ein vollständiger metrischer Raum, und wegen der Stetigkeit von G gilt

$$G(U_1 \times M) \subseteq \big\{ y \in V_2 \ \big| \ \|y - y_0\|_2 \leq \tfrac{3}{4}\delta_2 \big\} \subseteq U_2 \subseteq M.$$

Jetzt zeigt (5.11), dass wir Lemma 5.14 auf die Abbildung $G\colon U_1 \times M \to M$ anwenden können. Also gibt es zu jedem $x \in U_1$ genau ein $y \in M$ mit $G(x, y) = y$, und dieser Fixpunkt muss in U_2 liegen. Damit ist (i) bewiesen.

(ii) Wähle $(x_1, y_1) \in U_1 \times U_2$ mit $y_1 = g(x_1)$, setze

$$\begin{aligned}
K &:= D_1 F(x_1, y_1) \in \mathrm{Hom}_{\mathbb{K}}(V_1, W) \quad \text{und} \\
L &:= D_2 F(x_1, y_1) \in \mathrm{Hom}_{\mathbb{K}}(V_2, W)
\end{aligned}$$

und betrachte die Funktion

$$\Phi\colon U \to W, \quad (x, y) \mapsto F(x, y) - K(x - x_1) - L(y - y_1).$$

Dann gilt wegen $F(x_1, y_1) = 0$ mit Proposition 5.10

$$\lim_{(x,y) \to (x_1, y_1)} \frac{\Phi(x, y)}{\|x - x_1\|_1 + \|y - y_1\|_2} = 0. \tag{5.12}$$

Aus $F(x, g(x)) = 0$ ergibt sich $\Phi(x, g(x)) = -K(x - x_1) - L(g(x) - y_1)$, also

$$g(x) - g(x_1) = -L^{-1}K(x - x_1) - L^{-1}\Phi(x, g(x)).$$

Mit (5.12) finden wir zwei Konstanten r_1, r_2 so, dass für $\|x - x_1\|_1 \leq r_1$ und $\|y - y_1\|_2 \leq r_2$ gilt

$$\|\Phi(x, y)\|_W \leq \frac{1}{2\|L^{-1}\|_{\mathrm{op}}}(\|x - x_1\|_1 + \|y - y_1\|_2).$$

Wegen der Stetigkeit von g (nach Lemma 5.14) und $g(x_1) = y_1$ können wir r_1 so klein wählen, dass aus $\|x - x_1\|_1 \leq r_1$ die Ungleichung $\|g(x) - y_1\|_1 \leq r_2$ folgt. Es gilt dann

$$\|\Phi(x, g(x))\|_W \leq \frac{1}{2\|L^{-1}\|_{\mathrm{op}}}(\|x - x_1\|_1 + \|g(x) - g(x_1)\|_2)$$

und

$$\|g(x) - g(x_1)\|_2 \leq \|L^{-1}K\|_{\mathrm{op}}\|x - x_1\|_1 + \frac{1}{2}\|x - x_1\|_1 + \frac{1}{2}\|g(x) - g(x_1)\|_2$$

für alle $x \in U_1$ mit $\|x - x_1\|_1 \leq r_1$. Für $c := 2\|L^{-1}K\|_{\mathrm{op}} + 1$ erhalten wir

$$\|g(x) - g(x_1)\|_2 \leq c\|x - x_1\|_1.$$

Betrachte jetzt die Abbildung $\psi \colon U_1 \to V_2$, $x \mapsto L^{-1}\Phi(x, g(x))$, für die wir mit $x \in B(x_1; r_1)$ die Abschätzung

$$\frac{\|\psi(x)\|_2}{\|x - x_1\|_1} \leq \|L^{-1}\|_{\mathrm{op}}\frac{\|\Phi(x, g(x))\|_W}{\|x - x_1\|_1} \leq (c + 1)\frac{\|L^{-1}\|_{\mathrm{op}}\|\Phi(x, g(x))\|_W}{\|x - x_1\|_1 + \|g(x) - g(x_1)\|_2}$$

finden. Für $x \to x_1$ konvergiert $\frac{\|\psi(x)\|_2}{\|x - x_1\|_1}$ also gegen Null. Wegen

$$g(x) - g(x_1) + L^{-1}K(x - x_1) = -\psi(x)$$

zeigt dies, dass g in x_1 differenzierbar ist mit Ableitung

$$g'(x_1) = -L^{-1}K = -\big(D_2 F(x_1, y_1)\big)^{-1}D_1 F(x_1, y_1) \in \mathrm{Hom}_{\mathbb{K}}(V_1, V_2).$$

$\square$

Der Satz 5.16 über implizite Funktionen präzisiert die in Abschn. 5.2.1 erläuterte Vorstellung, man könne die Lösung der linearisierten Gl. (5.5) als Linearisierung in (x_0, y_0) der Lösungsmenge von (5.4) interpretieren. Der Schnitt der Lösungsmenge von (5.4) mit $U_1 \times U_2$ ist ja nichts anderes als der Graph von $g \colon U_1 \to U_2$. Die Linearisierung dieses Graphen ist der um (x_0, y_0) verschobene Graph der Ableitung

$g'(x_0, y_0)$ von g in (x_0, y_0). Der Graph von $g'(x_0, y_0)$ ist aber wegen $g(x_0) = y_0$ nach (5.10) die Menge

$$\left\{ \left(t, \, -\big(D_2 F(x_0, y_0)\big)^{-1} \circ D_1 F(x_0, y_0)t \right) \,\middle|\, t \in V_1 \right\},$$

die man sofort als die Lösungsmenge von (5.8) erkennt. Da (5.8) nur eine Umformulierung von (5.5) ist, folgt die Behauptung.

Wir werden die Strukturaussagen über Lösungsmengen nichtlinearer Gleichung mithilfe einer unmittelbaren Folgerung aus dem Satz 5.16 über implizite Funktionen noch verschärfen. Die Folgerung besagt, dass eine stetig differenzierbare Abbildung, deren Ableitung in einem Punkt invertierbar ist, lokal um diesen Punkt herum invertierbar ist, das heißt, eine lokale Umkehrfunktion hat.

Satz 5.17 (Lokale Umkehrbarkeit) *Seien $(V, \| \cdot \|_V)$ und $(W, \| \cdot \|_W)$ endlichdimensionale normierte $\mathbb{K}$-Vektorräume und $U \subseteq V$ offen. Wenn $f \colon U \to W$ stetig differenzierbar ist und $f'(x_0) \in \operatorname{Hom}_\mathbb{K}(V, W)$ invertierbar, dann gibt es offene Umgebungen $U' \subseteq U$ und $\Omega \subseteq W$ von x_0 und $y_0 = f(x_0)$ mit*

(i) *$f|_{U'} \colon U' \to \Omega$ hat eine stetig differenzierbare Umkehrfunktion $g \colon \Omega \to U'$.*
(ii) *Die Ableitung von g in y_0 ist*

$$g'(y_0) = f'(x_0)^{-1} \in \operatorname{Hom}_\mathbb{K}(W, V).$$

Beweis Betrachte die stetig $\mathbb{K}$-differenzierbare Funktion

$$F \colon W \times U \to W, \quad (y, x) \mapsto f(x) - y$$

mit der invertierbaren partiellen Ableitung

$$D_2 F(y_0, x_0) = f'(x_0) \in \operatorname{Hom}_\mathbb{K}(V, W).$$

Nach dem Satz 5.16 über implizite Funktionen gibt es eine Umgebung $\Omega \subseteq W$ von y_0 und eine stetig $\mathbb{K}$-differenzierbare Funktion $g \colon \Omega \to U$ mit

$$\forall y \in \Omega \; : \quad F(y, g(y)) = 0,$$

also $f(g(y)) = y$. Darüber hinaus kann neben Ω eine Umgebung $\tilde{U}' \subseteq U$ von x_0 so gewählt werden, dass $g(\Omega) \subseteq \tilde{U}'$ und zu jedem $y \in \Omega$ genau ein $x \in \tilde{U}'$ mit $F(y, x) = 0$ existiert. Setze $U' := \tilde{U}' \cap f^{-1}(\Omega)$. Dann ist U' offen mit $f(U') \subseteq \Omega$. Wegen $f \circ g|_\Omega = \operatorname{id}_\Omega$ gilt auch $g(\Omega) \subseteq U'$. Da

$$F(f(x), g \circ f(x)) = f(g \circ f(x)) - f(x) = f(x) - f(x) = 0 = F(f(x), x),$$

gilt auch $g \circ f|_{U'} = \operatorname{id}_{U'}$, das heißt $g \colon \Omega \to U'$ ist die Umkehrfunktion von $f \colon U' \to \Omega$. Die Kettenregel 5.6 liefert schließlich $\operatorname{id}_W = f'(x_0) \circ g'(y_0)$. $\qquad\square$

Wir kommen auf das Beispiel des Kreises vom Anfang dieses Abschnitts zurück. In Bezug auf die Parametrisierung waren die zwei Punkte $(\pm 1, 0)$ Ausnahmefälle, in denen man die Voraussetzungen für den Satz 5.16 nicht erfüllt hat. Ein Blick auf Abb. 5.3 zeigt aber, dass diese Punkte geometrisch in keiner Weise besonders sind. Auch dort hat man für jeden Punkt (x, y) auf dem Kreis K eine eindeutige Tangente T als Linearisierung und die orthogonale Projektion auf die Tangente liefert sogar eine lokale Bijektion zwischen Kreis und Tangente, die in beiden Richtungen stetig ist. Mit etwas mehr Anstrengung kann man sogar eine Umgebung U von (x, y) und eine bijektive differenzierbare Abbildung $\varphi \colon U \to \varphi(U) \subseteq \mathbb{R}^2$ mit offenem Bild und differenzierbarer Umkehrfunktion finden, für die Punkte in $U \cap K$ bijektiv auf die Punkte $\varphi(U) \cap T$ abgebildet werden. In gewisser Weise biegt φ also die Lösungsmenge gerade. Dieses Phänomen ist keine spezielle Eigenschaft des Kreises. Man fasst es in eine Definition und zeigt dann, dass es sehr häufig vorkommt.

Definition 5.18 ($\mathbb{K}$-**Untermannigfaltigkeiten von** V) Sei V ein endlichdimensionaler $\mathbb{K}$-Vektorraum. Eine nichtleere Teilmenge $M \subseteq V$ heißt eine *d-dimensionale* $\mathbb{K}$-*Untermannigfaltigkeit*, wenn es zu jedem $x \in M$ eine offene Umgebung U von x in V und eine bijektive $\mathbb{K}$-differenzierbare Abbildung $\varphi \colon U \to \varphi(U) \subseteq V$ mit offenem Bild und $\mathbb{K}$-differenzierbarer Umkehrfunktion gibt, die

$$\varphi(U \cap M) = \varphi(U) \cap E \tag{5.13}$$

erfüllt, wobei E ein d-dimensionaler $\mathbb{K}$-linearer Unterraum von V ist. $\square$

Wir behaupten, dass die Lösungsmenge der Gl. (5.3) in vielen Fällen eine Untermannigfaltigkeit ist. Dazu nehmen wir an, dass $F \colon U \to W$ stetig $\mathbb{K}$-differenzierbar ist. Wir nennen $c \in W$ einen *regulären Wert* von F, wenn $F^{-1}(c) \neq \emptyset$ und die Ableitung $F'(u) \in \operatorname{Hom}_{\mathbb{K}}(V, W)$ für jedes $u \in U$ mit $F(u) = c$ surjektiv ist. Die Regularität von c reicht aus um zu garantieren, dass die Lösungsmenge von (5.3) eine Untermannigfaltigkeit ist.

Proposition 5.19 (Reguläre Werte) *Seien V und W $\mathbb{K}$-Vektorräume der Dimensionen n bzw. m und $U \subseteq V$ eine offene Teilmenge. Weiter sei $F \colon U \to W$ eine stetig $\mathbb{K}$-differenzierbare Abbildung und $c \in W$ ein regulärer Wert von F. Dann ist die Lösungsmenge $M := F^{-1}(c)$ von (5.3) eine $(n - m)$-dimensionale Untermannigfaltigkeit von V.*

Beweis Als Erstes stellen wir fest, dass der Isomorphismus $V \to \mathbb{K}^n$ von $\mathbb{K}$-Vektorräumen, den man aus Satz 2.31 bekommt, wenn man eine Basis für V wählt, ebenso wie sein Inverses stetig $\mathbb{K}$-differenzierbar ist. Eine analoge Aussage gilt für W. Also können wir ohne Beschränkung der Allgemeinheit annehmen, dass $V = \mathbb{K}^n$ und $W = \mathbb{K}^m$ gilt. Dann ist $d := n - m \geq 0$, weil $F'(u) \colon \mathbb{K}^n \to \mathbb{K}^m$ für jedes $u \in M$ surjektiv ist. Es genügt jetzt zu zeigen, dass es zu jedem $u \in M$ eine offene Umgebung $U' \subseteq U$ und eine bijektive differenzierbare Abbildung $\varphi \colon U \to \varphi(U) \subseteq \mathbb{K}^n$

mit offenem Bild und $\mathbb{K}$-differenzierbarer Umkehrfunktion gibt, die

$$\varphi(U' \cap M) = \varphi(U') \cap (\mathbb{K}^d \times \{0\}) \tag{5.14}$$

erfüllt.

Nach einer Permutation der Koordinaten können wir annehmen, dass die Bilder

$$F'(u)(e_{d+1}), \ldots, F'(u)(e_n)$$

der Standardbasisvektoren $e_{d+1}, \ldots, e_n \in \mathbb{K}^n$ eine Basis für $\mathbb{K}^m$ bilden. Für $F = (F_1, \ldots, F_m)$ betrachten wir die Abbildung

$$\varphi \colon U \to \mathbb{K}^n, \quad x = (x_1, \ldots, x_n) \mapsto (x_1, \ldots, x_d, F_1(x) - y_1, \ldots, F_m(x) - y_m).$$

Wegen

$$\varphi'(x_0)(e_j) = \begin{cases} e_j & \text{for } j \leq d \\ F'(u)(e_j) & \text{for } j > d, \end{cases}$$

ist die lineare Abbildung $\varphi'(u) \colon \mathbb{K}^n \to \mathbb{K}^n$ invertierbar. Nach dem Satz 5.17 über die lokale Umkehrbarkeit gibt es dann eine offene Umgebungen $U' \subseteq U$ von u, für die $\varphi|_{U'} \colon U' \to \varphi(U')$ eine bijektive stetig differenzierbare Abbildung mit offenem Bild in $\mathbb{K}^n$ und stetig $\mathbb{K}$-differenzierbarer Umkehrabbildung ist. Sei $\varphi = (\varphi_1, \ldots, \varphi_n)$. Dann gilt

$$M = \{p \in U \mid \varphi(p) = (\varphi_1(p), \ldots, \varphi_d(p), 0, \ldots, 0)\} = \varphi^{-1}(\mathbb{K}^d \times \{0\})$$

und es folgt $\varphi(M \cap U') = \varphi(U') \cap (\mathbb{K}^d \times \{0\})$. $\qquad\qquad\square$

Differenzialrechnung in der in diesem Kapitel vorgestellten Form kann man nicht auf allgemeinen metrischen Räumen betreiben. Dazu braucht man die Möglichkeit, algebraische Operationen wie Additionen und skalare Multiplikationen auszuführen. Dies haben dadurch garantiert, dass wir nur Funktionen auf (endlichdimensionalen) Vektorräumen betrachtet haben. Andererseits haben wir auch gesehen, dass Linearisierungen und Ableitungen lokale Objekte sind, das heißt es genügt, wenn die Funktionen auf offenen Teilmengen von Vektorräumen definiert sind. Proposition 5.19 eröffnet daher die Möglichkeit, Lösungsmenge von nichtlinearen Gleichungen selbst wieder mit den Mitteln der Differenzialrechnung zu untersuchen, weil sie lokal als offene Teilmengen von (endlichdimensionen) Vektorräumen aufgefasst werden können. Diese Einsicht weist den Weg in die *Differenzialgeometrie*, wo man metrische Räume betrachtet, die lokal so aussehen wie offene Teilmengen von (endlichdimensionen) Vektorräumen.

5.3   Gewöhnliche Differenzialgleichungen erster Ordnung

Wir behalten die Konvention, dass $\mathbb{K}$ gleich $\mathbb{R}$ oder $\mathbb{C}$ ist, auch in diesem Abschnitt bei. Seien V und W endlichdimensionale $\mathbb{K}$-Vektorräume, $\Omega \subseteq V \times W$ eine offene Teilmenge und $F\colon \Omega \to \mathrm{Hom}_{\mathbb{K}}(V, W)$ eine Funktion. Eine *Differenzialgleichung erster Ordnung* ist ein Ausdruck der Form

$$y' = F(x, y). \tag{5.15}$$

Eine *Lösung* von (5.15) ist eine $\mathbb{K}$-differenzierbare Funktion $\varphi\colon U \to W$, die auf einer offenen Teilmenge $U \subseteq V$ definiert ist und folgende Eigenschaften hat:

(a) Der Graph von φ ist in Ω enthalten.
(b) Für alle $x \in U$ gilt: $\varphi'(x) = F\big(x, \varphi(x)\big)$.

Wenn die Punkte in W in einem mathematischen Modell beobachtbare Zustandsgrößen des Modells repräsentieren, zum Beispiel Temperaturen, Geschwindigkeiten oder Populationsdichten, und die Punkte in U Parameter des Modells sind, von denen die Zustandsgrößen abhängen können, zum Beispiel Ort oder Zeit, dann beschreiben Differenzialgleichungen erster Ordnung Zusammenhänge zwischen Zuständen eines Systems und Änderungsraten von Zuständen. Ein Modell für Bevölkerungswachstum könnte so zum Beispiel das Bevölkerungswachstum an die aktuellen Bevölkerungszahlen koppeln.

Mechanische Modelle, in denen Positionen und Geschwindigkeiten, aber auch Beschleunigungen eine Rolle spielen, können ebenfalls in dieser Form beschrieben werden: Die Geschwindigkeiten sind Änderungsraten der Positionen, die Beschleunigungen sind Änderungsraten der Geschwindigkeiten. In manchen Systemen, zum Beispiel bei einer schwingenden Spiralfeder, ist man wegen des Newtonschen Gesetzes „Kraft ist Masse mal Beschleunigung" nur an der Auslenkung, das heißt der Position, und der Beschleunigung, also der Änderungsrate der Änderungsrate der Position, interessiert. Man kann dann zweite Ableitungen einführen und Differenzialgleichungen höherer Ordnung betrachten. Zwingend ist das aber nicht, weil man ja trotzdem zusätzlich die Geschwindigkeit als zusätzliche Komponente betrachten und sich so mit der (ersten) Ableitung von vektorwertigen Funktionen begnügen kann.

Wenn V eindimensional ist, spricht man von *gewöhnlichen Differenzialgleichungen*, andernfalls von *partiellen Differenzialgleichungen*. In diesem Text beschäftigen wir uns ausschließlich mit der Frage nach der Lösbarkeit gewöhnlicher Differenzialgleichungen. Die Lösungstheorien partieller Differenzialgleichungen erfordern einen wesentlich höheren technischen Aufwand und sind trotzdem immer nur für spezielle Beispielklassen gültig.

Eine Differenzialgleichung zu lösen heißt, eine Funktion zu finden, über deren Ableitung man Informationen hat. Im einfachsten Fall bedeutet das, man kennt die Ableitung einer Funktion und möchte herausfinden, wie die Funktion selbst aussieht. Für $\mathbb{K} = \mathbb{R}$ ist der Schlüssel zur Lösung dieses Problems, der Hauptsatz der

Differenzial- und Integralrechnung. Dieser Satz besagt, dass für hinreichend schöne
Funktionen in einer reellen Variablen die Operationen Ableitung und Integration
in gewisser Weise zueinander invers sind. Der Hauptsatz ist in seiner einfachsten
Form, die für uns hier ausreichen wird, nicht schwer zu beweisen. Er ist aber keine
Trivialität. Insbesondere gibt es keine offensichtliche Verallgemeinerung in höheren
Dimensionen, obwohl man eine Vielzahl von wichtigen Resultaten gefunden hat,
die den Hauptsatz in unterschiedlichster Weise verallgemeinern. Auch komplexe
Analoga des Hauptsatzes erfordern erheblichen begrifflichen Zusatzaufwand. Wir
beschränken uns daher in diesem Abschnitt auf den reellen Fall.

Wenn man den Hauptsatz zur Verfügung hat, kann man die Ideen aus Abschn. 5.2
modifizieren und mithilfe des Banachschen Fixpunktprinzips den Satz von Picard-
Lindelöf beweisen, der die lokale Lösbarkeit von (5.15) für eindimensionales V
garantiert.

5.3.1 Der Hauptsatz der Differenzial- und Integralrechnung

Sei $I \subseteq \mathbb{R}$ ein Intervall mit den Endpunkten $a < b$, wobei auch $a = -\infty$ und $b = \infty$
zugelassen sind. Wenn $f: I \to \mathbb{R}$ bezüglich des Lebesgue-Maßes integrierbar ist,
dann gilt

$$\int_a^b f := \int_{[a,b]} f = \int_{[a,b[} f = \int_{]a,b]} f = \int_{]a,b[} f,$$

weil einzelne Punkte bezüglich des Lebesgue-Maßes Nullmengen sind. Wenn $a <
c < b$, dann ist f auch über $]a, c[$ und $]c, b[$ integrierbar und es gilt

$$\int_a^b f = \int_a^c f + \int_c^b f.$$

Als *zusätzliche Konvention* führen wir die Schreibweise

$$\int_b^a f := - \int_a^b f \tag{5.16}$$

ein.

Proposition 5.20 (Ableitung des Integrals) *Sei $I \subseteq \mathbb{R}$ ein Intervall, $f: I \to \mathbb{R}$
integrierbar über jedes kompakte Teilintervall von I, $c \in I$ und $F: I \to \mathbb{R}, x \mapsto
\int_c^x f$. Dann gilt*

(i) *Wenn f in $x_0 \in I$ rechts-stetig ist, das heißt,* $\lim_{0<h\to 0} f(x_0 + h) = f(x_0)$
erfüllt, dann gilt

$$\lim_{0<h\to 0} \frac{F(x_0 + h) - F(x_0)}{h} = f(x_0).$$

(ii) *Wenn f in $x_0 \in I$ links-stetig ist, das heißt, $\lim_{0>h\to 0} f(x_0 + h) = f(x_0)$ erfüllt, dann gilt*

$$\lim_{0>h\to 0} \frac{F(x_0 + h) - F(x_0)}{h} = f(x_0).$$

Insbesondere, wenn I offen ist und $f: I \to \mathbb{R}$ stetig, dann ist F differenzierbar mit $F' = f$.

Beweis Es reicht (i) zu zeigen, (ii) geht völlig analog. Nach Definition gilt

$$\frac{F(x_0 + h) - F(x_0)}{h} = \frac{\int_c^{x_0+h} f - \int_c^{x_0} f}{h} = \frac{1}{h}\int_{x_0}^{x_0+h} f. \qquad (5.17)$$

Nach Voraussetzung gibt es zu jedem $\varepsilon > 0$ ein $\delta > 0$ mit

$$\forall t \in \,]x_0, x_0 + \delta[\,: \quad f(x_0) - \varepsilon < f(t) < f(x_0) + \varepsilon.$$

Aber dann folgt für $0 \le h < \delta$

$$h(f(x_0) - \varepsilon) \le \int_{x_0}^{x_0+h} f \le h(f(x_0) + \varepsilon).$$

Mit (5.17) erhalten wir für $0 \le h < \delta$

$$f(x_0) - \varepsilon \le \frac{F(x_0 + h) - F(x_0)}{h} \le f(x_0) + \varepsilon.$$

Da $\varepsilon > 0$ beliebig war, folgt

$$\lim_{0<h\to 0} \frac{F(x_0 + h) - F(x_0)}{h} = f(x_0).$$

Für die letzte Behauptung muss man sich klarmachen, dass stetige Funktionen auf kompakten Intervallen immer integrierbar sind. Da stetige Funktionen automatisch messbar und auf kompakten Intervallen beschränkt sind, folgt dies zum Beispiel aus Lemma 4.45. $\qquad\square$

Mit Proposition 5.20 hat man gezeigt, dass jede stetige Funktion $f: I \to \mathbb{R}$ auf einem Intervall eine *Stammfunktion $F: I \to \mathbb{R}$* hat. Das bedeutet, F ist eine stetige Funktion, die auf dem Inneren von I differenzierbar ist und dort die Ableitung f hat. Zum Hauptsatz der Differenzial- und Integralrechnung fehlt noch die Aussage, dass jede Stammfunktion bis auf eine Konstante so gewonnen wird wie im Beweis von Proposition 5.20. Der Nachweis dieser Eindeutigkeitsaussage bedarf einer gewissen Vorbereitung. Man beweist dazu den Mittelwertsatz, der wiederum auf der Einsicht fußt, dass differenzierbare Funktionsgraphen an *Extremstellen* (Maxima oder Minima) horizontale Tangenten haben.

Proposition 5.21 (**Ableitung in Extremstellen**) *Sei $f:]a, b[\to \mathbb{R}$ differenzierbar. Wenn f in $x_0 \in]a, b[$ ein Extremum hat, dann gilt $f'(x_0) = 0$.*

Beweis Wir beweisen die Behauptung für den Fall, dass f sein Minimum in x_0 hat, das heißt $f(x_0) = \inf\{f(x) \mid x \in]a, b[\}$. Der andere Fall geht ganz analog.

Es gilt $f(x_0 + h) - f(x_0) \geq 0$ für alle h mit $x_0 + h \in]a, b[$, also $\frac{f(x_0+h)-f(x_0)}{h} \leq 0$ für $h < 0$ und $\frac{f(x_0+h)-f(x_0)}{h} \geq 0$ für $h > 0$. Weil aber der Grenzwert

$$f'(x_0) = \lim_{h \to 0} \frac{f(x_0 + h) - f(x_0)}{h}$$

existiert, muss er gleich Null sein. $\qquad\square$

Proposition 5.21 lässt sich sofort auf Funktionen in mehreren Variablen verallgemeinern.

Proposition 5.22 (**Kritische Punkte und lokale Extrema**) *Sei V ein endlichdimensionaler $\mathbb{R}$-Vektorraum und $U \subseteq V$ offen. Wenn eine $\mathbb{R}$-differenzierbare Funktion $f: U \to \mathbb{R}$ in $x \in U$ ein lokales Extremum hat, dann ist x ein* kritischer Punkt, *das heißt es gilt $f'(x) = 0$.*

Beweis Für jedes $v \in V$ gibt es ein $\varepsilon > 0$ so, dass die Funktion $\varphi_v:]-\varepsilon, \varepsilon[\to \mathbb{R}$, $t \mapsto f(x + tv)$ wohldefiniert und in 0 differenzierbar ist. Nach Voraussetzung hat sie ein lokales Extremum in 0, also gilt mit Proposition 5.21, dass $f'(x)(v) = \varphi_v'(0) = 0$. $\qquad\square$

Insbesondere sieht man mit Proposition 5.21, dass eine stetige Funktion auf einem kompakten Intervall $[a, b]$, die auf $]a, b[$ differenzierbar ist, ihre Extremwerte entweder an den Randpunkten des Intervalls oder aber an den Nullstellen der Ableitung annimmt.

Satz 5.23 (**Mittelwertsatz**) *Sei $f: [a, b] \to \mathbb{R}$ stetig und differenzierbar im offenen Intervall $]a, b[$. Dann gibt es ein $x_0 \in]a, b[$ mit $f'(x_0) = \frac{f(b)-f(a)}{b-a}$.*

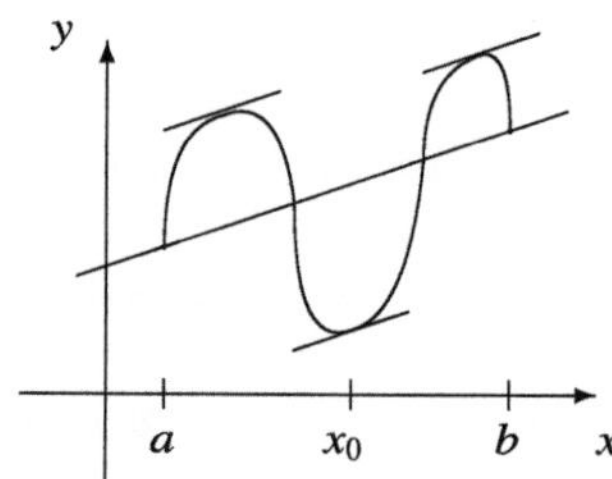

Beweis Die Hilfsfunktion

$$\Phi \colon [a, b] \to \mathbb{R}, \quad x \mapsto f(x) - \frac{f(b) - f(a)}{b - a}(x - a)$$

ist stetig auf $[a, b]$ und differenzierbar auf $]a, b[$ mit Ableitung $\Phi'(x) = f'(x) - \frac{f(b) - f(a)}{b - a}$. Also hat Φ nach Satz 3.49 sowohl ein Maximum als auch ein Minimum auf dem kompakten Intervall $[a, b]$. Das heißt, es gibt ein $x_{\max} \in [a, b]$ mit $\Phi(x_{\max}) = \sup\{\Phi(x) \mid x \in [a, b]\}$ und ein $x_{\min} \in [a, b]$ mit $\Phi(x_{\min}) = \inf\{\Phi(x) \mid x \in [a, b]\}$. Wegen $\Phi(a) = \Phi(b)$ können $x_{\min}$ und $x_{\max}$ nur dann beide auf dem Rand des Intervalls liegen, wenn Φ konstant ist, das heißt wenn $\Phi(x) = \Phi(a)$ für alle $x \in [a, b]$ gilt. Dann ist aber $\Phi'(x) = 0$ für alle $x \in]a, b[$. Zusammen mit Proposition 5.21 finden wir also mindestens ein $x_0 \in]a, b[$ mit $\Phi'(x_0) = 0$. Weil aber

$$\Phi'(x_0) = f'(x_0) - \frac{f(b) - f(a)}{b - a},$$

zeigt dies gerade die Behauptung.   □

Korollar 5.24 (Stetige Funktionen mit identischer Ableitung) *Sei $I \subseteq \mathbb{R}$ ein Intervall und $f \colon I \to \mathbb{R}$ stetig. Wenn f auf dem Inneren I° von I differenzierbar ist mit $f'(x) = 0$ für alle $x \in I^\circ$, dann ist f konstant auf I. Insbesondere unterscheiden sich zwei differenzierbare Funktionen mit identischen Ableitungen auf einem Intervall nur durch eine Konstante.*

Beweis Seien $x_1 < x_2$ in I. Dann existiert nach dem Mittelwertsatz 5.23 ein $x_0 \in]x_1, x_2[$ mit

$$0 = f'(x_0) = \frac{f(x_2) - f(x_1)}{x_2 - x_1},$$

was $f(x_1) = f(x_2)$ zur Folge hat. Damit ist die erste Behauptung bewiesen. Die zweite folgt, indem man die erste auf die Differenz der beiden Funktionen anwendet.
                                                                           □

Satz 5.25 (Hauptsatz der Differenzial- und Integralrechnung) *Sei I ein offenes Intervall sowie $f \colon I \to \mathbb{R}$ stetig. Seien $a, b \in I$ und $F \colon I \to \mathbb{R}$ eine Stammfunktion von f. Dann ist f über $[a, b]$ integrierbar und es gilt*

$$\int_a^b f = F(b) - F(a).$$

Beweis Sei $a' < a, b < b'$ mit $[a', b'] \subseteq I$. Da $[a', b']$ endliches Maß hat und $f|_{[a', b']}$ als stetige Funktion auf einer kompakten Menge beschränkt ist, ist f über $[a', b']$ integrierbar. Nach Proposition 5.20 ist für $c \in]a', b'[$ die Funktion

$$G \colon]a', b'[\to \mathbb{R}, \quad x \mapsto \int_c^x f$$

eine Stammfunktion von f. Nach Korollar 5.24 gibt es ein $K \in \mathbb{R}$ mit $F(x) = G(x) + K$ für alle $x \in {]}a', b'{[}$ und wir erhalten

$$\int_a^b f = \int_a^c f + \int_c^b f = -G(a) + G(b) = F(b) - F(a).$$

$\square$

Der Hauptsatz 5.25 erlaubt es, Regeln für Ableitungen in Regeln für Integrale umzumünzen. Wenn zum Beispiel f und g stetig differenzierbare Funktionen auf einem offenen Intervall I sind, dann gilt für $a, x \in I$

$$\int_a^x f(t)g'(t)\,\mathrm{d}t = \big(f(x)g(x) - f(a)g(a)\big) - \int_a^x f'(t)g(t)\,\mathrm{d}t \qquad (5.18)$$

wie man leicht aus der Produktregel 5.7 ableitet. Die Formel (5.18) heißt *partielle Integration*.

Sei jetzt $g \colon {]}a, b{[} \to {]}c, d{[}$ eine differenzierbare Funktion. Wenn $f \colon {]}c, d{[} \to \mathbb{R}$ eine Stammfunktion $F \colon {]}c, d{[} \to \mathbb{R}$ mit $F(y_0) = 0$ für $y_0 = g(x_0)$ hat, dann ist $F \circ g$ nach der Kettenregel in Satz 5.6 eine Stammfunktion von $(f \circ g)g' \colon {]}a, b{[} \to \mathbb{R}$, das heißt,

$$\int_{x_0}^x f\big(g(t)\big)g'(t)\,\mathrm{d}t = F\big(g(x)\big) - F\big(g(x_0)\big) = \int_{g(x_0)}^{g(x)} f(s)\,\mathrm{d}s. \qquad (5.19)$$

Umgekehrt, wenn $(f \circ g)g' \colon {]}a, b{[} \to \mathbb{R}$ eine Stammfunktion $H \colon {]}a, b{[} \to \mathbb{R}$ hat und g eine differenzierbare Umkehrfunktion $g^{-1} \colon {]}c, d{[} \to {]}a, b{[}$, dann rechnet man mit der Kettenregel und Satz 5.17

$$(H \circ g^{-1})'(y) = H'\big(g^{-1}(y)\big)(g^{-1})'(y) = f(y)g'\big(g^{-1}(y)\big)\frac{1}{g'\big(g^{-1}(y)\big)} = f(y),$$

also ist $H \circ g^{-1}$ eine Stammfunktion von f, das heißt,

$$\int_{y_0}^y f(s)\,\mathrm{d}s = H\big(g^{-1}(y)\big) - H\big(g^{-1}(y_0)\big) = \int_{g^{-1}(y_0)}^{g^{-1}(y)} f\big(g(t)\big)g'(t)\,\mathrm{d}t. \qquad (5.20)$$

Mit $g(x) = y$ und $g(x_0) = y_0$ geht Formel (5.19) in Formel (5.20) über. Man nennt die beiden Formeln auch die *Substitutionsregel*.

5.3.2 Der Satz von Picard-Lindelöf

Wie in der Einleitung zu diesem Abschnitt angekündigt, erlaubt uns der Hauptsatz 5.25 den Einsatz des Banachschen Fixpunktprinzips zum Nachweis der Lösbarkeit der Differenzialgleichung (5.15). Ähnlich wie im Falle der nichtlinearen Gl. (5.3) geht das nicht ohne Zusatzbedingungen an die Funktion F, die die Kontraktionseigenschaft sicherstellen. Außerdem liefert die Methode auch hier nur lokale Lösungen. Andererseits ist der so gewonnene Satz sehr allgemein und leicht anwendbar, weil seine Voraussetzungen in der Regel leicht zu überprüfen sind.

Satz 5.26 (Picard-Lindelöf) *Sei $U \subseteq \mathbb{R}^n$ offen und I ein offenes Intervall. Wenn eine stetige Funktion $f\colon I \times U \to \mathbb{R}^n$ die Bedingung*

$$\forall y_1, y_2 \in U, x \in I : \quad \|f(x, y_1) - f(x, y_2)\| \le L \|y_1 - y_2\| \qquad (5.21)$$

erfüllt, wobei $\|\cdot\|$ eine Norm auf $\mathbb{R}^n$ ist und L eine positive Konstante, dann gibt es zu jedem $(x_0, y_0) \in I \times U$, jedem hinreichend kleinen $\varepsilon > 0$ und jedem $z \in U$ mit $\|z - y_0\| < \varepsilon$ genau eine Lösung $\varphi_z\colon\,]x_0 - \varepsilon, x_0 + \varepsilon[\, \to \mathbb{R}^n$ von $y' = f(x, y)$ mit $\varphi_z(x_0) = z$. Genauer: es gibt eine stetige Funktion

$$\psi\colon \bigl\{z \in U \mid \|z - y_0\| < \varepsilon\bigr\} \times\,]x_0 - \varepsilon, x_0 + \varepsilon[\, \to \mathbb{R}^n,$$

für die gilt

$$\forall (z, x) \in \bigl\{y \in U \mid \|y - y_0\| < \varepsilon\bigr\} \times\,]x_0 - \varepsilon, x_0 + \varepsilon[: \quad \varphi_z(x) = \psi(z, x),$$

das heißt die Lösungen hängen stetig von den Anfangswerten ab.

Beweis Wenn $\varphi_z\colon I \to \mathbb{R}^n$ eine Lösung von $y' = f(x, y)$ mit $\varphi_z(x_0) = z$ ist, dann folgt durch Integration von $\varphi_z'(x) = f(x, \varphi_z(x))$, dass

$$\varphi_z(x) = z + \int_{x_0}^{x} f(t, \varphi_z(t))\, \mathrm{d}t \qquad (5.22)$$

und umgekehrt folgt aus (5.22) auch $\varphi_z'(x) = f(x, \varphi_z(x))$. Wenn man jetzt eine Menge M von Funktionen $\psi\colon U \times I \to \mathbb{R}^n$ hat, die unter

$$(T\psi)(z, x) = z + \int_{x_0}^{x} f(t, \psi(z, t))\, \mathrm{d}t \qquad (5.23)$$

invariant ist, dann liefern die Fixpunkte ψ von $T\colon M \to M$ die Kandidaten für Lösungen φ_z von $y' = f(x, y)$ mit Anfangswert $\varphi_z(x_0) = z$ via $\varphi_z(x) = \psi(z, x)$. Um den Banachschen Fixpunktsatz 3.30 einsetzen zu können, ist also M so zu bestimmen, dass es zusammen mit einer Metrik d ein vollständiger metrischer Raum wird, auf dem T *strikt kontrahierend* wirkt, das heißt, es existiert eine Konstante $q \in [0, 1[$ mit $d(T\psi_1, T\psi_2) \le q\, d(\psi_1, \psi_2)$.

1. Schritt: Konstruktion von (M, d).

Wegen der Stetigkeit von f gibt es ein $r > 0$ mit $I_r :=]x_0 - r, x_0 + r[\subseteq I$ und $\overline{B}(y_0; r) := \{z \in \mathbb{R}^n \mid \|z - y_0\| \leq r\} \subseteq U$ sowie

$$\forall (x, y) \in I_r \times \overline{B}(y_0; r) : \quad \|f(x, y) - f(x_0, y_0)\| \leq 1.$$

Also gibt es ein $c > 0$ (man kann z. B. $c = \|f(x_0, y_0)\| + 1$ wählen) mit

$$\forall (x, y) \in I_r \times \overline{B}(y_0; r) : \quad \|f(x, y)\| \leq c.$$

Wähle $\varepsilon > 0$ so klein, dass

$$\varepsilon < \min\left\{\frac{r}{2}, \frac{r}{2c}, \frac{1}{2L}\right\}.$$

Jetzt setzen wir

$$M := \{\psi : \overline{B}(y_0; \varepsilon) \times I_\varepsilon \to \overline{B}(y_0; r) \mid \psi \text{ stetig und}$$
$$(\forall z \in \overline{B}(y_0; \varepsilon) : \psi(z, x_0) = z)\}.$$

Auf M definieren wir die Metrik

$$d(\psi_1, \psi_2) := \sup\left\{\|\psi_1(z, x) - \psi_2(z, x)\| \mid (z, x) \in \overline{B}(y_0; \varepsilon) \times I_\varepsilon\right\},$$

die M zu einem vollständigen metrischen Raum macht. Dabei ist es leicht zu überprüfen, dass d eine Metrik ist. Für die Vollständigkeit stellt man zunächst fest, dass jede d-Cauchy-Folge $(\psi_n)_{n \in \mathbb{N}}$ punktweise gegen eine Funktion ψ konvergiert, weil die $(\psi_n(z, x))_{n \in \mathbb{N}}$ für festes (z, x) jeweils d_B-Cauchy-Folgen werden, wenn d_B eine Metrik auf $\overline{B}(y_0; \varepsilon)$ ist. Dann schließt man mithilfe der Dreiecksungleichung, dass die Konvergenz gleichmäßig ist. Mit Proposition 5.13 folgt dann die Stetigkeit von ψ.

2. Schritt: Verifikation der Voraussetzungen des Banachschen Fixpunktsatzes.

Wir zeigen jetzt zwei Aussagen:

(1) Mit ψ ist auch die durch (5.23) definierte Funktion $T\psi$ in M.
(2) Die Abbildung $T : M \to M$ ist strikt kontrahierend.

Klar ist zunächst, dass $T\psi : B(y_0; \varepsilon) \times I_\varepsilon \to \mathbb{R}^n$ die Gleichung $T\psi(z, x_0) = z$ erfüllt. Weiter gilt

$$\|T\psi(z, x) - z\| = \|T\psi(z, x) - T\psi(z, x_0)\| \leq \left| \int_{x_0}^{x} \|f(t, \psi(z, t))\| \, dt \right|$$
$$\leq c|x - x_0| \leq \frac{r}{2},$$

was wegen $\|z - y_0\| < \frac{r}{2}$ die erste Behauptung beweist, wenn wir nachweisen können, dass $T\psi$ stetig ist. Dazu rechnen wir

$$\|T\psi(z, x) - T\psi(\bar{z}, \bar{x})\| =$$

$$= \left\| z - \bar{z} + \int_{x_0}^{x} f(t, \psi(z))\, \mathrm{d}t - \int_{x_0}^{\bar{x}} f(t, \psi(\bar{z}))\, \mathrm{d}t \right\|$$

$$= \left\| z - \bar{z} + \int_{x_0}^{x} (f(t, \psi(z)) - f(t, \psi(\bar{z})))\, \mathrm{d}t - \int_{x}^{\bar{x}} f(t, \psi(\bar{z}))\, \mathrm{d}t \right\|$$

$$\leq \|z - \bar{z}\| + \left| \int_{x_0}^{x} \|f(t, \psi(z, t)) - f(t, \psi(\bar{z}, t))\|\, \mathrm{d}t \right|$$

$$+ \left| \int_{x}^{\bar{x}} \|f(t, \psi(\bar{z}, t))\|\, \mathrm{d}t \right|.$$

Die letzte Zeile wird beliebig klein für z nahe an $\bar{z}$ und x nahe an $\bar{x}$, weil $f(t, \psi(z, t))$ für $z \to \bar{z}$ gleichmäßig in $t \in [x_0, x]$ gegen $f(t, \psi(\bar{z}, t))$ konvergiert und für $t \in [x, \bar{x}]$ beschränkt bleibt. Also ist $T\psi$ in der Tat stetig und (1) bewiesen.

Für die zweite Behauptung rechnen wir

$$\|T\psi_1(z, x) - T\psi_2(z, x)\| \leq \left| \int_{x_0}^{x} \|f(t, \psi_1(z, t)) - f(t, \psi_2(z, t))\|\, \mathrm{d}t \right|$$

$$\leq L \left| \int_{x_0}^{x} \|\psi_1(z, t) - \psi_2(z, t)\|\, \mathrm{d}t \right|$$

$$\leq L\varepsilon d(\psi_1, \psi_2) \leq \frac{1}{2} d(\psi_1, \psi_2)$$

und das zeigt (2).

3. Schritt: Existenz der Lösungen.

Mit (1) und (2) sehen wir, dass man Satz 3.30 auf $T: M \to M$ anwenden kann und erhalten so einen eindeutig bestimmten T-Fixpunkt $\psi \in M$. Wenn also $z \in B(y_0; \varepsilon)$, dann ist $\varphi_z : I_\varepsilon \to \mathbb{R}^n$, $x \mapsto \psi(z, x)$ eine Lösung von $y' = f(x, y)$ mit $\varphi_z(x_0) = z$, weil

$$\forall x \in I_\varepsilon : \quad (x, \varphi_z(x)) = (x, \psi(z, x)) \in I \times U.$$

Damit haben wir die Existenz von Lösungen der geforderten Art gezeigt.

4. Schritt: Eindeutigkeit der Lösungen.

Wir müssen nachweisen, dass für zwei Lösungen $\varphi_1, \varphi_2 : I \to \mathbb{R}^n$ mit $\varphi_1(x_0) = \varphi_2(x_0)$ von $y' = f(x, y)$ gilt $\varphi_1 = \varphi_2$. Dazu wählen wir ein $\varepsilon' > 0$ mit $\varphi_1(I_{\varepsilon'}) \cup \varphi_2(I_{\varepsilon'}) \subseteq U$. Dann liefert die Abschätzung

$$\|\varphi_1(\bar{x}) - \varphi_2(\bar{x})\| \leq L \int_{x_0}^{\bar{x}} \|\varphi_1(t) - \varphi_2(t)\|\, \mathrm{d}t$$

für $\bar{x} \in I$ mit $|\bar{x} - x_0| \le |x - x_0| \le \varepsilon'$ die Ungleichungen

$$\|\varphi_1(\bar{x}) - \varphi_2(\bar{x})\| \le L|\bar{x} - x_0|\Delta(\bar{x}) \le L|x - x_0|\Delta(x),$$

wobei $\Delta(x) := \sup\left\{\|\varphi_1(t) - \varphi_2(t)\| \,\middle|\, |t - x_0| \le |x - x_0|\right\}$. Insbesondere finden wir

$$0 \le \Delta(x) \le L|x - x_0|\Delta(x)$$

und dies impliziert

$$\forall |x - x_0| \le \min\{\varepsilon', \tfrac{1}{2L}\} : \quad \varphi_1(x) - \varphi_2(x) = \Delta(x) = 0.$$

Damit stimmen φ_1 und φ_2 auf einer kleinen Umgebung von x_0 in I überein. Das maximale Teilintervall $J \subseteq I$, das x_0 enthält und $\varphi_1(t) = \varphi_2(t)$ für alle $t \in J$ erfüllt, ist abgeschlossen, weil φ_1 und φ_2 stetig sind. Wenn $J = [a, b]$ echt kleiner ist als I, wendet man das obige Argument auf a bzw. b statt x_0 an. Dann stimmen φ_1 und φ_2 auch auf einer Umgebung von a bzw. b überein und dieser Widerspruch zur Maximalität von J schließt den Beweis ab.

$$\square$$

Abschließend betrachten wir noch ein Beispiel, das zeigt, dass man in Satz 5.26 nicht auf die Bedingung (5.21) verzichten kann.

Beispiel 5.27 *(Nichteindeutigkeit der Lösung)* Die durch $f : \mathbb{R}^2 \to \mathbb{R}$, $f(x, y) = y^{\frac{2}{3}} = \left(\sqrt[3]{y}\right)^2$ gegebene Differenzialgleichung $y' = f(x, y)$ wird von $\varphi_0(x) = 0$ gelöst. Für jedes $a \in \mathbb{R}$ erhalten wir eine weitere Lösung durch

$$\psi_a(x) = \frac{1}{27}(x - a)^3,$$

denn $\psi_a'(x) = \frac{1}{9}(x - a)^2 = \left(\frac{1}{3}(x - a)\right)^2 = \psi_a(x)^{2/3}$. Für jedes $a \in \mathbb{R}$ sind φ_0 und ψ_a also zwei verschiedene Lösungen, die in dem Punkt a übereinstimmen, denn es gilt $\varphi_0(a) = 0 = \psi_a(a)$. Man kann durch Zusammensetzen aus den ψ_a sogar noch weitere Lösungen konstruieren: Für $a < b$ lösen auch die Funktionen

$$\psi_{a,b}(x) := \begin{cases} \psi_a(x), & x \le a \\ 0, & a < x < b \\ \psi_b(x), & x \ge b \end{cases}$$

die Differenzialgleichung (siehe Abb. 5.4). Sie sind alle stetig differenzierbar.

Beachte, dass die Funktion f für $y_0 = 0$ die Bedingung (5.21) nicht erfüllt. In der Tat ist

$$\frac{f(0, y) - f(0, 0)}{y - 0} = y^{-\frac{1}{3}}$$

für y in einer Umgebung von 0 nicht beschränkt.

$$\square$$

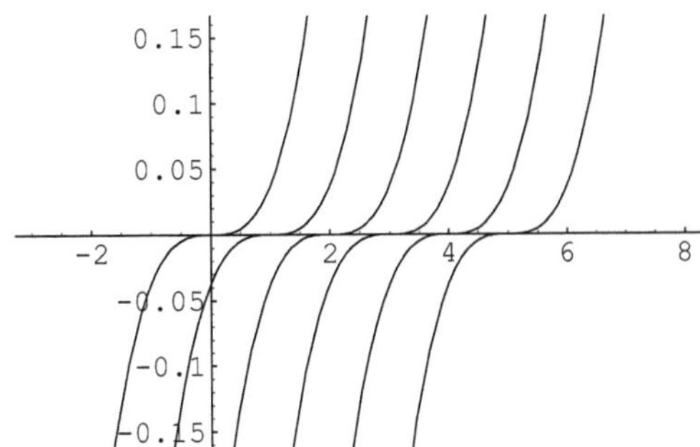

Abb. 5.4 Nichteindeutige Lösungen von $y' = y^{\frac{2}{3}}$

5.4 Höhere Ableitungen

Wie in den vorherigen Abschnitten sei $\mathbb{K}$ auch in diesem Abschnitt immer $\mathbb{R}$ oder $\mathbb{C}$. Die Ableitung einer $\mathbb{K}$-differenzierbaren Funktion $f\colon U \to W$ mit V, W zwei endlichdimensionalen $\mathbb{K}$-Vektorräumen und einer offenen Teilmenge $U \subseteq V$ ist eine Funktion $f'\colon U \to \mathrm{Hom}_{\mathbb{K}}(V, W)$. Da auch $\mathrm{Hom}_{\mathbb{K}}(V, W)$ ein endlichdimensionaler $\mathbb{K}$-Vektorraum ist, drängt sich der Gedanke nach Iteration des Verfahrens förmlich auf. Geometrisch bedeutet das, die Ableitung als Funktion zu linearisieren und man kann erwarten, dass man durch diesen Prozess über die Ableitung ebenso Informationen gewinnen kann, wie man mit der Ableitung Information über die ursprüngliche Funktionen gewinnen konnte. Weniger offensichtlich ist Antwort auf die Frage nach der geometrischen Bedeutung der zweiten Ableitung, das heißt der Ableitung der Ableitung, für die ursprügliche Funktion. Es stellt sich heraus, dass sie eine Verfeinerung der linearen Approximation liefert, die es zum Beispiel erlaubt, bei Extremwerten $\mathbb{R}$-wertiger Funktionen zu entscheiden, ob es sich um ein Minimum oder ein Maximum handelt. Weitere Ableitungen, so sie existieren, liefern immer feinere Approximationen durch polynomiale Abbildungen. In günstigen Fällen kann man diese polynomialen Approximationen dazu benutzen, nichtlineare algebraische Gleichungen oder Differenzialgleichungen auf lineare Gleichungssysteme für die Koeffizienten der approximierenden Polynome zurückzuführen und zu lösen.

Definition 5.28 (Zweite Ableitung) Seien V und W endlichdimensionale $\mathbb{K}$-Vektorräume sowie $U \subseteq V$ eine offene Teilmenge. Eine Abbildung $f\colon U \to W$ heißt *zweimal differenzierbar* im Punkt $x \in U$, wenn es eine offene Umgebung U_0 von x in V gibt, für die $f|_{U_0}\colon U_0 \to W$ differenzierbar ist und $f'\colon U_0 \to \mathrm{Hom}_{\mathbb{R}}(V, W)$ differenzierbar in x. Die Ableitung von f' in x heißt die *zweite Ableitung* von f in x und wird mit $f''(x)$ bezeichnet. Beachte, dass $f''(x) \in \mathrm{Hom}_{\mathbb{K}}(V, \mathrm{Hom}_{\mathbb{K}}(V, W))$. $\square$

Das Bilden höherer Ableitungen ist nicht nur ein automatisches Iterieren der schon bekannten Prozesse. Die Wertebereiche der höheren Ableitungen, die durch Iteration als ineinander geschachtelte Räume von linearen Abbildungen erscheinen, lassen sich in einfacherer Weise als sogenannte multilineare Abbildungen beschreiben. Außerdem stellt man an den höheren Ableitungen zusätzliche Symmetrieeigenschaften fest, für die es a priori keinen Grund gibt, die aber das weitere Vorgehen erheblich erleichtern. Diese Phänomene lassen sich schon bei der zweiten Ableitung beobachten, für die man zunächst auf bilineare Abbildungen stößt. Symmetrie lässt sich in diesem Fall wie für skalarwertige Bilinearformen definieren. Sie wird durch ein nichttriviales Resultat von H. A. Schwarz (1843–1921) garantiert.

5.4.1   Der Satz von Schwarz

Seien $(V_1, \| \cdot \|_1)$, $(V_2, \| \cdot \|_2)$ und $(W, \| \cdot \|_W)$ endlichdimensionale normierte $\mathbb{K}$-Vektorräume. Wir bezeichnen den $\mathbb{K}$-Vektorraum aller $\mathbb{K}$-*bilinearen Abbildungen* $V_1 \times V_2 \to W$ mit $L(V_1, V_2; W)$. Wenn $V := V_1 = V_2$, dann schreiben wir einfach $L_2(V; W)$. Betrachte die Abbildung

$$\Phi \colon \operatorname{Hom}_{\mathbb{K}}(V_1, \operatorname{Hom}_{\mathbb{K}}(V_2, W)) \to L(V_1, V_2; W), \quad \varphi \mapsto \big((v_1, v_2) \mapsto \varphi(v_1)(v_2)\big).$$

Man verifiziert sofort, dass Φ $\mathbb{K}$-linear ist. Weiter stellt man fest, dass Φ bijektiv mit Umkehrabbildung

$$\Phi^{-1} \colon L(V_1, V_2; W) \to \operatorname{Hom}_{\mathbb{K}}(V_1, \operatorname{Hom}_{\mathbb{K}}(V_2, W)), \quad \beta \mapsto \hat{\beta}$$

ist, wobei $\hat{\beta}$ wie im Beweis von Lemma 5.3 durch $\hat{\beta}(v_1)(v_2) = \beta(v_1, v_2)$ gegeben ist. Also ist Φ ein Isomorphismus von $\mathbb{K}$-Vektorräumen, den man dazu benutzen kann, die Operatornorm von $\operatorname{Hom}_{\mathbb{K}}(V_1, \operatorname{Hom}_{\mathbb{K}}(V_2, W))$ auf $L(V_1, V_2; W)$ zu übertragen:

$$\|\mu\|_{\mathrm{op}} := \|\Phi^{-1}(\mu)\|_{\mathrm{op}}. \tag{5.24}$$

Es gilt dann (vgl. Lemma 5.3)

$$\|\beta\|_{\mathrm{op}} = \sup_{\|v_1\|_1 \le 1} \big\| \hat{\beta}(v_1) \big\|_{\mathrm{op}} = \sup_{\|v_1\|_1 \le 1} \left(\sup_{\|v_2\|_2 \le 1} \big\| (\hat{\beta}(v_1))(v_2) \big\|_W \right)$$
$$= \sup \big\{ \|\beta(v_1, v_2)\|_W \mid \|v_1\|_1, \|v_2\|_2 \le 1 \big\}.$$

Wir können also die normierten Räume $\operatorname{Hom}_{\mathbb{K}}(V_1, \operatorname{Hom}_{\mathbb{K}}(V_2, W))$ und $L(V_1, V_2; W)$ miteinander identifizieren. Insbesondere betrachten wir die zweite Ableitung einer Funktion $f \colon U \to W$ in x als Element von $L_2(V; W)$ und schreiben

$$f''(x)(v_1, v_2) := \big((f''(x))(v_1)\big)(v_2).$$

Unser nächstes Ziel ist die oben angedeutete Symmetrieeigenschaft der zweiten Ableitung: Wir wollen zeigen, dass die zweite Ableitung immer Werte in den symmetrischen bilinearen Abbildungen hat, das heißt $f''(x)(v_1, v_2) = f''(x)(v_2, v_1)$.

Dieses Resultat beruht auf einer Variante des Mittelwertsatzes in höherer Dimension. Wir beginnen damit, vektorwertige Funktionen in einer reellen Variablen zu betrachten.

Lemma 5.29 (Mittelwertsatz für vektorwertige Funktionen) *Sei $(W, \|\cdot\|_W)$ ein endlichdimensionaler normierter $\mathbb{R}$-Vektorraum, $[a, b] \subseteq \mathbb{R}$ ein kompaktes Intervall sowie $f: [a, b] \to W$ eine stetige Abbildung, die auf $]a, b[$ $\mathbb{R}$-differenzierbar ist. Wenn*

$$\forall x \in \,]a, b[\; : \quad \|f'(x)\|_{\mathrm{op}} \leq M,$$

dann gilt

$$\|f(b) - f(a)\|_W \leq M(b - a).$$

Beweis Wir zeigen, dass für jedes $\varepsilon > 0$ und jedes $\bar{a} \in \,]a, b[$ gilt

$$\|f(b) - f(\bar{a})\|_W \leq M(b - \bar{a}) + \varepsilon(b - \bar{a}). \tag{5.25}$$

Betrachte dazu die Menge

$$X := \left\{ x \in [\bar{a}, b] \mid \forall y \in [\bar{a}, x] : \|f(y) - f(\bar{a})\|_W \leq M(y - \bar{a}) + \varepsilon(y - \bar{a}) \right\},$$

die wegen der Stetigkeit von f nach Proposition 3.43 abgeschlossen ist. Es gilt $\bar{a} \in X$, das heißt $X \neq \emptyset$, und wir setzen $c := \sup X \in [a, b]$. Wir wollen zeigen, dass $c = b$.

Wenn $c < b$, dann finden wir nach Voraussetzung ein $\delta > 0$ mit

$$\forall z \in [c, c + \delta] \; : \quad \|f(z) - f(c) - f'(c)(z - c)\|_W \leq \varepsilon(z - c).$$

Für solche z rechnen wir mit Beispiel 3.66 und $c \in X$

$$\begin{aligned}
\|f(z) - f(\bar{a})\|_W &\leq \|f(z) - f(c)\|_W + \|f(c) - f(\bar{a})\|_W \\
&\leq \|f(z) - f(c) - f'(c)(z - c)\|_W + \|f'(c)(z - c)\|_W \\
&\quad + \|f(c) - f(\bar{a})\|_W \\
&\leq \varepsilon(z - c) + M(z - c) + M(c - \bar{a}) + \varepsilon(c - \bar{a}) \\
&= M(z - \bar{a}) + \varepsilon(z - \bar{a}),
\end{aligned}$$

was $c + \delta \in X$ zeigt. Dieser Widerspruch zur Konstruktion von c beweist, dass $c = b$ ist. Damit ist die Ungleichung (5.25) gezeigt und man kann $\bar{a}$ gegen a konvergieren lassen, um die Ungleichung

$$\|f(b) - f(a)\|_W \leq M(b - a) + \varepsilon(b - a)$$

zu erhalten. Schließlich betrachtet man den Grenzwert für $\varepsilon \to 0$, der dann

$$\|f(b) - f(a)\|_W \leq M(b - a)$$

liefert. $\qquad\square$

Wir bemerken, dass in der Situation von Lemma 5.29 die Ableitung $f'(x)$ in $\operatorname{Hom}_{\mathbb{R}}(\mathbb{R}, W) \cong W$ liegt und mit dieser Identifikation die Operatornorm in die Norm auf W übergeht. Der nächste Schritt ist, Funktionen zwischen beliebigen $\mathbb{K}$-Vektorräumen zu betrachten.

Proposition 5.30 (Mittelwertsatz) *Seien* $(V, \|\cdot\|_V)$ *und* $(W, \|\cdot\|_W)$ *zwei endlich-dimensionale normierte* $\mathbb{K}$-*Vektorräume,* $U \subseteq V$ *eine offene Teilmenge und* $f : U \to W$ *eine* $\mathbb{K}$-*differenzierbare Abbildung. Seien* $x, y \in V$ *mit* $S := \{x + t(y - x) \mid t \in [0, 1]\} \subseteq U$.

(i) *Wenn* $\|f'(z)\|_{\mathrm{op}} \leq M$ *für alle* $z \in S$, *dann gilt*

$$\|f(y) - f(x)\|_W \leq M\|y - x\|_V.$$

(ii) *Für alle* $z \in S$ *gilt*

$$\|f(y) - f(x) - f'(z)(y - x)\|_W \leq \|y - x\|_V \sup_{\xi \in S} \|f'(\xi) - f'(z)\|_{\mathrm{op}}.$$

Beweis

(i) Wir betrachten die Funktion $g : [0, 1] \to W$, $t \mapsto f(x + t(y - x))$, die auf $]0, 1[$ $\mathbb{R}$-differenzierbar ist. Nach der Kettenregel 5.6 gilt $g'(t) = f'(x + t(y - x))(y - x)$. Also haben wir

$$\|g'(t)\|_W \leq \|f'(x + t(y - x))\|_{\mathrm{op}}\|y - x\|_V \leq M\|y - x\|_V$$

und Lemma 5.29 liefert, dass

$$\|f(y) - f(x)\|_W = \|g(1) - g(0)\|_W \leq M\|y - x\|_V(1 - 0) = M\|y - x\|_V.$$

(ii) Wir halten $z \in S$ fest und wenden (i) auf die Funktion

$$g : U \to W, \quad \xi \mapsto f(\xi) - f'(z)\xi$$

an, die differenzierbar mit $g'(\xi) = f'(\xi) - f'(z)$ ist.

$\square$

Satz 5.31 (Schwarz) *Seien* $(V, \|\cdot\|_V)$ *und* $(W, \|\cdot\|_W)$ *endlichdimensionale normierte* $\mathbb{K}$-*Vektorräume und* $U \subseteq V$ *eine offene Teilmenge. Wenn* $f : U \to W$ *in* $x \in U$ *zweimal* $\mathbb{K}$-*differenzierbar ist, dann ist* $f''(x)$ *symmetrisch, das heißt*

$$\forall v_1, v_2 \in V : \quad f''(x)(v_1, v_2) = f''(x)(v_2, v_1).$$

Beweis Wähle ein $r > 0$ mit $B(x; 2r) \subseteq U$ sowie $v_1, v_2 \in B(0; r) \subseteq V$ und betrachte die Funktion

$$g: \,]-2, 2[\,\to\, W, \quad t \mapsto f(x + tv_1 + v_2) - f(x + tv_1).$$

Mit dem Mittelwertsatz in der Version von Proposition 5.30 erhalten wir

$$\|g(1) - g(0) - g'(0)\|_W \leq \sup_{t \in [0,1]} \|g'(t) - g'(0)\|_W.$$

Da lineare Abbildungen an jeder Stelle sich selbst als Ableitung haben, liefert die Kettenregel 5.6

$$\begin{aligned}
g'(t) &= (f'(x + tv_1 + v_2) - f'(x + tv_1))v_1 \\
&= \big(f'(x + tv_1 + v_2) - f'(x) - f''(x)(tv_1)\big)v_1 \\
&\quad - \big(f'(x + tv_1) - f'(x) - f''(x)(tv_1)\big)v_1.
\end{aligned}$$

Nach Voraussetzung gibt es zu jedem $\varepsilon > 0$ ein $1 \geq \delta > 0$ mit der Eigenschaft, dass für $\|v_1\|_V, \|v_2\|_V \leq \delta$ und $t \in [0, 1]$ gilt

$$\|f'(x + tv_1 + v_2) - f'(x) - f''(x)(tv_1 + v_2)\|_{\mathrm{op}} \leq \varepsilon \|tv_1 + v_2$$
$$\|_V \leq \varepsilon(\|v_1\|_V + \|v_2\|_V) \quad \|f'(x + tv_1) - f'(x) - f''(x)(tv_1)\|_{\mathrm{op}} \leq \varepsilon \|v_1\|_V.$$

Daraus folgt zunächst

$$\begin{aligned}
\|g'(t) - f''(x)(v_2, v_1)\|_W &= \big\|\big(f'(x + tv_1 + v_2) - f'(x) - f''(x)(tv_1 + v_2)\big)(v_1) \\
&\quad - \big(f'(x + tv_1) - f'(x) - f''(x)(tv_1)\big)(v_1)\big\|_W \\
&\leq 2\varepsilon(\|v_1\|_V + \|v_2\|_V)\|v_1\|_V
\end{aligned}$$

und dann, mit $g'(0) \in \mathrm{Hom}_{\mathbb{R}}(\mathbb{R}, W) \cong W$ (Isomorphismus von $\mathbb{R}$-Vektorräumen) und Proposition 5.30(ii)

$$\begin{aligned}
\sup_{t \in [0,1]} \|g'(t) - g'(0)\|_W &\leq \sup_{t \in [0,1]} \big(\|g'(t) - f''(x)(v_2, v_1)\|_W + \|g'(0) \\
&\quad - f''(x)(v_2, v_1)\|_W\big) \\
&\leq 4\varepsilon(\|v_1\|_V + \|v_2\|_V)\|v_1\|_V.
\end{aligned}$$

Jetzt finden wir

$$\begin{aligned}
\|g(1) - g(0) - f''(x)(v_2, v_1)\|_W &\leq \|g(1) - g(0) - g'(0)\|_W + \|g'(0) \\
&\quad - f''(x)(v_2, v_1)\|_W \\
&\leq 6\varepsilon(\|v_1\|_V + \|v_2\|_V)\|v_1\|_V.
\end{aligned}$$

Da aber

$$g(1) - g(0) = f(x + v_1 + v_2) - f(x + v_1) - f(x + v_2) + f(x)$$

symmetrisch in v_1 und v_2 ist, können wir in obiger Abschätzung die Rollen von v_1 und v_2 vertauschen und erhalten

$$\begin{aligned}
\|f''(x)(v_1, v_2) - f''(x)(v_2, v_1)\|_W &\leq \\
&\leq \|g(1) - g(0) - f''(x)(v_2, v_1)\|_W + \|g(1) - g(0) - f''(x)(v_1, v_2)\|_W \\
&\leq 6\varepsilon(\|v_1\|_V + \|v_2\|_V)\|v_1\|_V + 6\varepsilon(\|v_1\|_V + \|v_2\|_V)\|v_2\|_V \\
&= 6\varepsilon(\|v_1\|_V + \|v_2\|_V)^2
\end{aligned}$$

für $\|v_1\|_V, \|v_2\|_V \leq \delta$. Wenn $v_1, v_2 \in V$ beliebig sind, wenden wir obiges Argument auf $\frac{\delta}{\|v_1\|_V} v_1$ und $\frac{\delta}{\|v_2\|_V} v_2$ an. Dies liefert

$$\left\| f''(x)\left(\frac{\delta}{\|v_1\|_V} v_1, \frac{\delta}{\|v_2\|_V} v_2 \right) - f''(x)\left(\frac{\delta}{\|v_2\|_V} v_2, \frac{\delta}{\|v_1\|_V} v_1 \right) \right\|_W \leq 6\varepsilon(2\delta)^2,$$

also

$$\|f''(x)(v_1, v_2) - f''(x)(v_2, v_1)\|_W \leq 24\varepsilon\|v_1\|_V\|v_2\|_V.$$

Da $\varepsilon > 0$ beliebig war, folgt $f''(x)(v_1, v_2) = f''(x)(v_2, v_1)$, also die Behauptung. $\square$

Für die höheren Ableitungen gehen wir zunächst induktiv vor, nehmen dann aber mithilfe der durch den Satz 5.31 von Schwarz garantierten Symmetrie verschiedene Vereinfachungen vor.

Wenn $(V_1, \|\cdot\|_1), \ldots, (V_k, \|\cdot\|_k)$ und $(W, \|\cdot\|_W)$ endlichdimensionale normierte $\mathbb{K}$-Vektorräume sind, bezeichnen wir den $\mathbb{K}$-Vektorraum aller $\mathbb{K}$-*k-linearen Abbildungen* $\mu : V_1 \times \ldots \times V_k \to W$ mit $L(V_1, \ldots, V_k; W)$. Damit ist gemeint, dass für jedes $j = 1, \ldots, k$ und feste $v_1, \ldots, v_k$ die Abbildungen

$$V_j \to W, \quad u \mapsto \mu(v_1, \ldots, v_{j-1}, u, v_{j+1}, \ldots, v_k)$$

alle $\mathbb{K}$-linear sind.

Im Falle $V_1 = \ldots = V_k = V$ schreiben wir $L_k(V; W)$ statt $L(V_1, \ldots, V_k; W)$. Eine multilineare Abbildung $\mu \in L_k(V; W)$ heißt *symmetrisch*, wenn für jede *Permutation* (siehe Bemerkung 1.5), das heißt bijektive Selbstabbildung σ von $\{1, \ldots, k\}$, gilt

$$\forall v_1, \ldots, v_k \in V : \quad \mu(v_1, \ldots, v_n) = \mu(v_{\sigma(1)}, \ldots, v_{\sigma(n)}).$$

Die symmetrischen k-linearen Abbildungen bilden einen linearen Unterraum, den wir mit $L_k(V; W)_{\mathrm{sym}}$ bezeichnen. Wie im Falle der bilinearen Abbildungen haben wir einen Isomorphismus

$$\Phi\colon \operatorname{Hom}_{\mathbb{K}}(V_1, L(V_2, \ldots, V_k; W)) \to L(V_1, \ldots, V_k; W)$$
$$\varphi \mapsto \big((v_1, \ldots, v_k) \mapsto \varphi(v_1)(v_2, \ldots, v_k)\big)$$

mit Umkehrabbildung

$$\Phi^{-1}\colon L(V_1, \ldots, V_k; W) \to \operatorname{Hom}_{\mathbb{K}}(V_1, L(V_2, \ldots, V_k; W)), \quad \beta \mapsto \hat{\beta},$$

wobei

$$\hat{\beta}(v_1)(v_2, \ldots, v_k) := \beta(v_1, \ldots, v_k).$$

Überträgt man die Operatornormen auf $L(V_1, \ldots, V_k; W)$, so findet man

$$\|\mu\|_{\mathrm{op}} := \sup\big\{\|\mu(v_1, \ldots, v_k)\|_W \mid \|v_1\|_1, \ldots, \|v_k\|_k \le 1\big\} \tag{5.26}$$

und

$$\|\mu(v_1, \ldots, v_k)\|_W \le \|\mu\|_{\mathrm{op}}\|v_1\|_V \cdots \|v_k\|_V. \tag{5.27}$$

Damit identifizieren wir die normierten Räume

$$\operatorname{Hom}_{\mathbb{R}}(V_1, L(V_2, \ldots, V_k; W)) \quad \text{und} \quad L(V_1, \ldots, V_k; W).$$

Definition 5.32 (Höhere Ableitungen) Seien $(V, \|\cdot\|_V)$ und $(W, \|\cdot\|_W)$ endlichdimensionale normierte $\mathbb{K}$-Vektorräume und $U \subseteq V$ eine offene Teilmenge. Eine Abbildung $f\colon U \to W$ heißt *n-mal differenzierbar* im Punkt $x \in U$, wenn es eine offene Umgebung U_0 von x in V gibt, für die $f|_{U_0}\colon U_0 \to W$ $(n-1)$-mal differenzierbar ist und ihre $(n-1)$-te Ableitung $f^{(n-1)}\colon U_0 \to L_{n-1}(V; W)$ differenzierbar in x ist. Die Ableitung von $f^{(n-1)}$ in x heißt die *n-te Ableitung* von f in x und wird mit $f^{(n)}(x)$ bezeichnet.

Die Abbildung $f\colon U \to W$ heißt *n-mal differenzierbar*, wenn sie in jedem Punkt von U n-mal differenzierbar ist und *n-mal stetig differenzierbar*, wenn zusätzlich $f^{(n)}\colon U \to \operatorname{Hom}_{\mathbb{K}}(V, L_{n-1}(V; W)) \cong L_n(V; W)$ stetig ist. □

Bemerkung 5.33 (Höhere Ableitungen sind symmetrisch) Mit dem Satz 5.31 von Schwarz und Induktion sieht man, dass

$$f^{(n)}(x) \in \operatorname{Hom}_{\mathbb{R}}(V, L_{n-1}(V; W)) \cong L_n(V; W)$$

symmetrisch ist. □

Sei $U' \subseteq W$ offen. Die Menge der n-mal stetig differenzierbaren Funktionen $f : U \to U' \subseteq W$ wird mit $C^n(U, U')$ bezeichnet. Mit Proposition 5.5 und Induktion sieht man sofort, dass $C^n(U, W)$ ein $\mathbb{K}$-Vektorraum ist. Wenn $f \in C^n(U, U')$ eine Umkehrfunktion in $C^n(U', U)$ hat, so heißt f ein C^n–*Diffeomorphismus*. Die Abbildungen in $C^\infty(U, W) := \bigcap_{n=0}^{\infty} C^n(U, W)$ heißen *unendlich oft differenzierbar* oder *glatt*. Wenn der Bildbereich aus dem Kontext klar ist, schreibt man einfach $C^\infty(U)$. Auch wenn diese Definitionen für $\mathbb{R}$ und $\mathbb{C}$ völlig gleichberechtigt nebeneinander zu stehen scheinen; für $\mathbb{C}$ sind sie redundant, weil die Existenz einer Ableitung im Komplexen schon die Existenz beliebiger höherer Ableitungen erzwingt.

5.4.2   Die Taylor-Entwicklung

In der Einleitung zu diesem Abschnitt wurde gesagt, dass die höheren Ableitungen lokale Approximationen von Funktionen durch Polynome höherer Ordnung liefern würden. Diese Behauptung kann man jetzt präziser fassen. Man strebt eine universelle Formel an, die die Approximation

$$f(x) = f(x_0) + f'(x_0)(x - x_0) + R(x_0, x)$$

mit einem für $x \to x_0$ kleinen Rest $R(x_0, x)$ verallgemeinert. Um die Gestalt dieser universellen Formel zu motivieren, betrachten wir zunächst den Spezialfall von Polynomen hohen Grades in einer Variablen.

Sei $f : \mathbb{R} \to \mathbb{R}$ die durch $f(x) = \sum_{k=0}^{N} a_k x^k$ gegebene Polynomfunktion vom Grad N. Wir wählen $n \leq N$ und berechnen die ersten $n - 1$ Ableitungen von f in $x_0 = 0$ (siehe Beispiel 5.8). Mit Induktion findet man $f^{(k)}(0) = k! a_k$ für $k = 0, \ldots, n - 1$, das heißt, es gilt

$$f(x) = f(0) + f'(0)x + \frac{f''(0)}{2!}x^2 + \ldots + \frac{f^{(n-1)}(0)}{(n-1)!}x^n + R_n(x),$$

wobei

$$\frac{R_n(x)}{x^n} = \frac{1}{x^n} \sum_{k=n}^{N} a_k x^k = \sum_{k=0}^{N-n} a_{k+n} x^k$$

für kleine x beschränkt bleibt. Für allgemeine x_0 ergibt eine leicht modifizierte Rechnung die Formel

$$\begin{aligned} f(x) = {} & f(x_0) + f'(x_0)(x - x_0) + \frac{f''(x_0)}{2!}(x - x_0)^2 + \ldots \\ & + \frac{f^{(n-1)}(x_0)}{(n-1)!}(x - x_0)^n + R_n(x_0, x), \end{aligned}$$

wobei $\frac{R_n(x_0,x)}{(x-x_0)^n}$ für kleine $x - x_0$ beschränkt bleibt.

Es stellt sich heraus, dass diese Formeln auch in höheren Dimensionen mit nur marginalen Modifikationen sinnvoll sind und die richtigen Approximationen liefern. Wenn man nämlich die k-te Ableitung $f^{(k)}$ von $f : U \to W$ berechnen kann, dann ist $f^{(k)}(x_0)$ eine symmetrische k-lineare Abbildung auf $V \times \ldots \times V$ mit Werten in W. Also können wir $f^{(k)}(x_0)$ in $(x - x_0, \ldots, x - x_0) \in V \times \ldots \times V$ auswerten und erhalten $f^{(k)}(x_0)(x - x_0, \ldots, x - x_0) \in W$. Damit kann man schreiben

$$f(x) = \sum_{k=0}^{n-1} \frac{f^{(k)}(x_0)}{k!}(x - x_0, \ldots, x - x_0) + R_n(x_0, x) \in W \tag{5.28}$$

und die Frage nach den Approximationseigenschaften wird zu einer Frage nach passenden Abschätzungen für den Restterm $R_n(x_0, x)$. Man nennt (5.28) die *Taylor-Formel* oder auch *Taylor-Entwicklung* für f. Der Ausdruck

$$P_{n-1}(x_0, x) := \sum_{k=0}^{n-1} \frac{f^{(k)}(x_0)}{k!}(x - x_0, \ldots, x - x_0) \tag{5.29}$$

heißt dabei das $(n - 1)$-te *Taylor-Polynom* und die Funktion R_n das n-te *Taylor-Restglied*. Der Namensbestandteil „Polynom" für die Funktion $P_{n-1}(x_0, \cdot)$ ist in der Tat angemessen. Das soll an dieser Stelle aber nicht weiter vertieft werden, zumal wir Polynome und Polynomfunktionen in mehr als einer Variablen bisher nicht diskutiert haben.

Für sich genommen ist die Taylor-Formel (5.28) völlig wertlos: wir hätten schließlich $R_n(x_0, x)$ auch einfach durch die Differenz von $f(x)$ und $P_{n-1}(x_0, x)$ definieren können. Interessant wird die Taylor-Formel erst, wenn wir zeigen können, dass $R_n(x_0, x)$ für kleine $x - x_0$ klein wird und somit die Funktion f nahe x_0 durch ein Polynom approximiert werden kann.

Um das n-te Taylor-Restglied abschätzen zu können, benutzen wir den Hauptsatz 5.25 um es als ein n-faches Integral über die n-te Ableitung zu schreiben. Dann ersetzt man in dem resultierenden Integral die n-te Ableitung durch eine obere Schranke. Es ergibt sich ein sehr viel einfacheres Integral, das sich explizit berechnen und abschätzen lässt.

Wir beginnen mit diesem iterierten Integral, das man nur in einer reellen Variablen zu berechnen hat, weil sich der allgemeine Fall auf diesen Spezialfall zurückführen lässt.

Lemma 5.34 (Cauchy-Formel) *Seien $a \leq 0 \leq b$ reelle Zahlen und $f : [a, b] \to \mathbb{R}$ stetig, also insbesondere beschränkt und integrierbar. Definiere die stetigen Funktionen $F_k : [a, b] \to \mathbb{R}$ für $k = 1, \ldots, n$ induktiv durch*

$$F_1(x) := \int_0^x f, \quad F_2(x) := \int_0^x F_1, \quad \ldots \quad , \quad F_n(x) := \int_0^x F_{n-1}.$$

Dann gilt

$$F_n(x) = \frac{1}{(n - 1)!} \int_0^x (x - t)^{n-1} f(t) \, dt. \tag{5.30}$$

Beweis Wir führen den Beweis durch Induktion über n. Für $n = 1$ ist die Cauchy-Formel (5.30) gerade die Definition von F_1. Wenn die Formel für m richtig ist, dann ist F_{m+1} eine Stammfunktion von

$$x \mapsto \frac{1}{(m-1)!} \int_0^x (x-t)^{m-1} f(t) \, \mathrm{d}t \qquad (5.31)$$

mit $F_{m+1}(0) = 0$. Nach dem Hauptsatz 5.25 (hier benutzen wir die Stetigkeit von f) genügt also zu zeigen, dass die Funktion $G : [a, b] \to \mathbb{R}$ mit

$$G(x) = \frac{1}{m!} \int_0^x (x-t)^m f(t) \, \mathrm{d}t$$

ebenfalls eine Stammfunktion von (5.31) mit $G(0) = 0$ ist. Dann rechnen wir

$$\frac{G(x+h) - G(x)}{h} = \frac{1}{h \, m!} \int_0^{x+h} (x+h-t)^m f(t) \, \mathrm{d}t - \frac{1}{h \, m!} \int_0^x (x-t)^m f(t) \, \mathrm{d}t$$

$$= \frac{1}{m!} \int_0^x \frac{(x+h-t)^m - (x-t)^m}{h} f(t) \, \mathrm{d}t$$

$$+ \frac{1}{h \, m!} \int_x^{x+h} (x-t)^m f(t) \, \mathrm{d}t.$$

Da die Ableitung von $x \mapsto (x-t)^m$ für festes $t \in [a, b]$ durch die stetige Funktion $m(x-t)^{m-1}$ gegeben und $[a, b]$ beschränkt ist, gibt es nach dem Mittelwertsatz 5.23 eine Konstante $M > 0$ mit $\frac{(x+h-t)^m - (x-t)^m}{h} \leq M$. Aber dann zeigt der Satz 4.49 von der dominierten Konvergenz, dass

$$\lim_{h \to 0} \frac{1}{m!} \int_0^x \frac{(x+h-t)^m - (x-t)^m}{h} f(t) \, \mathrm{d}t =$$

$$= \frac{1}{m!} \int_0^x \left(\lim_{h \to 0} \frac{(x+h-t)^m - (x-t)^m}{h} f(t) \right) \mathrm{d}t$$

$$= \frac{1}{m!} \int_0^x m(x-t)^{m-1} f(t) \, \mathrm{d}t$$

$$= \frac{1}{(m-1)!} \int_0^x (x-t)^{m-1} f(t) \, \mathrm{d}t.$$

Das zweite Integral in obigem Ausdruck für den Differenzenquotienten von G lässt sich für $t \in [x, x+h]$ wie folgt abschätzen:

$$\left| \frac{1}{h \, m!} \int_x^{x+h} (x-t)^m f(t) \, \mathrm{d}t \right| \leq \frac{|h|^{m-1}}{m!} \int_x^{x+h} |f(t)| \, \mathrm{d}t \leq \frac{|h|^m}{m!} \sup_{x \in [a,b]} |f(x)|.$$

Da die rechte Seite der Ungleichung für $h \to 0$ gegen Null geht finden wir

$$\lim_{h \to 0} \frac{G(x+h) - G(x)}{h} = \frac{1}{(m-1)!} \int_0^x (x-t)^{m-1} f(t) \, \mathrm{d}t,$$

was die Behauptung beweist. $\qquad\Box$

Wenn es in der Situation von Lemma 5.34 eine Konstante $C > 0$ mit

$$\forall x \in [a, b] \; \forall t \in [0, x]: \quad |f(t)| \le C$$

gibt, dann gilt $|F_n(x)| \le \frac{C}{n!}|x|^n$, weil (siehe Hauptsatz 5.25)

$$\int_0^x (x - t)^{n-1}\, \mathrm{d}t = \int_0^x t^{n-1}\, \mathrm{d}t = \frac{x^n}{n}.$$

Wir wollen diese Überlegungen auf die Taylor-Formel für n-mal differenzierbare Funktionen $f : I \to \mathbb{R}$ für ein offenes Intervall $I \subseteq \mathbb{R}$ anwenden. Wenn $a < 0 < b$ und $[a, b] \subseteq I$, können wir die Konstruktion von Lemma 5.34 mit der n-ten Ableitung $f^{(n)} : [a, b] \to \mathbb{R}$ starten und finden so die stetigen Funktionen $F_{k,n,f} : [a, b] \to \mathbb{R}$ für $k = 1, \ldots, n$ mit

$$F_{1,n,f}(x) := \int_0^x f^{(n)}, \quad F_{2,n,f}(x) := \int_0^x F_{1,n,f}, \quad \ldots, \quad F_{n,n,f}(x)$$

$$:= \int_0^x F_{n-1,n,f}.$$

Es stellt sich heraus, dass das n-te Taylor-Restglied durch

$$R_n := F_{n,n,f} \tag{5.32}$$

gegeben ist, was zu einer natürlichen Abschätzung für R_n führt.

Satz 5.35 (Taylor-Formel in einer reellen Variablen) *Sei $I \subseteq \mathbb{R}$ eine offenes Intervall und $f : I \to \mathbb{R}$ eine n-mal stetig differenzierbare Funktion. Wenn $a < 0 < b$ und $[a, b] \subseteq I$, dann gilt für jedes $x \in \,]a, b[$*

$$f(x) = f(0) + \frac{f'(0)}{1!}x + \frac{f''(0)}{2!}x^2 + \ldots + \frac{f^{(n-1)}(0)}{(n-1)!}x^{n-1} + R_n(x) \tag{5.33}$$

und

$$|R_n(x)| \le \frac{\sup_{t \in [0,x]}\left|f^{(n)}(t)\right|}{n!}|x|^n, \tag{5.34}$$

wobei R_n durch (5.32) gegeben ist.

Beweis Es genügt, die Gl. (5.33) zu zeigen, alles Weitere folgt dann aus den obigen Überlegungen zu Lemma 5.34. Wir führen den Beweis durch Induktion über n. Mit dem Hauptsatz 5.25 gilt

$$f^{(n-1)}(x) = f^{(n-1)}(0) + \int_0^x f^{(n)} = f^{(n-1)}(0) + F_{1,n,f}(x),$$

was den Fall $n = 1$ beweist.

Wir nehmen jetzt an, der Satz wäre für $n - 1$ bewiesen und wenden diesen Fall auf f' an. Wegen $F_{k,n-1,f'} = F_{k,n,f}$ finden wir

$$f'(t) = f'(0) + \frac{f''(0)}{1!}t + \frac{f'''(0)}{2!}t^2 + \ldots + \frac{f^{(n-1)}(0)}{(n-2)!}t^{n-2} + F_{n-1,n,f}(t)$$

für alle $t \in [a, b]$. Durch die Integration $\int_0^x$ finden wir

$$f(x) - f(0) = \frac{f'(0)}{1!}x + \frac{f''(0)}{2!}x^2 + \ldots + \frac{f^{(n-1)}(0)}{(n-1)!}x^{n-1} + R_n(x).$$

$\square$

Selbstverständlich könnte man hier auch eine Variante der Taylor-Formel beweisen, in der man nicht mit $x_0 = 0$ arbeitet. Wir verzichten darauf, weil sich das automatisch aus der allgemeinen Taylor-Formel in beliebigen Dimensionen ergibt, die wir als Nächstes aus Satz 5.35 ableiten.

Um das Taylor-Restglied in der allgemeinen Fassung ebenso kompakt als Integral darstellen zu können wie im eindimensionalen Fall, müssen wir eine kleine Vorüberlegung zu vektorwertigen Integralen anstellen: Seien V, W endlichdimensionale normierte Vektorräume und $f : V \to W$ stetig differenzierbar. Mit der Kettenregel 5.6 und dem Hauptsatz 5.25 der Differenzial- und Integralrechnung erhält man für $x, y \in V$ die Formel:

$$f(y) - f(x) = \left(\int_0^1 f'(x + t(y - x))\, dt \right)(y - x). \tag{5.35}$$

Das ist offensichtlich, wenn $W = \mathbb{R}$ ist. Im Falle von vektorwertigen Funktionen muss man dafür zunächst erklären, was mit den Integralen gemeint ist. Für allgemeine Vektorräume ist das ein schwieriges Problem, aber für endlichdimensionale Vektorräume ist die Definition von Integralen vektorwertiger Funktionen unproblematisch. Die einfachste Variante ist, W über eine Basis mit $\mathbb{R}^m$ zu identifizieren und für $f = (f_1, \ldots, f_m)$ das Integral von f durch

$$\int f := \left(\int f_1, \ldots, \int f_m \right)$$

zu definieren. Dann kann man verifizieren, dass diese Definition nicht von der Wahl der Basis abhängt. Dazu sei $(\tilde{w}_1, \ldots, \tilde{w}_n)$ eine weitere angeordnete Basis für W und $T = (t_{ij})$ die durch $w_j = \sum_{i=1}^n t_{ij} \tilde{w}_i$ für $j = 1, \ldots, n$ gegebene Übergangsmatrix. Aus $f = \sum_{j=1}^n f_j w_j$ folgt

$$f = \sum_{i=1}^n \Big(\sum_{j=1}^n f_j t_{ij} \Big) \tilde{w}_i,$$

das heißt, die Koordinatenfunktionen $\tilde{f}_i$ von f bezüglich $(\tilde{w}_1, \ldots, \tilde{w}_n)$ sind durch

$$\tilde{f}_i = \sum_{j=1}^n t_{ij} f_j$$

gegeben. Berechnet man also das vektorwertige Integral bezüglich $(\tilde{w}_1, \ldots, \tilde{w}_n)$, so erhält man

$$\sum_{i=1}^n \Big(\int_0^1 \tilde{f}_i(t)\, \mathrm{d}t \Big) \tilde{w}_i$$

$$= \sum_{i=1}^n \Big(\int_0^1 \sum_{j=1}^n t_{ij} f_j(t)\, \mathrm{d}t \Big) \tilde{w}_i$$

$$= \sum_{i=1}^n \sum_{j=1}^n \Big(\int_0^1 t_{ij} f_j(t)\, \mathrm{d}t \Big) \tilde{w}_i.$$

Ganz analog ist die Koordinatendarstellung des mit $(w_1, \ldots, w_n)$ definierten vektorwertigen Integrals $\sum_{j=1}^n \big(\int_0^1 f_j(t)\, \mathrm{d}t \big) w_j$ bezüglich $(\tilde{w}_1, \ldots, \tilde{w}_n)$ durch

$$\sum_{i=1}^n \sum_{j=1}^n \Big(\int_0^1 f_j(t)\, \mathrm{d}t \Big) t_{ij} \tilde{w}_i = \sum_{i=1}^n \sum_{j=1}^n \Big(\int_0^1 t_{ij} f_j(t)\, \mathrm{d}t \Big) \tilde{w}_i$$

gegeben. Da die beiden Ausdrücke übereinstimmen, hängt das *vektorwertige Integral* nicht von der Wahl der Basis ab.

Satz 5.36 (Taylor-Formel in beliebigen Dimensionen) *Gegeben seien zwei endlichdimensionale normierte $\mathbb{K}$-Vektorräume $(V, \|\cdot\|_V)$ und $(W, \|\cdot\|_W)$ sowie eine offene Teilmenge $U \subseteq V$. Weiter sei $f \in C^n(U; W)$ und $x \in U$. Setze*

$$R_n(x, h) := \frac{1}{(n-1)!} \int_0^1 (1-t)^{n-1} f^{(n)}(x + th)(h, \ldots, h)\, \mathrm{d}t.$$

Dann gilt für jedes $h \in V$ mit $x + [0, 1]h \subseteq U$

$$f(x + h) = f(x) + \frac{f'(x)}{1!}(h) + \frac{f''(x)}{2!}(h, h) + \ldots + \frac{f^{(n-1)}(x)}{(n-1)!}(h, \ldots, h)$$
$$+ R_n(x, h).$$

Wenn $\| f^{(n)}(x + th)\|_{\mathrm{op}} \leq M$ für alle $t \in [0, 1]$, dann gilt

$$\|R_n(x, h)\|_W \leq C \frac{M}{n!} \|h\|_V^n$$

mit einer Konstante C, die nur von der Wahl der Normen $\| \cdot \|_V$ und $\| \cdot \|_W$ abhängt.

Beweis Zunächst stellen wir fest, dass wir ohne Beschränkung der Allgemeinheit $\mathbb{K} = \mathbb{R}$ setzen können, indem wir alle beteiligten Vektorräume als reelle Vektorräume auffassen. Wenn wir eine Basis für W wählen und den Satz für die Komponentenfunktionen beweisen, können wir weiter annehmen, dass $W = \mathbb{R}$. An dieser Stelle kommt die Konstante C ins Spiel, denn die Abschätzung für $C = 1$ erhält man, wenn W die Maximumsnorm bzgl. der Komponenten trägt – jede andere Norm ist aber äquivalent. Ersetzen wir zudem f durch $z \mapsto f(z + x)$, können wir außerdem auch noch ohne Beschränkung der Allgemeinheit annehmen, dass $x = 0$.

Jetzt betrachten wir für ein kleines $\varepsilon > 0$ die Funktion

$$g \colon\,]-\varepsilon, 1 + \varepsilon[\, \to \mathbb{R}, \quad t \mapsto f(th).$$

Mit der Kettenregel 5.6, angewandt auf $g = f \circ \varphi_h$ mit

$$\varphi_h \colon\,]-\varepsilon, 1 + \varepsilon[\, \to V, \quad t \mapsto th,$$
$$\varphi_h' \colon\,]-\varepsilon, 1 + \varepsilon[\, \to \mathrm{Hom}_{\mathbb{R}}(\mathbb{R}, V) \cong V, \quad t \mapsto h,$$

sehen wir, dass g differenzierbar ist mit Ableitung $g'(t) = f'(th)h$. Wir zeigen mit Induktion, dass

$$g^{(j)}(t) = f^{(j)}(th)(h, \ldots, h). \qquad\qquad (*_j)$$

Für $j = 1$ ist das die obige Formel für $g'(t)$. Wenn $(*_j)$ gilt, schreiben wir

$$g^{(j)} = \mathrm{ev}_h \circ f^{(j)} \circ \varphi_h \colon\,]-\varepsilon, 1 + \varepsilon[\, \to L_j(V; \mathbb{R}) \to \mathbb{R}$$

mit der linearen Abbildung

$$\mathrm{ev}_h \colon L_j(V; \mathbb{R}) \to \mathbb{R}, \quad \beta \mapsto \beta(h, \ldots, h).$$

Abb. 5.5 Lokales Maximum

Die Kettenregel 5.6 liefert zusammen mit Beispiel 5.4 jetzt

$$g^{(j+1)}(t) = \mathrm{ev}_h'\big(f^{(j)}(th)\big) \circ \underbrace{f^{(j+1)}(th) \circ \varphi_h'(t)}_{f^{(j+1)}(th)(h)} = \mathrm{ev}_h\big(\underbrace{f^{(j+1)}(th)(h)}_{\in L_j(V;\mathbb{R})}\big)$$

$$= \big(f^{(j+1)}(th)h\big)\underbrace{(h,\ldots,h)}_{j-\mathrm{mal}} = \underbrace{f^{(j+1)}(th)}_{\in L_{j+1}(V;\mathbb{R})}\underbrace{(h,\ldots,h)}_{(j+1)-\mathrm{mal}},$$

also $(*_{j+1})$. Jetzt folgt die Behauptung aus Satz 5.35, angewendet auf die Funktion g, weil

$$|g^{(n)}(t)| = |f^{(n)}(th)(h,\ldots,h)| \le M\|h\|_V^n.$$

$\square$

Als Anwendung der Taylor-Entwicklung zeigen wir, wie man für reellwertige Funktionen mithilfe des quadratischen Terms entscheidet, ob die Funktion an einem *kritischen Punkt*, das heißt, einem Punkt mit Ableitung Null, ein lokales Maximum oder Minimum hat (Abb. 5.5).

Wir präzisieren zunächst, was man unter lokalen Maxima und Minima versteht. Sei M ein metrischer Raum und $f \colon M \to \mathbb{R}$ eine Funktion. Dann heißt $x \in M$ ein *lokales Maximum*, wenn es eine Umgebung U von x in M gibt mit $f(x) \ge f(y)$ für alle $y \in U$. Analog heißt $x \in U$ ein *lokales Minimum*, wenn es eine Umgebung U von x in M gibt mit $f(x) \le f(y)$ für alle $y \in U$. Wenn einer der beiden Fälle vorliegt, sprechen wir von einem *lokalen Extremum*.

An einem kritischen Punkt hat die Taylor-Entwicklung der Ordnung 2 die Gestalt

$$f(x) = f(x_0) + f''(x_0)(x - x_0, x - x_0) + R_3(x_0, x).$$

Wenn man davon ausgeht, dass der Restterm im Vergleich zu den anderen Termen vernachlässigt werden kann, dann ist für die Frage nach den Extremwerteigenschaften von $f(x_0)$ das Verhalten von $f''(x_0)$ entscheidend. Genauer gesagt, es kommt darauf an, ob $f''(x_0)$ definit oder indefinit im Sinne von Definition 3.74 ist.

Lemma 5.37 (Charakterisierung positiv definiter Bilinearformen) *Sei* $\Phi \in L_2$ *(V; $\mathbb{R}$) eine symmetrische Bilinearform auf einem endlichdimensionalen reellen normierten Vektorraum V. Dann sind folgende Aussagen äquivalent.*

(1) Φ *ist positiv definit.*
(2) *Es gibt ein* $\lambda > 0$ *mit* $\Phi(v, v) \geq \lambda \|v\|^2$ *für alle* $v \in V$.

Beweis Die Implikation „(2)⇒(1)" ist trivial. Für die Umkehrung betrachte die Sphäre

$$S^{n-1} := \left\{ v \in \mathbb{R}^n \mid \|v\| = 1 \right\},$$

die abgeschlossen und beschränkt ist, also nach dem Satz 3.60 von Heine-Borel kompakt. Die stetige Funktion

$$f \colon S^{n-1} \to \,]0, \infty[, \quad v \mapsto \Phi(v, v)$$

nimmt nach Satz 3.49 ihr Minimum an. Sei $\lambda > 0$ dieses Minimum. Dann gilt für jedes $0 \neq v \in \mathbb{R}^n$

$$\lambda \leq f\left(\frac{v}{\|v\|}\right) = \frac{1}{\|v\|^2}\Phi(v, v),$$

was sofort (2) impliziert. $\qquad\qquad\qquad\qquad\qquad\qquad\qquad\qquad\qquad\qquad\qquad\square$

Satz 5.38 (Lokale Extrema an kritischen Punkten) *Sei V ein endlichdimensionaler $\mathbb{R}$-Vektorraum und $U \subseteq V$ offen. Weiter sei $x \in U$ ein kritischer Punkt von $f \in C^2(U; \mathbb{R})$. Dann gilt:*

(i) *Wenn $f''(x_0)$ positiv definit ist, dann gibt es eine Umgebung U_0 von x_0 in U mit*

$$\forall x_0 \neq x \in U_0 \;\; : \quad f(x_0) < f(x).$$

(ii) *Wenn $f''(x_0)$ negativ definit ist, dann gibt es eine Umgebung U_0 von x_0 in U mit*

$$\forall x_0 \neq x \in U_0 \;\; : \quad f(x_0) > f(x).$$

(iii) *Wenn $f''(x_0)$ indefinit ist, dann hat f kein lokales Extremum in x_0.*

Beweis

(i) Wegen $f'(x_0) = 0$ und der Stetigkeit von f'' liefert die Taylor-Formel aus Satz 5.36 für ein $v \in \mathbb{R}^n$ mit $x_0 + [0, 1]v \subseteq U$ eine Konstante $c > 0$

$$f(x_0 + v) = f(x_0) + \frac{1}{2}f''(x_0)(v, v) + r_3(v)$$

mit $|r_3(v)| \leq c\|v\|^3$. Wenn jetzt $\lambda > 0$ die von Lemma 5.37 garantierte Konstante zu $f''(x_0)$ ist, dann gilt $f''(x_0)(v, v) \geq \lambda \|v\|^2$ und es existiert ein $\delta > 0$ mit

$$\forall v \in \mathbb{R}^n, \|v\| \leq \delta \;\; : \quad |r_3(v)| \leq \frac{\lambda}{4}\|v\|^2.$$

Zusammen erhalten wir für $\|v\| \leq \delta$

$$f(x_0 + v) \geq f(x_0) + \frac{\lambda}{2} \|v\|^2 - \frac{\lambda}{4} \|v\|^2 = f(x_0) + \frac{\lambda}{4} \|v\|^2,$$

was die Behauptung beweist.

(ii) Hier wendet man einfach (i) auf die Funktion $-f$ an, deren zweite Ableitung $-f''$ ist.

(iii) Wähle $v_\pm \in \mathbb{R}^n$ mit $f''(x_0)(v_+, v_+) > 0$ und $f''(x_0)(v_-, v_-) < 0$. Dann kann man die Funktion auf eine Strecke $x_0 +]-\varepsilon, \varepsilon[\, v_\pm$ einschränken und (i) bzw. (ii) auf beide Einschränkungen anwenden um zu sehen, dass f kein lokales Extremum in x_0 hat.

$\square$

Man beachte, dass die drei in Satz 5.38 aufgeführten Möglichkeiten nicht alle Fälle erschöpfen. Es kann sein, dass $f''(x_0)$ semidefinit, aber nicht definit ist. In solchen Fällen, können Maxima oder Minima vorliegen, müssen aber nicht. Einfache Beispiele für diese Möglichkeiten sind die Funktionen $-x^4$, x^4 und x^3 auf $\mathbb{R}$, in denen die zweite Ableitung in Null jeweils Null, also semidefinit ist.

5.5 Potenzreihen und analytische Funktionen

Wenn eine Funktion f unendlich oft differenzierbar ist, dann hat sie an jedem Punkt x_0 eine Folge $P_n(x_0, \cdot)$ von Taylor-Polynomen. Die Abschätzung für die jeweiligen Taylor-Restglieder zeigen, dass die Funktion für jeden festen Grad in der Nähe eines Punktes gut durch das entsprechende Taylor-Polynom approximiert wird. Was „in der Nähe" quantitativ bedeutet, hängt dabei von x_0 und dem Grad des jeweils betrachteten Taylor-Polynoms ab. Insbesondere kann man nicht garantieren, dass die Folge $(P_n(x_0, x))_{n \in \mathbb{N}}$ für irgendein $x \neq x_0$ gegen $f(x)$ konvergiert, wogegen das für $x = x_0$ nach (5.29) trivial ist. Andererseits sieht man schon im eindimensionalen Fall, zum Beispiel anhand der Polynomfunktionen, dass es viele Funktionen gibt, in denen die Taylor-Polynome sehr wohl gegen die Funktion konvergieren. Es stellt sich also natürlicherweise die Frage, wie groß die Klasse dieser Funktionen ist und ob die Zusatzeigenschaft auch zusätzliche Einsichten liefert. Diese Frage hat sich als eminent fruchtbar erwiesen. Die so neu gefundene Klasse der $\mathbb{K}$-*analytischen* Funktionen (nach wie vor ist $\mathbb{K}$ entweder $\mathbb{R}$ oder $\mathbb{C}$) stellt ein Bindeglied zwischen Analysis und Algebra dar, das aus der modernen Mathematik nicht wegzudenken ist.

5.5.1 Potenzreihendarstellung von Funktionen

Mehr noch als in den bisherigen Überlegungen spielt im Kontext der analytischen Funktionen der komplexe Fall eine entscheidende Rolle. Man kann nämlich zeigen, dass komplex stetig differenzierbare Abbildungen automatisch $\mathbb{C}$-analytisch sind.

Auch wenn wir diesen Satz hier nicht beweisen, kann er als Motivation dienen, $\mathbb{R}$- und $\mathbb{C}$-analytische Funktionen parallel zu behandeln.

Wir haben schon mehrere Beispiele für Potenzreihen in einer Variablen gesehen, nämlich die geometrische Reihe (siehe Beispiel 3.22), die Exponentialreihe (siehe Beispiel 3.28) sowie die Sinus- und Kosinusreihen (siehe Bemerkung 3.79). Für eine höhere Variablenanzahl nehmen wir die Gestalt der Taylor-Polynome in (5.29) als Modell für die Definition einer Potenzreihe (siehe Bemerkung 5.33).

Definition 5.39 (Potenzreihen) Seien $(V, \|\cdot\|_V)$ und $(W, \|\cdot\|_W)$ endlichdimensionale $\mathbb{K}$-Vektorräume und $a_k \in L_k(V; W)_{\mathrm{sym}}$ für $k \in \mathbb{N}_0$ eine Folge von symmetrischen W-wertigen Multilinearformen auf V. Für $x_0, x \in V$ heißt die Reihe

$$\sum_{k=0}^{\infty} a_k (x - x_0)^k, \tag{5.36}$$

wobei wir $a_k(x)^k$ für $a_k(x, \ldots, x)$ schreiben, die *Potenzreihe* um x_0 mit *Koeffizienten* a_k. Wenn (5.36) für $x \in x_0 + M \subseteq V$ absolut konvergiert und $f \colon M \to W$

$$\forall x \in M : \quad f(x) = \sum_{k=0}^{\infty} a_k (x - x_0)^k$$

erfüllt, dann sagt man, die Funktion f wird auf der Menge M durch die Potenzreihe $\sum_{k=0}^{\infty} a_k (x - x_0)^k$ *dargestellt*. Die Funktionen $a_k(x)^k$ heißen auch *Monome*. $\qquad\square$

Wir beginnen unsere Untersuchung von Funktionen, die durch Potenzreihen dargestellt werden, mit der Frage, ob solche Funktionen differenzierbar sind. Da sie als Grenzwerte von symmetrischen Multilinearformen definiert sind, wird man zuerst klären, dass diese Multilinearformen und damit die endlichen Partialsummen der Potenzreihen differenzierbar sind. Dann muss man den Grenzübergang analysieren. Diese Analyse spalten wir in zwei Teile auf. Einen allgemeinen Satz über die Differenzierbarkeit von Funktionen, die als Grenzwerte gleichmäßig konvergenter Folgen differenzierbarer Funktionen geschrieben werden können, und eine detaillierte Betrachtung des Konvergenzverhaltens von Potenzreihen.

Zunächst wollen wir also sehen, dass jede symmetrische Multilinearform $a_k \in L_k(V; W)_{\mathrm{sym}}$ eine unendlich oft differenzierbare Abbildung ist und die Ableitungen von $x \mapsto a_k(x)^k$ berechnen.

Proposition 5.40 (Ableitungen k-linearer Abbildungen) *Seien $V_1, \ldots, V_k$ sowie W endlichdimensionale $\mathbb{K}$-Vektorräume. Dann gilt*

(i) *Jedes $a_k \in L(V_1 \times \ldots \times V_k; W)$ ist differenzierbar und die Ableitung*

$$a_k' \colon V_1 \times \ldots \times V_k \to \mathrm{Hom}_{\mathbb{K}}\big(V_1 \times \ldots \times V_1, L(V_1 \times \ldots \times V_k; W)\big)$$

ist durch

$$a'_k(x_1, \ldots, x_k)(v_1, \ldots, v_k) = \sum_{j=1}^{k} a_k(x_1, \ldots, x_{j-1}, v_j, x_{j+1}, \ldots, x_k)$$

gegeben.

(ii) *Nach (i) ist $a'_k \in L\big(V_1 \times \ldots \times V_k; \mathrm{Hom}_{\mathbb{K}}(V_1 \times \ldots \times V_k, L_k(V; W))\big)$ selbst wieder eine vektorwertige k-lineare Abbildung. Insbesondere ist a_k unendlich oft differenzierbar.*

(iii) *Wenn $V := V_1 = \ldots = V_k$ und a_k symmetrisch ist, betrachte die Abbildung $b_k \colon V \to W$, die durch $x \mapsto a_k(x)^k$ definiert ist. Dann gilt*

$$b'_k(x)(v_1) = k\, a_k(v_1, x, \ldots, x),$$
$$b''_k(x)(v_1, v_2) = k(k-1)\, a_k(v_1, v_2, x, \ldots, x),$$
$$\vdots$$
$$b_k^{(k)}(x)(v_1, \ldots, v_k) = k(k-1)\cdots 2 \cdot 1\, a_k(v_1, \ldots, v_k).$$

Alle höheren Ableitungen sind identisch Null. Insbesondere gilt

$$b_k^{(j)} \in L_{k-j}\big(V; L_j(V; W)_{\mathrm{sym}}\big)_{\mathrm{sym}} \quad und \quad b_k^{(k)}(x) = k!\,a_k.$$

Beweis Den ersten Teil erhält man durch Ausmultiplizieren von

$$a_k(x_1 + v_1, \ldots, x_k + v_k) = a_k(x_1, \ldots, x_k) + a_k(v_1, x_2, \ldots, x_k)$$
$$+ \ldots + a_k(v_1, \ldots, v_k)$$

und Zusammenfassen der Summanden mit genau einem v_j-Eintrag. Teil (ii) ist eine unmittelbare Konsequenz von (i).

Wegen der Symmetrie von a_k rechnen wir in (iii)

$$b'_k(x)(v) = a'_k(x, \ldots, x)(v, \ldots, v) = \sum_{j=1}^{k} a_k(x, \ldots, x, \underbrace{v}_{j\text{-te}}, x, \ldots, x)$$

$$= k\, a_k(x, \ldots, x, v)$$

und erhalten so

$$b'_k(x) = k\, a_k(\cdot, x, \ldots, x) \in \mathrm{Hom}_{\mathbb{K}}(V; W).$$

Dies erlaubt die Iteration der Rechnung mit einer Variablen weniger. Nach k Schritten erhält man eine konstante Funktion, deren Ableitung Null ist.　　　　　　　　　□

Bemerkung 5.41 (Restitution und Polarisierung) Mit Proposition 5.40(iii) haben wir die komplette Taylor-Entwicklung für die Funktion $b_k : V \to W$, $x \mapsto a_k(x)^k$, die dort einer symmetrischen Multilinearform $a_k \in L_k(V; W)_{\mathrm{sym}}$ zugeordnet wurde, bestimmt. Die Formel für $b_k^{(k)}$ zeigt überdies, dass die Form a_k aus der Funktion zurückgewonnen werden kann. Genauer, die Abbildung

$$L_k(V; W)_{\mathrm{sym}} \to \{f : V \to W\}, \quad a_k \mapsto b_k$$

ist linear, und wenn man das Bild dieser Abbildung mit $\mathrm{Pol}_k(V, W)$ bezeichnet, dann ist die *Korestriktion*

$$\mathrm{Res}_k : L_k(V; W)_{\mathrm{sym}} \to \mathrm{Pol}_k(V, W), \quad a_k \mapsto b_k$$

(das heißt, man schränkt den zulässigen Wertebereich auf $\mathrm{Pol}_k(V, W)$ ein) ein Iso-morphismus von $\mathbb{K}$-Vektorräumen, der in der Literatur auch *Restitution* genannt wird. Die Umkehrabbildung der Restitution heißt *Polarisierung* und die Elemente von $\mathrm{Pol}_k(V, W)$ *homogene polynomiale Abbildungen vom Grad k.* $\qquad\square$

Mit Proposition 5.40 und Proposition 5.5 sehen wir insbesondere, dass alle Partial-summen von (5.36) unendlich oft differenzierbare Funktionen sind. Es bleibt also zu zeigen, dass sich diese Eigenschaft auf die Grenzwerte vererbt. Für die schwächere Eigenschaft der Stetigkeit (vgl. Proposition 5.11) brauchten wir in Proposition 5.13 die gleichmäßige Konvergenz der Funktionenfolge. Das gilt für die Differenzierbar-keit in ähnlicher Weise.

Wir starten mit einem allgemeinen Satz über die Existenz erster Ableitungen von Grenzwerten gleichmäßig konvergenter Folgen differenzierbarer Funktionen.

Satz 5.42 (Gleichmäßige Konvergenz differenzierbarer Funktionen) *Die Folge* $(f_n)_{n \in \mathbb{N}}$ *von differenzierbaren Funktionen* $f_n : U \to W$ *auf einer offenen Teilmenge* U *eines endlichdimensionalen $\mathbb{K}$-Vektorraums V mit Werten in einem ebensolchen Vektorraum W. Wir machen folgende Annahmen:*

(a) *Die Folge $(f_n)_{n \in \mathbb{N}}$ konvergiert gleichmäßig gegen eine Funktion $f : U \to W$.*
(b) *Die Folge $(f_n')_{n \in \mathbb{N}}$ besteht aus stetigen Funktionen und konvergiert gleichmäßig gegen eine Funktion $g : U \to \mathrm{Hom}_{\mathbb{K}}(V, W)$.*

Dann ist f differenzierbar und es gilt $f' = g$.

Beweis Halte $x_0 \in U$ fest und wähle $\varepsilon > 0$. Wegen (b) finden wir ein $n_0 \in \mathbb{N}$ mit

$$\forall n > n_0, \forall x \in U : \quad \|f_n'(x) - g(x)\|_{\mathrm{op}} < \varepsilon.$$

Für $n > n_0$ gilt dann

$$\|f_n'(x_0)(x - x_0) - g(x_0)(x - x_0)\|_W \leq \|f_n'(x_0) - g(x_0)\|_{\mathrm{op}}\|x - x_0\|_V$$
$$\leq \varepsilon\|x - x_0\|_V.$$

Weiter können wir annehmen, dass

$$\forall n, m > n_0, \forall x \in U \;:\; \|f_n'(x) - f_m'(x)\|_W \le \varepsilon.$$

Der Mittelwertsatz 5.30, angewandt auf die Funktion $f_n - f_m$ mit $n, m \ge n_0$, liefert

$$\left\| f_n(x) - f_m(x) - \big(f_n(x_0) - f_m(x_0)\big) \right\|_W \le \|x - x_0\|_V \sup_{\xi \in S} \|f_n'(\xi) - f_m'(\xi)\|_{\mathrm{op}},$$

wobei S die Verbindungsstrecke zwischen x und x_0 ist. Lässt man jetzt $m \to \infty$ laufen, so ergibt sich wegen (a)

$$\left\| f(x_0) - f(x) - \big(f_n(x_0) - f_n(x)\big) \right\|_W \le \|x - x_0\|_V \,\varepsilon$$

Schließlich liefert die Definition von $f_n'(x_0)$ eine Konstante $\delta > 0$ mit

$$\|f_n(x) - f_n(x_0) - f_n'(x_0)(x - x_0)\|_W \le \varepsilon \|x - x_0\|_V$$

für $\|x - x_0\|_V \le \delta$. Zusammen ergibt sich mit der Dreiecksungleichung

$$\|f(x) - f(x_0) - g(x_0)(x - x_0)\|_W \le 3\varepsilon \|x - x_0\|_V$$

für $\|x - x_0\|_V \le \delta$ und das beweist die Behauptung. $\qquad\square$

Um die Frage nach der Differenzierbarkeit von durch Potenzreihen dargestellten Funktionen beantworten zu können, müssen wir jetzt noch die Natur des Grenzübergangs von den Partialsummen zu den Potenzreihen verstehen. Satz 5.42 legt nahe, die Klasse derjenigen unendlich oft $\mathbb{K}$-differenzierbaren Funktionen zu betrachten, die lokal durch gleichmäßig konvergierende Potenzreihen der Form (5.36) gegeben sind. Im Allgemeinen ist es einer Reihe der Form (5.36) nicht so leicht anzusehen, ob sie lokal gleichmäßig konvergiert. Es stellt sich aber heraus, dass der Vergleich mit der *geometrischen Reihe* $\sum_{k=0}^{\infty} r^k$ im Falle von eindimensionalen Vektorräumen V und W sehr effiziente notwendige und hinreichende Kriterien für die Konvergenz liefert. Mithilfe geeigneter Normen auf den Räumen $\mathrm{Pol}_k(V, W)$ homogener Polynomfunktionen (siehe Bemerkung 5.41), in denen die Taylor-Polynome leben, kann man daraus Kriterien dann auch für Potenzreihen in mehreren Variablen gewinnen.

5.5.2   Konvergenz skalarer Potenzreihen

Wir sprechen von *skalaren Potenzreihen*, wenn V und W eindimensional sind. In diesem Unterabschnitt untersuchen wir das Konvergenzverhalten von solchen Potenzreihen. Es kann vorkommen, dass eine skalare Potenzreihe $\sum_{k=0}^{\infty} a_k (x - x_0)^k$ in keinem von x_0 verschiedenen Punkt absolut konvergiert. Wenn es allerdings einen von x_0 verschiedenen Konvergenzpunkt gibt, dann gibt es gleich sehr viele solche Punkte.

Proposition 5.43 (AKonvergenzradius) *Wenn die skalare Potenzreihe $\sum_{k=0}^{\infty} a_k$ $(x - x_0)^k$ mit $a_k \in \mathbb{K}$ für ein $x \neq x_0$, aber nicht für alle $x \in \mathbb{K}$ absolut konvergiert, dann gibt es ein $r > 0$ mit folgenden Eigenschaften:*

(i) $\sum_{k=0}^{\infty} a_k (x - x_0)^k$ *konvergiert absolut für alle x in $\left\{ x \in \mathbb{K} \mid |x - x_0| < r \right\}$.*

(ii) $\sum_{k=0}^{\infty} a_k (x - x_0)^k$ *divergiert, das heißt konvergiert nicht, für $|x - x_0| > r$.*

Beweis Aus der Konvergenz von $\sum_{k=0}^{\infty} a_k (x - x_0)^k$ mit $x \neq x_0$ folgt mit der Dreiecksungleichung, dass $\lim_{k \to \infty} a_k (x - x_0)^k = 0$. Sei dazu $s = \lim_{n \to \infty} s_n$ für $s_n := \sum_{k=1}^{\infty} a_k (x - x_0)^k$ und $\varepsilon > 0$. Dann gibt es ein $n_0 \in \mathbb{N}$ mit

$$\forall n > n_0 : \quad |s_n - s| < \tfrac{1}{2}\varepsilon.$$

Also gilt für $n > n_0 + 1$

$$|a_n (x - x_0)^n| = |s_n - s_{n-1}| \leq |s_n - s| + |s - s_{n-1}| < \tfrac{1}{2}\varepsilon + \tfrac{1}{2}\varepsilon = \varepsilon.$$

Wenn $\rho := |x - x_0|$, dann gibt es insbesondere ein $M > 0$ mit $|a_k \rho^k| < M$ für alle $k \in \mathbb{N}_0 = \mathbb{N} \cup \{0\}$. Wenn jetzt $|z| < \rho$, dann gilt

$$|a_k| \, |z|^k = |a_k \rho^k| \frac{|z|^k}{\rho^k} \leq M \frac{|z|^k}{\rho^k} \tag{5.37}$$

für alle $k \in \mathbb{N}_0$ und $\sum_{k=0}^{\infty} M \frac{|z|^k}{\rho^k}$ ist konvergent. Also ist für $x' \in B(x_0; \rho)$ auch $\sum_{k=0}^{\infty} |a_k| \, |x' - x_0|^k$ konvergent, das heißt, die Reihe $\sum_{k=0}^{\infty} a_k (x' - x_0)^k$ ist absolut konvergent.

Damit haben wir gesehen, dass die Reihe $\sum_{k=0}^{\infty} a_k z^k$ entweder überall absolut konvergiert oder aber die Menge X der Punkte z, für die die Reihe absolut konvergiert, ist beschränkt. In diesem Fall sei

$$r := \sup \left\{ |z| \,\Big|\, z \in X \text{ mit } \sum_{k=0}^{\infty} a_k z^k \text{ absolut konvergent} \right\}.$$

Wenn $z \in B(0; r)$, dann gibt es ein $\rho \in \mathbb{R}$ mit $|z| < \rho < r$, so dass die Reihe $\sum_{k=0}^{\infty} a_k \rho^k$ absolut konvergiert. Dann konvergiert dann auch die Reihe $\sum_{k=0}^{\infty} |a_k| \, |z|^k$ und es bleibt nur noch zu zeigen, dass die Reihe $\sum_{k=0}^{\infty} a_k z^k$ für $|z| > r$ divergiert. Wenn aber $|z| > r$ und die Reihe $\sum_{k=0}^{\infty} a_k z^k$ konvergiert, dann zeigt der erste Teil des Beweises, dass $\sum_{k=0}^{\infty} a_k w^k$ für alle $|w| < |z|$ absolut konvergiert, insbesondere also auch für solche $w \in \mathbb{K}$ mit $r < |w| < |z|$ (die es immer gibt). Dies steht aber im Widerspruch zur Definition von r. $\qquad \square$

Man kann den Fall, dass die Reihe $\sum_{k=0}^{\infty} a_k (x - x_0)^k$ in Proposition 5.43 für alle $x \in \mathbb{K}$ konvergiert, auch unter den zweiten Teil der Proposition subsumieren, indem man auch $r = \infty$ in der Aussage zulässt. Man nennt das r aus Proposition 5.43 dann den *Konvergenzradius* der Potenzreihe $\sum_{k=0}^{\infty} a_k(x - x_0)^k$. Wenn $\sum_{k=0}^{\infty} a_k(x - x_0)^k$ für kein $x \neq x_0$ konvergiert, sagt man, der Konvergenzradius ist Null.

Als erste Konsequenz der Existenz von Konvergenzradien zeigen wir, dass skalare Potenzreihen, betrachtet als Folgen von Funktionen, auf jeder kompakten Teilmenge des offenen Konvergenzkreises gleichmäßig konvergieren.

Proposition 5.44 (Gleichmäßige Konvergenz skalarer Potenzreihen) *Sei* $\sum_{k=0}^{\infty} a_k z^k$ *eine skalare Potenzreihe mit Konvergenzradius* r. *Dann ist* $\sum_{k=0}^{\infty} a_k z^k$ *auf jeder Kreisscheibe der Form* $B(0; b) = \{z \in \mathbb{K} \mid |z| < b\}$ *mit* $0 < b < r$ *gleichmäßig konvergent.*

Beweis Wähle $0 < b < c < r$. Dann konvergiert $\sum_{k=0}^{\infty} |a_k| c^k$, also auch $\sum_{k=0}^{\infty} a_k z^k$ für jedes $z \in B(0; b)$ absolut. Setze

$$s(z) := \sum_{k=0}^{\infty} a_k z^k, \quad t_n := \sum_{k=0}^{n} |a_k| c^k \quad \text{und} \quad t := \sum_{k=0}^{\infty} |a_k| c^k.$$

Dann gilt

$$\left| s(z) - \sum_{k=0}^{n} a_k z^k \right| = \left| \sum_{k=n+1}^{\infty} a_k z^k \right| \leq \sum_{k=n+1}^{\infty} |a_k z^k| \leq \sum_{k=n+1}^{\infty} |a_k| c^k = t - t_n$$

für alle $z \in B(0; b)$. Weil aber $\lim_{n \to \infty} t_n = t$, folgt damit die Behauptung. $\square$

Da zwischen b und r immer noch eine Zahl b' mit $b < b' < r$ zu finden ist, kann man die Proposition 5.44 genau so gut mit den abgeschlossenen Kreisscheiben $\overline{B}(0; b) = \{z \in \mathbb{K} \mid |z| \leq b\}$ formulieren.

Es gibt verschiedene explizite Formeln für den Konvergenzradius einer skalaren Potenzreihe, die alle aus dem Vergleich mit der geometrischen Reihe stammen. Zum Beweis stellt es sich als wichtig heraus, das Verhalten nicht nur der k-ten Potenzen, sondern auch der k-ten Wurzeln einer festen Zahl für große k zu verstehen. Die folgende Proposition wird uns dabei helfen.

Proposition 5.45 (Algebraische Kombination von Limiten) *Seien* $(a_n)_{n \in \mathbb{N}}$ *und* $(b_n)_{n \in \mathbb{N}}$ *zwei Folgen komplexer Zahlen mit* $\lim_{n \to \infty} a_n = a$ *und* $\lim_{n \to \infty} b_n = b$. *Dann gilt:*

(i) $\lim_{n \to \infty} (a_n \pm b_n) = a \pm b$.
(ii) $\lim_{n \to \infty} (a_n b_n) = ab$.
(iii) $\lim_{n \to \infty} \left(\frac{a_n}{b_n}\right) = \frac{a}{b}$, *falls alle* b_n *und* b *ungleich Null sind.*

Beweis

(i) Zu $\varepsilon > 0$ findet man nach Voraussetzung $N_1, N_2 \in \mathbb{N}$ mit

$$\forall n \geq N_1 : \ |a_n - a| < \varepsilon \quad \text{und} \quad \forall n \geq N_2 : \ |b_n - b| < \varepsilon.$$

Wenn $N := \max\{N_1, N_2\}$, dann gilt für $n \geq N$

$$|a_n \pm b_n - (a \pm b)| \leq |a_n - a| + |b_n - b| < 2\varepsilon.$$

(ii) Wir stellen zunächst fest, dass

$$|a_n b_n - ab| = |(a_n - a)b_n + a(b_n - b)| \leq |a_n - a|\,|b_n| + |a|\,|b_n - b|.$$

Nach Voraussetzung existiert ein $N_0 \in \mathbb{N}$ mit

$$\forall n \geq N_0 : \quad |b_n - b| < 1,$$

also $|b_n| \leq |b_n - b| + |b| < 1 + |b|$. Wenn jetzt $N := \max\{N_0, N_1, N_2\}$, dann finden wir $|a_n b_n - ab| \leq (1 + |b| + |a|)\varepsilon$ für $n \geq N$.

(iii) Wähle N_0 mit

$$\forall n \geq N_0 : \quad |b_n - b| < \frac{|b|}{2}.$$

Dann gilt wegen $|b_n| = |(-b) - (b_n - b)| \geq |b| - |b_n - b|$

$$\forall n \geq N_0 : \quad |b_n| \geq \frac{|b|}{2} > 0.$$

Mit $N := \max\{N_0, N_1, N_2\}$ folgt dann für $n \geq N$

$$\left| \frac{a_n}{b_n} - \frac{a}{b} \right| = \left| \frac{b(a_n - a) - a(b_n - b)}{b\,b_n} \right| < \frac{|b|\varepsilon + |a|\varepsilon}{\frac{1}{2}b^2} = \frac{2(|b| + |a|)}{b^2}\varepsilon.$$

$\square$

Lemma 5.46 (*k-te Wurzeln für große k*) *Sei $M > 0$. Dann gilt* $\lim_{k \to \infty} \sqrt[k]{M} = 1$.

Beweis Der Fall $M = 1$ ist trivial und es gilt $\sqrt[k]{\frac{1}{M}} = \frac{1}{\sqrt[k]{M}}$. Indem wir gegebenenfalls die Folge der $\sqrt[k]{\frac{1}{M}}$ statt $\sqrt[k]{M}$ betrachten, können wir uns nach Proposition 5.45 auf den Fall $M > 1$ beschränken. In diesem Fall haben wir $\sqrt[k]{M} > 1$ für alle k, also ist wegen

$$\left(\frac{\sqrt[k]{M}}{\sqrt[k+1]{M}} \right)^k \frac{1}{\sqrt[k+1]{M}} = 1$$

die Folge $(\sqrt[k]{M})_{k\in\mathbb{N}}$ monoton fallend (und nach unten beschränkt). Damit konvergiert diese Folge gegen sein Infimum a, das größer gleich 1 ist. Wegen $\sqrt[k]{M} \geq a \geq 1$ ist die Folge $(a^k)_{k\in\mathbb{N}}$ durch M beschränkt und das zeigt $a = 1$. $\square$

Satz 5.47 (Konvergenzkriterien für skalare Potenzreihen) *Für den Konvergenzradius r einer skalaren Potenzreihe $\sum_{k=0}^{\infty} a_k(z - z_0)^k$ gilt:*

(i) $r = \inf\left\{ m > 0 \,\middle|\, \sup_{k\in\mathbb{N}_0} |a_k m^k| = \infty \right\}$.

(ii) (Wurzelkriterium – Cauchy-Hadamard-Formel)

$$r = \left(\limsup_{k\to\infty} |a_k|^{\frac{1}{k}} \right)^{-1},$$

wobei mit $\frac{1}{0} = \infty$ und $\frac{1}{\infty} = 0$ auch die Fälle $\limsup_{k\to\infty} |a_k|^{\frac{1}{k}} = 0$ und $\limsup_{k\to\infty} |a_k|^{\frac{1}{k}} = \infty$ erfasst sind.

(iii) (Quotientenkriterium) *Falls $a_k \neq 0$ für alle k und $\lim_{n\to\infty} |\frac{a_n}{a_{n+1}}|$ existiert,*

$$r = \lim_{n\to\infty} \left| \frac{a_n}{a_{n+1}} \right|.$$

(iv) *Falls $a_k \neq 0$ für alle k und $\limsup_{n\to\infty} |\frac{a_n}{a_{n-1}}|$ existiert,*

$$r \geq \left(\limsup_{n\to\infty} \left| \frac{a_n}{a_{n-1}} \right| \right)^{-1}.$$

Beweis

(i) Setze $\rho := \inf\{m > 0 \mid \sup_{k\in\mathbb{N}_0} |a_k m^k| = \infty\}$. Wenn $m < \rho$, dann ist $\{a_k m^k \mid k \in \mathbb{N}_0\}$ beschränkt und für $0 < R < m < \rho$ konvergiert $\sum_{k=0}^{\infty} a_k(z - z_0)^k$ nach dem Beweis von Proposition 5.43, präzise gesagt nach (5.37), absolut auf $\overline{B}(z_0; R) := \{z \in \mathbb{C} \mid |z - z_0| \leq R\}$. Umgekehrt, sei $|z - z_0| > \rho$. Dann gilt für $|z - z_0| > b > \rho$, dass $\sup_{k\in\mathbb{N}_0} |a_k b^k| = \infty$ und daher

$$\sup_{k\in\mathbb{N}_0} |a_k |z - z_0|^k| = \infty.$$

Das Argument zu Beginn des Beweises von Proposition 5.43 zeigt, dass dann $\sum_{k=0}^{\infty} a_k(z - z_0)^k$ nicht konvergiert. Damit ist ρ also gerade der Konvergenzradius.

(ii) Wenn $\limsup\limits_{k\to\infty} |a_k|^{\frac{1}{k}} < \frac{1}{r}$, dann gibt es ein $m > r$ mit $\limsup\limits_{k\to\infty} |a_k|^{\frac{1}{k}} < \frac{1}{m}$. Also

gilt $m\,|a_k|^{\frac{1}{k}} < 1$ *für fast alle* k (das heißt hier, alle bis auf endlich viele) und $\{\,|a_k|m^k \mid k \in \mathbb{N}_0\}$ ist beschränkt. Wegen (i) zeigt dies $m \leq r$ und dieser Widerspruch zeigt

$$\limsup_{k\to\infty} |a_k|^{\frac{1}{k}} \geq \frac{1}{r}.$$

Wenn jetzt $0 < b < r$, dann gibt es nach (i) ein $M > 0$ mit $\sup\limits_{k\in\mathbb{N}_0} |a_k|b^k \leq M$, also mit Lemma 5.46

$$\limsup_{k\to\infty} |a_k|^{\frac{1}{k}} b \leq \lim_{k\to\infty} M^{\frac{1}{k}} = 1.$$

Aber $\limsup\limits_{k\to\infty} |a_k|^{\frac{1}{k}} \leq \frac{1}{b}$ für alle $0 < b < r$ liefert mit $b \to r$ auch $\limsup\limits_{k\to\infty} |a_k|^{\frac{1}{k}} \leq \frac{1}{r}$. Damit ist (ii) bewiesen.

(iii) Sei $\limsup\limits_{k\to\infty} \left|\frac{a_k}{a_{k-1}}\right| = c$. Dann gibt es zu $\varepsilon > 0$ ein N mit $\left|\frac{a_k}{a_{k-1}}\right| \leq c + \varepsilon$ für alle $k \geq N$. Wir schreiben

$$|a_n| = \left(\left|\frac{a_n}{a_{n-1}}\right| \cdot \left|\frac{a_{n-1}}{a_{n-2}}\right| \cdots \left|\frac{a_N}{a_{N-1}}\right|\right) \cdot \left|\frac{a_{N-1}}{a_{N-2}}\right| \cdots \left|\frac{a_1}{a_0}\right| \cdot |a_0|$$

für $n \geq N$ und stellen fest, dass wegen Lemma 5.46

$$|a_n|^{\frac{1}{n}} \leq \underbrace{(c+\varepsilon)^{(n-N+1)\frac{1}{n}}}_{\xrightarrow[n\to\infty]{}(c+\varepsilon)} \underbrace{\left(\left|\frac{a_{N-1}}{a_{N-2}}\right| \cdots \left|\frac{a_1}{a_0}\right| \cdot |a_0|\right)^{\frac{1}{n}}}_{\xrightarrow[n\to\infty]{}1}$$

für $n \geq N$ gilt. Damit findet man zunächst $\limsup\limits_{n\to\infty} |a_n|^{\frac{1}{n}} \leq c + \varepsilon$ und dann

$$\limsup_{n\to\infty} |a_n|^{\frac{1}{n}} \leq \limsup_{n\to\infty} \left|\frac{a_n}{a_{n-1}}\right|. \tag{5.38}$$

Analog zeigt man $\liminf\limits_{n\to\infty} \left|\frac{a_n}{a_{n-1}}\right| \leq \liminf\limits_{n\to\infty} |a_n|^{\frac{1}{n}}$ und zusammen erhält man (iii) aus (ii).

(iv) Dies folgt durch Kombination von (ii) mit (5.38).

$\square$

Mit den Kriterien aus Satz 5.47 überprüft man leicht, dass die Potenzreihe $\sum_{k=0}^{\infty} \frac{x^k}{k!}$ den Konvergenzradius ∞ hat, die Potenzreihe $\sum_{k=0}^{\infty} k^k x^k$ dagegen den Konvergenzradius 0.

Bevor wir zu den allgemeinen Potenzreihen zurückkehren, halten wir noch eine Beobachtung über Konvergenzradien fest, die uns anschließend nützlich sein wird: Wenn man eine skalare Potenzreihe $\sum_{k=0}^{\infty} a_k z^k$ gliedweise formal ableitet oder mit einer festen Potenz von z multipliziert, dann ändert sich der Konvergenzradius nicht. Auch diese Beobachtung ist letztlich die Konsequenz eines Vergleichs mit der geometrischen Reihe in Form des folgenden Lemmas.

Lemma 5.48 (Geometrische Folge) *Wenn* $0 < q < 1$, *dann gilt* $\lim_{n \to \infty} n q^n = 0$.

Beweis Beachte zunächst, dass wegen Proposition 5.45 gilt $\lim_{n \to \infty} \left(\frac{n+1}{n} q \right) = q < 1$. Also gibt es ein $n_0 \in \mathbb{N}$ mit $\frac{n+1}{n} q < 1$ für alle $n > n_0$. Aber dann folgt

$$0 < (n+1)q^{n+1} = n q^n \frac{n+1}{n} q < n q^n$$

für $n > n_0$ und da monotone beschränkte Folgen immer einen Grenzwert haben, finden wir ein $a := \lim_{n \to \infty} n q^n$. Wegen der Identität

$$(n+1)q^{n+1} = q n q^n + q^{n+1}$$

ergibt sich durch Berechnung der Grenzwerte für $n \to \infty$ von beiden Seiten (siehe Beispiel 3.21),

$$a = qa + 0.$$

Wegen $q < 1$ folgt jetzt $a = 0$. $\qquad\square$

Proposition 5.49 (Konvergenzradius der formalen Ableitung) *Die skalaren Potenzreihen* $\sum_{k=0}^{\infty} a_k z^k$, $\sum_{k=1}^{\infty} k a_k z^{k-1}$ *und* $\sum_{k=1}^{\infty} a_k z^{k+m}$ *mit* $m \in \mathbb{N}$ *haben denselben Konvergenzradius.*

Beweis Sei r der Konvergenzradius von $\sum_{k=0}^{\infty} a_k z^k$. Wähle z und b mit $0 < |z| < b < r$. Nach Lemma 5.48 konvergiert die Folge $\left(n \left| \frac{z}{b} \right|^n \right)_{n \in \mathbb{N}}$ gegen Null, ist also insbesondere beschränkt. Das heißt, es gibt ein $M > 0$ (abhängig von z) mit

$$\left| n a_n z^{n-1} \right| = \left| \frac{1}{z} n \left(\frac{z}{b} \right)^n a_n b^n \right| = \frac{1}{|z|} \left(n \left| \frac{z}{b} \right|^n \right) |a_n| b^n \le M |a_n| b^n.$$

Weil aber die Reihe $\sum_{k=1}^{\infty} |a_k| b^k$ konvergiert, konvergiert auch die Reihe $\sum_{k=1}^{\infty} k a_k z^{k-1}$ absolut. Damit haben wir gezeigt, dass der Konvergenzradius von $\sum_{k=1}^{\infty} k a_k z^{k-1}$ mindestens so groß ist wie der von $\sum_{k=0}^{\infty} a_k z^k$. Die umgekehrte Richtung folgt sofort aus

$$|a_n| |z^n| \le n |a_n| |z^n|.$$

Die Behauptung über die Multiplikation mit z^m folgt durch den Grenzübergang $n \to \infty$ in der Identität

$$\sum_{k=1}^{n} a_k z^{k+m} = z^m \sum_{k=1}^{n} a_k z^k.$$

$\square$

Mit Proposition 5.49 können wir die Frage nach der Differenzierbarkeit von durch skalare Potenzreihen dargestellte Funktionen schon beantworten.

Korollar 5.50 (Ableitung konvergenter skalarer Potenzreihen) *Sei* $f(z) = \sum_{k=0}^{\infty} a_k z^k$ *eine skalare Potenzreihe. Dann ist die Funktion* f *auf der durch den Konvergenzradius gegebenen offenen Kugel differenzierbar. Die Ableitung ist auf dem selben Bereich durch*

$$f'(z) = \sum_{k=1}^{\infty} k a_k z^{k-1}$$

gegeben.

Beweis Nach Proposition 5.49 ist die Potenzreihe auf der durch den Konvergenzradius gegebenen Kugel konvergent. Nach Proposition 5.44 sind die Potenzreihen beide auf jeder darin enthaltenen abgeschlossenen Kugel gleichmäßig konvergent. Weil die Ableitungen der Polynomfunktionen $\sum_{k=0}^{n} a_k z^k$ durch die Polynomfunktionen $\sum_{k=1}^{n} k a_k z^{k-1}$ gegeben sind, folgt die Behauptung mit Satz 5.42. $\square$

Beispiel 5.51 (Sinus und Kosinus) Die Funktionen Sinus und Kosinus sind nach (3.49) durch die Potenzreihen

$$\cos z = \sum_{k=0}^{\infty} (-1)^k \frac{z^{2k}}{(2k)!} \quad \text{und} \quad \sin z = \sum_{k=0}^{\infty} (-1)^k \frac{z^{2k+1}}{(2k+1)!}$$

gegeben. Damit ergibt sich aus Korollar 5.50

$$\cos'(z) = \sum_{k=1}^{\infty} (-1)^k 2k \frac{z^{2k-1}}{(2k)!} = \sum_{k=1}^{\infty} (-1)^k \frac{z^{2k-1}}{(2k-1)!} = -\sum_{k=0}^{\infty} (-1)^{k+1} \frac{z^{2k+1}}{(2k+1)!}$$
$$= -\sin(z)$$

und

$$\sin'(z) = \sum_{k=1}^{\infty} (-1)^k (2k+1) \frac{z^{2k}}{(2k+1)!} = \sum_{k=0}^{\infty} (-1)^k \frac{z^{2k}}{(2k)!} = \cos(z).$$

Für $R > 0$ betrachten wir die Funktion $\gamma : [0, 2\pi] \to \mathbb{R}^2$, $t \mapsto R(\cos(t), \sin(t))$, deren Bild gerade der Kreis mit Radius R um die Null ist. Die Ableitung von γ auf $]0, 2\pi[$ ist gegeben durch $\gamma'(t) = R(-\sin(t), \cos(t))$. Wenn man jetzt $\gamma'(t)$ als die Geschwindigkeit interpretiert, mit der sich der Punkt $\gamma(t)$ zum Zeitpunkt t bewegt, dann sieht man, dass sich zwar die Richtung der Geschwindigkeit ändert, nicht aber der Betrag (der ist konstant gleich R). Damit hat die (krumme) Wegstrecke, die der Punkt im Zeitraum $[0, 2\pi]$ zurücklegt, die Länge 2π. Wenn man also Längen gekrümmter Kurven entsprechend dieser Interpretationen definiert, dann ist der Umfang des Kreises gerade der Durchmesser mal die Kreiszahl π. $\qquad\square$

5.5.3 Analytische Funktionen

Wir beginnen mit einer formalen Definition der Klasse der $\mathbb{K}$-analytischen Funktionen, von denen in der Einleitung zu Abschn. 5.1 schon die Rede war. Man beachte dabei, dass die Definition der $\mathbb{K}$-Analytizität wegen Satz 3.70 nicht von der Wahl der Normen $\|\cdot\|_V$ und $\|\cdot\|_W$ abhängt.

Definition 5.52 ($\mathbb{K}$-analytische Funktionen) Seien $(V, \|\cdot\|_V)$ und $(W, \|\cdot\|_W)$ zwei endlichdimensionale normierte $\mathbb{K}$-Vektorräume. Wenn $U \subseteq V$ offen ist, dann heißt eine Funktion $f : U \to W$ $\mathbb{K}$-*analytisch*, wenn es zu jedem $x_0 \in U$ ein $r_0 > 0$ mit $B(x_0; r_0) \subseteq U$ gibt, auf der f durch eine gleichmäßig konvergente Potenzreihe $\sum_{k=0}^{\infty} a_k (x - x_0)^k$ dargestellt wird. $\qquad\square$

In der folgenden Bemerkung charakterisieren wir die lokal gleichmäßige Konvergenz von Potenzreihen durch die Konvergenz einer skalaren Potenzreihe.

Bemerkung 5.53 (Konvergenz von Potenzreihen) Sei $a_k \in L_k(V; W)_{\mathrm{sym}}$ für $k \in \mathbb{N}_0$ eine Folge von symmetrischen W-wertigen Multilinearformen auf V. Um das Konvergenzverhalten der Potenzreihe $\sum_{k=0}^{\infty} a_k (x - x_0)^k$ zu beschreiben, betrachten wir für eine Abbildung $h : V \to W$ den Ausdruck

$$\|h\|_{\infty, r} := \sup_{x \in B(x_0; r)} \|h(x - x_0)\|_W.$$

Wenn $h \in \mathrm{Pol}_k(V, W)$ eine homogene polynomiale Abbildung vom Grad k ist (siehe Bemerkung 5.41), dann gilt

$$\|h\|_{\infty, r} = \sup\left\{ \|h(x)\|_W \ \big|\ \|x\|_V \leq 1 \right\} r^k.$$

Sei jetzt $h_k := \mathrm{Res}_k(a_k) \in \mathrm{Pol}_k(V, W)$. Dann ist die gleichmäßige Konvergenz von $\sum_{k=0}^{\infty} a_k (x - x_0)^k = \sum_{k=0}^{\infty} h_k(x - x_0)$ auf $B(x_0; r)$ äquivalent zur Konvergenz der Reihe

$$\sum_{k=0}^{\infty} \|h_k\|_{\infty, r} = \sum_{k=0}^{\infty} \|h_k\|_{\mathrm{op}'} r^k = \sum_{k=0}^{\infty} \|\mathrm{Res}_k(a_k)\|_{\mathrm{op}'} r^k$$

mit $\|h_k\|_{\mathrm{op}'} := \sup\left\{\|h_k(x)\|_W \mid \|x\|_V \le 1\right\}$. Mit $\|h\|_{\mathrm{op}'} = \|h\|_{\infty,1}$ für $h \in \mathrm{Pol}_k(V, W)$ sieht man sofort, dass $\|\cdot\|_{\mathrm{op}'}$ eine Norm auf $\mathrm{Pol}_k(V, W)$ ist. Nach Satz 3.72 sind $\mathrm{Res}_k : L_k(V; W)_{\mathrm{sym}} \to \mathrm{Pol}_k(V, W)$ und seine Umkehrabbildung stetig, wenn man $L_k(V; W)_{\mathrm{sym}}$ mit der Operatornorm $\|\cdot\|_{\mathrm{op}}$ aus (5.26) versieht. Nach Proposition 3.71 gibt es dann Konstanten $0 < c_k \le C_k$ mit

$$\forall a_k \in L_k(V; W)_{\mathrm{sym}} : \quad c_k \|\mathrm{Res}_k(a_k)\|_{\mathrm{op}'} \le \|a_k\|_{\mathrm{op}} \le C_k \|\mathrm{Res}_k(a_k)\|_{\mathrm{op}'}.$$

Der Vergleich der Definitionen von $\|\cdot\|_{\mathrm{op}'}$ und $\|\cdot\|_{\mathrm{op}}$ zeigt, dass wir $c_k = 1$ wählen dürfen.

Seien $v_1, \ldots, v_n$ und $w_1, \ldots, w_m$ Basen für V und W. Wir nehmen jetzt zusätzlich an, dass die Normen auf V und W durch

$$\|x_1 v_1 + \ldots + x_n v_n\|_V = \max_{i=1,\ldots,n} |x_i|$$

$$\|y_1 w_1 + \ldots + y_n w_n\|_V = \max_{j=1,\ldots,m} |y_j|$$

für $x_1, \ldots x_n, y_1, \ldots y_m \in \mathbb{K}$ gegeben ist. Sei jetzt $a_k \in L_k(V; W)_{\mathrm{sym}}$ und $\ell = (\ell_1, \ldots, \ell_k) \in \{1, \ldots, n\}^k$. Wir definieren die Koeffizienten $a_{\ell;j} := a_{\ell_1 \ldots \ell_k; j} \in \mathbb{K}$ durch

$$a_k(v_{\ell_1}, \ldots, v_{\ell_k}) =: \sum_{j=1}^{m} a_{\ell_1 \ldots \ell_k; j} w_j.$$

Für $v = \sum_{i=1}^{n} x_i v_i$ gilt dann

$$a_k(v, \ldots, v) = \sum_{j=1}^{m} \sum_{\ell_1=1}^{n} \ldots \sum_{\ell_k=1}^{n} a_{\ell_1 \ldots \ell_k; j}\, x_{\ell_1} \cdots x_{\ell_k} w_j,$$

also

$$\|\mathrm{Res}_k(a_k)\|_{\mathrm{op}'} =$$

$$= \max_{j=1,\ldots,m} \sup\left\{ \left| \sum_{\ell_1=1}^{n} \ldots \sum_{\ell_k=1}^{n} a_{\ell_1 \ldots \ell_k; j}\, x_{\ell_1} \cdots x_{\ell_k} \right| \;\middle|\; \forall s = 1, \ldots, k : |x_{\ell_s}| \le 1 \right\}$$

$$= \sup \max_{j=1,\ldots,m} \left\{ \left| \sum_{\ell_1=1}^{n} \ldots \sum_{\ell_k=1}^{n} a_{\ell_1 \ldots \ell_k; j}\, x_{\ell_1} \cdots x_{\ell_k} \right| \;\middle|\; \forall s = 1, \ldots, k : |x_{\ell_s}| \le 1 \right\}.$$

Andererseits haben wir

$$\|a_k\|_{\mathrm{op}} = \sup\left\{\left\|a_k\big(v^{(1)}, \ldots, v^{(k)}\big)\right\|_W \;\middle|\; r = 1, \ldots, k:\; v^{(r)} \in V,\; \|v^{(r)}\|_V \le 1\right\}$$

$$= \sup\left\{\left\|\sum_{\ell_1=1}^{n} \cdots \sum_{\ell_k=1}^{n} x^{(1)}_{\ell_1} \cdots x^{(k)}_{\ell_k} a_k(v_{\ell_1}, \ldots, v_{\ell_k})\right\|_W \;\middle|\; |x^{(r)}_{\ell_r}| \le 1\right\}$$

$$= \sup\left\{\max_{j=1,\ldots,m} \left|\sum_{\ell_1=1}^{n} \cdots \sum_{\ell_k=1}^{n} x^{(1)}_{\ell_1} \cdots x^{(k)}_{\ell_k} a_{\ell_1\ldots\ell_k;j}\right| \;\middle|\; |x^{(r)}_{\ell_r}| \le 1\right\},$$

also

$$\|\mathrm{Res}_k(a_k)\|_{\mathrm{op}'} = \|a_k\|_{\mathrm{op}}.$$

Für diese speziellen Wahlen von Normen haben wir also $c_k = C_k = 1$ und die gleichmäßige Konvergenz von $\sum_{k=0}^{\infty} a_k(x - x_0)^k$ auf $B(x_0; r)$ äquivalent zur Konvergenz der Reihe $\sum_{k=0}^{\infty} \|a_k\|_{\mathrm{op}} r^k$. $\qquad\square$

Das nächste Lemma zeigt, dass Funktionen, die auf einer geeigneten offenen Normkugel durch eine Potenzreihe dargestellt werden, dort $\mathbb{K}$-analytisch sind. Damit erschließen wir uns ein großes Beispielreservoir.

Lemma 5.54 (Konvergente Potenzreihen als analytische Funktionen) *Seien V und W zwei endlichdimensionale $\mathbb{K}$-Vektorräume, auf denen Normen $\|\cdot\|_V$ und $\|\cdot\|_W$ so gewählt sind, dass*

$$\forall a_k \in L_k(V; W)_{\mathrm{sym}}:\quad \|\mathrm{Res}_k(a_k)\|_{\mathrm{op}'} = \|a_k\|_{\mathrm{op}}$$

gilt. Wenn die Funktion $f: B(x_0; r) \to W$ für $x_0 \in V$ und $r > 0$ durch die Potenzreihe $\sum_{k=0}^{\infty} a_k(x - x_0)^k$ dargestellt wird und diese Reihe auf $B(x_0; r)$ gleichmäßig konvergiert, dann ist f auf $B(x_0; r)$ eine $\mathbb{K}$-analytische Funktion.

Beweis Wir zeigen zuerst, dass wir $x_0 = 0$ annehmen dürfen. Sei nämlich $f_{x_0}: B(0; \delta) \to W$ definiert durch $f_{x_0}(z) = f(z + x_0)$, dann wird f_{x_0} durch die Potenzreihe $\sum_{k=0}^{\infty} a_k(z)^k$ dargestellt. Wenn wir das Lemma für $x_0 = 0$ bewiesen haben, können wir es auf die Funktion f_{x_0} anwenden und schließen, dass f_{x_0} analytisch auf $B(0, \delta)$ ist. Also gibt es für jedes $x_1 \in B(0, \delta)$ Koeffizienten $d_k \in L_k(V; W)_{\mathrm{sym}}$, so dass auf einer Umgebung U von x_1 die Funktion f_{x_0} auf U durch die Potenzreihe $\sum_{k=0}^{\infty} d_k(z - x_1)^k$ dargestellt wird. Aber nun sehen wir, dass auf $U + x_1$ die Funktion f durch die Potenzreihe $\sum_{k=0}^{\infty} d_k\big(z - (x_0 + x_1)\big)^k$ dargestellt wird. Weil aber jeder Punkt in $B(x_0, \delta)$ von der Form $x_0 + x_1$ mit $x_1 \in B(0, \delta)$ ist, ist dann die Behauptung auch für f bewiesen.

Wir nehmen also an, dass $x_0 = 0$ ist. Jetzt wählen wir ein beliebiges $x_1 \in B(0; r)$ und $\delta > 0$ mit $B(x_1; \delta) \subseteq B(x_0; r)$. Wir setzen $u = x - x_1$ und erhalten

$$a_k(x)^k = a_k(u + x_1)^k = a_k(u + x_1, \ldots, u + x_1)$$
$$= a_k(u, \ldots, u) + \tbinom{k}{1} a_k(u, \ldots, u, x_1) + \ldots + \tbinom{k}{k} a_k(x_1, \ldots, x_1).$$

Mit $d_{k,j}(v_1, \ldots, v_j) := a_k(v_1, \ldots, v_j, x_1, \ldots, x_1)$ erhalten wir $d_{k,j} \in L_j(V; W)_{\mathrm{sym}}$ für $0 \le j \le k$ und

$$a_k(x)^k = \sum_{j=0}^{k} \binom{k}{j} d_{k,j}(u)^j.$$

Wir möchten die Potenzreihe

$$\sum_{k=0}^{\infty} a_k(x)^k = \sum_{k=0}^{\infty} \sum_{j=0}^{k} \binom{k}{j} d_{k,j}(u)^j$$

gerne wie folgt umordnen

$$\sum_{k=0}^{\infty} a_k(x)^k = \sum_{j=0}^{\infty} \sum_{k \ge j} \binom{k}{j} d_{k,j}(u)^j$$

und dann

$$d_j := \sum_{k=j}^{\infty} \binom{k}{j} d_{k,j} \in L_j(V; W)_{\mathrm{sym}}$$

setzen. Wenn alle Reihen konvergieren, liefert das

$$f(x) = \sum_{k=0}^{\infty} a_k(x)^k = \sum_{j=0}^{\infty} d_j(u)^j = \sum_{j=0}^{\infty} d_j(x - x_1)^j,$$

also die Behauptung.

Nach Voraussetzung, Bemerkung 5.53 und Proposition 5.44 konvergiert die skalare Potenzreihe $\sum_{k=0}^{\infty} \|a_k\|_{\mathrm{op}} t^k$ für $|t| \le r$ gleichmäßig. Wegen $\|d_{k,j}\|_{\mathrm{op}} \le \|a_k\|_{\mathrm{op}} \|x_1\|^{k-j}$ finden wir für $x \in B(x_1; \delta)$ wegen $\|x_1\| + \delta < r$ die Abschätzung

$$\sum_{k=0}^{\infty} \sum_{j=0}^{k} \binom{k}{j} \|d_{k,j}\|_{\mathrm{op}} \|u\|^j \le \sum_{k=0}^{\infty} \sum_{j=0}^{k} \binom{k}{j} \|d_{k,j}\|_{\mathrm{op}} \delta^j \le \sum_{k=0}^{\infty} \sum_{j=0}^{k} \|a_k\|_{\mathrm{op}} \binom{k}{j} \|x_1\|^{k-j} \delta^j$$

$$\le \sum_{k=0}^{\infty} \|a_k\|_{\mathrm{op}} \sum_{j=0}^{k} \binom{k}{j} \|x_1\|^{k-j} \delta^j$$

$$= \sum_{k=0}^{\infty} \|a_k\|_{\mathrm{op}} (\|x_1\| + \delta)^k < \infty.$$

Jetzt folgt die absolute Konvergenz aller beteiligten Potenzreihen aus dem Umordnungssatz 4.9. $\qquad\square$

Wir sind jetzt auch in der Lage zu zeigen, dass $\mathbb{K}$-analytische Funktionen lokal gleichmäßig konvergierende Taylor-Reihen haben.

Satz 5.55 (Taylor-Entwicklung analytischer Funktionen) *Seien V, W endlichdimensionale $\mathbb{K}$-Vektorräume und $U \subseteq V$ offen. Jede $\mathbb{K}$-analytische Funktion $f : U \to W$ ist unendlich oft $\mathbb{K}$-differenzierbar und zu jedem $x_0 \in U$ gibt es ein $r_0 > 0$, so dass*

$$\sum_{k=0}^{\infty} \frac{\| f^{(k)}(x_0) \|_{\mathrm{op}}}{k!} t^k$$

für $|t| \le r_0$ gleichmäßig konvergiert und f auf $B(x_0; r_0)$ durch seine Taylor-Reihe

$$\sum_{k=0}^{\infty} \frac{f^{(k)}(x_0)}{k!} (x - x_0)^k$$

dargestellt wird.

Beweis Als Erstes stellen wir fest, dass die Aussage des Satzes nicht von der Wahl der Normen $\| \cdot \|_V$ und $\| \cdot \|_W$ abhängt. Darum können wir ohne Beschränkung der Allgemeinheit annehmen, dass

$$\forall a_k \in L_k(V; W)_{\mathrm{sym}} : \quad \| \mathrm{Res}_k(a_k) \|_{\mathrm{op}'} = \| a_k \|_{\mathrm{op}}$$

gilt. Wir betrachten dann die Ableitungen der Partialsummen $\sum_{k=0}^{n} a_k (x - x_0)^k$, die in Proposition 5.40(iii) berechnet wurden. Mit $\tilde{a}_k \in L_{k-1}\big(V; \mathrm{Hom}(V, W)\big)_{\mathrm{sym}}$, definiert durch $\tilde{a}_k(x_1, \ldots, x_{k-1})(v) := a_k(v, x_1, \ldots, x_{k-1})$ ergibt sich

$$\Big(\sum_{k=0}^{n} b_k \Big)'(x - x_0) = \sum_{k=1}^{n} k \, a_k(\cdot, x - x_0, \ldots, x - x_0) = \sum_{k=1}^{n} k \, \tilde{a}_k (x - x_0)^{k-1}.$$

Da aber die Operatornorm von $\tilde{a}_k$ mit der von a_k übereinstimmt, haben die skalaren Potenzreihen $\sum_{k=0}^{\infty} \| a_k \|_{\mathrm{op}} t^k$ und $\sum_{k=1}^{\infty} k \, \| \tilde{a}_k \|_{\mathrm{op}} t^{k-1}$ nach Proposition 5.49 den gleichen Konvergenzradius ρ. Für $0 \le r < \rho$ konvergieren nach Bemerkung 5.53 die Potenzreihen $\sum_{k=0}^{\infty} a_k (x - x_0)^k$ und $\sum_{k=1}^{\infty} k \, \tilde{a}_k (x - x_0)^{k-1}$ beide gleichmäßig auf der Kugel $B(x_0; r)$. Mit Satz 5.42 findet man also, dass die durch $\sum_{k=0}^{\infty} a_k (x - x_0)^k$ auf $B(x_0; r)$ dargestellte Funktion $f : B(x_0; r) \to W$ differenzierbar ist und die Ableitung auf $B(x_0; r)$ durch $\sum_{k=1}^{\infty} k \, \tilde{a}_k (x - x_0)^{k-1}$ dargestellt wird. Iteration dieses Arguments liefert Ableitungen beliebig hoher Ordnung, die als Potenzreihen gegeben sind. Auswertung der Ableitungen der einzelnen Summanden in $\sum_{k=0}^{\infty} a_k (x - x_0)^k$ im Punkt x_0 liefert die Formel

$$f^{(m)}(x_0) = m! a_m,$$

das heißt, die $\sum_{k=0}^{n} a_k (x - x_0)^k$ sind genau die Taylor-Polynome von f bezüglich des Punktes x_0. $\qquad\square$

Zum Abschluss dieses Abschnitts wollen wir noch ein mehrdimensionales Analogon der geometrischen Reihe als Beispiel betrachten. Dafür brauchen wir die folgende Verallgemeinerung der binomischen Formel aus Proposition 1.53.

Proposition 5.56 (Multinomialformel) *Es gilt*

$$(x_1 + \ldots + x_n)^k = \sum_{|\alpha|=k} \binom{|\alpha|}{\alpha} x^\alpha,$$

wobei für einen Multiindex $\alpha \in \mathbb{N}_0^n$ *die* Multinomialkoeffizienten *durch*

$$\binom{|\alpha|}{\alpha} := \frac{|\alpha|!}{\alpha!}$$

mit

$$\left[|\alpha| := \sum_{j=1}^n \alpha_j, \quad \alpha! := \prod_{j=1}^n \alpha_j!, \quad x^\alpha := \prod_{j=1}^n x_j^{\alpha_j} \right]$$

definiert sind.

Beweis Induktion über die Anzahl der Summanden. Für $y := x_1 + \ldots + x_n$ liefert die binomische Formel

$$(y + x_{n+1})^k = \sum_{\alpha_{n+1}=0}^k \binom{k}{\alpha_{n+1}} y^{k-\alpha_{n+1}} x_{n+1}^{\alpha_{n+1}},$$

und Induktion zeigt

$$\sum_{\alpha_{n+1}=0}^k \binom{k}{\alpha_{n+1}} y^{k-\alpha_{n+1}} x_{n+1}^{\alpha_{n+1}}$$

$$= \sum_{\alpha_{n+1}=0}^k \binom{k}{\alpha_{n+1}} \sum_{|\beta|=k-\alpha_{n+1}} \binom{|\beta|}{\beta} x_1^{\beta_1} \cdots x_n^{\beta_n} \cdot x_{n+1}^{\alpha_{n+1}}$$

$$= \sum_{\alpha_{n+1}=0}^k \sum_{|\beta|=k-\alpha_{n+1}} \frac{|\beta|!}{\beta!} \binom{k}{\alpha_{n+1}} x_1^{\beta_1} \cdots x_n^{\beta_n} \cdot x_{n+1}^{\alpha_{n+1}}$$

$$= \sum_{|(\beta,\alpha_{n+1})|=k} \frac{(k-\alpha_{n+1})!}{\beta!} \frac{k!}{\alpha_{n+1}!(k-\alpha_{n+1})!} x_1^{\beta_1} \cdots x_n^{\beta_n} \cdot x_{n+1}^{\alpha_{n+1}}$$

$$= \sum_{|\alpha|=k} \frac{k!}{\alpha!} x_1^{\alpha_1} \cdots x_n^{\alpha_n} \cdot x_{n+1}^{\alpha_{n+1}}.$$

$\square$

Beispiel 5.57 (Geometrische Reihe) Sei $V = \mathbb{R}^n$ mit der euklidischen Norm und $r > 0$. Die durch

$$f(x) := \frac{r}{r - (x_1 + \ldots + x_n)}$$

auf $B(0; r)$ definierte Funktion f wird durch eine konvergente Potenzreihe darge-stellt, ist also nach Lemma 5.54 analytisch. Eine Möglichkeit, das einzusehen, ist die folgende Rechnung, die die Multinomialformel aus Proposition 5.56 verwendet:

$$f(x) = \frac{1}{1 - \left(\frac{x_1 + \ldots + x_n}{r}\right)} = \sum_{k=0}^{\infty} \left(\frac{x_1 + \ldots + x_n}{r}\right)^k = \sum_{k=0}^{\infty} \frac{1}{r^k} \sum_{|\alpha|=k} \binom{|\alpha|}{\alpha} x^\alpha$$

$$= \sum_{\alpha} \frac{|\alpha|!}{r^{|\alpha|} \alpha!} x^\alpha.$$

Mit der Cauchy-Schwarz-Ungleichung (CSU) aus dem Beweis von Proposi-tion 3.75 findet man die Abschätzung $\sum_{j=1}^{n} |x_j| \leq \|(1, \ldots, 1)\|_2 \|(x_1, \ldots, x_n)\|_2 = \sqrt{n} \|x\|_2$, die für $\|x\|_2 < \frac{r}{\sqrt{n}}$ auf

$$\sum_{\alpha} \frac{|\alpha|!}{r^{|\alpha|} \alpha!} |x^\alpha| = \sum_{k=0}^{\infty} \left(\frac{|x_1| + \ldots + |x_n|}{r}\right)^k < \infty$$

führt und daher die absolute Konvergenz liefert.

Um eine Darstellung der Potenzreihe in der Form (5.36) zu finden, betrachtet man die lineare Abbildung $\tau \colon V \to \mathbb{R}$, die durch $\tau(x_1, \ldots, x_n) = \sum_{j=1}^{n} x_j$ gegeben ist, und schreibt für $v_1, \ldots, v_n \in V$

$$a_k(v_1, \ldots, v_k) := \prod_{\ell=0}^{k} \tau(v_\ell).$$

Dann ist a_k ein Element von $L_k(V; \mathbb{R})_{\text{sym}}$ und es gilt

$$f(x) = \sum_{k=0}^{\infty} \frac{1}{r^k} a_k(x)^k.$$

$\square$

5.6   Berechnung von Integralen

Im Unterabschnitt 5.3.1 haben wir Integral- und Differenzialrechnung (in einer Varia-blen) zusammengeführt und mit dem Hauptsatz 5.25 eine Methode geschaffen, Inte-grale dadurch zu berechnen, dass man Stammfunktionen von gegebenen Funktionen findet. In diesem Abschnitt erweitern wir die in diesem Kontext gefundene Substitutionsregel zu einem Resultat für Funktionen mehrerer Variablen. Dazu müssen wir zusätzlich auch Methoden der Linearen Algebra einsetzen, insbesondere die Idee des Rechnens mit Koordinaten. Die Berechnung der Integrale wird wie in Kap. 4 stufenweise geschehen, wobei der Startpunkt wieder die Volumina von Mustermengen sind und die Integrale letztendlich aus Konvergenzsätzen gewonnen werden. Das Verhalten der Volumina von Mustermengen unter (linearen) Abbildungen motiviert die Definition einer Zahl, die man einer linearen Selbstabbildung eines endlichdimensionalen Vektorraums zuordnen kann, der *Determinante*. Determinanten haben jenseits der Integrationstheorie viele weitere Anwendungen. Nicht zuletzt darum beginnen wir diesen Abschnitt mit einer relativ ausführlichen Einführung in die Theorie der Determinanten.

5.6.1　Determinanten

Lineare Selbstabbildungen endlichdimensionaler Vektorräume führen über die Festlegung von Basen zu quadratischen Matrizen. Wir führen die Determinante als eine Zahl ein, die einer quadratischen Matrix zugeordnet ist, aber von Basiswechseln unberührt bleibt. Dabei werden wir die Elementarmatrizen verwenden, die wir implizit als elementare Zeilenumformungen im Kontext des Gauß-Algorithmus eingeführt haben. Als Startpunkt betrachten wir quadratische Matrizen in Zeilenstufenform. In diesem Unterabschnitt lassen wir wieder allgemeine Körper zu, nicht nur $\mathbb{R}$ oder $\mathbb{C}$.

Das Produkt der Diagonalelemente einer quadratischen Matrix in Zeilenstufenform ist immer Null oder Eins, je nach dem, ob sie invertierbar ist oder nicht. Da man quadratische Matrizen auf unterschiedliche Weise in Zeilenstufenform bringen kann, wäre es also wünschenswert zu wissen, ob dieses Produkt für alle Zeilenstufenformen einer Matrix gleich sein muss. Das ist in der Tat der Fall. Der Schlüssel zum Nachweis dieser Tatsache liegt darin, dass die elementaren Zeilenumformungen aus Definition 2.6, die man zur Konstruktion von Zeilenstufenformen einsetzt, durch Multiplikation mit invertierbaren Matrizen bewerkstelligt werden können. Zum Beispiel findet man für $I(1, 3)$ und $III(2, 1; 2)$ für 3×3-Matrizen

$$\begin{pmatrix} 0 & 0 & 1 \\ 0 & 1 & 0 \\ 1 & 0 & 0 \end{pmatrix} \begin{pmatrix} 2 & 1 & 3 \\ 2 & 3 & 1 \\ 7 & 8 & 9 \end{pmatrix} = \begin{pmatrix} 7 & 8 & 9 \\ 2 & 3 & 1 \\ 2 & 1 & 3 \end{pmatrix} \quad \text{und} \quad \begin{pmatrix} 1 & 0 & 0 \\ 2 & 1 & 0 \\ 0 & 0 & 1 \end{pmatrix} \begin{pmatrix} 2 & 1 & 3 \\ 2 & 3 & 1 \\ 7 & 8 & 9 \end{pmatrix} = \begin{pmatrix} 2 & 1 & 3 \\ 6 & 5 & 7 \\ 7 & 8 & 9 \end{pmatrix}.$$

Der allgemeine Fall wird in der folgenden Bemerkung behandelt.

Bemerkung 5.58　(Multiplikation mit Elementarmatrizen) Die elementaren Zeilenumformungen können durch Multiplikationen mit bestimmten *Elementarmatrizen* von *links* beschrieben werden. Die entsprechenden elementaren Spaltenumformungen erreicht man durch Multiplikation mit Elementarmatrizen von *rechts*.

$$\underbrace{\begin{pmatrix} \mathbf{1}_{p-1} & & & \\ & 0 & & 1 \\ & & \mathbf{1}_{q-p-2} & \\ & 1 & & 0 \\ & & & & \mathbf{1}_{m-q} \end{pmatrix}}_{E_{\mathrm{I}(p,q)}\in\mathrm{Mat}(m\times m,\mathbb{K})} \begin{pmatrix} a_{11} & \cdots & a_{1n} \\ \vdots & & \vdots \\ a_{p1} & \cdots & a_{pn} \\ \vdots & & \vdots \\ a_{q1} & \cdots & a_{qn} \\ \vdots & & \vdots \\ a_{m1} & \cdots & a_{mn} \end{pmatrix} = \begin{pmatrix} a_{11} & \cdots & a_{1n} \\ \vdots & & \vdots \\ a_{q1} & \cdots & a_{qn} \\ \vdots & & \vdots \\ a_{p1} & \cdots & a_{pn} \\ \vdots & & \vdots \\ a_{m1} & \cdots & a_{mn} \end{pmatrix}.$$

$$\underbrace{\begin{pmatrix} \mathbf{1}_{p-1} & & \\ & c & \\ & & \mathbf{1}_{m-p} \end{pmatrix}}_{E_{\mathrm{II}(p;c)} \quad c\neq 0} \begin{pmatrix} a_{11} & \cdots & a_{1n} \\ \vdots & & \\ a_{p1} & \cdots & a_{pn} \\ \vdots & & \\ a_{m1} & \cdots & a_{mn} \end{pmatrix} = \begin{pmatrix} a_{11} & \cdots & a_{1n} \\ \vdots & & \\ ca_{p1} & \cdots & ca_{pn} \\ \vdots & & \\ a_{m1} & \cdots & a_{mn} \end{pmatrix}.$$

$$\underbrace{\begin{pmatrix} \mathbf{1}_{p-1} & & & \\ & 1 & & c \\ & & \mathbf{1}_{q-p-2} & \\ & 0 & & 1 \\ & & & & \mathbf{1}_{m-q} \end{pmatrix}}_{E_{\mathrm{III}(c,q;p)}\in\mathrm{Mat}(m\times m,\mathbb{K})} \begin{pmatrix} a_{11} & \cdots & a_{1n} \\ \vdots & & \vdots \\ a_{p1} & \cdots & a_{pn} \\ \vdots & & \vdots \\ a_{q1} & \cdots & a_{qn} \\ \vdots & & \vdots \\ a_{m1} & \cdots & a_{mn} \end{pmatrix} = \begin{pmatrix} a_{11} & \cdots & a_{1n} \\ \vdots & & \vdots \\ a_{p1}+ca_{q1} & \cdots & a_{pn}+ca_{qn} \\ \vdots & & \vdots \\ a_{q1} & \cdots & a_{qn} \\ \vdots & & \vdots \\ a_{m1} & \cdots & a_{mn} \end{pmatrix}.$$

Das c ist oberhalb bzw. unterhalb der Diagonale, je nach dem, ob $q > p$ oder $q < p$ gilt. $\qquad\square$

Für die elementaren Zeilenumformungen übersetzt sich die Tatsache, dass sie durch ebensolche rückgängig gemacht werden können in die Tatsache, dass die zugehörigen Elementarmatrizen invertierbar sind und die Inversen selbst wieder Elementarmatrizen sind:

(i) $E_{\mathrm{I}(p,q)}^{-1} = E_{\mathrm{I}(p,q)}$.

(ii) $E_{\mathrm{II}(p;c)}^{-1} = E_{\mathrm{II}(p;c^{-1})}$.

(iii) $E_{\mathrm{III}(c;q,p)}^{-1} = E_{\mathrm{III}(-c;q,p)}$.

Da das Produkt invertierbarer Matrizen selbst wieder invertierbar ist (multipliziere AB mit $B^{-1}A^{-1}$) und die Zeilenstufenformen einer Matrix durch Multiplikation von links mit (invertierbaren) Elementarmatrizen entstehen, sind die Zeilenstufenformen genau dann invertierbar, wenn die Matrizen selbst invertierbar waren. Wir haben also gezeigt, dass man aus einer quadratischen Matrix A eine Zahl $d(A) \in \{0, 1\}$ als Produkt der Diagonaleinträge einer beliebigen Zeilenstufenform gewinnen kann, an der sich ablesen lässt, ob A invertierbar ist oder nicht. Bildet man diese Zahl für $A - \lambda \mathbf{1}_n$, so ist λ genau dann ein Eigenwert von A, wenn $d(A - \lambda \mathbf{1}) = 0$ ist.

Die Determinante $\det(A)$ einer quadratischen Matrix ist ein Element in $\mathbb{K}$, an dem man ebenfalls ablesen kann, ob A invertierbar ist oder nicht. Man kann die Determinante analog zu $d(A)$ aus einer modifizierten Version des Gauß-Algorithmus gewinnen. Sie enthält aber im Gegensatz zu $d(A)$ auch geometrische Information.

Geometrische Heuristik

Wir beginnen mit einer heuristischen Diskussion der geometrischen Seite. Die Schlüsselidee ist, eine quadratische Matrix $A \in \mathrm{Mat}(n \times n, \mathbb{K})$ sowohl als ein n-Tupel $(a_1^{\mathrm{Spalte}}, \ldots, a_n^{\mathrm{Spalte}})$ von Spaltenvektoren $a_j^{\mathrm{Spalte}} \in \mathbb{K}^n$ als auch ein n-Tupel $(a_1^{\mathrm{Zeile}}, \ldots, a_n^{\mathrm{Zeile}})$ von Zeilenvektoren $a_j^{\mathrm{Zeile}} \in \mathbb{K}^n$ zu betrachten. Wenn A in Zeilenstufenform ist, ist die Invertierbarkeit von A äquivalent zur linearen Unabhängigkeit der Vektoren $a_1^{\mathrm{Spalte}}, \ldots, a_n^{\mathrm{Spalte}}$. Betrachtet man die Elementarmatrizen als lineare Selbstabbildungen von $\mathbb{K}^n$, dann übersetzen sich die elementaren Zeilenumformungen in Anwendungen von elementaren Endomorphismen. Die Invertierbarkeit der Elementarmatrizen zeigt, dass die elementaren Endomorphismen alle bijektiv sind und nach Lemma 2.30 linear unabhängige Mengen von Vektoren auf ebensolche abbildet. Damit ist klar, dass A genau dann invertierbar ist, wenn die Vektoren $(a_1^{\mathrm{Spalte}}, \ldots, a_n^{\mathrm{Spalte}})$ linear unabhängig sind. Wendet man dieses Argument auf die *transponierte Matrix* $A^\top$ an, in der man im Vergleich zu A einfach die Zeilen- und Spaltenindizes austauscht, so findet man, dass die Invertierbarkeit von A auch äquivalent zur linearen Unabhängigkeit der Zeilenvektoren $a_1^{\mathrm{Zeile}}, \ldots, a_n^{\mathrm{Zeile}}$ von A ist.

Für $\mathbb{K} = \mathbb{R}$ hat die Menge $Q = \left\{ \sum_{j=1}^n t_j a_j^{\mathrm{Zeile}} \,\middle|\, t_j \in [0, 1] \right\} \subseteq \mathbb{R}^n$, die man das von den a_j^{Zeile} aufgespannte *Parallelepiped* nennt, genau dann innere Punkte und damit ein positives Volumen, wenn die $a_1^{\mathrm{Zeile}}, \ldots, a_n^{\mathrm{Zeile}}$ linear unabhängig sind. Man könnte also versuchen, die Determinante $\det(A)$ als das Volumen von Q zu definieren. Für $A = \mathbf{1}_n$ würde das $\det(A) = 1$ liefern. Da jede invertierbare Matrix in $\mathrm{Mat}(n \times n, \mathbb{R})$ durch elementare Zeilenumformungen auf die Zeilenstufenform $\mathbf{1}_n$ gebracht werden kann, überlegen wir uns, welche Auswirkung die Anwendung elementarer Zeilenumformungen auf das Volumen von Parallelepipeden hat.

Wir betrachten die elementaren Zeilenumformungen jetzt als Operationen auf der Menge der Zeilenvektoren. Vertauschung zweier Vektoren ändert das Parallelepiped nicht, hat also auch keinen Effekt auf das Volumen. Streckt man einen Vektor um den Faktor c, so erhält man das $|c|$-fache Volumen. Dies lässt sich ähnlich einsehen, wie die Formel (4.1) für das Volumen von Quadern, die wir zu Beginn von Kap. 4 hergeleitet haben. Für die elementare Zeilenumformung vom Typ $\mathrm{III}(c, p; q)$ sind nur der p-te und der q-te Zeilenvektor wirklich relevant: In der von diesen beiden Vektoren aufgespannten Ebene bewirkt die Zeilenumformung eine *Scherung*, die die Fläche nicht ändert (siehe Abb. 5.6). Durch Zerschneiden und Umstellen parallel zu dem von den anderen Zeilenvektoren aufgespannten Unterraum erkennen wir, dass die

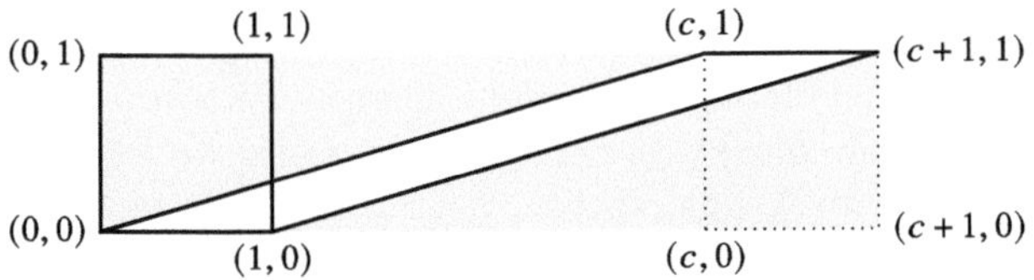

Abb. 5.6 Scherung (Rechteck − 2 mal graues Dreieck = Parallelogramm /Quadrat)

elementare Zeilenumformung vom Typ III$(c, p; q)$ das Volumen des Parallelepipeds nicht ändert.

Das Volumen ändert sich also nur bei elementaren Zeilenumformungen vom Typ II. Um über die im Gauß-Algorithmus durchgeführten elementaren Zeilenumformungen buchzuführen, betrachten wir die folgenden modifizierten elementaren Zeilenumformungen vom Typ II$'(p; c)$: Multipliziere die p-te Zeile mit $c \neq 0$ und multipliziere die letzte Zeile mit $\frac{1}{c}$. Durch elementare Zeilenumformungen vom Typ I, II$'$ und III lässt sich jede Matrix auf „modifizierte Zeilenstufenform" bringen, die sich von der gewöhnlichen Zeilenstufenform nur in der letzten Zeile unterscheidet und dort nur in der letzten Komponente (alle anderen sind ohnehin Null). In dieser letzten Komponente steht das Produkt aller Streckfaktoren der elementaren Zeilenumformungen vom Typ II$'$, die man durchgeführt hat. Also ist im Falle $\mathbb{K} = \mathbb{R}$ nach den obigen Überlegungen der Betrag dieser letzten Komponente gerade das Volumen des von den Zeilenvektoren $a_1^{\text{Zeile}}, \ldots, a_n^{\text{Zeile}}$ aufgespannten Parallelepipeds.

Ähnlich wie im Falle der Integrale auf Intervallen, mit denen sich besser rechnen ließ, wenn man sie nicht nur als Integrale über Mengen betrachtete, sondern die Intervalle mit einer Orientierung versah, verbessern sich auch die Abbildungseigenschaften der Volumenfunktion für Parallelepipede, wenn man sie mit einer Orientierung versieht. In der obigen Überlegung heißt das, dass man den Austausch zweier Zeilenvektoren als eine orientierungsverändernde Spiegelung betrachtet und dementsprechend das Vorzeichen der Funktion ändert. Um über die so auftretenden Vorzeichenwechsel buchzuführen, modifizieren wir auch die elementaren Zeilenumformungen vom Typ I(p, q) zu elementaren Zeilenumformungen vom Typ I$'(p, q)$: Vertausche die p-te und die q-te Zeile und multipliziere die letzte Zeile mit -1. Dann geht lässt man den Gauß-Algorithmus mit den Umformungen vom Typ I$'$, II$'$ und III laufen und nennt die Zahl, die am Ende in der rechten unteren Ecke der Matrix steht, die Determinante von A. Natürlich muss man zeigen, dass die so eingeführte Determinante wohldefiniert ist, das heißt, nicht von der Wahl der Umformungen bei der Bestimmung einer modifizierten Zeilenstufenform abhängt. Wir werden das tun, in dem wir eine alternative Beschreibung der Determinante geben, die wohldefiniert ist und dann zeigen, dass

(a) die elementaren Zeilenumformungen vom Typ I$'$, II$'$ und III die Determinante nicht verändern, und

(b) die Determinante einer Matrix, die unterhalb der Diagonalen nur Nullen stehen hat, das Produkt der Diagonalelemente ist.

Permutationen und Vorzeichenwechsel

Das zentrale Hilfsmittel für die angekündigte alternative Konstruktion der Determinante ist eine systematische Beschreibung der Vorzeichenwechsel, die sich bei der Permutation von Zeilenvektoren ergeben. Dazu betrachtet man zu einer endlichen Menge M die Menge $\mathcal{S}_M$ aller Bijektionen $\sigma : M \to M$. Versieht man $\mathcal{S}_M$ mit der Verknüpfung $\circ$ von Abbildungen, so erhält man eine algebraische Struktur $(\mathcal{S}_M, \circ)$, die alle Merkmale einer abelschen Gruppe aufweist, nur, dass $\circ$ nicht kommutativ ist. Man stößt so nahezu zwangsläufig auf das Konzept einer Gruppe, das sich für die systematische Behandlung von Vorzeichenwechseln als sehr hilfreich erweisen wird.

Definition 5.59 (Gruppen) Eine Menge G zusammen mit einer Verknüpfung $*$: $G \times G \to G$ heißt eine *Gruppe*, wenn folgende Bedingungen erfüllt sind:

(a) $\forall a, b, c \in G :\quad a * (b * c) = (a * b) * c$ *(Assoziativgesetz)*.
(b) $\exists e \in G\ \forall a \in G :\quad e * a = a$ *(neutrales Element* oder *Einselement)*.
(c) $\forall a \in G\ \exists b \in G :\quad b * a = e$ *(inverses Element* von *a)*. $\qquad\square$

Das motivierende Beispiel $(\mathcal{S}_M, \circ)$ ist eine Gruppe mit der Identität als neutrales Element und der Umkehrabbildung als inverses Element. Natürlich sind alle abelschen Gruppen insbesondere Gruppen. Die Menge $GL(n, \mathbb{K})$ der invertierbaren $n \times n$-Matrizen über einem Körper $\mathbb{K}$ ist zusammen mit der Matrizenmultiplikation ebenfalls eine Gruppe, weil die Matrizenmultiplikation assoziativ ist und Produkte invertierbarer Matrizen selbst invertierbar sind. Man nennt $GL(n, \mathbb{K})$ die *allgemeine lineare Gruppe*. Ihr neutrales Element ist $\mathbf{1}_n$ und das inverse Elemente von $A \in GL(n, \mathbb{K})$ ist die zu A inverse Matrix.

Gruppen tauchen an vielen Stellen in der Mathematik auf, nicht nur als abelsche Gruppen im Kontext von Körpern, Vektorräumen oder Ringen. Insbesondere spielen sie immer eine Rolle, wenn es um „strukturerhaltende" Abbildungen geht, wie zum Beispiel bei der Beschreibung von Symmetrien geometrischer (aber auch anderer mathematischer) Objekte. Die allgemeine lineare Gruppe ist selbst so ein Beispiel, wenn man sie als die Menge aller linearen Selbstabbildungen des Raumes $\mathbb{K}^n$ betrachtet. Üblicherweise erleichtert das Vorhandensein von Symmetrien die mathematische Behandlung von Problemen. In manchen Kontexten liefern Symmetrien auch völlig neue Einsichten – so lassen sich die üblichen Erhaltungssätze der Physik (für Energie, Impuls, Drehimpuls etc.) mit Symmetrien in den zugrunde liegenden Bewegungsgesetzen erklären. Eine sensationelle Entdeckung war die Beobachtung des jungen Evariste Galois kurz vor seinem gewaltsamen Tod im Jahr 1832, dass man Gruppen (die es als abstrakte Struktur damals noch gar nicht gab) dazu benutzen kann, die Lösbarkeit von Polynomgleichungen durch das Ziehen von Wurzeln (wie bei den quadratischen Gleichungen) zu studieren. Heutzutage wird das in praktisch jeder Algebravorlesung vorgeführt.

Aus den Gruppenaxiomen lassen sich sofort einige Folgerungen ziehen:

(i) Wenn $a * b = e$ für $a, b \in G$, dann gilt auch $b * a = e$.
Um das zu sehen, beachte zunächst, dass

$$(b * a) * (b * a) = b * (a * b) * a = b * e * a = b * a$$

gilt. Außerdem gibt es ein $c \in G$ mit $c * (b * a) = e$. Damit rechnet man

$$e = c * (b * a) = c * (b * a) * (b * a) = e * (b * a) = b * a.$$

(ii) $a * e = a$ für alle $a \in G$:
Es gibt ein $b \in G$ mit $b * a = e$ und mit (i) rechnet man

$$a * e = a * (b * a) = (a * b) * a = e * a = a.$$

(iii) e ist eindeutig bestimmt: $e' = e * e' = e$.
(iv) Das Inverse b zu a ist eindeutig bestimmt:

$$b = b * e = b * (a * b') = (b * a) * b' = e * b' = b'.$$

Die Eigenschaften (iii) und (iv) erklären, warum man bei Gruppen von *dem* neutralen Element und *dem* zu g inversen Element spricht. Wenn keine Verwechslungsgefahr besteht, lässt man oft das Verknüpfungszeichen weg, außer es ist ein $+$. Gruppen, die nicht abelsch sind, schreibt man immer multiplikativ und bezeichnet dann das Inverse eines Elements g mit g^{-1}.

Man kann viele die strukturellen Überlegungen für Vektorräume aus Kap. 2 direkt auf Gruppen übertragen, insbesondere erhalten wir die Begriffe Untergruppen (vgl. Definition 2.14) und Gruppenhomomorphismus (vgl. Definition 2.16). Eine Unterstruktur ist zum Beispiel eine Teilmenge, auf die man alle Strukturabbildungen wie Additionen, Inverse etc., einschränken kann und die mit diesen eingeschränkten Strukturabbildungen wieder eine algebraische Struktur derselben Bauart bilden.

Definition 5.60 (Untergruppen) Sei $(G, *)$ eine Gruppe. Eine nichtleere Teilmenge $H \subseteq G$ heißt *Untergruppe*, wenn:

(1) $\forall a, b \in H: \quad ab \in H$.
(2) $\forall a \in H: \quad a^{-1} \in H$.

Jeder Untervektorraum eines Vektorraums ist eine Untergruppe bezüglich der Addition. Als Beispiel für eine Untergruppe von $\mathrm{GL}(n, \mathbb{K})$ betrachten wir die Permutationsmatrizen.

Beispiel 5.61 (Permutationsmatrizen) Eine *Permutationsmatrix* ist eine Matrix

$$P = \begin{pmatrix} p_{11} & \cdots & p_{1n} \\ \vdots & & \vdots \\ p_{n1} & \cdots & p_{nn} \end{pmatrix} \in \mathrm{Mat}(n \times n, \mathbb{K})$$

mit $p_{ij} \in \{0, 1\}$ und $\sum_{j=1}^{n} p_{ij} = 1 = \sum_{i=1}^{n} p_{ij}$, das heißt, in jeder Zeile und in jeder Spalte steht genau eine Eins und sonst lauter Nullen. Wir bezeichnen die Menge der Permutationsmatrizen in $\mathrm{Mat}(n \times n, \mathbb{K})$ mit PM_n. Es bleibt zu verifizieren, dass PM_n eine Untergruppe von $\mathrm{GL}(n, \mathbb{K})$ ist.

Wegen $e_i^{\top} e_j = \delta_{ij}$ für das Kronecker–Delta δ_{ij} aus dem Beweis von Proposition 2.48 und die Standardbasis $e_1, \ldots, e_n$ für $\mathbb{K}^n$ (geschrieben als Spaltenvektoren) folgt die Abgeschlossenheit von PM_n unter Matrizenmultiplikation sofort aus der Definition von PM_n. Wegen $R^{-1} = R^{\top}$ für $R \in \mathrm{PM}_n$ folgt auch die Abgeschlossenheit unter Inversenbildung. $\qquad\square$

Homomorphismen von algebraischen Strukturen sind immer Abbildungen zwischen den zugrunde liegenden Mengen, für die Bilder von Verknüpfungen immer als Verknüpfung der Bilder gegeben sind. Für Gruppen bedeutet das konkret, dass für zwei Gruppen $(G, *)$ und $(H, \diamond)$ eine Abbildung $\varphi \colon G \to H$ ein *Gruppenhomomorphismus* heißt, wenn gilt

$$\forall a, b \in G: \quad \varphi(a * b) = \varphi(a) \diamond \varphi(b) \tag{5.39}$$

Seien e_G und e_H die neutralen Elemente in G bzw. H. Dann impliziert (5.39) die Gleichheit $\varphi(e_G) \diamond \varphi(e_G) = \varphi(e_G * e_G) = \varphi(e_G)$ und wie in Bemerkung 5.59(i) sieht man, dass

$$\varphi(e_G) = e_H.$$

Wegen $\varphi(a^{-1}) \diamond \varphi(a) = \varphi(a^{-1} * a) = \varphi(e_G) = e_H$ folgt dann auch

$$\forall a \in G: \quad \varphi(a^{-1}) = \varphi(a)^{-1},$$

wobei man links das Inverse in G und rechts das Inverse in H zu nehmen hat. Wenn φ zusätzlich bijektiv ist, dann nennt man φ einen *Gruppenisomorphismus*. In diesem Fall ist die Umkehrabbildung $\varphi^{-1} \colon H \to G$ automatisch auch ein Gruppenisomorphismus, weil

$$\forall h, k \in H: \quad \varphi^{-1}(h \diamond k) = \varphi^{-1}(h) * \varphi^{-1}(k)$$

aus

$$\varphi\big(\varphi^{-1}(h) * \varphi^{-1}(k)\big) = \varphi\big(\varphi^{-1}(h)\big) \diamond \varphi\big(\varphi^{-1}(k)\big) = h \diamond k = \varphi\big(\varphi^{-1}(h \diamond k)\big)$$

folgt. Man sagt, G und H sind *isomorph*.

Wir wollen zeigen, dass die *symmetrische Gruppe* $\mathcal{S}_n := \mathcal{S}_M$ mit $M = \{1, \ldots, n\}$ und die Gruppe PM_n der Permutationsmatrizen isomorph sind. Zunächst zeigen wir, dass die beiden Mengen gleich viele Elemente haben (siehe auch Bemerkung 1.5).

Proposition 5.62 (Permutationsmöglichkeiten)

(i) S_n *hat* $n!$ *Elemente.*
(ii) PM_n *hat* $n!$ *Elemente.*

Beweis

(i) Für $\sigma \in S_n$ zählen wir nacheinander die Möglichkeiten ab, die Zahlen $\sigma(j)$ für $j = 1, \ldots, n$ festzulegen. Dazu führen wir die folgende Schreibweise für die *Permutation* $\sigma \in S_n$ ein,

$$\begin{pmatrix} 1 & \cdots & n \\ \sigma(1) & \cdots & \sigma(n) \end{pmatrix},$$

und lesen die insgesamt $n(n-1)\cdots 1$ Wahlmöglichkeiten ab

$$\begin{pmatrix} 1 & 2 & \cdots & n \\ \sigma(1) & \sigma(2) & \cdots & \sigma(n) \end{pmatrix} \qquad \begin{array}{ll} \sigma(1) & n \quad \text{Möglichkeiten} \\ \sigma(2) & (n-1)\ \text{Möglichkeiten} \\ \ \vdots & \ \vdots \\ \sigma(n) & 1 \quad \text{Möglichkeit.} \end{array}$$

(ii) Für $A \in \mathrm{PM}_n$ zählen wir nacheinander die Möglichkeiten ab, in den Zeilen $1, \ldots, n$ die Eins zu positionieren:

$$\begin{pmatrix} \cdots 1 \cdots \\ \cdots 1 \cdots \\ \vdots \\ \cdots 1 \cdots \end{pmatrix} \quad \begin{array}{l} \leftarrow \quad n \quad \text{Möglichkeiten, die 1 zu setzen,} \\ \leftarrow (n-1)\ \text{Möglichkeiten, die 1 zu setzen,} \\ \vdots \\ \leftarrow \quad 1 \quad \text{Möglichkeit, die 1 zu setzen.} \end{array}$$

Insgesamt hat man also auch hier $n(n-1)\cdots 1$ Wahlmöglichkeiten.

$\square$

Wenn man eine Permutationsmatrix $P \in \mathrm{PM}_n$ als Endomorphismus von $\mathbb{K}^n$ betrachtet, dann bildet P Standardbasisvektoren auf Standardbasisvektoren ab, das heißt P permutiert die Elemente der Standardbasis $\{e_1, \ldots, e_n\}$ für $\mathbb{K}^n$. Also erhält man zu jeder Permutationsmatrix $P \in \mathrm{PM}_n$ eine Permutation $\sigma_P : \{1, \ldots, n\} \to \{1, \ldots, n\}$, die durch $e_{\sigma_P(j)} = Pe_j$ definiert ist. Umgekehrt kann man zu einer Permutation σ eine Permutationsmatrix durch

$$P_\sigma := (e_{\sigma(1)}, \ldots, e_{\sigma(n)}) = \begin{pmatrix} \delta_{1\sigma(1)} & \cdots & \delta_{1\sigma(n)} \\ \vdots & & \vdots \\ \delta_{n\sigma(1)} & \cdots & \delta_{n\sigma(n)} \end{pmatrix}$$

definieren. Um einzusehen, dass $P_\sigma \in \mathrm{PM}_n$ gilt, kann man wie folgt argumentieren: Die Spalten enthalten als Standardbasisvektoren jeweils nur eine Eins (und sonst lauter Nullen). In jeder Zeile kommt eine Eins vor, weil *jeder* Standardbasisvektor als Spaltenvektor vorkommt. Es sind nicht mehr als eine Eins pro Zeile, weil ein Standardbasisvektor nicht mehr als einmal als Spaltenvektor vorkommen kann. Es stellt sich heraus, dass $P \mapsto \sigma_P$ und $\sigma \mapsto P_\sigma$ zueinander invers sind.

Proposition 5.63 (Permutationen und Permutationsmatrizen) *Die Abbildungen* $S_n \to \mathrm{PM}_n$, $\sigma \mapsto P_\sigma$ *und* $\mathrm{PM}_n \to S_n$, $P \mapsto \sigma_P$ *sind zueinander inverse Gruppen-Homomorphismen. Insbesondere sind die Gruppen S_n und PM_n isomorph.*

Beweis Wir zeigen zunächst $\sigma_{P_\tau} = \tau$, weisen also nach, dass die Verknüpfung $S_n \to \mathrm{PM}_n \to S_n$ der beiden Abbildungen die Identität auf S_n liefert. Dazu müssen wir wegen $e_{\sigma_P(j)} = P e_j$ die Identität $P_\tau e_j = e_{\tau(j)}$ für alle $j = 1, \ldots, n$ nachrechnen:

$$
P_\tau e_j = \begin{pmatrix} \delta_{1\tau(1)} & \cdots & \delta_{1\tau(n)} \\ \vdots & & \vdots \\ \delta_{n\tau(1)} & \cdots & \delta_{n\tau(n)} \end{pmatrix} \begin{pmatrix} 0 \\ \vdots \\ 0 \\ 1 \\ 0 \\ \vdots \\ 0 \end{pmatrix} = \begin{pmatrix} \delta_{1\tau(j)} \\ \vdots \\ \delta_{n\tau(j)} \end{pmatrix} = \begin{pmatrix} 0 \\ \vdots \\ 0 \\ 1 \\ 0 \\ \vdots \\ 0 \end{pmatrix} = e_{\tau(j)}.
$$

Damit ist jetzt klar, dass

$$
S_n \to \mathrm{PM}_n, \quad \sigma \mapsto P_\sigma
$$

injektiv ist. Also folgt mit Proposition 5.62, dass diese Abbildung sogar invertierbar ist. Aber dann folgt mit dem ersten Teil des Beweises, dass die Umkehrabbildung durch

$$
\mathrm{PM}_n \to S_n, \quad P \mapsto \sigma_P
$$

gegeben ist.

Es bleibt jetzt nur noch zu zeigen, das eine der beiden Abbildungen ein Gruppen-Homomorphismus ist, für die andere folgt das dann automatisch. Seien also $R, Q \in \mathrm{PM}_n$. Dann gilt $RQ e_j = e_{\sigma_{(RQ)}(j)}$ und $Q e_j = e_{\sigma_Q(j)}$, was auf

$$
\left. \begin{array}{l} R(Q e_j) = e_{\sigma_R(\sigma_Q(j))} \\ RQ e_j = e_{\sigma_{(RQ)}(j)} \end{array} \right\} \Rightarrow \sigma_{(RQ)}(j) = \sigma_R \circ \sigma_Q(j)
$$

und damit $\sigma_{RQ} = \sigma_R \circ \sigma_Q$ führt. $\square$

Die abstrakte Version der Vertauschung von Zeilenvektoren, die wir im Gauß-Algorithmus und seinen diversen Varianten gesehen haben, ist die *Transposition*, das heißt, eine Permutation der Form

$$
\sigma_{k,\ell} = \begin{pmatrix} 1 & \cdots & k & \cdots & \ell & \cdots & n \\ 1 & \cdots & \ell & \cdots & k & \cdots & n \end{pmatrix}.
$$

Abb. 5.7 Komposition von Transpositionen

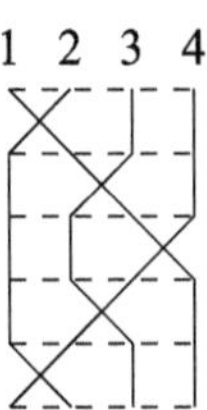

Der Grund dafür, dass eine systematische Untersuchung der Vorzeichenwechsel im modifizierten Gauß-Algorithmus möglich ist, liegt darin, dass jede Permutation als Hintereinanderausführung von Transpositionen geschrieben werden kann und man Information über Anzahl der nötigen Transpositionen hat.

Man kann jede Permutation auf unterschiedliche Arten als Hintereinanderausführung von Transpositionen schreiben und dabei auch unterschiedlich viele Transpositionen verwenden. Es stellt sich aber heraus, dass man keine Wahl hat, ob man eine gerade oder eine ungerade Anzahl von Transpositionen verwenden muss. Auf diese Weise hat man ein Mittel in der Hand, den resultierenden Vorzeichenwechsel im modifizierten Gauß-Algorithmus zu bestimmen, ohne die einzelnen Schritte zu kennen.

Wir beginnen mit der Feststellung, dass die Transpositionen, die symmetrische Gruppe erzeugen (siehe Abb. 5.7).

Proposition 5.64 (Die Transpositionen erzeugen S_n) *Jedes $\sigma \in S_n$ ist das Produkt von Transpositionen: $\sigma = \sigma_{k_1,l_1} \circ \cdots \circ \sigma_{k_m,l_m}$.*

Beweis Betrachte die zu σ gehörige Permutationsmatrix P_σ. Diese Matrix kann mit elementaren Zeilenumformungen vom Typ I auf die Gestalt

$$\begin{pmatrix} 1 & & \\ & \ddots & \\ & & 1 \end{pmatrix} = \mathbf{1}_n$$

gebracht werden, das heißt, es existieren Elementarmatrizen vom Typ I: $E_1, \ldots, E_m$ mit $E_m \cdots E_1 P_\sigma = \mathbf{1}_n$. Die Elementarmatrizen vom Typ I sind aber gerade von der Form $P_{\sigma_{p,q}}$. Also haben wir

$$P_{\sigma_{k_m,l_m}} \cdots P_{\sigma_{k_1,l_1}} P_\sigma = \mathbf{1}_n$$

und damit

$$P_\sigma = P_{\sigma_{k_1,l_1}} \cdots P_{\sigma_{k_m,l_m}} = P_{\sigma_{k_1,l_1} \circ \ldots \circ \sigma_{k_m,l_m}},$$

wobei die letzte Gleichheit aus Proposition 5.63 folgt. $\qquad\square$

Die folgenden Beispiele zeigen, dass es nicht nur eine Möglichkeit gibt, eine Permutation als Produkt von Transpositionen zu schreiben. Die Identität $\sigma_{1,4} =$

Abb. 5.8 Illustration der Fehlstände einer Permutation

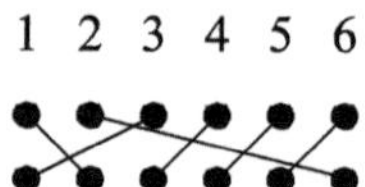

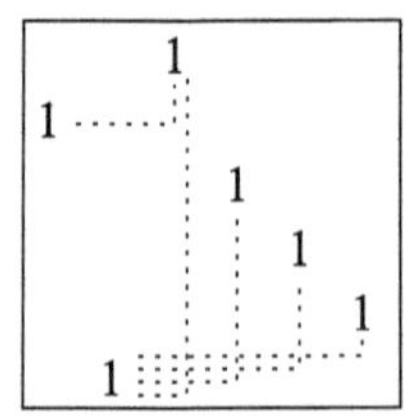

$\sigma_{1,2} \circ \sigma_{2,3} \circ \sigma_{3,4} \circ \sigma_{2,3} \circ \sigma_{1,2} \in \mathcal{S}_n$ überprüft man leicht durch Nachverfolgen der Zuordnungen

$$\begin{pmatrix} 1\,2\,3\,4 \\ 2\,1\,3\,4 \end{pmatrix} \circ \begin{pmatrix} 1\,2\,3\,4 \\ 1\,3\,2\,4 \end{pmatrix} \circ \begin{pmatrix} 1\,2\,3\,4 \\ 1\,2\,4\,3 \end{pmatrix} \circ \begin{pmatrix} 1\,2\,3\,4 \\ 1\,3\,2\,4 \end{pmatrix} \circ \begin{pmatrix} 1\,2\,3\,4 \\ 2\,1\,3\,4 \end{pmatrix} = \begin{pmatrix} 1\,2\,3\,4 \\ 4\,2\,3\,1 \end{pmatrix}$$

Ganz allgemein kann man auch nachrechnen, dass für alle $1 \le k < l \le n$

$$\sigma_{k,l} = \underbrace{\sigma_{k,k+1} \circ \sigma_{k+1,k+2} \circ \cdots \circ \sigma_{l-2,l-1}}_{l-k-1} \circ \underbrace{\sigma_{l-1,l} \circ \cdots \circ \sigma_{k,k+1}}_{l-k} \in \mathcal{S}_n$$

gilt.

Die folgende Definition liefert eine Funktion auf der Menge der Permutationen, die für Transpositionen den Wert -1 hat, und zusätzlich multiplikativ ist. Das bedeutet, Bilder von Produkten sind die Produkte der Bilder. Anders ausgedrückt, die Funktion ist ein Gruppen-Homomorphismus $\mathcal{S}_n \to \{\pm 1\}$. Sie ist das entscheidende Hilfsmittel im Nachweis dafür, dass jede Permutation nur entweder nur als Produkt von geradzahlig vielen Transpositionen oder aber nur als Produkt von ungeradzahlig vielen Transpositionen geschrieben werden kann.

Definition 5.65 (Fehlstände und Signum einer Permutation) Für $\sigma \in \mathcal{S}_n$ nennen wir ein Paar $(i, j) \in \{1, \dots, n\} \times \{1, \dots, n\}$ einen *Fehlstand* von σ, wenn gilt:

$$i < j \quad \text{und} \quad \sigma(i) > \sigma(j). \tag{5.40}$$

Sei f_σ die Anzahl der Fehlstände von σ. Man kann also f_σ als die Anzahl Kreuzungen in der graphischen Darstellung von σ interpretieren, oder auch als die Anzahl der Paare von Einsen in P_σ, für die die obere Eins rechts von der unteren Eins steht (siehe Abb. 5.8).
Dann heißt

$$\operatorname{sign}(\sigma) := (-1)^{f_\sigma} = \begin{cases} 1 & f_\sigma \text{ gerade} \\ -1 & f_\sigma \text{ ungerade} \end{cases}$$

das *Signum* von σ. $\qquad\square$

An der Permutationsmatrix

$$
P_{\sigma_{k,\ell}} =
\begin{pmatrix}
\mathbf{1}_{k-1} & & & & \\
& 0 & & 1 & \\
& & \mathbf{1}_{\ell-k-1} & & \\
& 1 & & 0 & \\
& & & & \mathbf{1}_{n-\ell}
\end{pmatrix}
$$

zur Transposition $\sigma_{k,\ell}$ mit $k < l$ liest man sofort ab, dass $f_{\sigma_{k,\ell}} = 2(\ell - k - 1) + 1$ gilt. Insbesondere hat eine Transposition der Form $\sigma_{k,k+1}$ nur einen einzigen Fehlstand. Also ist das Signum einer Transposition immer gleich -1. Das zeigt, dass man den Vorzeichenwechsel beim Austausch zweier Zeilenvektoren durch das Signum der zugehörigen Transposition von Zeilen modellieren kann. Wie oben schon erwähnt, ist die Situation ist aber noch weit besser, denn das Signum ist ein Gruppen-Homomorphismus $S_n \to \{\pm 1\}$. Also erhält insbesondere man das Signum eines Produkts von Transpositionen als das Produkt der Vorzeichen, das heißt 1, wenn man geradzahlig viele Transpositionen multipliziert und -1, wenn man ungeradzahlig viele Transpositionen multipliziert.

Satz 5.66 (Signum als Gruppen-Homomorphismus)

(i) *Für alle $\sigma \in S_n$ gilt*

$$
\operatorname{sign}(\sigma) = \prod_{i<j} \left(\frac{\sigma(i) - \sigma(j)}{i - j} \right).
$$

(ii) *Für alle $\sigma, \tau \in S_n$ gilt* $\operatorname{sign}(\sigma \circ \tau) = \operatorname{sign}(\sigma) \cdot \operatorname{sign}(\tau)$.
(iii) *Für alle $\sigma \in S_n$ gilt* $\operatorname{sign}(\sigma^{-1}) = \operatorname{sign}(\sigma)$.

Beweis

(i) Ein Paar $(i, j) \in \{1, \ldots, n\}^2$ mit $i < j$ ist genau dann ein Fehlstand von σ, wenn gilt

$$
\frac{\sigma(i) - \sigma(j)}{i - j} < 0.
$$

Für

$$
\epsilon(\sigma) := \prod_{i<j} \left(\frac{\sigma(i) - \sigma(j)}{i - j} \right)
$$

gilt

$$|\epsilon(\sigma)| = \prod_{i<j} \frac{|\sigma(i) - \sigma(j)|}{|i - j|} = \frac{\prod_{i<j} |\sigma(i) - \sigma(j)|}{\prod_{i<j} |i - j|}$$

$$= \sqrt{\frac{\prod_{i\neq j} |\sigma(i) - \sigma(j)|}{\prod_{i\neq j} |i - j|}} = 1$$

weil das Produkt oben und unten alle Differenzen durchläuft. Das Vorzeichen von $\epsilon(\sigma)$ ist gerade $(-1)^{f_\sigma}$, also gilt $\epsilon(\sigma) = \mathrm{sign}(\sigma)$.

(ii) Mit dem ersten Teil können wir rechnen:

$$\mathrm{sign}(\sigma \circ \tau) = \prod_{i<j} \frac{(\sigma \circ \tau)(i) - (\sigma \circ \tau)(j)}{i - j}$$

$$= \prod_{i<j} \left(\frac{\sigma(\tau(i)) - \sigma(\tau(j))}{\tau(i) - \tau(j)} \right) \left(\frac{\tau(i) - \tau(j)}{i - j} \right)$$

$$= \left(\prod_{i<j} \frac{\sigma(\tau(i)) - \sigma(\tau(j))}{\tau(i) - \tau(j)} \right) \left(\prod_{i<j} \frac{\tau(i) - \tau(j)}{i - j} \right)$$

$$= \mathrm{sign}(\sigma)\,\mathrm{sign}(\tau).$$

Für die letzte Gleichheit muss man feststellen, dass jedes Paar (k, l) mit $1 \leq k < l \leq n$ entweder von der Form $\big(\tau(i), \tau(j)\big)$ mit $1 \leq i < j \leq n$ oder aber von der Form $\big(\tau(j), \tau(i)\big)$ mit $1 \leq i < j \leq n$ ist. Ersetzt man also für den Fall, dass $\tau(i) > \tau(j)$ gilt

$$\frac{\sigma(\tau(i)) - \sigma(\tau(j))}{\tau(i) - \tau(j)} \quad \text{durch} \quad \frac{\sigma(\tau(j)) - \sigma(\tau(i))}{\tau(j) - \tau(i)},$$

so erhält man

$$\prod_{i<j} \frac{\sigma(\tau(i)) - \sigma(\tau(j))}{\tau(i) - \tau(j)} = \mathrm{sign}(\sigma).$$

(iii) Wegen $\mathrm{sign}(\mathrm{id}) = 1$ folgt das sofort aus (ii).

$\square$

Abbildungseigenschaften

Mithilfe des Signums von Permutationen können wir jetzt eine geschlossene Formel für die Determinante einer quadratischen Matrix angeben, bei der sich die Frage nach der Wohldefiniertheit erübrigt, weil sie nicht mehr von der Wahl einer bestimmten Schrittfolge im Gauß-Algorithmus abhängt. Wir zeigen aber im Anschluss, dass für jede Wahl des modifizierten Gauß-Algorithmus exakt diese Determinante als Ergebnis herauskommt. Damit ist dann nicht nur nachgewiesen, dass die heuristisch entwickelte Definition der Determinante aus der Modifizierung des Gauß-Algorithmus in Ordnung war, sondern auch die der Volumenfunktion, denn diese ist dann durch den Betrag der Determinante gegeben.

Definition 5.67 Die *Determinante* einer Matrix $A = (a_{ij}) \in \mathrm{Mat}(n \times n, \mathbb{K})$ ist definiert durch

$$\det(A) := \sum_{\sigma \in S_n} \mathrm{sign}(\sigma) a_{1\sigma(1)} \cdot a_{2\sigma(2)} \cdot \ldots \cdot a_{n\sigma(n)}.$$

$\square$

Diese Definition ist auch unter den Namen *Leibniz-Formel* für die Determinante bekannt. Wir betrachten die Determinante als Abbildung $\det : \mathrm{Mat}(n \times n, \mathbb{K}) \to \mathbb{K}$. Später werden wir sie aber auch als Abbildung $\det : \mathbb{K}^n \times \ldots \times \mathbb{K}^n \to \mathbb{K}$ von der Menge der n-Tupel von (Zeilen/Spalten)-Vektoren in den Körper interpretieren.

In der motivierenden Diskussion zur Determinante ging es ausschließlich um Problemstellungen für Matrizen mit Einträgen in einem Körper. Im speziellen Fall der Volumensfunktion war die Beschränkung sogar, dass es sich dabei um den Körper der reellen Zahlen handelt. Die Leibnizformel zeigt aber, dass man die Determinante für jede Matrix mit Einträgen in einem Ring definieren kann. Es stellt sich heraus, dass sich etliche der im weiteren Verlauf zu beweisenden Eigenschaften der Determinante genauso für kommutative Ringe mit Eins zeigen lassen. Die Kommutativität ist allerdings für die meisten Argumente unverzichtbar.

Bevor wir die Eigenschaften der Determinante näher untersuchen, betrachten wir die drei kleinsten Fälle

Beispiel 5.68 (Determinanten kleiner Matrizen)

(i) Für $n = 1$ gilt $A = (a_{11})$ und $S_1 = \{\mathrm{id}\}$, also haben wir:

$$\det(A) = \sum_{\sigma \in S_1} \mathrm{sign}(\sigma) a_{1\sigma(1)} = a_{11}.$$

(ii) Im Fall $n = 2$ besteht S_n aus zwei Elementen,

$$S_2 = \left\{ \begin{pmatrix} 1\ 2 \\ 1\ 2 \end{pmatrix}, \begin{pmatrix} 1\ 2 \\ 2\ 1 \end{pmatrix} \right\},$$

was zu folgender Formel führt:

$$\det \begin{pmatrix} a_{11}\ a_{12} \\ a_{21}\ a_{22} \end{pmatrix} = \sum_{\sigma \in S_2} \mathrm{sign}(\sigma) a_{1\sigma(1)} a_{2\sigma(2)} = 1 \cdot a_{11} a_{22} + (-1) \cdot a_{12} a_{21}$$

$$= a_{11} a_{22} - a_{12} a_{21}.$$

(iii) Für $n = 3$ hat man

$$S_3 = \left\{ \begin{pmatrix} 1\,2\,3 \\ 1\,2\,3 \end{pmatrix}, \begin{pmatrix} 1\,2\,3 \\ 2\,3\,1 \end{pmatrix}, \begin{pmatrix} 1\,2\,3 \\ 3\,1\,2 \end{pmatrix}, \begin{pmatrix} 1\,2\,3 \\ 3\,2\,1 \end{pmatrix}, \begin{pmatrix} 1\,2\,3 \\ 1\,3\,2 \end{pmatrix}, \begin{pmatrix} 1\,2\,3 \\ 2\,1\,3 \end{pmatrix} \right\},$$

$$\underbrace{}_{\text{sign}(\sigma)=1} \quad \underbrace{}_{\text{sign}(\sigma)=1} \quad \underbrace{}_{\text{sign}(\sigma)=1} \quad \underbrace{}_{\text{sign}(\sigma)=-1} \quad \underbrace{}_{\text{sign}(\sigma)=-1} \quad \underbrace{}_{\text{sign}(\sigma)=-1}$$

damit

$$\det \begin{pmatrix} a_{11} & a_{12} & a_{13} \\ a_{21} & a_{22} & a_{23} \\ a_{31} & a_{32} & a_{33} \end{pmatrix} = a_{11}a_{22}a_{33} + a_{12}a_{23}a_{31} + a_{13}a_{21}a_{32} \\ - a_{13}a_{22}a_{31} - a_{11}a_{23}a_{32} - a_{12}a_{21}a_{33}$$

was als *Regel von Sarrus* geschrieben wird:

$$\begin{array}{ccc|ccc|cc}
a_{11} & a_{12} & a_{13} & & & a_{11} & a_{12} & a_{13} & a_{11} & a_{12} \\
a_{21} & a_{22} & a_{23} & a_{21} & - & a_{21} & a_{22} & a_{23} & a_{21} \\
a_{31} & a_{32} & a_{33} & a_{31} & a_{32} & a_{31} & a_{32} & a_{33} \\
\end{array}$$

$\square$

Als Nächstes verifizieren wir die angekündigten guten Abbildungseigenschaften der Determinante, mit denen wir die Einführung von Vorzeichen überhaupt motiviert hatten. Es stellt sich heraus, dass diese Abbildungseigenschaften die Determinante schon eindeutig bestimmen.

Satz 5.69 (Abbildungseigenschaften der Determinante I) *Sei R ein kommutativer Ring mit Eins und $A \in \mathrm{Mat}(n \times n, R)$ eine quadratische Matrix mit Einträgen in R. Wenn $\det(A)$ durch die Leibniz-Formel definiert ist, dann gilt:*

(i) *Vertauscht man in A zwei Zeilen, so ändert sich nur das Vorzeichen der Determinante.*
(ii) *Multipliziert man eine Zeile mit $t \in R$, so multipliziert sich die Determinante auch mit t.*
(iii) *Addiert man das Vielfache einer Zeile zu einer anderen Zeile, so ändert sich die Determinante nicht.*
(iv) $\det(\mathbf{1}^n) = 1$.

Die Eigenschaft (i) nennt man die *Antisymmetrie* der Determinante. Kombiniert man die Eigenschaften (ii) und (iii), so ergibt sich die *Multilinearität* der Determinante, die besagt, dass die Determinante als Funktion einer Zeile R-linear ist, wenn man alle anderen Zeilen konstant hält.

Beweis

(i) Setze

$$A := \begin{pmatrix} \vdots \\ a_{k1} \cdots a_{kn} \\ \vdots \\ a_{l1} \cdots a_{ln} \\ \vdots \end{pmatrix} \quad \text{und} \quad A' := \begin{pmatrix} \vdots \\ a_{l1} \cdots a_{ln} \\ \vdots \\ a_{k1} \cdots a_{kn} \\ \vdots \end{pmatrix}.$$

In der folgenden Rechnung benutzt man in der ersten Umformung, dass die Abbildung

$$S_n \to S_n, \quad \sigma \mapsto \sigma \circ \sigma_{k,l}$$

bijektiv ist:

$$\det(A) = \sum_{\tau \in S_n} \text{sign}(\tau)\, a_{1\tau(1)} \cdot \ldots \cdot a_{k\tau(k)} \cdot \ldots \cdot a_{l\tau(l)} \cdot \ldots \cdot a_{n\tau(n)}$$

$$= \sum_{\sigma \in S_n} \text{sign}(\sigma \circ \sigma_{k,l})\, a_{1(\sigma \circ \sigma_{k,l})(1)} \cdot \ldots \cdot a_{k(\sigma \circ \sigma_{k,l})(k)} \cdot \ldots$$

$$\ldots \cdot a_{l(\sigma \circ \sigma_{k,l})(l)} \cdot \ldots \cdot a_{n(\sigma \circ \sigma_{k,l})(n)}$$

$$= - \sum_{\sigma \in S_n} \text{sign}(\sigma)\, a_{1\sigma(1)} \cdot \ldots \cdot a_{k\sigma(l)} \cdot \ldots \cdot a_{l\sigma(k)} \cdot \ldots \cdot a_{n\sigma(n)}$$

$$= - \sum_{\sigma \in S_n} \text{sign}(\sigma)\, a_{1\sigma(1)} \cdot \ldots \cdot a_{l\sigma(k)} \cdot \ldots \cdot a_{k\sigma(l)} \cdot \ldots \cdot a_{n\sigma(n)}$$

$$= - \det(A').$$

(ii), (iii) Um beide Punkte gleichzeitig abhandeln zu können, setzen wir

$$A' := \begin{pmatrix} \vdots \\ a_{k1} \quad \cdots \quad a_{kn} \\ \vdots \\ ta_{l1} + sa_{k1} \cdots ta_{ln} + sa_{kn} \\ \vdots \end{pmatrix} \quad \text{und} \quad A'' := \begin{pmatrix} \vdots \\ a_{k1} \cdots a_{kn} \\ \vdots \\ a_{k1} \cdots a_{kn} \\ \vdots \end{pmatrix}.$$

Dann entspricht (ii) dem Fall $s = 0$ und (iii) dem Fall $t = 1$ und es gilt

$$\det(A') = \sum_{\sigma \in S_n} \operatorname{sign}(\sigma)\, a_{1\sigma(1)} \cdot \ldots \cdot (t a_{l\sigma(l)} + s a_{k\sigma(l)}) \cdot \ldots \cdot a_{n\sigma(n)}$$

$$= t \left(\sum_{\sigma \in S_n} \operatorname{sign}(\sigma)\, a_{1\sigma(1)} \cdot \ldots \cdot a_{l\sigma(l)} \cdot \ldots \cdot a_{n\sigma(n)} \right)$$

$$+ s \left(\sum_{\sigma \in S_n} \operatorname{sign}(\sigma)\, a_{1\sigma(1)} \cdot \ldots \cdot a_{k\sigma(k)} \cdot \ldots \cdot a_{k\sigma(l)} \cdot \ldots \cdot a_{n\sigma(n)} \right)$$

$$= t \det(A) + s \det(A'').$$

Es genügt daher zu zeigen, dass $\det(A'') = 0$ ist. Das sieht man an der Leibniz-Formel, denn durch die Doppelung der k-ten Zeile treten die Summanden

$$a_{1\sigma(1)} \cdots a_{k\sigma(k)} \cdots a_{k\sigma(\ell)} \cdots a_{n\sigma(n)}$$

immer doppelt auf, aber mit unterschiedlichen Vorzeichen.

(iv)

$$\det(\mathbf{1}_n) = \sum_{\sigma \in S_n} \operatorname{sign}(\sigma)\, \delta_{1\sigma(1)} \cdot \ldots \cdot \delta_{n\sigma(n)} = \operatorname{sign}(\mathrm{id})\, 1 = 1.$$

$\square$

Da die Elementarmatrizen aus Beispiel 5.58 durch jeweils eine elementare Zeilenumformung vom passenden Typ aus der Einsmatrix hervorgehen, liefert Satz 5.69 auch die Determinanten dieser Matrizen:

$$\det\left(E_{\mathrm{I}(p,q)}\right) = -1, \quad \det\left(E_{\mathrm{II}(p;c)}\right) = c, \quad \det\left(E_{\mathrm{III}(c,q;p)}\right) = 1.$$

Eine weitere Konsequenz der Abbildungseigenschaften der Determinante aus Satz 5.69 ist, dass die elementaren Zeilenumformungen vom Typ I′, II′ und III die Determinante einer Matrix nicht verändern. Im Falle von Matrizen mit Einträgen in Körpern betrachtet man dann den *modifizierten Gauß-Algorithmus*, in dem diese drei Typen von elementaren Zeilenumformungen statt der Umformungen vom Typ I–III benutzt werden. Als Ergebnis liefert er eine modifizierte Zeilenstufenform, in der ganz rechts unten die Determinante der Matrix steht. Ist nämlich $A \in \operatorname{Mat}(n \times n, \mathbb{K})$ nicht invertierbar, so liefert die Charakterisierung der Invertierbarkeit über die Gestalt der Zeilenstufenform aus Abschn. 2.3.2, dass die letzte Zeile der Zeilenstufenform Null ist. Aber dann liefert Satz 5.69(ii), angewendet auf die letzte Zeile, dass $\det(A) = 0$ ist. Ist dagegen A invertierbar, so stehen in der normalen Zeilenstufenform nur Einsen auf der Diagonale. Der letzte Diagonaleintrag der modifizierten Zeilenstufenform ist dann eine von Null verschiedene Zahl c. Weitere Umformungen vom Typ III erlauben es deshalb, aus der modifizierten Zeilenstufenform die Matrix

$$\begin{pmatrix} \mathbf{1}_{n-1} & 0 \\ 0 & c \end{pmatrix}$$

zu machen, die nach Satz 5.69(ii) und (iv) die Determinante c hat. Also gilt auch $\det(A) = c$. Das Argument zeigt aber noch mehr:

Proposition 5.70 (Konsequenzen des Gauß-Algorithmus)

(i) *Eine Funktion $f : \mathrm{Mat}(n \times n, \mathbb{K}) \to \mathbb{K}$, die die Abbildungseigenschaften aus Satz 5.69 hat, muss mit der Determinante übereinstimmen.*

(ii) *Eine quadratische Matrix mit Einträgen in einem Körper ist genau dann invertierbar, wenn ihre Determinante von Null verschieden ist.*

(iii) *Jede invertierbare Matrix lässt sich als Produkt von Elementarmatrizen vom Typ I, II und III schreiben.* $\qquad\square$

Eine interessante Konsequenz der Charakterisierung der Invertierbarkeit in Proposition 5.70 ist, dass im Falle von unendlichen Körpern die „meisten" Matrizen $A \in \mathrm{Mat}(n \times n, \mathbb{K})$ invertierbar sind. Die Leibniz-Formel für $\det(A + \lambda \mathbf{1}_n)$ zeigt, dass der Koeffizient von λ^n durch -1 gegeben ist (im Summanden des neutralen Elements von $\mathcal{S}_n$). Also ist nach Lemma 2.42 die Polynomfunktion $\lambda \mapsto \det(A + \lambda \mathbf{1}_n)$ nicht konstant gleich Null und hat nur endlich viele Nullstellen. Damit sind dann sind die Matrizen $A + \lambda \mathbf{1}_n$ für alle bis auf endlich viele $\lambda \in \mathbb{K}$ invertierbar. Für $\mathbb{K}$ gleich $\mathbb{R}$ oder $\mathbb{C}$ bedeutet das zum Beispiel, dass man jede quadratische Matrix durch eine invertierbare Matrix approximieren kann, indem man kleine λ wählt, die keine Nullstellen sind.

Bemerkung 5.71 (Eigenwerte als Nullstellen der Determinante) Die Polynomfunktion $\lambda \mapsto \det(A + \lambda \mathbf{1}_n)$ erlaubt auch zusätzliche Einsichten in die Frage nach der Existenz von Eigenwerten (siehe Definition 2.50). Die Eigenwerte einer Matrix $A \in \mathrm{Mat}(n \times n, \mathbb{K})$ sind danach genau die Nullstellen dieser Polynomfunktion. Für $\mathbb{K} = \mathbb{C}$ zeigt daher der Fundamentalsatz 3.81, dass es immer mindestens einen Eigenwert gibt. $\qquad\square$

Die Eigenschaft (iii) in Proposition 5.70, die man bekommt, wenn man eine invertierbare Matrix erst mit dem Gauß-Algorithmus in eine Zeilenstufenform mit lauter Einsen auf der Diagonale überführt und dann mit weiteren Umformungen vom Typ III die Einsmatrix daraus macht, führt auf eine weitere höchst bemerkenswerte und nützliche Eigenschaft der Determinante. Sie ist multiplikativ, das heißt, es gilt $\det(AB) = \det(A)\det(B)$ für alle $A, B \in \mathrm{Mat}(n \times n, \mathbb{K})$.

Satz 5.72 (Abbildungseigenschaften der Determinante II) *Für zwei Matrizen $A, B \in \mathrm{Mat}(n \times n, \mathbb{K})$ gilt*

(i) $\det(AB) = \det(A)\det(B)$.

(iii) $\det(A^\top) = \det(A)$

(iii) $\det(A^{-1}) = \big(\det(A)\big)^{-1}$.

Beweis

(i)   1. Fall: $A = E_{\mathrm{I}(p,q)}$. Dann entsteht AB durch Umformung vom Typ I aus B, d. h. $\det(AB) = -\det(B) = \det(A)\det(B)$.

2. Fall: $A = E_{\mathrm{II}(c;p)}$. Dann entsteht AB durch Umformung vom Typ II$(c; p)$ aus B, das heißt, $\det(AB) = c\det(B) = \det(A)\det(B)$.

3. Fall: $A = E_{\mathrm{III}(c;p,q)}$. Dann entsteht AB durch Umformung vom Typ III$(c; p, q)$ aus B, das heißt, $\det(AB) = \det(B) = \det(A)\det(B)$.

4. Fall: A ist invertierbar. Dann gibt es nach Proposition 5.70(iii) Elementarmatrizen $E_1, \ldots, E_r$ mit

$$A = E_1 \cdots E_r.$$

Die ersten drei Fälle erlauben dann die folgende Rechnung:

$$
\begin{aligned}
\det(AB) = \det(E_1 \cdots E_r B) &= \det(E_1)\det(E_2 \cdots E_r B) \\
&= \det(E_1)\det(E_2) \cdots \det(E_r)\det(B) = \det(E_1 E_2 \cdots E_r)\det(B) \\
&= \det(A)\det(B).
\end{aligned}
$$

5. Fall: A ist nicht invertierbar. Wäre jetzt AB invertierbar, so hätte man wegen $A(B(AB)^{-1}) = (AB)(AB)^{-1} = \mathbf{1}_n$ die Invertierbarkeit von A. Also ist AB nicht invertierbar, so dass wegen Proposition 5.70(ii) gilt $\det(AB) = 0 = \det(A)$. Zusammen findet man also $\det(AB) = 0 = \det(A)\det(B)$.

(ii) Mit der Identität $\mathrm{sign}(\sigma) = \mathrm{sign}(\sigma^{-1})$ sowie der schon früher benutzten Tatsache, dass die Abbildung $\mathcal{S}_n \to \mathcal{S}_n, \tau \mapsto \tau^{-1}$ bijektiv ist, können wir wie folgt rechnen:

$$
\begin{aligned}
\det(A^\top) &= \sum_{\sigma \in \mathcal{S}_n} \mathrm{sign}(\sigma)\, a_{\sigma(1),1} \cdots a_{\sigma(n),n} \\
&= \sum_{\sigma \in \mathcal{S}_n} \mathrm{sign}(\sigma)\, a_{1,\sigma^{-1}(1)} \cdots a_{n,\sigma^{-1}(n)} \\
&= \sum_{\tau^{-1} \in \mathcal{S}_n} \underbrace{\mathrm{sign}(\tau^{-1})}_{=\mathrm{sign}(\tau)}\, a_{1,\tau(1)} \cdots a_{n,\tau(n)} \\
&= \sum_{\tau \in \mathcal{S}_n} \mathrm{sign}(\tau)\, a_{1,\tau(1)} \cdots a_{n,\tau(n)} \\
&= \det(A).
\end{aligned}
$$

(iii) Folgt sofort aus (i) und $\det(\mathbf{1}_n) = 1$.

□

Zum Abschluss dieses Abschnitts stellen wir noch eine induktive Berechnungsweise für Determinanten vor, die uns im nächsten Abschnitt helfen wird, die Volumina von Kugeln zu berechnen.

Beispiel 5.73 (Entwicklung nach Spalten oder Zeilen) Betrachte eine Matrix $A \in$ $\mathrm{Mat}(n \times n, \mathbb{K})$. Die $(n-1) \times (n-1)$-Matrix, die aus A entsteht, wenn man die i-te Zeile und die j-te Spalte streicht, bezeichnen wir mit $A_{i,j}$ und nennen sie die (i, j)-te *Streichmatrix*. Seien

$$v_i = (a_{i1}, \ldots, a_{in}) = (a_{i1}, 0, \ldots, 0) + \ldots + (0, \ldots, 0, a_{in}) = a_{i1}e_1 + \ldots + a_{in}e_n$$

die Zeilenvektoren der $(n \times n)$-Matrix A. Dann erhält man

$$\det(A) = \det \begin{pmatrix} a_{11} & a_{12} & \cdots & a_{1n} \\ a_{21} & a_{22} & \cdots & a_{2n} \\ \vdots & \vdots & & \vdots \\ a_{n1} & a_{n2} & \cdots & a_{nn} \end{pmatrix} = \det \begin{pmatrix} a_{11}e_1 \\ v_2 \\ \vdots \\ v_n \end{pmatrix} + \ldots + \det \begin{pmatrix} a_{1n}e_n \\ v_2 \\ \vdots \\ v_n \end{pmatrix}$$

und bringt im j-ten Summanden die j-te Spalte mithilfe der Permutation

$$\begin{pmatrix} 1 & 2 & \ldots & j-1 & j & j+1 & \ldots & n \\ 2 & 3 & \ldots & j & 1 & j+1 & \ldots & n \end{pmatrix}$$

in die erste Spalte. Das bedeutet, man schiebt die j-te Spalte $(j-1)$-mal nach links, was $j-1$ Transpositionen entspricht. Also ist das Signum dieser Permutation gleich $(-1)^{j-1}$ und wir erhalten

$$\det(A) = \det \left(\begin{array}{c|ccc} a_{11} & 0 & \cdots & 0 \\ \hline * & & A_{1,1} & \end{array} \right)$$

$$+ (-1) \det \left(\begin{array}{c|ccc} a_{12} & 0 & \cdots & 0 \\ \hline * & & A_{1,2} & \end{array} \right)$$

$$+ (-1)^2 \det \left(\begin{array}{c|ccc} a_{13} & 0 & \cdots & 0 \\ \hline * & & A_{1,3} & \end{array} \right)$$

$$\vdots$$

$$+ (-1)^{n-1} \det \left(\begin{array}{c|ccc} a_{1n} & 0 & \cdots & 0 \\ \hline * & & A_{1,n} & \end{array} \right)$$

$$= a_{11} \det(A_{1,1}) - a_{12} \det(A_{1,2}) + \ldots + (-1)^{n-1} a_{1n} \det(A_{1,n})$$

$$= \sum_{j=1}^{n} (-1)^{j-1} a_{1j} \det(A_{1,j}).$$

Dabei folgt die zweite Gleichheit weil in Matrizen der Form $\left(\begin{array}{c|ccc} a_{1n} & 0 & \cdots & 0 \\ \hline * & & A_{1,n} & \end{array} \right)$ nur Permutationen, die die 1 fixieren, zur Determinante beitragen. Diese Art $\det(A)$ zu berechnen, nennt man *Entwicklung der Determinante nach der ersten Zeile*.

Ebenso kann man auch nach anderen Zeilen entwickeln: Bringt man die p–te Zeile durch $(p-1)$ Vertauschungen in die erste Zeile und entwickelt dann nach der ersten Zeile, so erhält man die folgende Formel für die Entwicklung nach der p–ten Zeile:

$$\det(A) = \sum_{j=1}^{n} (-1)^{j+p} a_{pj} \det(A_{p,j}) \qquad (5.41)$$

Jetzt vertauscht man die Rollen von Zeilen und Spalten und erhält analog eine Formel für die Entwicklung nach der q–ten Spalte:

$$\det(A) = \sum_{i=1}^{n} (-1)^{q+i} a_{iq} \det(A_{i,q}) \qquad (5.42)$$

Diese Formeln sind auch unter dem Namen *Laplace–Entwicklungssatz* bekannt. $\quad\square$

5.6.2 Die Transformationsformel

In diesem Unterabschnitt behandeln wir die folgende Situation: $\Omega \subseteq \mathbb{R}^n$ ist eine offene Menge, und $\Phi\colon \Omega \to \mathbb{R}^n$ ist eine stetig differenzierbare Abbildung, deren Bild $\Phi(\Omega)$ ebenfalls offen ist. Außerdem soll die Umkehrabbildung $\Psi\colon \Phi(\Omega) \to \Omega$ von $\Phi\colon \Omega \to \Phi(\Omega)$ existieren und selbst stetig differenzierbar sein (eine solche Abbildung nennt man einen *Diffeomorphismus*, siehe Abschn. 5.4.1). Angestrebt wird die *Transformationsformel*

$$\int_{\Phi(\Omega)} f \, d\lambda^n = \int_{\Omega} (f \circ \Phi)|J_\Phi| \, d\lambda^n, \qquad (5.43)$$

wobei λ^n das Lebesgue-Maß auf $\mathbb{R}^n$ und $J_\Phi(x) := \det\big(\Phi'(x)\big)$ die *Funktional-* oder *Jacobideterminante* von Φ ist. Dabei betrachten wir $\Phi'(x) \in \mathrm{End}(\mathbb{R}^n)$ als eine Matrix in $\mathrm{Mat}(n \times n, \mathbb{R})$. Die Formel (5.43) reduziert sich für $n = 1$ und stetiges f auf die *Substitutionsregel*

$$\int_{\Phi(a)}^{\Phi(b)} f(y) \, dy = \int_{a}^{b} f\big(\Phi(x)\big)\Phi'(x) \, dx,$$

die eine Variante von (5.20) ist.

Die Grundidee für den Beweis von (5.43) ist, sie zunächst für den Spezialfall eines affinen Diffeomorphismus zu zeigen und dann Φ lokal durch sein Taylor-Polynom erster Ordnung, das heißt durch eine affine Transformation, zu approximieren.

Affine Substitutionen

In Anbetracht unserer Zielsetzung schränken wir uns auf den Maßraum $(\mathbb{R}^n, \mathcal{B}_{\mathbb{R}^n}, \lambda^n)$ ein und können so ohne weitere Anstrengung garantieren, dass alle stetigen Abbildungen messbar sind.

Satz 5.74 (Lineare Transformationsformel) *Sei* $T \in \mathrm{End}_{\mathbb{R}}(\mathbb{R}^n)$ *invertierbar. Dann gilt*

(i) *Wenn* $f: \mathbb{R}^n \to \mathbb{C}$ *messbar ist, dann ist auch* $f \circ T$ *messbar.*

(ii) *Wenn* $f \in \mathcal{L}^+(\mathbb{R}^n)$ *oder* $f \in \mathcal{L}^1(\mathbb{R}^n, \mathbb{C})$, *dann gilt*

$$\int f \, \mathrm{d}\lambda^n = |\det T| \int (f \circ T) \, \mathrm{d}\lambda^n.$$

(iii) *Wenn* $E \in \mathcal{B}_{\mathbb{R}^n}$, *dann gilt* $T(E) \in \mathcal{B}_{\mathbb{R}^n}$ *und*

$$\lambda^n(T(E)) = |\det T| \lambda^n(E).$$

Beweis Die erste Aussage folgt mit (4.21) sofort aus der Stetigkeit von T. Die letzte Aussage folgt aus der zweiten mit $f = \chi_E$.

Durch Aufspaltung in Real- und Imaginärteil sowie anschließende Aufspaltung in positiven und negativen Teil können wir ohne Beschränkung der Allgemeinheit annehmen, dass $f \in \mathcal{L}^+(\mathbb{R}^n)$.

Wenn die Gleichung aus (ii) für zwei invertierbare lineare Abbildungen $T_1, T_2 \in \mathrm{Hom}_{\mathbb{R}}(\mathbb{R}^n, \mathbb{R}^n)$ gilt, dann gilt sie auch für $T_1 \circ T_2$, wie man an folgender Rechnung sieht:

$$\int f = |\det T_1| \int f \circ T_1 \; = \; |\det T_1| \, |\det T_2| \int (f \circ T_1) \circ T_2$$

$$= |\det(T_1 \circ T_2)| \int f \circ (T_1 \circ T_2).$$

Nach Proposition 5.70 lässt sich jede invertierbare lineare Selbstabbildung von $\mathbb{R}^n$ als ein Produkt von Abbildungen der Form

$$M(x_1, \ldots, x_{j-1}, x_j, x_{j+1}, \ldots, x_n) = (x_1, \ldots, x_{j-1}, c x_j, x_{j+1}, \ldots, x_n)$$

mit $c \neq 0$ und $j \in \{1, \ldots, n\}$ (Multiplikation),

$$S(x_1, \ldots, x_{j-1}, x_j, x_{j+1}, \ldots, x_n) = (x_1, \ldots, x_{j-1}, x_j + d x_k, x_{j+1}, \ldots, x_n)$$

mit $d \in \mathbb{R}$ und $j \neq k \in \{1, \ldots, n\}$ (Scherung), sowie

$$P(\ldots, x_j, \ldots, x_k, \ldots) = (\ldots, x_k, \ldots, x_j, \ldots)$$

mit $j \neq k \in \{1, \ldots, n\}$ (Transposition) schreiben. Es genügt also, die Behauptung für diese drei Transformationen zu beweisen.

Wir beginnen mit M. Die Skalierung (4.15) des Lebesgue-Maßes auf $\mathbb{R}$ impliziert wegen

$$\int_{\mathbb{R}} \chi_{cE}(x)\, d\lambda^1(x) = \lambda^1(cE) = |c|\lambda^1(E) = |c| \int_{\mathbb{R}} \chi_E(x)\, d\lambda^1(x) = |c|$$

$$\int_{\mathbb{R}} \chi_{cE}(cx)\, d\lambda^1(x).$$

die Formel

$$\int_{\mathbb{R}} f(x)\, d\lambda^1(x) = |c| \int_{\mathbb{R}} f(cx)\, d\lambda^1(x)$$

für alle einfachen Funktionen f. Durch Supremumsbildung folgt sie dann auch für beliebige Funktionen in $\mathcal{L}^+(\mathbb{R})$. Jetzt benutzen wir den Satz 4.61 von Tonelli und integrieren zuerst nach der j-ten Variablen. Das führt zu

$$\int_{\mathbb{R}^n} f\, d\lambda^n = \int_{\mathbb{R}^{n-1}} \left(\int_{\mathbb{R}} f(\ldots, x_{j-1}, x_j, x_{j+1}, \ldots)\, d\lambda^1(x_j) \right)$$
$$d\lambda^{n-1}(\ldots, x_{j-1}, x_{j+1}, \ldots)$$
$$= \int_{\mathbb{R}^{n-1}} |c| \left(\int_{\mathbb{R}} f(\ldots, x_{j-1}, cx_j, x_{j+1}, \ldots)\, d\lambda^1(x_j) \right)$$
$$d\lambda^{n-1}(\ldots, x_{j-1}, x_{j+1}, \ldots)$$
$$= |c| \int_{\mathbb{R}^n} (f \circ M)\, d\lambda^n$$

und mit $\det M = c$ folgt die Behauptung für M.

Für S geht man genauso vor, benutzt aber statt (4.15) die Translationsinvarianz (4.13) des Lebesgue-Maßes, um

$$\int_{\mathbb{R}} f(\ldots, x_j, x_{j+1}, \ldots)\, d\lambda^1(x_j) = \int_{\mathbb{R}} f(\ldots, x_j + dx_k, x_{j+1}, \ldots)\, d\lambda^1(x_j)$$

zu zeigen, um dann mit der Relation $\det S = 1$ die Behauptung zu erhalten.

Die Behauptung für P folgt wegen $\det P = \pm 1$ sofort aus dem Satz 4.61 von Tonelli, weil es gleichgültig ist, ob man zuerst über die Variable x_j oder über die Variable x_k integriert. $\qquad\square$

Sei jetzt $\Phi \colon \mathbb{R}^n \to \mathbb{R}^n$ affin und invertierbar. Dann ist Φ von der Form $T \circ \tau$, wobei $T \in \mathrm{End}_{\mathbb{R}}(\mathbb{R}^n)$ invertierbar ist und $\tau \colon \mathbb{R}^n \to \mathbb{R}^n$ eine Translation. Damit ergibt sich

$\Phi'(x) = T$, also $J_\Phi = \det T$, und Satz 5.74 liefert zusammen mit der Translations-invarianz des Lebesgue-Maßes die Transformationsformel

$$\int_{\mathbb{R}^n} f \, d\lambda^n = |\det T| \int_{\mathbb{R}^n} (f \circ T) \, d\lambda^n = |\det T| \int_{\mathbb{R}^n} (f \circ T \circ \tau) \, d\lambda^n$$

$$= \int_{\mathbb{R}^n} (f \circ \Phi) |J_\Phi| \, d\lambda^n.$$

Approximation

Die weitere Strategie in der Herleitung der Transformationsformel (5.43) ist, zunächst die Ungleichung

$$\int_{\Phi(\Omega)} f \, d\lambda^n \leq \int_\Omega (f \circ \Phi) |J_\Phi| \, d\lambda^n \tag{5.44}$$

zu zeigen und diese dann auch für die Umkehrabbildung Φ^{-1} von Φ zu verwenden. Um (5.44) herzuleiten folgen wir der bewährten Vorgehensweise und starten mit chararakteristischen Funktionen. Dann wird die Ungleichung zu

$$\lambda^n(\Phi(E)) \leq \int_E |J_\Phi|. \tag{5.45}$$

Wenn man (5.45) für jedes messbare E hat, lässt sich (5.44) wie üblich mit Approximation von f durch einfache Funktionen gewinnen.

Für die Umsetzung dieser Strategie betrachten wir $\mathbb{R}^n$ als normierten Vektorraum mit der Maximumsnorm $\|\cdot\|_\infty$. Wir fixieren eine offene Teilmenge $\Omega \subseteq \mathbb{R}^n$ sowie einen Diffeomorphismus $\Phi \colon \Omega \to \Phi(\Omega)$ mit $\Phi(\Omega)$ offen in $\mathbb{R}^n$. Der erste Schritt zur Herleitung von (5.45) ist eine einfache Volumenabschätzung für Bilder kleiner Quader unter Φ, die man aus dem Mittelwertsatz 5.30 gewinnt.

Lemma 5.75 (Bilder kleiner Quader) *Seien* $a = (a_1, \ldots, a_n) \in \Omega$, $h > 0$ *und*

$$Q = \{x \in \mathbb{R}^n \mid \|a - x\|_\infty \leq h\} \subseteq \Omega.$$

Dann gilt für jedes invertierbare $T \in \operatorname{End}_{\mathbb{R}}(\mathbb{R}^n)$

$$\lambda^n(\Phi(Q)) \leq |\det T| \, \lambda^n(Q) \left(\sup_{y \in Q} \|T^{-1} \Phi'(y)\|_{\mathrm{op}} \right)^n.$$

Beweis Nach dem Mittelwertsatz 5.30 gilt für alle $x \in Q$

$$\|\Phi(x) - \Phi(a)\|_\infty \leq h \sup_{y \in Q} \|\Phi'(y)\|_{\mathrm{op}}.$$

Es folgt

$$\lambda^n(\Phi(Q)) \leq \left(2h \sup_{y \in Q} \|\Phi'(y)\|_{\mathrm{op}}\right)^n = \lambda^n(Q) \left(\sup_{y \in Q} \|\Phi'(y)\|_{\mathrm{op}}\right)^n$$

und damit die Behauptung für $T = \mathrm{id}$.

Für den allgemeinen Fall setzen wir $\tilde{\Phi} = T^{-1} \circ \Phi$ und rechnen mit Satz 5.74 und der Kettenregel 5.6

$$
\begin{aligned}
\lambda^n(\Phi(Q)) = \lambda^n\big(T(\tilde{\Phi}(Q))\big) &= |\det T|\,\lambda\big(\tilde{\Phi}(Q)\big) \\
&\le |\det T|\,\lambda^n(Q)\big(\sup_{y\in Q}\|\tilde{\Phi}'(y)\|_{\mathrm{op}}\big)^n \\
&= |\det T|\,\lambda^n(Q)\big(\sup_{y\in Q}\|T^{-1}\Phi'(y)\|_{\mathrm{op}}\big)^n.
\end{aligned}
$$

$\square$

Das Supremum in der Abschätzung von Lemma 5.75 bekommt man dadurch in den Griff, dass man die $\Phi'(y)$ mit einem festen $\Phi'(a)$ vergleicht. Das ist der Grund für die Aufnahme der Endomorphismen T in die Abschätzung, die in der Schrittfolge Quader – offene Mengen – messbare Mengen eine Herleitung von (5.45) erlaubt.

Wir brauchen aber noch eine Regularitätseigenschaft des Lebesgue-Maßes, die wir bisher noch nicht etabliert haben.

Lemma 5.76 (Regularität von ρ-Lebesgue-Maßen) *Sei (M, d) ein metrischer Raum, für den alle abgeschlossenen beschränkten Mengen in M kompakt sind. Weiter sei $\emptyset \in \mathcal{E} \subseteq \mathcal{P}(M)$ eine Familie von Teilmengen und $\rho\colon \mathcal{E} \to [0, \infty]$ zulässig. Dann gilt für $E \in \mathcal{B}_M$*

(i) $\rho^*(E) = \inf\{\rho^*(U) \mid E \subseteq U,\ U \text{ offen in } M\}$.
(ii) $\rho^*(E) = \sup\{\rho^*(K) \mid K \subseteq E,\ K \text{ abgeschlossen und beschränkt in } M\}$.

Beweis Der erste Teil ist gerade die Behauptung 1 im Beweis des Satzes 4.22. Den zweiten Teil beweisen wir in zwei Schritten. Wir beginnen mit dem Fall, dass E beschränkt ist. Dann ist der Abschluss C von E abgeschlossen und beschränkt. Dann ist C ρ-Lebesgue-messbar und es gibt zu $\varepsilon > 0$ eine offene Menge $U \subseteq M$ mit $C \setminus E \subseteq U$ und $\rho^*(U) \le \rho^*(C \setminus E) + \varepsilon$. Die Menge $K := C \setminus U \subseteq E$ ist abgeschlossen und beschränkt. Wegen $C \subseteq K \cup U$ finden wir erst $\rho^*(C) \le \rho^*(K) + \rho^*(U)$ und dann

$$
\begin{aligned}
\rho^*(E) + \rho^*(C \setminus E) - \varepsilon &= \rho^*(C) - \varepsilon \le \rho^*(K) + \rho^*(U) - \varepsilon \le \rho^*(K) \\
&\quad + \rho^*(C \setminus E).
\end{aligned}
$$

Wegen $\rho^*(C) < \infty$ beweist dies die Behauptung für beschränktes E. Für ein allgemeines $E \in \mathcal{B}_M$ wählen wir ein $x_0 \in M$ und setzen $E_j := E \cap B_d(x_0; j)$. Dann sind die E_j alle beschränkt und nach Korollar 4.42 gilt $\rho^*(E) = \lim_{j\to\infty} \rho^*(E_j)$. Wenn $r < \rho^*(E)$, dann gibt es ein $j \in \mathbb{N}$ mit $r < \rho^*(E_j)$ und nach dem ersten Schritt gibt es ein $K \subseteq E_j$, das abgeschlossen und beschränkt ist und $r < \rho^*(K) \le \rho^*(E_j)$ erfüllt. Aber dann ist $K \subseteq E$ und es gilt $r < \rho^*(K) \le \rho^*(E)$. Damit folgt die Behauptung auch in diesem Fall. $\square$

Lemma 5.77 (**Transformationsungleichung**) *Für messbare Teilmengen $E \in \mathcal{B}_{\mathbb{R}^n}$ von Ω gilt*

$$\lambda^n(\Phi(E)) \leq \int_E |J_\Phi|$$

Beweis

1. Schritt: Quader. Seien $a = (a_1, \ldots, a_n) \in \Omega$, $h > 0$ und $Q = \{x \in \mathbb{R}^n \mid \|a - x\|_\infty \leq h\} \subseteq \Omega$. Wegen der Stetigkeit von Φ' und der Kompaktheit von Q können wir zu $\varepsilon > 0$ ein $\delta > 0$ wählen mit

$$\forall y, z \in Q, \|y - z\|_\infty \leq \delta : \quad \|\Phi'(z)^{-1}\Phi'(y)\|_{\mathrm{op}}^n \leq 1 + \varepsilon.$$

Wir schreiben Q als Vereinigung von kompakten Quadern $Q_1, \ldots, Q_m$ mit Seitenlänge kleiner als δ, das heißt

$$\forall y, z \in Q_j : \quad \|y - z\|_\infty < \delta.$$

Außerdem nehmen wir an, dass

$$\forall i \neq j \in \{1, \ldots, m\} : \quad Q_i^\circ \cap Q_j^\circ = \emptyset.$$

Wähle $a^{(j)} \in Q_j$ für $j = 1, \ldots, m$ so, dass

$$|\det \Phi'(a^{(j)})| = \inf_{x \in Q_j} |\det \Phi'(x)|.$$

Wendet man jetzt Lemma 5.75 auf Q_j und $T_j := \Phi'(a^{(j)})$ an, so ergibt sich

$$\begin{aligned}
\lambda^n(\Phi(Q)) &\leq \sum_{j=1}^m \lambda^n(\Phi(Q_j)) \\
&\leq \sum_{j=1}^m |\det \Phi'(a^{(j)})|\lambda^n(Q_j) \left(\sup_{y \in Q_j} \|\Phi'(a^{(j)})^{-1}\Phi'(y)\|_{\mathrm{op}} \right)^n \\
&\leq (1 + \varepsilon)^n \sum_{j=1}^m |\det \Phi'(a^{(j)})|\,\lambda^n(Q_j) \\
&\leq (1 + \varepsilon)^n \int |\det \Phi'(x)|\,d\lambda^n(x) = (1 + \varepsilon)^n \int |J_\Phi(x)|\,d\lambda^n(x),
\end{aligned}$$

und dies beweist die Behauptung, weil $\varepsilon > 0$ beliebig war.

2. Schritt: Offene Mengen. Wir zerlegen eine offene Teilmenge $U \subseteq \Omega$ mithilfe von Proposition 4.20 in fast disjunkte Quader Q_j und rechnen

$$\lambda^n\big(\Phi(U)\big) = \lambda^n\Big(\Phi\big(\bigcup_j Q_j\big)\Big) = \lambda^n\Big(\bigcup_j \Phi(Q_j)\Big) \le \sum_{j=1}^{\infty} \lambda^n(\Phi(Q_j))$$

$$\le \sum_{j=1}^{\infty} \int_{Q_j} |J_\Phi| = \sum_{j=1}^{\infty} \int_{Q_j^\circ} |J_\Phi| = \int_U \sum_{j=1}^{\infty} \chi_{Q_j^\circ} |J_\Phi| = \int_U |J_\Phi|,$$

wobei wir das Ergebnis von Schritt 1 verwenden und ausnutzen, dass alle $Q_j \setminus Q_j^\circ$ Nullmengen sind.

3. Schritt: Messbare Mengen. Die Zerlegung von Ω in fast disjunkte (abgeschlossene) Quader zeigt, dass sich Ω als Vereinigung von kompakten Mengen K_1, K_2, ... schreiben lässt, wobei wir annehmen können, dass $K_1 \subseteq K_2 \subseteq \ldots$ gilt. Für eine messbare Menge $E \subseteq \Omega$ und $j \in \mathbb{N}$ setzen wir (siehe Abb. 5.9)

$$E_j := E \cap K_j.$$

Zu $\varepsilon > 0$ gibt es nach Lemma 5.76 offene Umgebungen U_j von E_j in Ω mit

$$\forall j \in \mathbb{N} : \quad \lambda^n(U_j \setminus E_j) < \varepsilon \Big(2^j \sup_{x \in K_j} |J_\Phi(x)|\Big)^{-1}.$$

Daraus folgt mit $U_j \cap (K_j \setminus K_{j-1}) \subseteq (U_j \setminus E_j) \cup (E_j \setminus E_{j-1})$, dass

$$\int_{U_j \cap (K_j \setminus K_{j-1})} |J_\Phi| \le \frac{\varepsilon}{2^j} + \int_{E_j \setminus E_{j-1}} |J_\Phi|.$$

Für $U := \bigcup_{j=1}^{\infty} U_j$ liefert dann der Satz 4.40 von der monotonen Konvergenz

$$\int_U |J_\Phi| = \lim_{k \to \infty} \int_{\bigcup_{j=1}^k (U_j \cap (K_j \setminus K_{j-1}))} |J_\Phi| \le \lim_{k \to \infty} \sum_{j=1}^{k} \int_{U_j \cap (K_j \setminus K_{j-1})} |J_\Phi|$$

$$\le \lim_{k \to \infty} \sum_{j=1}^{k} \left(\frac{\varepsilon}{2^j} + \int_{E_j \setminus E_{j-1}} |J_\Phi|\right) = \lim_{k \to \infty} \left(\varepsilon(1 - 2^{-k}) + \int_{E_k} |J_\Phi|\right)$$

$$= \varepsilon + \int_E |J_\Phi|.$$

Mit Schritt 2 finden wir

$$\lambda^n\big(\Phi(E)\big) \le \lambda^n\big(\Phi(U)\big) \le \int_U |J_\Phi| \le \varepsilon + \int_E |J_\Phi|,$$

und dies beweist die Behauptung, da $\varepsilon > 0$ beliebig war.

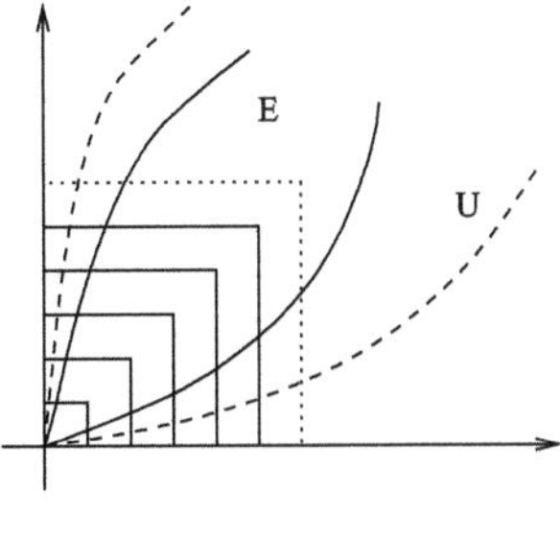

Abb. 5.9 Ausschöpfung durch kompakte Mengen

$\square$

Satz 5.78 (Transformationsformel) *Sei $\Omega \subseteq \mathbb{R}^n$ eine offene Menge und $\Phi \colon \Omega \to \mathbb{R}^n$ eine stetig differenzierbare Abbildung mit offenem Bild $\Phi(\Omega)$ und stetig differenzierbarer Umkehrabbildung $\Psi \colon \Phi(\Omega) \to \Omega$.*

(i) *Sei $f \colon \Phi(\Omega) \to \mathbb{C}$ nichtnegativ (und messbar) oder integrierbar. Dann gilt*

$$\int_{\Phi(\Omega)} f = \int_{\Omega} (f \circ \Phi)|J_\Phi|.$$

(ii) *Wenn $E \subseteq \Omega$ messbar ist, dann ist auch $\Phi(E)$ messbar, und es gilt*

$$\lambda^n(\Phi(E)) = \int_E |J_\Phi|.$$

Beweis Teil (ii) folgt mit $f = \chi_{\Phi(E)}$ sofort aus (i). Für eine einfache Funktion $\varphi = \sum_j a_j \chi_{A_j}$ liefert Lemma 5.77, dass

$$\int_{\Phi(\Omega)} \varphi = \sum_j a_j \lambda^n\big(A_j \cap \Phi(\Omega)\big) \leq \sum_j a_j \int_{\Phi^{-1}(A_j \cap \Phi(\Omega))} |J_\Phi|$$
$$= \int_\Omega (\varphi \circ \Phi)|J_\Phi|.$$

Mit Lemma 4.39 können wir f durch solche φ monoton approximieren, und dann liefert der Satz 4.40 von der monotonen Konvergenz

$$\int_{\Phi(\Omega)} f \leq \int_\Omega (f \circ \Phi)|J_\Phi|.$$

Angewendet auf den Diffeomorphismus Ψ und die Funktion $(f \circ \Phi)|J_\Phi|$ ergibt diese Ungleichung wegen $|J_\Psi(x)| = |J_\Phi \circ \Psi(x)|^{-1}$ (siehe Satz 5.72) auch die umgekehrte Ungleichung und damit die Behauptung für nichtnegative Funktionen:

$$\int_\Omega (f \circ \Phi)|J_\Phi| \leq \int_{\Phi(\Omega)} (f \circ \Phi \circ \Psi)\, |J_\Phi \circ \Psi|\, |J_\Psi| = \int_{\Phi(\Omega)} f.$$

Integrierbare Funktionen spaltet man in Positiv- und Negativteil auf und wendet das Argument auf beide Teile separat an. $\square$

5.6.3 Koordinatenberechnungen

In der Transformationsformel ist nicht explizit von Koordinaten die Rede. Dennoch sollte man sie als eine Aussage über den Wechsel von Koordinatensystemen betrachten. Wenn wir nämlich Ω zunächst als eine abstrakte Menge betrachten, dann lässt sich die Einbettung $\Omega \hookrightarrow \mathbb{R}^n$ als eine Koordinatenabbildung auffassen. Die Abbildung $\Phi\colon \Omega \to \mathbb{R}^n$ ist dann eine andere Koordinatenabbildung und Satz 5.78 erklärt, wie man das Integral einer Funktion $f\colon \Phi(\Omega) \to \mathbb{C}$ in diesen neuen Koordinaten durch ein Integral in den alten Koordinaten ausdrückt. In dieser Interpretation kann man die schon im Falle linearer Abbildungen eingesetzte Strategie verfolgen, Rechnungen durch die Wahl geschickter Koordinaten zu vereinfachen oder überhaupt erst möglich zu machen.

Als einfaches Beispiel für die Anwendung der Transformationsformel in der Berechnung von Integralen betrachten wir die Kreisscheibe $B(0;\,R) \subseteq \mathbb{R}^2$ in *Polarkoordinaten*. Diese sind durch die Abbildung

$$\Phi\colon\ ]0,\infty[\ \times\ ]0,2\pi[\ \to\ \mathbb{R}^2,\ (r,\varphi) \mapsto (r\cos\varphi, r\sin\varphi)$$

gegeben, die stetig differenzierbar mit offenem Bild ist, auf dem sie eine stetig differenzierbare Umkehrabbildung hat. Die darstellende Matrix von $\Phi'(r,\varphi)$ bzgl. der Standardbasis von $\mathbb{R}^3$ ist

$$\begin{pmatrix} \cos\varphi & -r\sin\varphi \\ \sin\varphi & r\cos\varphi \end{pmatrix},$$

was die Funktionaldeterminante $J_\Phi(r,\varphi) = r$ ergibt. Will man jetzt zum Beispiel die Fläche der Kreisscheibe $B(0;\,R)$ mit Radius R ausrechnen, so stellt man fest, dass sich

$$\Phi(\,]0,R[\ \times\ ]0,2\pi[\,) = B(0;\,R) \setminus \{(x,y) \in \mathbb{R}^2 \mid y = 0 \text{ und } x > 0\}$$

von $B(0;\,R)$ nur durch eine Nullmenge unterscheidet. Also gilt

$$\lambda^2\big(B(0;\,R)\big) = \int_0^R \int_0^{2\pi} r\,\mathrm{d}\varphi\,\mathrm{d}r = \pi R^2, \tag{5.46}$$

wie man mithilfe des Satzes 4.62 von Fubini und des Hauptsatzes 5.25 leicht nachrechnet. Mit (5.46) haben wir nachgewiesen, dass die Kreiszahl π durch die Fläche einer Kreisscheibe mit Radius 1 gegeben ist.

Man kann die Polarkoordinaten in $\mathbb{R}^2$ auch dazu benutzen, das *Gaußsche Fehlerintegral* $\int_{\mathbb{R}} e^{-x^2}\,\mathrm{d}x$ zu berechnen. Dieses Integral bekommt man nicht ohne weiteres aus dem Hauptsatz, weil die Funktion e^{-x^2} keine durch elementare Funktionen ausdrückbare Stammfunktion hat. Wenn man aber den Satz 4.61 von Tonelli zweimal anwendet und mit der Transformationsformel (5.43) kombiniert, ergibt sich

$$\left(\int_{\mathbb{R}} e^{-x^2}\, \mathrm{d}x\right)^2 = \int_{\mathbb{R}}\int_{\mathbb{R}} e^{-x^2} e^{-y^2}\, \mathrm{d}x\, \mathrm{d}y = \int_{\mathbb{R}^2} e^{-(x^2+y^2)}\, \mathrm{d}\lambda^2(x,y)$$

$$= \int_0^{2\pi}\int_0^{\infty} e^{-r^2} r\, \mathrm{d}r\, \mathrm{d}\varphi = \pi,$$

weil $\tfrac{1}{2}e^{-r^2}$ eine Stammfunktion von $e^{-r^2}r$ ist. Also gilt

$$\int_{\mathbb{R}} e^{-x^2}\, \mathrm{d}x = \sqrt{\pi}. \tag{5.47}$$

Man kann das Volumen der dreidimensionalen Kugeln mit derselben Methode berechnen, die wir für die Kreisscheibe benutzt haben, sobald man die richtigen Polarkoordinaten gefunden hat. Die werden durch das geographische Vorbild von Längengrad und Breitengrad nahegelegt, das man durch den „Erdradius" ergänzt und mit zwei Winkeln und einer radialen Variablen formuliert (siehe Abb. 5.10). Sie werden durch die Abbildung

$$\Phi\colon\ ]0,\infty[\,\times\,]0,\pi[\,\times\,]0,2\pi[\ \to\ \mathbb{R}^3$$
$$(r,\theta,\varphi) \mapsto (r\sin\theta\cos\varphi,\, r\sin\theta\sin\varphi,\, r\cos\theta)$$

gegeben, die stetig differenzierbar mit offenem Bild ist und auf dem Bild eine stetig differenzierbare Umkehrabbildung hat. Die darstellende Matrix von $\Phi'(r,\theta,\varphi)$ bzgl. der Standardbasis von $\mathbb{R}^3$ ist

$$\begin{pmatrix} \sin\theta\cos\varphi & r\cos\theta\cos\varphi & -r\sin\theta\sin\varphi \\ \sin\theta\sin\varphi & r\cos\theta\sin\varphi & r\sin\theta\cos\varphi \\ \cos\theta & -r\sin\theta & 0, \end{pmatrix}$$

was auf $J_\Phi(r,\theta,\varphi) = r^2\sin\theta$ führt. Auch hier unterscheidet sich

$$\Phi(\,]0,R[\,\times\,]0,\pi[\,\times\,]0,2\pi[\,) = B(0;R)\setminus\{(x,y,z)\in\mathbb{R}^3 \mid y=0 \text{ und } x>0\}$$

Abb. 5.10 Polarkoordinaten im Raum

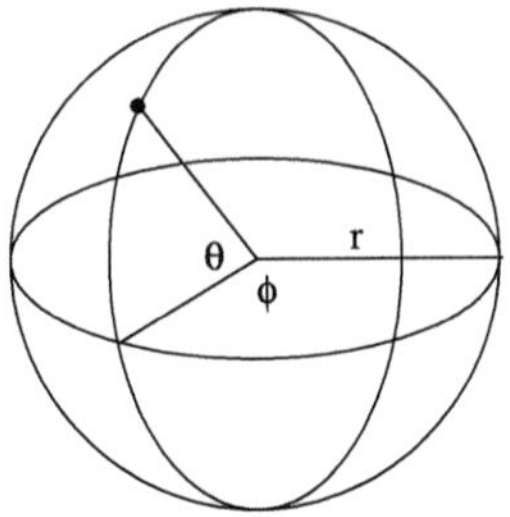

von $B(0; R)$ nur durch eine Nullmenge. Damit berechnet man das Volumen der Kugel zu

$$\lambda^3\big(B(0; R)\big) = \int_0^R \int_0^\pi \int_0^{2\pi} r^2 \sin\theta \; d\varphi \, d\theta \, dr = \frac{4}{3}\pi R^3.$$

Die Volumina höherdimensionaler Kugeln lassen sich induktiv berechnen, diese Berechnung bedarf aber einer gewissen Vorbereitung. Wir beginnen mit der Beschreibung der passenden Polarkoordinaten.

Beispiel 5.79 (Polarkoordinaten in $\mathbb{R}^n$) Betrachte die Abbildung

$$\Phi\colon \;]0, \infty[\times \,]0, \pi[^{\,n-2} \times \,]0, 2\pi[\; \to \; \mathbb{R}^n, \quad (r, \theta, \varphi) \mapsto x = (x_1, \ldots, x_n),$$

die durch

$$
\begin{aligned}
x_1 &= r \cos\theta_1 \\
x_2 &= r \sin\theta_1 \cos\theta_2 \\
x_3 &= r \sin\theta_1 \sin\theta_2 \cos\theta_3 \\
&\;\;\vdots \\
x_{n-1} &= r \sin\theta_1 \sin\theta_2 \cdot \ldots \cdot \sin\theta_{n-2} \cos\theta_{n-1} \\
x_n &= r \sin\theta_1 \sin\theta_2 \cdot \ldots \cdot \sin\theta_{n-2} \sin\theta_{n-1}
\end{aligned}
$$

gegeben ist. Wir setzen

$$s_j := \sin\theta_j \, , \quad c_j := \cos\theta_j.$$

Dann ist die darstellende Matrix von $\Phi'(r, \theta_1, \ldots, \theta_{n-1})$ bzgl. der Standardbasis von $\mathbb{R}^n$ durch

$$
\begin{pmatrix}
c_1 & -rs_1 & 0 & \ldots & 0 \\
s_1 c_2 & rc_1 c_2 & -rs_1 s_2 & 0 & 0 \\
\vdots & \vdots & & \ddots & \vdots \\
s_1 \cdots s_{n-2} c_{n-1} & rc_1 s_2 \cdots rs_{n-2} c_{n-1} & \cdot & \cdot & -rs_1 \cdots s_{n-1} \\
s_1 \cdots s_{n-2} s_{n-1} & rc_1 s_2 \cdots rs_{n-2} s_{n-1} & \cdot & \cdot & rs_1 \cdots s_{n-2} c_{n-1}
\end{pmatrix}
$$

gegeben. Indem man die Determinante dieser Matrix durch Entwicklung nach der ersten Zeile berechnet (siehe Beispiel 5.73), kommt man mit Induktion auf die Funktionaldeterminante

$$J_\Phi(r, \theta, \varphi) = r^{n-1}(\sin\theta_1)^{n-2}(\sin\theta_2)^{n-3} \cdots (\sin\theta_{n-2}).$$

$\square$

Als Nächstes führen wir die Eulersche Gamma-Funktion ein, die in verschiedens-
ten Zusammenhängen eine wichtige Rolle spielt. Wir werden sie ganz konkret zur
Berechnung von Kugelvolumina einsetzen. Zur Definition der Gamma-Funktion
betrachten wir die Funktion $f \colon \;]0, \infty[\to \mathbb{R}$, $x \mapsto x^{\alpha} e^{-x}$ mit $\alpha > -1$ beliebig,
aber fest. Da f stetig und somit Borel-messbar ist, ist f auf jedem kompakten Teil-
intervall der Form $[a, b]$ beschränkt und damit integrierbar. Weil aber $f(x) \leq x^{\alpha}$
für alle $x > 0$ gilt, folgt aus dem Satz 4.49 von der dominierten Konvergenz, dass
f über jedes Intervall der Form $]0, b]$ integrierbar ist. Sei jetzt $\beta < -1$ so gewählt,
dass $\alpha - \beta = k \in \mathbb{N}$. Dann gilt wegen $x^{\alpha - \beta} = x^k \leq k! \, e^x$

$$\forall x \in \;]0, \infty[\colon \quad 0 < f(x) \leq k! \, x^{\beta}$$

und x^{β} ist integrierbar über $[1, \infty[$. Also liefert der Satz von der dominierten Konvergenz, dass auch f integrierbar ist und wir können durch die Formel

$$\Gamma(p) := \int_0^{\infty} x^{p-1} e^{-x} \, \mathrm{d}x \tag{5.48}$$

eine Funktion $\Gamma \colon \;]0, \infty[\to \mathbb{R}$ definieren. Diese Funktion ist die Eulersche *Gamma-*
Funktion.

Wir halten eine erste grundlegende Eigenschaft der Gamma-Funktion fest: Sie
interpoliert die Fakultät.

Proposition 5.80 (Funktionalgleichung der Gamma-Funktion) *Die Gamma-*
Funktion erfüllt $\Gamma(1) = 1$ *und die Funktionalgleichung*

$$\forall p \in \;]0, \infty[\colon \quad p \, \Gamma(p) = \Gamma(p + 1).$$

Insbesondere gilt $\Gamma(n + 1) = n!$ *für alle* $n \in \mathbb{N}$.

Beweis Indem man jeweils die Integrale für endliche Intervalle berechnet und dann
den Satz 4.49 von der dominierten Konvergenz anwendet, findet man

$$\Gamma(1) = \lim_{n \to \infty} \int_0^n e^{-x} \, \mathrm{d}x = \lim_{n \to \infty} (-e^{-n} + e^0) = 1$$

und, mit partieller Integration,

$$\Gamma(p) = \lim_{n \to \infty} \int_0^n x^{p-1} e^{-x} \, \mathrm{d}x = \lim_{n \to \infty} \left(\frac{n^p e^{-n}}{p} + \frac{1}{p} \int_0^n x^p e^{-x} \, \mathrm{d}x \right)$$

$$= \frac{1}{p} \int_0^{\infty} x^p e^{-x} \, \mathrm{d}x = \frac{1}{p} \Gamma(p + 1).$$

$\square$

Das nächste Beispiel liefert nicht nur einige Zusatzinformationen über die Gamma-Funktion, die wir in der Volumensberechnung von Kugeln brauchen, es illustriert auch ein weiteres Mal, wie man mehrdimensionale Integrale dazu ausnutzen kann, eindimensionale Integrale zu berechnen.

Beispiel 5.81 (Die Eulersche Beta-Funktion) Die Eulersche *Beta-Funktion* ist durch

$$B : [0, \infty[\times [0, \infty[\to [0, \infty[, \quad (p, q) \mapsto \int_0^\infty \frac{t^{p-1}}{(1+t)^{p+q}} \, \mathrm{d}t$$

definiert. Mit dem Satz 4.61 von Tonelli zeigt man die Identität

$$B(p, q) = \frac{\Gamma(p)\Gamma(q)}{\Gamma(p+q)}. \tag{5.49}$$

Dazu führt man in der definierenden Gleichung $\Gamma(p) = \int_0^\infty x^{p-1} e^{-x} \, \mathrm{d}x$ der Gamma-Funktion für $p > 0$ die Substitution $x = ty$ durch und findet mit (5.20)

$$\frac{\Gamma(p)}{t^p} = \int_0^\infty y^{p-1} e^{-ty} \, \mathrm{d}y$$

für $t > 0$. Damit rechnet man unter Zuhilfenahme von Satz 4.61 (und beweist dadurch auch die Konvergenz, das heißt, die Endlichkeit, des Beta-Integrals)

$$\begin{aligned}
\Gamma(p+q)B(p,q) &= \Gamma(p+q) \int_0^\infty \frac{t^{p-1}}{(1+t)^{p+q}} \, \mathrm{d}t \\
&= \int_0^\infty t^{p-1} \int_0^\infty y^{p+q-1} e^{-(1+t)y} \, \mathrm{d}y \, \mathrm{d}t \\
&= \int_0^\infty y^{p+q-1} e^{-y} \int_0^\infty (t)^{p-1} e^{-ty} y \, \mathrm{d}t \, \mathrm{d}y \\
&= \int_0^\infty y^{p+q-1} e^{-y} \frac{\Gamma(p)}{y^p} \, \mathrm{d}y \\
&= \Gamma(q)\Gamma(p).
\end{aligned}$$

In der Wahrscheinlichkeitstheorie wird die folgende Darstellung der Betafunktion benutzt, die man aus der Substitution $x = \frac{t}{1+t}$ erhält:

$$B(p, q) = \int_0^1 x^{p-1} (1 - x)^{q-1} \, \mathrm{d}x.$$

Durch Auswertung von (5.49) in $(\frac{1}{2}, \frac{1}{2})$ gelangt man zu

$$\Gamma(\tfrac{1}{2})\Gamma(\tfrac{1}{2}) = B(\tfrac{1}{2}, \tfrac{1}{2}) = \int_0^1 \frac{1}{\sqrt{t(1-t)}} \, \mathrm{d}t = \int_0^1 \frac{1}{\sqrt{\tfrac{1}{4}-(t-\tfrac{1}{2})^2}} \, \mathrm{d}t$$

$$= \arcsin\left(2(t - \tfrac{1}{2})\right)\Big|_0^1 = \tfrac{\pi}{2} + \tfrac{\pi}{2} = \pi,$$

wobei $\arcsin\colon [-1, 1] \to \left[-\frac{\pi}{2}, \frac{\pi}{2}\right]$ die Umkehrfunktion von $\sin\colon \left[-\frac{\pi}{2}, \frac{\pi}{2}\right] \to [-1, 1]$ ist. Auf diese Weise findet man eine weitere Berechnungsmethode für das Gaußsche Fehlerintegral

$$\int_0^\infty e^{-x^2} \, dx = \int_0^\infty \frac{e^{-t}}{\sqrt{t}} \, dt = \Gamma\left(\tfrac{1}{2}\right) = \sqrt{\pi}.$$

$\square$

Wir können jetzt die Volumina von Kugeln in beliebigen Dimensionen berechnen. Im folgenden Beispiel sind das die Aussagen für $p = 2$. Auch die Mengen für beliebige $p > 1$ können als Norm-Kugeln betrachtet werden, nämlich für die Hölder-Normen $\|x\|_p := \left(\sum_{i=1}^n |x_i|^p\right)^{\frac{1}{p}}$, die wir hier aber nicht im Detail diskutieren. Für $0 < p < 1$ sind die Mengen nicht konvex und können daher keine Norm-Kugeln sein.

Beispiel 5.82 (Kugelvolumen) Für $p > 0$ und $R > 0$ setzen wir

$$B_p^n(0; R) := \left\{ x \in \mathbb{R}^n \;\middle|\; \sum_{i=1}^n |x_i|^p < R^p \right\}$$

und zeigen

$$\lambda^n\left(B_p^n(0; R)\right) = R^n 2^n \frac{\Gamma\left(\frac{1}{p} + 1\right)}{\Gamma\left(\frac{n}{p} + 1\right)}. \tag{5.50}$$

Dies erfolgt in mehreren Schritten.

1. Schritt: Es genügt, die Formel (5.50) für $R = 1$ zu verifizieren und dann die Transformationsformel (5.43) für die Streckung $x \mapsto Rx$ anzuwenden.
2. Schritt: Für $\alpha_p(n) := \lambda^n(B_p^n(0; 1))$ und $-1 < t < 1$ gilt

$$B_p^{n-1}\left(0; (1 - |t|^p)^{\frac{1}{p}}\right) = \{x' \in \mathbb{R}^{n-1} \mid (x', t) \in B_p^n(0; 1)\}$$

und

$$\lambda^{n-1}\left(B_p^{n-1}(0; (1 - |t|^p)^{\frac{1}{p}})\right) = \left(1 - |t|^p\right)^{\frac{n-1}{p}} \alpha_p(n - 1).$$

3. Schritt: Mit der Formel (5.49) für die Beta-Funktion ergibt sich die Rekursion

$$\alpha_p(n) = \alpha_p(n - 1) \int_{-1}^1 \left(1 - |t|^p\right)^{\frac{n-1}{p}} dt = \frac{2}{p} \alpha_p(n - 1) B\left(\frac{n+p-1}{p}, \frac{1}{p}\right)$$

$$= 2\alpha_p(n - 1) \frac{\Gamma\left(\frac{n-1}{p} + 1\right)\Gamma\left(\frac{1}{p} + 1\right)}{\Gamma\left(\frac{n}{p} + 1\right)}$$

und Induktion liefert

$$\alpha_p(n) = 2^n \frac{\Gamma\left(\frac{1}{p} + 1\right)}{\Gamma\left(\frac{n}{p} + 1\right)}.$$

Für den Fall $p = 2$ ergibt sich die folgende Formel für das Volumen der n-dimensionalen euklidischen Kugel:

$$\lambda^n\big(B_2^n(0;\,1)\big) = 2^n\,\frac{\Gamma\!\left(\frac{3}{2}\right)}{\Gamma\!\left(\frac{n+2}{2}\right)} = \frac{\pi^{\frac{n}{2}}}{\Gamma\!\left(\frac{n+2}{2}\right)}. \tag{5.51}$$

$\square$

Fazit

Ausgangspunkt für dieses Kapitel war die Idee, Funktionen auf normierten Vektorräumen wie $\mathbb{R}^n$ durch lineare Abbildungen zu approximieren. Das führte auf die Begriffe „Differenzierbarkeit" und „Ableitung". Als erste Anwendung ergab sich die lokale Approximierbarkeit auch von Lösungsmengen bestimmter Gleichungen durch lineare Unterräume. Eine zweite Anwendung war die Existenz lokaler Lösungen von Differenzialgleichungen, die eine zentrale Rolle in mathematischen Modellierungen realer Situationen und überhaupt erst mithilfe von Ableitungen formuliert werden können. Im Zuge dieser Bemühungen haben wir schon Teile der gängigen Differenzialrechnung bis hin zum Hauptsatz etabliert. Die Struktur der Ableitung von Funktionen erlaubt die Iteration des Prozesses. Aus den so gewonnenen höheren Ableitungen haben wir zusätzliche Erkenntnisse über das qualitative Verhalten von Funktionen bis hin Taylor-Entwicklung als universelle Formel für die Approximation von Funktionen durch Polynome gezogen. Die Konvergenzuntersuchung von Taylor-Polynomen führte uns zu der reichhaltigen Klasse der analytischen Funktionen, über die man viel aussagen kann.

Die Hinwendung zu Rechentechniken im letzten Abschnitt diente in erster Linie der Illustration der Leistungsfähigkeit der in diesem Buch entwickelten Begriffe – vor allem im Zusammenspiel – bei der Beantwortung konkreter Fragen.

Literaturhinweise

Die einzelnen technischen Inhalte dieses Kapitels findet man größtenteils in den Standardlehrbüchern zur Analysis, meist in den Teilen zum zweiten Studiensemester. Ausnahmen sind diverse Inhalte der letzten beiden Abschnitte. Komplex analytische Funktionen in einer komplexen Variablen werden in der deutschsprachigen Literatur unter dem Namen „Funktionentheorie" systematisch behandelt (siehe zum Beispiel [FL03]). Mehrere komplexe Variablen werden in solchen Büchern selten behandelt (siehe aber [Ca66]). Reell analytische Funktionen in mehreren Variablen kommen in der Lehrbuchliteratur so gut wie gar nicht vor, das Buch [KP02] von Steven Krantz und Harold Parks ist eine große Ausnahme. Determinanten werden normalerweise in nicht in Büchern zur Analysis sondern in Büchern zu linearen Algebra wie [KB18] behandelt. Die Transformationsformel findet man eher in Büchern über „Maßtheorie" „Reelle Analysis" wie [Ba92] und [Fo84]. Die hier präsentierte Darstellung ist eine Weiterentwicklung der Darstellung in [Hi13a], die ihrerseits auf diversen Skripten zu Vorlesungen über die einschlägigen Themen beruhte, die ich im Laufe der Jahre ausgearbeitet habe.

Alle in den bisherigen Literaturhinweisen erwähnten Bücher zur Analysis und zur linearen Algebra enthalten weiterführendes Material, insbesondere zu Rechentechniken. Mit den Inhalten dieses Buches als Hintergrundwissen sollte es problemlos möglich sein, in der einschlägigen Literatur gezielt die Dinge nachzulesen, die man für eine konkrete Fragestellung braucht oder für die man sich speziell interessiert. Für ein fortgeschrittenes Selbststudium sei besonders das zweibändige Werk [DK04] empfohlen, das eine Vielzahl von Übungsaufgaben zu interessanten Beispielen enthält und auch Integration auf Untermannigfaltigkeiten behandelt.

Will man auch konzeptionell weiter voranschreiten, kann man eine nicht überschaubare Menge an spezialisierten Texten zu unterschiedlichsten mathematischen Gebieten finden, die hier alle aufzulisten weder möglich noch sinnvoll ist. Stichworte für eine Literatursuche könnten sein *Funktionalanalysis, Mannigfaltigkeiten, Differenzialgleichungen, Differenzialgeometrie, Funktionentheorie*. In [Hi24] habe ich den Versuch gemacht, weniger auf spezialisierte mathematische Gebiete einzugehen und dafür allgemeine mathematische Strukturprinzipien in den Vordergrund zu stellen. Man kann das vorliegende Buch als eine Art „Prequel" zu [Hi24] betrachten.

Literatur

[Ai79]   M. Aigner. *Combinatorial Theory*. Springer, Berlin, 1979

[Ba92]   H. Bauer. *Maß- und Integrationstheorie*. 2. Auflage. de Gruyter, Berlin, 1992

[Be03]   E. Behrends. *Analysis I*. Vieweg, Braunschweig, 2003

[Bu08]   P. Bundschuh. *Zahlentheorie*. 6. Auflage. Springer, Berlin, 2008

[Ca66]   H. Cartan. *Elementare Theorem der Analytischen Funktionen einer oder mehrerer Komplexen Variablen*. B.I., Mannheim, 1966

[De14]   A. Deitmar. *Analysis*. Springer Spektrum, Berlin, 2014

[Di86]   J. Dieudonné. *Grundzüge der modernen Analysis I*. Vieweg, Braunschweig, 1986

[Du02]   R.M. Dudley. *Real Analysis and Probability*. Cambridge University Press, 2002

[DK04]   J.J. Duistermaat und J.A. Kolk. *Multidimensional Real Analysis*. Cambridge University Press, 2004

[Eb92]   H.-D. Ebbinghaus et al. *Zahlen*. Springer, Berlin, 1992

[FL03]   W. Fischer und I. Lieb. *Funktionentheorie*. 8. Auflage. Vieweg, Braunschweig, 2003

[Fo84]   G.B. Folland. *Real Analysis*. Wiley, New York, 1984

[Ha72]   P.R. Halmos. *Naive Mengenlehre*. Vandenhoeck & Rupprecht, Göttingen, 1972

[Hi13a] J. Hilgert. *Lesebuch Mathematik für das erste Studienjahr*. Springer Spektrum, Berlin, 2013

[Hi13b] J. Hilgert. *Arbeitsbuch Mathematik für das erste Studienjahr*. Springer Spektrum, Berlin, 2013

[Hi24]   J. Hilgert. *Mathematische Strukturen*. 2. Auflage. Springer Spektrum, Heidelberg, 2024

[HH21]   I. Hilgert und J. Hilgert. *Mathematik – Ein Reiseführer*. 2. Auflage. Springer Spektrum, Heidelberg, 2021

[HHP15] J. Hilgert, M. Hoffmann und A. Panse. *Einführung in mathematisches Denken und Arbeiten*. Springer Spektrum, Heidelberg, 2015

[Ke55]   J.L. Kelley. *General Topology*. Van Nostrand, Princeton, 1955

[Kl08]   A. Klenke. *Wahrscheinlichkeitstheorie*. 2. Auflage Springer, Berlin, 2008

[KB18]   P. Knabner und W. Barth. *Lineare Algebra*. 2. Auflage. Springer Spektrum, Heidelberg, 2018

[Kö02]   K. Königsberger. *Analysis 1 + 2*. Springer, Berlin, 2004

[KM95]   H.-J. Kowalsky und G. Michler. *Lineare Algebra*. 10. Auflage. de Gruyter, Berlin, 1995

[KvP13] J. Kramer und A. von Pippich. *Von den natürlichen Zahlen zu den Quaternionen*. Springer Spektrum, Heidelberg, 2013

[KP02]   S.G. Krantz und H.R. Parks. *A Primer of Real Analytic Functions*. 2nd edition. Birkhäuser, Basel, 2002

[LPV03] L. Lovász, J. Pelikán und K. Vesztergombi. *Discrete Mathematics*. Springer, Berlin, 2003

© Der/die Herausgeber bzw. der/die Autor(en), exklusiv lizenziert an Springer-Verlag GmbH, DE, ein Teil von Springer Nature 2026

J. Hilgert, *Mathematik für Ambitionierte*,

https://doi.org/10.1007/978-3-662-73048-5

[MM93] J. Mikusiński und P. Mikusiński. *An Introduction to Analysis – From Number to Integral.* John Wiley & Sons, New York, 1993

[OR74] E. Oeljeklaus und R. Remmert. *Lineare Algebra 1.* Springer, Berlin, 1974

[Sc19] W. Scherer. *Mathmatics of Quantum Computing.* Springer, Cham, 2019

[Sc75] H. Schubert. *Topologie.* Teubner, Stuttgart, 1975

[Sc91] L. Schwartz. *Analyse I.* Hermann, Paris, 1991

[SS05] E.M. Stein und R. Shakarchi. *Real Analysis.* Princeton University Press, 2005

[Ta11] T. Tao. *An Introduction to Measure Theory.* Amer. Math. Soc., Providence, 2011

[To17] F. Toenniessen. *Topologie.* Springer Spektrum, Heidelberg, 2017

Stichwortverzeichnis

© Der/die Herausgeber bzw. der/die Autor(en), exklusiv lizenziert an Springer-Verlag GmbH, DE, ein Teil von Springer Nature 2026
J. Hilgert, *Mathematik für Ambitionierte*,
https://doi.org/10.1007/978-3-662-73048-5

MIX
Papier aus verantwortungsvollen Quellen
Paper from responsible sources
FSC® C105338

FSC
www.fsc.org

If you have any concerns about our products,
you can contact us on
ProductSafety@springernature.com

In case Publisher is established outside the EU,
the EU authorized representative is:
Springer Nature Customer Service Center GmbH
Europaplatz 3, 69115 Heidelberg, Germany

Printed by Libri Plureos GmbH
in Hamburg, Germany